普通高等教育农业部“十三五”规划教材
全 国 高 等 农 业 院 校 优 秀 教 材

植物分类学

第三版

崔大方　主编

中国农业出版社

第三版修订者

主　编　崔大方（华南农业大学）

副主编　李造哲（内蒙古农业大学）

　　　　李阳春（甘肃农业大学）

　　　　周桂玲（新疆农业大学）

参　编（按姓氏笔画排序）

　　　　陈考科（华南农业大学）

　　　　周永红（四川农业大学）

　　　　胡宝忠（东北农业大学）

　　　　彭卫东（山东农业大学）

　　　　蒋道松（湖南农业大学）

　　　　傅承新（浙江大学）

　　　　廖文波（中山大学）

制　图　赵　晟　刘华日（华南农业大学）

主　审　崔乃然（原新疆八一农学院）

第二版修订者

主　编　富象乾（内蒙古农牧学院）

编　者　富象乾（内蒙古农牧学院）

安争夕（新疆八一农学院）

李阳春（甘肃农业大学）

绘　图　赵　晟（内蒙古农牧学院）

第一版编审者

主　编　崔乃然（新疆八一农学院）

编　者　崔乃然　安争夕　田允文（新疆八一农学院）

富象乾　王朝品（内蒙古农牧学院）

李阳春（甘肃农业大学）

王镜泉（甘肃师范大学）

审稿者　朱茂顺　许　鹏（新疆八一农学院）

李建东（吉林师范大学）

吴庆如（内蒙古大学）

王　宁（宁夏农学院）

皮锡铭（新疆大学）

蒋龙泉（中国农业科学院草原研究所）

扈明阁（辽宁昭乌达盟草原工作站）

张立运（新疆生物沙漠土壤研究所）

宋宗仁（新疆畜牧局草原处）

徐　柱（内蒙古农牧学院）

序

植物分类学是研究整个植物界不同类群的分类地位及其起源、来源关系以及进化发展规律的一门基础学科，其中，把极其繁杂的各种植物进行分类、鉴定、命名则是植物分类学的基本工作。该学科是人类在认识自然和改造自然的生存和生产活动中发展起来的，有其悠久的发展历史。在分类学萌芽时期，人类依靠刀耕火种，在感性认识的基础上，不断积累、丰富，上升至理性的认识，进而出现了植物学和分类学。随着科学的发展，植物分类学已成为农业、林业、畜牧业、生物医药及环境保护等行业的基础学科。生命科学和生物技术各领域迅猛发展，技术方法和科技成果日新月异，其中以植物为主体的生物工程，使植物科学迈进了一个新的时代，作为基础学科的植物分类学显得尤为重要。不断更新植物分类学的教学内容、改进教学方法、展示植物分类学的发展前景，是植物分类学工作者责无旁贷的义务，从而使年青一代学好植物分类学，运用植物分类学的知识、方法和技能，为人类的生活和生存创造最大的价值。

目前国内适用于高等农林院校的植物分类学教材不多，内容侧重点不一，且多为20世纪以前出版的。为适应学科的发展和高等农林院校专业人才素质培养的需要，本教材的作者们继承和发扬老一辈植物分类工作者的优良传统，吸取前人编写植物分类学教材和专著的经验，并结合当前我国高等农林院校植物分类学的教学经验和需求，合作对《植物分类学》第二版进行了全面的修订，编写出这部第三版教材。本版教材全面而系统地介绍了植物分类学的基本内容和国内外植物分类学的最新科学成就，内容丰富生动，并具有以下特点：

1. 注重对学科发展历史和研究现状的介绍。植物分类学是一门有着悠久历史的学科，从史前与“本草学”时期到人为分类系统时期，从自然分类系统时期到系统发育的分类系统时期，它反映了人类识别植物和利用植物的社会实践过程；从经典分类学到实验分类学、细胞分类学、化学分类学、数量分类学，特别是生物化学、分子生物学的发展以及对生命的基本物质蛋白质、核酸的深入研究所取得的丰富成果，反映植物分类学从描述阶段向着客观的实验科学阶段的进展。第一章中的植物分类学的发展历史与研究现状的介绍对促进大学生综合学科知识、掌握学科技术起到了积极的作用。

2. 突出基本理论和基础知识的传授。在第二章中对植物分类的形态学基础知识讲授、植物检索表的使用、查阅文献及文献引证、查阅植物标本资料及标本室的建设以及植物分类的基本原理和方法均作了较详尽的介绍，为学习植物分类奠定了一个良好的基础。

3. 重视基本技能的掌握。为便于学生学习和掌握植物分类与鉴定的技术，本版教材在每一科中基本都配有相应的插图，在一些重要的科中还列出了该科专用术语解释和常见植物分属检索表，以便于学习和练习植物分类与鉴定。

4. 植物各大类群及科、属、种的选择比较全面适宜。本版教材兼顾到我国南北植物的差异和相关专业的需要，尽量选用在植物分类系统演化和我国主要植被中有一定地位以及具有重要经济价值和生态意义的植物，并对它们的形态特征、生境、地理分布和用途等均作了介绍，较全面地反映了植物分类学的基本内容和我国的植物资源。

5. 力求反映本学科的最新科学成就。本版教材采用柯朗奎斯特 1981 年被子植物分类系统，并对被子植物的起源与系统演化做了介绍，便于学习和研究。

本版教材的出版将会对我国农林院校以及综合性大学生物学科的植物分类学教学起到积极的作用。付梓之际，乐书片言为序。

张宏达

2010 年 8 月于广州康乐园

第 三 版 说 明

本教材第一版是由农业部组织，崔乃然教授主持，由新疆八一农学院、内蒙古农牧学院、甘肃农业大学有关教学人员集体编写，作为高等农业院校草业专业试用教材，自1980年出版后在各高等农业院校试用。1990年在内蒙古农牧学院富象乾教授主持下，进行了修订再版。21世纪，伴随着生物学实验技术和计算机科学的迅猛发展，现代植物分类学的内容和研究技术也得到了更新和应用，为适应我国新世纪植物分类学科的发展和高等农林院校专业人才综合素质培养的需要，本版教材是在第二版《植物分类学》（草原专业用）的基础上进行修订的，其目的是在原北方植物分类的基础上，增加对南方常见植物类群的了解和认识，以提高学生的社会实践能力。

本版教材仍保持原版的总论、植物分类学基础知识、裸子植物分类和被子植物分类4部分。为了使读者对种子植物的分类有比较全面的认识，教材中尽量包含农林类各相关专业所需的植物分类学知识，并兼顾我国南北方不同地区的植物特点，所记述的植物主要选取了在系统演化中有一定地位的、在我国植被组成中有重要作用的、具有一定生态意义的经济植物和资源植物，特别是对有特殊经济价值和生态意义的科和属均作了重点讲解，使之更能适应我国高等农林院校生物学、草原、草业、农学、园林、园艺、生态学、环境科学、植物保护、环境保护等专业对本版教材的需求。

本版教材修订由华南农业大学、内蒙古农业大学、甘肃农业大学、新疆农业大学、东北农业大学、中山大学、浙江大学、四川农业大学、山东农业大学、湖南农业大学的植物分类和植物学教师共同讨论，合作完成。其中被子植物主要采用柯朗奎斯特1981年的分类系统。具体修订编写分工：总论和植物分类学基础知识、木兰亚纲、姜亚纲由崔大方执笔；裸子植物分类由廖文波和崔大方执笔；被子植物分类中的金缕梅亚纲由胡宝忠和廖文波执笔，石竹亚纲由李造哲和彭卫东执笔，五桠果亚纲由周桂玲和陈考科执笔，蔷薇亚纲由李造哲执笔，菊亚纲由周桂玲执笔，泽泻亚纲由蒋道松执笔，槟榔亚纲由陈考科执笔，鸭跖草亚纲由李阳春、周永红和崔大方执笔，百合亚纲由傅承新和崔大方执笔，被子植物的起源与系统演化由陈考科执笔。

本版教材的大部分插图仍沿用了第二版的植物图，其他插图选自《中国树木分类学》、《广州植物志》、《新疆植物志》等，在此对原作者表示诚挚的谢忱。在改编本版教材过程中，华南农业大学王家琼同志协助文字处理工作，在此表示感谢。

由于作者水平和时间所限，本版教材仍难免有疏漏和不妥之处，诚恳地欢迎有关专家和读者批评指正，提出宝贵的意见。

编　者

2010 年 6 月

第二版说明

本书前由农业部组织新疆八一农学院、内蒙古农牧学院、甘肃农业大学有关教学人员集体编写，作为高等农业院校草原专业试用教材。自1980年出版以来，各院校已试用十多期，根据教学实践及专业师生提出的宝贵意见和建议，于1989年3月至1990年9月，经农业部教育宣传司批准，在内蒙古农牧学院富象乾教授主持下，编写组进行了认真的修改。

在本书改编时，我们根据草原专业教学的实际需要，本着突出重点，保持系统的原则，对原书中的某些部分进行了增删，文字力求简练，并重新编绘或增添了较多的植物插图和图解，以利于学生掌握教材内容，提高对植物类群的识别和鉴定能力。

本书内容包括：总论、种子植物分类学基础、裸子植物及被子植物分类四部分。前三部分由富象乾执笔，被子植物的离瓣花亚纲部分主要由甘肃农业大学李阳春执笔，合瓣花亚纲及单子叶植物部分由新疆八一农学院安争夕执笔。

本书植物分类部分所有图版中的植物图，绝大部分取材于《内蒙古植物志》各卷中的插图，根据需要重新编绘的。

在改编本书过程中，得到内蒙古农牧学院王六英同志协助编排校对，在此表示感谢。

由于我们的水平和时间所限，缺点和疏漏在所难免，诚恳地欢迎有关专家批评指正，并希望各院校今后在使用本书的过程中，提出进一步修改的意见。

编　者

1990年10月

第一版说明

《植物分类学》是高等农业院校草原专业试用教材，内容包括：绪论、植物分类学基础知识及种子植物分类三部分。在重点的第三章中，根据恩格勒系统介绍了我国（主要是北方）牧区常见的和重要的饲用植物的饲用评价，以及有毒、有害植物等。

本教材的编写旨在尽可能结合专业，反映国内外近代植物分类学的最新成就，可供有关的大专院校学生学习，也可作为草原工作者的自学用书。

本教材是由新疆八一农学院、内蒙古农牧学院、甘肃农业大学有关教学人员共同编写的。又经吉林师范大学草原研究室、甘肃师范大学植物分类研究室、内蒙古大学生物系、新疆大学生物系、宁夏农学院、中国农业科学院草原研究所、辽宁昭乌达盟草原工作站、新疆生物沙漠土壤研究所、新疆畜牧局草原处的十余位同志审阅、讨论并修改；甘肃师范大学王镜泉同志在甘肃农业大学协助工作时，参加部分稿件的编写，特此一并感谢。

由于这种类型的教材在国内尚无蓝本可以借鉴，因之它具有一定的探索性，加之编写时间短促，经验不足，所以缺点和错误在所难免，希望有关院校通过教学实践，提出改进的意见，以便进行修改，使它成为具有我国特色的、适合草原专业用的《植物分类学》教材。

编　者

1979年5月

目　录

第一章　总　　论

在广阔的自然界里生活着各种各样的植物，它们共同构成了地球上绚丽多彩、生机勃勃的植物世界。植物具有光合作用色素，能利用太阳辐射能进行光合作用，制造养分并作为自身的营养物质；植物资源在维持自然界的生态平衡中发挥着巨大的作用。

第一节　植物的多样性与植物分类学

地球上植物种类繁多，多样性丰富，已发现的植物约有 50 万种，包括藻类、菌类、地衣、苔藓、蕨类和种子植物。它们有的生活在陆地上，有的生活在水中；有的需要强烈的阳光，有的则喜欢光弱阴暗的地方等，从平原到高山，从沙漠绿洲到大洋海底，都存在着各种各样能够进行光合作用的绿色、褐色和红色植物。它们的大小、形态、结构、寿命、生活习性、营养方式、繁殖方式和生态特性等都是多种多样的，共同组成了复杂的植物界。例如，最小的支原体直径仅 0.1μm；而北美洲的巨杉，高可达 142m；种子植物中，银杏的寿命可长达 3 000 多年，而短命菊则仅需 1 周时间就完成了整个生活史。这些不同类型的植物多样性来自连续不断的物种形成过程，是植物有机体在与环境的相互作用中，经过长期不断的遗传变异、适应和选择等一系列的物质运动，有规律地演化而成的。现已知地球上种子植物有 25 万种以上，隶属于 12 600 多属，约 400 科；我国幅员辽阔，植物资源丰富，种子植物30 000余种，隶属于 3 400 余属，301 科，因此对其分类（classification）成为必要。

植物分类学是研究整个植物界不同类群的分类地位及其起源、来源关系以及进化发展规律的一门基础学科。广义的植物分类学（plant taxonomy）是研究植物的进化过程、进化规律并对植物进行具体分类的科学。如果把研究植物的进化过程和进化规律划分为植物系统学（plant systematics），而狭义的植物分类学则是研究植物的具体分类，包括种、种以上和种以下的分类。它的基本内容是提出一个能反映植物界各种群间性状异同、亲缘关系和进化历程的分类系统，借以对植物进行分类鉴别。植物分类学不仅是植物地理学、植物生态学的基础，也是草原、农学、林学、植物资源学、植物遗传学、植物生物化学和中草药学等学科的基础，并在开发利用植物资源方面起着重要作用。

植物分类学最基本的工作内容包括分类、命名和鉴定 3 个方面。

分类（classification）即分门别类，用比较、分析和归纳的方法，依据植物的演化规律及亲缘关系，建立一个合乎逻辑的分类阶元系统（system of categories）。每个阶元系统可以包括有任何数量的植物有机体，用于反映每一种植物的系统地位和归属。

命名（nomenclature）是把地球上的各种植物按照《国际植物命名法则》给予正确的名称；包括对植物有机体命名的制度和方法，以及对各种命名规则的建立、解释、应用等进行研究。

鉴定（identification or determination）是确定植物分类地位和名称的过程，也是植物学科中的一项基本技能。

植物分类学的任务，就是要以辩证唯物主义观点，研究自然界中客观存在的植物类群及其亲缘关系，研究各分类群的发生、发展和消亡的规律，目的在于使人们更好地认识植物，利用植物、改造植物和保护植物，从而为人类服务。

第二节　植物分类学的发展历史与研究现状

一、植物分类学的发展历史

植物分类学是一门有着悠久历史的学科，它是在人类识别植物和利用植物的社会实践中发展起来的。随着时代的推进，内容的更新和方法的进步，以及人类认识水平的提高，使它持续发展而不断地发生变化。回顾植物分类学的历史发展过程，可以划分为4个时期：史前与“本草学”时期、人为分类系统时期、自然分类系统时期和系统发育分类系统时期。

1. 史前与“本草学”时期　人类对于植物分类知识的积累和应用，早在有历史记载以前就开始了。原始人类采摘植物的果实和种子，挖掘植物的根和块茎等作为食物，还寻找药草来治疗疾病，因而接触并认识了一些植物。人类在长期的农业生产实践和向疾病作斗争中，逐渐地积累了许多认识和利用植物的经验，这可以从我国及世界各地出土的古代遗物中得到证实。例如，我国在黄河流域和长江流域的新石器时代的文化遗存中，就发现有大量经过栽培的稻谷；在瑞士新石器时代的水上住宅里，也曾发现有小麦、豌豆、亚麻、梨和苹果等种子。随着古代农业与医学的进步，植物分类的知识也就逐渐地发展起来。

我国是世界研究植物最早的国家。6 000～7 000年前，西安半坡遗址，就有了“花、草、谷物、树、叶”的雕绘。早在西周遗著《诗经》（前600）里就记载植物达200种以上。“植物”一词来自公元前475—前221年的周礼。《尔雅》（前476—前221）为最早的训诂书，载有植物近300种，并将植物分为草本和木本两类。我国纯植物分类的典籍，最早为西晋嵇含所著的《南方草木状》（304），列举了亚热带至热带植物80种，将植物分为草、木、果和竹4类，是我国也是世界上最早的一部区域性植物志。

我国劳动人民在长期与疾病斗争的实践中，创建了我国医药学这个伟大宝库。自6世纪至16世纪，我国的本草典籍很多，对植物分类学的发展也做出了巨大贡献。从我国有史可考的第一部本草——《神农本草经》问世以来，本草书籍不下400种（可惜有许多已经失传了）。东汉末年（25—200）《神农本草经》，记载植物药254种，并以药效为标准进行分类，分为上品、中品和下品3类。唐代李劼等著《唐新修本草》（659）记载药用植物844种，并有插图，将植物分为草、木、果、菜和米谷等目。宋代唐慎徽著《经史证类备急本草》（1082）记载药物1 748种，其中植物部分，先分草、木两部，每部再分上、中、下三品，蕨类与苔类亦均加入，具有现代药物学的形式。明代李时珍（1518—1593）是16世纪我国杰出的植物学家与伟大的医药学家。他博览前代诸家本草与古书800多种，历经27年长期上山采药，不但总结明代以前的药物学和植物学知识与经验，又以自己所收集的或是通过自己实践所获得的丰富资料，加以补充和发挥，终于著成《本草纲目》（1590）。全书收载药物1 892种，其中有药用植物1 195种。该书以植物的生态、生长习性、用途和含有物等作为分类依据，以纲、目、部、类和种作为分类等级，将植物分为木部、果部、草部、谷菽部及蔬菜部共 5 个部，如草部又可分为山草、芳草、隰草、水草、蔓草和毒草等，这种分类方法具有朴素的唯物主义观点，是一种人为的分类法。《本草纲目》是我国本草学具有世界影响的名著，对世界的医药学和植物学的发展起了一定的推动作用，其分类研究工作，比 Carolus Linnaeus 的《自然系统》（1735）还早了 100 多年，而且内容比较丰富。

继《本草纲目》之后，清代吴其濬著《植物名实图考》(1848)，记载我国植物 1 714 种，每种植物绘附精图，为我国植物图谱编纂之始。在植物分类方面，从应用角度和生长环境分为谷、蔬、山草、湿草、石草、蔓草、水草、芳草、毒草、群芳、果和木共 12 类。对每种植物记述其形色、性味、产地和用途等。对于植物的药用价值以及同物异名或同名异物的考证尤详，与近代植物分类专著基本相似，是我国 19 世纪中期一部科学价值很高的植物学专著。

在西欧方面，古希腊学者 Aristotle（前 384—前 322）开始了植物的研究。他的学生 Theophrastus（前 370—前 285）著有《植物的历史》（Historia Plantarum）和《植物的研究》(Enquiry into Plants) 两书，曾记载当时已知植物约 480 种，分为乔木、灌木、半灌木和草本，并分为一年生、二年生和多年生，而且知道有限花序和无限花序，离瓣花与合瓣花，也注意到了子房的位置。13 世纪开始，日耳曼人 A. Magnus（1193—1280）提出单子叶植物和双子叶植物的概念；Otto Brunfels（1464—1534）是第一个以花的有无，把植物分为有花植物和无花植物两类的学者。16 世纪，瑞士人 Conrad Gesner（1516—1565）提出分类上最重要的依据，应该是花和果的特征，其次才是茎和叶，并由此定出对植物属（genera）的概念；Charles de I'Eluse（1525—1609）通过对植物的精确观察和描述，最初设立了植物种（species）的见解；瑞士人 G. Bauhin（1560—1624）在《植物界纵缆》著作，记载植物 6 000 种，提出种加词（specific epithet）的概念，并首先使用双名法。

直到 17 世纪以前（我国延续到 19 世纪），植物分类一直停留在“本草学”的阶段，以辨认植物与命名为主，虽然那时已经对单子叶植物和双子叶植物的种子以及茎、叶和花的结构有所认识，但植物大类的划分却一直沿用体态特征、习性和经济用途等。偏重于个别种的描述，而忽视系统地归纳总结，更缺乏对植物亲缘关系的认识。

2. 人为分类系统时期 随着人们在生活与生产实践中观察各种植物的形态、构造、生活史和生活习性等，积累了很多知识，并进一步加以研究比较，找出它们的共同点和不同点。由此把很多具有共同点的种类归并成一个类群，又根据它们的差异分成若干不同的种类，按照等级顺序排列，就形成了人为的分类系统。如 16 世纪，意大利人 A. Caesalpino（1519—1603）著《De Plantis》被称为第一个植物分类学，记载植物 1 500 种，有豆科、伞形花科、菊科和十字花科等；18 世纪初，英国植物学家 John Ray（1628—1705）于 1703 年著《植物分类方法》(Methodus Plantarum) 一书，记述了 1 800 种植物，分为草本和木本。草本又分为不完全植物（无花植物）和完全植物（有花植物），后者又分为单子叶植物和双子叶植物，在木本植物中也分为单子叶植物和双子叶植物。再下则按果实类型、叶和花的特征区分，为建立自然分类系统奠定了基础。但他的系统仍然首先将植物划分为草本和木本，子叶的特征则放在次级的地位。

瑞典植物学家 Carolus Linnaeus（1707—1778）在他的《自然系统》(Systema Naturae，1735) 第一版中，以表格的形式发表了一个分类系统，他根据雄蕊的数目、排列的方式以及它和雌蕊的关系，将高等植物分为 24 纲；1737 年他著成《植物属志》(Genera Plantarum)，描述了 935 属；1753 年他又著成《植物种志》（Species Plantarum），描写了当时已知的植物 10 000 余种。他的工作是根据雄蕊的有无、数目多少和着生情况对植物进行分类，将植物分为 24 纲，其中第 1～13 纲为显花植物（如一雄蕊纲和二雄蕊纲等），第 24 纲为隐花植物，所建立的分类系统（称为生殖器官分类系统），奠定了近代植物分类学的基础，是人为分类系统的典型。这 3 部著作与其所主张的双名命名法（binomial nomenclature），对植物分类学的发展起了巨大的推动作用。

总之，这一时期分类系统是根据首先选定的一个或少数几个特征，然后划分植物类群的。

3. 自然分类系统时期 Carolus Linnaeus 在晚年对自己的系统感到不满意，主张植物分类部分的最初与最终目的，都在于寻求自然法则。他曾致力于自然系统的建立，但终未能完成。1751 年，他在《植物学的哲学》(Philosophia Botanica) 一书中介绍了一个“自然系统的片段”，采用了植物许多共同性状，将他建立的属排列到 68 目（相当于现代的科）中，已具有自然系统的雏形。此后的 100 多年中，西欧的一些植物学家提出了几个著名的自然系统。

法国植物学家 Bernard de Jussieu（1699—1776）和他的侄儿 Antoine Laurent de Jussieu（1748—1836）于 1789 年完成了一个比较自然的分类系统，成为自然分类系统的奠基者。他们接受了英国植物学家 John Ray 的观点，以子叶为主要分类特征，也接受了 Carolus Linnaeus 的观点，重视了花部的特征。但 Jussieu 系统仅是自然系统的开端，其中还有很大的人为性。

瑞士植物学家 Augustin Pyramus de Candolle（1778—1841）于 1813 年提出了一个新的分类系统，他修正并补充了 Jussieu 的系统，肯定了子叶数目和花部特征的重要性，并将有无维管束及其排列情况列为门、纲的分类特征。

德国植物学家 August Wilhelh Eichler（1839—1887），以植物形态学为分类根据。对植物界进行了全面研究，于 1883 年完成了一个新的分类系统。他正确地区别了裸子植物与被子植物。被子植物则分为单子叶植物与双子叶植物，而后者又分为离瓣花类与合瓣花类。

英国植物学家 George Bentham（1800—1884）与 Joseph Dalton Hooker（1817—1911）于 1862—1883 年，在他们的《植物属志》(Genera Plantarum) 中，发表了一个新系统。这个系统以瑞士植物学家 Augustin Pyramus de Candolle 系统为基础，对花瓣的合生与否特别重视，把全部种子植物分为双子叶植物、裸子植物和单子叶植物 3 个纲。他们的优点在于把多心皮类放在被子植物最原始的地位，而把无花被类列于次生地位，但缺点是把裸子植物放在单子叶植物与双子叶植物之间。Bentham - Hooker（边沁-虎克系统）使自然系统达到了全盛时期。

总之，这一时期所根据的原则是以植物相似性的程度，决定着植物的亲缘关系和排列。从 16 世纪到 19 世纪中叶以前，这个时期主要特点是采集标本，鉴定名称，编写世界各地的植物志。植物分类系统的提出，是从林奈时代开始的，但由于系统提出者所处的历史条件，不可能摆脱时代总观点的支配，这个总观点的核心就是自然界绝对不变。尽管如此，这个时期仍然可以看做现代分类系统的奠基时期。

4. 系统发育分类系统时期 英国博物学家 Charles Darwin（1809—1882）于 1859 年出版了《物种起源》(Origin of Species) 一书，创立了生物进化学说，成为现代生物学的基础。他的学说，彻底摧毁了唯心论和形而上学对科学的统治，推翻了上帝创造世界与物种不变的观念。随着 Charles Darwin 生物进化学说的提出和确立，给植物分类的研究提出寻找分类群间亲缘关系的任务，树立了植物界系统发育的观点，这就进入到系统发育分类系统时期。

19 世纪后期以来，受 Charles Darwin 进化论思想的影响，分类学家从比较形态学、比较解剖学、古生物学、植物化学、植物生态学和细胞学等不同角度，对植物各方面的性状进行比较分析，逐渐建立起一些能客观反映植物界进化情况、体现植物各类群亲缘关系的自然分类系统，又称系统发育分类系统（phylogenetic system）。

关于被子植物起源的学说，在当时世界上形成了两个学派，即所谓的假花学派和真花学派，前者以德国学者 A. Engler（1844—1930）和奥地利学者 Wettstein 为代表，后者以 J. Hutchinson（1884—1972）为代表。但是不管哪一学派，建立系统的原则都是根据植物形态演化的趋势，来决定植物类群的位置和亲缘关系的。现代的分类系统，大多数就是以这两派的系统为基础而发展起来的。

假花说（pseudanthium theory）认为，被子植物的花是由单性孢子叶球演化来的，只含有小孢子叶或大孢子叶的孢子叶球演化成雄性或雌性的柔荑花序，进而演化成花。因此，被子植物的花，不是一朵真正的花，而是一个演化了的花序。基于此说，将柔荑花序类作为最原始的被子植物，把多心皮类看做较为进化的类群等，现在赞成这一观点的人已经不多了。如德国植物学家 A. Engler 与 K. Prantl（1849—1893）于 1887—1899 年刊布了《植物自然分科志》（Die Naturalischen Pflanzenfamilien），其后 A. Engler 与 L. Dieles 合著《植物分科志要》（Syllabus der Pflanzenfamilien），这两部巨著均采用了自己的分类系统。H. Melchior 在 1964 年修订了 A. Engler 的《植物分科志要》，基本的系统大纲没有多大改变，仍然将双子叶植物分为原始花被亚纲和变形花被亚纲，但将单子叶植物放在双子叶植物之后。对于一些目的系统位置及科的划分做了较多的变动，将 A. Engler 系统中的 295 科增加到 344 科，其中双子叶植物增加了 40 个科，单子叶植物增加了 9 个科。

真花说（euanthium theory）是与假花说完全相反的一种设想。它认为被子植物的花，是由已绝灭了的裸子植物中的本内苏铁目（Bennettitales）的两性孢子叶球演化而成的，即孢子叶球主轴的顶端演化为花托，生于伸长主轴上的大孢子叶演化为雌蕊，其下的小孢子叶演化为雄蕊，下部的苞片演化为花被。因此，被子植物被认为是起源于拟苏铁植物，而多心皮类是原始的被子植物。如英国植物学家 J. Hutchinson 在他所著的《有花植物科志》（The Families of Flowering Plants）中公布的分类系统，该书共分两册，分别于 1926 年和 1934 年出版，其后于 1959 年第二版中作了修订，在他逝世之前又完成了第三版的修订，1973 年他的儿子 Joan Hutchinson 继续完成了出版工作，至 1973 年经数次修订，将原先的 332 科增至 411 科。

20 世纪 60 年代以来，修订或提出的有花植物分类系统主要有 7 个：①A. Cronquist 系统（1968、1978、1979、1981）；②R. Thorne 系统（1968、1976）；③A. Takhtajan 系统（1969、1980）；④J. Hutchinson 系统（1959、1973）；⑤C. R. Soo 系统（1967、1975）；⑥R. Dahlgren 系统（1975、1980）；⑦H. Melchior 系统（1964）。在这些系统中，目前世界上运用比较广泛的仍然是 A. Engler 系统和 J. Hutchinson 系统，但是受到推崇和影响较大的却是 A. Cronquist 系统和 A. Takhtajan 系统。

A. Cronquist（1981）系统和 A. Takhtajan 系统（1980）是以植物形态为主，在总结前人经验的基础上，又综合了近代科研成果，如植物解剖学、植物细胞学、孢粉学、胚胎学、遗传学、生物化学和植物地理学等，吸收了其中的合理部分，而充实制定了他们的被子植物系统。

被子植物是在形态和结构上达到了高度发展的类群。Charles Darwin 以后 100 多年来，分类学家们以生物进化学说为依据，以植物的形态、结构以及生态学等方面的特征为基础，尤其是现代植物分类学家不断吸取古植物学、解剖学、生物化学、细胞学、孢粉学、胚胎学以及植物地理学等方面向分类学所提供的资料，对被子植物进行了分类，并力求建立一个完善的系统发育的分类系统，以说明被子植物的演化关系，但由于化石证据的极端缺乏，各种假说和推论纷纷出现，并将研究的着重点放在对现存有花植物的研究方面，因而引起了问题的复杂化。以前所提出的分类系统，不管著作者们的声明如何，都不能说臻于完善，也不能说确可反映被子植物系统发育的真正亲缘关系。一些西欧植物分类学家，以 Davis 和 Heywood 为代表，他们认为在目前情况下，要追求建立真正的系统发育系统是不可能的。主张利用一切可以利用的性状和证据，得出一个以全面相似性为依据的系统，其中包含有进化观点，但并不绝对地追求各类群的起源关系，这样的系统称为自然系统（natural system）。

现在为了某种应用上的需要，各种人为分类系统至今仍在使用，如经济植物学中以食用、油料、纤维、香料和药用植物等进行分类；园艺植物学中往往为便于园艺植物的栽培利用和研究需要，一般按照生物学特性（草本和木本）、生态适应性（落叶和常绿）和用途（果、菜和花）等方面进行分类。

二、植物分类学的研究现状

近几十年来，现代科学技术的应用，使植物分类学得到了迅速发展，出现了许多新的研究方向和新的边缘学科，如实验分类学、细胞分类学、化学分类学和数值分类学等。特别是生物化学、分子生物学的发展以及对生命的基本物质蛋白质、核酸的深入研究，所取得的丰富成果，有力地推动了经典分类学（classical taxonomy，就是运用形态地理学理论和方法开展的分类学研究）从描述阶段向着客观的实验科学阶段的进展。

1. 实验分类学 实验分类学（experimental taxonomy）是用实验方法研究物种起源、形成和演化的学科。经典分类学对种的划分，常不能准确地反映客观实际，忽视生态条件对一个物种的形态习性的影响。有些类型表现出许多形态变化，难以划分，这些问题有待从实验分类学的研究中得到解决。实验分类学的内容相当广泛，如改变生态条件进行栽培试验，以解决分类中较难划分的种类；物种的动态研究，探索一个种在它的分布区内，由于气候及土壤等条件的差异所引起的种群变化，以此来验证过去所划分的种的客观性；细胞质及细胞核的移植，是加速人工控制物种发展的新途径，而基因移植又使实验分类学进入更高阶段。

19 世纪末，当 Charles Darwin 的生物进化学说被倡导之后，促使许多植物学家就环境对植物种群的影响进行了广泛的实验。奥地利植物学家 Kerner（1895 年），把 2 种低地生长的植物，种在 2 个不同的实验园里，结果清楚地表明可塑性和耐受性在有花植物中广泛地存在。瑞典生态学家 Turesson 所做的实验表明，种是由适应上明显不同的若干种群（居群）（population）所组成的。他注意到一些生于海边的植物，生长得低矮或匍匐，而同一种植物生长在平原地区的却是直立的。认为这种形态差异与遗传变异有关。若把这 2 种类型的植物种植在同样的条件下，则可看到这些差异还继续存在（即匍匐的和直立的特征）。如此说明，这些比较稳定的差异是由于基因型不同所致。Turesson 把这些遗传-适应的种群叫做生态型（ecotype），并把生态型解释为"一个种对某一特定生活环境发生基因型反应的产物"。后来一些学者的大量研究，进一步地证实和丰富了 Turesson 的观点。美国学派（Clausen、Keck、Hiesey）主张范围大的生态型，在分类上处理为亚种，而 Turesson 认为它们在分类上接近变种。由此看来，实验分类学与生态学、遗传学是密切相关的。

此外，实验分类学还开展了物种的动态研究。探索一个种在其分布区内，由于气候及土壤等条件的差异，所引起种群的变化，来验证分类学所划分的种的客观性。实验分类学的另一途径，是采取种内杂交及种间杂交的方法，来验证分类学所做出的自然界种群发展的真实性。同种之内个体相交的可孕性，以及它们同别种个体杂交的不育性，已经成为一般规律。因此，在种的等级上有时利用能否杂交的现象，来解决分类上存在的问题。此外，植物分类学方面不断发现自然界存在着天然杂交现象，可以通过人工杂交来验证由于天然杂交得到的种群发展的真实性。人工杂交的方法也用于属内及属间的种类。

近代分子生物学的进展，使实验分类学由细胞水平跨入分子水平的领域。细胞质及细胞核的移植，是加速物种形成及人工控制物种发展的新途径，而基因的移植又使实验分类学走向更高级的阶段。

2. 细胞分类学 细胞分类学（cytotaxonomy）是利用染色体资料探讨分类学问题的学科。一个种的染色体的数目通常是稳定的。细胞有丝分裂中期，染色体表现出典型形态，这是识别染色体个体性状和研究整个细胞染色体组（核）型的适宜时期。一个个体或种的全部染色体的形态结构，包括染色体的数目、大小、形状、主缢痕和副缢痕等的总和称为染色体组型，亦称为核型。一般认为，不对称的核型是进化的。从 20 世纪 30 年代初期起，人们就开始了细胞有丝分裂时染色体数目和形态的比较研究。这种研究逐渐发展成为"细胞分类学"。染色体的数目在各类植物中，甚至在不同种中是不一样的，对划分类群具有参考意义。染色体在减数分裂时的配对行为，则有助于理解种群的进化和关系。目前与分类学有关的基本内容是染色体显带、染色体数目、染色体形态、减数分裂时染色体的行为等。

过去在细胞分类学的研究中，大量的工作是集中在染色体数目上。据不完全统计，进行染色体计数的，蕨类植物有 2 000 多种，约占蕨类植物的 1/5；种子植物有 20 000 多种，约占总种数不到 1/10。这项研究在国际上发展是不平衡的。从整个植物界的情况分析，则裸子植物领先，被子植物及蕨类植物次之。从研究的性质来看，有从地区分布角度去研究的；也有从植物类群角度去研究的；也有从特殊情况如被子植物中新的和稀罕种群去研究的。

到目前为止，约 50%的有花植物已经做过染色体数目统计，利用这些资料已修正了分类学的部分错误。如芍药属（*Paeonia*）以前归属于毛茛科（Ranunculaceae），但该属染色体基数 $x=5$，个体较大，这和毛茛科多数属的基数很不相同，支持了许多分类学家结合其他特征，将芍药属从毛茛科中分出，独立为芍药科（Paeoniaceae）的观点。

染色体的数目作为分类证据的价值，就在于它在种内通常是稳定的，也就是一个种的各个植株一般均具有相同的染色体数目，但也有例外的情况。在有花植物中，体细胞染色体的数目有很大的变化，由几个到几百个，如 *Haplopappus gracilis*（一种菊科植物）的 $2n=4$，而 *Poa litorosa*（一种禾本科植物）的 $2n=266$。被子植物中已计过数种类的染

色体平均数为 $2n=32$ 左右，蕨类植物的染色体数目普遍较高，平均数为 $2n=54$ 左右。

从染色体的数目来看植物的类群，有的整个类群的染色体没有差别。如木兰目里大多数科的染色体数目相同，$x=19$；松属（*Pinus*）及其近缘属的 $x=12$；栎属（*Quercus*）$x=12$。在这样的一些类群内部染色体数目并无分类学意义，但在类群之间，就可能具有分类学价值。此外，有的染色体数目在一个类群中很不相同。如石竹科的染色体数目 $x=6$、9～15、17、19。菊科的还阳参属（*Crepis*）、报春花科的报春花属（*Primula*）内百余种，每个种的染色体数目都有差别。另外，有些是染色体数目在一个类群中有共同的基数 x，而其染色体数目是成倍数地增加着，最低有二倍的（$2x$），可以有四倍的、八倍的或三倍的、六倍的等。这种简单的倍数对于分类学家来说却有很大价值，它往往反映出伴随有其他方面的差别。

多倍体在所有植物类群中都有或多或少的发现。它们的分布很不规则，与类群进化地位无关。多倍体在被子植物中的比例估计有 30％～35％（Stebbins，1938），分布很不规则。如山毛榉科、桑科、小檗科、花葱科和葫芦科等几乎没有或完全没有多倍体种属，而在蓼科、景天科、蔷薇科、锦葵科、五加科、禾本科和鸢尾科等科中，多倍体种属特别多。它在科内的分布也很不规则。一般多年生草本中多倍体比较高，一年生草本较低，木本植物最低。这一比例在热带种属中情况不一定符合。

植物中除了染色体数目上的不同外，染色体的形态、大小和总体积上也有不同，包括随体的数量和大小以及异染色质的分布等，这些也为分类学提供了有力证据。染色体组型分析，应用于种级分类要比染色体数目这一特征更为重要，尤其近年来显带技术的发展，使在一般染色情况下 2 个极为相似的组型，显示出不同的带型。

除了在有丝分裂基础上的比较细胞核学研究之外，近年来又开展了减数分裂阶段有关染色体行为和动态的研究，通过杂交试验进行了花粉母细胞减数分裂中期Ⅰ染色体配对行为和繁育特性分析，来查明染色体交叉频率和染色体的改建。包括染色体不足或分裂、重叠、倒位和移位。这项工作已在牡丹属（*Paeonia*）、月见草属（*Oenothera*）、风铃草属（*Campanula*）、还阳参属（*Crepis*）、重楼属（*Paris*）、紫花鸭跖草属（*Tradescantia*）、雀麦属（*Bromus*）的一些种及小麦族（Triticeae）的许多代表种中研究过，并取得较好的结果。如小麦族（Triticeae）属间细胞学研究中，St、H、P、E、Y、W 及 Ns 是小麦族多年生物种中的几个基本基因组，其中 St 染色体组来源于拟鹅观草属物种，H 染色体组来自于大麦属（*Hordeum*），而 Y 染色体组的起源仍然未知。拟鹅观草属当中的 St 染色体组是小麦族中极为重要的染色体组供体。St 与其他染色体组组合，构成了许多异源多倍体属，如鹅观草属（*Roegneria*）（St Y）、披碱草属（*Elymus*）（St H）、以礼草属（*Kengyilia*）（St YP）、杜威草属（*Douglasdeweya*）（St P）、裂颖草属（*Sitanion*）（St H）和被毛草属（*Trichopyrum*）（Ee St）等，故要弄清 St 染色体组的变异与分化及 St 染色体组与其他染色体组之间的亲缘关系，是研究小麦族多年生物种的系统演化奠定了基础。

综上所述，细胞学资料作为研究分类学的一个方法，在类群的划分和查明类群的进化顺序上很有价值，它是好的标志性状（V. H. Heywood，1976）。但是应当注意到并不是所有科、属植物染色体的研究，都能够绝对说明问题。尤其在种的划分上，如果单纯地依靠染色体的差异，而不管形态如何，就来建立新种，是不够妥当的。应当进行综合考虑，而把细胞学的资料仅仅看成分类学的参考证据之一。

3. 化学分类学 化学分类学（chemotaxonomy）是利用化学特征来研究植物各类群间

的亲缘关系，探讨植物界的演化规律，也可说是从大分子水平上来研究植物分类和系统演化的一门学科。化学资料作为分类学证据的研究，已有近200年的历史。植物化学分类学，旨在利用化学的特征来研究植物体的变异规律，揭示物种在分子水平上所反映出来的特有现象，从而探索各种植物之间的亲缘关系和起源。

长期以来，植物分类学家都在致力于如何把植物之间的亲缘关系认识得更正确些，建立一个更加符合客观实际的自然分类和系统发育系统，这就要求综合更多的证据来加以判断。因此，化学特征也就越来越被人们所重视。

植物分类学家 A. Cronquist、A. Takhtajan 和 V. H. Heywood 等人认为，化学证据对于分类学有着决定性的意义，在很多情况下，化学分类的资料可使分类学作出重大的和正确的修正。例如，把罂粟目（Rhoeadales）分为罂粟目（狭义的）（Papaverales）和白花菜目（Capparales），因为罂粟目有白花菜目所不具有的苯甲基异喹啉和另外一些生物碱；把中央种子目（Centrospermae）分为藜目（Chenopodiales）和石竹目（Caryophyllales），因为前者含有甜菜色素，而后者却无。又如，把芍药属从毛茛科中分出而成为独立的一科，在化学成分上得到了支持，因为芍药属不含毛茛科植物普遍含有的毛茛苷（ranunculin）和木兰花碱（magnoflorine）。另外一方面，某些亲缘相近的种类，有时含有某些相同的化学成分，这样就可以化学成分的相似性来推断其亲缘关系或作为划分类群的参考。

植物化学分类学的主要研究任务是探索各分类等级（如门、纲、目、科、属和种等）所含化学成分的特征和合成途径；探索和研究各化学成分在植物系统中的分布规律以及在经典分类学的基础上，从植物化学组成所表现出来的特征，并结合其他有关学科，来进一步研究植物的系统发育。例如，对甜菜拉因和人参属的化学分类研究。

甜菜拉因（betalain）是一类植物色素，它只分布在中央种子目中，而且与花色苷的分布互相排斥。该目包括商陆科、紫茉莉科、粟米草科、番杏科、仙人掌科、马齿苋科、落葵科、石竹科、藜科、苋科和刺戟草科。从形态上看，石竹科和粟米草科属于中央种子目，但它们均不含甜菜拉因而含花色苷，因此植物分类学家认为应将石竹科和粟米草科分出来，另立石竹目。

对人参属（*Panax*）的化学分类研究证明，人参属植物可分为两个类群。第一类群，根状茎短而通常直立，具胡萝卜状肉质根；种子大；在化学成分上所含三萜皂苷元以达玛烷型四环三萜为主；在地理分布上，表现了分布区狭小和间断分布的特点，是人参属的古老类群，如人参（*Panax ginseng* C. A. Mey.）、西洋参（*Panax quinquefolium* Linn.）和三七［*Panax notoginseng*（Burk.）F. H. Chen］等是这一类型的代表植物。第二类群，根状茎长而匍匐，肉质根常不发达或无；种子较小；在化学成分上，所含三萜皂苷元以齐墩果烷型五环三萜为主；在地理分布上表现了分布区较广而连续的特点，是人参属的进化类群，代表植物有姜状三七（*Panax zingiberensis* C. Y. Wu et K. M. Feng）、屏边三七（*Panax stipuleanatus* H. T. Tsai et K. M. Feng）、竹节参（*Panax japonicus* C. A. Mey.）及其变种狭叶竹节参［*Panax japonicus* var. *angustifolius*（Burk.）Cheng et Chun］、珠子参［*Panax japonicus* var. *major*（Burk.）C. Y. Wu et K. M. Feng］和疙瘩七［*Panax japonicus* var. *binnatifidus*（Seem.）C. Y. Wu et K. M. Feng］。

植物的大分子化合物的研究，对于植物的分类起着十分重要的作用。应用大分子化合物来研究植物分类，首先要提到的是血清学研究，它所涉及的分类等级，从杂种的来源、种间关系直到科间关系的探讨。

运用血清鉴别法来判断植物的亲缘关系，早在20世纪初为德国人Mez（1926）和他的同事所发展，但一直不大引人注意。这种研究方法利用沉淀反应作为判别指标。它是从某一种植物中提取蛋白质，注射到兔子身上，使兔子血清中产生抗体，然后提纯含有抗体的血清，即为抗血清，并将要试验的另一种植物的蛋白质悬浮液（抗原）与之相混合，这样抗血清中的抗体就和抗原相遇而产生沉淀反应。可根据抗原与抗体是否为特异性结合，来判断试验的植物体中蛋白质是否同源，或者根据沉淀反应量的大小，来判断试验植物中蛋白质相似性的程度。一般说来，血清学研究所得到的结果和依据形态学等其他资料所得到的亲缘关系是相关的。

最近由于分子生物学的兴起和发展，尤其关于核酸和蛋白质化学的发展，使人们有可能从生物大分子的特征比较来探讨植物的自然系统。在血清学研究领域里做了大量工作的，多集中在毛茛科、十字花科、豆科、伞形科、茄科、忍冬科、葫芦科、唇形科、茜草科与禾本科等。

4. 数量分类学 数量分类学（numerical taxonomy）是基于形态学特征分类的基础上，应用数学方法和电子计算机来研究生物分类问题的边缘学科，又称数值分类。它使植物分类学的研究从定性的、描述性的水平引向精确的、定量的水平。大量的实践已经证明，数量分类方法能够对大量生物学性状进行比较全面的综合分析，摆脱了传统分类的主观性，能够得出比较正确的分类结果。目前常用的数量分类方法是以表型特征为基础，利用大量的性状特征，包括形态、结构、遗传、生化成分和生态学上的性状，通过采用尽可能多的性状，等权处理，将所有的性状信息，浓缩为运算分类单位（operational taxonomic unit，OTU）间的相似性系数，形成相似性系数矩阵，然后进行聚类分析。它不仅运用的性状数量多，运算的速度快，而且比较客观没有偏见，这是以往分类学家难以做到的。这是一种客观的、量化的、直观的探讨植物类群间亲缘关系的现代方法。经过这样处理所得到的分类群之间的关系，不是依据种群发生的偶然性，而是凭借着大量的性状而经过精确计算得来的。例如，根据选取人参属52个形态性状、细胞学性状和化学性状，对中国人参属10个种和变种进行数值分类学研究，进一步证明化学分类研究把人参属分为两个类群基本上是合理的。研究表明，达马烷型皂苷的含量与根、种子和叶片的锯齿性状有密切关系。种子大、根肉质肥壮、叶片锯齿较稀疏，达玛烷型四环三萜含量就高。齐墩果酸型皂苷的含量与果熟时具黑色斑点这一性状十分一致，与根状茎节间宽窄、花序梗长短（花序梗长与叶柄长之比）也有关。

数量分类学通常包含下述4个基本步骤。

（1）选择运算分类单位 进行数量分类工作的第一步是要确定运算分类单位，它可以是个体、品系、种、属或更高阶层的。被划分的单位，称为运算分类单位（operational taxonomic unit，OTU）。

（2）选择运算分类单位的表型特征 分类单位确定后，就要选择运算分类单位的表型特征，并记录和测量各分类群的所有特征资料。为了获得稳定和可靠的分类结果，特征数量至少要在50个以上，最好100个或更多。特征选出后，则按次序编号，1、2、3、4、…、n为止。再将特征进行编组，每组一般含2个对立的特征。如Ⅰ组：1. 叶全缘，2. 叶分裂；Ⅱ组：3. 花红色，4. 花白色，以此类推。两项对立特征，非此即彼，用“＋”或“－”表示，当缺乏某种特征资料时，可用NC（无特征）表示。如果选择t个运算分类单位，每个运算分类单位有n个特征，那就可以排列成一个$t \times n$的矩阵（表1-1）。

表 1-1　OTU 编码的数据表（$t\times n$ 表）

特征＼分类单位	A	B	C	D…… t
1	+	+	−	NC……
2	+	+	+	+……
3	+	+	+	−……
4	−	+	NC	NC……
5	+	+	+	+……
6	+	+	−	+……
7	+	+	−	NC……
8	NC	−	+	+……

（3）相似性的测定　计算各运算分类单位间的相似性，可用相似性 S 系数（又称相似系数）来表示，有一个简单公式

$$S=\frac{N_s}{N_s+N_d}$$

式中，S 为各运算分类单位间的相似性系数；N_s 为 2 个运算分类单位共有的“+”的特征数；N_d 为 1 个运算分类单位为“+”，而另一个与它相比较的运算分类单位为“−”的特征数。

当 $S=100/100$ 时，表示 2 个相比较的运算分类单位完全相似；$S=0$ 时，则完全不相似。

如上公式计算方法，把每个运算分类单位的 S 系数计算出来，可以列成表。如有 10 个物种时，其相似性矩阵见表 1-2。

表 1-2　10 个假设物种相似性矩阵表

	A	B	C	D	E	F	G	H	I	J
A		50	30	40	30	20	60	90	10	70
B			20	30	50	50	70	60	40	80
C				70	50	70	10	40	60	30
D					40	60	20	50	70	50
E						60	60	10	70	30
F							20	30	70	30
G								50	50	50
H									20	80
I										20
J										

（4）簇分析（cluster analysis）　把上述相似性矩阵进行重排，把那些彼此有高度相似性的运算分类单位 S 集中在一起形成簇，称为表征群（phenon）。就可以把这些簇分阶层地排成树状图（dendrogram）（图 1-1）。这种树状图是表型分类图（phenogram），不是系统分类图，然后根据相似值规定分类等级。

5. 分子系统学 分子系统学（molecular systematics）是在分子水平对植物进行系统学研究，它是利用丰富的生物大分子数据，根据统计学方法进行生物体间以及基因间进化关系的研究，其研究结果对于保护生物多样性（尤其是遗传多样性），揭示生物进化历程及机理具有重要的意义。分子系统学主要包括两大领域，种群（群体）遗传学（population genetics）和系统发生学（phylogenetics）。群体遗传学是根据遗传学原理，采用数学、统计或其他方法研究生物群体的遗传结构及其变化规律以及种群演化规律的一门学科，主要研究种内进化，系统发生学主要研究物种多样性和种间系统发生。随着分子生物学和计算机软件技术的发展，分子系统学也得到了迅速的发展。

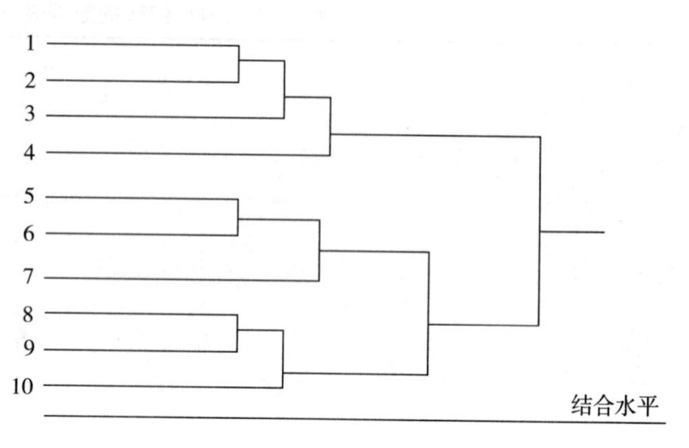

图 1-1 表型分类树状图

近几十年来，随着分子生物技术的进步，遗传多样性研究经历了从简单到复杂、从宏观到微观、从定性到定量的发展过程。遗传多样性的检测也从传统的形态学、生理生化水平逐渐发展到当前的染色体及 DNA 水平。不同检测方法可获得大量的连续性数据（如数量理化性状）或离散性数据（如带的有无），这些数据为进一步解释和揭示物种的群体遗传结构、遗传分化、基因流动、分子进化等规律及现象提供了可能。

1904，Nuttall 第一次把生物大分子证据应用于系统学分析，他用血清学中的交互反应（cross-reaction）研究了不同类群的动物间的系统发育关系。20 世纪 50～60 年代，分子系统学的研究主要在蛋白质水平上进行。1966 年 Hubby 等应用同工酶电泳证明了动物自然群体中存在着大量的遗传变异，等位酶、同工酶电泳技术开始成为分子系统学的热点技术。70 年代，分子系统学研究进入核酸水平时期。80 年代以来，以聚合酶链式反应（PCR）和 Southern 杂交为基础发展了一系列衍生技术，如随机扩增多态性 DNA 技术、DNA 指纹图谱技术和扩增片段长度多态性技术等。近几年来又发展了微卫星 DNA 指纹图谱技术及核酸序列测定技术，自此，分子系统学在 DNA 水平的研究飞速发展并取得了大量的显著性成果。

分子生物学的不断发展为植物的研究提供了良好的契机，人们得以从分子水平探讨植物的群体遗传和种间变异、进化规律，从而产生了分子系统学（molecular systematics）。植物分子系统学的发展就对过去几百年依据外部形态性状建立的植物系统分类做出了令人信服的评价，对于那些用形态性状无法确定系统关系的植物类群，利用分子性状常常能迎刃而解，从而确定它们的系统位置。分子标记是以生物的大分子尤其是生物体的遗传物质—核酸的多态性为基础的遗传标记。近年来，直接检测 DNA 的分子标记技术得以迅速发展和应用。与其他 3 种遗传标记相比，分子标记具有如下优点：①直接以 DNA 的形式表现，不受组织类别、发育时期、环境条件等干扰；②数量极多，可遍及整个基因组；③多态性高；④不影响目标性状的表达，与不良性状无必然的连锁遗传现象，表现为“中性”。目前较广泛应用的分子标记有 RFLP、RAPD、AFLP、SSR、STS、SCAR 等。

（1）RFLP（restriction fragment length polymorphism） RFLP 即限制性片段长度多态

性，是最早发展的DNA标记技术，由Bostein D等提出，Jeffreys等首先从人肌红蛋白基因内含子中卫星区的核心序列，克隆了8个小卫星探针，建立了人的RFLP技术。RFLP是指基因型之间限制性片段长度的差异，这种差异是由限制性酶切位点上碱基的插入、缺失、重排或点突变所引起的。其基本原理是用限制性内切酶把DNA分子降解成大量的长短不等的小片段，这些小片段的数目及长度反映了限制性内切酶酶切位点在DNA分子上的分布。不同来源的DNA具有不同的限制酶酶切位点的分布，每一种DNA限制酶组合所产生的片段是特异的，从而产生多态性。RFLP技术涉及DNA片段的克隆、杂交探针制备、基因组DNA的提取、限制酶消化、琼脂糖凝胶电泳、Southern印迹转移和分子杂交等一系列分子生物学技术，因此操作复杂、成本高、效率低，并且不易获得足够而有效的探针。

（2）RAPD（random amplified polymorphic DNA） RAPD又称AP-PCR（arbitrary-primed PCR）和DAF（DNA amplifie fingerprinting），是利用短的随机引物通过PCR扩增个体基因组DNA来体现多态性的分子标记技术，它快捷简便，成本低廉。通常采用10个碱基的寡核苷酸为引物。不同来源的DNA，具有不同的DNA引物结合位点，从而在RAPD-PCR反应中获得不同的扩增产物，再经凝胶电泳分离，染色后即可观察。这种标记继承了PCR的优点，与其他分子标记技术相比具有如下优点：①合成一套引物可以对没有任何分子生物学研究的物种进行DNA多态性分析，不具种属特异性；②无需制备克隆、标记探针、Southern印迹和分子杂交等工作，具有PCR的优点，简便迅速，实验成本低；③样品用量少，灵敏度高。

（3）AFLP（amplified fragment length polymorphism） AFLP即扩增片段长度多态性，是RFLP技术和PCR技术的结合，是荷兰科学家Zabeau等发明的一项专利技术。将基因组DNA用两种限制性内切酶消化后，和两种连接子（adapter）双链DNA连接，用2个分别能和连接子DNA退火且在3′端附加了1～2个随机碱基的选择性引物对酶切连接后的DNA扩增。此后再进行第二次PCR反应，所用的引物是在第一次PCR中使用的选择性引物的3′端又附加了1～3个随机碱基并用同位素等标记的寡聚核苷酸。AFLP标记为显性标记，但多态性强，利用放射性标记引物，PCR扩增产物在变性聚丙烯酰胺凝胶上分离后可检测到100～150个扩增片段，因而非常适合绘制品种的指纹图谱及进行分类研究。AFLP比RAPD稳定性好，重复性强，但实验程序比RAPD复杂，需使用同位素等办法标记引物，成本较高。

（4）SCAR标记 这种标记也是在微卫星和RAPD标记基础上发展起来的，为了提高RAPD分析的稳定性，在对基因组DNA作RAPD分析后，对目标RAPD片段进行克隆并对其末端进行如同微卫星引物两端序列的测定，设计特定的引物，对基因组DNA片段再进行PCR特异扩增，这样就把与原RAPD片段相对应的单一位点鉴别出来。SCAR标记结合了微卫星和RAPD标记，为共显性遗传，具有高度重现性，可应用于基因定位和作图等。

（5）SSR（simple sequence repeat）标记 这种标记又称微卫星DNA，是真核基因组中广泛存在着由1～6个碱基对组成的简单重复序列。SSR广泛分布于真核生物基因组中，少数原核生物基因组中也有，而且分布比较均匀，每隔10～50kb就存在1个微卫星，其主要以两个核苷酸为重复单位，也有一些微卫星重复单位为3个核苷酸，少数为4个核苷酸或者更多，如$(CA)_n$、$(GA)_n$、$(GAA)_n$、$(GATA)_n$等。SSR标记因为具有共显性、高度重复性、高度丰富的多态性等优点，成为构建遗传连锁图谱、基因定位、品种指纹图谱绘制、品种纯度检测、分子标记辅助育种、目标性状分子标记筛选的理想工具。目前，在植物基因组中SSR标记研究非常活跃，已在拟南芥、花生、葡萄、苹果、番茄、辣椒和甜菜等多种园艺植物上得到广泛的应用。

(6) ISSR (inter-simple sequence repeat) 分子标记　这是一种基于SSR微卫星序列发展起来的十分有效的分子标记。基于微卫星随机分布于真核生物基因组内，ISSR利用人工合成的16～18个核苷酸重复序列作为引物，在引物的3′端或5′端加上2～4个随机选择但通常是简并的核苷酸，对传统意义上SSR之间的DNA序列进行PCR扩增，而不是扩增SSR序列本身。与SSR相比，ISSR不需要预先获知序列信息而使成本降低，且多态性更丰富；与RAPD相比，ISSR重复性高，稳定性好，同时具备RAPD的简便、易操作等特点；与RFLP、AFLP相比，ISSR具备更快捷、成本较低、DNA用量小、安全性较高等特点。ISSR分子标记技术广泛用于油菜、葡萄、辣椒、茄子等植物品种的DNA指纹图谱分析和品种鉴定。

(7) ITS (internal transcribed spacer)　在真核生物中，rRNA基因内转录间隔区是rDNA上的一个非编码区域，它包括ITS-1（位于18S rDNA和5.8S rDNA之间）和ITS-2（位于5.8S rDNA和28S rDNA之间）区。该区域受外界环境的影响较小，与编码区相比具有进化速度快的特点。而原核生物的ITS序列是16S-23S rDNA内转录间隔序列，它在原核生物中普遍存在，在环境条件改变时相对稳定。高等植物中的rDNA是高度重复的串联序列单位，它的ITS序列是18S rDNA-5.8S rDNA-26S rDNA间隔区序列，进化速率较快，在物种间表现出较高的差异。因此，真核生物细胞基因组中rDNA间隔区（18S rDNA-5.8S rDNA-26S rDNA）序列可以作为一种遗传标记。近年来，rDNA ITS已成为重要的分子标记之一，在微生物、动物和植物等各个方面有着广泛的应用。例如，用于植物类中药材鉴定和品质评价，巴戟天、白花蛇舌草、葛根和怀山药等及其常见混伪品的鉴定；用于物种亲缘关系及系统发育关系研究，对存在争议的种类间的系统发育和分类地位进行类群分析，确定种间亲缘关系。

植物分类学是一门古老的学科，它不仅要对植物的种类分门别类，而且要探讨这些种类的成因和亲缘演化关系，要用进化的观点查明和探讨其演化机制，以上这些新兴学科的形成和发展，越来越被植物分类学家所重视和应用，如解剖学、孢粉学、遗传学、细胞学、生态学、植物化学、分子生物学等资料以及扫描电子显微镜、电子计算机技术和手段进行的分类学研究，使植物分类学已成为一门高度综合的学科。

第三节　植物分类学与农、林、牧、医、环保等学科的关系

植物分类学的发展始终与生产实践相联系，特别是与农业科学、林业科学、草业科学、生物制药、环境保护等的关系最为密切。

种子植物结构复杂，特别是生殖器官的结构和生殖过程的特点，提供了它们适应、抵御各种环境的内在条件，因而具有广泛的适应性。种子植物种类最多，占植物界一半以上，是构成地球植被的重要成分，也是地球生态系统的重要生产者、物质循环的促进者和生态平衡的维持者，具有重要的生态意义。它们用途广，与人类的关系最为密切。几乎全部的农作物、果树、蔬菜和牧草等都是种子植物，许多轻工业和医药等原料也来源于种子植物。种子植物除了能提供大量木材以外，还能生产栲胶、紫胶、樟脑、桐油和橡胶等具有很大经济价值的产品。许多种子植物可食用，如水稻、小麦、玉米、苹果、香蕉、枣、栗、柿和猕猴桃

等，又有很多油料植物，如大豆、花生、油茶、油桐和文冠果等，还有丰富的药材资源，如美登木素、喜树碱等抗癌药物。种子植物在涵养水源、保持水土、防风固沙、调节气候等方面，都起着非常重要的作用。此外，种子植物能制造氧气，净化空气；有的种子植物的叶片具绒毛，能吸附粉尘，过滤尘埃，如榉树等；有的种子植物能杀灭细菌，如橙、柠檬、黑核桃和法国梧桐等植物，都有较强的杀菌力；种子植物还是绿色的隔音墙，能大幅度消减噪音。植物分类学为农、林、牧、医和环保等学科发掘可利用的野生植物，结合栽培植物及其近缘种等植物基因资源的利用，为我国大农业以及医学、环保事业等宏观策略的确定和社会发展提供原材料基础。

植物分类学与大农业生产有着密切的联系。现代农业生产中，引种新的农作物或新植物的利用，首先需要了解的是它们的正确名称（学名）及它们的家族情况（分类地位），然后才有可能对它们的原产地的环境（土壤、降水量和温度）、有关该农作物生产的技术措施和害虫防治等相关资料进行查询，在此基础上从事农业活动就能有的放矢，适时播种，采用先进的技术措施，并且不断地掌握和利用最新的信息和技术，才能引种成功，才能获得丰产。如果不掌握它们的正确名称和分类知识，想获得相关资料和信息是很困难的，所从事的农业活动也是盲目的、不科学的。在农作物育种过程中，选择和利用农作物近缘种资源是最有效的方式之一，这就需要植物分类学的知识和资料。掌握和运用植物分类学知识，推动农业生产的发展和加速高产、优质农作物品种选育是新型农业生产的一个特点。在林业生产和生态公益林的建设中，涉及的植物分类问题也比较突出，目前很多树种在实际应用上仍存在许多疑问和难点，有待解决。我国作为畜牧业生产的大国，牧草的分类与研究对畜牧业的发展有着特殊的意义。对天然草场的评价、利用、保护和改良，人工草地的建设和牧草生产，首先遇到的也是认识植物（牧草）和获取相关的技术资料，从而科学地评价、利用、保护和改良天然草场，建设人工草地，进行草业生产，为畜牧业生产提供更丰富的饲料。这就是草业工作者为什么对植物分类学特别重视的原因所在。

植物分类学与环保的关系也是很密切的。在人类的生存环境中，植物不仅是第一产业的基础，也是维持人类生存环境中的氧、碳、氮元素动态平衡的重要角色，同时也是人类优质生态环境的创建者，特别是森林和草地，对环境的影响更大，它可以维持生态平衡，调节气候，防止水、旱、风、沙灾害，有利于人类生活和农业生产。因此，作为一个环保工作者，必须认识环境中的植物，特别是对那些在环境中具有特殊意义的植物，进行发展和保护，以达到改良和创建适宜人类生存的最佳环境的目的。

我国幅员辽阔，植物种类十分丰富，其中经济植物、药用植物、观赏植物等资源的开发、利用和保护，不仅关系到国民经济的健康发展，同时也关系到自然资源的可持续利用。开发、利用和保护植物资源是农、林、牧、医、环保工作者义不容辞的责任。为此，让我们学好植物分类学，学好专业知识，为人类作出更大的贡献。

本章提要

(1) 植物分类学是研究整个植物界不同类群的分类地位及其起源、来源关系以及进化发展规律的一门基础学科。广义的植物分类学（plant taxonomy）是研究植物的进化过程、进化规律并对植物进行具体分类的科学。如果把研究植物的进化过程和进化规律划分为植物系统学（plant systematics），而狭义的植物分类学则是研究植物的具体分类，包括种、种以上和种以下的分类。

(2) 植物分类学按时间顺序，可分为史前与“本草学”时期、人为分类系统时期、自然分类系统时期和系统发育的分类系统4个时期。尤其是19世纪后期以来，受Charles Darwin (1809—1882) 进化论思想的影响，分类学家从比较形态学、比较解剖学、古生物学、植物化学、植物生态学、细胞学等不同角度，对植物各方面的性状进行比较分析，逐渐建立起一些能客观反映植物界进化情况、体现植物各类群亲缘关系的自然分类系统，又称系统发育分类系统 (phylogenetic system)。

(3) 关于被子植物起源世界上形成了两个学派，即所谓的假花学派和真花学派，前者以A. Engler (1844—1930) 为代表，后者以J. Hutchinson (1884—1972) 为代表。假花认为被子植物的花，是由单性孢子叶球演化来的，只含有小孢子叶或大孢子叶的孢子叶球演化成雄性或雌性的柔荑花序，进而演化成花。因此，被子植物的花，不是一朵真正的花，而是一个演化了的花序。真花学派认为被子植物的花，是由已绝灭了的裸子植物中的本内苏铁目 (Bennettitales) 的两性孢子叶球演化而成的，即孢子叶球主轴的顶端演化为花托，生于伸长主轴上的大孢子叶演化为雌蕊，其下的小孢子叶演化为雄蕊，下部的苞片演化为花被。因此，被子植物被认为是起源于拟苏铁植物，而多心皮类是原始的被子植物。

(4) 植物分类学按照研究的内容的不同，可分为实验分类学、细胞分类学、化学分类学、数量分类学和分子系统学。分子系统学是在分子水平对植物进行系统学研究，它是利用丰富的生物大分子数据，根据统计学方法进行生物体间以及基因间进化关系的研究，其研究结果对于保护生物多样性（尤其是遗传多样性），揭示生物进化历程及机理具有重要的意义。分子系统学主要包括两大领域，种群（群体）遗传学 (population genetics) 和系统发生学 (phylogenetics)。目前较广泛应用的分子标记有RFLP、RAPD、AFLP、SSR、ISSR、ITS、SCAR等。

思考题

1. 什么是植物分类学？其最基本的工作内容包括哪些方面？
2. 植物分类学的发展历史包括哪4个阶段？每个阶段都有哪些重要的进展？
3. 自然分类系统与人为分类系统时期植物分类的观点有什么不同？
4. 什么是植物系统发育分类系统？它是受到哪一位科学家的进化论观点而发展起来的？
5. 关于被子植物起源的主要学说有哪两种学派观点？
6. 现代植物分类学的研究方法有哪些？分子系统学各种分子标记方法的特点是什么？
7. 植物分类学与农、林、牧、医、环保等学科的关系是什么？

第二章　植物分类学基础知识

植物分类学是研究整个植物界不同类群的分类地位及其起源、来源关系以及进化发展规律的一门基础学科，其中，把极其繁杂的各种植物进行分类、鉴定、命名则是植物分类学的基本工作。

因此，要学好植物分类学，首先要学会正确运用植物分类学的基础知识和基本原理，其次是要学会查阅工具书和资料。

第一节　植物分类的各级单位

一、植物分类的等级单元

植物分类学设立植物分类的等级单位，并赋予它们相应的拉丁文名称和特定的词尾，是为了建立科学的分类系统，用于表示每种植物的系统演化地位和归属。常用的植物分类单位有：界（regnum）、门（divisio）、纲（classis）、目（ordo）、科（familia）、属（genus）和种（species）。其中，种是基层等级或基本单位。同一种植物，以它们特有的、相对稳定的特征与相近似的种区别开来。把彼此相近似的种组合成属，又把相近似的属组合成科（词尾-aceae），依据同样的原则由小到大，依次组合成目（词尾-ales）、纲（词尾-opsida）和门（词尾-phyta 或-phycophyta），而后统归于植物界。这其中，种和属没有特定的词尾。在每一等级内，如果种类繁多，也可根据需要再设立亚等级，如亚门（subdivisio，词尾-ophytina）、亚纲（subclassis，词尾-idae）、亚目（subordo，词尾-ineae）、亚科（subfamilia，词尾-oideae）和亚属（subgenus）。有时在科以下除了设亚科以外，还有族（tribus，词尾- eae）和亚族（subtribus，词尾-inae）；在属以下除了亚属以外，还有组（sectio）和系（series）各等级。在种以下，也可细分为亚种（subspecies）、变种（varietas）和变型（forma）等。现以荷花玉兰（*Magnolia grandiflora* Linn.）和玉米（*Zea mays* Linn.）为例，将其在分类系统中的地位排列如下。

界：植物界（Regnum Vegetabile）
　门：种子植物门（Spermatophyta）
　　亚门：被子植物亚门（Angiospermae）
　　　纲：双子叶植物纲（Dicotyledoneae 或 Magnoliopsida）
　　　　亚纲：木兰亚纲（Magnoliidae）
　　　　　目：木兰目（Magnoliales）
　　　　　　科：木兰科（Magnoliaceae）
　　　　　　　属：木兰属（*Magnolia* Linn.）
　　　　　　　　种：荷花玉兰（*Magnolia grandiflora* Linn.）

界：植物界（Regnum Vegetabile）
门：种子植物门（Spermatophyta）
被子植物亚门（Angiospermae）
纲：单子叶植物纲（Monocotyledoneae 或 Liliopsida）
亚纲：鸭跖草亚纲（Commelinidae）
目：莎草目（Cyperales）
科：禾本科（Poaceae 或 Gramineae）
亚科：黍亚科（Panicoideae）
族：玉蜀黍族（Maydeae）
属：玉蜀黍属（*Zea* Linn.）
种：玉米（*Zea mays* Linn.）

二、科、属、种的概念

种（species）是生物分类的基本单位，是具有一定形态结构、生理生化特征以及一定自然分布区的个体的总称。关于物种的概念，在生物学中被认为是最复杂的问题，它经历了相当长的历史演变，至今仍存在不同的认识，但是，大多数学者认为：种是起源于共同的祖先，并有一定自然分布区的生物群。其个体间能自然交配产生正常能育的后代，种间存在生殖隔离。例如，大白菜（*Brassica pekinensis* Rupr.）、桃（*Amygdalus persica* Linn.）。物种是生物进化的产物，它既有相对稳定的形态和生理特征，又处在进化发展之中。物种概念在植物分类学中的运用，大大提高了植物分类的研究水平。从主要依据形态特征和地理分布对蜡叶标本进行鉴定、命名和分类的经典分类，拓宽到主要依据植物代谢产物进行分类的化学分类；主要依据细胞染色体的数目、形态、行为等进行分类的细胞分类；到依据对植物蛋白质研究的成果，如氨基酸的组成和排列的变化，进行植物分类。使植物分类学从经典分类、细胞分类、化学分类，发展到分子生物学水平。但是，植物分类学的最基础的工作，至今仍然是经典分类。没有经典分类的基础，就不能认识植物，从事植物分类学工作也是不可能的。

属（genus）是由亲缘关系接近、形态特征相似的种所组成，例如，芸薹属（*Brassica*），桃属（*Amygdalus*）。

科（familia）是由亲缘关系接近、形态特征相似的属所组成，例如，十字花科（Brassicaceae）、蔷薇科（Rosaceae）。

三、种下分类单元

根据《国际植物命名法则》的规定，在种下可以设亚种、变种、亚变种、变型、亚变型诸等级，它们都是依次从属等级的诸分类群。现在分类学中常用的也只有亚种、变种和变型3个等级。

1. 亚种　亚种（subspecies，subsp.），是种内发生比较稳定变异的类群，在地理上有一定的分布区。例如，栽培稻（*Oryza sativa* Linn.）有两个亚种：籼稻（*Oryza sativa* subsp. *indica* Kato）和粳稻（*Oryza sativa* subsp. *japonica* Kato）。

2. 变种　变种（varietas，var.），是种内发生比较稳定变异的类群，它与原变种有相同的分布区，它的分布范围比起亚种要小得多，因此有人认为变种是一个种的地方宗（local race），例如，卷心菜（*Brassica oleracea* var. *capitata* Linn.）、蟠桃［*Amygdalus persica* var. *compressa*（Loud.）Yü et Lu］。

关于亚种和变种这两个等级，沿用历史较久而广泛，历来许多世界性植物专志和地方植物志大都使用，但一直是比较含混，各具有不同的解释，往往一个学者认为是亚种的，而另一位学者却认为是变种，反之亦然。究竟二者如何定义，尚有待探讨。目前世界上用亚种来命名各种下等级，虽然比起变种少，但是有一种趋势（A. Strid，1970）将逐渐使用亚种来代替变种。

3. 变型　变型（forma，f.），有形态变异，分布没有规律，而是一些零星分布的个体。例如，栽培观赏的羽衣甘蓝（*Brassica oleracea* var. *acephala* Linn. f. tricolor Hort）。

4. 品种　品种（cultivar，cv.），是人类在生产实践中，经过人工选择培育而成的，它们具有某些生物学特性，如丰产、抗逆等性状，而不是自然界中的野生植物。例如，冬甜瓜（新疆地方品种炮台红）［*Cucumis melo* cv. zard（Peng）Greb.］。

第二节　植物的命名

一、植物的命名方法

世界上各个国家、地区和民族的语言和文字各不相同，植物的名称也不一样，因而出现了同物异名和同名异物的混乱现象，造成了利用和交流上的很大困难。给每一种植物以统一的名称，则成为人们共同的愿望。在林奈（Linnaeus）以前曾有人采用双名法、三名法等不同方式给植物命名，自林奈于1753年发表的巨著《植物种志》（Species Plantarum）中，采用双名法为所记载的每一种植物命名以后，双名法为全世界的生物学家所接受，并在国际上建立了《国际植物命名法规》（International Code of Botanical Nomenclature，ICBN）、《国际栽培植物命名法规》（The International Code of Nomenclature of Cultivated Plants，IC-NCP）等。

1. 双名法　双名法是用拉丁文给植物命名的一种方法，它规定每一种植物的拉丁名由2个拉丁词（或拉丁化形式的词）组成，前一个词为属名，代表该植物所隶属的分类单位，第二个词为种加词。一个完整的学名还要在双名的后面附加命名人的姓名或姓名的缩写。例如，紫花苜蓿的学名为*Medicago sativa* Linn.，苹果的学名为*Malus pumila* Mill.，水稻的学名为*Oryza sativa* Linn.。

属名（name of genus）通常采用植物的特征、古植物名、地名和人名等拉丁文名词，用单数第一格，书写时第一个字母必须大写，例如，*Medicago*、*Malus*和*Oryza*。

种加词（specific epithet）通常用拉丁文的形容词，也可用同位名词或名词的第二格，书写时第一个字母一律小写，例如，*sativa*（栽培的）、*pumila*（矮的）。

命名人（author's name）是为该植物命名的作者。命名人的姓名如果超过一个音节时，通常采用缩写，第一个字母必须大写，缩写的人名在下角加缩写点“.”以便识别，例如，Linn.、Mill.。植物分类学专著或文章中，植物学名后面加上命名人的姓名，不仅是为了正确和完整地表示该种植物的名称，也为了便于今后考证。而在其他著作或文章中，命名人可省略。

有些植物的命名人有 2 个，则在 2 个姓名中间加“et”，例如水杉（*Metasequoia glyptostroboides* Hu et Cheng）。此外还有一种情况，某人为一个新植物种命名，而由另 1 人（或 2 人）代为发表，此时命名人与代为发表的作者并列，两者之间加“ex”。例如，白梭梭（*Haloxylon persicum* Bunge ex Boiss. et Buhse），学名中的 *Haloxylon* 是属名、*persicum* 是种加词、Bunge 是命名人、Boiss. 和 Buhse 是代为发表的 2 位作者。

2. 三名法 三名法是种下等级中的亚种、变种和变型所采用的命名方法。拉丁名的主体是属名＋种加词＋亚种、变种或变型加词。在种加词之后，要分别加上亚种（subsp.）、变种（var.）、变型（f.）的缩写词，以表示该植物的分类等级，最后要附上亚种、变种或变型的命名人的姓名缩写。例如，戈壁针茅（亚种）的学名［*Stipa tianschanica* subsp. *gobica*（Roshev.）D. F. Cui］、百合（变种）的学名（*Lilium brownii* var. *viridulum* Baker）、白花野火球（变型）［*Trifolium lupinaster* f. albiflorum（Ser.）P. Y. Fu et Y. A. Chen］。

二、植物命名法规概要

《国际植物命名法规》（International Code of Botanical Nomenclature）（以下简称“法规”）最早是 1867 年在法国巴黎举行的第一次国际植物学会议上，委托德·堪多的儿子（Alphonso de Candolle）负责起草，当时称为《植物命名法规》（Lois de la Nomenclature Botanique），经参考英国和美国学者的意见修改后出版，称为巴黎法规，该法规共分 7 节 68 条。1910 年，在比利时的第三次国际植物学会议上，经过修改和补充，奠定了现行通用的国际植物命名法规的基础。此后每 5 年召开一次的国际植物学大会上都要对法规进行修改和补充。目前我国正式翻译出版的法规有蒙特利尔法规（第 6 版，匡可仁译）、列宁格勒法规（第 9 版，赵士洞译）和圣路易斯法规（第 13 版，朱光华译），这些是目前我国植物命名的主要参考文献。

国际植物命名法规是各国植物分类学者共同遵循的规则。现将其要点简述如下。

1. 命名模式和模式标本 科或科级以下分类群的名称，都是由命名模式决定的。更高等级（科级以上）分类群的名称，只有当其名称是属名的才由命名模式来决定。命名模式要求新科的命名要指明模式属，新属的命名要指明模式种，种和种级以下分类群的命名必须有模式标本为依据。模式标本必须永久保存，不能是活体。模式标本有下列几种。

（1）主模式标本　主模式标本（holotypus）又称为全模式标本、正模式标本，是由命名人指定的、用做新种命名、描述和绘图的那一份标本。

（2）等模式标本　等模式标本（isotypus）又称为同号模式标本、复模式标本，是与主模式标本同一号码的复份标本。

（3）合模式标本　当命名人未指定模式标本时，而引证了 2 个以上的标本或指定 2 个以上模式标本，其中任何一份都可称为合模式标本（syntypus）或等值模式标本。

（4）后选模式标本　在发表新种时，命名人未指定主模式标本或主模式标本已遗失或损坏，以后的学者根据原始资料，在等模式标本、合模式标本、副模式标本、新模式标本或原产地模式标本中，选定一份作为命名模式的标本，称为后模式标本（lectotypus），又称为选定模式标本。

（5）副模式标本　命名人在原描述中除主模式标本、等模式标本或合模式标本以外同时引证的标本，称为副模式标本（paratypus），又称为同举模式标本。

（6）新模式标本　当主模式标本、等模式标本、合模式标本、副模式标本均有错误、损坏或遗失时，根据原资料从其他标本中重新选定出来一份当命名模式的标本，称为新模式标本（neotypus）。

（7）原产地模式标本　当得不到某种植物的模式标本时，根据记载去该植物的模式标本产地采到同种植物的标本，选出一份代替模式标本，称为原产地模式标本（topotypus）。

2. 有效发表和合格发表　植物学名的有效发表条件是发表作品一定是出版的印刷品，并可通过出售、交换或赠送，到达公共图书馆或者到达一般植物学家能去的研究机构的图书馆。仅在公共集会上、手稿或标本上，以及仅在商业目录中或非科学性的新闻报刊上宣布的新名称，即使有拉丁文特征集要，也均属无效。自 1935 年 1 月 1 日起，除藻类（自 1958 年 1 月 1 日起）和化石植物外，1 个新分类群学名的发表，必须伴随有拉丁文描述或特征集要，否则不算作合格发表。自 1958 年 1 月 1 日以后，科或科级以下新分类群的发表，必须指明其命名模式，才算合格发表。

3. 优先律原则　凡符合“法规”要求的、最早发表的名称，均是唯一的合法名称。种子植物的种加词，优先律的起点为 1753 年 5 月 1 日，即以林奈 1753 年出版的《植物种志》（Species Plantarum）为起点；属名的起点为林奈 1754 年及 1764 年出版的《植物属志》（Genera Plantarum）第 5 版与第 6 版为起点。因此，1 种植物如已有 2 个或 2 个以上的学名，应以最早发表的名称为合法名称，其余的均为异名。例如，牡丹有下述 3 个学名先后分别被发表过：*Paeonia suffruticosa* Andr.（in Bot. 6：t. 373，1804）、*Paeonia moutan* Sims（in Curtis's Bot. Mag. 29：t. 1154，1808）和 *Paeonia decomosita* Hand. - Mazz.（in Acta Hort. Gothob. 13：39，1939），而按优先律原则，*Paeonia suffruticosa* Andr. 发表年代最早，属合法有效的学名，其余两个名称均为它的异名（synonym）。

4. 新组合与基本异名　某植物种被命名，并经过合法有效的发表，但经后人研究认为定错了属，或应降低分类等级而改为亚种或变种，这就需要重新组合。在重新组合时，作者可以改变它的属名，重新组合到其他属去，但是，种加词和原命名人仍须保留，而将原命名人用括号括起来，再在其后加上重新组合该植物种的作者姓名或缩写。被重新组合成种、亚种或变种的原始名称为基本异名（basonymum）。例如，白头翁［*Pulsatilla chinensis*（Bunge）Regel］的基本异名是 *Anemone chinensis* Bunge，白头翁原来属于银莲花属（*Anemone*），后来被 Regel 重新组合到白头翁属（*Pulsatilla*）。在首次发表新组合时，需要在新组合的拉丁名后加写 comb. nov. 表示。

5. 保留名　凡不符合“法规”命名的名称，理应废弃，但历史上惯用已久的名称，可经国际植物学会议讨论通过作为保留名。例如，某些被保留下来的科名，其拉丁词尾不是 -aceae，有：豆科（Leguminosae）、十字花科（Cruciferae）、伞形科（Umbelliferae）、禾本科（Gramineae）。

6. 名称的废弃　凡符合“法规”所发表的植物名称，均不能随意废弃，但有下列情形之一者，应予废弃或作为异名处理。

①按“法规”中优先律原则应予废弃的。

②将已废弃的属名用做种加词的。

③在同一属的两个次级区分或在同一种内的两个不同分类群，具有相同的名称，即使它们基于不同模式，又非同一等级，也是不合法的，应作为同按优先律原则处理。

④当种加词用简单的词言作为名称而不能表达意义的、丝毫不差地重复属名的或所发表的种名不能充分显示其双名法的，均属无效，必须废弃。

7. 杂种 杂种用两个种加词之间加"×"表示，如 *Calystegia sepium*×*silvatica* 为 *Calystegia sepium* 和 *Calystegia silvatica* 之间的杂交种，但也可另取一名，用"×"将属名与种加词分开，如 *Calystegia*×*lucana*。

栽培植物有专门的命名法规，基本的方法是在种级以上与天然种命名法相同，种下设品种（cultivar，cv.）。如洒金万年青（*Rohdea japonica* Roth. cv. 'Huban'）为万年青（*Rohdea japonica* Roth.）的栽培品种之一。

第三节 植物分类的方法

植物分类学的首要任务是依据生物进化的原理研究自然界中客观存在的植物类群及其亲缘关系，研究各类群的发生、发展和消亡的规律，将自然界的植物分门别类，鉴别到种，目的在于使人们更好地认识植物，利用植物和改造植物，从而为人类服务。

一、分类的方式方法

在植物分类学的历史发展过程中，植物分类大致采取人为分类法和自然分类法两种方法。

人为分类法（artificial classification）是人们为了自己认识和应用上的方便，主观地仅选择植物形态、习性和用途等某个或少数几个性状作为分类依据的一种分类方法。人为分类法在应用上比较简单，它根本不考虑植物的亲缘关系和演化关系，虽然已被自然分类法所取代，但至今还在一些部门使用，如在经济植物学或野生植物资源的调查和利用上，往往依据它们的经济用途进行分类，如粮食、蔬菜、牧草、药草、纤维和香料植物等。

自然分类法（natural classification）是应用现代自然科学的先进手段，从比较形态学、比较解剖学、古植物学、植物化学、植物生态学、植物地理学、孢粉学、细胞学、胚胎学等不同角度，做了综合的、深入的研究后，所进行的一种分类方法。这种分类方法力求客观地反映出植物的亲缘关系和演化关系，最终目的在于建立一个比较合理的系统发育系统。

在植物自然分类法中，目前开展的分类研究主要包括经典分类学研究和物种生物学研究。

植物经典分类学研究是依据植物的外部形态，利用简单的观察工具，在室内或野外，对植物进行分析比较，研究其相似性和变异性，来区分或确定种群的。经典的形态分类法，是植物分类学的基本研究方法，直到现今仍在应用，但有它的局限性，如果遇到种类繁多、分类比较困难的类群，特别是在确定植物的演化地位和亲缘关系时，就感到其远远不足。随着现代植物分类学本身科学内容的深入发展，渗入到分类学中来的学科增多，新的实验和观察手段也在改变着分类学的面貌。从植物分类学方法来说，则远较经典的分类法大大地前进了一步，愈来愈加广阔完善，因之在解决分类上所存在的若干疑难问题，也就更加深入得力。

物种生物学是检验分类学中种的客观性，查明种间关系，探索物种形成的学科。它的研究范围涉及数量分类学、植物地理学、生态学、细胞学、遗传学、遗传生态学（genecology）、居群生物学（population biology）等，是一门典型的边缘性和综合性很强的学科。自从 20 世纪 20 年代兴起以来，发展甚为迅速，并且有国际物种生物学组织（IOPB）。已有很多成果，对物种的性质、隔离机制、种间关系式样以及种的形成过程和方式有着很深的理解。尤其是使物种由模式概念转变为居群概念，不仅是分类学，而且是整个生物学基本理论的一次革命。物种生物学的研究，需要一个综合性学科的联合，它要求许多科学家和许多学科的协同作战，才能富有成效，不断地扩大成果。

二、植物检索表及其应用

植物检索表是植物分类学中，选取植物的显著特征，运用表格的形式进行编排、分类的一种方法。它是鉴定和识别植物的钥匙。在植物分类中常用的检索表有定距检索表和平行检索表两种格式。

（一）定距检索表

定距检索表的编制是根据法国人拉马克（Lamarck，1744—1829）的二歧分类原则，将所需要进行分类的所有植物，选用 1～3 对显著不同的特征分成两大类，给它们编上序号，并列于书页左侧同等距离处；然后又从每类中再各自找出 1～3 对显著不同的特征再分为两类，编上序号，如 1.1、2.2、3.3 等，并列于前一类的下面，并逐级从左向右移动 1～2 个印刷符号的距离，如此继续至所需编入的植物全部纳入表中，例如被子植物克朗奎斯特系统分亚纲检索表。

克朗奎斯特系统植物分亚纲检索表

1. 叶脉常为典型的网状脉；花多为 4 或 5 基数；茎内维管束排列成圆筒状，具形成层［双子叶植物纲（Dicotyledoneae）或木兰纲（Magnoliopsida）］。
  2. 花单性，常无花瓣或花被，成柔荑花序，多为风媒传粉 ………………… 金缕梅亚纲（Hamamelidae）
  2. 花单性或两性，常具花瓣，多非风媒传粉。
    3. 雌雄蕊多数，离生；花粉多具单萌发孔、沟 ……………………………… 木兰亚纲（Magnoliidae）
    3. 雌雄蕊少数或多数，但不都离生；花粉也不具单孔、沟。
      4. 雄蕊向心发育，具蜜腺盘。
        5. 雄蕊与花瓣同数或较少，花冠合瓣 …………………………………… 菊亚纲（Asteridae）
        5. 雄蕊常多于花瓣数，花被分化 ………………………………………… 蔷薇亚纲（Rosidae）
      4. 雄蕊离心发育，不具蜜腺盘。
        6. 多为草本，花粉常 3 核，多特立中央胎座或基生胎座 ……………… 石竹亚纲（Caryophyllidae）
        6. 草本或木本，花粉常 2 核，多中轴胎座或侧膜胎座 ………………… 五桠果亚纲（Dilleniidae）
1. 叶脉常为平行脉或弧形脉；花常为 3 基数；茎内维管束散生，不具形成层［单子叶植物纲（Monocotyledoneae）或百合纲（Liliopsida）］。
  7. 多为水生或湿生草本，雌蕊具 1 至多个分离或近分离的心皮 ………………… 泽泻亚纲（Alismatidae）
  7. 多为陆生或附生草本，雌蕊具结合的心皮。
    8. 常具包裹花序的佛焰苞。
      9. 苞片常绿色而较小，多为大型草本或木本植物 ………………………… 槟榔亚纲（Arecidae）
      9. 苞片多为大型且颜色显著，为草本 ……………………………………… 姜亚纲（Zingiberidae）

8. 常不具包裹花序的佛焰苞。
  10. 常具蜜腺，多具菌根 ………………………………………………………… 百合亚纲（Liliidae）
  10. 不具蜜腺，不具菌根 ………………………………………………… 鸭跖草亚纲（Commelinidae）

定距检索表的优点是，将彼此相对立的特征排列在相同的位置上，看起来醒目，使用也方便；缺点是检索表的左面有空白，浪费篇幅。

（二）平行检索表

平行检索表与定距检索表编制的原则是一致的，不同的是将每一对相对立的特征并列于相邻的两行里，在每一行的最后是一数字或为植物名称，若为数字，则为另一对并列的特征叙述，如此继续至所需编入的植物全部纳入表中。以野生蓼科植物为例，列平行检索表于下。

中国野生蓼科植物分属检索表

1. 灌木 ……………………………………………………………………………………………… 2
1. 草本或藤本 ………………………………………………………………………………………… 5
2. 雄蕊 10～16；果实四角形，角有翅、刺毛或鸡冠状凸起……………… 1. 沙拐枣属（*Calligonum* Linn.）
2. 雄蕊 6～8；果实三角形，有翅或无翅…………………………………………………………… 3
3. 果实有 3 个翅（一种，特产我国西藏东南部） ……………… 2. 翅果蓼属（*Parapteropyrum* A. J. Li）
3. 果实无翅 …………………………………………………………………………………………… 4
4. 花被片 4～5，果实内部 2～3 片明显增大 …………………………… 3. 木蓼属（*Atraphaxis* Linn.）
4. 花被片 5，果实不增大，极少数种果时增大 …………………………… 4. 蓼属（*Polygonum* Linn.）
5. 花柱 2，果实变硬，顶端成钩状，宿存 ………………………………… 5. 金钱草属（*Antenoron* Raf.）
5. 花柱 2～3，果实不变硬，顶端不成钩状，不宿存………………………………………………… 6
6. 果实有翅 …………………………………………………………………………………………… 7
6. 果实无翅 …………………………………………………………………………………………… 9
7. 花被片 4；果实圆形、扁平，边缘有翅 ……………………………………… 6. 山蓼属（*Oxyria* Hill）
7. 花被片 5～6；果实卵形，具 3 棱，沿棱生翅…………………………………………………… 8
8. 花被片 5；果实基部有角状附属物；草质藤本 ……………… 7. 翼蓼属（*Pteroxygonum* Damm. et Diels）
8. 花被片 6；果实基部无角状附属物；直立草本 ………………………… 8. 大黄属（*Rheum* Linn.）
9. 花被片 3；雄蕊 3 ……………………………………………………… 9. 冰岛蓼属（*Koenigia* Linn.）
9. 花被片（4）5～6；雄蕊（3）6～9 ……………………………………………………………… 10
10. 花被片 6，果实内轮花被片明显增大，全缘、有齿或刺，背部有瘤状突起或无………………………………………………………………………………………………… 10. 酸模属（*Rumex* Linn.）
10. 花被片 5 极少为 4，果时通常不增大（蓼属有些种果实增大） ………………………………… 11
11. 花被片 5，果实不增大；果实长为花被片的 1～2 倍 ……………… 11. 荞麦属（*Fagopyrum* Mill.）
11. 花被片 5，极少为 4，果实通常不增大成浆果状或背部生翅；果实与花被片近等长或稍长 ……………………………………………………………………………………………… 12. 蓼属（*Polygonum* Linn.）

平行检索表的优点是排列整齐而又节省篇幅，不足之处是不及定距检索表醒目，但熟悉后使用也很方便。

三、查阅文献资料及文献引证

（一）文献资料

学习和研究植物分类，查阅文献资料是重要的环节。植物分类学的参考文献很多，兹依据汪劲武教授编著的《种子植物分类学》中所列举的重要参考书和文献，略加增删，简介如下。

1. 工具性图书

（1）《邱园植物索引》（Index Kewensis Plantarum Phanerogamarum）（1893—1895）该书分 2 卷或 4 卷，由英国皇家植物园杰克逊（B. D. Jackson）主编，英国剑桥大学出版社出版。1895 年以后每 5 年出 1 册补编。到 2005 年已出 21 个补编。

这是一部巨著，它记载了由 1753 年起所发表的种子植物的种的拉丁学名、原始文献以及产地。属名、种名均按字母顺序排列，作废的名用斜体字，一目了然。这部书是研究植物分类和查考植物种名不可缺少的大型工具书。

（2）《东亚植物文献目录》（A Bibliography of Eastern Asiatic Botany）　该书由美国梅里尔（E. D. Merrill）和沃克（E. H. Walker）著，1938 年哈佛大学阿诺德森林植物园出版，共 719 页。全书分 4 部分：a. 文献正编，按作者姓名字母排列，作者名下有按年代排列的期刊缩写及文章主要内容简介或至少有文章题名；b. 附录，主要是有关东亚历代的著作和期刊目录；c. 文献题目的目录；d. 按植物分类群排列的目录。1960 年出版了 1 册补编，内容编排与原书相同，也为 4 部分。该书为研究东亚植物重要的工具书。1960 年以后未见补编。

（3）《有花植物与蕨类植物辞典》（A Dictionary of the Flowering Plants and Ferns）　该书由维里斯（J. C. Willis）主编。第 8 版于 1973 年出版，由埃利寿（Airy Shaw）增订，共 1 245 页，英国剑桥出版。本书收载世界有花植物、蕨类植物的科、属名称（拉丁名）和异名，写明属数或种数和主要分布地区，部分科有较详细介绍，部分属也有较详细介绍，包括形态特征及重要的种和分布等。该本为查考世界科、属概况的工具书。

（4）《自然植物分科志》（Die Naturlichen Pflanzenfamilien）　该书由德国恩格勒主编，恩格门（Wilhelm Englmann）出版，第 1 版共 23 册（1887—1905），1924 年起又出第 2 版。该书有精细的插图，为查考世界植物科的重要参考书。

（5）《植物界》（Das Pflanzenreich）　该书由恩格勒主编，第 1 册于 1900 年出版，已出 100 余册，是种子植物各个科的专著，有重要参考价值。

（6）《植物分科纲要》（Syllabus der Pflanzenfamilien）　该书由德国恩格勒与笛尔士（Diels）合著，第 11 版于 1936 年出版，共 419 页。第 12 版由曼希尔和韦德曼（E. Werdermann）改编，分上、下两册，上册从细菌至裸子植物（1954 年出版），下册为被子植物（1964 年出版）。本书为世界植物科的纲领性摘要，是了解恩格勒系统的重要参考书。

（7）《一个有花植物分类的全面系统》（An Integrated System of Classification of Flowering Plants）　该书于 1981 年出版，由美国柯朗奎斯特著，全 1 册。书内有按柯朗奎斯特系统排列的叙述，是了解植物科，特别是了解柯朗奎斯特系统观点的重要参考书。

（8）《有花植物科志》　该书由英国哈钦松著，第一部双子叶植物（The Families of

Flowering Plants Ⅰ. Dicotyledons）于 1926 年出版；第二部单子叶植物（The Families of Flowering Plants Ⅱ. Monocotyledons）于 1934 年出版。该书对有花植物各科有简明扼要、准确性较强的描述，是了解哈钦松系统观点的重要著作，也是工具书。经过多次修订，最后 2 版出版年代分别为 1959 年和 1973 年。

(9)《植物的生活》（Жизни Растения） 该书由前苏联塔赫他间著，全书共 5 卷，第 5 卷为有花植物，分 2 部，第 1 部 1980 年出版，第 2 部 1981 年出版。该书描述记载被子植物各重要科，配有彩色插图。

(10)《世界有花植物分科检索表》（Key to the Families of Flowering Plants of the World） 该书由英国哈钦松著，第 1 版于 1967 年由牛津大学出版社出版。第 2 版（订正版）于 1968 年出版。中译本由洪涛译，由农业出版社于 1983 年出版。书中有全世界有花植物科的检索表。作者在双子叶植物分科中很重视雌蕊的心皮分离或合生，以及胎座、胚珠着生部分、子房位置等特征，而对花瓣的有无，分离或合生则看为次要的。该书是鉴定世界各地植物科的工具书。

(11)《有花植物属志》(The Genera of Flowering Plants) 该书由英国哈钦松著，为查考被子植物属的重要参考书。

(12)《中国种子植物科属辞典》 该书由侯宽昭编，1958 年科学出版社出版。书中记述我国种子植物科和属的概况，共收录 260 科 2 614 属。其中，裸子植物 10 科 34 属 177 种，双子叶植物 203 科 2 024 属 18 686 种，单子叶植物 47 科 556 属 4 179 种。该书还收载一部分植物形态的拉丁术语，为查考我国种子植物科、属的重要工具书。该书于 1982 年由吴德邻等修订。修订本共收录我国种子植物 276 科 3 109 属约 25 700 余种，其中裸子植物 11 科 42 属，附有属名录，汉拉科、属名称对照表等，并删去了初版中的植物形态术语。修订版丰富了科、属内容，几个附录都很有用。

(13)《中国高等植物科属检索表》 该书由中国科学院植物研究所主编，科学出版社 1979 年出版。该书为我国苔藓、蕨类和种子植物的科和属的检索表，每属有种数的约略数和属的分布地区。书末附有植物分类学上常用术语解释及相应的图版 40 个，有中名和拉丁科、属名索引。为初学者及植物分类科研和教学的工具书。

(14)《高等植物分类学参考手册》 原书由 Ан. А. 费多罗夫等著，由匡可仁翻译，科学出版社 1958 年出版。该手册第一部分是植物分类学文献引证上用的拉丁文缩写的解释，第二部分是与植物分类学有关的、世界古今拉丁化地名的考证及说明等。

(15)《植物学家所引用的刊物名称缩写》 原文发表在《Bull Torrey Club》[85 (4)：283 - 300，1958；88 (1)：1 - 10，1961]。1962 年，经中国科学院华南植物研究所植物分类研究室编辑，中国科学院华南植物研究所情报资料室印刷。

2. 植物志和图鉴

(1)《中国植物志》 该书共 126 卷册，由中国科学院植物研究所主编，科学出版社 1959—2004 年出版。该书记载了我国 3 万多种植物（301 科 3 408 属 31 142 种），包括9 000 多幅图，共计 5 000 多万字，是关于我国维管束植物（包括蕨类植物与种子植物）的全面、系统、科学的总结。《中国植物志》就像是这庞大植物家族的户口簿和档案册，不仅记载了它们的科学名称，而且详细地考证了历史文献，记载了形态特征、地理分布、生态环境、物候期和用途等，是了解我国植物资源的最基本、最翔实、最权威的科学资料，为鉴定我国植物的重要参考书和工具书。

(2)《中国高等植物图鉴》 该书共5册及补编1、2册，由中国科学院植物研究所主编，科学出版社1972—1983年出版。该书包括我国苔藓、蕨类和种子植物约万种，每种有描述和图，有分布地区，并附有检索表。这是一套带普及性的鉴定植物的工具书和参考书，受到各方面读者的欢迎。

(3) 地方植物志 地方植物志所辖范围为一省、一地区或一市，因此有较高的实用价值。如《东北木本植物图志》、《东北草本植物志》、《云南植物志》、《海南植物志》、《秦岭植物志》、《江苏植物志》、《广州植物志》、《北京植物志》、《内蒙古植物志》、《湖北植物志》、《四川植物志》、《福建植物志》、《河南植物志》、《贵州植物志》、《河北植物志》、《新疆植物志》、《太原植物志》、《上海植物志》(上卷为区系植物，下卷为经济植物)、《广东植物志》、《安徽植物志》、《浙江植物志》、《山西植物志》和《西藏植物志》等。

(4) 与我国有关的外国植物志 常用的有：《苏联植物志》(俄文，共30卷，后有补编)、《日本植物志》(英文)、《蒙古植物检索表》(俄文)、《亚洲中部植物》(俄文)、《中亚植物文献》(俄文)、《哈萨克斯坦植物志》(俄文)、《塔吉克斯坦植物志》(俄文)、《吉尔吉斯斯坦植物志》(俄文)、《帕米尔植物》(英文)、《印度植物志》(英文)。

3. 植物分类原理及教科书

(1)《植物分类学简编》 该书由胡先骕著，1958年订正本，科学技术出版社出版。该书对外国和我国植物学者在我国采集和研究植物标本的历史有重点介绍，对植物分类系统和参考文献都做了叙述，是学习植物分类学不可少的参考书或教科书。

(2)《中国种子植物分类学》 该书由郑勉著，共3册。上册于1955年出版，中册一分册于1956年出版，二分册于1959年出版。内容自裸子植物至被子植物中双子叶植物的合瓣花报春花目为止，未完成。全书按恩格勒系统排列，有所调整。所选植物皆以我国植物为准。该书是一部种子植物分类学教科书。此书由上海科学技术出版社出版。

(3)《植物分类学》 该书由新疆八一农学院主编，草原专业用，农业出版社1980年出版，1992年再版(由内蒙古农牧学院主编)。该书为植物分类学教科书，适用于高等农业院校，但对其他院校有关专业如生物系植物专业也有参考价值。

(4)《种子植物分类学》 该书由汪劲武编著，高等教育出版社1985年出版。该书为植物分类学教科书，适于综合性大学生物系植物学专业用。书中对植物分类的基本原理、方法和动态等做了简要叙述。被子植物按哈钦松系统排列，有所调整。所选植物以我国北方(尤其华北)植物为主。书末附有8个较流行的系统图和4个系统的目、科顺序表。

(5)《植物分类学》(Plant Taxonomy) 该书由海伍德(V. H. Heywood)著，1976年出版，英文。已有中译本，科学出版社1979年出版。书中扼要介绍现代植物分类学的历史、现状和展望以及主要的理论和方法。该书是了解现代分类学的内容和发展的极好的参考书。

(6)《被子植物分类学原理》(Principles of Angiosperm Taxonomy) 该书由戴维斯(P. H. Davis)和海伍德著，1963年出版，英文。著者分别为英国爱丁堡大学和利物浦大学的博士。该书第一次以细胞学、遗传学、胚胎学、植物化学等方面的资料对植物分类学的许多基本领域做出评价，也是了解植物分类学现代动态的入门参考书。

(7)《植物分类学的现代方法》(Modern Methods in Plant Taxonomy) 该书由海伍德著，1968年出版，具有《被子植物分类学原理》相类似的特点。

(8)《世界有花植物》(Flowering Plants of the World) 该书由海伍德著，1978年出版，英文。该书对世界有花植物各科有精辟的论述，内容新颖。

(9)《有花植物的演化和分类》(The Evolution and Classification of Flowering Plants) 该书由柯朗奎斯特著，1968 年出版。作者为美国著名的植物分类学家，建立了新的被子植物分类系统，运用了多学科的资料探讨各目、科的亲缘关系。

(10)《有花植物的起源和散布》(Flowering Plants Origin and Dispersal) 该书由塔赫他间著，1969 年出版。该书是塔赫他间的《被子植物的起源》1961 年俄文版的英译本，并增补了许多新内容。该书是关于有花植物的起源进化以及在地球上如何散布的理论性专著，根据各学科的研究成果来论述主题，可供植物学研究和教师参考。

(11)《植物系统学》(Plant Systematics) 该书由蕉奈斯（S. B. Jones）和卢克辛格（A. E. Luchsinger）著，1979 年出版。这是一本在美国供大学一年级用的植物分类学教科书。书中介绍了植物分类学的基本知识，还介绍了植物分类学与其他学科有关的资料。通过本书可使读者正确理解现代植物分类学的概念。

(12)《植物分类学和生物系统学》(Plant Taxonomy and Biosystematics) 该书由斯迪克（C. A. Steca）著，1980 年出版，英文。这是一本比较通俗的介绍植物分类学的著作，内容新颖，涉及现代分类原理和方法的各个方面，可供有关科研人员、教学人员、大学生以及植物分类爱好者阅读。

(13)《维管植物分类学》(Vascular Plant Systematics) 该书由雷德福（A. E. Radford）著，1974 年出版。该书为雷德福名著，对植物分类的科学资料和分类学方法有比较丰富的论述。

(14)《植物化学分类学》(The Chemotaxonomy of Plants) 该书由史密斯（P. M. Smith）著，1976 年出版。该书对化学与植物分类学及系统学的关系、化学分类学方法以及化学分类学各特征要素的概况，均有扼要论述，例证丰富，是学习植物化学分类学的入门书。该书中译本由胡昌序等译，科学出版社 1980 年出版。

(15)《植物学》(系统分类部分) 该书由中山大学生物系、南京大学生物系合编，人民教育出版社 1978 年第 1 版。这是大学教科书，采用塔赫他间系统，供综合大学本科生物专业用，为学习植物分类的入门书。

(16)《植物学》下册 该书由华东师范大学、东北师范大学编，人民教育出版社 1983 年出版。下册为系统分类部分，采用柯朗奎斯特系统，是师范院校植物学教科书。书中除一般植物分类基础知识外，对染色体分类、化学分类、数量分类等新分类方法有简要介绍。

(17)《种子植物系统学》 该书由张宏达等著，科学出版社 2004 年出版。全书以亚门、亚纲和目为主线，以代表科、属为主体，配合大量精美插图，着重讨论各大类群的系统和演化，包含了种子植物系统学的主要内容，较全面地介绍了张宏达种子植物分类系统。

（二）文献引证

在植物志和某些专著中，作者常常对每一种植物都进行文献考证，并在种名之后按一定格式列出文献目录，叫做文献引证。它包括文献的作者姓名（缩写，有时也可不写）、文献名称（缩写）、被考证的植物在该文献中记载的卷册数和页码、图版数码以及该文献出版时间（年）等。文献引证是反映作者对该植物种的认识和分类处理的观点。这些文献引证由于采用特定的格式，常常使初学者不知所云，现举例说明。

1. 普通小麦的文献引证 *Triticum aestivum* Linn. Sp. Pl. 85，1753；中国主要植物图说，禾本科 420，图 351，1959；Poaceae URSS，168，1976；中国植物志 9（3)：51，

1987——*T. sativum* Lam. Encycl. 2：544，1768——*T. vulgare* Vill. Hist. Pl. Dauph. 2：135，1787。

上述文献引证的含义是：Linn.（命名人姓氏缩写）在1753年出版的《Sp. Pl.》（文献名称缩写）第85页，首先运用双名法给普通小麦命名，并作了描述；1959年出版的《中国主要植物图说·禾本科》（文献名）第420页，对普通小麦的记载中使用了上述名称，在图351中附有插图；1976年出版的《Poaceae URSS》（文献名）第168页对普通小麦的记载中也使用了上述名称；1987年出版的《中国植物志》第9卷第3分册的第51页，对普通小麦的记载中同样使用了上述名称。然而Lam.（命名人姓名缩写）在1768年出版的《Encycl.》（文献名缩写）第2卷第554页中，将普通小麦命名为*T. sativum*；Vill.（命名人姓名缩写）在1787年出版的《Hist. Pl. Dauph.》（文献名缩写）第2卷第135页中，将普通小麦命名为*T. vulgare*。

从上述文献引证中可以看出，作者对上述文献中所记载的3种小麦，进行分析研究后认为：①在小麦属中上述3种小麦应属同一个种；②根据国际植物命名法规认定：普通小麦的合法名称应该是*Triticum aestuvum* Linn.，而*T. sativum* Lam.和*T. vulgare* Vill.是作为前者的异名被列出。

2. 羊草的文献引证　*Leymus chinensis*（Trin.）Tzvel. in Pacт. Центр. Азии 4：205，1968；Poaceae URSS，187，1976；中国植物志9（3）：19，1987——*Triticum chinense* Trin. Bunge Pl. China bot. 146，1832；Trin. in Mem. Sav. Etr. Petersb. 2：146，1835——*Aneurolepidium chinense*（Trin.）Kitag. in Rept. Inst. Sci. Res. Manch. 2：281，1938；中国主要植物图说，禾本科432，图364，1959——*A. regelii*（Roshev.）Nevski，Фл. CCCP，2：709，1934——*Elymus regelii* Roshev.，in Bull. Jard. Bot. Acad. Sci. VRSS，30：781，1932；Фл. Казах. 1：326，1956。

从文献引证中可以看出：①文献中所记载的5个种名均属于同一种植物；②依据国际植物命名法规，*Leymus chinensis*（Trin.）Tzvel.属合法名称；*Triticum chinense* Trin.、*Aneurolepidium chinense*（Trin.）Kitag.、*A. regelii*（Roshev.）Nevski和*Elymus regelii* Roshev.均属前者的异名；③*Leymus chinensis*（Trin.）Tzvel.首先是由Trin. 1832年将其置于小麦属中命名为*Triticum chinensis* Trin.，发表于Bunge著《Pl. China bot.》第146页中，并于1835年在《Mem. Sav. Etr. Petersb.》中使用此名；④Tzvel. 1968年在《Pacт. Центр. Азии》第4卷第205页中将其重新组合在赖草属（*Leymus*）中，作者认为这一处理是正确的，符合该植物的系统演化地位，因此而采用了"*Leymus chinensis*（Trin.）Tzvel."这一名称；⑤《Poaceae URSS》、《中国植物志》所记载的羊草均使用了这一名称。

3. 三芒草的文献引证　*Aristida heymannii* Regel，in Acta Horti Petrop. 7，2：649，1881；Pacт. Центр. Азии 4：36，1968；新疆植物志6：49，1996——*A. adscensionis* auct. non Linn.：Forbes a Hemsley，Index Fl. Sin. 3：381，1904；Фл. CCCP，2：66，1934；中国主要植物图说，禾本科619，图557，1959。

从文献引证中可以看出：①*Aristida heymannii* Regel是三芒草的合法名称；②*A. adscensionis*为同种异名，其命名人不是Linn.，但是在文献《Forbes a Hemsley，Index Fl. Sin.》、《Фл. CCCP》、《中国主要植物图说·禾本科》中以Linn.命名了该种。

关于文献引证中可引用的刊物名称缩写，大部分可在《植物学家所引用的刊物名称缩写》（中国科学院华南植物研究所情报资料室印，1962年版）中查到刊物名称的全文。

文献引证中常常出现如像 auct. non Linn.：（作者不是林奈，但在下列文献中以林奈命名了这个种）、in obs.（在短评中）、typ.（模式标本）、c. l.（文献已引证，文献已在前面列出）、nnot.（在短注内）、p. p.（一部分，部分地）等拉丁文缩写字，可在《高等植物分类学参考手册》中查出它们的全文及中文解释。

第四节　植物标本的制作及标本室的建设

植物标本是进行植物鉴定时所依据的真实材料。要保证鉴定工作的顺利进行且做到准确无误，就要采集完整标本，还要有详细的野外记录。所谓完整标本，就是具备营养器官（根、茎、叶）和繁殖器官（花、果、种子）的标本。只有完整标本，才能全面地反映植物器官的主要和综合的特征。一般来说，只有枝叶而无花果的标本，在分类和鉴定上不大适用。因为植物分类学对待植物种的划分主要是根据植物形态，尤其是花和果实的形态差异来进行的，这种差异是比较稳定的、可靠的，可以与相近种区别开来。

在鉴定过程中，如果存在疑难问题而自身无法解决时，可以携带标本前往国家标本馆、科研单位或高等院校的标本室，和经过专家鉴定的标本进行核对，必要时也可与模式标本（typus）进行核对。这是解决问题，达到正确鉴定的有效工作方法。

一、植物标本的采集、压制和制作

（一）植物标本的采集

采集植物标本是植物分类过程中不可或缺的工作。有了标本，我们才有可能在室内进行分析、比较、化验；有了标本，我们才有可能正确地对不同区域或不同历史年代的植物进行系统的研究。至于那些冗长的文字描述和模糊不清的植物照片是无法替代标本的作用的。标本给人以具体的感官体验和准确的理论思考，这对于初学者尤为重要。

1. 植物标本采集的常用工具

（1）野外记录表　用于记录植物的形态特征、生境和产地等内容。

（2）标号牌　用于对采集的标本进行编号。

（3）枝剪　用于剪取枝条或带刺的植物。

（4）采集杖　用于挖掘草本植物或小灌木，特别是鳞茎和块茎等地下部分。

（5）标本夹　用于压制标本，通常用木条做成，并配有捆绑用的粘贴袋。

（6）吸水纸　在压制标本过程中用以吸取植物体的水分，常用吸水性较好的草纸。

（7）海拔仪　用于测量植物生长的海拔高度。

（8）钢卷尺　用于测量植株高度和各部分大小。

（9）采集箱　用于存放未能及时夹入标本夹的标本。

（10）种子袋　用于收集植物的果实和种子。

2. 植物标本的采集　自然界中植物种类丰富多样，此处以种子植物为例说明。

（1）采集的标本要求完整　即花、果、枝、叶俱全。由于物候差异造成花果不能同期采摘的，如有必要则应分期采集，因为植物分类主要根据花与果实的形态特点加以区分。

华南农业大学植物标本室

号数：	采集日期　　年　　月　　日
产地：	
环境：	海拔：
土壤：	
小环境：	
性状：	
高度：	胸高直径：
形态	根系：
	树皮：
	叶：
	花序：
	花：
	果实：
土名：	科名：
学名：	
经济价值：	
附记：	
采集人：	标本分数：

野外记录表（15cm×10cm）

○	采集号：＿＿＿＿＿＿
	地　点：＿＿＿＿＿＿
	海　拔：＿＿＿＿＿＿
	采集人：＿＿＿＿＿＿
	年　月　日

标号牌（5cm×3cm）

（2）大小　所采标本大小要求为 30cm×40cm。植物小或稍大但细弱者，则采集全株，压制时依据植株大小放成原形、V 形或 N 形；植物粗大者，可剪取几段有代表性的压起来，但只给一个编号；木本植物，通常只采取树枝的一段。

（3）对于雌雄异株的植物　要尽可能采集到雌株和雄株；对于雌雄同株且异花的植物，要采集到雌花枝和雄花枝。

（4）对于寄生植物　如菟丝子等要求连寄主一起采下，因为鉴定时与寄主有密切的关系。

（5）有些科的植物采集时有特殊的要求　应当给予充分注意，否则会给鉴定带来诸多困难。

①百合科、兰科、石蒜科和禾本科等植物地下部分必须采到，可用采集杖挖取。

②伞形科、十字花科、杨柳科、桑科和菊科等植物，要采到不同部位的叶子。

③紫草科、十字花科和伞形科等植物应收集到果实。

（6）每种植物要多采几份　以供选择压制，使得最后留下 3～5 份。对于稀有种、有特殊用途的种、有经济价值的种应多采几份以便同有关单位交换，但采集数量要与资源多寡相一致。

（7）编号并登记　及时给采到的标本编号登记，防止因记忆混淆而导致错误。记录表格填写应注意以下问题：

①同时同地采来的同种标本，编同一号数，每个标本挂一个标号牌。

②采集时间或地点不同的标本编成不同的号数。

③同一采集人或采集队，其标本编号应是连续的。

④应在每张记录表上详细写出采集地点、环境、海拔高度等，避免写“同上”字样。

⑤雌雄异株的植物，分别编号，但要记明两号的关系。

⑥仔细填写表中项目，尤其要注明花、枝和叶的颜色，因为压制后有些颜色会失真。

（二）植物标本的压制

标本压制的目的是使其干燥，便于保存和研究。标本压制得好，就有形有色、美观大方，具有审美意义，更利于植物鉴定；压制得不好，就会出现褶皱、失真，甚至霉变，使前期工作付诸东流。所以，在压制的过程中需要注意以下问题：

1. 边采摘边压制 边采摘边压制可以保持植物良好的自然形态，便于植物各部分铺平展开，并视实际需要做一些人为加工，以展示全貌。对于脱落的花、果实、种子等，应装入小纸袋中与标本放在一起。

2. 及时更换吸水纸 在压制过程中，植物体会外释水分，造成一个潮湿环境，使标本难以干燥或发生霉变，因此，吸水纸起到了吸水的作用却使本身变得潮湿。为了使标本迅速干燥，就要及时更换吸水纸，换纸时间一般为前一天压下的标本，第二天早上就应换第一次纸，以后逐步延长换纸间隔时间，直至标本干燥。换下来的湿的吸水纸应拿去晒干或烘干，以备再用。为保证标本质量，在换纸过程中应对标本进行修整，去除霉变，合理布局，便于今后标本的制作和鉴定。

3. 整理充分干燥的标本 按号数抄写野外记录，与相应的标本放在一起，以备送交进一步整理或鉴定。

（三）植物标本的制作

把充分干燥的植物标本固定在硬纸上作为永久性标本，这种标本称为蜡叶标本，所用的硬纸称台纸。

1. 台纸的大小与性质 台纸根据需要有不同的规格，其中标本室里正式标本的台纸规格为 30cm×40cm，台纸纸质要硬，较厚，上面有一层薄而韧的盖纸。

2. 标本消毒 未经消毒便存入标本室的标本，经过长时间之后会发生虫蛀。为避免此种损失，有必要在标本存入标本室之前给予消毒处理。少量标本消毒可将标本放 0.5%～1%升汞和 50%～70%酒精溶液中浸一下；大量标本消毒可采用熏蒸方法，即将标本置于一密封容器或房内，注入适量溴甲烷或氯化钴，熏蒸 23～35h。需要提醒的是，消毒药剂毒性很大，因此，在消毒过程中必须注意安全。

3. 标本在台纸上的放置和固定 标本在台纸上应尽量维持自然状态，并尽可能把左上角和右下角留出空来，其中左上角贴野外记录表，右下角贴定名标签。固定标本可用牛皮胶粘贴在台纸上或用坚韧的 2～3mm 宽的小纸条将标本固定在台纸上；对于形体过小的植物可以装在小塑料袋中贴于台纸中央。脱落的花、果和种子可用小塑料袋装好贴于右上角。

二、植物标本室建设

植物标本室（herbarium）是收藏植物标本的房室，在室内保存着各种植物的干制标本，其中主要是蜡叶标本，还有果实、种子、浸泡标本和标本照片等。标本室是植物分类学以及有关课程进行教学、科研工作的重要地点。

1. 地点选择 标本室应建立在干燥、通风、向阳的地方，或楼房的上层。

2. 标本柜 标本柜是存放蜡叶标本的柜子，比较适用的是三段式标本柜，基部为木架，上面两段为标本柜。分为两段的优点是轻便，容易搬运。每一段标本柜又分 10 格，排成2行，下面有2个小抽屉和一块可以推拉的小板。每格的深度约36cm，宽33cm，高约10cm。小抽屉中再分成2部分，里面的小格可放入樟脑球等，外面大格可储存果实等。活动小板可作为取放标本时临时搁置之用。

3. 标本入柜次序　从野外采集回来的植物标本，经过压干、消毒、上台纸以及鉴定工作，然后按科、属、种的顺序放入标本柜中。一般科的排列可按某一个分类系统的排列顺序。在一科内属与种的顺序常按拉丁名第一个字母的排列顺序。标本入柜前，必须加硬纸夹子，以分清科、属、种间的界限，还可以减少标本间的磨损。一般科夹与属夹用厚卡纸，种夹用牛皮纸，纸夹外左下方写明属或种名。

4. 标本室编号　已制成的蜡叶标本应进行编号，称为标本室编号。在不同地点，不同时间采集的同一种植物标本应分别编号，属同一采集号的重份标本可编为同一号码。

5. 标本室卡片　每一种经过编号的标本，均应根据印好的项目填写1张标本室卡片，卡片分别按科属种拉丁名第一个字母的顺序排列，放在卡片柜内。通常只需查阅此项卡片，就可以了解标本室是否存有某类标本。

6. 防虫、防鼠　害虫、鼠类可使部分甚至大部分标本损毁，所以防虫灭鼠是标本室最重要的工作之一，具体措施如下。

①在夏季气温较高、害虫活跃的时节，进行每年一次的全室消毒。用窄长纸条密封门窗，打开标本柜，每1 000m^3的空间用0.9kg硫酸、1.8kg水配成溶液，使用时掺入0.45kg氰化钠，置于室中，即不断发生氰化氢气体，经1～2d即完成消毒工作。此种溶液所产生的氰化氢气体有剧毒，需特别注意人身安全。

②在标本上台纸前用氯化汞酒精溶液消毒。

③在标本柜内置放樟脑或其他驱虫剂。

④如局部标本有虫害，可放入密闭的箱内用二硫化碳或其他药剂熏蒸消毒。

⑤新鲜标本通常不置放于标本室内，以免引入虫害。

⑥对外借出的标本归还后，在入柜前应进行消毒。

7. 防潮、防火、防尘　具体措施包括以下几项。

①阴雨天气一般不开窗户，以免湿气进入室内。

②室内严禁吸烟。

③室内不宜置放易燃、易爆物品。

④室内应备有灭火器。

⑤清扫标本室时应尽量避免尘土飞扬。

8. 标本室管理制度　在对外对内开放的工作中，应贯彻严格的管理制度，除防虫、防鼠、防潮、防火、防尘等工作外，在使用标本时还要遵守下列规定。

①标本室的标本通常不能携带出室外。

②翻阅标本时应特别注意爱护，不得损坏。

③如有部分花果、枝叶脱落，应即装入小纸袋内，贴于原标本的一角，并在纸袋上注明本室编号。

④不能在定名标签上涂改植物名，如需改正定名错误，可另写一订正标签，贴在原标签的上方或左方。

⑤取用标本后，应按原有次序放回柜内，不得错放。

第五节　种子植物形态学基础知识

能够产生种子并用种子来繁殖的植物，称为种子植物（seed plant 或 Spermatophyta）。种子植物自泥盆纪产生，由于营养器官和繁殖器官的完善，而获得更加适应于地球环境的能力，迅速成为地球植被的主导者，成为当今陆地上种类最多、数量最大、进化地位最高的一个类群。种子植物包括了裸子植物亚门（Gymnospermae）和被子植物亚门（Angiospermae）两类，其中被子植物除了多年生之外，还出现了一年生或二年生种类，孢子体高度发达，内部结构分化更趋完善，其输导组织中出现了导管、筛管和伴胞，比裸子植物的输导能力更强。被子植物之所以能有如此众多的种类、如此广泛的适应性，这与其结构上的复杂化、完善化，生殖方式的高效化和多样化，从而提高了生存竞争能力是分不开的。被子植物除了与裸子植物所共有的胚珠受精后发育成种子、花粉产生花粉管传送精子、有胚乳等特征外，还具有孢子体进一步完善和多样化、配子体进一步简化、具有真正的花、具有特殊的双受精现象和子房包藏胚珠并发育成果实等进化特征。

种子植物在长期演化和对环境的适应过程中，形态方面形成了多种多样的性状、特征，它们是植物分类的主要依据，并创造了一系列学术用语（形态术语）来描述这些性状。植物分类学中的这些形态术语是学习分类学的基础，熟练掌握和运用种子植物的分类原则及描述植物器官的形态特征，对于准确认识和鉴别不同类群植物至关重要。

一、一般性状名称

（一）根据植物生长习性分类

1. 木本植物　木本植物（planta lignosa）的植物体木质部极发达，一般比较坚硬，多年生。

2. 乔木　乔木（arbor）是有明显主干的高大树木，高达5m以上，如杨树、樟树、榕树。

3. 灌木　灌木（frutex）指主干不明显，而基部多分枝，呈丛生状，高不及5m的木本植物，如丁香、茶、绣线菊。

4. 小灌木　小灌木（fruticulus）指高在1m以下的低矮灌木，如琵琶柴、驼绒藜、白刺。

5. 半灌木　半灌木（suffrutex）也叫亚灌木，是指介于木本与草本之间的植物，仅在茎的基部木质化，多年生，而上部枝草质并于花后或冬季枯萎，如木地肤、黑沙蒿、垫状驼绒藜。

6. 草本植物　草本植物（herba）指植物体木质部不发达，茎柔软，地上部分通常于开花结果后即枯死的植物。

7. 藤本　藤本（scandens）指植物体细而长，不能直立，只能依附其他物体，缠绕或攀缘向上生长的植物。根据其质地又可分为木质藤本和草质藤本，如葡萄、猕猴桃、南瓜。

（二）根据植物生长环境分类

1. 陆生的　陆生的（terrestris）指植物生长于陆地，通常茎生于地上，而根生于地下。

陆生环境富于多样性，陆生植物有些能适应特殊的严酷环境：生于沙漠的，根常具沙套，又称沙生植物；生于盐碱地的，体内含有大量盐分，叫盐生植物；生于高寒山地的，个体低矮，呈垫状，叫高山植物等。

2. 水生的　水生的（aquaticus）指植物生长于水中，植物体部分或全部沉浸在水中，如莲、浮萍、慈姑、眼子菜、香蒲等。一些水生植物生长于河湖的岸边、沼泽浅水中或地下水位较高于地表的，叫做沼生植物，如泽泻、灯心草、藨草和荸荠属的植物。

3. 附生的　附生的（epiphyticus）植物附着生长于其他种植物体上，但能自养，无需吸取被附生者的养料而独立生活的植物，如斑叶兰。

4. 寄生的　寄生的（parasiticus）植物寄生于其他种植物体上，以其特殊的吸根吸取寄主的养料，而营寄生生活的植物如桑寄生、列当、肉苁蓉、菟丝子等。

（三）根据植物生活期长短分类

1. 一年生　一年生（annuus）指植物的生活周期在一个生长季节内就可完成。种子当年萌发、生长，并于开花结实后整个植物枯死，生活期比较短，如水稻、玉米、棉花；更短者仅数周，如十字花科和百合科的一些短命和类短命植物，如荠菜、鸟头荠、涩芥。

2. 二年生　二年生（biennis）指植物的生活周期在两年内完成。种子当年萌发、生长，第二年开花结实后整个植株枯死，如冬小麦、白菜、萝卜。

3. 多年生　多年生（perennis）植物指个体寿命超过 2 年以上的草本植物和木本植物。多年生草本植物的地上部分每年死去，而地下部分能生活多年，如芦苇、苜蓿等。多年生木本植物如乔木、灌木年复一年地生长，少者 10 余年，多者上千年甚至更长。多年生植物中，大多数是一生中多次开花结实的；也有一生中只开花结实一次的，如竹、新疆阿魏等，称为多年生一次结实植物。

二、根

根（radix）是由种子幼胚的胚根发育而成的器官。通常向地下伸长，使植物体固定在土壤中，并从土壤中吸取水分和养料。根不分节，一般不生芽。若根上生出芽，则称为根出芽。一株植物根的总体叫做根系。

（一）根的种类

一株植物的根，按其发生可分为：主根、侧根和不定根。

1. 主根　主根（corpus radicis）指在种子萌发时，由最先突破种皮的胚根发育而成的根。通常明显粗大，形成地下根的主轴。

2. 侧根　侧根（radix lateralis）指由主根上发生的各级大小支根。

3. 不定根　不定根（radix adventitia）指由茎、叶和老根上发生的根。

（二）根系的类型（图 2-1）

1. 直根系　直根系（radix primaria）指植物的主根明显粗长，垂直向下生长，各级侧根小于主根，斜伸向四周的根系。绝大多数双子叶植物具有直根系。

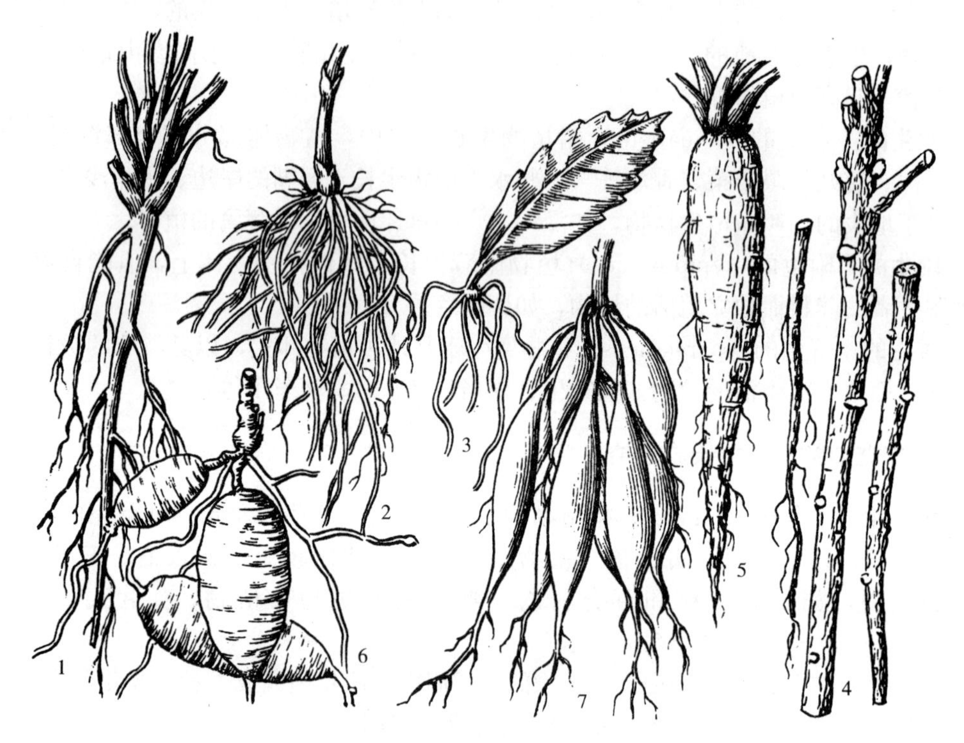

图 2-1 根系的类型

1. 直根系 2. 须根系 3. 不定根 4. 圆柱状根

5. 圆锥状根 6. 块状根 7. 纺锤状根

2. 须根系 须根系（radix fibrosa）指植物主根不发达，早期即停止生长或萎缩，由茎基部发生许多较长、粗细相似的不定根，呈须毛状的根系。绝大多数单子叶植物具有须根系。

（三）根的变态

1. 肉质根 肉质根（radix carnosa）是一些二年生或多年生草本植物的地下越冬器官，储有大量营养物质，通常肉质肥大。形态多种多样，大致可分两类：肥大直根和块根。

（1）肥大直根 肥大直根（radix incrassata）由主根发育而成，粗大单一，外形有圆柱形、圆锥形、纺锤形、球形等。成长的肥大直根可区分为头部、根颈部和本根 3 部分。头部为肥大直根的上部，其上生根出叶，由上胚轴形成，是一短缩的茎；根颈部由胚轴形成，此部无叶，但有不定根，较短而组成肥大直根的上部；本根是由主根形成的，粗长，具侧根，是肥大直根的主要组成部分。可见肥大直根主要是由胚轴和主根组成，以薄壁细胞居多，储藏大量养料，如萝卜和胡萝卜。

（2）块根 块根（radix tuberosa）是由侧根和不定根发育而形成特殊肥厚呈块状或纺锤状的根，如甘薯、大丽菊的根。

2. 寄生根（吸器） 菟丝子、列当、桑寄生、锁阳等寄生植物，产生不定根伸入寄主体内，吸收养料和水分，这种吸收根叫做寄生根（haustorium）。

3. 支持根 玉米、高粱等禾本科植物，在接近地面的节上，常产生不定根，增强支持作用和吸收作用，这种根叫做支持根（radix fulcrans）。

三、茎

茎（caulis）是种子幼胚的胚芽向地上伸长的部分，为植物体的中轴，通常在叶腋生有芽（gemma），芽萌发后形成分枝。茎和枝上着生叶的部位叫做节（nodus），两节之间的茎叫做节间（internodium），叶柄与茎相交的内角叫做叶腋（axilla）。茎和分枝支持和调整叶子的分布，又是物质输导的通道。茎有地上茎和地下茎之分。

（一）地上茎根据生长习性分类（图2-2）

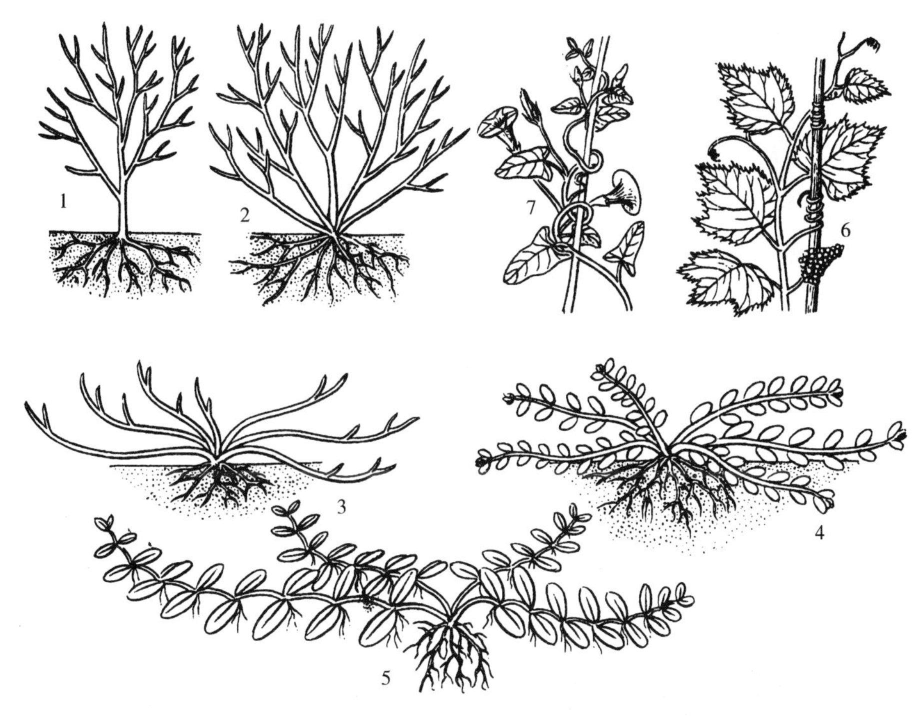

图2-2　茎的生长习性

1. 直立茎　2. 斜升茎　3. 斜倚茎　4. 平卧茎　5. 匍匐茎　6. 攀缘茎　7. 缠绕茎

1. 直立茎　直立茎（erectus）指垂直于地面的茎，为最常见的茎。

2. 斜升茎　斜升茎（ascendens）指最初偏斜，后变直立的茎，如斜茎黄芪、扁蓿豆的茎。

3. 斜倚茎　斜倚茎（decumbens）指基部斜倚地上的茎，如萹蓄、马齿苋的茎。

4. 平卧茎　平卧茎（prostratus）指平卧地上的茎，如地锦草、蒺藜的茎。

5. 匍匐茎　匍匐茎（repens）指平卧地上，但节上生不定根的茎，如鹅绒委陵菜、白车轴草、草莓等。

6. 攀缘茎　攀缘茎（scandens）指用小枝、叶柄或卷须等其特有的变态器官攀缘于他物上升的茎，如黄瓜、豌豆、葡萄的茎。

7. 缠绕茎　缠绕茎（volubilis）指缠绕于他物上升的茎，如菜豆、打碗花、牵牛的茎。

（二）地下茎根据变态分类（图 2-3）

1. 根状茎 根状茎（rhizoma）指延长直伸或匍匐生长于土壤中的地下茎。根状茎有明显的节和节间，叶退化为膜质鳞片状，顶芽和腋芽明显并可发育成地上枝，节上产生不定根。根状茎储有丰富的营养物质，可生活 1 至多年，如竹、芦苇、偃麦草等禾本科草类具有根状茎。根状茎也有变得肥厚肉质的。如莲藕。

2. 块茎 块茎（tuber）指短缩肥大的地下茎。块茎顶端有顶芽，侧部有螺旋状排列的芽眼（侧芽），幼时可见退化的膜质叶片。每个芽眼可有数个芽，相当于腋芽和副芽，如马铃薯、菊芋、甘露子具有块茎。

3. 球茎 球茎（carmus）指肥大而扁圆的地下茎。球茎顶端有粗壮的顶芽，有明显的节和节间，节上有干膜质的鳞片和腋芽，下部有多数不定根，如荸荠、慈姑的球茎。

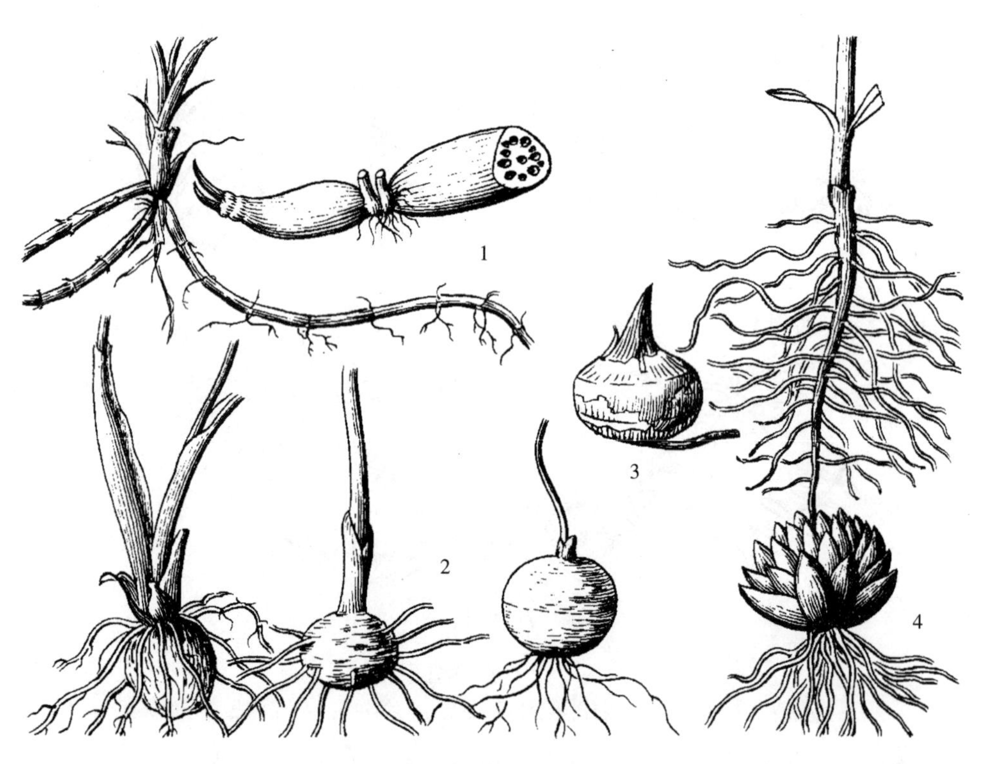

图 2-3 地下茎的变态

1. 根状茎 2. 块茎 3. 球茎 4. 鳞茎

4. 鳞茎 鳞茎（bulbus）是一种扁平或圆盘状的地下茎，特称为鳞茎盘，其上着生许多鳞叶及芽。可从顶芽和腋芽形成子鳞茎。根据外围有无干燥膜质的鳞叶，又分为有皮鳞茎（如洋葱）和无皮鳞茎（如百合）。

（三）地上茎的变态

1. 卷须 许多攀缘植物的卷须（cyrrhus）是由枝变态而成，用于攀缘他物上升，常出现于叶腋或于叶对生处，如葡萄、葫芦、黄瓜具有卷须。

2. 刺 一些植物的一部分枝变成硬的针刺（spina），如沙枣、皂荚、梨具有刺。

3. 肉质茎　茎肉质、多汁、肥大，如仙人掌、马齿苋、海蓬子具有肉质茎（chylocaulous）。

四、叶

叶（folium）是由芽的叶原基发育而成的部分，通常绿色，有规律地着生在枝（茎）的节上，是植物进行光合作用制造有机营养物质和蒸腾水分的器官。

（一）叶的组成部分

一枚完全叶是由叶片（lamina）、叶柄（petiolus）和一对托叶（stipula）组成的。

1. 叶片　叶片是叶的主要部分，形状、大小、叶尖、叶基、叶脉、叶缘等各有多种形态类型（图 2-4 Ⅰ）。

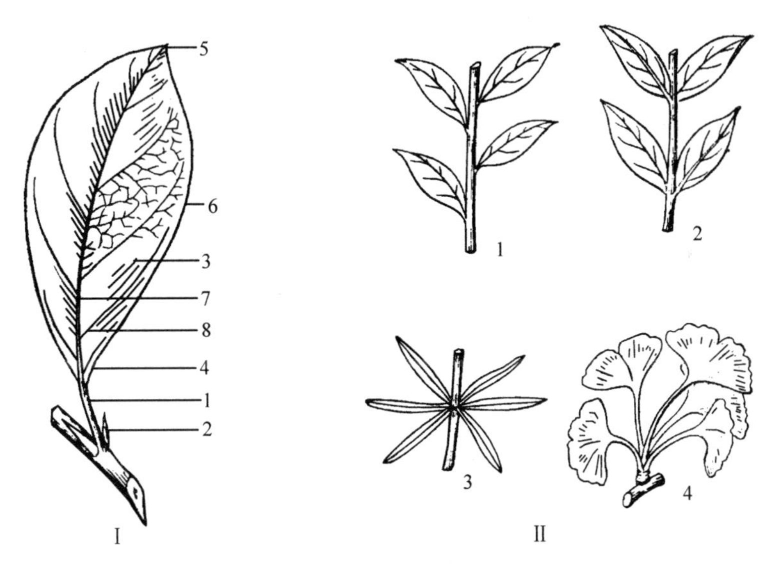

图 2-4　叶的组成部分及叶序

Ⅰ. 叶的组成部分（1. 叶柄　2. 托叶　3. 叶片　4. 叶基　5. 叶尖　6. 叶缘　7. 中脉　8. 侧脉）

Ⅱ. 叶序（1. 互生　2. 对生　3. 轮生　4. 簇生）

2. 叶柄　叶柄是连接茎和叶片的部分，通常呈圆柱状或扁平或具沟道。也有无叶柄的叶，叫做无柄叶（folium sessile）。叶基部抱茎的，叫做抱茎叶（folium amplexicaul）。叶基部两侧裂片相合生而包围茎，形似茎贯穿在叶片中的，叫做穿茎叶（folium perfoliatum）。叶片基部下延于茎上而成棱或翅状的，叫做下延叶（folium decursivum）。叶片或叶柄基部形成圆筒状而包围茎的部分，叫做叶鞘（如禾本科植物的叶）。叶柄着生在叶片的下面近中部时，叫做盾状叶（folium peltatum）。

3. 托叶　托叶是叶柄基部两侧的附属物，形状、大小、质地以及有无常多变化，有大而呈叶状的；有小而呈鳞片状的；有硬化呈针刺状的；有薄而合生包围茎成鞘状的；有呈三角形的；也有缺少的。

叶通常着生在茎（枝）上，叫做茎生叶（folium caulinum）。若叶着生在极短缩的茎上，状似从根上生出的，这种叶叫做基生叶（folium basilare）。基生叶若集中生成莲花状，叫做莲座状叶丛（rosula）。

（二）单叶与复叶

在一个叶柄上只生 1 个叶片的叫做单叶（folium simplex），在一个总叶柄上生有 2 个以上小叶的叫做复叶（folium compositum）。

复叶的总柄，叫做总叶柄（petiolus communis）或总叶轴；组成复叶的每一个叶，叫做小叶（foliolum）；小叶的叶柄，叫做小叶柄（petiolulus）；小叶的托叶，叫做小托叶（stipella）。但复叶仅在总叶柄基部有腋芽，小叶全部排列在一个平面上。

（三）复叶的类型

复叶根据总叶柄的分枝、小叶的数目和着生的位置，可分为羽状复叶、掌状复叶和三出复叶（图 2-5）。

1. 羽状复叶 羽状复叶（folium pinnatum）由多个小叶排列于总叶柄的两侧，呈羽毛状。羽状复叶如总叶柄顶端着生 1 片小叶，则小叶的数目为单数者，叫做单（奇）数羽状复叶（folium imparipinnatum），如苦豆子、甘草的复叶；若总叶柄顶端有 2 片小叶，则小叶数目为双数，叫做双（偶）数羽状复叶（folium paripinnatum），如落花生、蚕豆的复叶。

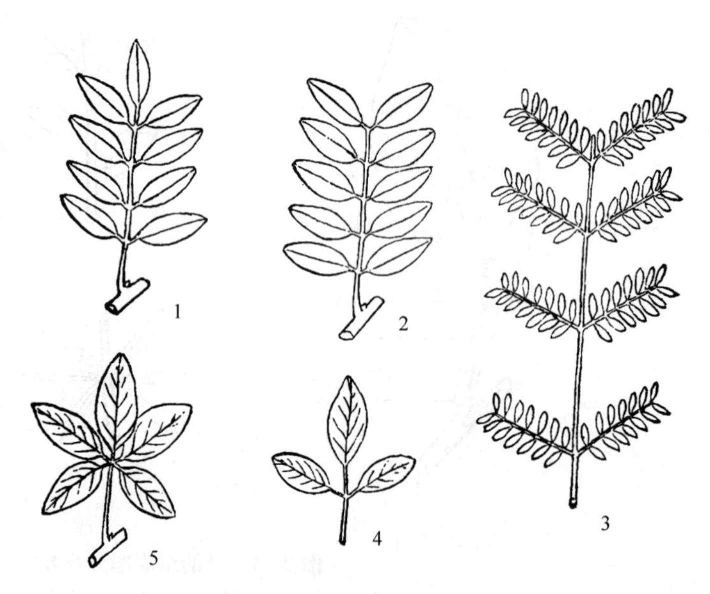

图 2-5 复叶的类型
1. 单数羽状复叶 2. 双数羽状复叶 3. 二回羽状复叶
4. 羽状三出复叶 5. 掌状复叶

若复叶柄两侧有成羽状排列的分枝，此分枝叫羽片（pinna），其上着生羽状排列的小叶，则叫做二回羽状复叶（folium bipinnatum）；如羽片像总叶柄一样，再一次分枝，则叫做三回羽状复叶（folium tripinnatum）；如再次一级的羽片再行同样的分枝以及以此类推，就叫做多回羽状复叶（folium multipinnatum），这时，其最末一次的羽片，叫做小羽片（pinnual）。

2. 掌状复叶 掌状复叶（folium palmatum）指数个小叶集生于总叶柄的顶端，展开如掌状，如大麻、七叶树的复叶。也有总叶柄分枝呈二回掌状复叶和三回掌状复叶。

3. 三出复叶 三出复叶（folium trifoliatum）指仅有 3 个小叶集生于总叶柄顶端的复叶。若顶端小叶具柄，侧生小叶横出的，则叫做羽状三出复叶（pinnatum trifoliolatus），如大豆、草木樨、紫花苜蓿的复叶；若顶生小叶无柄，3 小叶集生于总叶柄顶端，则叫做掌状三出复叶（digitatim trifoliolatus），如红车轴草、酢浆草的复叶。

（四）叶序

叶序（phyllotaxis）指叶在茎或枝上排列的方式，可分为互生、对生、轮生和簇生（图2-4Ⅱ）。

1. 互生的　互生的（alternatus）指每节上只着生1片叶，叶交互出现在相邻的节上，如向日葵、榆树、棉花的叶序。

2. 对生的　对生的（oppositus）指每节上相对着生2片叶，如益母草、紫丁香、石竹的叶序。

3. 轮生的　轮生的（verticillatus）指每节上着生3片或3片以上的叶，呈轮状，如夹竹桃、茜草、桔梗的叶序。

4. 簇生的　簇生的（fasciculatus）指2片或2片以上的叶，着生在极度缩短的侧生短枝的顶端，呈丛簇状，如小檗、银杏的叶序。

（五）脉序

叶片中的叶脉是叶的输导系统，由维管束组成。在叶片中有1至数条大而明显的脉，叫做主脉（或中脉、中肋）（costa，nervus primarius）；在主脉两侧的第一次分出的脉，叫做侧脉（nervus lateralis）；联结各侧脉间的次级脉，叫做小脉或细脉（venula）。叶脉的分枝方式，叫做脉序（nervation）（图2-6）。

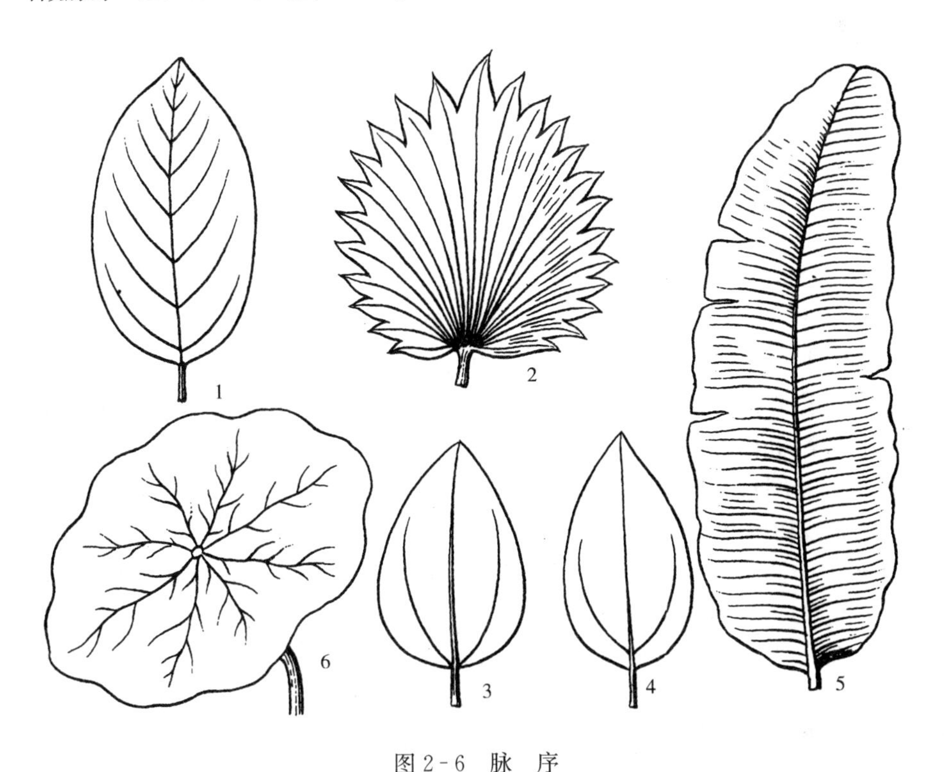

图2-6　脉　序

1. 羽状脉　2. 射出脉　3. 掌状三出脉　4. 离基三出脉
5. 侧出平行脉　6. 掌状射出脉

1. 网状脉　网状脉（retinervis）的叶脉数回分枝后，互相联结而组成网状，最后一次的细脉梢消失在叶肉组织中，大多数双子叶植物的叶脉属此类型。依主脉数目和排列方式，又可分为羽状脉和掌状脉。

（1）羽状脉 羽状脉（pinninervis）具1条明显的主脉（中肋），两侧有羽状排列的侧脉，侧脉数回分枝，如榆树、青杨的叶脉。

（2）掌状脉 掌状脉（palminervis）有几条较粗的、由叶片基部射出的叶脉，再数回分枝，如南瓜、蓖麻、葡萄的叶脉。在盾状叶中主脉多条呈辐射状，叫做掌状射出脉（radiatinervis）；如果叶中具3条自叶基发出的主脉，则叫做掌状三出脉（palmatim 3 - nervis）；如果3条主脉是稍离叶基发出的，则叫做离基三出脉（3 - plinervis）；如果具5条主脉，则又可分别叫做掌状五出脉（palmatim 5 - nervis）和离基五出脉（5 - plinervis）。

2. 平行脉 平行脉（parallelinervis）指多数大小相似而显著的叶脉呈平行排列，由基部至顶端或由中脉至边缘，没有明显的分枝，但最后一次分枝的细脉梢是汇合在一起的，大多数单子叶植物的叶脉属此类型。常见的自叶基至叶尖，主脉与侧脉平行排列的，叫做直出平行脉，如小麦、玉米的叶脉；若侧脉与主脉垂直，而侧脉彼此平行排列，则叫做侧出平行脉，如芭蕉的叶脉；若叶脉自叶片基部辐射而出，叫射出脉，如棕榈的叶脉。

3. 弧行脉 具弧行脉（curvinervis）的叶片较阔短，叶脉自叶基发出汇合于叶尖，但中部脉间距离较远，呈弧状，如车前、玉竹的叶脉。

（六）叶片的形状

根据叶片长度与宽度的比例、最宽处所在的位置以及表现的形象，可区分为图2-7、图2-8所示的形状。

1. 针形 针形（acerosus）叶十分细而先端尖，形如针刺，如小蘗的变态叶。

2. 条形（线形） 条形（linearis）叶长而狭，长约为宽的5倍以上，且全部叶片近等宽，两边近平行，如水稻、小麦等禾本科植物的叶。

3. 剑形 剑形（ensatus）叶长而稍宽，先端尖，常稍厚而强壮，形似剑，如菠萝、鸢尾的叶。

4. 鳞片状 鳞片状（squamiformis）叶状如鳞片，如梭梭的叶。

5. 披针形 披针形（lanceolatus）叶长约为宽度的4～5倍，中部以下最宽，向上渐尖，如桃、柳的叶；若披针形倒转，中部以上最宽，向下渐狭，则叫做倒披针形（oblanceolatus），如细叶小檗的叶。

6. 矩圆形（长圆形） 矩形叶（oblongus）长约为宽的3～4倍，两边近平行，两端均圆，如黄檀、橡皮树的叶。

7. 椭圆形 椭圆形（ellipticus）叶长为宽的3～4倍，中部最宽，而顶端与基部均圆钝，如地肤、杧果、玫瑰的叶。

8. 卵形 卵形（ovatus）叶形如鸡蛋，长约为宽的2倍或更少，中部以下最宽，向上渐狭，如女贞、梨的叶。若卵形倒转，则叫做倒卵形（obovatus），如青菜的叶。

9. 圆形 圆形（orbicularis）叶形如圆盘，长宽近相等，如旱金莲、圆叶鹿蹄草的叶。

10. 心形 心形（cordatus）叶的长宽比例如卵形，但基部宽圆而微凹，先端渐尖，全形似心脏，如菩提树、丁香、牵牛的叶；若心形倒转，则叫做倒心形（obcordatus），如紫花酢浆草的叶。

11. 菱形 菱形（rhomboideus）叶呈等边的斜方形，如乌桕、菱属植物的叶。

12. 管状　管状（fistulosus）叶长超过宽许多倍，圆管状、中空、常多汁，如葱的叶。

13. 带状　带状（fasciarius）叶为宽阔而特别长的条状叶，如高粱、玉米的叶。

14. 匙形　匙形（spathulatus）叶全形狭长，上端宽而圆，向基部渐狭，状如汤匙，如猫儿菊、宽叶景天的叶。

15. 扇形　扇形（flabellatus）叶顶端宽而圆，向基部渐狭，形如扇状，如棕榈、银杏的叶。

16. 肾形　肾形（reniformis）叶横径较长，宽大于长，基部有缺口凹入，形如肾，如斑点虎耳草、羽衣草属植物的叶。

上列叶片形状，仅是典型的类型，在使用时尚觉不足，若遇到介于上述两者之间的叶形，可用两个复合名称来表示，如条状披针形、卵状披针形。或冠以反映特点的形容词，如宽椭圆形、宽卵形等。此外，这些描述叶片形状的术语，也同样适用于萼片、花瓣等扁平器官。

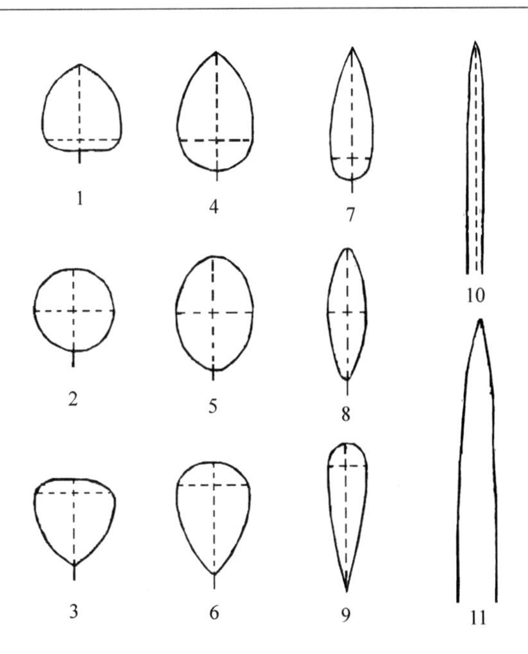

图 2-7　常见叶片的长阔比和最阔处位置

1. 广卵形　2. 圆形　3. 倒广卵形　4. 卵形
5. 广椭圆形　6. 倒卵形　7. 披针形　8. 长椭圆形
9. 倒披针形　10. 线形　11. 带状或剑形
（1、4、7 的最阔处近基部；2、5、8 的最阔处在中部；
3、6、9 的最阔处近顶部）

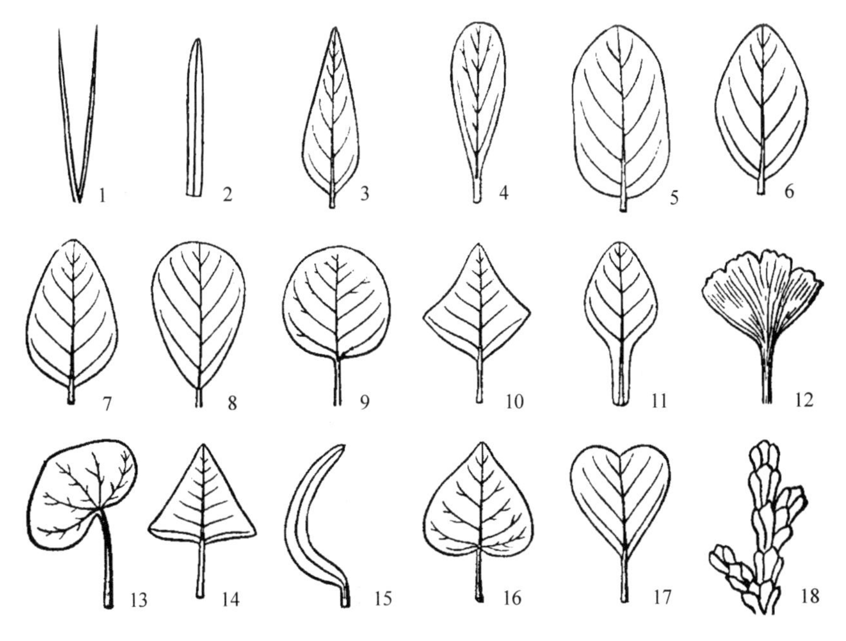

图 2-8　叶片形状

1. 针形　2. 条形　3. 披针形　4. 倒披针形　5. 矩圆形　6. 椭圆形　7. 卵形
8. 倒卵形　9. 圆形　10. 菱形　11. 匙形　12. 扇形　13. 肾形
14. 三角形　15. 镰形　16. 心形　17. 倒心形　18. 鳞片状

（七）叶尖

常见的叶尖形状有下述十几种（图 2-9）。

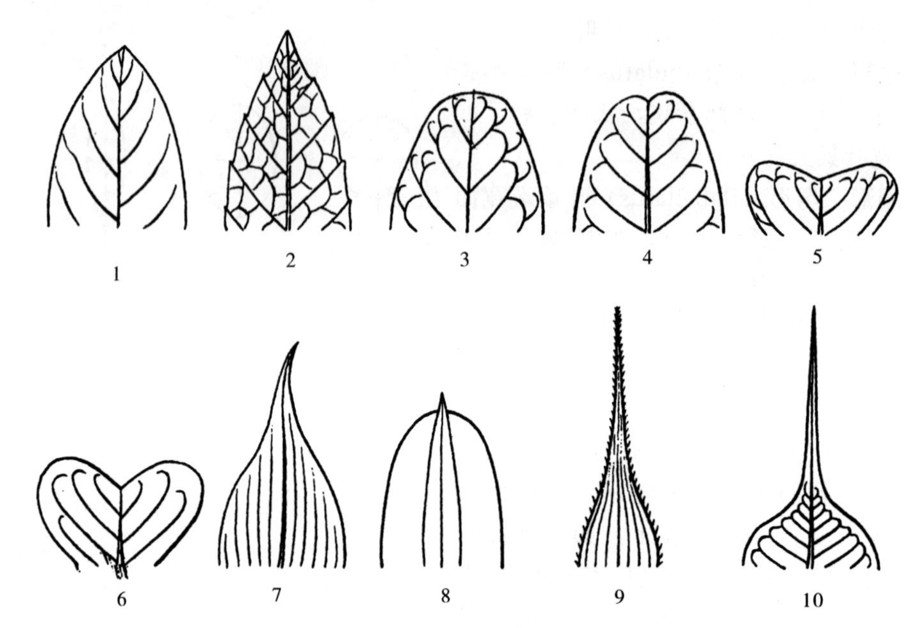

图 2-9 叶 尖

1. 锐尖 2. 渐尖 3. 钝形 4. 微凹 5. 凹缺 6. 倒心形 7. 骤尖 8. 凸尖 9. 芒尖 10. 尾状

1. 锐尖（急尖） 锐尖（acutus）的叶端尖头成一锐角形，而有直边，如杏、榆的叶尖。

2. 渐尖 渐尖（acuminatus）的叶端尖头稍延长，渐尖而有内弯的边，如桑的叶尖。

3. 钝形 钝形（obtusus）的叶端是钝的。

4. 圆形 圆形（rotundatus）的叶端宽而半圆形。

5. 截形 截形（truncatus）的叶端平截，而多少呈一直线。

6. 微凹 微凹（retusus）的叶端微凹入，如车轴草的叶尖。

7. 凹缺 凹缺（emarginatus）的叶端凹入的程度比微凹的更明显。

8. 倒心形 倒心形（obcordatus）的叶尖呈颠倒的心脏形，或一倒卵形而先端深凹入。

9. 凸尖 凸尖（mucronatus）的叶端中脉延伸出于外而成一短锐尖。

10. 骤尖（硬尖） 骤尖（cuspidatus）的叶端有一利尖头。

11. 芒尖 芒尖（aristatus）的叶尖呈凸尖延长，成一多少呈芒状的附属物。

12. 尾状 尾状（caudatus）叶端渐狭长成长尾状附属物。

（八）叶基

常见的叶基形状有下述十几种（图 2-10）。

1. 心形 心形（cordatus）叶基圆形而中央凹入成一缺口，两侧各有一圆裂片，呈心形，如牵牛、甘薯的叶基。

2. 耳形 耳形（auriculatus）叶基两侧小裂片呈耳垂状，如油菜的叶基。

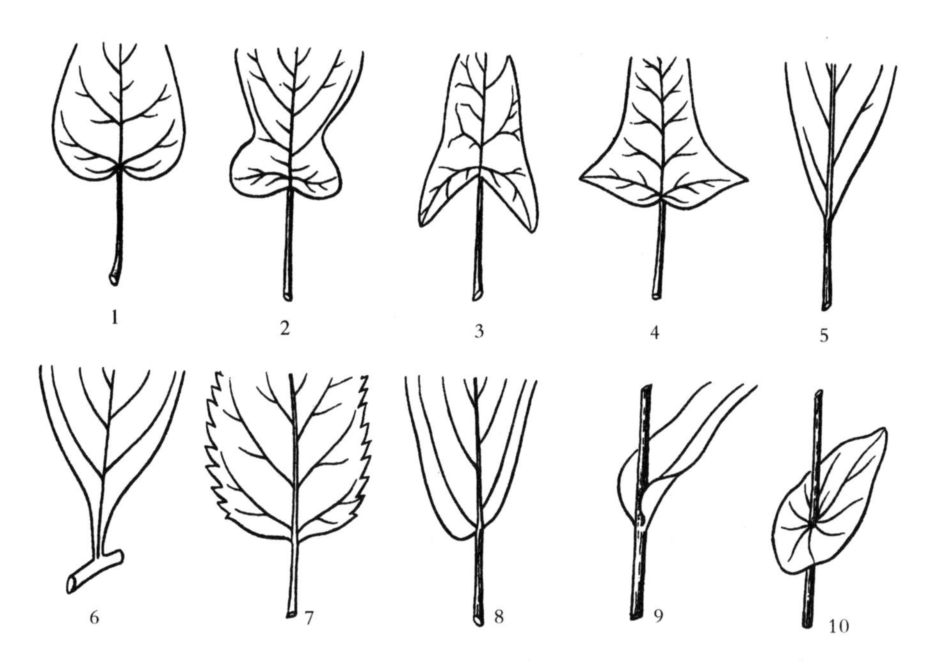

图2-10　叶　基

1. 心形　2. 耳形　3. 箭形　4. 戟形　5. 楔形　6. 渐狭
7. 截形　8. 偏斜　9. 抱茎　10. 穿茎

3. 箭形　箭形（sagittatus）叶基两侧小裂片尖锐，向下，形似箭头，如慈姑属植物的叶基。

4. 戟形　戟形（hastatus）叶基两侧小裂片向外，呈戟形，如田旋花的叶基。

5. 楔形　楔形（cuneatus）叶基的叶片中部以下向基部两边均逐渐变狭，形如楔子，如垂柳的叶基。

6. 渐狭　渐狭（attenuatus）叶基的叶片向基部两边逐渐变狭，其形态与叶尖的渐尖相似。

7. 截形　截形（truncatus）叶基平截，而多少成一直线。

8. 圆形　圆形（rotundatus）叶基呈半圆形，如苹果的叶基。

9. 偏斜　偏斜（obliquus）叶基部两侧不对称，如榆、秋海棠的叶基。

10. 抱茎　抱茎（amplexicaulis）叶基部抱茎，如抱茎独行菜。

11. 穿茎　穿茎（perfoliatus）叶基的叶基部深凹入，两侧裂片相合生而包围茎，茎贯穿于叶片中，如穿叶柴胡的叶基。

12. 下延　下延（decursivus）叶基向下延长，而贴附于茎上或着生在茎上成翅状，如飞廉的叶基。

（九）叶缘

叶缘的形状可分为下述几种（图2-11）。

1. 全缘　全缘（integer）的叶缘成一连续的平线，不具任何齿缺，如丁香、大豆的叶缘。

2. 锯齿状　锯齿状（serratus）的叶缘有尖锐的锯齿，齿尖向前，如大麻、苹果的叶

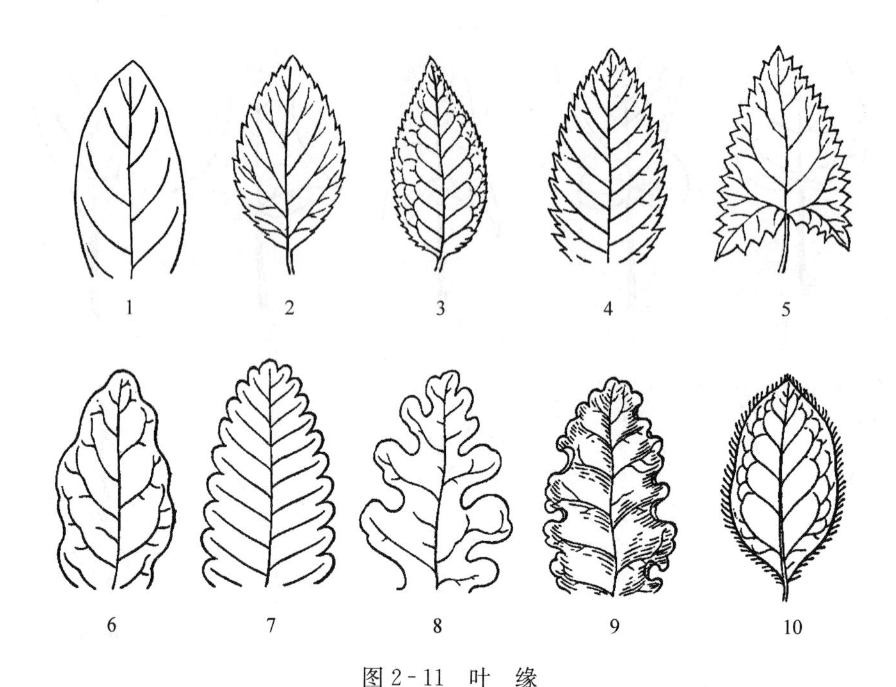

图 2-11 叶 缘

1. 全缘 2. 锯齿缘 3. 细锯齿缘 4. 重锯齿缘 5. 牙齿缘 6. 波状缘 7. 钝齿缘
8. 羽状半裂 9. 皱波状缘 10. 睫毛状缘

缘。锯齿较细小的，叫做细锯齿状（serrulatus）；在大锯齿上复生小锯齿的，叫做重锯齿（dupilcatoserratus）。

3. 牙齿状 牙齿状（dentatus）的叶缘齿尖锐，两侧近等边，齿直而尖向外，如荚蒾的叶缘。牙齿较细小的，叫做小牙齿状（denticulatus）。

4. 钝齿状 钝齿状（crenatus）的叶缘具钝头的齿。具较小钝齿的，叫做小钝齿状（crenulatus）。

5. 波状 波状（undulatus）的叶边缘起伏如波浪状，如茄子的叶缘。其中又可分浅波状（repandus）、深波状（sinuatus）和皱波状（crispus）。

6. 睫毛状 睫毛状（cilliatus）的叶缘有稀疏的长毛，状如眼睫毛。

（十）裂叶

裂叶（folium divisum）的叶片边缘除上述各种形状外，常有深浅与形状不一的凹陷，这种凹陷叫做缺刻（incisus）。两缺刻之间的叶片部分叫做裂片（lobus）。根据缺刻的深浅、裂片的排列方式，可分为下述几种（图 2-12）。

1. 浅裂叶 浅裂叶（folia lobata）的叶片分裂深度，为叶缘至中脉的 1/3 左右。根据裂片数目和排列方式又可分为：羽状浅裂（pinnatim lobatus）、掌状浅裂（palmatim lobatus）、掌状三浅裂（palmatim trilobatus）、羽状五浅裂（pinnatim quinquelobatus）、掌状五浅裂（palmatim quinquelobatus）。

2. 半裂叶（中裂叶） 半裂叶（folia fissa）的叶片分裂深度为叶缘至主脉的 1/2 左右。又可分为羽状半裂（pinnatifidus）、掌状半裂（palmatifidus）。

3. 深裂叶 深裂叶（folia partita）的叶片分裂距离为到达或接近中脉。又可分为羽状深裂（pinnatipartitus）、掌状深裂（palmatipartitus）、掌状三深裂（palmatim tripartitus）、掌状五深裂（palmatim quinquepartitus）。

4. 全裂叶　全裂叶（folia dissecta）的叶片裂片彼此完全分裂，很像复叶，但各裂片叶肉相连贯，没有形成小叶柄。又可分为羽状全裂（pinnatisectus）和掌状全裂（palmatisectus）。

5. 倒向羽裂叶　倒向羽裂叶（folium runcinatum）指裂片弯向叶基的羽状裂叶。

6. 大头羽裂叶　大头羽裂叶（folium lyratum）指顶端裂片远较侧裂片大而宽。

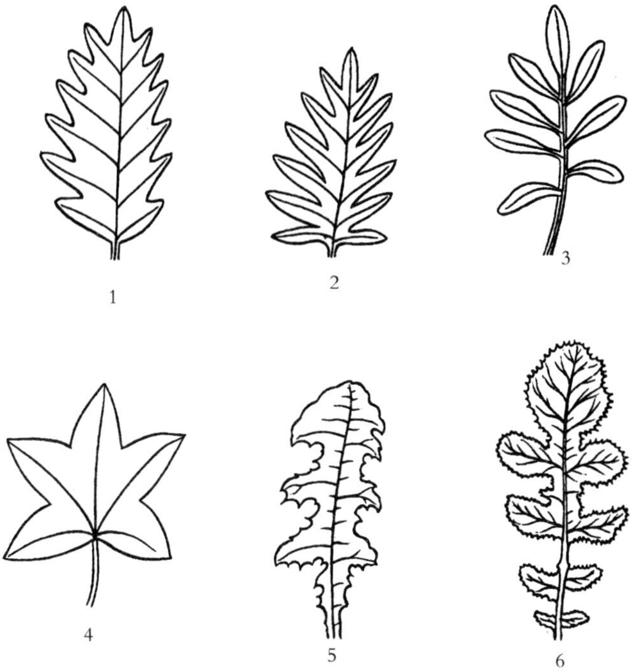

图 2-12　裂　叶
1. 羽状浅裂　2. 羽状深裂　3. 羽状全裂　4. 掌状半裂
5. 倒向羽裂　6. 大头羽裂

（十一）叶的变态

1. 刺　例如，仙人掌的叶变态成刺（spina），刺槐的托叶变成刺。

2. 卷须　例如，豌豆、野豌豆的羽状复叶顶端小叶变成卷须（cyrrhus）；菝葜的托叶变成卷须。

五、花　　序

花在花序（inflorescentia）轴上排列的方式叫做花序。花序生于花枝顶端的叫做顶生（terminalis）；生于叶腋内的叫做腋生（axillaris）。

花序中最简单的是1朵花单独生于枝顶，这叫做单生花（flos solitarius）。花序上支持每朵花的柄叫做花梗（花柄）（pedicellus）；支持数朵花的梗叫做总花梗（柄）（pedunculus）；整个花序的轴叫做花序轴（总花轴）（rhachis）。如果花序轴或总花梗自地表附近及地下茎伸出，不分枝、不具叶则叫做花葶（scapus）。花和花序常承托以不同的叶状或鳞片状的变态叶，其生于花序下或花序每一分枝或花梗基部的叫做苞片（bractea），生于花梗上的或花萼下的叫做小苞片（bracteola）。当数枚或多枚苞片聚生成轮，紧托花序或一花的叫做总苞（involucrum），组成总苞的苞片又叫做总苞片。在复伞形花序中，承托小伞形花序的总苞叫做小总苞（involucellum）。

（一）无限花序或向心花序

无限花序（inflorescentia indeterminata）或向心花序（inflorescentia centripeta）在形态上是总状分枝式，花序轴的顶端分化新花能力可以保持一个相当时期，花序轴上的花，下部的先开，依次向上部开放，花序轴不断增长；如为平顶式的花序轴，花由外围依次向中心开放。无序花序或向心花序又可分为下列各式（图 2-13）。

图 2-13 花序的类型

1. 总状花序 2. 穗状花序 3. 柔荑花序 4. 肉穗花序 5. 圆锥花序 6. 伞房花序 7. 伞形花序 8. 头状花序 9. 单歧聚伞花序 10. 二歧聚伞花序 11. 复伞形花序 12. 轮伞花序

1. 总状花序 总状花序（racemus）的花序轴通常不分枝而较长，花多数有近等长的梗，随开花而花序轴不断伸长，如荠菜和刺槐的花序。

2. 穗状花序 穗状花序（spica）与总状花序相似，但花无梗或花梗极短，如车前的花序。在禾本科和莎草科中，常由无梗的小穗（spicula）再组成穗状花序，如小麦、大麦和薹草的花序。

3. 柔荑花序 柔荑花序（amentum）与穗状花序相似，但一个花序全是单性花（全是雄花或全是雌花），常无花被，开花结果后，整个花序脱落。花序轴常柔软而下垂，如杨树、柳树的花序。

4. 肉穗花序 肉穗花序（spadix）与穗状花序相似，但花序轴肥厚而肉质，为一佛焰苞所包围，如天南星的花序；玉米的雌花序由多数叶状苞片所包被。

5. 圆锥花序 圆锥花序（panicula）即复合的总状花序。总花梗伸长而分枝，各枝为一总状花序；下部的分枝长，顶部的分枝短，整个花序略呈圆锥形，如燕麦和早熟禾的花序。

6. 伞房花序 伞房花序（corymbus）与总状花序相似，但花梗不等长，下部的花梗长，上部的花梗短，使整个花序中的花几乎排列成一头状，如苹果、山楂和梨的花序。若花序轴上每个花梗再形成一个伞房花序，则叫做复伞房花序（corymbus compositus），如花楸和华北绣线菊的花序。

7. 伞形花序 伞形花序（umbrella）的花梗近等长，花梗集生于花序轴的顶端，状如张开的伞，如大葱的花序。若在花序轴上每个总花梗再形成一个伞形花序，则叫做复伞形花序（umbrella composita），如胡萝卜的花序。第二回生出的花序，叫做小伞形花序（umbrellula）；小伞形花序的总花梗，叫做伞梗或伞辐（radius）。

8. 头状花序　头状花序（capitulum）的花无梗或近无梗，多数花集生于一短而宽、平坦或隆起的花序轴顶端上（花序托或总花托），形成一头状体，外被形状、大小、质地各异的总苞，如向日葵、旋覆花的花序。

（二）有限花序或离心花序

有限花序（inflorescentia determinata）或离心花序（inflorescentia centrifuga）在形态上属合轴分枝式，花序轴和总花梗的顶端很快分化成一花，依次形成聚伞花序（cyma）。花从花序轴的上部向下依次开放，或从中心向四周依次开放。有限花序或离心花序又可分为下列各式。

1. 单歧聚伞花序　单歧聚伞花序（monochasium）是典型的合轴分枝式，花序轴外形单一。这种花序，花轴顶端的芽首先发育成花之后，其下仅有一个侧芽发育成侧枝，枝顶又形成一朵花，如此侧枝复以同一方式分枝的，就形成单歧聚伞花序。这类花序中，如果侧枝连续地左右交互出现，则叫做蝎尾状聚伞花序（cincinnus），如委陵菜和唐菖蒲的花序。如果所有侧枝都出现在同一侧，则形成卷曲状，叫做螺旋状（镰状）聚伞花序（bostryx），如勿忘草和附地菜的花序。

2. 二歧聚伞花序　二歧聚伞花序（dichasium）的顶芽形成花后，在花下面的一对侧芽同时萌发成两个侧枝，每一侧枝顶端也只形成一朵花，如此连续地分枝形成假二歧分枝式的花序，如石竹科植物的花序。

3. 多歧聚伞花序　多歧聚伞花序（pleiochasium）的花序轴顶芽形成 1 朵花后，其下数个侧芽发育成数个侧枝，顶端各生 1 花，花梗长短不一，其外形类似伞形花序，但中心花先开，渐向四周开放，由此可以区别，如榆和大戟科植物的花序。

4. 轮伞花序　轮伞花序（verticillaster）是聚伞花序着生在对生叶的叶腋，花序轴及花梗极短，呈轮状排列，如益母草和地瓜儿苗等唇形科植物的花序。

六、花

花（flos）是被子植物的繁殖器官，花梗是一朵花着生的小枝；花托是花梗顶端膨大的部分；花被和花蕊都是变态的叶。所以，花是适应生殖作用的变态短枝。

（一）花的组成部分

一朵完全的花是由花萼、花冠、雄蕊（群）和雌蕊（群）4 部分组成。花萼（calyx）由萼片（sepalum）组成；花冠（corolla）由花瓣（petalum）组成；花萼和花冠合称为花被（perianthium），是花的外层部分。雄蕊群（androecium）由雄蕊（stamen）组成；雌蕊群（gynoecium）由心皮（carpellum）组成；雄蕊（stamen）和雌蕊（pistillum）合称为花蕊，是花中心的生殖部分。花被和花蕊螺旋状或轮状着生在花托（receptaculum）上（图 2－14）。

（二）花的形态

1. 依花的组成状况分 依花的组成状况，可分为完全花和不完全花。

（1）完全花 完全花（flos completes），指一朵花中花萼、花冠、雄蕊和雌蕊4部分均具有的花，如苹果和桃的花。

（2）不完全花 不完全花（flos incompletus），指一朵花中花萼、花冠、雄蕊和雌蕊4部分，任缺其1～3部分，如南瓜雄花（缺雌蕊）、杨树雌花（缺雄蕊和花被）。

2. 依雌蕊与雄蕊状况分 依雌蕊和雄蕊状况，可将花分为下述几类。

（1）两性花 两性花（flos bisexualis）指一朵花中，不论其花被存在与否，雌蕊和雄蕊都存在而充分发育的花，如大豆和小麦的花。

（2）单性花 单性花（flos unisexualis）指一朵花中，只有雄蕊或只有雌蕊存在而充分发育的，其中只有雄蕊的叫做雄花（flos staminatus）；只有雌蕊的叫做雌花（flos pistillatus）；雌花和雄花同生于一植株上的叫做雌雄同株（monoecius），如玉米；雌花和雄花不生于同一植株上的叫做雌雄异株（dioecius），如大麻、杨树。

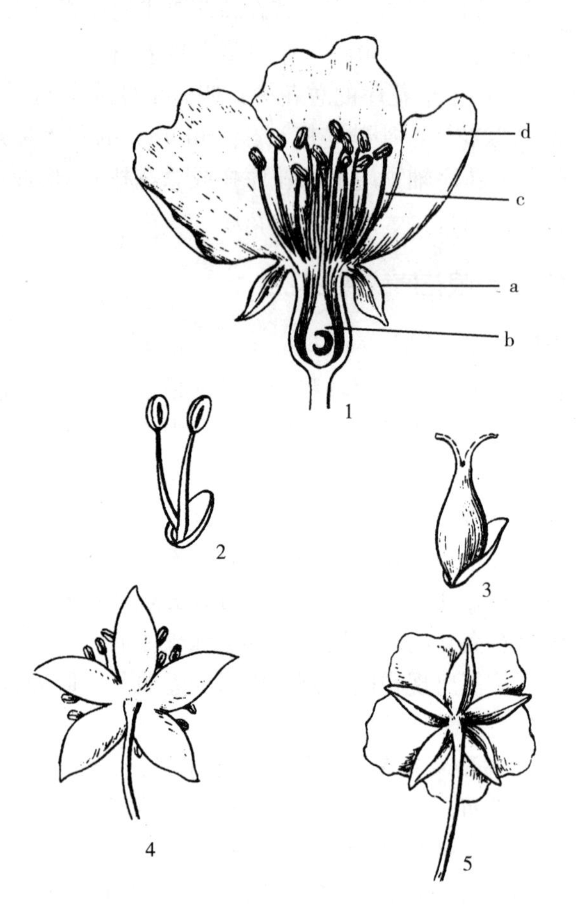

图2-14 花的组成部分

1. 完全花纵切 a. 萼片 b. 雌蕊 c. 雄蕊 d. 花瓣
2. 裸花（雄花） 3. 裸花（雌花） 4. 单被花 5. 两被花

（3）中性花 中性花（flos neuter）指一朵花中，雌蕊和雄蕊均不完备或缺少的花，如向日葵花盘边缘生长的舌状花。

（4）杂性花 杂性花（flos polygamus）指一株植物上或同种植物的不同植株上，既有单性花也有两性花。

（5）孕性花 孕性花（flos fertilis）指能够结出种子的花，即雌蕊发育正常的花。

（6）不孕性花 不孕性花（flos sterilis）指不能结出种子的花，即雌蕊发育不正常的花。

3. 依花被的状况分 依花被的状况，可将花分为下述几种。

（1）两被花 两被花（flos dichlamydeus）指一朵花同时具有花萼和花冠的花，如白菜和桃的花。

（2）单被花 单被花（flos monochlamydeus）指一朵花中只有花萼而无花冠的花，如藜和菠菜的花。

（3）裸花 裸花（flos nudus）指一朵花中花萼和花冠均缺的花，如杨和柳的花。裸花又叫做无被花。

（4）*重瓣花*　重瓣花（flos plenus）指在一些栽培植物中花瓣层数增多的花，如月季花。

4. 依花被的排列状况分　依花被的排列状况，可将花分为辐射对称花和左右对称花。

（1）*辐射对称花*　辐射对称花（flos actinomorphus）的花被片大小、形状相似，通过它的中心，可以切成2个以上相等的对称面，如桃、李和油菜的花。这类花又叫做整齐花（flos regularis）。

（2）*左右对称花*　左右对称花（flos zygomorphus）的花被片大小、形状不同，通过它的中心，只能按一定的方向，切成一个相等的对称面，如益母草和菜豆的花。这类花又叫做不整齐花（flos irregularis）。

（三）合生与贴生

合生与贴生这两个术语也适用于其他器官。

1. 合生　凡同一器官各部分相结合的，叫做合生（connatus），如花瓣与花瓣合生、萼片与萼片合生。

2. 贴生　凡不同器官之间结合的，叫做贴生（adnatus），如雄蕊与花瓣贴生。

七、花　　萼

花萼（calyx）是由萼片组成，通常绿色，是花被的最外一轮或最下一轮。当花尚未开放时，有保护作用。但有些植物的花萼有鲜艳的颜色，状如花瓣，叫做瓣状萼（sepalum petaloideum），如白头翁的花萼。

萼片彼此完全分离的叫做离（片）萼（calyx chorisepalus），如毛茛、油菜的花萼；萼片部分或全部合生的叫做合（片）萼（calyx gamosepalus），如番茄和益母草等的花萼。在合萼中，其合生部分叫做萼筒（tubus calycis），上部的分离部分叫做萼齿或萼裂片（lobus calycis）。

有些植物具有两轮花萼，其外轮的萼片叫做副萼（epicalyx），如委陵菜属植物的花萼。菊科植物花的萼片常变态成冠毛（pappus），呈羽毛状、鳞片状、刺芒状等。

萼片通常在开花后脱落，但罂粟属植物则在开花时即脱落，叫做早落（caducus）；茄、酸浆的花萼在果熟时仍然存在，叫做宿存（persistens）。

八、花　　冠

花冠（corolla）由花瓣组成，位于花萼的内方，是花的第二轮。花冠有各种鲜艳的颜色，是花中最明显的部分，大而质较薄，有保护花蕊和引诱昆虫传粉的作用。

花瓣彼此完全分离的叫做离瓣花冠（corolla choripetala）。离瓣花冠的花瓣可区分为两部分，上端较宽大的部分叫做瓣片（lamina），下端狭长的部分叫做瓣爪（unguis）。具有离瓣花冠的花叫做离瓣花，如月季和委陵菜的花。

花瓣多少有些合生的叫做合瓣花冠（corolla gamopetala）。合瓣花冠可分为两部分，下部合生成筒状的部分叫做冠筒（冠管）（tubus corollae）；上部分离而扩大弯出的部分叫做冠檐（limbus corollae）；冠檐的每一裂片叫做冠裂片（lobus corollae）；冠筒和冠檐交界处叫做冠喉（faux corollae）。具有合瓣花冠的花叫合瓣花，如番薯、田旋花。

有些植物的花具副花冠（corona），是花冠或雄蕊的附属物，介于花冠与雄蕊之间，如水仙花中的黄色杯状物。

（一）花冠的类型（图 2-15）

1. 辐射对称花冠

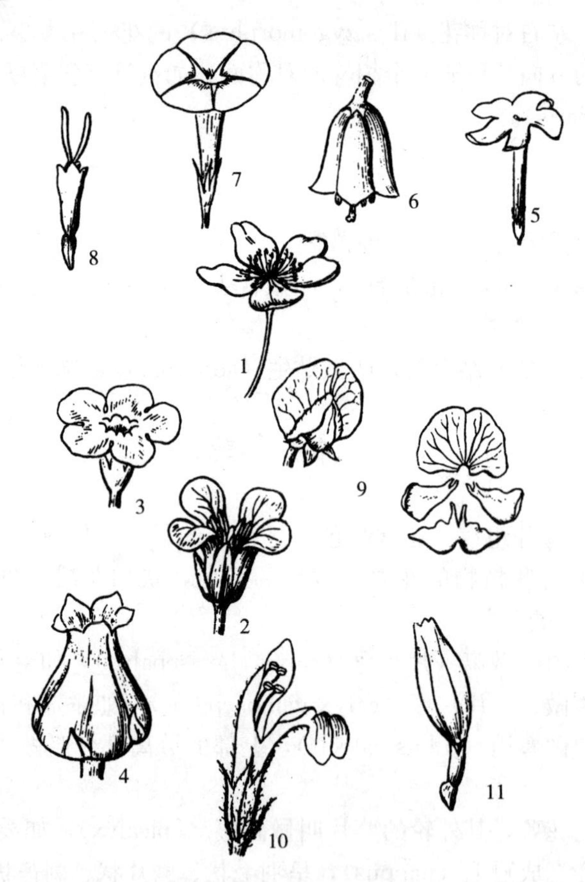

图 2-15 花冠的类型

1. 蔷薇形 2. 十字形 3. 辐状 4. 坛状 5. 高脚碟状
6. 钟状 7. 漏斗状 8. 管状 9. 蝶形 10. 唇形 11. 舌状

(1) 十字形 十字形（cruciatus）花冠的花瓣 4 片，分离，相对排成十字形，如油菜、萝卜等十字花科植物的花冠。

(2) 蔷薇形 蔷薇形（rosella）花冠的花瓣 5 片，分离，无瓣片与瓣爪之分，如桃和苹果的花冠。

(3) 辐状 辐状（rotatus）花冠筒极短，冠裂片由基部向四周辐射状伸展，如茄、番茄。

(4) 坛状 坛状（urceolatus）花冠筒膨大成卵形或球形，上部收缩成一短颈，然后短小的冠裂片向四周呈辐状伸展，如滇白珠树的花冠。

(5) 高脚碟形 高脚碟形（hypocrateriformis）花冠筒下部呈狭圆筒形，上部突然水平扩展成碟状，如水仙花和丁香的花冠。

（6）钟状　钟状（campanulatus）花冠筒宽而长，冠裂片短小而向外伸展，整个花冠呈倒悬的钟状，如桔梗科植物的花冠。

（7）漏斗状　漏斗状（infundibuliformis）花冠筒下部呈筒状，向上逐渐扩大成漏斗形，如牵牛和田旋花。

（8）管状　管状（tubulosus）花冠筒大部分呈一圆管状，花冠裂片向上伸展，如大多数菊科植物头状花序中的盘花。

2. 两侧对称花冠

（1）蝶形　蝶形（papilionaceus）花冠的花瓣 5 片，其中最上（外）面的 1 片花瓣最大，常向外反展，叫做旗瓣（vexillum）；侧面对应的 2 片通常较旗瓣小，且不同形，常直展，叫做翼瓣（ala）；最下面对应的 2 片，其下缘常稍合生，如龙骨状，叫做龙骨瓣（carina），如豌豆等蝶形花科植物的花冠。

（2）唇形　唇形（labiatus）花冠的花瓣 5 片，基部合生成花冠筒，冠裂片稍呈二唇形，上面 2 片合生为上唇，下面 3 片合生为下唇，如益母草等唇形科植物的花冠。

（3）舌状　舌状（ligulatus）花冠基部合生成一短筒，上部向一侧伸展而成扁平舌状，如菊科植物头状花序的缘花。

（二）花瓣和萼片

花瓣和萼片在花芽内的排列方式可分为下述几种。

1. 镊合状　镊合状（valvatus）指各片的边缘彼此接触，但不彼此覆盖，如茄和番茄的花瓣和萼片。

2. 旋转状　旋转状（contortus）指各片的边缘依次被上一片覆盖，即每一片的一个边缘被相邻的一片边缘覆盖，另一边缘又覆盖另一片的边缘，如夹竹桃的花瓣和萼片。

3. 覆瓦状　覆瓦状（imbricatus）和旋转状相似，但在各片中，有 1 片或 2 片完全在外，另有 1 片或 2 片完全在内，其他的为旋转排列，如桃和玫瑰的花瓣和萼片。

（三）距

许多植物花的花萼或花瓣向基部伸长而成管状或囊状，叫做距（calcar），如翠雀花、耧斗菜、紫堇和柳穿鱼的花萼或花瓣。

九、雄　　蕊

雄蕊（stamen）是花的雄性器官，由花丝（filamentum）和花药（anthera）组成。花丝通常呈丝状，着生在花托上，花丝顶端着生花药，花药中有花粉室（囊）（sacculus pollinius），室内可产生大量的花粉粒（pollen）。

（一）雄蕊的形态

雄蕊的形态可分为下述类型（图 2 - 16 Ⅰ）。

1. 离生雄蕊　离生雄蕊（stamina distinota）指一朵花的雄蕊彼此分离，如小麦、桃和杏的雄蕊。

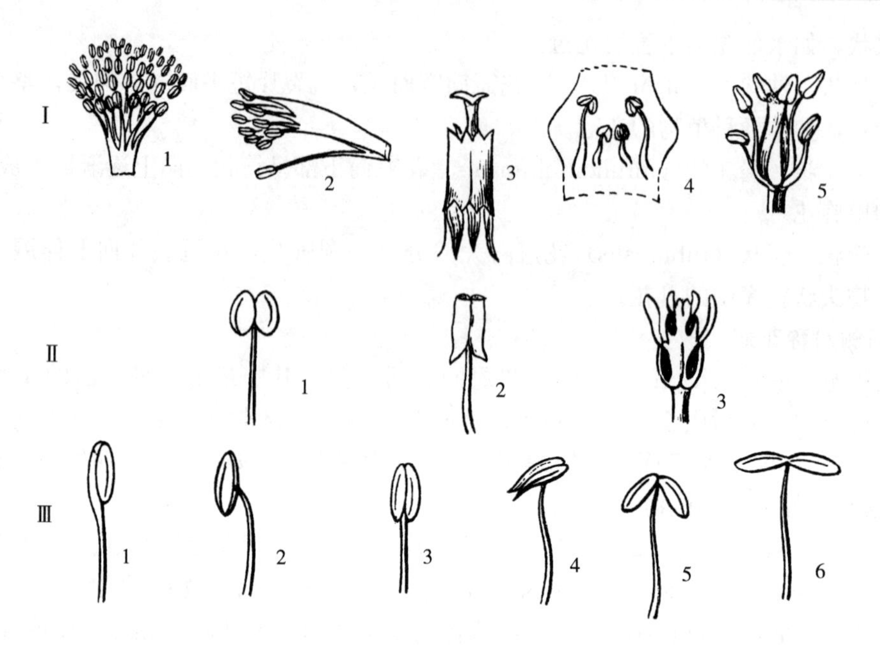

图 2-16 雄 蕊

Ⅰ. 雄蕊的类型（1. 单体雄蕊 2. 二体雄蕊 3. 聚药雄蕊 4. 二强雄蕊 5. 四强雄蕊）
Ⅱ. 花药开裂的方式（1. 纵裂 2. 孔裂 3. 瓣裂）
Ⅲ. 花药与花丝着生的方式（1. 全着药 2. 背着药 3. 基着药 4. 丁字药 5. 个字药 6. 广歧药）

2. 单体雄蕊 单体雄蕊（stamina monadelpha）指一朵花中多数雄蕊的花丝合生在一起成一束，如冬葵和棉花等锦葵科植物的雄蕊。

3. 二体雄蕊 二体雄蕊（stamina diadelpha）指一朵花中的 10 枚雄蕊，9 枚合生成一束，1 枚单独成束，即呈二束，如豌豆和四季豆等豆科植物的雄蕊。

4. 多体雄蕊 多体雄蕊（stamina polyadelpha）指一朵花中的多数雄蕊分成多束，如柑橘类、金丝桃的雄蕊。

5. 聚药雄蕊 聚药雄蕊（stamina syngenesa）指一朵花的花药合生，而花丝仍分离，如向日葵等菊科植物的雄蕊。

6. 雄蕊筒（管） 雄蕊筒（管）（tubus staminalis）指一朵花中雄蕊的花丝完全合生成一球状或圆柱形的管，如苦楝等的雄蕊。

7. 二强雄蕊 二强雄蕊（stamina didynama）指一朵花中的 4 枚分离雄蕊，其中 2 长，2 短，如糙苏和益母草等唇形科植物的雄蕊。

8. 四强雄蕊 四强雄蕊（stamina tetradynama）指一朵花中 6 枚雄蕊，其中 4 长，2 短，如白菜和油菜等十字花科植物的雄蕊。

9. 冠生雄蕊 冠生雄蕊（stamina epipetala）指一朵花的雄蕊贴生于花冠上，如茄、紫草和丁香的雄蕊。

10. 退化雄蕊 退化雄蕊（stamina rudimentaria）指一朵花中的雄蕊没有花药，或稍具花药而无正常的花粉粒，或仅具雄蕊残迹，如葫芦的雌花。

（二）花药的着生方式

花药在花丝上着生的方式可分为下述几种（图 2-16Ⅲ）。

1. 全着药　全着药（anthera adnata）指花药全部着生在花丝上。

2. 基着药　基着药（anthera basifixa）指花药的基部着生在花丝的顶端。

3. 背着药　背着药（anthera dorsifixa）指花药的背部着生在花丝上。

4. 丁字药　丁字药（anthera versatilis）指花药横卧，以背部中央着生在花丝顶部。

5. 个字药　个字药（anthera divergens）指药室基部稍张开，以上部接合处着生在花丝上，形如个字形。

6. 广歧药　广歧药（anthera divaricata）指药室近完全分离，叉开成一直线，以顶端接合处着生在花丝上。

（三）花药开裂的方式

花药开裂的方式常见的有纵裂、孔裂和瓣裂 3 种（图 2-16Ⅱ）。

1. 纵裂　纵裂（dehiscentia congitudinalis）的花药沿室间纵向开裂，如小麦等大部分被子植物花药的裂开方式。

2. 孔裂　孔裂（dehiscentia porosa）的花药在药室的顶部或近顶部开一小孔，花粉由此孔散出，如鹿蹄草科植物花药的裂开方式。

3. 瓣裂　瓣裂（dehiscentia valvata）花药的每一药室有 1～4 个活板状的盖，当雄蕊成熟时，盖即掀起，花粉即可由此散出，如樟科植物。

十、雌　　蕊

雌蕊（pistillum）位于花的中央，是花的雌性器官，将来发育成果实。它是由 1 个或数个变态叶组成，这种变态叶叫做心皮（carpellum），心皮是组成雌蕊的基本单位。心皮两边缘卷曲而合生的缝，叫做腹缝线（sutura ventralis）；心皮的中脉叫做背缝线（sutura dorsalis）。

（一）雌蕊的组成部分

一个典型的雌蕊由柱头、花柱和子房 3 部分组成。

1. 柱头　柱头（stigma）是雌蕊的顶端，常膨大，显而易见，有接受花粉的作用。常见的柱头形状有：钝裂片状、盘状、头状、羽毛状、帚刷状、放射状等。

2. 花柱　花柱（stylus）是连接柱头和子房的狭长部分，通常圆柱状，长短变化很大，如罂粟则无花柱。花柱通常着生于子房的顶端，也有着生在子房背部、腹部或基部者。一般开花后花柱凋萎，但铁线莲、白头翁等植物的花柱宿存。

3. 子房　子房（ovarium）是雌蕊基部膨大的部分，其壁叫做子房壁，内腔叫做子房室，有 1 室至多室，每室有 1 至多枚胚珠。开花后，子房壁发育成果皮，胚珠发育成种子。

（二）雌蕊的类型

1. 单雌蕊　单雌蕊（pistillum simplex）指一朵花中雌蕊由 1 个心皮组成，子房也是 1 室，胚珠 1 至多枚，如桃、杏仅有 1 胚珠；豌豆、刺槐则有多枚胚珠。

2. 离心皮雌蕊　离心皮雌蕊（gynoecium apocarpum）指一朵花的雌蕊由若干个彼此分离的心皮组成，如铁线莲和委陵菜的雌蕊。这样，可把每个分离的心皮叫做雌蕊，而把全部心皮或全部雌蕊叫做雌蕊群。

3. 复雌蕊 复雌蕊（pistillum compositum）指一朵花的雌蕊由 2 个或 2 个以上的心皮合生而成，但可以是 1 室至多室，1 个至多个胚珠。其合生状况很不一致。有的由子房至柱头完全合生；有的由子房至花柱处合生，仅柱头分离；有的仅子房合生，花柱和柱头分离。

在子房部分，仅心皮边缘合生，则形成单室子房，如柳具 1 室多数胚珠；小麦和玉米具 1 室 1 胚珠。若边缘都向内卷曲而合生，则分隔成数室子房，如马蔺具 3 心皮 3 室，胚珠多数；梨具 2～5 室，每室 1～2 胚珠。

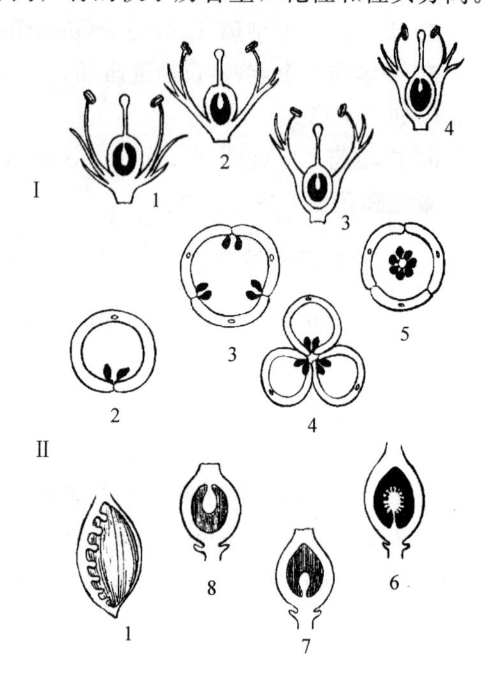

图 2-17 雌 蕊

Ⅰ. 花各部在花托上着生的位置
［1. 下位花（上位子房） 2. 周位花（上位子房） 3. 周位花（半下位子房） 4. 上位花（下位子房）］
Ⅱ. 胎座的类型（1、2. 边缘胎座 3. 侧膜胎座 4. 中轴胎座 5、6. 特立中央胎座 7. 基生胎座 8. 顶生胎座）

（三）胎座

在子房内胚珠着生的部位叫做胎座（placenta）。由于心皮合生状况、胚珠数目的不同，有点状、线状、隆起而肥厚的不同，常见有下述几种（图 2-17Ⅱ）。

1. 基生胎座 基生胎座（placenta basalis）指胚珠着生在子房室的基部，如菊科的胎座。

2. 顶生胎座 顶生胎座（placenta apicalis）指胚珠着生在子房室的顶部，如瑞香科的胎座。

3. 边缘胎座 边缘胎座（placenta marginalis）指单心皮 1 室子房里，胚珠着生在心皮的边缘，即腹缝线上，如豆科植物的胎座。

4. 侧膜胎座 侧膜胎座（placenta parietalis）指合生心皮 1 室子房里，胚珠着生在每一心皮的边缘上，胎座常肥厚或隆起，或扩大到子房腔内，如瓜类等葫芦科植物的胎座。

5. 中轴胎座 中轴胎座（placenta axilis）指合生心皮多室子房里，心皮边缘汇集合生成中轴，胚珠着生在中轴上，如番茄、百合和马蔺的胎座。

6. 特立中央胎座 特立中央胎座（placenta centralis）指复雌蕊 1 室子房里，中轴由子房腔的底部隆起，但不到达子房顶部，胚珠着生在此轴上，如石竹科植物的胎座。

十一、花 托

花托（receptaculum 或 torus）是花梗膨大的顶部，也是花的各部分着生处。在较原始植物的花里，花各部分的排列呈螺旋状，所以花托也多少有些伸长，如木兰和毛茛的花托。但在较进化植物的花里，花的各部则呈轮状排列，所以花托也就比较短。花托的形状有球状、盘状、杯状、壶状等。由于花托形状的变化，使花部着生的位置也发生变化，将来所形成的果实也发生改变，这些变化在研究植物分类和演化的关系上很重要。

（一）花各部分在花托上着生的位置（图 2-17Ⅰ）

1. 下位花 下位花（flos hypogynus）的花托多少凸起或稍呈圆锥状，花部呈轮状排列于其上，最外的或最下的是花萼，向内依次为花冠、雄蕊、雌蕊，而花萼、花冠和雄蕊的着生点都较子房低，故称为下位花。子房位置则处于一朵花中央的最高处，因而叫上位子房（ovarium superum），如毛茛、油菜的花。

2. 周位花　周位花（flos perigynus）的花托多少有些凹陷而膨大，呈浅盘状、杯状或壶状，子房着生于其中央的底部而与周围完全分离；花萼、花冠和雄蕊依次着生在花托上端内侧周围，并围着子房，所以叫做周位花。这里，子房本身位置未变，所以仍是上位子房，如桃和杏的花。有些周位花，它的子房下部和花托愈合，上部仍露出于外，叫做半下位子房（ovarium half - inferum），如马齿苋的花。

3. 上位花　上位花（flos epigynus）的花托凹陷而膨大成多种形状，子房着生其中，且彼此完全愈合，仅有花柱和柱头外露；花萼、花冠和雄蕊依次着生在花托之顶部，而位于子房之上，所以叫做上位花。由于子房陷入花托，而位于其他各轮之下，所以叫做下位子房（ovarium inferum），如西瓜和向日葵的花。

（二）花盘

花盘（discus）是花托的一种环形扩大部分，位于子房基部的周围，或介于雄蕊和花瓣之间。通常呈杯状、环状、扁平状或垫状；有全缘的，有分裂的，有边缘牙齿状的，也有分裂成疏离的腺体（glandula），如蒺藜科植物的花盘隆起呈盘状或扁平。

（三）蜜腺

蜜腺（nectarium）指花盘、变形的小花瓣、花瓣或雄蕊基部能分泌蜜汁的附属体和附属小体，如龙眼和荔枝的花盘蜜腺、金莲花花瓣基部的蜜腺。

十二、花程式和花图式

（一）花程式

把花的各部用符号及数字列成类似数学方程式来表示，这种式子叫做花程式（formula floris）。通过花程式可以表明花各部的组成、数目、排列、位置以及它们彼此间的关系。

1. 使用符号及其表示的意义

K 表示花萼；

C 表示花冠；

A 表示雄蕊群；

G 表示雌蕊群；

P 表示花被；

1、2、3、4、5…表示各部分的数目，轮数；

∞表示数目很多而不固定；

0 表示缺少或退化；

（　）表示同一花部彼此合生；不用此符号者为分离；

＋表示同一花部的轮数或彼此有显著区别；

$\underline{G}$、$\overline{\underline{G}}$和$\overline{G}$分别表示上位子房、半下位子房和下位子房；

$G_{(5:5:2)}$括号内第一数字表示心皮数目，第二数字表示子房室数目，第三数字表示子房室中胚珠数目；

↑表示两侧对称花；

*表示辐射对称花；

♂表示雄花；

♀表示雌花；

⚥表示两性花。

2. 花程式举例

豌豆 ⚥ ↑$K_{(5)}\ C_{1+2+2}\ A_{(9)+1}\ \underline{G}_{(1:1:\infty)}$

油菜 ⚥ * $K_4\ C_4\ A_{4+2}\ \underline{G}_{(2:2:\infty)}$

百合 ⚥ * $P_{3+3}\ A_{3+3}\ \underline{G}_{(3:3)}$

柳 ♂ $K_0\ C_0\ A_2\ G_0$

♀ $K_0\ C_0\ A_0\ \underline{G}_{(2:1)}$

（二）花图式

花图式（diagramma floris）是花的横切面简图，用以表示花各部分轮数、数目、排列、离合等关系，用黑色圆点表示花着生的花轴，位于图的上方；用空心弧线表示苞片，位于图的下方；用带有线条的新月形弧线图形来表示萼片，位于图的最外层，由于萼片的中脉明显，故弧线的中部向外隆起突出以示之；实心弧线图形表示花瓣，位于图的第二层；雄蕊以花药的横切图形表示，位于第三层；雌蕊以子房横切面图形表示，位于图的中心。并注意各部分的位置，分离或连合，若连合则以虚线连接来表示（图2-18）。

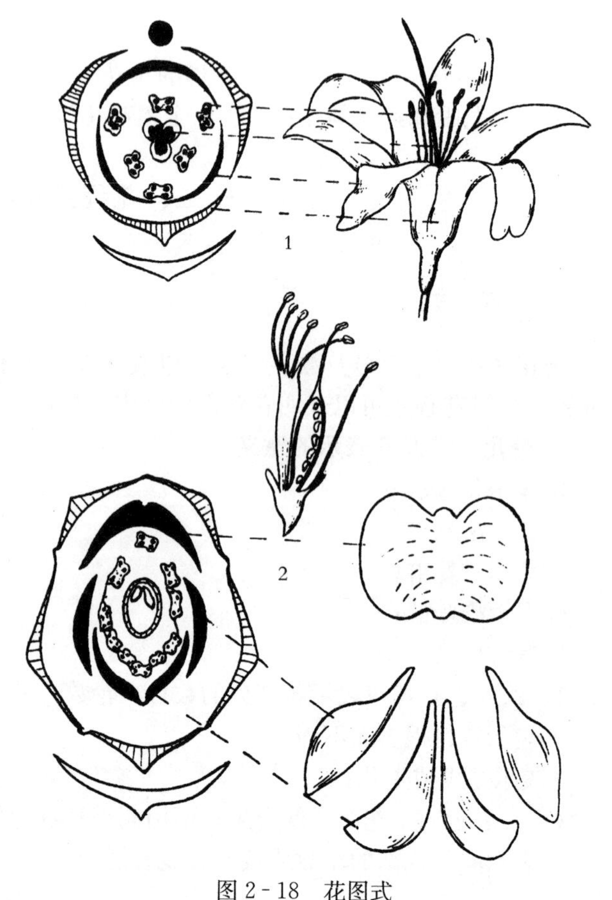

图2-18 花图式

1. 百合花与花图式 2. 蝶形花与花图式

十三、果 实

植物开花受精后，柱头和花柱凋落，子房逐渐膨大，胚珠发育成种子（semen），子房壁发育成果皮（pericarpium），这种果实（fructus）叫做真果。果皮通常可分为3层，最外一层叫做外果皮（exocarpium），中间一层叫做中果皮（mesocarpium），最内一层叫做内果皮（endocarpium）。各层的质地、厚薄因植物种类而异。

此外，有许多植物的果实，除子房外，还有花托或花的其他部分参与果实形成，这种果实叫做假果（fructus spurius），如苹果和梨的果实。

根据果实的形态结构，可分为聚合果、聚花果和单果3大类（图2-19、图2-20）。

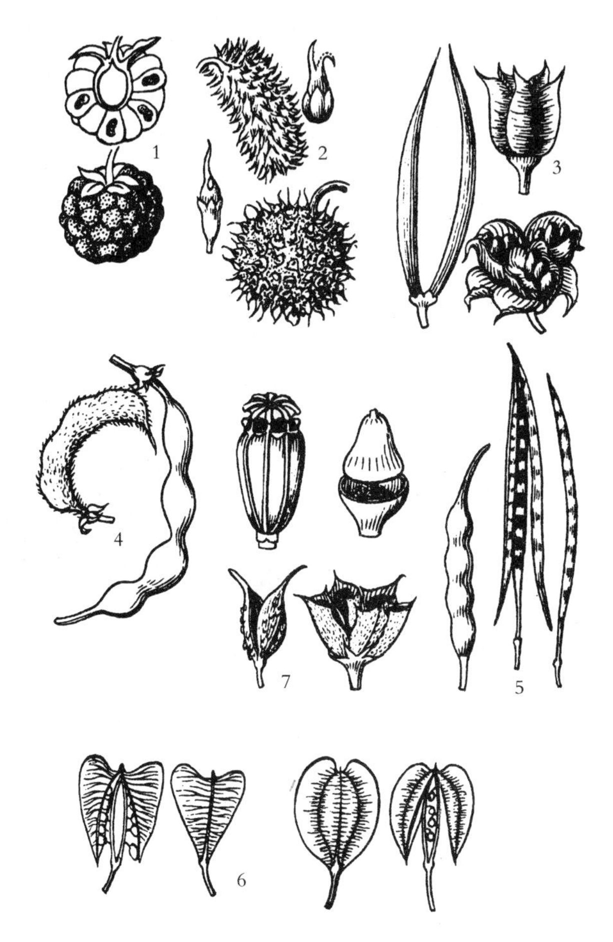

图2-19　果实的类型（一）

1. 聚合果　2. 聚花果　3. 蓇葖果　4. 荚果　5. 长角果　6. 短角果　7. 蒴果

（一）聚合果

一朵花中有多数单雌蕊，即离心皮雌蕊，每一个单雌蕊形成一个单果集生在膨大的花托上，叫做聚合果（fructus polyanthocarpus）。根据单果的种类又可分为聚合瘦果（如草莓和委陵菜的果实）、聚合蓇葖果（如绣线菊的果实）和聚合核果（如悬钩子的果实）。

（二）聚花果

聚花果（fructus multiplices）是由整个花序形成的果实，许多由花所形成的果实聚集在花序轴上，外形似一果实，成熟时整个果穗由母体上脱落，如桑树所结的桑葚。

（三）单果

由一朵花中的1个子房或1个心皮所形成的单个果实叫做单果（fructus simplex）。依果

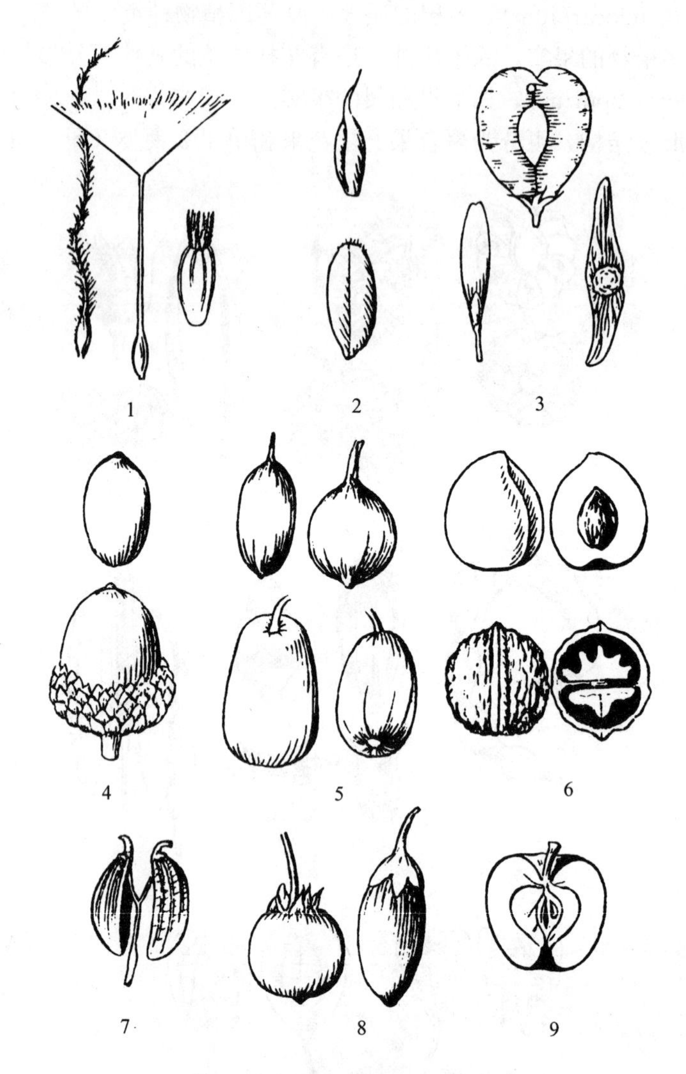

图 2-20 果实的类型（二）

1. 瘦果 2. 颖果 3. 翅果 4. 坚果 5. 瓠果 6. 核果
7. 双悬果 8. 浆果 9. 梨果

熟时果皮的性质不同，可分为干果和肉果两大类。

1. 干果 干果（fructus siccus）指果实成熟后，果皮失去水分而干燥的果实。干果按果皮开裂与否分为开裂干果和不开裂干果两类。

（1）开裂干果 这类果实成熟时，果皮开裂，常见的有下述几种。

①蓇葖果：蓇葖果（folliculus）由上位子房的单雌蕊或离心皮单雌蕊形成，成熟时沿腹缝线或背缝线仅一侧开裂，内含1至多数种子，如八角、翠雀花属和乌头属植物的果实。

②荚果：荚果（legumen）由上位子房的单雌蕊形成，成熟时沿腹缝线和背缝线同时开裂，内含1至多数种子，如豆目植物的果实。其中岩黄芪属等植物的荚果，在种子间收缩分节而呈念珠状，成熟时则断裂成具1粒种子的断片，叫做节荚（lomentum）。荚果也有许多不开裂的，如花生、苜蓿和草木樨的果实。

③长角果：长角果（siliqua）由上位子房2心皮合生所形成，有假隔膜。成熟时沿假隔

膜自下而上地开裂，长为宽的 4 倍以上，种子多数，如白菜和油菜等的果实。其中也有不开裂的，如萝卜的果实。

④短角果：短角果（silicula）为结构同长角果而形短者，其长度在宽度的 4 倍以下，如荠菜的果实。

⑤蒴果：蒴果（capsula）由 2 个以上合生心皮的上位子房或下位子房形成，1 室或多室，种子多数。蒴果开裂的方式有下述几种。

A. 室背开裂：室背开裂（loculicidus）即果瓣沿心皮的背缝线裂开，如胡麻的果实。

B. 室间开裂：室间开裂（septicidus）即沿室间隔膜（即腹缝线）开裂，如曼陀罗的果实。

C. 孔裂：孔裂（poricidus）即由多数小孔开裂，如野罂粟的果实。

D. 盖裂：盖裂（circumscissus）即果实上部横裂一周成一盖，如马齿苋和车前的果实。

（2）不开裂干果　这类果实成熟后，果皮干燥而不裂，常见的有下述几类。

①瘦果：瘦果（achenium）由离生心皮或合生心皮的上位子房或下位子房形成，具 1 室 1 粒种子，果皮紧包种子而不易分离，如向日葵和荞麦的果实。

②颖果：颖果（caryopsis）具 1 室 1 粒种子，但果皮和种皮完全愈合而不能分离，如玉米和小麦的果实。

③胞果：胞果（utriculus）具 1 室 1 粒种子，由合生心皮的上位子房形成，果实成熟时，果皮薄而膨胀，疏松地包裹种子，如藜和野苋的果实。

④翅果：翅果（samara）为瘦果状，果皮向外延伸成翅，如榆钱和槭树的果实。

⑤坚果：坚果（nux）果皮木质化，坚硬，具 1 室 1 粒种子，如榛子和栗子。

⑥小坚果：小坚果（nucula）为一小而硬的坚果。如紫草科和唇形科果实的子房 4 深裂，形成 4 个小坚果，又叫做分果（离果）（schizocarpium）。

⑦双悬果：双悬果（cremocarpium）由 2 个合生心皮的下位子房形成，在果实成熟时，形成 2 个分离的小坚果，叫做悬果瓣（mericarpium），并悬挂在中央心皮柄的上端，如伞形科植物的果实。

2. 肉果　肉果（sarcocarpium）指果实成熟时，果皮或其他组成果实的部分肉质多汁，常见有下述几种。

（1）核果　核果（drupa）由单心皮或合生心皮的上位子房形成，外果皮薄，中果皮厚而肉质或纤维质，内果皮坚硬，包裹于种子之外而成果核，通常含 1 粒种子，如杏和李的果实。

（2）浆果　浆果（bacca）由合生心皮上位子房或下位子房形成，外果皮薄，中果皮和内果皮均肥厚，肉质，汁液丰富，含 1 至数粒种子，如葡萄、番茄和枸杞等的果实。

（3）柑果　柑果（hesperidium）由合生心皮上位子房形成，外果皮呈革质而有油囊，中果皮稍疏松而具有分支的维管束，内果皮内弯分隔成果瓣并向内形成许多长而肉质多浆的腺囊，如柑橘的果实。

（4）瓠果　瓠果（pepo）是由合生心皮下位子房形成的假果，硕大，具 1 室和多数种子；果皮外层坚硬，由花托和外果皮组成；中果皮和内果皮肉质化；胎座发达且肉质化，如西瓜、黄瓜的果实。

（5）梨果　梨果（pomum）是由合生心皮的下位子房在花托参与下形成的，果实外层厚而肉质的部分由萼筒和花托发育而成，内层为果皮，外果皮和中果皮界限不明显，肉质化，内果皮很明显且革质或木质化，如苹果和梨的果实。

十四、种　　子

种子（semen）是胚珠在卵细胞受精后发育而成的。种子由种皮、胚和胚乳 3 部分组成，种皮是由珠被发育而成的，胚是由受精卵发育而成的，胚乳是由极核发育而成的。植物种子的外部形态、大小、形状、颜色、花纹、质地、内部结构以及储藏营养物质的成分变化很大。

（一）种皮

种皮（spermodermium）是种子外的包被物，具保护作用。有的植物种皮分两层，外层叫做外种皮（testa），由外珠被形成，常较厚而坚实；内层较薄，由内珠被形成，叫做内种皮（endopleura）。有的植物种皮外还有假种皮（arillus），如卫矛的假种皮，它是由珠柄和胎座发育而成的。种阜（caruncula）是类似假种皮的附属物，为一小的凸起物，生于种脐及种孔附近，如蓖麻种子。

种子自种柄脱落后，在种皮上所留的痕迹叫做种脐（hilum）。在种脐一侧，有突起成棱的部分，叫做种脊（raphe）。珠孔在种皮上形成的孔痕即种孔。种皮有多种质地和附属物，常见的有木质的、骨质的、肉质的、膜质的、革质的，以及具翅的、被毛的等。

（二）胚

胚（embryo）是新植物的原始体。由胚芽（plumula）、子叶（cotyledon）、胚轴（hypocotylus）和胚根（radicula）4 部分组成。各种植物胚的大小、发育状况差异较大。胚的形状有直立的、弯曲的、环形的、螺旋形的等。

胚的子叶数目有 1 枚的，如单子叶植物（monocotyledoneae）；有 2 枚的，如双子叶植物（dicotyledoneae）；有 2 枚以上的，如裸子植物（gymnospermae）。

（三）胚乳

胚乳（albumen）是种子储藏营养物质的部分。有的植物种子有胚乳，叫做有胚乳种子（semina albuminata），它由种皮、胚和胚乳 3 部分组成，如小麦种子。有的植物种子无胚乳，叫做无胚乳种子（semina exalbuminata），如大豆种子，它由种皮和胚两部分组成。有的种子还有外胚乳（perispermium），是由珠心残存部分组成的，如甜菜种子。

十五、植物器官的质地

描述植物器官的质地，主要有以下几种。

1. 草质的　草质的（herbaceus）器官质地薄而柔软，绿色。

2. 透明质的　透明质的（pellucidus）器官质地薄而几乎透明。

3. 膜质的　膜质的（membranaceus）器官质地薄而半透明。

4. 干膜质的　干膜质的（scariosus）器官质地薄、干而膜质，脆，非绿色。

5. 纸质的　纸质的（papyraceus）器官质地如厚纸。

6. 革质的　革质的（coriaceus）器官质地如皮革，厚而硬，常有光泽。

7. 软骨质的　软骨质的（cartilagineus）器官质地硬而韧。

8. 角质的　角质的（corneus）器官质地如牛角质。

9. 肉质的　肉质的（carnosus）器官质地肥厚而多肉。

10. 海绵质的　海绵质的（spongiosus）器官质地松软呈海绵状。

十六、植物体表附属物——毛被

许多植物体的表面是光滑无毛亦无粗糙感觉的，叫做平滑的（levis）。有的表面是无任何毛的，叫做无毛的（glaber），但有许多植物体的表面会形成各种毛被（indumentum）。植物的毛茸都是表皮细胞的衍生物，由单细胞或多细胞组成，有分支或不分支，形状各异，除毛状外，还有鳞片状、星毛状、棍棒状、圆柱状、念珠状等，并有各种不同的颜色。下面介绍一些常见的毛（图 2 - 21）。

（一）不分支毛

1. 柔毛　柔毛质地柔软且较细，好像人体表的汗毛，常见的有下述几种。

（1）短柔毛　短柔毛（pubescens）的毛短且柔软，如榆叶梅叶下面的毛。

（2）长柔毛　长柔毛（pilosus）的毛长且柔软，并较稀疏，如达乌里黄芪叶和茎表面的毛。

（3）曲柔毛　曲柔毛（villosus）的毛柔软较长且皱曲，如亚洲蓍叶表面的毛。

（4）蛛丝状毛　蛛丝状毛（arachnoideus）的毛覆盖状，疏松，白色，缠结而纤细，如羽叶千里光叶表面的毛。

（5）绵毛　绵毛（lanatus）的毛长、密、弯曲而缠结，如火绒草叶下面的毛。

（6）绢毛　绢毛（sericeus）的毛光亮、稠密而向一个方向伏生，如银灰旋花植株表面所被的银灰色毛。

（7）绒毛　绒毛（tomentosus）为许多极密而互相交织如毡的短毛，如毛樱桃叶下面的毛。

2. 硬毛　硬毛质地较硬、较粗、有弹性。

（1）短硬毛　短硬毛（hirtus）的毛短而硬，好像男人的短胡茬，如蓖苞凤毛菊叶表面的毛。

（2）长硬毛　长硬毛（hispidus）的毛长、硬、直而粗，如大豆全株表面的毛。

3. 刚毛　刚毛（setiformis）又称为刺毛，为基部膨大的硬毛，如假紫草全株表面的毛。

（二）分支毛

常见的分支毛有下述几种。

1. 星状毛　星状毛（stellatus）的毛中央有一柱状体，基部着生于植物体表，顶端向水平方向生出几个分支，像星状，如条叶庭荠全株表面的毛。

2. 丁字毛　丁字毛（divaricato-bicuspidatus）的毛中部着生于体表，分 2 支成丁字形，平铺于表面。为区别丁字毛和伏生单毛，可用细针尖拨动毛的尖端，另一端向相反方向移动的为丁字毛，另一端不动的为伏生单毛。如白花黄芪全株表面的毛为丁字毛。

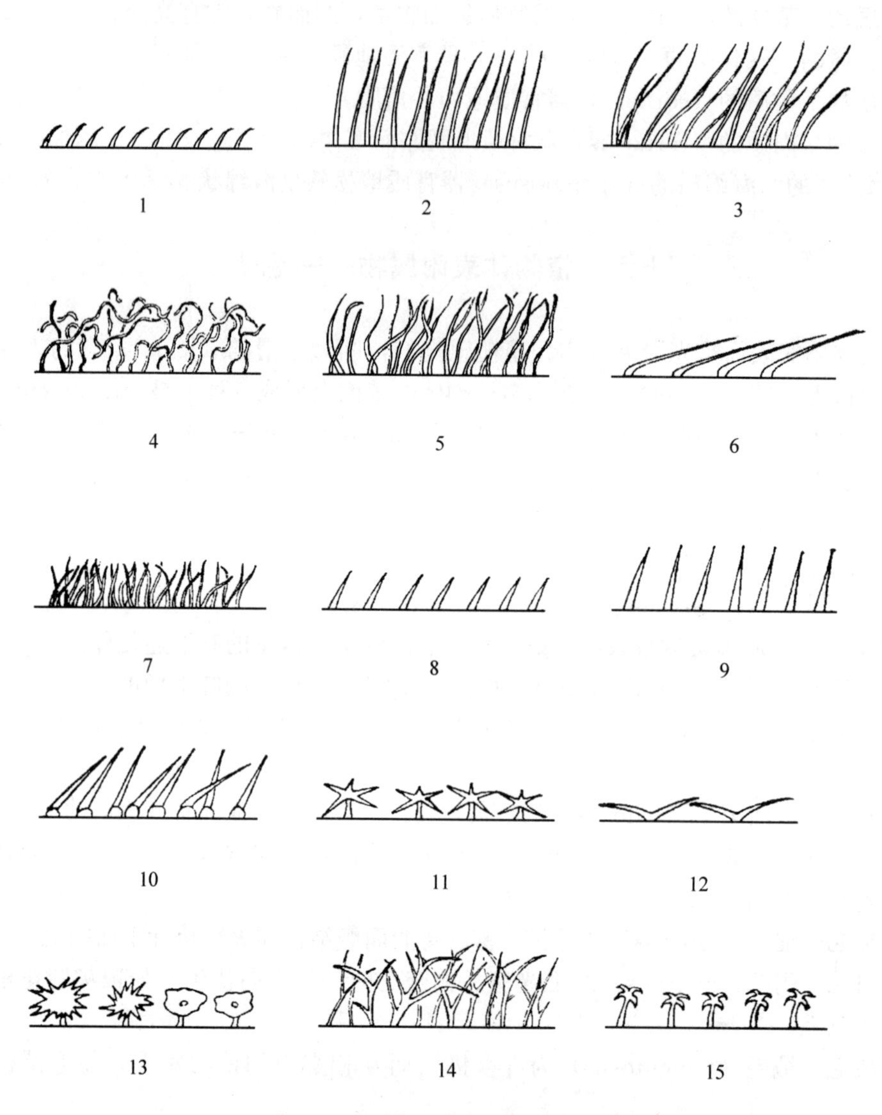

图 2-21 植物体表毛被的基本类型

1. 短柔毛 2. 长柔毛 3. 曲柔毛 4. 蛛丝状毛 5. 绵毛 6. 绢毛 7. 绒毛 8. 短硬毛 9. 长硬毛 10. 刚毛 11. 星状毛 12. 丁字毛 13. 鳞片状毛 14. 毡毛 15. 锚状毛

3. 鳞片状毛 鳞片状毛（lepidotus）由许多分支毛排列在一个平面上且互相合生而成，如沙枣茎和叶的毛。

4. 毡毛 毡毛（pannosus）为许多分支或不分支的毛，互相交织在一起而组成的一层毡状毛被，如银白杨叶下面的毛被。

5. 锚状毛 锚状毛（glochidiatus）的毛顶端具有几个向下弯曲的钩状刺，状如锚，如鹤虱小坚果背面边缘的毛被。

（三）腺毛

腺毛（glandulosus）是植物体表面具有分泌功能的毛被。在毛的顶端或基部具有一个或多个腺细胞，如烟草全株表面的毛。

十七、植物形态的进化原则

形态学特征是植物经典分类的主要标准，花、果的形态学特征尤为重要，根、茎、叶及其附属物（毛、鳞片等）也常作为分类标准。此外，解剖学方面的特征也常用作辅助性的分类标准。植物形态演化的过程，通常经历由简单到复杂，由低级到高级的分化和建成过程，但在器官分化和特化的过程中，还伴随着有简化现象，基于上述认识和在长期的分类学工作中形成了如下形态进化原则（表 2-1）。

表 2-1　植物形态的进化原则

	初生的、原始的性状	次生的、较进化的性状
茎	1. 木本 2. 直立 3. 茎干不分枝、二叉分枝、单轴分枝 4. 无导管只有管胞 5. 具环纹、螺纹导管	1. 草本 2. 缠绕 3. 合轴分枝 4. 有导管 5. 具网纹、孔纹导管
叶	6. 常绿 7. 单叶全缘 8. 互生（螺旋状排列）	6. 落叶 7. 叶形复杂化、复叶 8. 对生或轮生
花	9. 花单生 10. 无限花序（总状花序） 11. 两性花 12. 雌雄同株 13. 花托凸起 14. 花部呈螺旋状排列 15. 花的各部多数而不固定 16. 花被同形，不分化为萼片和花瓣 17. 花部离生（离瓣花、离生雄蕊、离生心皮） 18. 整齐花 19. 子房上位 20. 花粉粒具单沟槽 21. 胚珠多数 22. 边缘胎座、中轴胎座	9. 花聚成花序 10. 有限花序（聚伞花序） 11. 单性花 12. 雌雄异株 13. 花托平、下凹、凹陷 14. 花部呈轮状排列 15. 花的各部数目不多，有定数（3、4 或 5） 16. 花被分化为萼片和花瓣，或退化为单被花、无被花 17. 花部合生（合瓣花，具各种形式结合的雄蕊、合生心皮） 18. 不整齐花 19. 子房下位 20. 花粉粒具 3 沟或多孔、沟 21. 胚珠少数 22. 侧膜胎座、特立中央胎座、基底胎座
果实	23. 单果、聚合果 24. 真果	23. 聚花果 24. 假果
种子	25. 种子有胚乳 26. 胚小、直伸、子叶 2	25. 无胚乳，种子萌发所需营养物质储藏于子叶中 26. 胚弯曲或卷曲，子叶 1
生活型	27. 多年生 28. 绿色自养植物	27. 一年生 28. 寄生、腐生植物

在植物系统发育过程中，各个器官不是同步并进的，因而出现了形形色色的支派类群，常可见到在同一植物体上，有些性状相当进化，而另一些性状则保留了原始状态，而在另一些植物中恰恰相反。此外，在被子植物中，同一个性状在不同植物中的进化意义也不是绝对的，如对一般植物来说，两性花、胚珠多数、胚小是原始的性状，而在兰科中恰恰是它进化

的标志。因此必须认识到这些原则也都具有相对性，对待具体的植物需要全面的、辩证的运用这些原则。

本章提要

(1) 植物分类学是研究整个植物界不同类群的分类地位及其起源、来源关系以及进化发展规律的一门基础学科，其中，把极其繁杂的各种植物进行分类、鉴定、命名则是植物分类学的基本工作。

(2) 鉴别植物种类、探索植物间亲缘关系、阐明植物界自然系统是植物分类的主要任务，植物分类在开发和利用植物资源等方面起着重要作用。植物分类方法包括人为分类和自然分类。植物分类单元主要有界、门、纲、目、科、属、种，种是分类的基本单位，是具有一定形态结构、生理生化特征的，以及一定自然分布区的个体的总和。

(3) 植物命名的方法为双名法，它规定每一种植物的拉丁名由2个拉丁词（或拉丁化形式的词）组成，前一个词为属名，代表该植物所隶属的分类单位，第二个词为种加词。一个完整的学名还要在双名的后面附加命名人的姓名或姓名的缩写。而检索表则是识别鉴定植物的工具，它是植物分类学中，选取植物的显著特征，运用表格的形式进行编排、分类的一种方法，是鉴定和识别植物的钥匙，分为定距检索表和平行检索表。

(4) 学习和研究植物分类，查阅文献资料是重要的环节。植物分类学的参考文献很多，包括工具性的书、植物志、图鉴、手册及植物分类教材等。文献引证是反映作者对该植物种的认识和分类处理的观点。在植物志和某些专著中，作者常常对每一种植物都进行文献考证，并在种名之后按一定格式列出文献目录叫做文献引证。它包括文献的作者姓名（缩写、有时也可不写），文献名称（缩写），被考证的植物在该文献中记载的卷册数和页码、图版数码，以及该文献出版时间（年）等。

(5) 植物分类学把各种植物用比较、分析和归纳的方法，分门别类，依据植物界自然发生和发展的法则，予以有次序地排列，按照植物类群之间的亲缘关系进行的分类和编排，便可反映出植物的演化系统。掌握了对植物系统研究中所阐明的植物类群关系的内在规律性，即可进一步了解植物界的进化过程。

(6) 植物在长期演化和对环境的适应过程中，形态方面形成了多种多样的性状、特征，这些形态学特征是植物经典分类的主要标准，花、果的形态学特征尤为重要，根、茎、叶及其附属物（毛、鳞片等）也常作为分类标准，并创造了一系列学术用语（形态术语）来描述这些性状。此外，解剖学方面的特征也常用作辅助性的分类标准。

(7) 被子植物形态演化的过程，通常经历由简单到复杂，由低级到高级的分化和建成过程，但在器官分化和特化的过程中，还伴随着有简化现象。在植物系统发育过程中，各个器官不是同步并进的，对一般植物来说，两性花、胚珠多数、胚小是原始的性状，而在兰科中恰恰是它进化的标志，因此必须认识到这些原则也都具有相对性。

思考题

1. 植物分类学是怎样对植物进行分类、命名和鉴定的？
2. 怎样理解科、属、种、亚种、变种的概念？
3. 什么是植物的双命名法？简述国际植物命名法规的基本规则。

4. 植物分类学的基本原理和方法是怎样的?
5. 什么是物种生物学研究? 它与植物经典分类学研究有什么不同?
6. 形态学特征是植物经典分类的主要标准，其进化原则是什么?

第三章　裸子植物（Gymnospermae）分类

裸子植物与被子植物均以种子进行繁殖，同属种子植物门（Spermatophyta），分类上分别属于裸子植物亚门（Gymnospermae）和被子植物亚门（Angiospermae）。它们最主要的共同特点是产生种子，种子内有胚，胚是幼小植物体，由于受到种皮较好的保护，对于度过不良环境以及传播、繁衍后代均有极大的作用。所以，裸子植物和被子植物得以在当今植物界中占据着优势，是组成全球植被的最主要组成部分。裸子植物和被子植物的孢子体更加发达，结构也更趋完善，已经有了各种组织进一步的分化；而配子体结构更加简化，依附于孢子体上，不能独立生活。裸子植物出现在古生代，中生代最盛，到现代大多数已经绝灭，仅存 14 科 71 属近 800 种；我国产 11 科 41 属 236 种。

根据大孢子叶的形态，结合配子体，特别是雌配子体的发育，可以把裸子植物亚门划分为 5 个纲：苏铁纲（Cycadopsida）、银杏纲（Ginkgopsida）、松柏纲（球果纲 Coniferopsida）、红豆杉纲（紫杉纲 Taxopsida）及买麻藤纲（倪藤纲 Gnetopsida、盖子植物纲 Chlamydospermopsida）。

第一节　苏铁纲（Cycadopsida）

苏铁纲植物茎干埋于地下或成柱状，常不分枝，茎内形成层活动弱、生长缓慢，皮层与髓部发达。具树蕨状或棕榈状的羽状复叶和鳞片叶，羽状叶脱落后在茎上留下叶基（leaf base）。大孢子叶和小孢子叶球单性异株，大孢子叶丛生于茎顶，呈疏松的球状，从羽状分裂到盾状，胚珠生于孢子叶两侧，多数仅 2 枚；小孢子叶球球果状，密集丛生于茎顶，小孢子叶鳞片状，小孢子囊数个聚生于小孢子叶背面，厚囊性发育，精子多鞭毛。种子大，种皮厚，外种皮肉质，中种皮骨质，内种皮膜质，子叶 2 枚，胚乳丰富。

目前，全球苏铁纲植物仅存苏铁目（Cycadales）含 3 科 10～11 属，不足 300 种（含亚种和变种），主要分布于亚洲、非洲、南美洲、北美洲和大洋洲的热带、亚热带地区，其中 4 属产于美洲，2 属产于非洲，2 属产于澳大利亚，1 属产于东亚，具有极其间断的分布区。根据 Dennis Stevenson 的苏铁分类系统，苏铁目下分 2 个亚目：苏铁亚目（Cycadineae）和泽米亚目（Zamiineae）。其中，苏铁亚目仅 1 科 1 属，即苏铁科、苏铁属；泽米亚目包括 2 科（蕨铁科和泽米铁科）、10 属。我国产苏铁植物仅 1 科 1 属（苏铁属 *Cycas* Linn.），主要分布在福建、广东、广西、贵州、海南、四川、台湾和云南，其中尤以广西和云南分布最为集中。苏铁类植物是现存的最古老的种子植物，目前呈残存状态，分布很不均匀，而且大多星散分布在边远的地区。①

①本章参考了中山大学《植物学》（系统分类部分）2000 年版的部分材料和插图。

1. 苏铁科（Cycadaceae）

苏铁科仅含苏铁属（*Cycas* Linn.），除1种分布于南非外，其他均分布于我国南部省份、东南亚各国、澳大利亚及太平洋岛屿。长期以来分类非常混乱，近年随着野外调查的深入开展，种类从以往20～30种增加到80～100种。苏铁属在我国主要分布于华南、西南、东南等地的边远山区或密林中。郑万钧等（1978）在《中国植物志》中记载了8种；王定跃在1996年出版的《中国苏铁》一书中描述了25种，其中包括一些由其定名的新种和新组合；陈家瑞（1999）在《中国植物志》（英文版Flora of China）中记载了16种。至今不同学者对我国苏铁种类的认识尚存在分歧，所统计的种类数目出入较大，但随着野外工作的深入，认识正在逐步接近。苏铁类植物株型美丽，普遍栽培供观赏，北方多用盆栽。茎髓淀粉制成品称为西米，与种子均可食用。叶和种子入药，有收敛、止咳、止血之效。

我国常见有苏铁（*Cycas revoluta* Thunb.）和华南苏铁（*Cycas rumphii* Miq.）。

苏铁（图3-1）具有独立的柱状主干，通常不分枝。真中柱，内始式木质部。圆锥根粗大，深入土中。叶二型，一为鳞片叶，长卵形，先端尖锐，密被褐色毛，紧密排列在茎上，宿存；另一为营养叶，为羽状深裂叶，大型，柄基部小羽片成刺状，羽片具中肋而无侧脉。雌雄异株。小孢子叶稍扁平，肉质，盾状，螺旋状紧密地排列成长椭圆形的小孢子叶球，生于茎顶。每个小孢子叶下面生有许多由2～5个小孢子囊组成的孢子囊。大孢子叶密被黄褐色茸毛，先端羽状分裂，或成为盾状；基部柄状，柄的上端生有2～8个胚珠。大孢子叶丛生于茎顶，形成疏松的孢子叶球。种子成熟时，胚有2枚子叶，外种皮厚肉质，中种皮为石细胞构成的硬壳，内种皮膜质。

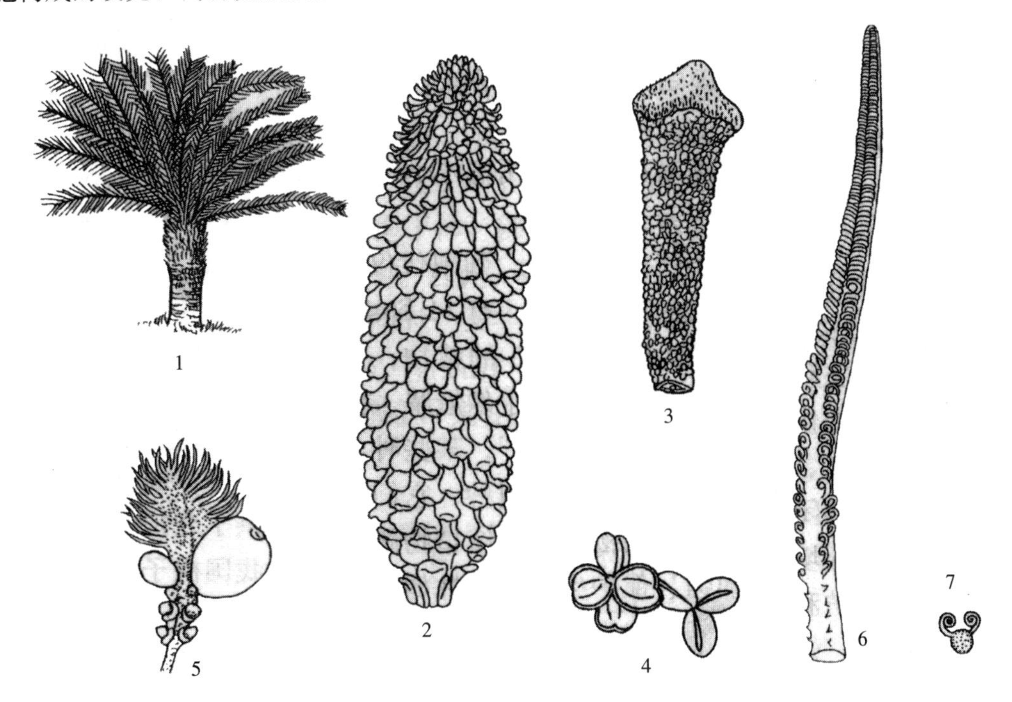

图3-1　苏铁（*Cycas revoluta* Thunb.）

1. 植株　2. 小孢子叶球　3. 小孢子叶　4. 小孢子囊
5. 大孢子叶及种子　6. 营养叶的近轴面　7. 叶轴的横切面

2. 蕨铁科（Stangeriaceae）

蕨铁科是南半球特有的植物，包括2亚科2属3种。其中，蕨铁亚科（Stangerioideae）的蕨铁属（*Stangeria* T. Moore）仅1种 *Stangeria eriopus*（Kunze）Baillon，为南非特有；波温亚科（Bowenioideae）的波温属（*Bowenia* Hook. ex Hook. f.）2种，为澳大利亚的东昆士兰特有，其模式种为 *Bowenia spectabilis* Hook. ex Hook. f.。

3. 泽米铁科（Zamiaceae）

泽米铁科是苏铁纲中最大的科，包括8属，近170种。其中泽米属（*Zamia* Linn.）约50种，美洲特有；非洲铁属（*Encephalartos* D. Stevson）约62种，非洲特有；大泽米属（*Macrozaima*）约25种，鳞皮泽米属（*Lepidozamia* Regel）2种，这2属为澳大利亚特有；双子铁属（*Dioon* Lindly）11种，除2种分别分布在中南美洲，其他9种均产于墨西哥境内；角果泽米属（*Ceratozamia* Breg.）有16种，主要分布于墨西哥、危地马拉和洪都拉斯；小苏铁属（*Microcycas* Miq.）仅1种，为古巴特有；奇寡属（*Chigua*）仅2种，为南美洲特有。

第二节 银杏纲（Ginkgopsida）

银杏纲植物为落叶大乔木，多分枝，有长枝和短枝之分。叶扇状，顶端常2裂，二叉脉序。孢子叶球单性异株，精子多鞭毛。种子核果状。本纲现存仅1目（银杏目）1科（银杏科 Ginkgoaceae）1属（银杏属 *Ginkgo*）1种（银杏）。

银杏（*Ginkgo biloba* Linn.）（图3-2）为孑遗种，我国特产。银杏是高大而多分枝的乔木，有顶生营养性长枝和侧生的生殖性短枝。具内外并生型管状中柱，内始式木质部。叶扇形具长柄，叶顶端具波状缺刻或全缘，叶基楔形或为肾形，叶脉二叉分枝状，在长枝上螺旋排列，在短枝上簇生。小孢子叶球成柔荑花序状，生于短枝顶端的鳞片腋内，鳞片具长柔毛。小孢子叶有1个短柄，柄端有2个（稀3或4个，甚至7个）小孢子囊组成悬垂的小孢子囊群。大孢子叶球通常只有1个短柄，柄端具有2个环形的珠领（collar）。珠领上各生1个直生胚珠，通常只有1个成熟。银杏种子成熟时金黄色，种皮分3层，外种皮厚而肉质，中种皮白色石质，内种皮红色薄膜质。胚有2枚子叶，胚乳肉质。

图3-2 银杏（*Ginkgo biloba* Linn.）
1. 花枝 2. 果枝 3. 雄蕊（放大） 4. 雌蕊（放大）

银杏种仁药食兼用，有润肺、止咳、强壮功效。银杏叶可提取银杏内酯等，用于治疗心、脑血管疾病。银杏具美丽的扇形叶且抗虫、抗污染，常被作为温凉地区的行道树。

第三节 松柏纲（Coniferopsida）

松柏纲植物为木本，茎多分枝，常有长枝和短枝之分，具树脂道。叶为针状或鳞片状，稀为条状。孢子叶常排成球果状，单性，多同株，少异株。松柏纲是现代裸子植物中数目最多而分布最广的类群，分为南洋杉科（Araucariaceae）、松科（Pinaceae）、杉科（Taxodiaceae）及柏科（Cupressaceae）4 科，约 44 属近 500 种，其中南洋杉科植物在南半球的澳大利亚、新西兰及南美洲的温带种类丰富；而其他 3 科在欧亚大陆北部及北美广大地区组成大面积的森林甚至单优的纯林。因本纲植物叶多为针状，故常被称为针叶树或针叶植物，森林称为针叶林。

1. 松科（Pinaceae）

松科植物叶互生或簇生，针形或线形。孢子叶球单性同株。小孢子叶具有 2 个小孢子囊，小孢子多数有气囊。大孢子叶球的苞鳞和珠鳞常能分离，珠鳞发达，近轴面基部有 2 枚胚珠。种子常有翅。松科是松柏纲中最大且在经济上最重要的一个科，约有 11 属 240 多种，多分布于北半球，组成广大的森林。我国约有 10 属 120 余种，其中许多是特有属和孑遗植物，分布几遍全国，多数种在东北、西南等高山地带组成大面积森林。为用材、木纤维、树脂等重要资源。

松科分属检索表

1. 叶条形、针形或四棱形，螺旋状着生，或在短枝上端簇生，均不成束。
  2. 仅具长枝；球果当年成熟。
    3. 球果成熟时种鳞自中轴脱落；叶扁平，上面中脉凹下，叶痕圆形 …………… 冷杉属（*Abies* Mill.）
    3. 球果成熟时种鳞宿存。
      4. 球果单生枝顶。
        5. 球果直立；叶条形扁平，中脉在上面隆起；雄球花簇生枝顶 ……… 油杉属（*Keteleeria* Carr.）
        5. 球果下垂，稀直立；叶条形扁平，中脉在上面凹下，或四棱形、扁棱形；雄球花单生叶腋。
          6. 小枝具微隆起的叶枕或不明显；叶条形扁平，有短柄，中脉在上面通常凹下，仅下面有气孔线。
            7. 球果较大；苞鳞伸出种鳞之外，先端 3 裂；叶内具 2 边生树脂道 ………………………………………… 黄杉属（*Pseudotsuga* Carr.）
            7. 球果较小；苞鳞不露出，稀微露出，先端不裂或 2 裂；叶内维管束下方具树脂道 ……………………………………… 铁杉属（*Tsuga* Carr.）
          6. 小枝具隆起成木钉状的叶枕；叶四棱形、扁棱形或条形扁平，无柄，四面有气孔线或仅上面有气孔线 ……………………………………… 云杉属（*Picea* A. Dietr.）
      4. 球果单生叶腋，初直立，后下垂……………………………… 银杉属（*Cathaya* Chun et Kuang）
  2. 有长枝和短枝之分；叶在长枝上螺旋状排列，在短枝上簇生状；球果当年或翌年成熟。
    8. 落叶性；叶条形扁平，柔软；球果当年成熟。
      9. 芽鳞先端钝；叶较窄，宽达 1.8mm；种鳞薄，宿存；雄球花单生于短枝顶 ………………………………………… 落叶松属（*Larix* Mill.）
      9. 芽鳞先端尖；叶较宽，宽 2～4mm；种鳞厚革质，成熟时脱落；雄球花簇生于短枝顶 ……………………………………… 金钱松属（*Pseudolarix* Gord.）

8. 常绿性；叶针形，质硬；球果翌年成熟，熟时种鳞脱落 ……………………… 雪松属（*Cedrus* Trew）

1. 叶针形，通常 2～5 针一束，生于鳞叶腋部的退化短枝顶端；球果翌年成熟，种鳞宿存，背面上方具鳞脐 …………………………………………………………………………… 松属（*Pinus* Linn.）

（1）松属（*Pinus* Linn.） 常绿乔木，稀灌木。冬芽显著。叶有两型，鳞叶单生，螺

图 3-3 油松（*Pinus tabuliformis* Carr.）

1. 球果枝 2. 一束松针 3. 种鳞背面 4. 种鳞腹面 5、6. 种子背腹面

旋状着生，幼苗时为扁平条形，后逐渐退化成膜质苞片状；针叶螺旋状着生，常 2～3 或 5 针一束，生于苞片状鳞叶的腋部，着生于不发育的短枝顶端，每束针基部由 8～12 枚芽鳞组成的叶鞘所包，叶鞘脱落或宿存。孢子叶球单性同株；小孢子叶球多数，集生于新枝下部；大孢子叶球单生或 2～4 个生于新枝近顶端。球果第二年（稀第三年）秋季成熟，种鳞木质，宿存；种子上部具长翅。本属有 80 余种，分布从北极附近至北非、中非及南亚直到赤道以南。我国有 22 种，分布极广，引种 10 余种，是重要的造林树种。

常见植物：马尾松（*Pinus massoniana* Lamb.）主要分布于我国中部、长江流域以南各省区；油松（*Pinus tabuliformis* Carr.）（图 3-3）为我国特有树种，产于华北、东北等地。

（2）冷杉属（*Abies* Mill.）　常绿乔木。叶条形，扁平，中脉在叶面凹下，单生。枝具圆形而微凹的叶痕。球果直立，当年成熟，种鳞脱落。本属约 50 种，我国约有 19 种，分布于东北至西南以及台湾省山区，多成纯林，用途很广，为我国自然林的主要资源之一。

常见植物：冷杉［*Abies fabri*（Mast.）Craib］为我国特有树种，产于四川；西伯利亚冷杉（*Abies sibirica* Ledeb.）产新疆阿尔泰山。

（3）云杉属（*Picea* A. Dietr.）　常绿乔木。叶通常四棱状或扁棱状条形，或条形扁平，四面有气孔线或仅上面有气孔线。小枝有显著隆起的叶枕。球果下垂，苞鳞短于珠鳞，种鳞宿存（图 3-4）。本属约 50 种，分布于北温带，特别是东亚。我国约有 19 种和 10 多个变种，广布于东北、西北、西南和台湾等省区的山地，组成大面积的自然林，为我国主要林业资源。

常见植物：雪岭云杉（*Picea schrenkiana* Fisch. et Mey.）分布于新疆天山和阿尔泰山，为新疆优良用材树种，俄罗斯也有分布。云杉（*Picea asperata* Mast.）产于四川、陕西、甘肃和青海。

（4）落叶松属（*Larix* Mill.）　落叶乔木。叶条状、扁平，簇生，脱落。小孢子叶球单生。种鳞革质，宿存。本属约 15 种，分布于北半球温带和寒带。我国约 12 种，广布于东北、西北、华北及西南，常组成纯林。

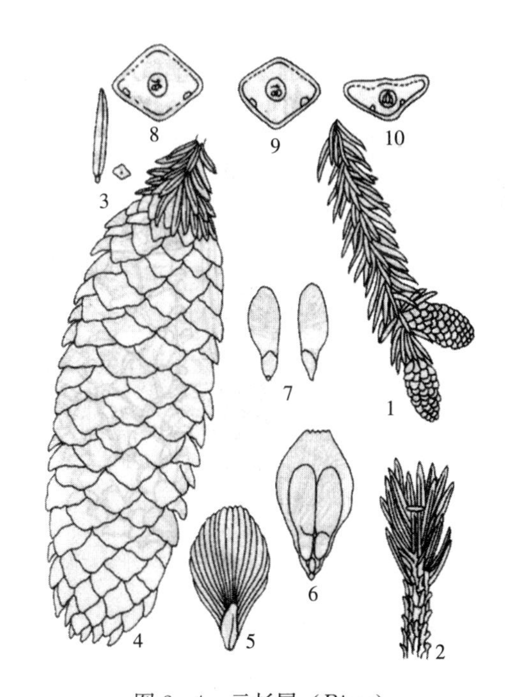

图 3-4　云杉属（*Picea*）
1. 具球果的小枝　2. 小枝　3. 叶及其横切　4. 球果　5～6. 种鳞的背腹面观　7. 种子及翅　8～10. 叶的横切

常见植物：落叶松［*Larix gmelinii*（Rupr.）Kuz.］产于东北大兴安岭和小安岭，常组成纯林，为我国东北林区的主要森林树种；西伯利亚落叶松（*Larix sibirica* Ledeb.）（图 3-5）分布于新疆阿尔泰山和天山东部，俄罗斯、蒙古也有分布。木材坚实耐用，供建筑、车辆等用；树皮可提单宁；种子含油 18%，是工业用油。

（5）雪松属（*Cedrus* Trew）　常绿乔木，枝有长枝和短枝。叶针形，坚硬，通常三棱形，或背脊明显而呈四棱形。球果第二年（稀三年）成熟，熟后种鳞从宿存的中轴上脱落；种子有宽大膜质的种翅。本属有 4 种，分布于非洲北部、亚洲西部及喜马拉雅山西部。我国有 1 种和引种栽培 1 种。

常见植物：雪松［*Cedrus deodara*（Roxb.）G. Don］材质坚实，致密而均匀，具香气，少翘裂而耐久用，可作建筑、桥梁、造船、家具等用。雪松四季常绿，树形美观，被栽培作庭园观赏树种。

图 3-5 西伯利亚落叶松（*Larix sibirica* Ledeb.）
1. 球果枝 2. 种鳞背面及苞鳞 3. 种鳞腹面 4. 种子背腹面

2. 杉科（Taxodiaceae）

杉科为常绿或落叶乔木。叶常二型，与小枝一起脱落。小孢子囊及胚珠常多于 2 个。苞鳞小，与珠鳞合生。种鳞常作盾状或覆瓦状排列。种子两侧具窄翅或下部具翅。杉科在上侏罗纪就已存在，在白垩纪和第三纪数量极大，并广泛分布于北半球。现代的杉科植物已处于衰退状态，仅有 9 属 14 种，其中将近半数是单种属，并成为孑遗植物。除 1 属见于南半球外，以我国亚热带最为集中，共 5 属 10 种。

杉科分属检索表

1. 球果的鳞片盾状；叶脱落。
 2. 叶对生 ………………………………………………………… 水杉属（*Metasequoia* Hu et Cheng）

2. 叶互生。
3. 球果的鳞片宿存；叶薄，狭线形……………………………………………… 落羽杉属（*Taxodium* Rich.）
3. 球果的鳞片脱落；叶异型，条形，针状而稍弯，或为鳞片状 ……… 水松属（*Glyptostrobus* Endl.）
1. 球果的鳞片扁平，覆瓦状排列；叶宿存。
4. 叶条状披针形，扁平，坚硬……………………………………………………… 杉木属（*Cunninghamia* R. Br.）
4. 叶钻形，螺旋状排列略成5列，背腹隆起 ……………………………… 柳杉属（*Cryptomeria* D. Don）

（1）水杉属（*Metasequoia* Hu et Cheng）　落叶大乔木。叶条形，交互对生，两列状，脱落。种鳞盾形、木质，交互对生。能育种鳞有5～9粒种子。种子扁平，周围有翅。

仅水杉（*Metasequoia glyptostroboides* Hu et Cheng）（图3-6）1种，为我国特有，产于川东、鄂西及湘西北，是稀有珍贵的孑遗植物，也是优良的风景树木。

（2）水松属（*Glyptostrobus* Endl.）　落叶大乔木。叶互生，异型，条形，针状而稍弯，或为鳞片状；有条形叶的小枝冬季脱落，有鳞形叶的小枝不脱落。种鳞木质，先端有6～10裂齿。能育种鳞有2粒种子，种子下端有长翅。

仅水松［*Glyptostrobus pensilis*（Staunt.）K. Koch］（图3-7）1种，为我国特有，产于我国华南和西南，是第三纪孑遗植物。其木材供建筑、家具等用；枝、叶、果亦可入药，有祛风除湿、收敛、止痛之效。

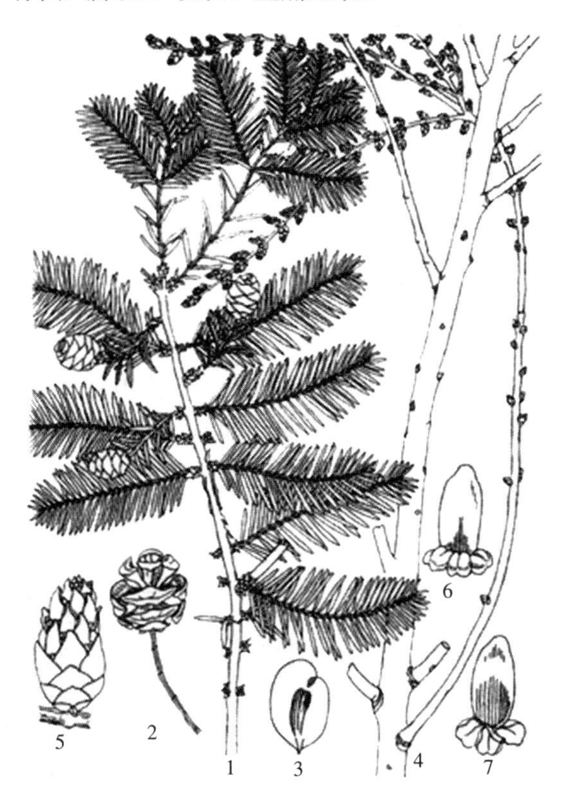

图3-6　水杉（*Metasequoia glyptostroboides* Hu et Cheng）
1. 具球果的枝条　2. 成熟的球果　3. 种子
4. 具小孢子叶球的枝条　5. 小孢子叶球
6. 小孢子叶背面观　7. 小孢子叶腹面观

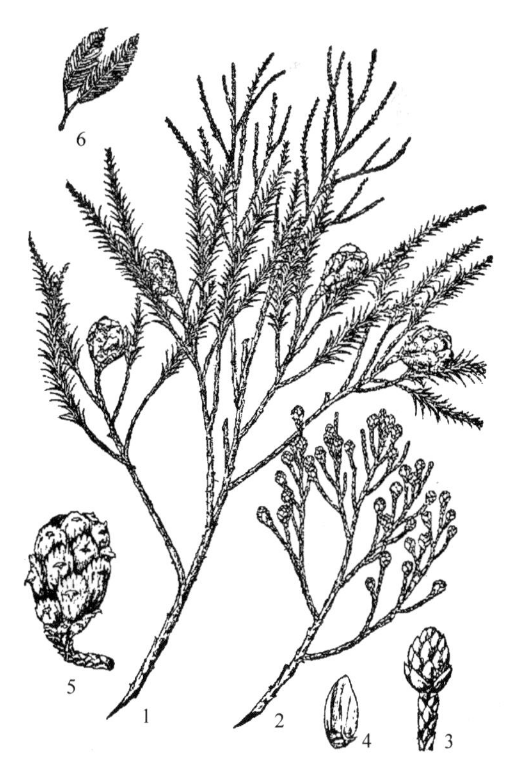

图3-7　水松［*Glyptostrobus pensilis*（Staunt.）K. Koch］
1. 果枝　2. 雄花枝　3. 雄花序
4. 雄蕊内面观（示花粉囊）　5. 果　6. 营养枝

(3) 杉木属 (*Cunninghamia* R. Br.)　常绿乔木。叶互生，坚硬，扁平，条状披针形。苞鳞大，种鳞小。能育种鳞有3粒种子，种子两侧具翅。本属有2种，特产于我国长江流域及以南各省区。

常见植物：杉木 [*Cunninghamia lanceolata* (Lambert) Hook.]（图3-8）为秦岭以南面积最大的人工造林树种，生长快，经济价值高，材质优良，易于加工，可供建筑、桥梁、枕木、板材、家具等用材；树皮可提栲胶。

(4) 柳杉属 (*Cryptomeria* D. Don)　常绿乔木。叶钻形，螺旋状排列略成5列，背腹隆起。小孢子叶球单生叶腋；大孢子叶球单生枝顶，每一珠鳞有2～5枚胚珠，苞鳞与珠鳞合生，仅先端分离。球果近球形。种子有极窄的翅。本属有2种，分布于我国及日本。树干高大，材质轻软，纹理直，可供建筑、桥梁、板材及家具等用材，也是优美的园林树种。

常见植物：柳杉 (*Cryptomeria fortunei* Hooibr. ex Otto et Dietr.) 分布于华东、中南至西南，常栽植供观赏。

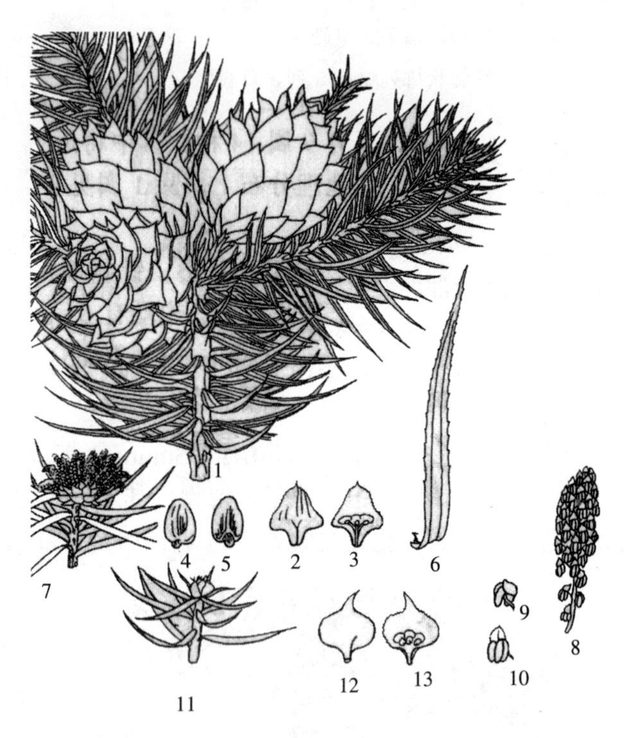

图3-8　杉木[*Cunninghamia lanceolata* (Lambert) Hook.]
1. 具球果的枝　2. 苞鳞背面　3. 苞鳞腹面　4～5. 种子的背腹面　6. 叶　7. 小孢子叶球枝　8. 小孢子叶球枝一段　9～10. 小孢子叶　11. 大孢子叶球枝　12. 苞鳞背面　13. 苞鳞腹面及珠鳞、胚珠

(5) 落羽杉属 (*Taxodium* Rich.)　原产于南美洲东北部和墨西哥，我国引种3种，在华南等地区常栽培有落羽杉 [*Taxodium distichum* (Linn.) Rich.] 和池杉 (*Taxodium ascendens* Brongn.)，其木材轻软，耐朽力强，可供观赏。

3. 柏科 (Cupressaceae)

柏科植物叶对生或轮生，鳞片状或刺形。小孢子囊常多于2个，胚珠也常多于2个。种鳞盾形，木质或肉质，交互对生或轮生。种子两侧具窄翅或无翅，或上部有一长一短的翅。现代约有20属145种，广泛分布于全世界。我国约8属近40种，另引种栽培1种。

(1) 侧柏属 (*Platycladus* Spach)　常绿乔木。叶鳞形，交互对生，小枝扁平，排成一平面，直展。孢子叶球单性同株，单生于短枝顶端。球果木质，当年成熟；种鳞4对，扁平，背部近顶端具反曲的尖头。种子1枚或2枚，无翅或有棱脊。

仅有侧柏 [*Platycladus orientalis* (Linn.) Franco] 1种，为我国特产，除新疆、青海外，分布几遍全国。材质细密，坚实，可供建筑等用材；枝叶药用，能收敛止血、利尿健胃；种子可榨油，入药滋补强壮、安神润肠；树姿优美，常栽培作庭院树种。

（2）柏木属（*Cupressus* Linn.）　常绿乔木。叶鳞形，交互对生，先端尖。小枝扁平，排成一平面，下垂。孢子叶球单性同株，单生于枝顶。球果木质，翌年成熟；种鳞 4 对，盾形。种子多数，具窄翅。本属有 20 余种，分布于北美、东南欧至东亚。我国有 3 种。

常见植物：柏木（*Cupressus funebris* Endl.）（图 3-9）为我国特有，产于华东、中南、西南以及甘肃、陕西南部。其材质优良，可供建筑、桥梁、造船、家具等用材；枝叶可提取芳香油；亦栽培作园林绿化及观赏树种。

图 3-9　柏木（*Cupressus funebris* Endl.）
1. 果枝　2. 种子

（3）圆柏属（*Sabina* Mill.）　常绿乔木或灌木。叶鳞形或刺形，刺形叶基部下延。孢子叶球单性异株，单生于枝顶。球果木质；种鳞完全结合，成熟时不张开；种子无翅。本属有 50 余种，分布于北温带。我国约 20 种，广布。

常见植物：圆柏［*Sabina chinensis*（Linn.）Ant.］原产于我国，分布于华北、华东、西南及西北等省区，各地多栽培作园林绿化及观赏树种。其木材坚韧耐用，有香气，可供建筑等用材；枝叶及种子可提取挥发油和润滑油。叉子圆柏（又名沙地柏、臭柏）（*Sabina vulgaris* Ant.）为匍匐灌木。刺形叶仅出现在幼龄植株上，多交互对生。球果生于较长而向下弯曲的小枝顶端，倒卵形球形或近圆形，顶端圆、平或呈叉状，成熟时褐色或紫黑色，有白粉。分布于我国西北部，生于海拔 1 100～2 800m 地带的沙地或多石的山坡上。为分布区的水土保持和固沙树种。

（4）刺柏属（*Juniperus* Linn.）　常绿乔木或灌木。冬芽显著。叶全为刺形，三叶轮生，基部有关节。大孢子叶球有 3 枚轮生的珠鳞，胚珠 3 枚，生于珠鳞之间。球果近球形，肉质，种鳞联合成浆果状。种子无翅。本属有 10 余种，分布于亚洲、欧洲及北美。我国产 3 种，另引入栽培 1 种。

常见植物：刺柏（*Juniperus formosana* Hayata）为我国特有，木材可供建筑、家具等用；树形美观，多作园林绿化。

第四节　红豆杉纲（Taxopsida）

红豆杉纲又称为紫杉纲，植物为木本，多分枝。叶为条形或条状披针形，稀为鳞状钻形或阔叶状。孢子叶球单性异株，稀同株。大孢子叶特化为鳞片状的珠托或套被，不形成球果，也不分化出类似的苞鳞和能育的珠鳞两部分，种子成熟时成为具肉质的假种皮或外种皮。

现代的红豆杉纲包含罗汉松科、红豆杉科和三尖杉科。

1. 罗汉松科（Podocarpaceae）

罗汉松科为常绿乔木或灌木。单叶互生，稀对生，针状、鳞片状或长椭圆形。孢子叶球单性异株，稀同株。小孢子叶球大多数单生，或稀聚生成柔荑花序状，小孢子叶螺旋状排列，有背腹性，小孢子囊 2 个。大孢子叶球着生于叶腋或托苞片的腋内，有时完全合生，通常在主轴上排成各式球序，具多数或少数螺旋状着生的苞片，部分或全部或仅顶生的 1 枚苞片着生倒生（稀有直生的）的胚珠 1 枚。小孢子叶强烈变态为囊状套被，包围着胚珠，或在胚珠基部缩小成杯状，有时完全与珠被合生。雌配子具颈卵器 2 个，稀3～5，或罕多达 20 个。具多胚现象，子叶 2 枚。种子成熟时，珠被分化为薄而石质的外层和厚而肉质的内层等两层种皮，套被变为革质的假种皮，或珠被变成极硬而石质的种皮，套被变成肉质的假种皮。托苞片变成肉质或非肉质并与轴愈合的种托。

罗汉松科含 8 属 130 余种。其中罗汉松属分布最广，所含的种数也最多，其余各属种数较少或为单种属，分布也局限，主要分布于南半球。我国仅有 2 属 14 种，罗汉松属（*Podocarpus*）分布于长江以南诸省区，陆筠松属（*Dacrydium*）仅陆筠松（*Dacrydium pierrei* Hickel）1 种产于海南。

罗汉松［*Podocarpus macrophyllus*（Thunb.）Sweet］叶条状披针形，中脉显著隆起。种子卵圆形，成熟时呈紫色，其下的肉质种托膨大呈紫红色。产于江苏、浙江、云南、广西等地。

竹柏［*Podocarpus nagi*（Thunb.）Zoll. et Mor.］叶对生，革质，卵形或卵状椭圆形，有多数并列的细脉，无中脉；小孢子叶球穗状圆柱形；为华南造林树种。

2. 红豆杉科（Taxaceae）

红豆杉科为常绿乔木或灌木，具鳞芽。叶披针形或条形，互生或近对生，由于叶柄的扭转而成二列状；叶面中脉凹陷，叶背面两侧各具 1 条气孔带和突起的中脉。孢子叶球单性异株，稀同株。小孢子叶球通常单生，或少数呈柔荑花序状球序。小孢子叶通常辐射对称，或少数具背腹性，具 6～8 个小孢子囊。大孢子叶球通常单生，或 2～3 对组成球序，大孢子叶基部具多数成对的苞片，顶端有一个变态为珠托的大孢子叶。雌配子体有 1～3 个或 8 个颈卵器。具有多胚现象，子叶 2 片。成熟种子核果状或坚果状，包于肉质而鲜艳的假种皮中。红豆杉科含 5 属 23 种，分布于北半球，我国为本科的分布中心，有 4 属 13 种。

（1）红豆杉属（*Taxus* Linn.）　叶螺旋状排列；种子生于红色肉质的杯状假种皮内；为本科数量最大、分布最广的一个属，10 余种，分布欧、亚和北美。我国有 4 种，除新疆外广布全国。

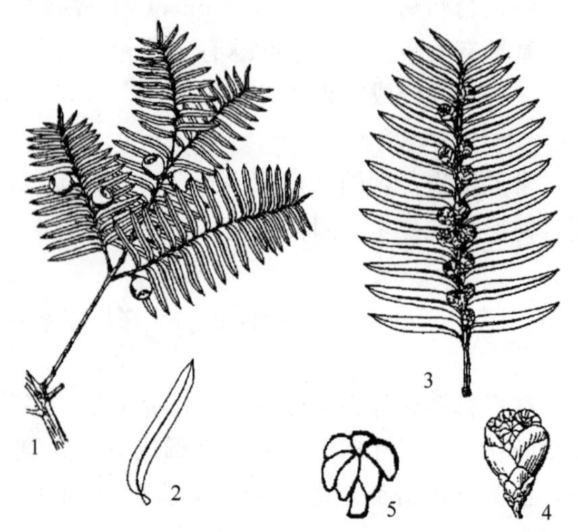

图 3-10　红豆杉［*Taxus chinensis*（Pilger）Rehd.］
1. 种子枝　2. 叶　3. 雄球花枝　4. 雄球花　5. 雄蕊

常见植物：红豆杉［*Taxus chinensis*（Pilger）Rehd.］（图 3-10）为第三纪孑遗

植物，我国特有，产于甘肃南部至广东、广西等地。其材质结构细致，防腐力强，为水上工程优良木材；种子含油 60%以上，供制皂、润滑油及药用。

（2）白豆杉属（*Pseudotaxus* Cheng） 叶螺旋状排列；种子生于白色肉质的杯状假种皮内，仅白豆杉［*Pseudotaxus chienii*（Cheng）Cheng］1 种，为我国特有，产于浙江、江西及广东、广西。其木材优良，可供农具、雕刻等用。

（3）穗花杉属（*Amentotaxus* Pilger） 叶交互对生；种子生于囊状、红色肉质的假种皮内，仅顶端尖头露出。为我国特有属，有 3 种，分布于南方各省区。

常见植物：穗花杉［*Amentotaxus argotaenia*（Hance）Pilger］（图 3-11）产于广东、广西、湖南、湖北、四川、江西等地。其木材可供农具、家具等用，种子含油 50%，供制肥皂。

（4）榧树属（*Torreya* Arnott.） 叶交互对生；种子全部包于肉质的假种皮内。有 6 种，分布于我国、日本及北美；我国有 4 种。

常见植物：榧树（香榧，*Torreya grandis* Fort.）为我国特有，产于华东、福建、湖南、贵州等地。其木材优良，可供土木建筑和农具等用；种仁甘香可入药，有化痰止咳、杀虫通便、治痔疮等功效。

图 3-11 穗花杉［*Amentotaxus argotaenia*（Hance）Pilger］
1. 种子枝 2. 小孢子叶球序枝 3. 小孢子叶球
4. 小孢子叶 5. 种子纵切

3. 三尖杉科（Cephalotaxaceae）

三尖杉科为常绿小乔木或灌木，具近对生或轮生的枝条，有鳞芽。叶条形或披针状条形，交互对生或近对生，在侧枝上基部扭转成二列。孢子叶球常单性异株。小孢子叶 6～11 个组成球状总序，小孢子叶具 2～5 个、但通常是 3 个多少悬垂的小孢子囊；大孢子叶球由 3 或 4 对交互对生的珠托或套被（即大孢子叶）组成，生于小枝基部的苞腋，每一大孢子叶的腹面生有 2 枚直生胚珠，大孢子叶变态为囊状的套被，在种子成熟时完全包围在种子的外围，肉质。种子的外种皮坚硬、石质，内种皮膜质状。胚具子叶 2 片，前胚和早期的胚细胞全部具单核的细胞。染色体 $x=12$。

三尖杉科仅三尖杉属（*Cephalotaxus* Siebold et Zucc.），有 9 种，主要分布于东亚，尤其是我国的华中、华南和台湾省；我国有 7 种 1 变种，其中 5 种为我国特有。

三尖杉（*Cephalotaxus fortunei* Hook. f.）（图 3-12）为我国特有，分布较广。常绿乔木。叶长 4～13cm，宽 3.5～4.4mm，先端渐尖成长尖头。其材质优良，富有弹性，可供制农具、文具、工艺品等用；枝、叶、根、种子可提取多种植物碱，供制抗癌药物；种子榨油供工业用；树冠优美，可作庭园树种。

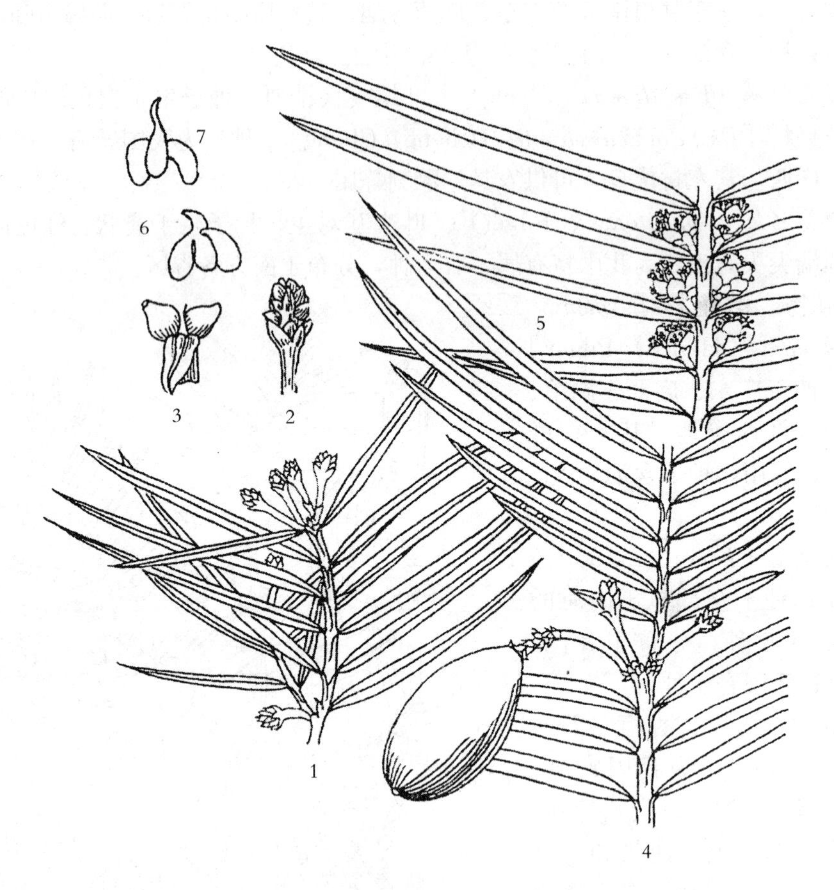

图 3-12 三尖杉（*Cephalotaxus fortunei* Hook. f.）

1. 大孢子叶球枝 2. 大孢子叶球 3. 大孢子叶球上的苞片与胚珠 4. 种子与大孢子叶球枝
5. 小孢子叶球枝 6. 小孢子叶腹面 7. 小孢子叶背面

粗榧［*Cephalotaxus sinensis*（Rehd. et Wils.）Li］叶较前者窄，宽约 3mm，是我国特有的第三纪孑遗植物。

第五节 买麻藤纲（Gnetopsida）

买麻藤纲又称为倪藤纲，或称为盖子植物纲（Chlamydospermopsida），藤本、灌木、亚灌木、块状体，稀有小乔木。次生木质部具有导管，无树脂道。叶对生，阔叶状、带状或退化成鳞片状。孢子叶球序二叉分枝，孢子叶球有类似于花被的盖被，或有两性的痕迹。胚珠珠被 1 层或 2 层，珠被向外延伸，形成珠孔管。精子无鞭毛，颈卵器极其退化或无。种子有假种皮，胚具子叶 2 枚，胚乳丰富。买麻藤纲是由彼此在形态上相距甚远的 3 个目（即麻黄目、买麻藤目和百岁兰目）组成，每一目仅有 1 科 1 属。

1. 麻黄科（Ephedraceae）

本科仅含麻黄属（*Ephedra* Linn.）（图 3-13、图 3-14）。植株为多分枝的常绿灌木或亚灌木，少数藤本，极罕见小乔木。小枝对生或轮生，绿色，节间有多条细纵纹。叶退化成膜质，在节上交互对生或轮生，2～3 片合成鞘状，先端具三角形裂齿。孢子叶球单性异株，偶尔同序，或在小孢子叶球中发现不孕的胚珠。小孢子叶球序对生，或 3 个或 4 个轮生，小孢子叶具 2 片常常合生的盖被及 1 细长的柄，柄端着生 2～8 个小孢子囊；小孢子椭圆形，具多条纵沟槽。大孢子叶球序由成对或 3 对或 4 对大孢子叶球组成。大孢子叶球基部具有数对苞片，顶端生有 1～3 个胚珠，每个胚珠均由 1 个特别增厚的囊状盖被（外珠被）包围着。种

图 3-13 麻黄科（Ephedraceae）麻黄属

1. 雄花 2. 雌花 3. 种子

图 3-14 麻黄科（Ephedraceae）的几个代表

1～6. 膜果麻黄（*Ephedra przewalskii* Stapf） 1. 成熟的雌球花植株 2. 成熟的雌球花
3. 雌球花下部苞片 4. 雌球花上部苞片 5. 雄球花枝 6. 雄球花的一对苞片及雄花
7～8. 喀什膜果麻黄［*Ephedra przewalskki* var. *kaschgaria*（Fedtch. et Bobr.）C. Y. Cheng］
7. 雄球花枝 8. 成熟的雌球花枝 9～13. 丽江麻黄（*Ephedra likiangensis* Florin. f.）
9. 雄球花枝 10. 雄球花 11. 成熟的雌球花枝 12. 成熟的雌球花 13. 种子

子成熟时，盖被变为木质或稀为肉质的假种皮，包围着种子，珠被形成膜质的种皮，大孢子叶球基部的苞片通常变为红、橙或黄色，并肉质化。麻黄种子无休眠期。染色体 $x=7$。

麻黄属有 40 余种，广布于全球的干旱区。我国产 12 种，生于干旱的沙漠、砾石荒漠及

荒漠草原，也是当地植被的重要组成成分。多数种含生物碱，为重要的药用植物。

常见植物：草麻黄（*Ephedra sinica* Stapf），广布于我国东北、华北及西北等地，为著名的中药材，含麻黄碱，枝叶具镇咳、发汗、止喘、利尿等功能，根则止汗。木贼麻黄（*Ephedra equisetina* Bunge）产于内蒙古、河北、山西、陕西、甘肃及新疆等地，其麻黄碱含量最高，与草麻黄混用。膜果麻黄（*Ephedra przewalskii* Stapf.）产于内蒙古西部、甘肃西部、青海北部和新疆，是荒漠植被的重要组成成分，也是优良的固沙植物。

2. 买麻藤科（Gnetaceae）

本科仅含买麻藤属（*Gnetum* Linn.）（图 3-15）。常为缠绕性大藤本，少乔木或灌木，枝有膨大关节。叶对生，宽阔，羽状网脉。孢子叶球在轮状苞片内腋生，单性同株或异株。小孢子叶球具一先端 2 浅裂的管状盖被，每个小孢子叶有 1 个、2 个或 4 个侧生并稍合生的小孢子囊。大孢子叶球 3～8 个轮生，围于基部对生连合的苞片内。大孢子叶球具 2 层盖被。种子核果状，包于红色或橘红色肉质假种皮中，胚乳丰富。染色体 $x=11$。

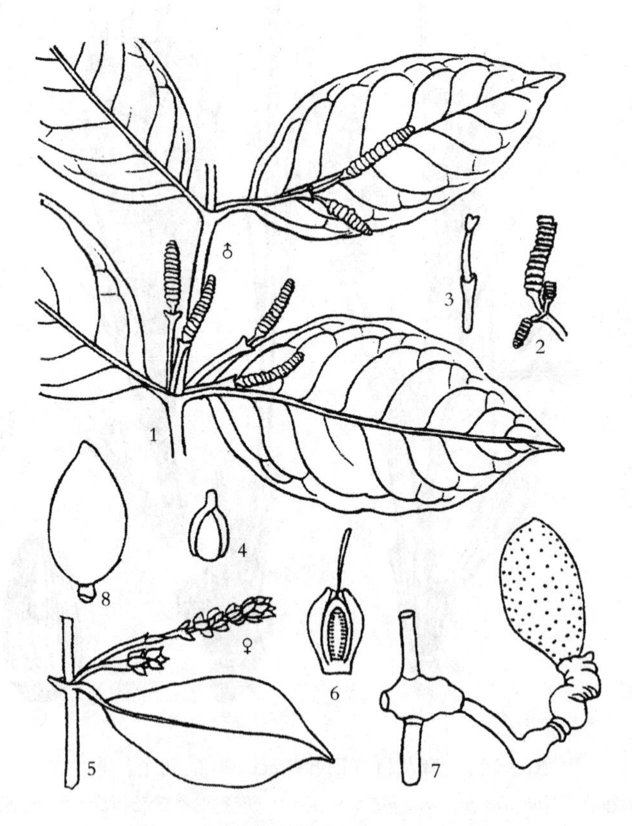

图 3-15 买麻藤属（*Gnetum* Linn.）

1. 具小孢子叶球总序的枝 2. 小孢子叶球总序 3. 小孢子叶球
4. 不孕性大孢子叶球 5. 大孢子叶球总序 6. 大孢叶球纵切面
7. 具种子的小枝 8. 除去外种皮的种子

买麻藤属约 35 种，分布于亚洲、非洲与南美洲的热带地区；我国产 7 种，分布于华东至西南各省区。

常见植物：买麻藤（*Gnetum montanum* Markgr.）为大藤本，高达 10m 以上。叶通常呈矩圆形，革质或半革质，长 10～25cm，宽 4～11cm。小孢子叶球序1～2 回三出分枝，排列疏松，成熟种子常有明显种柄。其茎皮纤维可编草鞋，种子炒熟可食。

3. 百岁兰科（Welwitschiaceae）

本科仅含 1 属 1 种。百岁兰［*Welwitschia bainesii*（Hook. f.）Carr.］（图 3 - 16）产于非洲西南部靠近海岸的沙漠中，是典型的旱生植物。植株茎粗短成块状体；终生只有 1 对大型的带状叶，叶长达 3m，宽约 30cm，具平行脉，平行脉之间有斜向的横脉相联系，可以通过基部发达的区间分生组织活动不断生长。孢子叶球序单性异株，生于茎顶凹陷处；孢子叶球序的苞片交互对生，排列整齐，呈鲜红色；小孢子叶球具 6 个基部合生的小孢子叶，中央有 1 个不完全发育的胚珠。胚珠有筒状的盖被，珠被一层。百岁兰缺乏颈卵器。种子成熟时，盖被成翅状，珠被管宿存。

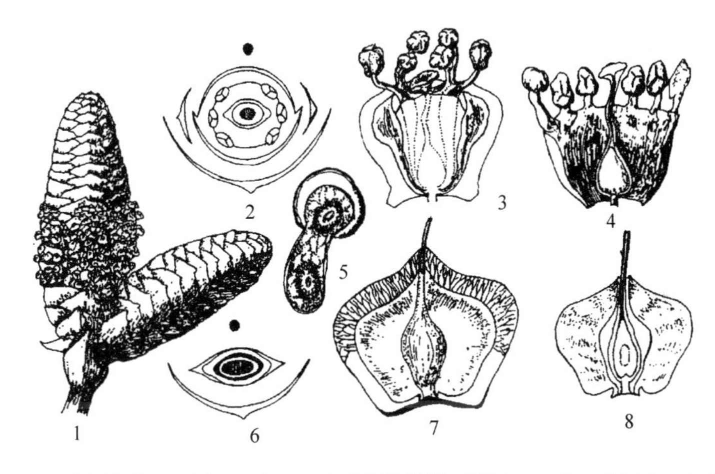

图 3 - 16　百岁兰科（Welwitschiaceae）百岁兰属（*Welwitschia* Stiehler.）综合图

1. 雄球花　2. 雄花花图式　3. 雄花　4. 雄花具退化子房　5. 花粉
6. 雌花花图式　7. 雌花具鳞苞　8. 雌花纵切（示胎座）

本章提要

（1）裸子植物和被子植物同属种子植物，他们最主要的共同特点是产生种子，种子内有胚，胚是幼小植物体，由于受到种皮较好的保护，对于度过不良环境以及传播、繁衍后代均有极大的作用。所以，裸子植物和被子植物得以在当今植物界中占据着优势，是组成全球植被的最主要组成部分。裸子植物的孢子体特别发达，均为多年生木本植物，大多为单轴分枝的高大乔木，有发达的主根。分枝常有长枝和短枝之分，长枝细长，叶在枝上螺旋排列；短枝粗短，叶簇生枝顶。叶多为针形、条形或鳞片状，极少数为扁平的阔叶。植物体内输导组织中的木质部只有管胞而无导管和木纤维，极少数具有导管；韧皮部只有筛胞而无筛管和伴胞。

（2）裸子植物的孢子叶大多聚生成球果状（strobiliform），称为孢子叶球。孢子叶球单生或多个聚生成各式球序，常为单性同株或异株。小孢子叶（雄蕊）聚生成小孢子叶球（雄球花，male cone），每个小孢子叶下面生有储满小孢子（花粉）的小孢子囊（花粉囊）。大孢子叶（心皮）丛生或聚生成大孢子叶球（雌球花，female cone）。在不同的类群，大孢子叶分别被称为珠鳞（ovuliferous scale）、套被；无叶状体的银杏生胚珠部分则被称为珠领（collar）。在大孢子叶上，或其边缘，或轴的上端生有胚珠，胚珠没有心皮包被，是裸露的。

（3）由于裸子植物通常具有颈卵器，现代的苏铁和银杏等裸子植物的原始类型，还具有多数鞭毛的游动精子，因此，一般认为裸子植物是从蕨类植物演化而来的。从苏铁等具大型叶、厚囊型孢子囊及异型孢子等特征看，裸子植物很可能起源于中泥盆纪地层出现的原始苦阿类植物古蕨属。上泥盆纪出现的种子蕨（Pteridosperm），虽还无真正的种子，但却具有胚珠，他可能是向裸子植物演化的高级过渡类型。种子蕨类植物在石炭纪和二叠纪时期，于北半球曾极为繁盛，后演化出拟苏铁植物（Cycadoideinae）（本内苏铁，Benettitinae）和苛得荻植物（Cordaitinae）。拟苏铁植物可能直接起源于髓木类（Medullosa）的种子蕨植物，现存的苏铁纲植物与髓木植物以及拟苏铁植物均有许多共同之处，可能是他们的后裔。银杏植物和松柏植物，无疑是苛得荻植物的后裔。买麻藤植物在现代裸子植物中是比较特殊和孤立的一群，根据孢子叶球的特性，被认为很可能是强烈退化和特化了的拟苏铁植物的后裔。

（4）现存裸子植物仅存 14 科 71 属近 800 种；我国产 11 科 41 属 236 种。裸子植物通常分为苏铁纲、银杏纲、松柏纲、红豆杉纲和买麻藤纲。裸子植物在陆地生态系统中占有十分重要的位置，它是森林植被的主要成分；同时，有些种类又是良好的观赏植物和著名的孑遗植物，如苏铁、银杏、水杉等。

（5）松柏纲植物为木本，茎多分枝，常有长短枝之分，具树脂道。叶为针状、鳞片状、稀为条状。孢子叶常排成球果状，单性，多同株，少异株。松柏纲是现代裸子植物中数目最多而分布最广的类群，分为南洋杉科（Araucariaceae）、松科（Pinaceae）、杉科（Taxodiaceae）及柏科（Cupressaceae）等 4 科，约 44 属近 500 种。

（6）买麻藤科植物次生木质部具有导管，无树脂道，孢子叶球在轮状苞片内腋生，单性同株或异株，颈卵器极其退化或无，是裸子植物较进化的类群。

思考题

1. 裸子植物的主要特征是什么？都有哪些适应陆生生活的特征？
2. 试说明裸子植物的演化趋势是怎样的。
3. 裸子植物门分为哪几个纲？它们的大孢子叶在各纲中变态成什么？
4. 松柏纲植物是怎样分类的？各科都有哪些重要的经济植物？
5. 为什么说买麻藤纲植物是裸子植物较为进化的类群？

第四章　被子植物（Angiospermae）分类

被子植物分为双子叶植物纲（木兰纲）和单子叶植物纲（百合纲），主要区别见表4-1。

表4-1　双子叶植物纲和单子叶植物纲的主要区别

双子叶植物纲（木兰纲）	单子叶植物纲（百合纲）
1. 胚有2片子叶（极少1、3或4）	1. 胚有1片子叶（或有时胚不分化）
2. 主根发达，多为直根系，少数不发达而为须根系	2. 主根不发达，由多数不定根形成须根系
3. 茎内维管束作环状排列，有形成层	3. 茎内维管束散生，无形成层
4. 叶具网状脉	4. 叶具平行脉或弧形脉
5. 花部常为5或4基数，极少3基数	5. 花部常3基数，极少4基数
6. 花粉粒常为3孔沟	6. 花粉粒常为单孔沟

第一节　双子叶植物纲（Dicotyledoneae）或木兰纲（Magnoliopsida）

一、木兰亚纲（Magnoliidae）

木兰亚纲的植物为木本或草本。花整齐或不整齐，常下位花；花被通常离生，常不分化成萼片和花瓣，或为单被，有时极度退化而无花被；雄蕊常多数，向心发育，常呈片状或带状；花粉粒常具2核，多数为单萌发孔、沟或其衍生类型；雌蕊群心皮离生，胚珠多具双珠被及厚珠心。种子常具丰富胚乳。

（一）木兰目（Magnoliales）

木兰目植物为木本。花单生或为聚伞花序，花托显著，花常两性，花部螺旋状至轮状排列，多为3基数；雄蕊（3）6至多数；心皮1个至多数，离生。胚乳丰富，胚小。花粉粒单沟至3沟，无孔或双孔。

本目包括木兰科、番荔枝科（Annonaceae）和肉豆蔻科（Myristicaceae）等10科，以下介绍木兰科。

木兰科（Magnoliaceae）

⚥ $* \ P_{6\sim9(45)}\ A_{\infty}\ \underline{G}_{\infty:1:2}$

本科约有15属250种，主要分布于亚洲的热带和亚热带，少数分布于北美洲南部和中美洲；我国有11属90余种，集中分布于我国西南部、南部及中南半岛。一些常绿乔木树种是我国亚热带常绿阔叶林的组成树种；许多种类可供材用、药用、园林绿化及观赏。本科植物起源古老，有不少孑遗种和一些濒危或稀有种已列入国家重点保护植物名录。

木兰科的特征：常绿或落叶乔木或灌木，常具油细胞，树皮和叶有香味。单叶互生，常全缘；托叶大而包被幼芽，早落，脱落后在节上留有环状托叶痕。花大，单生；辐射对称，两性；花被呈花瓣状，6～9（45）片，多轮；雄蕊多数，分离，螺旋状排列于伸长的花托下半部，花丝短，花药长，药2室纵裂，花粉粒舟状、单沟；心皮多数，分离，螺旋状排列于花托的上半部，子房上位，每心皮含胚珠2～14个。聚合蓇葖果，稀为具翅的小坚果。种子常悬挂于细长的珠柄上，胚小，胚乳丰富。染色体 $x=19$。

（1）木莲属（*Manglietia* Bl.） 常绿乔木。叶互生，全缘；托叶在叶柄上留有托叶痕。花中等大小、顶生，花被9～13；雄蕊多数；雌蕊多数，每心皮有胚珠4～14个。本属约30余种，国外分布于印度和马来西亚；我国约有22种，大都产于南部和西南部；多为高大乔木，为常绿阔叶林的组成树种，也是用材树种。

常见植物：毛桃木莲（*Manglietia moto* Dandy）芽、幼枝和叶、果柄密被锈褐色绒毛，托叶痕长为叶柄的1/3；产于湖南、广东和广西，木材细软，可供细木工用。木莲（*Manglietia fordiana* Oliv.）的嫩枝、芽被红褐色短毛，托叶痕不及叶柄的1/4；产于湖南、江西、福建、广东、广西、云南和贵州等地，木材供家具等用，果和树皮入药，治便秘和干咳。

（2）木兰属（*Magnolia* Linn.） 大灌木或乔木。叶常绿或脱落，通常全缘。花顶生，大而美丽，花被9～21、多轮；雄蕊多数；心皮多数，分离，每心皮有胚珠2个。本属约90种，分布于美洲和亚洲的热带及温带地区；我国有30余种，广布于南北诸省区，大都为美丽的观赏树种。

常见植物：厚朴（*Magnolia officinalis* Rehd. et Wils.）（图4-1）为落叶乔木，叶大，顶端圆形；为我国特产，产于长江流域；树皮及花果药用，主要成分为厚朴酚，有健胃、止痛等功效。此外，还有凹叶厚朴[*Magnolia officinalis* subsp. *biloba*（Rehd. et Wils.）Cheng et Law，叶二裂]、玉兰（*Magnolia denudata* Desr.，花大、白色、芳香）、紫玉兰（*Magnolia liliiflora* Desr.，花被外面紫红色或紫色，干燥的花蕾称为辛夷）、荷花玉兰（*Magnolia grandiflora* Linn.，又称为洋玉兰，花大、直径15cm以上）。

图4-1 厚朴、含笑与北美鹅掌楸

1～3. 厚朴（*Magnolia officinalis* Rehd. et Wils.） 1. 花枝 2. 厚朴（中药） 3. 果实
4～5. 含笑［*Michelia figo*（Lour.）Spreng.］ 4. 花枝 5. 花
6～9. 北美鹅掌楸（*Liriodendron tulipifera* Linn.） 6. 花枝 7. 花 8. 果实 9. 种子

图 4-2　白兰（*Michelia alba* DC.）

1. 花枝　2. 花除去花被（示雄蕊和雌蕊）

3. 雄蕊腹面观　4. 花除去花被和雄蕊（示延长的花托和雌蕊）　5. 雌蕊纵剖面

6. 叶的一部分（示叶柄基部的托叶的疤痕）　7. 花图式

（3）含笑属（*Michelia* Linn.）　灌木或乔木。和木兰属不同的是花腋生，雌蕊轴在结实时伸长，每心皮有胚珠 2 个以上。本属约 50 种，分布于亚洲热带、亚热带和温带；我国约有 41 种，分布于西南至东部，南部尤盛，为常绿阔叶林的组成树种，大都可供观赏。

常见植物：含笑［*Michelia figo*（Lour.）Spreng.］（图 4-1）为常绿灌木，嫩枝被毛，花淡黄色而边缘有时红色或紫色，芳香；产于南方诸省区，栽培供观赏。白兰（*Michelia alba* DC.）（图 4-2）为常绿乔木，叶披针形，花白色，极香；原产于印度尼西亚，华南各地常栽培，作行道树或园林绿化树种。

（4）鹅掌楸属（*Liriodendron* Linn.）　仅 2 种，一种产于北美，一种产于我国中部。

常见植物：鹅掌楸（又称为马褂木）［*Liriodendron chinense*（Hemsl.）Sarg.］为落叶乔木；叶具长柄，叶片分裂，先端截形，酷似马褂，故有马褂木之称；单花顶生，萼片 3，花瓣 6、杯形、黄绿色；翅果不开裂；种子 2 个；产于我国长江以南。北美鹅掌楸（*Liriodendron tulipifera* Linn.）的叶两侧各有 1～4 个裂片，花被片灰绿色（图 4-1）；原产于北美西部，我国引种栽培。两种均可供观赏及材用。

（二）樟目（Laurales）

樟目植物为木本，常具油细胞。单叶全缘。虫媒花，常集成不明显的聚伞花序或总状花序，花 3 基数；花被离生，同形；雄蕊 3～5 至多数，轮状或螺旋状排列，花药与花丝常能明显区分；雌蕊 1 至多数心皮，合生；胚珠1～2 个，仅 1 个成熟；内胚乳有或无。

本目包括樟科、腊梅科（Calycanthaceae）和莲叶桐科（Hernandiaceae）等 8 科，以下介绍樟科。

樟科（Lauraceae）

$$⚥或♂♀ \ * \ P_{3+3} \ A_{3+3+3+3} \ \underline{G}_{(3:1:1)}$$

本科约 45 属 2 500 多种，分布于热带及亚热带；我国有 20 属 480 种，主要分布于长江流域及其南部各省区，多为我国南方珍贵经济树种，其中许多是优良木材、油料及药材植物，在林业、轻工业、医药业中占有重要地位。

樟科的特征：常绿或落叶木本，仅无根藤属（*Cassytha* Linn.）是无叶寄生小藤本。叶及树皮均有油细胞，含挥发油。单叶互生，或因节间缩短而似对生或轮生，革质，全缘，三出脉或羽状脉，背面常有灰白色粉，无托叶。花常两性，辐射对称，聚成腋生或近顶生的圆锥花序、总状花序或头状花序，花各部轮生，3 基数；花被 4～6，同形，排成 2 轮，花被管短，在结果时增大而宿存或脱落；雄蕊 9（12～13），排成 3～4 轮，常有第 4 轮退化雄蕊，第 1 轮和第 2 轮雄蕊的花药内向，第 3 轮雄蕊花药外向，花丝基部常有 2 腺体；花药2～4 室，瓣裂，花粉无萌发孔；雌蕊由 3 个心皮组成，2 枚前侧方心皮退化，子房上位 1 室，1 胚珠，花柱单一，柱头 2～3 裂。核果或浆果，种子无胚乳。染色体 $x=7$，12。

（1）樟属（*Cinnamomum* Trew）常绿乔木或灌木。叶互生、近对生或轮生，三出脉。圆锥花序；花被果时脱落；发育雄蕊 3 轮，第 1 轮和第 2 轮花药内向，第 3 轮外向，基部有腺体，第 4 轮为退化雄蕊，花药 4 室。本属约 250 种，分布于热带亚洲、热带美洲、澳大利亚至太平洋岛屿；我国有 50 种，主要分布于长江以南诸省区，多为优良用材树种及特种经济树种，以樟树最为名贵。

图 4-3　樟［*Cinnamomum camphora*（Linn.）Presl］
1. 果枝　2. 果　3. 花纵剖面（切去前方三枚花被片，示雄蕊及雌蕊）　4. 花图式

常见植物：樟［*Cinnamomum camphora*（Linn.）J. Presl］（图 4-

3）为常绿乔木，叶具离基三出脉，脉腋有腺体；木材及根、枝、叶是提取樟脑及樟脑油的原料，供药用，木材为造船、建筑、箱屉用材。肉桂［*Cinnamomum cassia*（Linn.）D. Don］叶大，长达 20 cm，近对生，具离基三出脉，枝叶树皮有强烈的肉桂香气；产于云南、广西、广东和福建；树皮称为肉桂或桂皮，是著名的食用香料，如可口可乐饮料就有肉桂油成分。

（2）润楠属（*Machilus* Nees）　乔木，间有灌木。叶互生，全缘，具羽状脉。花的结构同樟属，但花被宿存，结果时花被裂片向外反曲。本属约 100 种，分布于东南亚和东亚；我国约 70 种，以云南和华南诸省区最多，多为优良用材树种，木材供建筑、高级家具及细木工等用；树皮、叶研粉，可作各种熏香的调合剂；枝叶可提取芳香油。

常见植物：刨花楠（*Machilus pauhoi* Kan.）（图 4-4）叶丛聚生于枝端，硬革质，披针形或矩圆状披针形，背面淡肉红色；产于广西、广东、福建和浙江；材用树种，木材刨成刨花，浸于水中可产生黏液，用做黏合剂。红楠（*Machilus thunbergii* Sieb. et Zucc.）叶长卵形，背面灰白色，叶脉红色；产于长江以南诸省区；木材供建筑用，树皮药用。

（3）楠木属（*Phoebe* Nees）　常绿乔木或灌木。叶互生，常聚生于枝梢，叶的形态和花的结构与润楠属相似，唯花被裂片结果时伸长、革质增厚或木质而包被果实基部与之有别。本属约 94 种，分布于亚洲及热带美洲；我国有 34 种，分布于秦岭以南诸省区，多为高大乔木，树干通直，生长较快，木材坚实，结构细致，不易变形和开裂，木质优良，为建筑、家具、船板等用材。

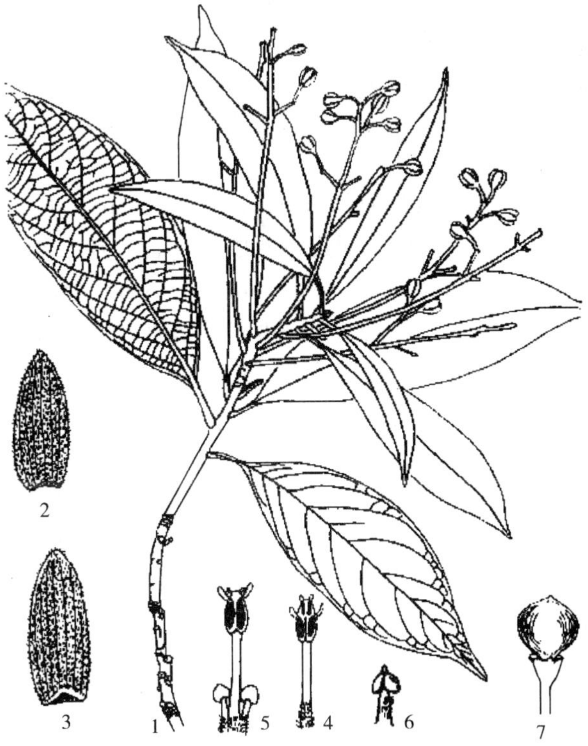

图 4-4　刨花楠及檫木
1～6. 刨花楠（*Machilus pauhoi* Kan.）
1. 花枝　2. 外轮花被裂片　3. 内轮花被裂片
4. 第 1 轮和第 2 轮雄蕊　5. 第 3 轮雄蕊　6. 退化雄蕊
7. 檫木［*Sassafras tzumu*（Hemsl.）Hemsl.］果

常见植物：楠木［*Phoebe nanmu*（Oliv.）Gamble］为高大乔木，叶宽披针形，背面明显被毛，具羽状脉；属国家三级保护植物，产于云南、四川、贵州、广西和湖南。紫楠［*Phoebe sheareri*（Hemsl.）Gamble］为乔木，叶长倒卵形，背面羽状网脉密集，有绒毛；产于长江以南及西南诸省区。

（4）檫木属（*Sassafras* J. Presl）　落叶乔木。叶互生，常聚生于枝顶，叶尖 2 裂或 3 裂。花单性，雌雄异株，或貌似两性但功能上为单性；总状花序下具互生的总苞片；花被筒浅杯状，结果时增大；发育雄蕊 9 个。本属有 3 种，东亚、北美间断分布，我国有 2 种。

常见植物：檫木［*Sassafras tzumu*（Hemsl.）Hemsl.］（图 4-4）叶卵形或倒卵形，全缘

或1～3浅裂，具羽状脉或三出脉，速生造林树种；产于华东至西南，材质优良，用于造船及家具。

（5）厚壳桂属（*Cryptocarya* R. Br.） 常绿乔木或灌木。叶互生，稀近于对生，常具羽状脉，少离基三出脉。圆锥花序；花被筒陀螺形或卵形，结果时增大并包住果实；发育雄蕊9个，花药2室。本属约250种，分布于热带及亚热带地区；我国有20种，产于南方诸省区。

常见植物：黄果厚壳桂（*Cryptocarya concinna* Hance）叶互生，具羽状脉，侧脉5～6对；产于广西、广东、海南、江西和台湾，为南亚热带常绿阔叶林中的常见种。厚壳桂[*Cryptocarya chinensis*（Hance）Hemsl.]叶互生，少对生，具离基三出脉；产于广西、广东、福建和台湾，生于低海拔阔叶林中。

（6）木姜子属（*Litsea* Lam.） 落叶或常绿乔木或灌木。叶互生，稀对生或轮生，具羽状脉。花单性异株，花序下具交互对生的总苞片；花被筒果时增大或否；能育雄蕊9个，花药4室。本属约200种，分布于亚洲及美洲的热带和亚热带；我国约60种，分布于长江以南诸省区。

常见植物：山苍子[*Litsea cubeba*（Lour.）Pers.]为落叶灌木或小乔木，叶互生纸质，有香气；果实、枝叶及树皮可提取芳香油，为重要的工业原料。

（7）山胡椒属（*Lindera* Thunb.） 落叶或常绿乔木或灌木。叶互生，全缘或3裂，具三出脉或羽状脉。花的结构与木姜子相似，唯花药2室与之不同。本属约100种，分布于亚洲及北美洲的温带和热带地区；我国有40余种，主要分布于长江以南诸省区。

常见植物：乌药[*Lindera aggregata*（Sims）Kosterm.]为常绿灌木或小乔木，叶革质，椭圆形、卵形或近圆形，上面光滑无毛，下面密生灰白色柔毛，具三出脉；根入药。山胡椒[*Lindera glauca*（Sieb. et Zucc.）Bl.]叶具羽状脉。

（8）无根藤属（*Cassytha* Linn.） 仅无根藤（*Cassytha filiformis* Linn.）1种，为寄生草质藤本，借盘状吸根侵入寄主树；叶鳞片状或退化；穗状花序小；花两性，小苞片3个，能育雄蕊9个，花药2室；花被筒花后增大，包被果实；产于我国南部，全草药用。

（三）胡椒目（Piperales）

胡椒目植物为草本或木本。草本茎具有和单子叶植物类似的散生维管束。单叶对生或互生，全缘，有托叶。花小，无花被，生于苞腋，密集成穗状花序；雄蕊1～10个；雌蕊心皮分离或结合；种子有胚乳，胚小。多分布于热带。

本目包括胡椒科、金粟兰科（Chloranthaceae）和三白草科（Saururaceae）3科，以下介绍胡椒科。

胡椒科（Piperaceae）

$$* \ P_0 \ A_{1\sim10} \ \underline{G}_{(1\sim4:1:1)}$$

胡椒科有8属或9属近3 100种，分布于热带和亚热带；我国有4属70余种，分布于南方。

胡椒科的特征：木质或草质藤本，维管束散生，导管细小，或为肉质小草本，藤本类的节常膨大，常有不定根。单叶互生、对生或轮生，有辛辣味，基部两侧常不等，具离基三出脉，托叶常与叶柄合生或缺。穗状花序或肉穗花序，花小，单性，雌雄异株，或两性；有苞片，无花被；雄蕊 1～10 个；心皮 1～4，合生，子房上位 1 室，1 胚珠，直立。核果。染色体 $x=13$。

常见植物：胡椒（*Piper nigrum* Linn.）为藤本，花单性，雌雄异株或杂性同株，苞片基部与花序轴合生成浅杯状；原产于东南亚，我国华南、云南和台湾有栽培；未成熟果晒干后果皮皱缩变黑，称为黑胡椒；成熟果实脱去皮后色白，称为白胡椒；供调味和药用。蒌叶（*Piper betle* Linn.）原产于印度尼西亚，我国南方有栽培。叶含芳香油，有辛辣味，裹以槟榔咀嚼，为东南亚民族嗜好品。

（四）睡莲目（Nymphaeales）

睡莲目植物为水生草本，茎内维管束分散。花常两性，单生于叶腋；花部 3 至多数，心皮常多数，子房上位或下位，每室有 1 至多数胚珠。坚果。

本目包括莲科、睡莲科、莼菜科（Cabombaceae）和金鱼藻科（Ceratophyllaceae）等 5 科。

1. 莲科（Nelumbonaceae）

$$⚥ * K_{4\sim5}\ C_{\infty}\ A_{\infty}\ \underline{G}_{\infty}$$

莲科仅 1 属 2 种，一种产于亚洲和大洋洲，另一种产于美国东部，均作观赏，莲供食用和药用。

莲科的特征：水生草本，有乳汁。根状茎粗大。叶盾状，近圆形，常挺出水面。花大，单生，花柄常高于叶；花被片 22～30 枚，螺旋状着生，外面两轮绿色，花萼状，较小，向内渐大，花瓣状；雄蕊多数（200～400 个），螺旋状着生，早落，花药狭，有一阔而延伸的药隔；心皮多数（12～40）离生，埋藏于大而平顶、蜂窝状、海绵质的花托内，不与花托愈合，每一心皮顶有 1 孔。果皮革质，平滑；种皮海绵质。染色体 $x=8$。

常见植物：莲（又名荷花，*Nelumbo nucifera* Gaertn.）（图 4－5）根状茎粗大，俗称为藕，叶称为荷叶，心皮埋藏于花托中称为莲蓬，种子称为莲子；藕、莲子供食用，藕节、荷叶、莲须（雄蕊）、莲蓬和莲心（胚的幼叶和胚根）均可入药；花供观赏；我国南北均有分布和栽培。王莲［*Nelumbo lutea*（Willd）Pers.］原产于美洲，我国引种栽培供观赏。

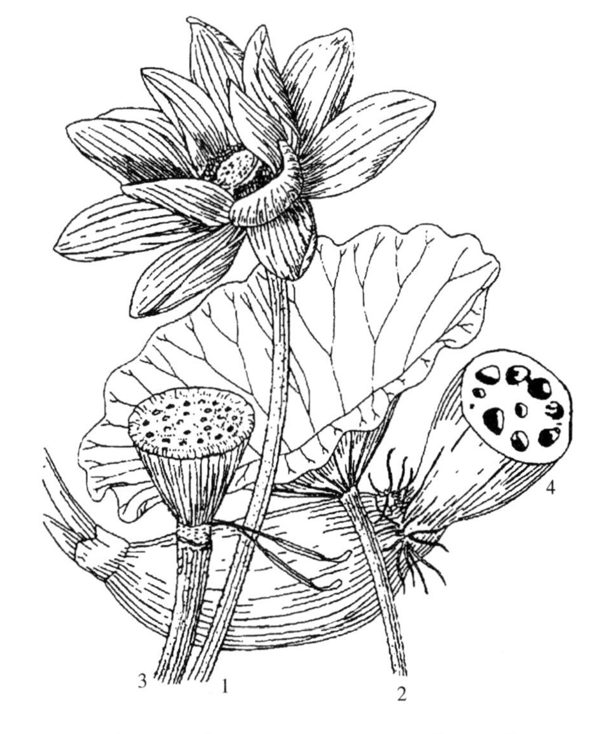

图 4－5　莲（*Nelumbo nucifera* Gaertn.）
1. 花　2. 叶　3. 花托（具多数心皮及 2 雄蕊）
4. 根状茎

2. 睡莲科（Nymphaeaceae）

⚥ * $K_{4\sim6}\ C_{8\sim\infty}\ A_{\infty}\ \underline{G}_{(3:5:35)}$

睡莲科有 8 属，约 100 种，广布于温带和热带地区；我国有 5 属 13 种，各省均产。

睡莲科的特征：多年生水生草本，有根状茎。叶心形、戟形到盾状，浮于水面。花大，单生，通常两性；花萼 3～12，常 4～6，有时多少有些花瓣状；花瓣 8 至多数，常过渡成雄蕊，稀缺花瓣（*Ondinia* 属）；雄蕊多数；雌蕊由 3～35 枚心皮结合成多室子房，子房上位至下位，胚珠多数。果实浆果状，海绵质，至少下部如此，不裂或不规则开裂。染色体x=12～29。

（1）睡莲属（*Nymphaea* Linn.） 根茎平生或直立。叶浮于水面。花大而美丽，萼片 4，绿色，不呈花瓣状；花瓣宽，白、蓝紫、红紫等色；雄蕊周位生；心皮合生并与花托愈合。本属约 35 种，广布于温带和热带地区；我国有 5 种，南北均有分布。

常见植物：睡莲（*Nymphaea tetragona* Georgi）叶心状卵形或卵状椭圆形，花小色多，直径约 5cm；我国广泛分布。雪白睡莲（*Nymphaea candida* C. Presl）花大、白色，直径 10～12 cm，可供观赏；产于新疆。

（2）芡实属（*Euryale* Salisb.） 仅芡实（*Euryale ferox* Salisb.）1 种，为水生草本。叶大而圆，浮于水面；花茎和叶均有刺；花带紫色，午开而暮凋；果实浆果状，海绵质，包于多刺的萼内；含种子 8～20 粒，称为芡实。分布于东南亚，我国南北均产。种子供食用和药用，地下茎和嫩叶可食。

（3）萍蓬草属（*Nuphar* Smith） 水生草本。叶心形或长卵形，基部箭形。花漂浮；萼片4～7，常为 5，革质，黄色或橘黄色，花瓣状，宿存；花瓣多数，雄蕊状，比萼短；雄蕊多数，下位；心皮多数合生，与花托愈合。本属约 25 种，我国有 5 种，南北均有分布。

常见植物：萍蓬草［*Nuphar pumilum*（Hoffm.）DC.］产于我国北部至东部。

（五）毛茛目（Ranunculales，Ranales）

毛茛目植物为草本或木质藤本。花两性，少单性，辐射对称或两侧对称，异被或单被；雄蕊多数，螺旋状排列，或定数而与花瓣对生；心皮多数，离生，螺旋状排列或轮生；种子具丰富的胚乳。

本目包括毛茛科、小檗科、大血藤科（Sargentodoxaceae）、木通科（Lardizabalaceae）、防己科（Menispermaceae）、清风藤科（Sabiaceae）等 8 科；其中，大血藤科为我国特有科。

1. 毛茛科（Ranunculaceae）

⚥稀♂♀ *或↑ $K_{3\sim\infty}\ C_{(2)3\sim\infty}\ A_{\infty}\ \underline{G}_{(1\sim\infty:1:1\sim\infty)}$

毛茛科约有 50 属 2 000 种，广布于世界各地，多见于北温带及寒带；我国有 42 属约 720 种，分布于全国各地，生于高山与亚高山草甸、森林草甸、草原、荒漠及湿地。本科植物含有多种生物碱，有不少药用植物及有毒植物，有些植物可供观赏。

毛茛科的特征：多年生至一年生草本，少灌木或木质藤本。叶基生或互生（铁线莲属 *Clematis* 叶对生），掌状或羽状分裂或一至多回羽状三出复叶，稀全缘。花两性，少单性，辐射对称或两侧对称；萼片 3 至多数，常花瓣状；花瓣（2）3 至多数，或无花瓣；雄蕊和雌蕊心皮多数，离生，螺旋状排列，子房上位，每心皮含1至多数胚珠。果实为蓇葖果或瘦果，稀浆果；种子有胚乳。染色体 x=6，7，8，9，10，13。

本科以花序类型、花的对称型、花瓣的有无、有无退化雄蕊、果实类型等为主要分属依据。

毛茛科常见植物分属检索表

1. 花两侧对称。
  2. 花无距，上萼片呈盔形、船形或圆筒形 ………………………… 乌头属（*Aconitum* Linn.）
  2. 花有距，上萼片基部伸长成长距 ………………………… 翠雀属（*Delphinium* Linn.）
1. 花辐射对称。
  3. 花有花萼与花冠之分，为双被花。
    4. 果实为瘦果；花较小，直径不大于2cm，萼片绿色，花瓣黄色。
      5. 果有纵肋；植株有匍匐茎；单叶………………………… 碱毛茛属（*Halerpestes* Greene）
      5. 果平滑或有瘤状突起；植株通常无匍匐茎；叶为单叶或三出复叶 ………………………… 毛茛属（*Ranunculus* Linn.）
    4. 果实为蓇葖果；花较大，直径2.5～4cm，萼片花瓣状，花瓣小，条形，基部有蜜槽 ………………………… 金莲花属（*Trollius* Linn.）
  3. 花无花萼与花冠之分，为单被花。
    6. 攀缘藤本或草本，稀小灌木；叶对生；瘦果成熟时具伸长的羽毛状花柱 ………………………… 铁线莲属（*Clematis* Linn.）
    6. 草本；叶基生和互生；果为蓇葖果或瘦果。
      7. 花较小，花下无总苞片。
        8. 果为蓇葖果；叶为3深裂或三出复叶。
          9. 花黄绿色或白色，生于花茎上；子房有柄 ………………………… 黄连属（*Coptis* Salisb.）
          9. 花白色，生于长的总状花序上；子房无柄 ………………………… 升麻属（*Cimicifuga* Linn.）
        8. 果为瘦果；叶为一至四回三出复叶 ………………………… 唐松草属（*Thalictrum* Linn.）
      7. 花较大，花下有总苞片。
        10. 总苞片基部合生；瘦果成熟时花柱伸长成羽毛状………………………… 白头翁属（*Pulsatilla* Adans.）
        10. 总苞片基部离生；瘦果成熟时花柱不伸长成羽毛状 ………………………… 银莲花属（*Anemone* Linn.）

（1）毛茛属（*Ranunculus* Linn.）　草本。叶基生和茎生，单叶或复叶。花辐射对称，萼片5，绿色；花瓣通常5，黄色，基部具蜜槽；雄蕊与雌蕊多数，螺旋状排列于凸出的花托上。聚合瘦果。本属约400种，广布于全球；我国有78种，广布，大都含有毛茛苷、白头翁素、原白头翁素等物质，具有强烈的毒性，在草地上常引起家畜中毒，有些种可入药。

常见植物：毛茛（*Ranunculus japonicus* Thunb.）（图4-6）为多年生草本，植株被伸展的柔毛，叶为掌状3深裂，中央裂片宽菱形或倒卵形，3浅裂；产于全国各地，生于湿地；全草有毒，可供药用，治关节炎，也可做土农药。茴茴蒜（*Ranunculus chinensis* Bunge）为一年生草本，三出复叶，花顶生或腋生，瘦果扁平，边缘有棱；产于东北、华北、西北、华中与西南诸省区，生于溪边及湿地；全草含原白头翁素，有毒，也可供药用。石龙芮（*Ranunculus sceleratus* Linn.）为一年生草本，叶基生，3深裂，多数小花组成聚伞花序，瘦果圆球形；产于东北至西南，生于水边湿地；全草含毛茛苷，有毒，也供药用，治恶疮痈肿和毒蛇咬伤。

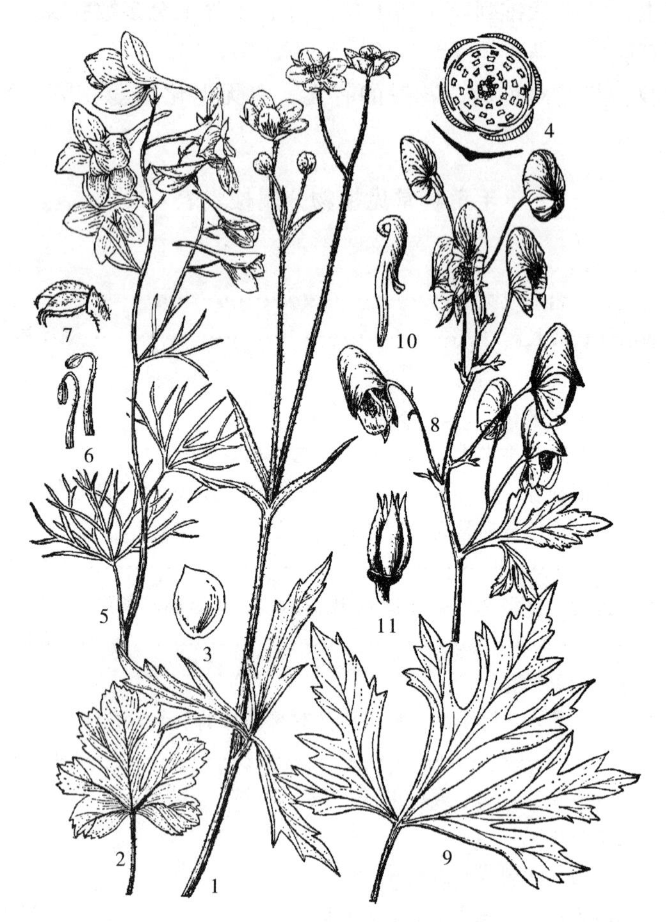

图 4-6 毛茛、翠雀花及草乌头

1～4. 毛茛（*Ranunculus japonicus* Thunb.）

1. 植株 2. 叶片 3. 花瓣 4. 花图式

5～7. 翠雀花（*Delphinium grandiflorum* Linn.）

5. 植株上部 6. 雄蕊 7. 心皮

8～11. 草乌头（*Aconitum kusnezoffii* Reichb.）

8. 花序 9. 叶 10. 花瓣 11. 心皮

（2）碱毛茛属（*Halerpestes* Greene） 草本，有匍匐茎。花茎有花 1 至数朵；萼片通常脱落；花瓣 5～8，不长于萼片；雄蕊与雌蕊多数。瘦果每侧有 2～3 条纵肋。本属约 7 种，分布于北美、中亚和北亚；我国有 5 种，分布于东北、华北、西北、四川和西藏等地，生于盐碱化草甸及湿地，皆为有毒植物。

常见植物：水葫芦苗［*Halerpestes cymbalaria*（Pursh）Green.］花小，花瓣 5，叶片圆心形至宽卵形，边缘有 3～10 个圆齿；产于东北、华北和西北诸省区。三裂碱毛茛［*Halerpestes tricuspis*（Maxim）Hand. Mazz.］花小，花瓣 5，叶片菱状楔形，3 深裂；产于西藏西南部、四川西北部、陕西、青海和新疆。

（3）金莲花属（*Trollius* Linn.） 多年生草本。叶基生或茎生，掌状分裂。花大，黄色，近白色或淡紫色，单生或少数组成聚伞花序；萼片 5～15，花瓣状；花瓣 5 至多数，小，条形，基部有一蜜槽；雄蕊多数；心皮 5 至多数，胚珠多数。聚合蓇葖果。本属约

35 种，分布于北温带；我国有 16 种，分布于东北、华北、西北至西南，生于山地草甸。

常见植物：金莲花（*Trollius chinensis* Bunge）（图 4 - 7）株高 30～70cm，花单生或 2～3 朵组成聚伞花序，萼片 8～15（19），黄色，花瓣与萼片近等长，条形，心皮 20～30 枚；产于辽宁、河北、山西和内蒙古，生于海拔 1 000～2 200m 的山地草甸及疏林下。矮金莲花（*Trollius farreri* Stapf）株高 5～17cm，花单生于茎顶，萼片 5，黄色，花瓣比萼片短，匙状条形，心皮 6～25 枚；产于青海、甘肃、陕西、四川和云南，生于海拔1 700～2 400m 的林缘草甸。

（4）铁线莲属（*Clematis* Linn.） 木质藤本或直立草本，少小灌木。叶对生，单叶或羽状三出复叶。萼片 4～6，花瓣状；无花瓣；心皮多数。瘦果具宿存的羽毛状花柱。本属约 300 种，广布于全球；我国有 108 种，南北均有分布，西南尤多，大多供观赏，少数有毒，部分可入药。

常见植物：黄花铁线莲（*Clematis intricata* Bunge）（图 4 - 7）二回羽状三出复叶、灰绿色，聚伞花序腋生，具 3 花，萼片 4，淡黄色；产于我国东北、华北和西北，生于山坡、丘陵、沙地、路旁及田边；为有毒植物。粉绿铁线莲（*Clematis glauca* Willd.）藤本，一至二回羽状复叶，3 花组成聚伞花序，萼片 4、黄色、边缘有短绒毛；产于新疆、青海、甘肃、陕西和山西，生于山地灌丛及平原的河漫滩和荒地；全草可入药，能祛风湿，主治慢性风湿性关节炎、关节疼痛，也可治疥疮和瘙痒症。此外，威灵仙（*Clematis chinensis* Osbeck）、单叶铁线莲（*Clematis henryi* Oliv.）、女萎（*Clematis apiifolia* DC.）、吴兴铁线莲（*Clematis huchouensis* Tamura）、甘青铁线莲［*Clematis tangutica*（Maxim.）Korsh.］等均可入药；小木通（*Clematis armandii* Franch.）、铁线莲（*Clematis florida* Thunb.）、大花铁线莲（*Clematis courtoisii* Hand.-Mazz.）、毛花铁线莲（*Clematis hanuginosa* Lindl.）等花大而美丽，可供观赏。

（5）黄连属（*Coptis* Salisb.） 多年生草本，根茎纤细。叶基生，分裂或为复叶。花小、黄绿色或白色，生于花茎上；萼片 5～7，花瓣状，脱落；花瓣 5～7，披针形或棒状；雄蕊多数；心皮 3～12，有心皮柄，子房有胚珠数颗。蓇葖果。本属约 16 种，分布于北温带；我国有 6 种，分布于长江以南各省。

常见植物：黄连（*Coptis chinensis* Franch.）为多年生草本，根状茎黄色，味苦，叶三角状卵形，3 全裂，中裂片具细柄；花两性，萼片条形，花瓣 5、基部有蜜腺，子房有短柄，蓇葖果6～9 个；产于华中、华南和西南各省。黄连根茎为著名药材，含小檗碱 5%～8%，有良好的泻火、祛湿、解毒、杀虫之功效。本属其他种也可供药用。

（6）唐松草属（*Thalictrum* Linn.） 多年生草本。三出复叶或多回羽状三出复叶。花两性或单性，小，排列成总状或圆锥花序；萼片 4 或 5，常早落；花瓣无；雄蕊多数；心皮数个。聚合瘦果，瘦果有时肿胀或有翅。本属约 200 种，分布于北温带；我国有 67 种，全国均有分布，西南部尤多，可供药用或观赏，多数种含异喹啉类生物碱，青鲜时对家畜有毒害作用。

常见植物：亚欧唐松草（*Thalictrum minus* Linn.）为高大草本，叶为三至四回三出复叶，大型圆锥花序长达 30 cm，花丝丝状，心皮 3～5 枚；产于内蒙古、山西、甘肃、青海、新疆、四川和西藏等地，生于山地林缘草甸、林下和灌丛中。瓣蕊唐松草（*Thalictrum petaloideum* Linn.）（图 4 - 7）与前者相似，不同的是花序伞房状，花丝上部倒披针形、比

图 4-7 金莲花、黄花铁线莲和瓣蕊唐松草

1～3. 金莲花（*Trollius chinensis* Bunge）

1. 植株 2. 花瓣 3. 蓇葖果

4～7. 黄花铁线莲（*Clematis intricata* Bunge）

4. 植株一部分 5. 萼片 6. 雄蕊 7. 瘦果

8～11. 瓣蕊唐松草（*Thalictrum petaloideum* Linn.）

8. 植株上部及叶 9. 雄蕊 10. 聚合果 11. 瘦果

花药宽而下部渐窄成丝状，心皮 4～13 枚；产于东北、华北、西北和华中地区，生于山地草甸、草甸草原及沟谷中。高山唐松草（*Thalictrum alpinum* Linn.）为低矮草本，叶全部基生，二回羽状三出复叶，总状花序顶生，花梗向下弧状弯曲；产于新疆和西藏，生于海拔2 500～4 700m的高寒草原。

（7）乌头属（*Aconitum* Linn.）　多年生、二年生或一年生草本。块根或粗壮直根。叶常掌状分裂。花两侧对称，排列成总状或圆锥花序；萼片5，花瓣状，最上面一片呈船形、头盔形或圆筒形；花瓣2，有长爪，瓣片有分泌组织；雄蕊多数；心皮通常3～5。聚合蓇葖果。本属约350种，分布于北温带；我国有167种，大多分布于云南北部、四川西部和西藏东部，东北、华北和西北诸省区的山地也有分布；乌头属植物含有乌头碱等生物碱，多数种的根有剧毒，有些种可供药用。

常见植物：乌头（*Aconitum carmichaelii* Debx.）叶掌状3裂，总状花序密生反曲的白色柔毛，花萼蓝紫色，最上面的萼片呈盔状；产于华北、华中和西南诸省；主根入药为乌头，有大毒；子根为附子，有温中、散寒、助阳、祛风湿、止痛功效。草乌头（又名北乌头、断肠草 *Aconitum kusnezoffii* Reich.）（图4-6）叶掌状3全裂，中央裂片菱形、近羽状裂；总状花序光滑无毛，花蓝色；产于东北和华北地区，生于山坡草地及疏林中；块根亦作乌头入药。铁棒槌（*Aconitum pendulum* Busch）茎生叶排列紧密，叶3全裂，裂片再细裂，小裂片条形；花紫色、带黄褐或绿色，心皮5枚；产于甘肃、青海、西藏、陕西、四川和云南，生于草地和林缘。准噶尔乌头（*Aconitum soongoricum* Stapf）块根2～4枚连合成链状，叶3全裂，裂片细裂，小裂片条形或狭条形，花蓝紫色；产于新疆，生于海拔1 200～1 700m的山地草甸。

（8）翠雀属（*Delphinium* Linn.）　多年生草本。叶掌状分裂。花两侧对称，排成总状花序，少有伞房花序；萼片5，花瓣状，上萼片基部伸长成距；花瓣2，条形、无爪，有距，与萼片同色或黑色，伸于萼距中；退化雄蕊2，黑褐色或与萼同色，分化成瓣片和爪（或称下花瓣），腹面中央常有一簇黄色或白色髯毛；雄蕊多数；心皮3～5（7）。聚合蓇葖果。本属有300种以上，分布于北温带；我国有113种，除台湾、广东和海南省以外在其他各省区均有分布，生于山地草甸，大部分种含有翠雀碱，为有毒植物，有些种可供药用。

常见植物：翠雀花（又名大花飞燕草，*Delphinium grandiflorum* Linn.）（图4-6）叶多圆肾形，掌状3全裂，裂片再细裂，小裂片条形；萼片蓝色或蓝紫色，心皮3枚；产于东北、华北、西北和西南诸省区，为草原上常见杂草，全草有毒，花大而美，可供观赏。天山翠雀花（*Delphinium tianshanicum* W. T. Wang）不同于翠雀花之处在于退化雄蕊为黑色；产于新疆天山，生于海拔1 700～2 700m的山地草甸。

（9）其他　毛茛科稀有珍贵物种有独叶草（*Kingdonia uniflora* Balf. f. et W. W. Smith）和星叶草（*Circaeaster agrestis* Maxim.），都是小草本，叶脉形态为开放式二叉分枝式（像裸子植物银杏的叶脉），为原始特征，具有研究价值。两种均产于我国西南地区，属国家级保护植物。独叶草在秦岭也有分布。

2. 小檗科（Berberidaceae）

$$⚥ * K_{6\sim9} C_6 A_6 \underline{G}_{1:1:\text{少至多数}}$$

小檗科约17属650种，分布于北温带、热带高山和南美洲；我国有11属320余种，各地都有分布。有些属、种供药用，有些可供观赏。

小檗科的特征：草本或灌木。叶互生，少对生或基生，单叶或羽状复叶。花两性，辐射对称，单生或排列成总状花序或圆锥花序；萼片6～9，常花瓣状，离生，覆瓦状排列，2～3轮，花瓣6，常变为蜜腺；雄蕊与花瓣同数而对生，少为其2倍；心皮1，子房上位，胚珠少或多数。浆果或蒴果。

小檗属（*Berberis* Linn.），灌木；木材与内皮鲜黄色，枝有刺（变态叶）。单叶互生或簇生，叶片与叶柄处有关节。花黄色，单生、簇生或总状花序；萼片6～9，花瓣状，下有2～4枚小苞片；花瓣6，基部常有2腺体；雄蕊6；浆果红色或蓝黑色。本属约500种，分布于美洲、亚洲、欧洲和非洲；我国有250多种，大都分布于西部和西南部，生于山地灌丛中。植物体含有小檗碱，可供药用。本属植物还是小麦锈病的中间寄主。

常见植物：小檗（*Berberis amurensis* Rupr.）为落叶灌木，高约3m，叶倒卵状椭圆形或卵形，边缘密生刺状细锯齿；总状花序长3～7cm，黄花，浆果鲜红色，常被白粉，长约10mm；产于东北、华北以及山东、陕西和甘肃。黑果小檗（*Berberis heteropod* Schrenk）产于新疆，生于山地灌丛及中山带的河岸边。

小檗科常见的还有十大功劳属（*Mahonia* Nutt.）和淫羊藿属（*Epimedium* Linn.）也常含有小檗碱，可供药用。

（六）罂粟目（Papaverales，Rhoeadales）

罂粟目植物通常为草本；花单生或组成花序，两性花，辐射对称或两侧对称；异被；雄蕊4～6或多数；心皮2枚或多数，合生，子房上位，1至多室，胚珠通常多数，侧膜胎座。

本目包括罂粟科和紫堇科共2科。

1. 罂粟科（Papaveraceae）

$$⚥ * K_2 C_{4\sim6} A_{\infty} \underline{G}_{(2\sim16:1:\infty)}$$

罂粟科有38属700多种，主要分布于北温带；我国有18属362种，南北各省都有分布。多为药用植物和有毒植物。

罂粟科的特征：草本，植物体常含乳汁。叶常互生，全缘或分裂，无托叶。花两性，辐射对称，单生或排列成总状或聚伞花序；萼片2，早落；花瓣4～6或8～12，排列成2轮；雄蕊多数，离生，花药2室，纵裂，花粉2～9沟或具圆孔；雌蕊由2至多数心皮合生，子房上位，1室，侧膜胎座，花柱短或无，柱头单生，2裂或多裂，胚珠多数；蒴果瓣裂或孔裂；种子小，具油质胚乳。染色体$x=5\sim11$。

罂粟科常见植物分属检索表

1. 柱头与胎座互生，分离或与短花柱合生，位于心皮先端。
  2. 无花瓣；圆锥花序，叶脉掌状 …………………………………… 博落回属（*Macleaya* R. Br.）
  2. 有花瓣，4枚。
    3. 茎无叶；花于茎顶端排成总状花序；萼片合生 ……………………… 血水草属（*Eomecon* Hance）
    3. 茎有叶，萼片分离。
      4. 茎不分枝；茎生叶着生于花序下。
    5. 茎生叶长达20cm；花具苞片，6～8朵排成聚伞花序；种子有鸡冠状突起………………………
    …………………………………………………………… 金罂粟属（*Stylophorum* Nutt.）

5. 茎生叶长达 2cm；花无苞片，1～3 朵排成聚伞花序；种子无鸡冠状突起 ……………………………………………………………………………………………… 秃疮花属（*Dicranostigma* HK. f. et Th.）

4. 茎有分枝；花序下无茎生叶；花具苞片，数朵排成聚伞花序………… 白屈菜属（*Chelidonium* Linn.）

1. 柱头与胎座对生，或辐射状排列成盘状而位于子房顶端。

6. 果狭长圆柱形，直裂到底；心皮 2，子房 2 室 …………………………… 海罂粟属（*Glaucium* Mill.）

6. 果矩圆形或球形，孔裂或仅上部开裂；心皮 4 至多数，子房 1 室。

7. 有花柱，柱头辐射状下延于花柱先端；蒴果上部开裂………………… 绿绒蒿属（*Meconopsis* Vig.）

7. 无花柱，柱头盘状覆盖于子房之上；蒴果孔裂…………………………… 罂粟属（*Papaver* Linn.）

（1）血水草属（*Eomecon* Hance）　仅 1 种，血水草（*Eomecon chionantha* Hance）（图 4-8）为多年生草本，有黄色液汁；根状茎匍匐。叶全部基生，心形；边缘阔波状，叶柄长约为叶片的 2 倍。花茎淡红色，高达 30cm。花白色，排成顶生总状花序；萼片 2，膜质，合生成佛焰苞状；花瓣 4；雄蕊多数；子房卵形，花柱明显，顶端 2 浅裂。蒴果。为我国长江以南诸省区特产，生于林下阴湿处。根茎及全草入药，治劳伤咳嗽、跌打损伤、毒蛇咬伤等。

（2）白屈菜属（*Chelidonium* Linn.）　草本。植物体含橘红色乳汁。叶羽状深裂或二回羽状深裂。伞形花序；花梗具小苞片；萼片 2；花瓣 4；雄蕊多数；雌蕊由 2 心皮合生，子房 1 室。蒴果圆柱状，2 瓣裂。

本属有 1 种，白屈菜（*Chelidonium majus* Linn.）（图 4-9）为多年生草本，花黄色；分布于欧洲至亚洲东部，我国产于东北、华北、西北、华东、华中诸省区，生于草原、山地林缘、山坡等处。全草主要含有本啡里啶型生物碱，为有毒植物，亦供药用，用于镇痛、治胃病。

（3）罂粟属（*Papaver* Linn.）　草本，含白色乳汁。叶羽状分裂。花大而鲜艳，单生，蕾期弯垂；萼片 2～3，早落；花瓣 4；雄蕊多数；子房 1 室；侧膜胎座，柱头盘状。蒴果孔裂，种子多数。本属约 100 种，大多分布于欧洲中南部及亚洲温带地区，少数产于北美；我国有 7 种 3 变种 3 变型，分布于西北至东北部。该属植物的茎叶、花及果皮中含有多种生物碱，为有毒植物。

常见植物：罂粟（*Papaver somniferum* Linn.）为一年生，全株被白粉，茎生叶基部抱茎，花红色或白黄色，蒴果球形；原产于欧洲，我国栽培供药用，为麻醉药。野罂粟（*Papaver nudicaule* Linn.）为多年生，全株被毛；叶基生，具长柄，近二回羽状深裂，第一回深裂，第

图 4-8　血水草（*Eomecon chionantha* Hance）
1. 植株下部　2. 花序　3. 花外形
4. 花瓣　5. 去花瓣后示雌蕊和雄蕊

图 4-9　全缘绿绒蒿、白屈菜和灰绿黄堇

1～2. 全缘绿绒蒿［*Meconopsis integrifolia*（Maxim.）Franch.］

1. 植株下部　2. 植株上部

3～5. 白屈菜（*Chelidonium majus* Linn.）

3. 植株下部，示基生叶　4. 花枝　5. 花

6～9. 灰绿黄堇（*Corydalis adunca* Maxim.）

6. 花枝　7. 花　8. 一束雄蕊　9. 雌蕊

二回仅下部裂片为半裂；花橘黄色或黄色，直径 4～6cm；蒴果倒卵形；产于我国东北、内蒙古及西北诸省区，生于林缘草甸至高山草甸。虞美人（*Papaver rhoeas* Linn.）花色多，

但不为黄色，叶羽状裂，有不规则锯齿；原产于欧洲，各地栽培供观赏。

（4）绿绒蒿属（*Meconopsis* Vig.）　草本，具黄色乳汁。叶全缘或分裂，被刚毛或刺毛。萼片 2；花瓣 4，有时 5～9；雌蕊由 4 至多数心皮合成，柱头结合成球形，或辐射状下延于棒状花柱先端。蒴果近顶部开裂。本属约 49 种，分布于北温带；我国约有 38 种，分布于西南和西北部，多为有毒植物。

常见植物：全缘绿绒蒿［*Meconopsis integrifolia*（Maxim.）Franch.］（图 4－9），为一年生草本，高可达 150cm，全体被锈色或金黄色长柔毛；基生叶密集成莲座状；叶片倒披针形或倒卵形，全缘，最上部茎生叶通常呈假轮生状；花 1 朵顶生，其余数朵（通常 4～5 朵）生于上部茎生叶腋内；花瓣 6～8，黄色；子房密被金黄色长硬毛；产于甘肃、青海、四川、云南和西藏，生于海拔 3 800～5 000m 的高山草地。

2. 紫堇科（Fumariaceae）

$$\uparrow K_2\ C_{2+2}\ A_{(3)+(3)}\ \underline{G}_{(2:1)}$$

紫堇科又名荷包牡丹科，有 17 属约 530 种，主要分布于北温带，少数种类分布于非洲；我国有 7 属约 220 种，各地均产。

紫堇科的特征：多为草本，少灌木或半灌木。花两侧对称；萼片 2，早落；花瓣 4，2 轮排列，外轮花瓣中 1 枚或偶然 2 枚的基部成囊状或距状；雄蕊 6 枚，合生成 2 束，花粉 3 沟，3 孔沟；雌蕊由 2 心皮合成，子房上位，1 室，有 2 个侧膜胎座。蒴果通常 2 瓣裂。

（1）紫堇属（*Corydalis* Vent.）草本。叶基生或茎生，二回三出掌状复叶或掌状分裂。总状花序；花两侧对称；萼片 2，鳞片状，早落；花瓣 4，外轮的 1 瓣基部成囊状或距状；雄蕊 6，合成 2 束；子房 1 室，胚珠 2 至多数。蒴果 2 瓣裂。本属约 320 余种，分布于地中海地区、欧洲和亚洲；我国约有 200 种，遍布全国。多为药用植物。

常见植物：灰绿黄堇（*Corydalis adunca* Maxim.）（图 4－9）为多年生草本，全株有白粉，呈灰绿色；叶二回羽状全裂；总状花序疏松，花黄色，花距成圆筒形；蒴果条形，直立；产于内蒙古、宁夏、陕西、甘肃、青海、四川和西藏，生于山坡或灌丛下。齿

图 4－10　荷包牡丹［*Dicentra spectabilis*（Linn.）Lem.］

1. 花枝　2. 二内花瓣与子房及柱头

3. 二外花瓣与三小蕊所成之束

瓣延胡索（*Corydalis remota* Fisch. ex Maxim.）根块茎状，叶二回三出深裂或全裂；总状花序密集，花蓝紫色，上面花瓣顶端微凹，中间具小短尖；产于东北和华北。刻叶紫堇[*Corydalis incisa*（Thunb.）Pers.]块茎狭椭圆形，叶二或三回羽状全裂，一回裂片2～3对，具细柄，二或三回裂片缺刻状；产于台湾、福建、浙江、江西、江苏、安徽、河南、陕西、山西、河北等地，生于丘陵林下、沟边、多石处；全草入药，能杀虫，治疮癣，有毒，不可内服。长花延胡索[*Corydalis schanginii*（Pall.）B. Fedtsch.]花冠长3～4cm，淡紫色，距细长，长于花瓣1.5倍；产于新疆，生于荒漠地带的石质坡地。疆堇[*Corydalis mira*（Batalin）C. Y. Wu et H. Chuang]叶基生，花无苞片，单生于花茎上；产于新疆。

（2）荷包牡丹属（*Dicentra* Bernh.） 荷包牡丹[*Dicentra spectabilis*（Linn.）Lem.]（图4-10）为多年生草本，二回三出全裂叶，总状花序一侧生下垂的荷包状两侧对称花，故称荷包牡丹；产于河北和东北，是我国久经栽培的观赏花卉。

二、金缕梅亚纲（Hamamelidae）

金缕梅亚纲植物为木本。单叶互生，少对生。花单性少两性；花被通常离生、退化，具萼无瓣或两者皆无，风媒传粉；雄花常集成柔荑花序，雄蕊向心发育；雌蕊心皮合生少离生，胚珠具单珠被或双珠被。

（七）金缕梅目（Hamamelidales）

金缕梅目植物为木本。单叶互生，少对生，多有托叶。花两性、单性同株或异株，排成总状、头状或柔荑花序；异被、单被或无被；雄蕊多数至定数；子房上位至下位，心皮1至多数，离生或合生；胚珠多数至1，有胚乳。

本目包括连香树科（Cercidiphyllaceae）、领春木科（Eupteleaceae）、悬铃木科（Platanaceae）和金缕梅科等5科，下面介绍金缕梅科。

金缕梅科（Hamamelidaceae）

$$⚥ 或 ♂\ ♀ * \ K_{(4\sim5)}\ C_{4\sim5,0}\ A_{4\sim13}\ \overline{G}_{(2:2:\infty\sim1)}$$

金缕梅科有27属130种以上，主产于亚洲的热带地区；我国有17属75种16变种，多分布于南部。

金缕梅科的特征：常绿或落叶乔木或灌木，枝、叶常有星状毛。单叶互生，稀对生，具掌状脉或羽状脉；多数有托叶。花两性或单性同株，头状花序或下垂的总状花序，或为穗状花序；萼片4或5，常合生成筒；花瓣4或5，或缺；雄蕊4～5或多数，花药2～4室，纵裂或瓣裂；子房下位或半下位，稀上位，2室，上半部分离，花柱2，常宿存，胚珠多数到1个。蒴果，先端二喙状。染色体 $x=8$，12，15，16。

（1）双花木属（*Disanthus* Maxim.） 落叶灌木。头状花序仅含2朵无柄而对生的花；萼片5，花瓣5，雄蕊5，子房上位，胚珠多数，花柱极短，是金缕梅科中较接近原始类型的属。

本属仅双花木（*Disanthus cercidifolius* Maxim.）1种，产于日本。我国仅有长柄双花木（*Disanthus cercidifolius* var. *longipes* Chang）1变种，为灌木，高1～4m，产于湖南与

广东交界处。

(2) 马蹄荷属（*Exbucklandia* R. W. Br.） 常绿乔木。叶厚革质，具长柄和掌状脉；托叶大，包着幼芽。花两性或杂性同株，排成头状花序；萼齿短；花瓣 2～5 或缺；种子有翅。本属有 4 种，分布于我国、印度和马来西亚；我国有 3 种，分布于西南至南部。

常见植物：马蹄荷［*Exbucklandia populnea*（R. Br.）R. Br.］叶具掌状脉 5～7 条，基部心形，产于西南。大果马蹄荷［*Exbucklandia tonkinensis*（Lec.）H. T. Chang］，掌状脉3～5 条，叶基宽楔形，产于华南。

(3) 红苞木属（*Rhodoleia* Champ. ex Hook.） 常绿灌木至小乔木。叶互生，革质，具羽状脉。花两性，组成密集头状花序；总苞片覆瓦状排列，萼齿不明显；花瓣 2～5 枚，红色，常生于头状花序外侧，使整个花序形似单花。本属有 9 种，分布于亚洲热带地区；我国有 6 种。

常见植物：红苞木（*Rhodoleia championii* Hook. f.）头状花序长 3～6cm，形如单花，有花 5～6 朵，下垂，花瓣3～4，红色；花美丽，可供观赏。产于广东、广西。

(4) 其他 金缕梅科常见的植物还有下述几种。

①枫香（*Liquidambar formosana* Hance）：落叶大乔木，具树脂；叶掌状 3 裂，枝、叶芳香；花单性同株，雄花头状花序，总状排列；雌花头状花序单生；雄花和雌花皆无花瓣，种子有翅。产于黄河以南；树脂做药用和香料。

②阿丁枫（又名蕈树）［*Altingia chinensis*（Champ.）Oliv.］：落叶乔木，具树脂；叶具羽状脉，枝、叶有香气；花与花序同枫香，但花柱脱落。产于华东到西南。

③ 金缕梅（*Hamamelis mollis* Oliv.）（图 4-11）：落叶灌木或小乔木，小枝有星状毛；叶具羽状脉；花两性，组成穗状花序；萼齿 4，花瓣 4，黄色；雄蕊 4，子房上位；蒴果瓣裂；产于广西、湖南、湖北、安徽、江西、浙江。可供观赏。

④ 蜡瓣花（*Corylopsis sinensis* Hemsel.）：花为两性，排成总状花序，花瓣黄色。可供观赏。

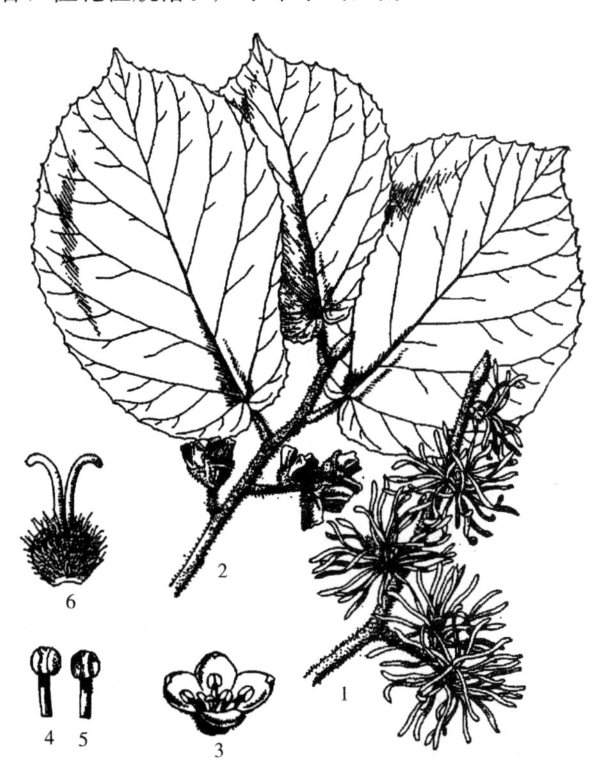

图 4-11 金缕梅（*Hamamelis mollis* Oliv.）
1. 花枝 2. 果枝 3. 花 4～5. 雄蕊 6. 雌蕊

(八) 荨麻目 (Urticales)

荨麻目植物为乔木、灌木或草本。叶多互生常有托叶。花小，两性或单性，辐射对称；萼小，单被或无被；雄蕊少数与花被对生，稀多数；子房上位，2～1 室，胚珠 2～1。坚果或核果，多为风媒花，若为虫媒花，则较专一性，种子有或无胚乳。

本目包括榆科、桑科、大麻科和荨

麻科共 4 科。

1. 榆科（Ulmaceae）

$$⚥或♀\ ♂ * K_{(4\sim8)}\ C_0\ A_{4\sim8}\ \underline{G}_{(2:1:1)}$$

榆科有 16 属 230 余种，主要分布在北温带，少见于热带及亚热带；我国约有 8 属 50 余种 8 变种，南北均有分布。本科植物的木材坚韧，适应性强，是北方用材、园林绿化和防护林的重要造林树种；嫩枝叶、翅果为家畜所喜食。

榆科的特征：木本。单叶互生，叶缘常有锯齿，基部常偏斜；托叶早落。花小，两性或单性，雌雄同株，单生、簇生，或组成短的聚伞花序或总状花序；花单被，萼片状，常 4～8 裂，宿存；雄蕊常与花被裂片同数对生；子房上位，1 室，由 2 心皮合成，室内具 1 胚珠，悬垂或倒生，花柱 2。果实为翅果或核果；种子无胚乳。染色体 $x=10$，11，14。

（1）榆属（*Ulmus* Linn.） 乔木。叶 2 列，互生，偶有对生，羽状脉，质地常较厚。花小，两性，少杂性，腋生总状花序或似簇生；萼宿存，4～9 裂；无花冠；雄蕊 4～9；心皮 2，子房 1 室，1 胚珠。果扁平圆卵形，有翅。本属有 30 余种，分布于欧洲、亚洲和美洲；我国有 25 种 6 变种，南北均有分布。

常见植物：榆（*Ulmus pumila* Linn.）（图 4－12）树皮纵裂而粗糙，叶卵形、卵状披针形，有单锯齿；花簇生；翅果倒卵形，有凹陷，种子位于中心；花期 3 月，为春季树木最早开花者；产于东北、西北至华东；生长快、寿命长，对烟和有毒气体的抗性较强，材质硬重，花纹美丽，可做车辆、家具、农具等用材，为绿化、防护林和轻盐碱地主要造林树种。春榆（*Ulmus propinqua* Koidz.）叶倒卵状椭圆形；翅果倒卵形，较窄，无毛；产于东北、华北、西北，适生于湿润肥沃

图 4－12 榆（*Ulmus pumila* Linn.）
1. 小枝 2. 果枝 3. 花 4. 榆属花图式

的土壤。榔榆（*Ulmus parvifolia* Jacq.）秋季开花，翅果较小；产于长江流域各省，华北较少，为庭园绿化及用材树种。

（2）刺榆属（*Hemiptelea* Planch.） 刺榆属仅刺榆（*Hemiptelea davidii* Planch.）1种，为小乔木，高达10m，树皮暗灰色，条状深裂，小枝通常有坚硬的枝刺。叶互生，叶片椭圆形或椭圆状长圆形，边缘有整齐的粗锯齿，叶两面无毛。杂性花，1～4朵，生于新枝叶腋。翅果扁形，基部有宿存萼。产于东北、西北、华北、华中、华东，多数生于山麓道旁。

（3）朴属（*Celtis* Linn.） 乔木。叶基部脉3出，侧脉弧曲向上，不直达叶缘。花小，无花被，杂性同株，雄花簇生，雌花单生；萼4～5片裂；雄蕊4～5；子房1室，花柱2裂。核果近球形。本属约60种，分布于北温带和热带地区；我国有11种2变种。

常见植物：朴树（*Celtis sinensis* Pers.），叶宽卵形至狭卵形，核果径4～5mm，果柄与叶柄近等长；产于黄河流域以南；茎皮纤维供造纸及人造棉原料，种仁可榨油。黑弹树（小叶朴）（*Celtis bungeana* Bl.）果柄比叶柄长2倍或更长；产于东北和西北；根皮入药。

（4）榉属（*Zelkova* Spach） 落叶乔木。单叶互生，具羽状脉，侧脉不分叉，直伸叶缘。花杂性同株，子房卵形，柱头歪生。坚果小，呈不规则的扁球形，果皮皱，上部歪斜，有棱但不为翅状。本属约10种，分布于高加索至东亚；我国有3种，分布于东北南部至华南。木材坚实，为优良用材及绿化树种。

常见植物：大叶榉树（*Zelkova schneideriana* Hand.-Mazz.）其一年生枝红褐色；产于黄河流域以南，喜生于石灰质土壤。

（5）青檀属（*Pteroceltis* Maxim.） 仅青檀（*Pteroceltis tatarinowii* Maxim.）1种，我国特有种，落叶乔木。叶互生，三出脉，有锯齿。花单性同株，雄花数朵簇生于当年新枝的下部叶腋，花药先端有毛，雌花单生于当年生枝的上部叶腋。小坚果周围有翅。南北皆产，从我国东部长城东段向南直至华南、西南各地均有散生，常见于石灰岩的低山上及河流溪谷两岸。材质硬，纹理直，结构细，为优良细木工用材；茎皮纤维为安徽宣城所产著名的中国画纸张宣纸的原料。

2. 桑科（Moraceae）

$$* \ ♂ \ P_{(1)2\sim4(8)} \ A_{(1)2\sim4}；♀ \ P_4 \ \underline{G}_{(2:1)}$$

桑科约40属1 000种，主要分布在热带、亚热带；我国有16属160余种，主产于长江流域以南各省区。桑科植物的桑树叶是我国养蚕业的基本饲料，桑葚、无花果、木菠萝是著名水果，桑和构树皮是造纸原料，榕树是南方习见的园林绿化树种。此外，还有一些药用植物和少数有毒植物。

桑科的特征：木本，常有乳汁，具钟乳体。单叶互生；托叶明显、早落。花小、单性，雌雄同株或异株；聚伞花序常集成头状、穗状、圆锥状花序或陷于密闭的总（花）托中而成隐头花序；雄花花被片2～4枚，有的仅1枚，有的多至8枚，雄蕊4；雌花花被片4枚，雌蕊由2心皮构成，子房上位1室，花柱2。坚果或核果，有时被宿存萼所包，并在花序中集合成聚花果。

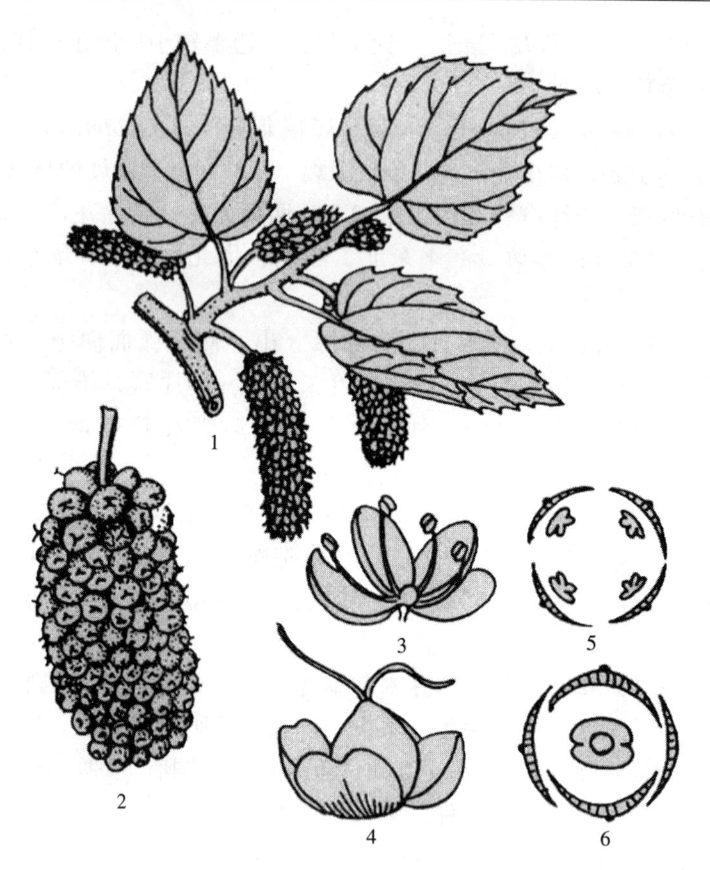

图 4-13　桑（*Morus alba* Linn.）

1. 果枝　2. 果实　3. 雄花　4. 雌花

5. 雄花花图式　6. 雌花花图式

（1）桑属（*Morus* Linn.）　乔木或灌木，叶互生。花单性，穗状花序，雄花花丝内弯；子房被肥厚的肉质花萼所包。聚花果。本属约 12 种，分布于北温带；我国约有 9 种，各地均产。

常见植物：桑（*Morus alba* Linn.）（图 4-13）为落叶乔木，叶广卵形，有时 3 裂，基出 3 脉，边缘有圆齿状锯齿，脉腋有毛；雌雄异株，雌花为下垂柔荑状的假穗状花序；核果被以肥厚之萼，再集合成白色或紫黑色的聚花果，称为桑葚；原产于我国，各地栽培；桑叶饲蚕；桑葚、根内皮（称为桑白皮）、桑叶、桑枝均药用；茎皮纤维可制桑皮纸。鸡桑（*Morus australis* Poir.）叶常多裂，尾状尖头，花柱细长；产华北至西南地区，茎皮纤维可造纸，果供酿酒。

（2）榕属（又名无花果属）（*Ficus* Linn. f.）　乔木、灌木，稀藤本，有乳汁。托叶大而抱茎，脱落时在节上留下环痕。花单性，同株，生于肉质花托之内壁上，花托口部被覆瓦状排列的苞片所封闭；雄花有花被 2～6 片，雄蕊 1～2 个；雌花分结实花（具长花柱）与不结实的虫瘿花（具短花柱）两种。果瘦小，骨质，隐头果近球形或倒卵形。本属约 1 000 种，分布于热带和亚热带地区；我国有 120 种，分布于西南至东部，南部尤盛。

常见栽培供观赏的庭园风景树、行道树有下述几种。

①榕（*Ficus microcarpa* Linn.）：常绿大乔木，有气生根，果实熟时紫黑色；广布于我

国南部、西南部，东南亚亦产，生长于村边和山林中；树皮纤维制网和人造棉，提栲胶或入药。

②垂叶榕（*Ficus benjamina* Linn.）：叶柄长，叶脉密，叶尖有长尾，果实成熟时由黄到红色。

③黄葛榕（*Ficus virens* Ait.）：落叶大乔木，有时具气生根，叶互生，薄革质，长椭圆形或椭圆状卵形；隐花果近球形，肉质，熟时黄色或淡红色；我国秦岭以南热带和亚热带地区有分布。

④印度橡胶榕（*Ficus elastica* Roxb. ex Hernem.）：常绿乔木，乳汁含有橡胶；芽被托叶所包呈红色，叶大型厚革质，全缘光滑有光泽，长椭圆形或矩圆形，先端短渐尖，基部钝圆形；侧脉多而细，平行横出；原产于印度至马来西亚。

⑤高山榕（*Ficus altissima* Bl.）：气生根发达；叶厚革质，表面光滑，宽椭圆形或卵状椭圆形，先端钝，基部圆形或近心形，三出脉；隐花果熟时红色或淡红色；两广及云南有分布。

⑥对叶榕（*Ficus hispida* Linn. f.）：叶对生，卵形或倒卵状矩圆形，全缘或有不规则细锯齿，上面有短刚毛，下面有密的短硬毛；花序托成对生于叶腋或簇生于树干或无叶的枝上；隐花果倒卵形或陀螺形；原产于菲律宾。

⑦菩提树（*Ficus religiosa* Linn.）：原产于印度，引种栽培在寺庙旁，大约与佛教同时传入我国，为著名的庭园风景树。

⑧无花果（*Ficus carica* Linn.）：落叶灌木，掌状叶；原产于地中海沿岸，植株供观赏；花托生食、酿酒或制作蜜饯。

⑨薜荔（*Ficus pumila* Linn.）：常绿藤本，叶 2 形；隐头果俗称鬼馒头，根、茎、叶、果药用，有祛风除湿、活血通络、消肿解毒、补肾、通乳之效；产于华东、华南与西南各省区。

（3）构属（*Broussonetia* L'Herit. ex Vent.）　落叶乔木，有乳汁。叶互生，常分裂。花单性异株，雄花排列成下垂的柔荑花序；雌花聚集成头状花序。小核果聚集成圆头状肉质的聚花果。本属约 4 种，分布于东亚；我国有 3 种，分布于东南至西南部。

常见植物：构树［*Broussonetia papyrifera*（Linn.）L'Hert. et Vent.］，为乔木，叶被粗绒毛，雌雄异株，聚花果头状，成熟后每个小核果红色；产于黄河、长江、珠江流域各省区，为绿化树种或供造纸、药用。

（4）其他　桑科植物还有见血封喉（又名箭毒木，*Antiaris toxicaria* Lesch.），为常绿乔木，叶矩圆形，树液有剧毒，可制毒箭，猎兽用，被称为中国最毒的植物；产于云南南部和海南省，印度、中南半岛等地亦有分布。菠萝蜜（又名木菠萝、面包果，*Artocarpus heterophyllus* Lam.）为常绿乔木，花单性，雌雄同株，雌花序为椭圆形之假穗状花序，生于树干或大枝上，花被管状，包着子房，聚花果肉质，熟时长 25～60cm，重可达 20kg，外皮有六角形的瘤状突起，为一种热带果树，花被生食，种子富含淀粉，炒熟食用，树液和叶药用。

3. 大麻科（Cannabaceae）

$$* \ ♂ \ K_5 \ A_5 ; \quad ♀ \ K_5 \ \underline{G}_{(2:1:1)}$$

大麻科有 2 属 3 种，为主要的经济植物和药用植物。

大麻科的特征：直立或攀缘状草本。叶对生或互生，不分裂或掌状分裂。花单性异株，雄花排成圆锥花序，雌花聚生；雄花萼 5 裂，雄蕊 5；雌花萼包围着子房、膜质、全缘，子房无柄、1 室、1 胚珠，花柱 2 裂。瘦果。

（1）大麻属（*Cannabis* Linn.）仅大麻（*Cannabis sativa* Linn.）1 种，为一年生草本。单叶互生或下部叶对生，掌状全裂，裂片 3～11，披针形至条状披针形，边缘具粗锯齿。花单性异株；雄花排成长而疏散的圆锥花序，黄绿色，花被片和雄蕊各 5；雌花丛生于叶腋，绿色，花被退化、膜质、紧包子房，每朵花外具 1 卵形苞片。瘦果扁卵形，为宿存的黄色苞片所包裹。产于中亚和我国新疆，生于山地林缘草甸。

大麻在栽培条件下形成了 2 个亚种。原亚种大麻（火麻，*Cannabis sativa* subsp. *sativa*）具较高而细长、稀疏分枝的茎和长而中空的节间。我国各地有栽培，茎皮纤维优良，作纺织原料；种子含油（30%），工业用；果为镇痉、止痛药。大麻亚种［*Cannabis sativa* subsp. *indica*（Lamarck）Small et Cronq.］植株较小，多分枝且具短而实心的节间；能产生大量的树脂，特别是在幼叶和花序中，是生产“大麻烟”违禁品的植物，在大多数国家禁止栽培。

（2）葎草属（*Humulus* Linn.） 一年或多年生草质藤本，茎粗糙。单叶对生，3～7 裂。花单性异株；雄花排成圆锥花序式的总状花序，萼 5 裂，雄蕊 5；雌花每 2 朵生于 1 苞片腋部，苞片宿存、覆瓦状排列成一近圆形的穗状花序，结果时变成球果状；每花有一全缘萼抱持着子房，花柱 2。果为一扁平的坚果。本属 2 种，分布于北温带；我国均产。

常见植物：啤酒花（*Humulus lupulus* Linn.）为多年生缠绕草本，叶不裂或 3～5 深裂；宿存苞片膜质增大，有油点，内包扁平瘦果 1 或 2 个；产于新疆北部，我国北方有栽培，果穗供制啤酒，所含忽布素赋予啤酒澄清、金黄和微香的风味。葎草［*Humulus scandens*（Lour.）Merr.］为一年生或多年生缠绕草本，叶 5～7 深裂，无分泌忽布素腺毛等构造；除新疆和青海外，全国各省区均产，生于沟边和路旁荒地；茎纤维可造纸及纺织；全草药用，有清热解毒、凉血之效。

4. 荨麻科（Urticaceae）

$$* \ ♂ \ K_{4\sim5} \ C_0 \ A_{4\sim5} ; \ ♀ \ K_{4\sim5} \ C_0 \ \underline{G}_{(2:1:1)}$$

荨麻科有 45 属 550 种，分布于热带至温带地区；我国有 22 属 252 种，全国均产。多为饲用植物，还有重要的纤维植物——苎麻。

荨麻科的特征：草本、灌木或乔木，无乳汁，茎皮纤维发达。叶互生或对生，单叶，常有螫毛。花小，单性、稀两性，雌雄同株或异株，排成聚伞花序、穗状花序或圆锥花序，稀生于肉质的花序托上；雄花被 4～5 裂，雄蕊与裂片同数且对生，花丝在花蕾中弯曲；雌花被 4～5 裂，果时增大，心皮 2，子房上位，1 室，1 胚珠，基生。坚果或核果，有胚乳。染色体 $x=7$，12，13。

（1）荨麻属（*Urtica* Linn.） 草本，常有螫毛。叶对生，有托叶。花雌雄同株或异株。雄花花被 4 裂，雄蕊 4；雌花花被 4 全裂，柱头毛笔状。瘦果扁平，卵形，包于内侧花被片内。本属约 50 种，主要分布于温带地区；我国有 16 种，多数种含有较丰富的蛋白质，干草或鲜草家畜喜食，属优良饲用植物。

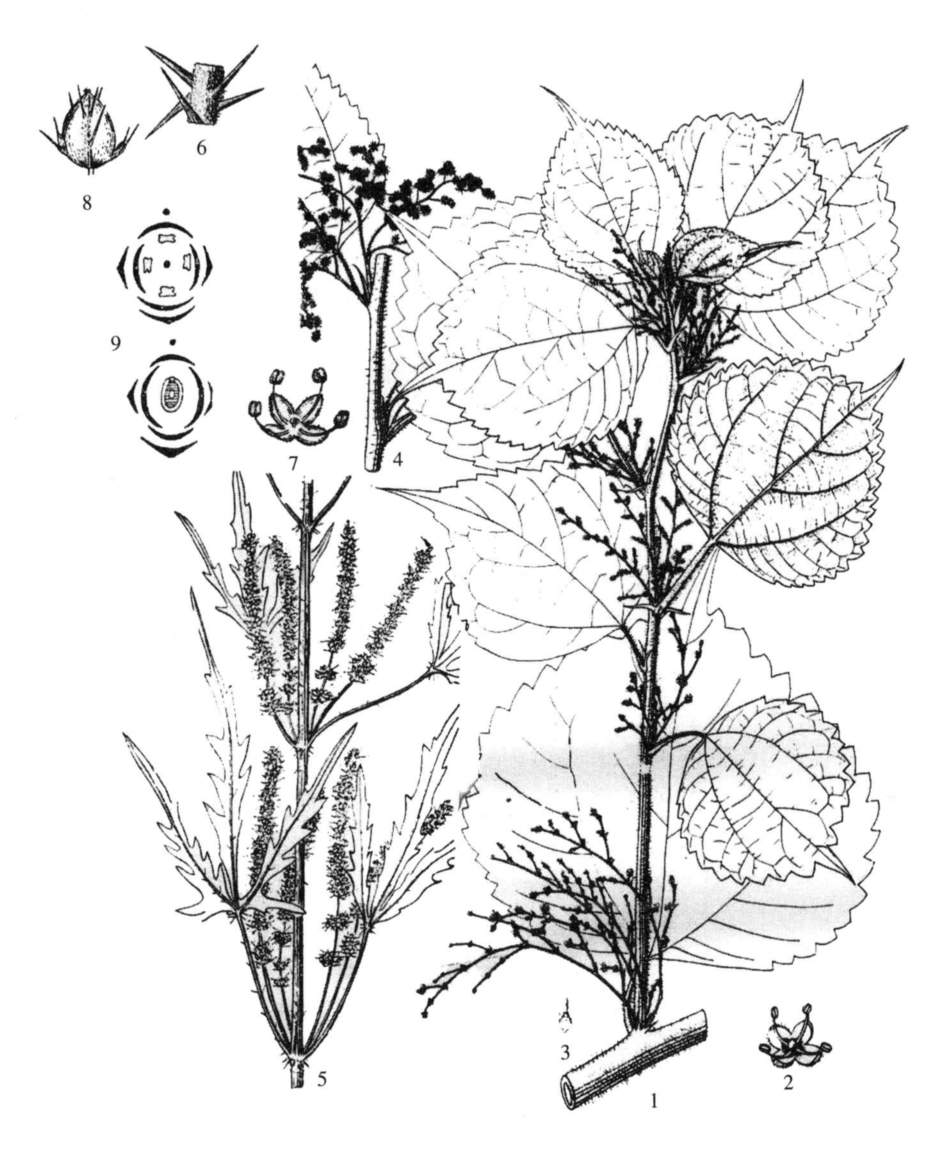

图 4-14　苎麻及麻叶荨麻

1～4. 苎麻［*Boehmeria nivea*（Linn.）Gaud.］　1. 具雌花序和雄花序的枝条　2. 雄花　3. 具宿皮的瘦果　4. 果序　5～9. 麻叶荨麻（*Urtica cannabina* Linn.）　5. 植株一部分　6. 示蜇毛　7. 雄花　8. 雌花（示幼果）　9. 荨麻科花图式（示雄花、雌花）

常见植物：麻叶荨麻（*Urtica cannabina* Linn.）（图 4-14）叶掌状 3 全裂，裂片又再羽状裂；宽叶荨麻（*Urtica laetevirens* Maxim.）叶卵形至广卵形，不裂，有锯齿；狭叶荨麻（*Urtica angustifolia* Fisch.）叶长圆状披针形或披针形，长达 12cm，宽 1～3cm。产于东北、华北至西北。

（2）苎麻属（*Boehmeria* Jacq.）　草本，植物体无蜇毛。单叶互生或对生，具三出脉。花单性同株，排成团伞花序或再排成穗状或圆锥花序式；雄花小，花被 4～5 裂，雄蕊 4～5；雌花被片管状，2～4 裂，结果时有角、有翅或膨胀，子房内藏，1 室，花柱柔弱。瘦果。本属约 100 种，分布于热带和亚热带地区；我国有 35 种，有多种纤维用植物。

常见植物：苎麻［*Boehmeria nivea*（Linn.）Gaud.］（图 4－14）叶互生，基出 3 脉，边缘有粗齿，背面白色；我国中南部地区广为栽培，已有 3 000 多年的利用历史，茎皮纤维为制夏布及优质纸的原料，是我国重要纤维作物之一，产量占世界第一位；根、叶入药，叶可养蚕，种子油供食用。

（九）壳斗目（Fagales）

壳斗目植物为木本。单叶互生，有托叶。花单性，雌雄同株，单被花；雄花排成柔荑花序，雄蕊 2 至多数；雌花常单生于总苞内，子房下位。坚果。

壳斗目包括壳斗科、桦木科和栎科（Balanopaceae）共 3 科。

1. 壳斗科（Fagaceae）

* ♂ $K_{(4\sim8)}\ C_0\ A_{4\sim7,8\sim12}$；♀ $K_{(4\sim8)}\ C_0\ G_{(3\sim6)}$

壳斗科又称为山毛榉科，含 7 属 900 余种，主要分布于热带及北半球的亚热带，南半球只有 1 属 *Nothofagus*；我国有 7 属约 320 种。壳斗科植物是亚热带常绿阔叶林的重要组成树种，温带则以落叶的栎属植物为多，在黑龙江以南广大地区都有栎树纯林或混交林。很多树种在林业生产中占有重要地位，木材通称为柞木，材质坚重，耐腐耐用，是建筑、造船、枕木和桥梁的主要用材；种子统称为橡子，含淀粉；树皮及壳斗常含鞣质，可提制栲胶；有些种类的根、树皮、壳斗可入药，如板栗的壳斗可治老年慢性支气管炎；栎属的槲树等多种植物叶片可养柞蚕；栓皮栎的木栓层作软木，供隔音和救生圈等用。

壳斗科的特征：常绿或落叶乔木，稀为灌木。单叶互生，托叶早落。花单性，雌雄同株；单被花，花萼 4～8 裂，无花瓣；雄蕊 4～7 或更多，雄花组成柔荑花序或头状花序；雌花位于雄花序的基部，单生或 3 朵雌花生于总苞（involucre）内，子房下位，3～6 室，每室 2 个胚珠，但整个子房仅 1 个胚珠发育成种子；总苞花后增大，发育为木质的杯状或囊状，称为壳斗（cupule），壳斗半包或全包坚果，外有鳞片或刺。槲果（glans），生于壳斗中，果皮硬，不开裂，内含 1 种子，由下位子房发育而成，特指壳斗科的果实，以区别于一般的坚果。染色体 $x=12$。

（1）水青冈属（*Fagus* Linn.） 落叶乔木。花先叶开放，雄花排成下垂的头状花序，雌花成对生于具柄的总苞内，总苞具刺或瘤。坚果三角形。本属 10 余种，分布于北温带；我国有 5 种，产于西南至东部。

常见植物：水青冈（*Fagus longipetiolata* Seem.）其叶卵形，壳斗被褐色绒毛和卷曲软刺；产于长江以南和陕西南部。

（2）栗属（*Castanea* Mill.） 落叶乔木，小枝无顶芽。花单性同株，雄花为直立柔荑花序，雌花单独或 2～3 朵生于总苞内，子房 6 室；壳斗全包坚果，外面密生针状刺，内有1～3 个坚果。本属约 12 种，分布于北温带；我国约有 4 种。

常见植物：板栗（又名栗、中国栗，*Castanea mollissima* Bl.）（图4－15）叶片背面有密毛；每总苞内含 2～3 个坚果；果实供食用，为著名的木本粮食作物，原产于我国，各地多有栽培。茅栗（*Castanea seguinii* Dode）叶片背面仅在叶脉上有短柔毛，密被鳞片状腺点，总苞内含 3 个坚果；产河南、山西、陕西和长江流域以南各省区。珍珠栗（锥栗，*Castanea henryi* Rehd. et Wils.）叶片背面无毛，坚果单生于总苞内；产长江流域及其以南各省区。

（3）栲属（*Castanopsis* Spach） 常绿乔木。花单性同株，雄花成直立柔荑花序，雌花单生，子房 3 室，每室 2 胚珠；总苞封闭，有针刺。本属约 120 种，分布于亚洲；我国约有 63 种，分布于西南至东南部。

常见植物：苦槠（又名苦槠栲，*Castanopsis sclerophylla* Schott.），叶片中部以上有锯齿，背面光亮；产于长江以南。刺栲（又名栲树、红锥，*Castanopsis hystrix* A. DC.）叶片背面红棕色；产于长江以南。甜槠［*Castanopsis eyrei*（Champ.）Tutch］叶厚革质，卵圆形，光滑；产于除云南和海南外的长江以南诸省区。

（4）石栎属（又称为椆属、柯属，*Lithocarpus* Bl.） 常绿乔木。叶革质。雄花成直立柔荑花序，雌花 3～7 朵簇生，子房 3 室，有退化雄蕊；总苞杯状，内有 1 个坚果。本属有 300 余种，我国有 122 种 1 亚种 14 变种。

图 4-15 板栗（*Castanea mollissima* Bl.）
1. 果枝 2. 雄花枝 3. 雄花 4. 雌花 5. 坚果

常见植物：灰柯（*Lithocarpus henryi* Rehd. et Wils.）叶长椭圆形、全缘，壳斗集成穗状；产于长江流域及华南。石栎（又名椆，*Lithocarpus glaber* Nakai.）叶披针形，厚革质，产长江以南山地。

（5）青冈属（*Cyclobalanopsis* Oerst.） 多为常绿乔木。雄花序下垂，雌花单生。坚果仅基部为总苞所包，鳞片环状。本属约 150 种，我国有 77 种 3 变种。

常见植物：青冈（又名铁椆）［*Cyclobalanopsis glauca*（Thunb.）Oerst.］叶中部以上有锯齿，背面灰白色，有短柔毛，侧脉 8～10 对；产于长江流域及以南各省区（云南除外）。小叶青冈［*Cyclobalanopsis myrsinaefolia*（Bl.）Oerst.］叶自下部至上部皆有钝齿，侧脉 13 对以上，背面青白色；产于长江流域及以南各省区。

（6）栎属（*Quercus* Linn.） 落叶乔木。雄花排成下垂的柔荑花序，雌花1～2 朵簇生；总苞的鳞片为覆瓦状或宽刺状。本属约 300 种，我国有 51 种 14 变种 1 变型。

常见植物：麻栎（*Quercus acutissima* Carr.）叶脉直达锯齿并突出为长芒状；产于全国各地。栓皮栎（*Quercus variabilis* Bl.）叶背面密生白色星状毛，树皮黑褐色，木栓层发达，厚可达 10cm；主产于我国东部和北部地区。槲树（又名柞栎，*Quercus dentata* Thunb.）叶大，广倒卵形，叶片下面被密毛；壳斗苞片狭披针形，先端反卷；产于黑龙江至华中和西南。蒙古栎（又名柞树、橡子树，*Quercus mongolica* Fisch. ex Turcz.）（图 4-16）叶倒卵形或倒卵状长圆形，自中部以下渐狭窄，边缘通常具 8～9 个缺刻，侧脉 7～11 对；壳斗苞片具瘤状突起；产于山东、河北、山西、内蒙古和东北，为东北北部常见树种，生于向阳山坡。

2. 桦木科（Betulaceae）

$$* \ ♂ \ P_{4,0} \ A_{2\sim14}; \ ♀ \ P_0 \ \overline{G}_{(2:2)}$$

桦木科有 6 属 100 余种，主要分布于北温带；我国有 6 属 70 种，大都分布于北部、中部和西南，为我国次生林的重要组成树种。本科的鹅耳枥、铁木、桦木、桤木等属植物，木质坚韧，不易割裂，可制器具、农具柄；桤木可提制酒精；桦木属的有些种可从树皮及幼枝中蒸馏出桦木油，用以制油膏，治疗皮肤病。

桦木科的特征：落叶乔木或灌木，幼嫩部分常具腺点。单叶互生，羽状脉显著，边缘常有锯齿；托叶早落。花单性，雌雄同株；雄花排成下垂的柔荑花序，花单生或 2～6 朵聚生于每一苞片的腋内，萼膜质、4 裂，雄蕊 2～14 枚，先叶开放；雌花序为球果状、穗状、总状或头状，具多数苞片，每苞片内有雌花 2～3 朵，无花被或具花被与子房合生；子房下位，2 室，每室有 1～2 胚珠，柱头 2。坚果，具翅或无。种子单生，无胚乳。染色体 $x=8$，14。

(1) 桦木属（*Betula* Linn.） 雄花 3 朵聚生于每一苞片的腋间，花被膜质、4 齿裂，雄蕊 2 个；雌花每 3 朵生于苞鳞内。果序呈穗状，果苞薄，革质，先端 3 裂。本属约 100 种，分布于北美洲、亚洲及欧洲，从寒带至亚热带高山均有生长；我国有 29 种 6 变种，全国各地均有分布，主要分布于北部、中部和西南，为我国重要森林植物树种。

图 4-16 白桦和蒙古栎
1～3. 白桦（*Betula platyphylla* Suk.）
1. 果枝 2. 果苞 3. 小坚果
4. 蒙古栎（*Quercus mongolica* Fisch. ex Turcz.）果枝

常见植物：亮叶桦（*Betula luminifera* H. Winkl.）果苞中裂片矩圆形，侧裂片卵形，果实倒卵形；产于西南、华南和湖北；可从树皮、木材和叶中提取香桦油和桦焦油，木材供建筑等用。白桦（*Betula platyphylla* Suk.）（图 4-

16）树皮幼时暗赤褐色，老时白色，有白粉；叶三角形，互生或簇生于短枝上；产于东北、华北、西北和西南；木材可做家具或建筑用。

（2）赤杨属（又名桤属，*Alnus* Mill.） 赤杨属植物雄花3朵聚生于每一苞片的腋内，花被4裂，雄蕊4个；雌花每2朵生于苞鳞内。果序呈球果状，果苞厚，木质，先端5裂。本属约40种，分布于北温带至印度北部、中南半岛及南美的安第斯山；我国有7种1变种，除西北外，其他地区均产。

常见植物：赤杨（又名日本赤杨、日本桤木）[*Alnus japonica*（Thunb.）Steud.] 叶质地较薄，叶缘有整齐锯齿。西伯利亚赤杨（*Alnus sibirica* Fisch.）叶片上面绿色，下面粉白色，常有锈色毛；产于东北和内蒙古，生于水湿地及河岸两侧。

（3）榛属（*Corylus* Linn.） 雄花单生于每一苞片的腋内，无花被；雌花有花被。坚果大，无翅，簇生于短枝顶端。本属约20种，分布于北美洲、欧洲和亚洲；我国约有7种，产于西南至东北部。

常见植物：榛（*Corylus heterophylla* Fisch. ex Trautv.）叶先端近于平截，中央微凹，上面无毛，下面仅脉上有毛，质厚；果苞叶状，半包果实；产于东北、华北、华东、西北和西南各省区。毛榛（又名胡榛子、角榛、火榛子，*Corylus mandshurica* Maxim.）叶先端急尖，两面密被灰色短柔毛，质薄；果苞管状，全包果实；产于东北、华北、四川和青海等地。榛属植物的坚果含淀粉15%～20%，含油量51%～64%，可炒食；树皮和叶可提取栲胶。

三、石竹亚纲（Caryophyllidae）

石竹亚纲植物多数为草本，常为肉质或盐生植物。叶常为单叶互生、对生或轮生。花常两性，整齐，分离或结合；花被形态复杂而多变，同被、异被或常单被，花瓣状或萼片状；雄蕊常定数，离心发育，花粉粒常3核，稀2核；子房上位或下位，常1室，胚珠1至多数，特立中央胎座或基生胎座，胚珠弯生、横生或倒生，具双珠被及厚珠心。种子常具外胚乳或否，储藏物质常为淀粉；胚常弯曲、环行或直立，有外胚乳。

（十）石竹目（Caryophyllales）

石竹目植物为草本，有些为肉质植物。叶互生、对生或轮生。花两性，稀单性，辐射对称；同被、异被或单被；雄蕊定数；子房上位，心皮合生；弯生胚，中轴胎座或特立中央胎座，常具外胚乳。

本目包括藜科、商陆科（Phytolaccaceae）、紫茉莉科（Nyctaginaceae）、苋科和石竹科等12科，约10 000种。

1. 藜科（Chenopodiaceae）

$$* \ K_{3\sim5}\ C_0\ A_{1\sim5}\ \underline{G}_{(2\sim5:1:1)}$$

藜科约有100余属1 400余种，主要分布于非洲南部、中亚、南美、北美及大洋洲的干草原、荒漠、盐碱地及地中海、黑海、红海沿岸；我国有39属约186种，主要分布于西北、华北及东北，尤以西北荒漠地区为多，是构成我国荒漠及荒漠草原的重要成分，多属旱生和超旱生种群，具有重要的生态意义。有些种富含蛋白质和灰分，成为该地区的主要牧草，它们的适口性，在很大程度上决定于其体内所含各种盐类的数量、有害生物碱的含量以及植株的形态结构，一般多汁类牧草，骆驼和羊从秋季开始，以至整个冬季均能满意地采食；干燥的种类于春夏或冬春季均为骆驼、羊所喜食；半多汁种类，大致和干燥种类近似。本科植物中，栽培做蔬菜的有菠菜，甜菜的肉质根可食用或制糖用，有的品种可做多汁饲料，有少数种类（如无叶假木贼）是有毒的。

藜科的特征：草本、半灌木、灌木，稀为小半乔木，植物体光滑或被毛，常被粉粒。单叶互生，少对生，常肉质，扁平状或圆柱状，少呈鳞片状，无托叶。花小，单被，两性、单性或杂性，雌雄同株，稀异株，花单生或密集成簇或由花簇再组成穗状或圆锥花序；花被草质、肉质或膜质，通常 3～5 深裂，宿存，在雌花中有时缺；花被片在果期常增大变硬或其背部生翅状、针状或疣状附属物；雄蕊 1～5，与花被片对生；雌蕊为 2～5 心皮合生而成，子房上位，1 室，具 1 胚珠。胞果；种子直立、横生或斜生，胚螺旋状、环状或马蹄形。染色体 $x=6$，9。

藜科常见植物分属检索表

1. 胚环形或半环形，胚乳被胚包围在中间。
 2. 花被的下部与子房合生，合生部分在果时增厚并硬化 …………………………… 甜菜属（*Beta* Linn.）
 2. 花被与子房离生，果时花被不增厚，不硬化。
  3. 花着生于肉质、排列较紧密的苞腋内，外观似花嵌入花序轴；叶退化，鳞片状或肉质瘤状，若为圆柱状则基部下延。
   4. 半灌木；枝与叶均互生；枝无关节 …………………………………… 盐爪爪属（*Kalidium* Moq.）
   4. 灌木；枝与叶均对生；枝有关节……………………………… 盐穗木属（*Halostachys* C. A. Mey.）
  3. 花不嵌入花序轴；叶通常发达。
   5. 花单性，雌雄同株或异株。
    6. 植物体光滑无毛，或有糠秕状粉层。
     7. 植物体无粉层 …………………………………………………………… 菠菜属（*Spinacia* Linn.）
     7. 植物体多少有粉层 …………………………………………………… 滨藜属（*Atriplex* Linn.）
    6. 植物体有星状毛或分枝状毛。
     8. 灌木或半灌木；雌花的 2 苞片中下部合生成筒状，筒部通常有 4 束长柔毛 ………………
     ……………………………………………………… 驼绒藜属［*Ceratoides*（Tourn.）Gagnebin］
     8. 一年生草本；雌花的 2 苞片合生几达顶端，先端两侧各有 1 刺状附属物，筒部无长柔毛
     ……………………………………………………………………… 角果藜属（*Ceratocarpus* Linn.）
   5. 花两性，有时杂性。
    9. 花被片 1～3，膜质，白色；胞果远露出花被外，背腹扁，顶端具 2 喙；植物体多少有分枝毛。
     10. 胞果背腹微凸，顶端之喙与果核近等长；种子与果皮分离；叶与苞片顶端针刺状 ………
     …………………………………………………………………… 沙蓬属（*Agriophyllum* M. Bieb.）
     10. 胞果腹面平或微凹，背面凸，果喙长为果核长的 1/5～1/8；种子与果皮贴生；叶和苞片先端锐尖，但不为针刺状 ………………………………………… 虫实属（*Corispermum* Linn.）
    9. 花被 5 裂，少 3～4 裂，肉质、草质或纸质；胞果通常包藏于花被内，顶基扁，少背腹扁，无喙；植物体无分枝状毛。
     11. 植物体无柔毛，常被粉粒，如有腺毛或短柔毛则植物体有强烈的气味；叶宽阔扁平而有柄
     ……………………………………………………………………… 藜属（*Chenopodium* Linn.）
     11. 植物体有柔毛；叶圆柱状、半圆柱状或扁平而窄小，无明显的叶柄。
      12. 花被片 5，果时背面有翅状附属物。
       13. 花被附属物翅状，有脉纹 ……………………………………………… 地肤属（*Kochia* Roth）

13. 花被附属物刺状，无脉纹 …………………………………… 雾冰藜属（*Bassia* All.）

12. 花被片 4，果时背面无附属物 ………………………………… 樟味藜属（*Camphorosma* Linn.）

1. 胚螺旋状，胚乳被胚分割成两块或无胚乳。

14. 小苞片不发达，膜质鳞片状，位于花被下；柱头周围有粉粒状或毛状突起；胚平面盘旋 ………… ……………………………………………………………… 碱蓬属（*Suaeda* Forsk. ex Scop.）

14. 小苞片发达（合头草属无小苞片），草质或肉质，舟状或与叶的形状相似，围抱花被；柱头仅内侧面有粉粒状突起；胚圆锥螺旋状，少平面盘旋。

15. 花被片背部无附属物。

16. 垫状半灌木；花被片在果时显著增大，伸出于苞片之外；叶钻状 …………………………… ……………………………………………………………… 小蓬属（*Nanophyton* Less.）

16. 一年生草本；花被片在果时不增大，不变硬；叶条形 ………… 叉毛蓬属（*Petrosimonia* Bunge）

15. 花被片（全部或仅 1 枚）背部在果时具发达或不发达的翅或瘤状附属物。

17. 枝与叶均对生；枝上有关节。

18. 种子横生；小半乔木或灌木 ………………………………… 梭梭属（*Haloxylon* Bunge）

18. 种子直立；半灌木 ………………………………………… 假木贼属（*Anabasis* Linn.）

17. 枝与叶均互生（猪毛菜属有时例外）；枝无关节。

19. 花通常 3 朵集生于小枝的末端，无小苞片 ……………………… 合头草属（*Sympegma* Bunge）

19. 花非上述情况。

20. 翅状附属物生于花被片的中部 ……………………………… 猪毛菜属（*Salsola* Linn.）

20. 翅状附属物生于花被片的近顶端处。

21. 一年生草本；花簇生于叶腋；花被圆锥形；叶基部扩展 ……………………………… ……………………………………………………… 盐生草属（*Halogenton* C. A. Mey.）

21. 半灌木；花单生于叶腋；花被近球形；叶基部不扩展 …… 戈壁藜属（*Iljinia* Korov.）

（1）盐爪爪属（*Kalidium* Moq.）　小灌木或半灌木。叶互生，圆柱形或退化，基部下延。花1～3 朵生于 1 鳞状苞片内，基部嵌入肉质的花序轴内，构成穗状花序；花被合生，顶端有 4～5 小齿；雄蕊 2；柱头 2。胞果卵形，略扁，包藏于花被内；种子直立。本属有 5 种，分布于亚洲中部与西部；我国有 5 种，分布于西北及华北各省区；青鲜时各种家畜均不采食，干枯后骆驼乐食，马、羊采食。

常见植物：盐爪爪［*Kalidium foliatum*（Pall.）Moq.］（图 4－17）为半灌木，茎直立，多分枝，老枝灰褐色，幼枝黄白色；叶互生，圆柱形，肉质，灰绿色，先端钝，基部下延，半抱茎；穗状花序较粗，每 3 朵花生于 1 鳞状苞片内；胞果圆形；产于黑龙江、内蒙古、河北、甘肃、宁夏、青海和新疆，生于草原、半荒漠和荒漠带沙区的盐湖边、盐碱地和盐化沙地；为中等饲用植物，秋、冬季节骆驼喜食，马、羊稍食。细枝盐爪爪（*Kalidium gracile* Fenzl）与盐爪爪近似，但叶瘤状，黄绿色；穗状花序细弱，花单生于 1 鳞状苞片内；胞果卵形；产于内蒙古、宁夏、陕西、甘肃、青海和新疆，生于低洼地、河谷碱地和盐湖边；饲用价值同盐爪爪。

（2）驼绒藜属［*Ceratoides*（Tourn.）Gagnebin］　半灌木或小灌木，全体密被星状毛。叶互生，全缘。花单性，雌雄同株；雄花数朵成簇，在枝顶构成念珠状或头状花序；花被片 4；雄蕊 4；雌花 1～2 朵腋生，无花被，小苞片 2，合成雌花管，管外具 4 束长毛或短毛，果时包被果实。胞果椭圆形，扁平。本属约有 7 种，分布于温带干旱地区；我国有 4 种，分布于东北、华北、西北诸省区和四川、西藏。本属植物的饲用价值高，各种家畜均喜

图 4-17 盐爪爪、骆驼藜、沙蓬及绳虫实

1～4. 盐爪爪［*Kalidum foliatum*（Pall.）Moq.］ 1. 花枝 2. 枝叶放大 3. 带宿存花被的果实 4. 胞果
5～9. 驼绒藜［*Ceratoides latens*（J. F. Gmel.）Reveal et Holmgren］ 5. 花枝 6. 花 7. 雄花 8. 幼果 9. 雌花管
10～12. 沙蓬［*Agriophyllum squarrosum*（Linn.）Moq.］ 10. 植株的一部分 11. 种子 12. 胚
13～14. 绳虫实［*Corispermum declinatum* Steph. ex Stev.］ 13. 植株的一部分 14. 胞果

食，是抓秋膘的良好饲用植物。

常见植物：驼绒藜［*Ceratoides latens*（J. F. Gmel.）Reveal et Holmgren］（图 4-17）植株高 30～100cm；叶较小，条形至条状披针形，全缘，具 1 脉；雌花管裂片为管长的 1/3，果时管外具 4 束长毛，其长约与管长相等；产于内蒙古、甘肃、青海、新疆、西藏等地，生于荒漠和荒漠草原，为小针茅草原的伴生种，在草原化荒漠时可形成大面积的驼绒藜群落；为优等饲用植物，在半荒漠地区，本种是固定沙丘植被的建群种之一，耐旱，固沙作用良好。华北驼绒藜［*Ceratoides arborescens*（Losinsk.）Tsien et C. G. Ma］与驼绒藜近似，但植株较高；叶较大，披针形或矩圆状披针形，羽状脉；雌花管裂片为管长的 1/5～1/4，管中部以上被 4 束长柔毛，下部被短毛；产于东北、华北、陕西、甘肃及四川北部，散生于草原区和森林草原区的干燥山坡、固定沙地和干河床内，为优等饲用植物。垫状驼绒藜［*Ceratoides compacta*（Losinsk.）Tsien et C. G. Ma］植株矮小，垫状；产于甘肃、青海、新疆和西藏，是构成我国高寒荒漠植被的重要成分，

为优等牧草。

（3）滨藜属（*Atriplex* Linn.）　一年生草本，少为半灌木，通常有糠秕状粉层。叶互生，稀对生。团伞花序生于叶腋；花通常单性，雌雄同株或异株；雄花不具苞片，花被片3～5，雄蕊3～5；雌花无花被，具2苞片，果时增大，闭合，分离或下部合生，表面平滑或有各种突起。胞果包藏于苞片内。本属有180种，分布于温带和亚热带；我国有17种，主要分布于北部诸省区。本属植物在青鲜状态时，家畜一般采食较差，干枯后骆驼和羊乐食。

常见植物：榆钱菠菜（*Atriplex hortensis* Linn.）为一年生草本；叶具长柄，叶片稍肉质，三角状卵形；雄花5基数；雌花两型，一种无苞片而具花被片5，另一种无花被而有2个苞片，果时包住果实，呈榆钱状，表面具网状脉纹；为良好的栽培牧草，又可做蔬菜食用。西伯利亚滨藜（*Atriplex sibirica* Linn.）为一年生草本；茎常自基部分枝，被白粉粒；叶片菱状卵形、卵状三角形或宽三角形，下面密被粉粒；花簇全部腋生；雌花苞片果时膨大，宽卵形或近圆形，顶缘牙齿状，基部楔形，表面布满短棘状突起；产于我国北部诸省区，生于盐碱滩、湖边、河岸、路边及居民点附近；为中等饲用植物。滨藜［*Atriplex patens*（Litv.）Iljin］叶片披针形至条形，两面稍有粉粒；花序穗状；雌花苞片果时呈三角状菱形，表面疏生粉粒，边缘合生的部分几达中部；产于东北、华北、西北各地，生长于草原区和荒漠区的盐渍化土壤上。

（4）沙蓬属（*Agriophyllum* M. Bieb.）　一年生草本，光滑或被分枝状毛。叶互生，全缘，顶端针刺状。花序穗状；花两性，单生于苞腋内，苞片先端针刺状；花被片1～5，膜质，顶端啮蚀状撕裂；雄蕊1～5。胞果扁平，近圆形，边缘具狭翅，顶端具2喙，喙与果核近等长；种子与果皮分离。本属有6种，分布于中亚及西亚；我国产3种，分布于东北、华北和西北。

常见植物：沙蓬［*Agriophyllum squarrosum*（Linn.）Moq.］（图4-17）株高15～50cm；叶无柄，披针形至条形，先端有刺尖，有3～9条纵行的脉；苞片宽卵形，先端具短刺尖，花被片1～3，膜质，雄蕊2～3；胞果圆形或椭圆形，除基部外周围有翅，顶部具喙，深裂为2小喙，小喙先端外侧各有1小齿；产于东北、华北、西北、河南和西藏，生长于流动、半流动沙丘和沙丘间低地；为良等饲用植物，种子可以食用，具有先期固沙性能。

（5）虫实属（*Corispermum* Linn.）　一年生草本。叶互生，条形，全缘。花序穗状，苞片狭披针形，先端锐尖；花两性，花被片1～3，不等大，膜质；雄蕊1～5。胞果矩圆形至圆形，一面凸，一面凹或平，通常边缘有翅；果核平滑，具瘤状或乳头状突起，被星状毛或无；果喙明显，上部具2喙尖，喙长为果核长的1/5～1/8；果皮与种皮紧贴。本属有60余种，分布于北温带；我国有26种，主要分布于北方诸省区。多数种为骆驼和羊所采食，其干草家畜采食较好。

常见植物：绳虫实（*Corispermum declinatum* Steph. ex Stev.）（图4-17）穗状花序细长，苞片条状披针形至狭卵形，先端渐尖，具小尖头；花被片1，稀3，雄蕊1～3；果实倒卵状矩圆形，长3～4mm，宽约2mm，无毛，有时近无翅；果核狭倒卵形，平滑或稍具瘤状突起；产于我国北部，生长于干旱沙地；为良等饲用植物。蒙古虫实（*Corispermum mongolicum* Iljin）与蝇虫实近似，但果实较小，宽椭圆形，长约2mm，宽1～1.5mm，背部强烈凸起，翅极窄或近无翅，果核常具瘤状突起；产于内蒙古西部、宁夏、甘肃和新疆，生长于沙质土壤、戈壁和沙丘上；用途同绳虫实。

（6）藜属（*Chenopodium* Linn.） 一年生或多年生草本，全株被粉粒或腺毛，稀无毛。叶互生，扁平，全缘、具锯齿或分裂。花小，通常两性，花被片 5，稀 3～4；雄蕊 5 或较少。胞果包于宿存的花被内；种子横生，稀直立。本属约有 250 种，主要分布于温带；我国有 19 种，全国均产之，多数种为家畜所乐食，种子可作精料。

常见植物：藜（*Chenopodium album* Linn.）为一年生草本；茎直立，具条棱及绿色或紫红色条纹；叶菱状、卵形至披针形，下面多少被粉粒，边缘具不整齐锯齿；花簇集成圆锥花序，花被片 5，雄蕊 5；种子黑色，表面有沟纹；分布于全国各地，生长于田间、路旁及荒地；鲜草与干草为猪、牛所乐食。

（7）地肤属（*Kochia* Roth） 一年生草本或半灌木，被柔毛，稀无毛。叶互生，全缘，无柄。花小，两性或雌性，单生或簇生于叶腋，花被球形、壶形或杯形，无苞；花被片 5，内曲，果时背部发育成平展的翅或突起；雄蕊 5，伸出花被外。胞果扁球形，种子横生。本属约有 35 种，分布于北温带及热带；我国有 7 种，主要分布于北部诸省区，其中有的种为优良饲用植物。

常见植物：木地肤［*Kochia prostrata*（Linn.）Schrad.］为半灌木；分枝多而密，斜生，被白色柔毛，上部近无毛；叶条形，两面被柔毛；花单生或 2～3 朵集生于叶腋，花被片 5，果时自背部横生干膜质翅；产于东北、华北、西北诸省区及西藏，生长于荒漠及荒漠草原上的干山坡、沙地及轻盐碱地；为优等饲用植物，抗旱能力强，春季萌发快，冬季残留好，品质优良，为各种家畜所喜食，是羊的抓膘牧草，亦是作为改良草地的补播牧草。

（8）甜菜属（*Beta* Linn.） 二年生或多年生草本，光滑无毛，根通常肥厚，多浆汁。叶宽大，基生叶丛生，茎生叶互生，具长柄。花小，两性，单生或簇生于叶腋，或排列成穗状，再组成圆锥花序；花被片 5，果时基部变硬与果实相结合；雄蕊 5。本属约有 10 种，分布于欧洲、亚洲及非洲北部；我国有 1 种，为栽培植物。

常见植物：甜菜（*Beta vulgaris* Linn.）根肥大，纺锤形或倒圆锥形；茎直立；基生叶大，具长柄，粗壮，叶片矩圆形，长 20～30cm，宽 12～18cm；茎生叶较小；花序圆锥状；胞果通常 2 或数个基部结合；种子扁平，双凸镜状；世界广泛栽培，为制糖原料或做青饲料。

（9）碱蓬属（*Suaeda* Forsk. ex Scop.） 一年生草本或半灌木。茎直立、斜升或平卧。叶互生，肉质，半圆柱形。花两性，通常数花集成团伞花序或单生，具苞片及 2 个小苞片，小苞片鳞片状；花被近球形，5 裂，稍肉质或草质，果时背面增厚或延伸成角状或翅状突起。胞果包藏于宿存的花被内。本属约 100 余种，广布于全球的海岸和盐碱地上；我国有 20 种，分布于西北及沿海地区，是典型的盐生植物，青鲜时家畜多不采食，而于秋冬干枯后采食。

常见植物：碱蓬［*Suaeda glauca*（Bunge）Bunge］（图 4-18）为一年生草本；叶条形、半圆柱状，肉质；花两性，团伞花序着生于叶片基部，花被片果时增厚呈五角星状；种子表面有颗粒状点纹；产于东北、华北及西北，生长于盐碱地、盐渍化土壤上；为中等饲用植物，也是一种良好的油料植物，种子油可做肥皂和油漆等，全株含有丰富的碳酸钾，可做多种化工原料。角果碱蓬［*Suaeda corniculata*（C. A. Mey.）Bunge］花 3～6 朵簇生于叶腋，呈团伞状，花被片果时背部向外延伸增厚呈不等长的角状；种子表面具清晰的蜂窝状点纹；产于东北、华北、西北和西藏，用途同碱蓬。

（10）梭梭属（*Haloxylon* Bunge）　灌木或小半乔木。枝对生，具关节。叶对生，退化成鳞片状。花两性，单生或簇生，具2小苞片；花被片5，果时背部上方横生出翅状附属物；雄蕊5；子房球形，柱头2～5。胞果近球形，包藏于花被内；种子横生。本属约11种，分布于地中海地区和中亚；我国有2种，产于西北部各省区，是构成沙漠植被的主要成分、优良的固沙植物；一年生枝条及果实均为骆驼和羊的良好饲料。

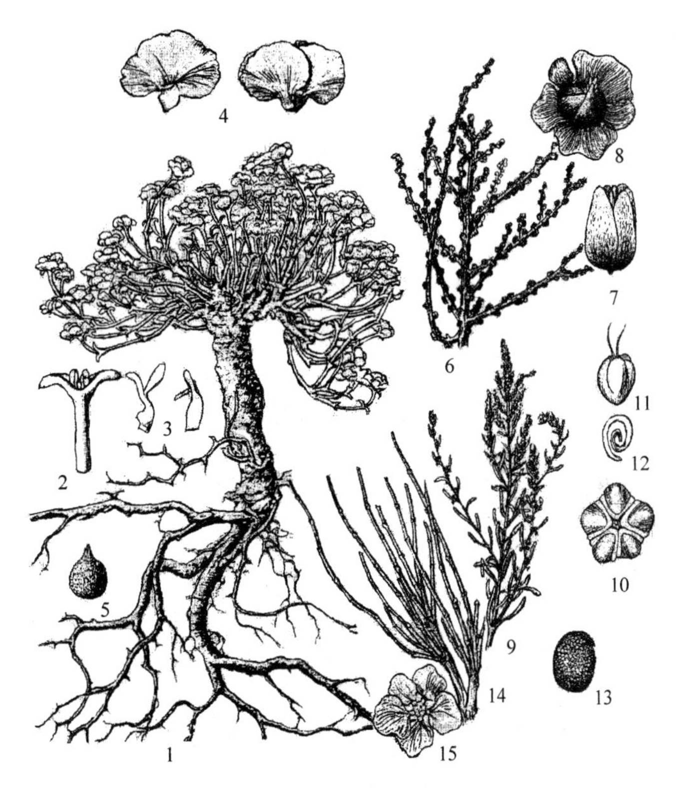

图4-18　短叶假木贼、珍珠猪毛菜、碱蓬及梭梭
1～5. 短叶假木贼（*Anabasis brevifolia* C. A. Mey.）　1. 植株　2. 叶、节及节间　3. 内花被片及背侧横生的翅　4. 外花被片及背侧横生的翅　5. 胞果　6～8. 珍珠猪毛菜（*Salsola passerina* Bunge）　6. 花枝　7. 花　8. 胞果及宿存的具翅的花被
9～13. 碱蓬［*Suaeda glauca*（Bunge）Bunge］　9. 植株的一部分　10. 两性花　11. 雌花　12. 胚　13. 种子
14～15. 梭梭［*Haloxylon ammodendron*（C. A. Mey.）Bunge］　14. 枝　15. 花被片及横生的翅

常见植物：梭梭［*Haloxylon ammodendron*（C. A. Mey.）Bunge］（图4-18）为小半乔木；树皮灰白色；当年生枝条细长，绿色；叶退化成鳞片状宽三角形，稍开展，先端钝；花被片果时自背部横生半圆形并有黑褐色脉纹的膜质翅；产于内蒙古、宁夏、甘肃、青海和新疆，生长于轻度盐渍化沙地、干河床、湖盆低地及砾质戈壁上；为荒漠地区的优等饲用植物；也是半荒漠地区优良的固沙造林树种，为极好的薪炭柴，并为肉苁蓉的寄主。白梭梭（*Haloxylon persicum* Bunge ex Boiss. et Buhse）与梭梭近似，但叶为鳞片状三角形，平伏于枝上，先端具芒尖；产于新疆，生于沙丘上；是我国西北地区的优良固沙造林树种；当年枝是骆驼、羊的良好饲料。

（11）假木贼属（*Anabasis* Linn.）　半灌木。枝具关节。叶对生，肉质，半圆柱状、钻状、鳞片状或退化，基部合生。花两性或兼有杂性，单生或簇生；花被片5，膜质，果时全部或仅外轮3片背部具横生的翅状附属物；雄蕊5；子房压扁，卵状球形。胞果藏于花被内或露出，近球形；种子直立，圆形、压扁。本属约30种，分布于地中海地区及中亚；我国有8种，主要产于新疆，生长于荒漠及荒漠草原地带，其中有的种可饲用，有的种有毒。

常见植物：短叶假木贼（*Anabasis brevifolia* C. A. Mey.）（图4-18）株高5～20cm，由基部分出多数枝条；叶半圆柱状或近棍棒状，先端具短刺尖，基部合生成鞘状；花被片果时，外轮3个背部横生出淡黄色或橘红色翅状附属物，内轮2个花被片生出较小的翅；产于内蒙古、宁夏、甘肃和新疆，生长于戈壁、冲积扇或石砾质山坡；为荒漠地区的良好饲用植物，骆驼四季均乐食，但在春季常由于贪食而引起膨胀病，严重者能造成死亡。无叶假木贼（*Anabasis aphylla* Linn.）叶不明显，略呈鳞片状宽三角形，先端无刺状尖；产于甘肃西部和新疆，生于山前洪积扇、戈壁、沙丘间，有时也见于干旱山坡，植株主要含毒藜碱（anabasine）及羽扇豆碱（lupinine）等多种生物碱，对家畜有毒害作用，羊在春季转场时，往往误食而中毒，甚至会造成死亡。

（12）猪毛菜属（*Salsola* Linn.） 一年生草本，半灌木或灌木。叶互生，稀对生，肉质，圆柱形、半圆柱形或条形，先端有刺尖。花序穗状或圆锥状，苞片卵形，小苞片 2；花两性，花被 5 深裂，果时背面中部横生伸展的干膜质或革质翅，有时为鸡冠状突起。胞果球形；种子横生，稀直立，胚螺旋状，无胚乳。本属约有 130 种，广布于全世界；我国有 36 种，主要分布于黄河以北的荒漠及荒漠草原地带，是我国荒漠植被的重要组成成分；饲用价值较大，常年为骆驼及羊喜食或乐食。

常见植物：猪毛菜（*Salsola collina* Pall.）为一年生草本，高 30～60cm，植株被短硬毛或无毛；叶圆柱形，肉质，先端有刺状尖；穗状花序细长，苞片及小苞片紧贴花序轴；花被片 5，膜质，果时背部生有鸡冠状革质突起，雄蕊 5，稍长于花被，柱头丝状，长为花柱的 1.5～2 倍；胞果倒卵形；产于东北、华北、西北及西南，生于沙地、土质山坡、戈壁滩、荒地；为良等饲用植物，青鲜状态或干枯后均为骆驼喜食，羊亦乐食；全草入药，有降低血压作用。珍珠猪毛菜（*Salsola passerina* Bunge）（图 4-18）为半灌木，高 5～30cm，树皮灰色或灰褐色，嫩枝黄褐色，密被鳞片状丁字毛，短枝缩短成球形；产于内蒙古、宁夏、甘肃和青海，生于荒漠及荒漠草原的砾石质戈壁或湖盆低地，为良等饲用植物，骆驼四季喜食。松叶猪毛菜（*Salsola laricifolia* Turcz. ex Litv.）为小灌木，高 20～50cm；老枝深灰色或黑褐色，多硬化成刺状；幼枝淡黄白色或灰白色，有光泽；产于内蒙古、宁夏、甘肃和新疆，生于石质或沙质山坡、砾质荒漠，是草原化石质荒漠群落的主要优势种，为中等饲用植物，骆驼乐食其嫩枝和叶。

2. 苋科（Amaranthaceae）

$$*K_{3\sim5}\ C_0\ A_{1\sim5}\ \underline{G}_{(2\sim3:1:1)}$$

苋科约 60 属 850 种，广布于热带和温带地区；我国有 13 属约 39 种，分布于全国。本科植物在我国虽然属、种数不多，但仍有牧草、绿肥、蔬菜、草药、花卉等经济作物。

苋科的特征：草本，稀灌木。单叶互生或对生，无托叶。花常两性，小形，密集成聚伞花序，再形成穗状或圆锥花序，有时为头状；花被片 3～5，干膜质；雄蕊 1～5，与花被片对生，花粉具圆孔；子房上位，1 室，胚珠 1 至多数。胞果，稀为浆果，果皮薄膜质，不裂、不规则开裂或顶端盖裂。染色体 $x=6\sim10$，17。

苋属（*Amaranthus* Linn.） 一年生草本，叶互生，无托叶。花小，单性，穗状或圆锥花序；花被片 5 或 1～3；雄蕊 1～5，分离；花柱极短或无，子房压扁，胚珠 1。胞果盖裂或不裂。本属约 40 种，分布于全世界；我国有 13 种，广布。本属植物可做饲料、蔬菜、药用或花卉供观赏。

常见植物：反枝苋（*Amaranthus retroflexus* Linn.）株高可达 1m，茎直立，密被短柔毛；叶菱状卵形或椭圆状卵形，两面具柔毛；雌雄同株；圆锥花序顶生或腋生，花被片 5，透明膜质，具 1 淡绿色中脉，雄蕊 5，柱头 2 或 3；胞果扁卵形，环状横裂，包于宿存花被内；产于东北、华北和西北，生长于田间、路旁、村舍附近；为养猪、养鸡的良好饲料，植株可做绿肥。苋（*Amaranthus tricolor* Linn.）栽培作蔬菜，种子和叶含有高浓度的赖氨酸，苋子产量高，苋子粉可做面包和糕点。尾穗苋（*Amaranthus caudatus* Linn.）穗状花序特别细长、下垂，栽培花卉。皱果苋（*Amaranthus viridis* Linn.）等亦可做家畜及家禽的饲料。

苋科尚有著名花卉，如鸡冠花（*Celosia cristata* Linn.）花序扁平，粉红色或深红色，也有杂色，形似鸡冠。青葙（*Celosia argentea* Linn.）花序圆柱状或圆锥形，不扁平，粉红色。千日红（*Gomphrena globosa* Linn.）头状花序，苞片与花被红色或白色，干膜质，宿存。锦绣苋（*Alternanthera bettzickiana* Nichols.）叶倒披针形，有黄白色或紫褐色斑的变种，在园林绿化方面用于布置文字或图案。

3. 石竹科（Caryophyllaceae）

$$* \ K_{4\sim5,(4\sim5)} \ C_{4\sim5} \ A_{5\sim10} \ \underline{G}_{(2\sim5:1:\infty)}$$

石竹科约有 75 属 2 000 种，分布于全球，尤以温带和暖温带最多；我国有 30 属约 388 种，分布于全国。本科植物饲用价值不大，主要供药用和观赏，有的为有毒植物。孩儿参［*Pseudostellaria heterophylla*（Miq.）Pax］、瞿麦（*Dianthus superbus* Linn.）、银柴胡（*Stellaria dichotoma* Linn. var. *lanceolata* Bunge）、王不留行（又名麦蓝菜）［*Vaccaria hispanica*（Miu.）Rausch.］是较常用的中药。石竹属、麦瓶草属、丝石竹属的许多种类是美丽的庭院花卉。

石竹科的特征：草本，稀灌木。茎节膨大。单叶对生，全缘。花两性，辐射对称；聚伞花序或单生；萼片 4～5，分离或合生；花瓣 4～5，稀缺；雄蕊 5～10；心皮 2～5，合生，子房上位，1 室或基部有分隔，特立中央胎座。蒴果，瓣裂或顶端齿裂，少瘦果或浆果；种子多数，胚弯曲，有胚乳。染色体 $x=8\sim15$，17，19。

石竹科常见植物分属检索表

1. 叶有膜质托叶。
  2. 一年生或二年生小草本；花瓣 5；蒴果 ················ 牛漆姑草属［*Spergularia*（Pers.）J. et Presl.］
  2. 小灌木；无花瓣；瘦果 ·· 裸果木属（*Gymnocarpos* Forsk.）
1. 无托叶。
  3. 萼片离生，少基部合生；花瓣近无爪。
    4. 花瓣先端全缘或近全缘 ·· 蚤缀属（*Arenaria* Linn.）
    4. 花瓣先端深 2 裂，有时浅 2 裂。
      5. 花柱 3，少 2；蒴果 4～6 瓣裂 ·· 繁缕属（*Stellaria* Linn.）
      5. 花柱 5，少 3～4；蒴果常 10 齿裂 ·· 卷耳属（*Cerastium* Linn.）
  3. 萼片合生；花瓣常有爪。
    6. 花柱 3～5。
      7. 蒴果基部 1 室；花萼革质或草质 ································ 女娄菜属（*Melandrium* Roehl.）
      7. 蒴果基部数室；花萼薄膜质或纸质 ································ 麦瓶草属（*Silene* Linn.）
    6. 花柱 2。
      8. 花萼上脉与脉间呈膜质，下面无苞片 ························ 丝石竹属（*Gypsophila* Linn.）
      8. 花萼全部草质。
        9. 花萼管状或钟状，无角棱；花萼下有苞片 ························ 石竹属（*Dianthus* Linn.）

9. 花萼基部膨大，先端狭窄，具5角棱；花萼下无苞片 ……… 王不留行属（*Vaccaria* Wolf.）

（1）*石竹属*（*Dianthus* Linn.） 草本，茎节膨大。单叶对生，叶片较狭窄。花单生或排成聚伞花序；花萼管状，先端5齿裂，下有叶状苞片2至多枚；花瓣5，具长爪，瓣片上缘具牙齿或细裂成流苏状，稀全缘；雄蕊10；子房1室，花柱2，特立中央胎座。蒴果矩圆状圆柱形或卵形，顶端4齿裂或瓣裂。本属约有600种，主要分布于北温带；我国有16种，南北均有分布，主要供观赏和药用。

常见植物：石竹（*Dianthus chinensis* Linn.）（图4-19）为多年生草本；叶条状披针形；花下有苞片2～3对，花瓣红紫色、粉红色或白色，顶端有细齿，下部具长爪；我国北部和中部各省区均产，生长于山坡草地及草甸草原，庭园亦多栽培，供观赏亦供药用。瞿麦（*Dianthus superbus* Linn.）似石竹，但花瓣先端细裂成流苏状；分布几遍全国，生于林缘、疏林下、草甸、沟谷溪边，可供观赏，也可药用，有清湿热、利小便之功效。常见花卉有香石竹（康乃馨，*Dianthus caryophyllus* Linn.）、须苞石竹（什样锦，*Dianthus barbatus* Linn.）等。

（2）*麦瓶草属*（*Silene* Linn.） 一年生或多年生草本。花单生或成聚伞花序；萼钟形或圆筒形，先端5齿裂，具10至多条纵脉；花瓣5，常2裂，下部具长爪，喉部通常具2鳞片；雄蕊10；子房基部3～5室，花柱3～5。蒴果顶端6齿裂。本属有400种，分布于亚洲和欧洲的温带；我国有112种，分布于东北至西南各省。

常见植物：旱麦瓶草（*Silene jenisseensis* Willd.）（图4-19）为多年生草本；叶披针状条形；花萼筒状，具10条纵脉，花瓣白色，喉部具2鳞片；产于我国北部草原地带，生于砾石质山地、草原及固定沙丘，青鲜时羊喜食，牛乐食。米瓦罐（*Silene conoidea* Linn.）为一年生草本，全株被腺毛，茎叉状分枝；茎生叶矩圆形或披针形；花萼结果时膨大呈卵形，具30条纵脉；花瓣粉红色，喉部具2鳞片；产于华北、西北及青藏高原，多生于麦田或荒地，为农田杂草。

（3）*繁缕属*（*Stellaria* Linn.） 草本，常有毛。顶生聚伞花序，少单生于叶腋；萼片5，分离；花瓣5，白色，先端2深裂，或有时缺；雄蕊通常10，有时较少；子房1室，花柱3，稀2或4。蒴果常3～6瓣裂。本属约有120余种，分布于温带和寒带；我国有63种，其中有的种可供观赏或药用。

常见植物：繁缕［*Stellaria media*（Linn.）Cyr.］（图4-19）为一年生或二年生草本，全株鲜绿色，茎纤细，多分枝，被1行纵向的短柔毛；顶生二歧聚伞花序，花小，花瓣短于萼片，白色，顶端2深裂；广布于全国各地，生长于农田、路旁、溪边、草地。叉歧繁缕（*Stellaria dichotoma* Linn.）为多年生草本，茎自基部成二歧式分枝，全株呈球形，被腺毛或短柔毛；花瓣白色，二叉状分裂至中部；产于东北、华北、西北，生于向阳石质山坡、山顶石缝间、固定沙丘。

（4）*丝石竹属*（*Gypsophila* Linn.） 草本。花小，聚伞花序；花萼钟形，5齿裂，有5条纵脉，脉间膜质，萼下无苞片；花瓣5，全缘或顶端微凹；雄蕊10；花柱2，子房1室；蒴果4或6瓣裂。本属约有150种，主要分布于欧亚大陆温带地区；我国有18种，分布于东北、华北和西北地区，有的种可药用或供观赏。

常见植物：草原丝石竹（*Gypsophila davurica* Turcz. ex Fenzl）（图4-20）为多年生草本，高30～70cm，全株无毛，茎二歧式分枝；叶条状披针形；聚伞状圆锥花序顶生或腋生，花萼管状钟形，花瓣白色或粉红色；蒴果卵状球形，4瓣裂；产于我国东北、华北北

图 4－19　石竹、旱麦瓶草和繁缕

1～4. 石竹（*Dianthus chinensis* Linn.）　1. 植株上部　2. 花瓣　3. 雄蕊与雌蕊　4. 种子

5～10. 旱麦瓶草（*Silene jenisseensis* Willd.）　5. 植株下部　6. 花序　7. 花瓣　8. 果期的花萼　9. 雄蕊与雌蕊　10. 种子

11～13. 繁缕［*Stellaria media*（Linn.）Cyr.］

11. 植株的一部分　12. 花　13. 果实

图 4-20 草原丝石竹、王不留行及裸果木

1～3. 草原丝石竹（*Gypsophia davurica* Turcz. ex Fenzl） 1. 植株的一部分 2. 花纵剖 3. 种子
4～8. 王不留行［*Vaccaria hispanica*（Miu.）Rausch.］ 4. 花果枝 5. 花 6. 花瓣及雄蕊 7. 雌蕊 8. 果实
9～13. 裸果木（*Gymnocarpos prezewalskii* Maxim.） 9. 花枝 10. 苞片 11. 花萼展开 12. 雄蕊 13. 雌蕊纵切

部，生于草原和山地草原。荒漠丝石竹［*Gypsophila desertorum*（Bunge）Fenzl］为多年生草本，高6～10cm，全体被腺毛；茎多数，密丛生；叶坚硬，钻形；二歧聚伞花序顶生，花萼钟形，花瓣白色，带淡紫纹；蒴果椭圆形，4瓣裂；本种为荒漠化草原的生态指示特征种，生长于荒漠草原、砾质与沙质干草原。

（5）裸果木属（*Gymnocarpos* Forsk.） 2种，我国产1种。裸果木（*Gymnocarpos przewalskii* Maxim.）（图4-20）为灌木，高50～80（100）cm，树皮灰黄色，嫩枝红赭色；叶条状圆柱形，稍肉质，托叶膜质，鳞片状；聚伞花序腋生，苞片透明膜质，萼裂片5，无花瓣，雄蕊10，花柱顶端3裂；瘦果包藏于宿存萼管内；产于内蒙古、宁夏、青海、甘肃和新疆，生长于荒漠区干河床、丘间低地；为国家重点保护的珍稀植物；骆驼终年喜食其嫩枝，羊在青鲜时乐食，其他家畜不食。

（6）王不留行属（*Vaccaria* Wolf.） 一年生草本。花萼卵状圆筒形，具5条角棱；花瓣5；雄蕊10；花柱2。本属约4种，分布于欧亚大陆的温带地区；我国仅有王不留行［*Vaccaria hispanica*（Miu.）Rausch.］（图4-20）1种，全株无毛；花粉红色，萼具5条绿棱；种子供药用（药材名为王不留行）能活血通经，消肿止痛，催生下乳；除华南外，广布全国。

（十一）蓼目（Polygonales）

蓼目仅有1科，目的特征与科相同。

蓼科（Polygonaceae）

$$*K_{3\sim6}\ C_0\ A_{6\sim9}\ \underline{G}_{(2\sim4:1:1)}$$

蓼科有50属1 150种，主要分布于北温带；我国有13属，约235种，分布于全国各地，其中有沙区的固沙树种，有药用植物、粮食作物，而大多数种可供饲用。蓼科植物在叶中含有大量的粗蛋白质和少量纤维，其营养价值超过禾本科，但由于在草地中的出现率和丰富度不高，且多数种含有多量的单宁及酸模酸，花后又易于粗老，家畜采食也较差，因此，在饲用价值上不如禾本科植物。这类植物只有在高山和亚高山草甸以及荒漠地区其饲用价值才有很大的提高。

蓼科的特征：草本，稀灌木或木质藤本。茎节常膨大。单叶互生，多全缘；托叶膜质鞘状或叶状。花两性，稀单性异株；花序穗状、圆锥状等；花被片3～6，2轮，花瓣状，宿存；雄蕊6～9，稀较少或较多，花粉3～4孔沟，8沟，多孔；子房上位，1室，1胚珠，花柱2～4。瘦果三棱形或双凸镜状，全部或部分包于宿存的花被内；种子具胚乳。染色体$x=7\sim11$，17。

蓼科常见植物分属检索表

1. 灌木。
  2. 叶正常；雄蕊6～8；内轮花被片果时增大，瘦果包藏于扩大的花被片内 ………………………………………………………………………… 木蓼属（*Atraphaxis* Linn.）
  2. 叶退化，雄蕊12～18；花被片在果时不增大，瘦果裸露 ……………… 沙拐枣属（*Calligonum* Linn.）
1. 草本，稀灌木。
  3. 花被片6；雄蕊6～9。
    4. 瘦果三棱形，具翅，花被片结果时不增大 ……………………………… 大黄属（*Rheum* Linn.）
    4. 瘦果无翅，内轮花被片结果时增大 ……………………………………… 酸模属（*Rumex* Linn.）
  3. 花被片4或5，稀6；雄蕊3～9，通常为8。
    5. 瘦果与花被片等长或微露出；野生 ………………………………… 蓼属（*Polygonum* Linn.）
    5. 瘦果超过花被1～2倍；半自生或栽培 ……………………………… 荞麦属（*Fagopyrum* Miu.）

（1）蓼属（*Polygonum* Linn.） 多为草本。单叶互生。花序穗状、总状或头状；花被4～5裂，花瓣状；雄蕊3～9，通常为8；子房多为三棱形。瘦果三棱形或双凸镜形，与花被片等长或微露出。本属有230余种，广布于全球；我国有113种，分布于全国各省区。蓼属植物含有较多的粗蛋白质，有些种是高山、亚高山草甸草场的主要牧草。

常见植物：萹蓄（*Polygonum aviculare* Linn.）为一年生草本，自基部分枝，茎平卧或斜升；叶较小，椭圆形或披针形，全缘，叶基部具关节；雄蕊8；广布于全国各地，生长于田野、荒地、湿地，各种家畜均乐食；全草入药，有清热、利尿、解毒之效。酸模叶蓼（*Polygonum lapathifolium* Linn.）（图4-21）为一年生草本，高30～100cm；叶披针形或

图 4-21 酸模叶蓼、酸模、沙拐枣及华北大黄

1～4. 酸模叶蓼（*Polygonum lapathifolium* Linn.） 1. 植株 2. 花展开 3. 瘦果 4. 花图式

5～6. 酸模（*Rumex acetosa* Linn.） 5. 果时增大的内轮花被片 6. 花图式

7～8. 沙拐枣（*Calligonum mongolicum* Turcz.） 7. 植株的一部分 8. 瘦果

9～11. 华北大黄（*Rheum franzenbachii* Munt.） 9. 花 10. 瘦果（具翅） 11. 花图式

卵状披针形，表面绿色，通常具黑褐色斑点，叶背面被有腺点；总状花序穗状、粗壮，多花、密集；产于我国南北各地，生于河、湖及灌渠水边；果实作中药，有消肿止痛之效。西

伯利亚蓼（*Polygonum sibiricum* Laxm.）为多年生草本，具细长的根状茎；托叶鞘斜形，叶片矩圆形或窄披针形，基部戟形；顶生圆锥花序，花被5深裂，雄蕊7～8；产于东北、华北、西北和西南，生于盐化草甸、盐湿低地，为中等饲用植物，骆驼、绵羊、山羊乐食其嫩枝叶。珠芽蓼（*Polygonum viviparum* Linn.）为多年生草本，根状茎肥厚，茎直立，不分枝；叶矩圆形或披针形，托叶鞘斜形；花序穗状，较细，中下部有珠芽；产于东北、华北、西北和西南，多生于高山及亚高山草甸，草质优良，为各类家畜所喜食，是高寒牧区抓膘牧草之一；根状茎入药，有清热解毒、散结消肿之效。

（2）木蓼属（*Atraphaxis* Linn.） 灌木，小枝顶端常刺状。花序为疏松的总状；花被片5或4，粉红色或白色，外轮的两片常向外反卷，内轮3片在结果时增大；雄蕊6或8。瘦果包藏于增大的花被片内。本属有25种，分布于中亚和北非；我国有11种，主要分布于北方诸省区。本属植物的嫩枝叶在开花前为各种家畜所喜食，尤其是骆驼和羊。

常见植物：沙木蓼（*Atraphaxis bracteata* Los.）叶宽大，圆形、卵形或宽椭圆形；总状花序顶生，外轮花被片宽卵形或近圆形，水平开展；产于内蒙古、宁夏、甘肃、陕西和青海，生于流动、半流动沙丘中下部，是固定流沙的先锋植物，为良等饲用植物，骆驼与羊喜食。锐枝木蓼［*Atraphaxis pungens*（M. B.）Jaub. et Spach］老枝顶端无叶，成针刺状；叶较狭，狭倒卵形或宽披针形；总状花序侧生，外轮花被片宽椭圆形，反折；产于内蒙古、宁夏、甘肃、新疆和青海，生于砾石质山坡、河谷、阶地、戈壁或固定沙地，骆驼乐食其枝叶，可做固沙植物。东北木蓼（*Atraphaxis manshurica* Kitag.）叶倒披针形或条形；总状花序顶生；外轮花被片椭圆形，细小，水平伸展；产于东北西部和华北北部，生于沙地和砾石质坡地；为良等饲用植物，骆驼和羊喜食，可做固沙植物。

（3）沙拐枣属（*Calligonum* Linn.） 灌木，多分枝，具关节。叶退化成鳞片状、条形或锥形。花单生或数朵排成疏散的花束；花被片5，结果时不增大；雄蕊8～12；子房具4棱，柱头头状。瘦果直或弯曲，沿棱具刺毛或翅。本属约35种，分布于亚洲西部、欧洲南部和非洲北部；我国有23种，分布于内蒙古、甘肃、青海、新疆，是沙漠地区重要的固沙植物；嫩枝和果实为羊和骆驼所喜食。

常见植物：沙拐枣（*Calligonum mongolicum* Turcz.）（图4-21）为小灌木，分枝短，“之”形弯曲，老枝灰白色，当年枝绿色；叶细鳞片状；花2～3朵腋生，花被淡红色；瘦果宽椭圆形，每棱肋具刺毛3排，有时有1排发育不好，二回分叉，刺毛互相交织；产于内蒙古、宁夏、甘肃和新疆，生于沙丘、沙地及沙砾戈壁，为固沙植物；为优等饲用植物，骆驼和羊喜食。白皮沙拐枣［*Calligonum leucocladum*（Schrenk）Bunge］与沙拐枣的区别在于瘦果沿棱肋具宽翅，产于我国新疆北部，生于半固定沙丘、固定沙丘和沙地，为固沙植物。

（4）酸模属（*Rumex* Linn.） 草本。叶全缘或波状。花两性或单性；花被片6，2轮，内轮3片于结果时增大，成翅状，翅背常有1小瘤状体；雄蕊6。瘦果3棱形，包藏于增大的花被内。本属约150种，主产于北温带；我国有26种，分布于南北各省区。

常见植物：酸模（*Rumex acetosa* Linn.）（图4-21）为多年生草本，高30～80cm，须根；叶卵状矩圆形，基部箭形；花单性，雌雄异株，雌花的内轮花被片在果时增大，圆形，近全缘，外轮花被片较小，反折；瘦果椭圆形，有3棱；产于我国南北各省区，生于山地、林缘、草甸、路旁等处；山羊和绵羊乐食其绿叶，也可做猪饲料。巴天酸模

(*Rumex patientia* Linn.) 为多年生草本，高 1～1.5m，根肥厚；基生叶和茎下部叶矩圆状披针形，基部圆形，或近心形；圆锥花序大型，花两性，内轮花被片果时增大，有 1 片具瘤状体；瘦果卵状三角形；产于东北、华北及西北，生于潮湿地、水沟边。近年来乌克兰饲料作物育种学家，以巴天酸模为母本和天山酸模（*Rumex tianschanicus* Los.）为父本进行杂交，培育出了鲁梅克斯 K-1 杂交酸模，是一个高产、高蛋白质的多汁饲料作物，新疆已引入栽培。

(5) 大黄属（*Rheum* Linn.） 多年生草本，根粗壮。花小，两性；花被片 6，结果时不增大；雄蕊常 9。瘦果具翅。本属约有 60 种，分布于亚洲温带及亚热带的高寒山区；我国有 39 种，主要分布于西北、西南及华北地区。

常见植物：华北大黄（*Rheum franzenbachii* Munt.）（图 4-21）为多年生草本，高 30～85cm，根肥厚；基生叶心状卵形，长 10～16cm，宽 7～14cm，边缘具较弱皱波，叶柄及基出脉紫红色；瘦果宽椭圆形，具 3 棱，沿棱生翅；产于河北、山西、河南和内蒙古，生于山坡、山沟和路旁；根入药，能清热解毒、止血、祛痰、通便。掌叶大黄（*Rheum palmatum* Linn.）为多年生草本，高达 2m；根肥厚；叶宽卵形或近圆形，长宽近相等，可达 35cm，掌状浅裂至半裂，裂片窄三角形；产于甘肃、四川、西藏和云南，野生或栽培，根入药，能清热解毒、通便、止血、祛痰。

(6) 荞麦属（*Fagopyrum* Miu.） 直立草本。叶三角形或箭形。花两性；花被片 5，果时不增大；雄蕊 8。瘦果三棱形，超出花被片1～2 倍。本属约有 15 种，广布于亚洲及欧洲；我国有 10 种，南北各省均有分布。

常见植物：荞麦（*Fagopyrum esculentum* Moench）（图 4-22）为一年生草本，茎直立；叶三角形或三角状箭形；瘦果卵状三棱形，表面平滑，角棱锐利；南北各省均有栽培；种子富含淀粉，供食用，也是蜜源植物。苦荞麦［*Fagopyrum tataricum* (Linn.) Gaertn.］与荞麦近似，但瘦果锥状三棱形，表面常有沟槽，角棱仅上部锐利，下部圆钝成波状；产于我国东北、华北、西北和西南，多呈半野生状态生长在田边、荒地、路旁和村舍附近；种子供食用或做饲料。

图 4-22 荞麦（*Fagopyrum esculentum* Moench）
1. 花枝的一部分 2. 花 3. 花的纵切
4. 雌蕊 5. 瘦果 6. 花图式

四、五桠果亚纲（Dilleniidae）

五桠果亚纲植物为木本或草本。花通常为辐射对称，离瓣。少数为合瓣或无瓣；雄蕊少数，离心发育，或与花冠裂片同数且对生，花粉粒 2 核；雌蕊多为合生心皮组成，稀由离生心皮组成，如五桠果目；中轴胎座、侧膜胎座，稀为基底胎座和特立中央胎座；珠被 1～2

层，种子不具外胚乳。

本亚纲包括有 13 目 78 科 2 500 种；我国有 11 目 42 科。

（十二）五桠果目（Dilleniales）

五桠果目植物为木本或草本。花整齐，两性，异被，5 基数，覆瓦状排列；雄蕊多数；心皮分离，或合生而为中轴胎座；种子常有胚乳。

五桠果目包括五桠果科和芍药科。

1. 五桠果科（Dilleniaceae）

$$* \ K_5 \ C_5 \ A_{\infty} \ \underline{G}_{\infty(\infty)}$$

五桠果科有 11 属 400 种，我国有 2 属 5 种，分布于云南、广东和广西。

五桠果科的特征：木本或藤本。单叶、互生，羽状脉。花两性或单性，整齐；萼片 5；花瓣 5；雄蕊多数，分离或集合成束，药孔裂或纵裂；雌蕊心皮分离或结合。染色体 $x=4$，5，8，9，10，12，13。

常见植物：锡叶藤［*Tetracera asiatica*（Lour.）Hoogl.］为木质藤本，长达 3m，多分枝；圆锥花序顶生或腋生，花白色，心皮 1～5，分离；蓇葖果；叶面粗糙，可供擦锡器和工具，并可入药。大花五桠果（*Dillenia turbinata* Finet et Gagnep.）为常绿乔木，高达 30m；总状花序有花 2～4 朵，心皮 5～20 合生，花药顶孔开裂；果近球形包于增大的萼内，可食。

2. 芍药科（Paeoniaceae）

$$* \ K_5 \ C_{5\sim13} \ A_{\infty} \ \underline{G}_{2\sim5:1:1}$$

芍药科仅 1 属，芍药属（*Paeonia* Linn.）约 35 种，主要分布于欧、亚大陆温带地区，少数种分布于北美洲；我国产 11 种，主要分布在西南、西北地区，在东北、华北及长江两岸各省也有分布。本科植物含芍药苷、牡丹酚、丹皮苷、牡丹酚原苷及没食子酰鞣质，可作为药用。并且花大、艳丽，极具观赏价值。

芍药科的特征：灌木或多年生草本，地下块根圆柱状或纺锤形。叶通常为二回或三回羽状复叶或深裂。花大，单生；萼片 5，宿存；花瓣 5～13；雄蕊多数；心皮 2～5，离生。聚合蓇葖果。染色体 $x=5$ 基数。

芍药属（*Paeonia* Linn.）　特征与科同。常见植物芍药（*Paeonia lactiflora* Pall.）、牡丹（*Paeonia suffruticosa* Andr.）为著名的栽培花卉。新疆阿尔泰山区及天山（霍城、塔城）山区的针叶林下及阴湿山坡分布有新疆芍药（*Paeonia anomala* Linn.）（地下直根圆柱状不加粗）和块根芍药（*Paeonia intermedia* C. A. Meyer）（图 4－23）（地下块根数个、纺锤形或块状加粗，可入药）。

（十三）山茶目（Theales）

山茶目植物为木本。单叶互生。花多两性，辐射对称，异被，5 基数，覆瓦状排列，少数旋转状排列；雄蕊常多数；心皮离生或连合，子房上位，中轴胎座。种子常具胚乳。

山茶目包括山茶科、猕猴桃科（Actinidiaceae）、龙脑香科（Dipterocarpaceae）和藤黄科（Guttiferae）等 18 科，以下介绍山茶科。

图 4-23 块根芍药（*Paeonia intermedia* C. A. Meyer）
1. 花枝 2. 块根

山茶科（Theaceae）

$$⚥ 稀 ♂ ♀ \quad * \ K_5\ C_5\ A_{\infty}\ \underline{G}_{3\sim5:3\sim5}$$

山茶科约 36 属 700 种，主要分布于东亚，也见于西南太平洋、美洲和非洲；我国有 15 属 480 余种，广泛分布于秦岭与淮河以南各省区常绿阔叶林中，其中有世界著名饮料——茶、木本油料——油茶、著名花卉——山茶等，此外，木荷属（*Schima*）的种是南亚热带常绿阔叶林上层乔木的常见树种，柃属（*Eurya*）的种是热带常绿阔叶林下层灌木的优势种，具有重要的经济价值和生态意义。

山茶科的特征：常绿或落叶乔木或灌木，茎、叶中常含分支或不分支的石细胞。单叶互生，具胼胝质状锯齿，无托叶。花两性，稀单性，辐射对称，单生，或数花簇生于叶腋，稀有总状花序；具苞片或小苞片，萼片 5 或 6，有时苞片与萼不分化，由下至上、从外向内逐渐增大；花瓣 5 或 6，或多数；雄蕊多数，多轮，分离或连合，花粉具 3 孔沟；子房由 3～5 个心皮组成，稀更多，上位，花柱分离或合生；胚珠多数到较少，中轴胎座。蒴果、核果或浆果状，种子无胚乳，或具胚乳。染色体 $x=15$，18，21，25。

（1）山茶属（*Camellia* Linn.）　常绿乔木或灌木。苞被（perules，指苞片，小苞片与萼无清楚的界限）从不分化、多数，到具有小苞片2～12，萼片5或6；花瓣5或6，有时多至14，白色、红色或黄色；雄蕊多轮，由完全分离到花丝高度合生；心皮3～5，连合成3～5室的子房，花柱完全分离到合生。蒴果木质，室背开裂；种子无胚乳，胚大，子叶半球形，富含油脂。本属280种，分布于东亚；我国238种，广泛分布于秦岭与淮河以南各省区，其中有下述著名种。

①著名的饮料：茶［*Camellia sinensis*（Linn.）Kuntz］（图4-24）为落叶灌木或小乔木；叶薄革质，长圆形，顶端钝，长5～10cm，多少被毛；花白色，直径3～4cm，1～4朵组成腋生聚伞花序，花梗长4～8mm；苞片2、早落，萼片5～6、宿存，花瓣7～8，雄蕊多数，花丝近于分离，子房3室，花柱顶端3裂；蒴果顶端开裂；我国长江流域及以南各地广泛栽培。普洱茶［*Camellia assamica*（Mast.）Chang］为常绿乔木，高达17m，叶椭圆形，顶端尖，长8～20cm，无毛；产于华南至云南、贵州。我国栽培茶树和制茶已有2 500多年的历史，19世纪传到国外，现今世界各地广泛栽培。茶的芽和嫩叶含1%～5%的咖啡碱，有兴奋神经和利尿的作用；茶的制成品有绿茶、乌龙茶、红茶等，视发酵与否或发酵程度而定，而地方品种又与当地特殊的地理环境有关；茶树的根入药，能清热解表；种子油是很好的润滑油，提炼后供食用。

图4-24　茶［*Camellia sinensis*（Linn.）Kuntz］
1. 花枝　2. 蒴果　3. 种子　4. 花图式

②木本油料作物：油茶（*Camellia oleifera* Abel.）灌木或小乔木，小枝微有毛；叶革质，椭圆形，长3.5～9cm，多少被毛；花大，白色，顶生，单生或并生，苞被不分化，多于10片，花瓣5～7，分离或基部稍合生，雄蕊多数，外轮花丝基部合生，子房密被白色丝状绒毛，花柱顶端3短裂；蒴果直径1.8～2.2cm；从长江流域到华南各地广泛栽培，为重要木本油料作物，种子含油30%以上，供食用及工业用油；果壳可提制栲胶、皂素、糠醛等。

③著名花卉：山茶（*Camellia japonica* Linn.）为灌木或小乔木，枝叶无毛；苞片不分化，花红色，子房有毛；原产于四川峨嵋山，朝鲜、日本也有栽培，栽培品种繁多，花色有红色与白色。滇山茶（*Camellia reticulata* Lindl.）为乔木，栽培后成灌木状，枝、叶有毛；花红色，子房有毛；产于云南，广泛栽培。连山红山茶（*Camellia lienshanensis* Chang）与张氏红山茶（*Camellia changii* Ye）叶全缘；果实纺锤形，两头尖，均产于广东。大白山茶（*Camellia albogigas* Hu）为四倍体植物，花直径8～10cm，苞被17片，花瓣8～10枚，分

布于广东和广西。大苞山茶（*Camellia granthamiana* Sealy）为四倍体植物，花直径 10～14cm，苞被 12 片，分布于香港和广东。

④国家保护植物：金花茶（*Camellia nitidissima* Chi）花瓣 8～12 枚，黄色；产于广西南部和越南北部，是培育黄色山茶的重要材料，属国家一级保护植物。

（2）木荷属（*Schima* Gardn.） 乔木，苞片 2～8，脱落；萼片 5 或 6，宿存；花瓣 5；子房 5 室；蒴果扁球形，顶端平或微凹，中轴棒槌状；种子具周翅，有胚乳。本属约 30 种，我国有 21 种。

常见植物：木荷（*Schima superba* Gardn.）叶革质，卵状椭圆形，长 10～12cm；花白色，单生于叶腋或顶生成短总状花序，苞片长 5～8mm；萼片 5，边缘有细毛；子房基部密生细毛；分布于华东到西南、台湾，日本琉球亦有，是构成亚热带常绿林的建群树种，在荒山灌丛为耐火的先锋树种。

（3）柃属（*Eurya* Thunb.） 常绿灌木或小乔木。叶互生，叶缘有细锯齿。花小，单生或簇生叶腋，雌雄异株；苞片 2，萼片 5，花瓣 5；雄蕊数枚至 25 枚；子房 3 室，稀 2、4、5 室，花柱分离或合生。核果状浆果。本属约 130 种，我国有 80 种，分布于长江以南各省，多为长江以南常绿林灌木层的优势种。

常见植物：米碎花（*Eurya chinensis* R. Br.）嫩枝 2 棱，嫩枝与顶芽有毛，雄蕊 15，子房无毛，分布于台湾、华东至中南各省，东南亚各国亦有。细枝柃（*Eurya loquiana* Dunn）为灌木或小乔木；叶薄革质，窄椭圆形，顶端渐尖，常呈短尾状；花白色，1～4 朵腋生。翅柃（*Eurya alata* Kobuski）为灌木，全株无毛，嫩枝显有 4 棱；花药有翅。

（十四）锦葵目（Malvales）

锦葵目植物为木本或草本。茎皮纤维发达。单叶互生，具托叶。植物体常被星状毛。花 5 基数，辐射对称；花瓣螺旋状排列；雄蕊多数，常有多种形式的结合；子房上位，心皮合生，中轴胎座。

锦葵目包括椴树科（Tiliaceae）、锦葵科、杜英科（Elaeocarpaceae）、梧桐科（Sterculiaceae）和木棉科（Bombacaceae）共 5 科，下面介绍锦葵科。

锦葵科（Malvaceae）

$$* \ K_5 \ C_5 \ A_{(\infty)} \ \underline{G}_{(3\sim\infty : 3\sim\infty : 1\sim\infty)}$$

锦葵科有 50 属 1 000 种，广布于温带与热带；我国有 16 属 81 种 30 变种或变型。其中有著名的纺织和油料工业原料、药用及观赏等植物。

锦葵科的特征：草本或灌木。茎皮纤维发达。单叶互生，常为掌状脉，托叶早落。花两性，稀单性，辐射对称，单生或为聚伞花序；萼片 5，分离或合生，其外常有副萼（总苞）；花瓣 5，旋转状排列，基部与雄蕊管贴生；雄蕊多数，为单体雄蕊，花粉 3～4 孔沟、多孔；子房上位，由 3 至多数心皮组成，3 至多室，中轴胎座，每室具 1 至多数胚珠。蒴果或分果。染色体：$x=5\sim22$，33，39。

（1）棉属（*Gossypium* Linn.） 一年生灌木状草本。叶掌状分裂，常有紫色斑点。花大，两性，单生于叶腋，黄色或紫色，但当花凋萎时常变为其他颜色；副萼 3、5 或 7 枚，有腺点；萼杯状，全缘或 5 齿裂；花蕊大，雄蕊管有多数具有药的花丝；子房上位，3～5 室，每室有 2 至数个胚珠。蒴果背裂；种子被棉毛，俗称棉花。本属有 20 多种，分布于热带和亚热带地区；我国约有5个栽培种，是我国纺织工业最主要的原料，种子油可食用，其榨油的糟粕可肥田或为家畜饲料。

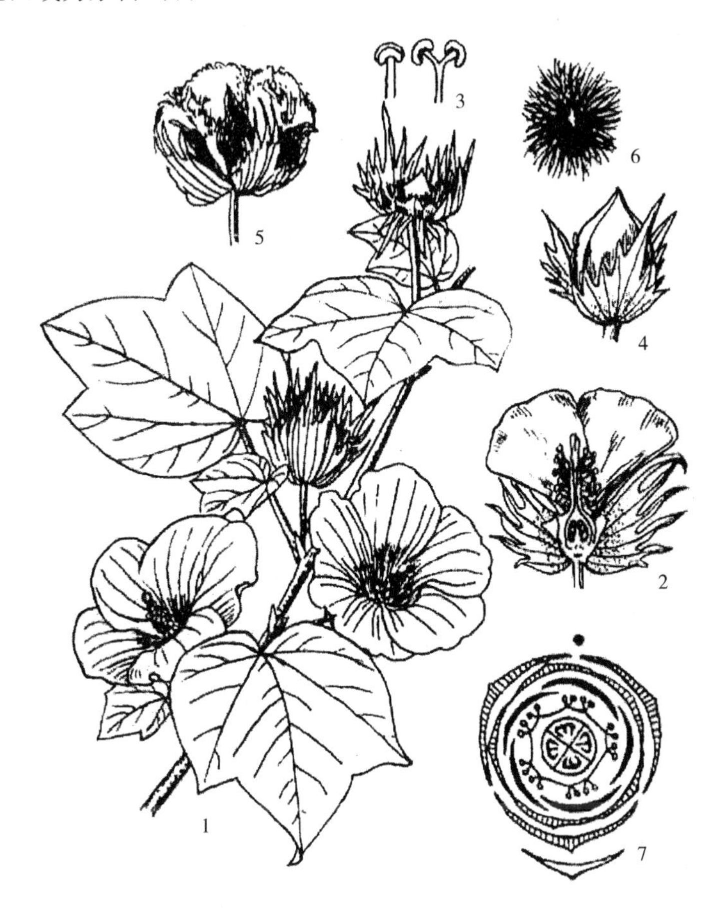

图4-25　陆地棉（*Gossypium hirsutum* Linn.）
1. 花枝　2. 花纵剖　3. 雄蕊　4. 蒴果　5. 开裂的蒴果　6. 种子　7. 棉属的花图式

常见植物：海岛棉（*Gossypium barbadense* Linn.）叶3～5半裂；花淡黄带紫色，副萼5，边缘浅裂或具尖齿，花药疏生于长短不齐的花丝上；原产于热带美洲，我国南方和新疆的南疆地区有栽培。陆地棉（*Gossypium hirsutum* Linn.）（图4-25）叶常3裂；花黄色，副萼3，有7～13个尖齿，花药密生于等长的短花丝上；原产于美洲，我国南北方棉区普遍栽培。巴西棉（*Gossypium brasiliense* Maef.）原产于南美洲，我国南方棉区有栽培。目前我国栽培棉的主要品种，多出自上述3种，而长绒棉品种主要出自海岛棉。草棉（*Gossypium herbaceum* Linn.）叶5～7裂；副萼广三角形，中部以上有6～8齿，花黄色，中心紫色；原产于西亚，生长期短（130d左右），我国西北地区曾广泛栽培，但因棉毛较短，现在少有栽培。树棉（*Gossypium arboreum* Linn.）掌状深裂叶；副萼顶端有3齿，花淡黄色，有暗紫色心；原产于亚洲，曾广植于黄河以南地区，但棉毛较短，现少有栽培。

（2）木槿属（*Hibiscus* Linn.）　木本或草本，有时具刺。叶互生，不分裂或多少掌状分裂，有托叶。花两性，大型，单生或排成总状花序；副萼5或多数，分离或基部合生；萼钟状或碟状，5浅裂或深裂，很少筒状，2～3裂；花瓣5，基部与雄蕊柱合生；花药多数，生于柱顶；子房 5 室，每室 3 至多数胚珠，中轴胎座；花柱 5，较长。蒴果背裂。本属约 200 种，分布于热带和亚热带地区；我国约有 24 种，大都为观赏植物。

常见植物：木槿（*Hibiscus syriacus* Linn.）栽培作绿篱，全株入药。扶桑（*Hibiscus rosa-sinensis* Linn.）原产于我国，各地多有栽培。吊灯花［*Hibiscus schizopetalus*（Mast.）Hook. f.］各地广泛栽培供观赏。木芙蓉（*Hibiscus mutabilis* Linn.）除东北和西北外广布，花、叶及根皮入药，为著名消肿解毒药。洋麻（*Hibiscus cannabinus* Linn.）是很重要的纤维植物，一年或多年生草本，茎不分枝，疏生锐利小刺；下部叶心形，不分裂，上部叶掌状 3～7 深裂；花黄色，单生于茎端叶腋；原产于非洲，19 世纪初传入我国，现已广泛栽培。

（3）锦葵属（*Malva* Linn.） 草本。叶掌状浅裂至深裂。花单生或数朵簇生于叶腋。副萼片 3，分离；萼 5 裂；花瓣 5，粉红色或白色。果熟时各心皮彼此分离成分果，且与中轴脱离，每果瓣含 1 种子。本属约 30 种，分布于北温带；我国有 4 种，南北均产。

常见植物：野葵（*Malva verticillata* Linn.）花小，直径约 1cm，淡紫色或淡红色，簇生于叶腋；广布于全国各地，生于山坡、田间、村舍旁、路边等处，亦有栽培，其嫩叶可供蔬食。

（4）其他 锦葵科植物中茎皮含纤维的种除洋麻以外还有苘麻（*Abutilon* spp.）、蜀葵［*Althaea rosea*（Linn.）Cavan.］和玫瑰茄（*Hibiscus sabdariffa* Linn.）等；种子可榨油的种除棉、洋麻外，还有苘麻、木芙蓉和野西瓜苗（*Hibiscus trionum* Linn.）等；可供药用的除木芙蓉以外还有药蜀葵（*Althaea officinalis* Linn.）的根、拔毒散（*Sida szechuensis* Matsuda）的叶、蜀葵的种子等，而蜀葵、黄蜀葵、锦葵（*Malva sylvestris* Linn.）均为常见观赏植物。

（十五）堇菜目（Violales）

堇菜目植物多为草本。叶互生或对生。花常两性，双被花，5 基数；雄蕊与花瓣同数或较多；雌蕊心皮通常 3，合生，子房上位，1 室，侧膜胎座，胚珠多数。

堇菜目包括堇菜科、葫芦科、大风子科（Flacourtiaceae）、西番莲科（Passifloraceae）、秋海棠科（Begoniaceae）等 24 科，约 5 000 种。我国有堇菜科和葫芦科等 12 科。

1. 堇菜科（Violaceae）

$$* \text{或} \uparrow K_5 C_5 A_5 \underline{G}_{(3:1:\infty)}$$

堇菜科约 22 属 900 种，广布于全球；我国约有 4 属 130 种，遍布全国各地，其中有药用植物和花卉。

堇菜科的特征：草本、灌木，稀乔木。叶互生，基生，少对生，单叶，全缘或有时分裂，有托叶。花辐射对称或两侧对称，两性或单性，少杂性；单生或排成圆锥花序，有小苞片；萼片 5，常宿存；花瓣 5，下面的 1 瓣常扩大，基部囊状或有距；雄蕊 5；子房上位，1 室，胚珠多数着生于侧膜胎座上。蒴果或浆果。

堇菜属（*Viola* Linn.） 多为草本，无茎或有茎。叶多基生。花两性，两侧对称，生于叶腋或花葶上；萼片 5，基部延伸；花瓣 5，下面有 1 瓣伸长成距。蒴果 3 瓣裂。本属约 500 种，主要分布于北温带；我国约有 111 种，南北各地均有分布。

常见植物：双花堇菜（*Viola biflora* Linn.）有地上茎；叶肾形；花 1～2 朵生于茎上

图 4-26　紫花地丁（*Viola philippica* Cav. et Descr.）
1. 植株　2. 花图式

部叶腋，淡黄色或黄色；产于东北、华北、西北、云南、四川西部和西藏，多见于亚高山地带。紫花地丁（*Viola philippica* Cav. et Descr.）（图 4-26）花淡紫色；产于东北、华北、山东、陕西、甘肃、长江流域以南及西藏东部；全草含苷类和黄酮类，可供药用。蔓茎堇菜（*Viola diffusa* Ging.）被长柔毛，基生叶和匍匐枝多数，花白色或淡紫色；产于长江流域以南各省区，生于山地沟旁、疏林下或村旁较湿润肥沃处；全草供药用，能消肿排脓、清热化痰、治疖痛等。三色堇（*Viola tricolor* Linn.）花大，直径 3～6cm，每朵花有蓝、白、黄 3 种颜色；原产于欧洲，我国各大城市多有栽培，供观赏。

2. 葫芦科（Cucurbitaceae）

$$♂\ K_{(5)}\ C_{(5)}\ A_{(2)+(2)+1\ \ (5)}；\ ♀\ K_{(5)}\ C_{(5)}\ \overline{G}_{(3:1:\infty)}$$

葫芦科约 113 属 800 种，主要分布于热带和亚热带地区；我国有 32 属 154 种，多分布于南部和西南部，栽培种类全国各地均产，人类食用蔬菜中的瓜类（如南瓜、黄瓜、西葫芦、冬瓜、丝瓜、苦瓜等），水果中的西瓜、甜瓜、香瓜等，还有可供药用的罗汉果、罗锅底、栝楼以及葫芦等均为葫芦科植物。

葫芦科的特征：攀缘或匍匐状草本，稀木本，常有卷须。单叶互生，常掌状分裂，稀为复叶。花单性，雌雄同株或异株，单生，总状花序或圆锥花序；雄花的花萼管状，5 裂；花瓣 5，多合生；雄蕊 5，其中 2 对合生，花药常弯曲成 S 形，花粉 3～5 孔沟、3 孔。雌花的萼筒与子房合生；花瓣合生，5 裂；子房下位，有 3 个侧膜胎座，胚珠多数，柱头 3。瓠果，肉质或最后干燥变硬，不开裂、瓣裂或周裂。染色体 $x=7\sim14$。

葫芦科常见植物分属检索表

1. 花冠裂片全缘或近于全缘，不呈流苏状。
  2. 雄蕊 5 枚，药室卵形而通直。
    3. 叶常为鸟足状 3～9 小叶，稀单叶。
      4. 木质藤本；小叶近全缘，基部常有 2 腺体；种子顶端有膜质的长翅（22 种；我国 2 种，产于台湾、广东、云南） ………………………………………………… 棒槌瓜属（*Neoalsomitra* Hutch.）
      4. 草质藤质；小叶边缘有明显的锯齿，基部无腺体；种子周围有膜质翅至无翅。
        5. 果实不开裂，呈瓠果状，中等大；种子水平生；花较大，花冠裂片长约 2cm，不反折（本属叶为鸟足状的仅 2 种，产于我国云南） ……………………………… 赤瓟儿属（*Thladiantha* Bunge）
        5. 果实成熟后由顶端 3 瓣裂或不开裂则果实小而球状；种子下垂生。
          6. 花稍大，花冠裂片长至少超过 5mm；果实较大，阔楔形，先端截平，干燥，3 瓣裂；种子多数，周围有膜质翅（约 12 种；我国 10 种，产于西南至中南部） ……………………………………………………………………………… 雪胆属（*Hemsleya* Cogn.）
          6. 花极小，花冠裂片长不及 3mm；果球形，其小如豆，不开裂；种子 1～3 枚，周围无翅（约 6 种；我国 4 种，产于陕西南部和长江以南各省区） …… 绞股蓝属（*Gynostemma* Bl.）
    3. 单叶。
      7. 花较大，花冠裂片长约 2cm，花萼比花冠短；果实成熟后不开裂（约 30 种；我国约 20 余种，产于南北各地） ………………………………………………………… 赤瓟儿属（*Thladiantha* Bunge）
      7. 花较小，花冠裂片长不及 1cm；果实成熟后由中部以上或顶端盖裂。
        8. 叶长三角形，基部戟状心形，无腺体；果实成熟以后由近于中部盖裂；种子无翅（约 6 种；我国5 种,产于南北各省区） ………………………………………… 盒子草属（*Actinostemma* Griff.）
        8. 叶近圆形，基部裂片的顶端有 1～2 对突出的腺体；果实由顶端盖裂；种子顶端有膜质长翅（2 种,产于我国东部、北部、西北部和西南部） ………………… 假贝母属（*Bolbostemma* Franquet）
  2. 雄蕊 3 枚，或极少 5 枚者而药室折曲。
    9. 花及果均为小型。
      10. 花雌雄异株或稀两性花；果实成熟后由顶端向基部 3 瓣裂；种子 1～3 枚，下垂生（约 6 种；我国约 3 种，产于西南至东北部） …………………………………… 裂瓜属（*Schizopepon* Maxim.）
      10. 花常雌雄同株，稀异株；果实不开裂；种子多数，水平生。
        11. 雌雄花簇生于同一叶腋；雄花无退化雌蕊，药室 S 形折曲（约 3 种；我国 1 种，产于台湾、广东、广西） ……………………………………… 毒瓜属（*Diplocyclos*（Endl.）Post et Kuntze）
        11. 雄花常生于总状或聚伞状花序上，稀簇生或单生；退化雌蕊球形；药室直或稍弯曲（约 60 种；我国约 15 种，产于东南至西南部） ……………………………… 马儿属（*Melothria* Linn.）
    9. 花及果中等大或大型；药室 S 形折曲或多回折曲。
      12. 花冠钟状，黄色，5 中裂；叶有长硬毛；果大型 ………………………… 南瓜属（*Cucurbita* Linn.）
      12. 花冠辐状，若钟状则 5 深裂或近分离。
        13. 雄花花托（萼筒部分）伸长呈漏斗状，长约 2cm；花冠白色；叶片基部有 2 明显的腺体 …
        ……………………………………………………………………………… 葫芦属（*Lagenaria* Ser.）

13. 雄花花托不伸长。
14. 花梗上有盾片状苞片；果实表面常有明显的瘤状突起，成熟后有时3瓣裂 …………………………………………………………………………………………………… 苦瓜属（*Momordica* Linn.）
14. 花梗上无盾状苞片。
15. 雄花生于总状或聚伞花序上。
16. 一年生草质藤本；果实有多数种子 ………………………………………… 丝瓜属（*Luffa* Miu.）
16. 多年生本质藤本；果实仅有1枚大型种子（1种，原产于南美洲，我国南方有栽培） …………………………………………………………………………………… 佛手属（*Sechium* P. Br.）
15. 雄花单生或簇生。
17. 叶两面密被硬毛；花萼裂片叶状，有锯齿、反折…………………… 冬瓜属（*Benincasa* Savi.）
17. 叶两面被柔毛状硬毛；花萼裂片钻形，近全缘，不反折。
18. 卷须分2～3叉；叶羽状深裂 ………………………………………… 西瓜属（*Citrullus* Neck.）
18. 卷须不分叉；叶3～7浅裂…………………………………………… 甜瓜属（*Cucumis* Linn.）
1. 花冠裂片流苏状。
19. 木质藤本；花冠裂片的流苏长达15cm；果实较大，含6枚能育的种子和6枚不育种子 ………………………………………………………………………………… 油渣果属（*Hodgsonia* Hook. f.）
19. 草质或稀木质藤本；花冠裂片的流苏长不及7cm；果实中等大小，含多数种子 ……………………………………………………………………………………… 栝楼属（*Trichosanthes* Linn.）

（1）甜瓜属（*Cucumis* Linn.） 草质藤本，有不分枝的卷须。叶3～7裂。花冠辐状、

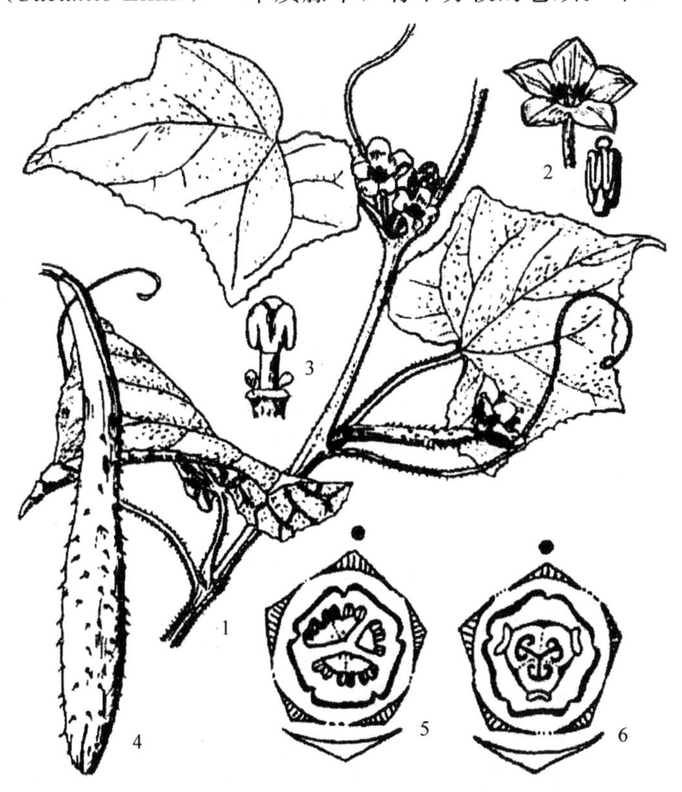

图4-27 黄瓜（*Cucumis sativus* Linn.）
1. 花枝 2. 雄花及雄蕊 3. 雌蕊的柱头及花柱
4. 果实 5. 葫芦科雄花花图式 6. 葫芦科雌花花图式

黄色、5深裂；雄花单生或有时簇生；花萼裂片钻形，近全缘，不反折。本属约70种，分布于热带和亚热带地区；我国栽培有41种3变种。

常见植物：黄瓜（*Cucumis sativus* Linn.）（图4-27）叶掌状浅裂，裂片锐三角形，有毛；雌雄同株，花冠5深裂，雄蕊5，药扭曲，心皮3，合生，侧膜胎座肉质，胚珠多数；瓠果圆柱形，有刺或否，嫩时绿色，熟时变黄；原产于南亚和非洲，我国广泛栽培。甜瓜（*Cucumis melo* Linn.）原产于印度，我国栽培已久，品种比较多，以新疆甜瓜最负盛名。

常见的栽培变种（品种）：中国甜瓜［*Cucumis melo* cv. *chinensis*（Pang）Greb.］，如地方品种白香（梨）瓜和绿香（梨）瓜等；粗皮甜瓜［*Cucumis melo* cv. *cantalupa*（Pang）Greb.］，地方品种白兰瓜、伯谢克幸、瑞克等；瓜旦甜瓜［*Cucumis melo* cv chandalak（Pang）Greb.］如地方品种黄旦子、甘里甘等；夏甜瓜［*Cucumis melo* cv *ameri*（Pang）Greb.］如地方品种白皮脆、红皮脆等；冬甜瓜［*Cucumis melo* cv *zard*（Pang）Greb.］如地方品种炮台红、青麻皮等。还有菜瓜［*Cucumis melo* var. *conomon*（Thunb.）Makino］的果为夏季蔬菜，各地均有栽培。

（2）西瓜属（*Citrullus* Neck.）　草质藤本，有分枝的卷须。叶羽状深裂。花冠辐状，淡黄色，5裂几达基部；雄花单生；萼裂片钻形，近全缘。本属有9种，分布于热带非洲、地中海地区和亚洲；我国栽培1种。

常见植物：西瓜［*Citrullus lanatus*（Thunb.）Matsum. et Nakai.］原产于热带非洲，我国栽培已久，品种很多，多为水果。常见栽培变种子用西瓜（红瓜子、黑瓜子）（*Citrullus lanatus* cv. *megalaspermus* Lin et Chao）和饲用西瓜［*Citrullus lanatus* cv. *citroides*（Bailey）Mansf.］，种子绿色，产量高，耐寒、耐瘠薄。

（3）葫芦属（*Lagenaria* Ser.）　草质藤本。叶片心状卵形，叶柄顶部有2个明显的腺体。花白色，辐状；雄花萼筒部伸长约2cm。本属约6种，产于热带地区；我国仅有1种。

常见植物：葫芦［*Lagenaria siceraria*（Molina）Standl.］果下部大于上部，中部缢细，成熟后果皮变为木质，可做各种容器。它有一些变种，如瓠子［*Lagenaria siceraria* var. *hispida*（Thunb.）Hara］果长棒状、皮绿白色，供蔬食；小葫芦［*Lagenaria siceraria* var. *microcarpa*（Naud.）Hara］果与葫芦相似，但较小，长约10cm；还有长柄葫芦（*Lagenaria siceraria* var. *cougourda* Makino）、扁圆葫芦［*Lagenaria siceraria* var. *deprssa*（Ser.）Hara］、细腰葫芦（*Lagenaria siceraria* var. *gouda* Makino）可作器皿或供玩赏。

（4）南瓜属（*Cucurbita* Linn.）　草质藤本，茎粗糙，卷须分枝。花冠大型钟状，黄色，5中裂。本属约30种，产于美洲。

我国引种栽培有南瓜（*Cucurbita moschata* Duch.）、西葫芦（*Cucurbita pepo* Linn.）；笋瓜（*Cucurbita maxima* Duch.）北方有栽培。

（5）冬瓜属（*Benincasa* Savi.）　大藤本。叶两面密生硬毛。花冠大型辐状，黄色；花萼裂片叶状，有锯齿，反折；雄花单生。本属1种，分布于亚洲热带地区。

常见植物：冬瓜［*Benincasa hispida*（Thunb.）Cogn.］各地广为栽培，果供蔬食或供做蜜饯用。广州邻近地区栽培的节瓜（*Benincasa hispida* var. *chieh-qua* How）与冬瓜相似，唯果小，长15～20cm，径4～8（10）cm，老时仍被毛而无明显的粉被，其风味也略有差异。

（6）丝瓜属（*Luffa* Miu.）　草质藤本，有分枝的卷须。叶5～7裂。花冠辐状，黄色，5深裂；雄花排成总状花序。本属约8种，分布于热带地区。

常见植物：我国栽培有丝瓜和棱角丝瓜2种。丝瓜（又名水瓜）［*Luffa cylindrica*（Linn.）Roem.］果圆柱形，有纵的浅槽和条纹，果嫩时供蔬食，成熟后的维管束网称丝瓜络。棱角丝瓜（*Luffa acutangula* Roxb.）果有8～10条明显的棱和沟，果幼嫩时供蔬食，成熟后的丝瓜络供药用，能通经络。

（7）苦瓜属（*Momordica* Linn.）　一年生或多年生藤本。叶心形，分裂或不分裂。花冠辐状，黄色或白色，5裂几达基部；花梗上常有苞片；雄花单生或排成总状花序、伞房花序。果实表面常有明显的瘤状突起，成熟后有时3瓣裂。本属约80余种，分布于热带和亚热带地区；我国约有4种。

常见植物：苦瓜（*Momordica charantia* Linn.）果纺锤状，有瘤状突起，种子有红色假种皮，果肉味苦稍甘，供夏季蔬食，南北各地均有栽培。木鳖［*Momordica cochinchinensis*（Lour.）Spreng.］，果卵形，长12～15cm，生刺状凸起；产于广东、广西、江西、湖南和四川等地，种子为木鳖子供药用，也可做农药，治棉蚜、红蜘蛛等。罗汉果（又名光果木鳖，*Momordica grosvenori* Swingle）与木鳖相似，唯果平滑，仅被柔毛与之不同；产于华南地区，果烘烤后，味甜如糖，为镇咳良药，也是广州人的煲汤用品。

（8）油渣果属（*Hodgsonia* Hook. f.）　高大的木质藤本，有分枝的卷须。叶革质，3～5深裂。花单性异株，黄色，内面白色，雄花排成总状花序，雌花单生；花冠5深裂，裂片流苏状，长达15cm。果大，扁球形，具6枚大型种子（另有6枚不发育）。

本属仅油渣果（又名油瓜）［*Hodgsonia macrocarpa*（Bl.）Cogn.］1种，分布于亚洲南部至东南部，我国产于云南和广西，野生或栽培，果可食，种子可榨油，供食用。

（9）栝楼属（*Trichosanthes* Linn.）　一年生或多年生草质藤本，卷须有2～5分枝。根块状。叶全缘或3～9裂。花白色，花冠裂片撕裂状或流苏状，但长不及7cm。果肉质，长或短。本属约50种，分布于亚洲和澳大利亚；我国约有34种，广布于南北各地，大都供药用。

常见植物：栝楼（*Trichosanthes kirilowii* Maxim.）产于我国北部至长江流域各省区。双边栝楼（*Trichosanthes uniflora* Hao）为著名的中药，果煎汁为产妇的催乳剂；种子名栝楼仁，为止咳祛痰良药；根研磨后名为天花粉，主治皮肤湿毒。

（10）其他　葫芦科的绞股蓝［*Gynostemma pentaphyllum*（Thunb.）Makino］产于陕西南部和长江以南各省区，全草为心血管病的保健药。佛手瓜［*Sechium edule*（Jacq.）Sw.］原产于南美洲，我国云南、贵州、广东和广西有栽培，果实有5纵沟，供蔬食。

（十六）杨柳目（Salicales）

杨柳目植物为木本。柔荑花序，花单性，无花被。蒴果，种子具由珠柄特化的毛。

本目仅1科：杨柳科。

杨柳科（Salicaceae）

$$* \ ♂ \ K_0 C_0 A_{2\sim\infty}; \ ♀ \ K_0 C_0 \underline{G}_{(2:1:\infty)}$$

杨柳科共3属，约620余种，分布于北温带和亚热带地区；我国3属均产，约320种，全国均有分布，多为速生树种，是营造防护林和绿化环境的主要树种，其嫩枝及树叶又是较好的饲料，羊和骆驼均乐食。

杨柳科的特征：落叶乔木或灌木。单叶互生，有托叶。花单性，雌雄异株，柔荑花序，常先叶开花，每花基部具1苞片，无花被；雄花具2至多数雄蕊，花粉无沟（杨属）或3沟（柳属）；雌花子房上位，1室，由2心皮合生，侧膜胎座，胚珠多数，花柱短，柱头2～4裂。具杯状花盘与蜜腺或否。蒴果2～4瓣裂；种子多数，小型，基部有白色丝状长毛，无胚乳。染色体 $x=19$，22。

图4-28　胡杨及旱柳

1～3. 胡杨［*Populus euphratica* Oliv.］　1. 果枝　2. 叶的几种形状　3. 雄花

4～7. 旱柳［*Salix matsudana* Koidz.］　4. 果枝　5. 雄花序　6. 雄花　7. 雌花

（1）杨属（*Populus* Linn.）　乔木，具顶芽，冬芽具数枚鳞片。叶常宽阔。柔荑花序下垂，苞片边缘细裂，花具花盘；雄蕊多数。蒴果2～4瓣裂。本属约100种，分布于北温带；我国约有62种，大都分布于西南、西北和北部，东部有栽培。

常见植物：小叶杨（*Populus simonii* Carr.）树皮灰绿色，小枝有棱角，红褐色，后变成黄褐色；叶菱状倒卵形或菱状椭圆形，中部以上较宽，先端渐尖，基部楔形，边缘有细钝锯齿；产于东北、华北和西北，是我国北部的主要造林树种之一，其木材供建筑、家具、造纸等用，叶可做饲料。胡杨（又名胡桐，*Populus euphratica* Oliv.）（图 4-28）树皮灰黄色；叶多变化，幼树或萌发枝条上的叶披针形、条状披针形或矩圆形，有短柄；短枝上的叶宽卵形、三角状圆形或肾形，先端和两侧有粗齿，叶柄较长；产于内蒙古、宁夏、甘肃、青海和新疆，主要生于荒漠区的河流沿岸及地下水位较高的盐碱地上，是构成荒漠河岸林的主要树种，也是荒漠地区地下水位较高地段造林的优良树种，木材可制作农具或家具，羊、骆驼喜食其嫩枝叶。

（2）柳属（*Salix* Linn.） 灌木或乔木，无顶芽，冬芽具 1 鳞片。叶多狭长。柔荑花序直立，苞片全缘，雄蕊 1～2 或较多；花无花盘而具 1～2 蜜腺。蒴果 2 裂。本属约 520 多种，主要分布于北温带；我国约有 257 种，各地均产。多为园林绿化和水土保持树种，也可做蜜源植物，其嫩枝叶、花序都可做家畜和野生动物的饲料。

常见植物：旱柳（*Salix matsudana* Koidz.）（图 4-28）为乔木；枝直立或稍下垂；叶披针形；雌花具 2 蜜腺；产于东北、西北、安徽、江苏、华中和四川等地，多生于河岸及平原，北部多有栽培；木材供建筑、制家具，枝条编筐。线叶柳（*Salix wilhelmsiana* M. B.）为灌木；枝细长，红色或红褐色；叶条形，全缘或具疏细腺齿；子房密被毛；产于内蒙古、甘肃、青海、新疆和西藏，是较好的戈壁和沙地造林树种，枝条供编织和薪炭用。乌柳（*Salix cheilophila* Schneid.）与线叶柳近似，但小枝紫褐色，密被绢毛；叶条状披针形或条状倒披针形；产于华北、西北和西南，多生于河谷溪边湿地。垂柳（*Salix babylonica* Linn.）为落叶乔木，小枝细长而下垂，是著名的景观树种，全国各地均有栽培。

（十七）柽柳目（Tamaricales）

柽柳目植物为木本或草本。叶互生或对生，具托叶或无。花多为辐射对称，双被花，每轮 5 数；雄蕊与花瓣同数或较多；雌蕊 3～5 心皮合生，侧膜胎座。

柽柳目包括柽柳科（Tamaricaceae）和瓣鳞花科（Frankeniaceae）2 科，下面介绍柽柳科。

柽柳科（Tamaricaceae）

$$* \ K_{4\sim5}\ C_{4\sim5}\ A_{4\sim10}\ \underline{G}_{(3\sim5:1:2\sim\infty)}$$

柽柳科共有 3 属约 110 种，广布于温带与亚热带地区；我国有 3 属约 32 种，分布于西北、西南、中部和北部各省区，多生于荒漠和荒漠草原地带的盐渍化低地、干河床、河岸、戈壁以及固定沙丘上，常在荒漠植被组成中起着较大的作用。本科在荒漠地带的饲用价值虽不及藜科，但有些种生长在半流动的沙丘及盐渍化低地，对固定流沙和改良土壤起着一定的作用。

柽柳科的特征：小乔木、灌木或半灌木。单叶互生，常为钻形、鳞片形或肉质棒状，无托叶。花小，两性，辐射对称，单生或组成总状、圆锥状或穗状花序；双被花，4～5 数；雄蕊 4～10，着生于花盘上；子房上位，1 室，侧膜胎座，胚珠 2 至多枚。蒴果；种子小，全部或仅顶端有毛。

图 4-29 多枝柽柳及琵琶柴

1~6. 多枝柽柳（*Tamarix ramosissima* Ledeb.） 1. 枝及花序 2. 幼枝 3. 花 4. 花盘 5. 果实 6. 种子
7~11. 琵琶柴［*Reaumuria soongorica*（Pall.）Maxim.］ 7. 花枝 8. 花
9. 花萼 10. 花瓣，示两个矩圆形的鳞片 11. 果实

（1）柽柳属（*Tamarix* Linn.） 灌木或小乔木。单叶互生，呈鳞片状；花小，穗状或圆锥花序，萼片与花瓣各 4～5 枚；雄蕊 4～10（12）；花柱分离，2～5 枚。蒴果瓣裂；种子顶端被簇毛。本属约 90 种，分布于欧洲西部、地中海地区至印度；我国约有 18 种，全国均有分布。

常见植物：多枝柽柳（*Tamarix ramosissima* Ledeb.）（图 4-29）高2～3m，枝紫红色或红棕色；叶披针形或三角状卵形；花紫红色、淡红色或白色，总状花序生于当年生枝条上；产于我国西北，生于盐渍化低地、绿洲边缘以及半流动的沙丘上，常形成大片丛林，为固沙的理想树种；枝叶可饲用，骆驼喜食，茎干可做农具把，枝条可供编筐，枝叶还可药用。此外，在我国西北地区还有长穗柽柳（*Tamarix elongata* Ledeb.）、短穗柽柳（*Tamarix laxa* Will.）和甘蒙柽柳（*Tamarix austromongolica* Nakai）等。

（2）琵琶柴属（*Reaumuria* Linn.）　小灌木。叶肉质，棒状。花单生，苞片 2 至多枚；萼片 5，宿存；花瓣 5，内具 2 枚鳞片；雄蕊 5 至多枚；花柱 2～3 枚。蒴果；种子全体被毛。本属约 12 种，分布于地中海地区和中亚；我国有 4 种，分布于新疆、甘肃、青海、内蒙古和西藏，均为荒漠植被的重要组成成分。

常见植物：琵琶柴（又名红砂）［*Reaumuria soongorica*（Pall.）Maxim.］（图 4－29）为小灌木；株高 10～30cm，多分枝。叶常3～5 枚簇生；花小，粉红色或白色；产新疆和内蒙古，生于荒漠地带，常常形成以琵琶柴为建群的荒漠植被；为良等饲用植物，秋季羊和骆驼喜食。

（3）水柏枝属（*Myricaria* Desv.）　半灌木。叶小，密集。总状花序，花 5 数；雄蕊 8～10 枚，花丝中部以下合生。蒴果 3 瓣裂；种子有具柄的束毛。本属约 13 种，广布于北半球；我国有 10 种，分布于西南、西北和华北。

常见植物：河柏（*Myricaria alopecuroides* Schrenk）产于华北、西北和西藏，生于河边滩地。匍匐水柏枝（*Myricaria prostrata* Benth. et Hook. f.）产于新疆和青海，生于海拔 4 500m 以上的高山和高原湿地，以匍匐水柏枝为建群的植被，构成了当地高原湿地的独特景观。

（十八）白花菜目（Capparales）

白花菜目植物为草本或木本。单叶或复叶。雄蕊多数至定数；雌蕊常由 2 个合生心皮组成，侧膜胎座。胚弯曲或褶状。

白花菜目包括有白花菜科（Capparaceae）、十字花科、辣木科（Moringaceae）和木樨草科（Resedaceae）等 5 科，约 4 000 种，下面介绍十字花科。

十字花科（Brassicaceae）

$$* \ K_4 \ C_4 \ A_{2+4} \ \underline{G}_{(2:2:1\sim\infty)}$$

十字花科有 300 属以上，约 3 200 种，主要分布于北温带，尤以地中海地区分布较多；我国有 95 属，425 种以上，全国各地均有分布。十字花科是一个经济价值较大的科，包含一些蔬菜与油料植物，多集中在芸薹属中，如大白菜、青菜、卷心菜、芜菁和油菜等，还有一些种类可做辛辣调味品、观赏植物与药用植物，也有的可用做染料、野菜或饲料。分布于天然草地的一些野生种，家畜多不喜食，但在新疆北部等地的早春短命植物中，十字花科却占有一定比例，乃是早春家畜喜食的牧草。

十字花科的特征：草本，少为半灌木。被单毛、分叉毛、星状毛，有时被腺毛或无毛。叶互生，全缘、有齿或羽状分裂，无托叶。总状花序或伞房花序；花两性，辐射对称，花瓣 4，多开展成十字形，很少无花瓣，每个花瓣常分为瓣片与瓣爪两部分；雄蕊 6，排列成 2 轮，内轮 4 枚长，外轮 2 枚短（四强雄蕊），少 1～2 枚或更多，花粉具 3 沟；雌蕊由 2 个心皮合成，子房上位，多为 2 室，少数 1 室，如为 2 室，则由假隔膜隔开，侧膜胎座。果实为角果，以长宽比例不同而分为长角果与短角果，开裂或否（图 4－30）；种子无胚乳。染色体

x=4～15，多为 6、7、8、9。

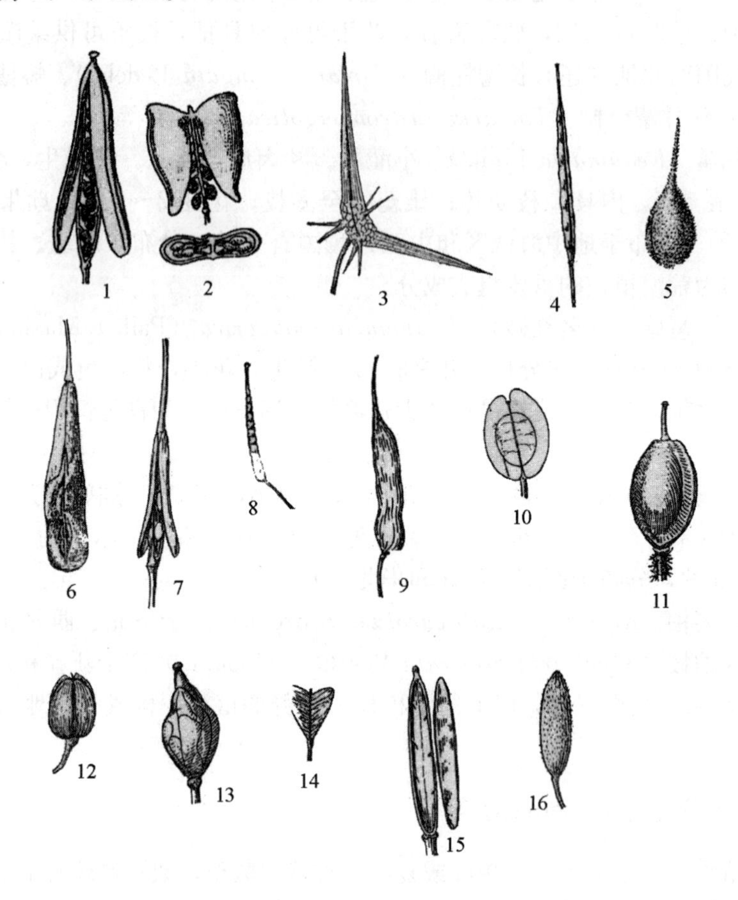

图 4-30　十字花科的果实

1. 黑芥的长角果　2. 荠菜的短角果及横切面　3. 沙芥的长角果　4. 青菜的长角果　5. 绵果荠的短角果　6. 菘蓝的短角果　7. 白花碎米荠的长角果　8. 播娘蒿的长角果　9. 萝卜的长角果　10. 菥蓂的短角果　11. 北方庭荠的短角果　12. 独行菜的短角果　13. 卵叶岩荠的短角果　14. 荠的短角果　15. 蕊芥的长角果　16. 葶苈的短角果

种子中胚根与子叶折叠的方式复杂，常见的有 3 种：

①子叶缘倚（胚根）：子叶边缘和胚根相对，如以 O 表示胚根横断面，‖ 表示子叶横断面，则为 O═状；

②子叶背倚（胚根）：子叶的背面与胚根相对，呈 O‖ 状；

③子叶对折：2 个子叶同时向一边折合，把胚根夹于其间，如 O》状。

十字花科常见植物分属检索表

1. 果实为长角果。
  2. 果实成熟后不开裂，明显地于种子间缢缩。
    3. 果实横断为若干节，每节含 1 种子；花瓣不具深色脉纹 …………………………………………………………………………………………………… 离子草属（*Chorispora* R. Br. ex DC.）
    3. 果实不横断，其中形成海绵状横隔；花瓣有深色脉纹 …………………… 萝卜属（*Raphanus* Linn.）
  2. 果实成熟后纵裂。

4. 长角果有喙。
5. 果实的喙扁，剑状；种子每室 2 列；花瓣黄色，有紫色脉纹 ……………… 芝麻菜属（*Eruca* Mill）
5. 果实的喙圆锥状；种子每室 1 列；花瓣黄色，无深色脉纹 ……………… 芸薹属（*Brassica* Linn.）
4. 长角果无喙。
6. 植株无毛或有单毛。
7. 花黄色；果瓣有 3 脉 …………………………………………………… 大蒜芥属（*Sisymbrium* Linn.）
7. 花白色或紫红色。
8. 雄蕊花丝分离；羽状复叶 ……………………………………… 碎米荠属（*Cardamine* Linn.）
8. 雄蕊中长雄蕊花丝连合成对；单叶 ………………… 花旗杆属（*Dontostemon* Andrz. ex Ledeb.）
6. 植株被分枝毛，有时杂有单毛与腺毛。
9. 雄蕊长于花冠，花黄色或乳黄色；叶二至三回羽状全裂 ………………………………………
………………………………………………………… 播娘蒿属（*Descurainia* Webb. et Berth.）
9. 雄蕊短于花冠，花白色或淡紫色。
10. 长角果细小，长 1cm 左右，先端有 4 个角状附属物 …………… 四齿芥属（*Tetracme* Bunge）
10. 角果长 2cm 以上，果实先端不具角状附属物。
11. 花淡紫色；角果条形或圆柱形 …………………………………… 涩芥属（*Malcolmia* R. Br.）
11. 花白色；角果多弯曲，于种子间缢缩成念珠状 ………………………………………………
……………………………………………… 念珠芥属［*Torularia*（Coss.）O. E. Schulz］
1. 果实为短角果。
12. 短角果不开裂。
13. 短角果有翅。
14. 果宽卵形，有长而横展的尖刺状或短剑状翅 ……………………… 沙芥属（*Pugionium* Gaertn.）
14. 果长圆形、长圆状楔形或近圆形，周边有翅或至少在上下端有翅 ……………………………
…………………………………………………………………………… 菘蓝属（*Isatis* Linn.）
13. 短角果无翅。
15. 短角果舟状半卵形，喙扁三角形 ………………………… 舟果荠属（*Tauscheria* Fisch. ex DC.）
15. 短角果球形、近球形或近心形。
16. 短角果有柄，球形或心形，无喙…………………………………… 群心菜属（*Cardaria* Desv.）
16. 短角果无柄，近球形，有宿存像喙的花柱 ……………………… 鸟头荠属（*Euclidium* R. Br.）
12. 短角果开裂。
17. 果实压扁方向与隔膜平行，果瓣扁平，与胎座框同型。
18. 植株被浓密的贴伏的星状毛 …………………………………………… 庭荠属（*Alyssum* Linn.）
18. 植株被分枝毛，但不贴伏，也不很密。有些种果实近似长角果 ………………………………
……………………………………………………………………………… 葶苈属（*Draba* Linn.）
17. 果实压扁方向与隔膜垂直，果瓣囊状或半球形，胎座框窄。
19. 短角果膨胀，倒梨形；叶缘常反卷 ……………………………… 亚麻荠属（*Camelina* Crantz.）
19. 短角果扁平。
20. 短角果倒三角形或倒心形，周围无翅 …………………………………… 荠属（*Capsella* Medic.）
20. 短角果圆形、近圆形，或披针形、短圆形，或多或少有翅。
21. 短角果顶端稍有翅，每室有 1～2 种子 ………………………… 独行菜属（*Lepidium* Linn.）
21. 短角果周围有翅（南方种有的无翅），每室有几个至多数种子 … 菥蓂属（*Thlaspi* Linn.）

（1）芸薹属（*Brassica* Linn.）　一年生、二年生或多年生草本。基生叶莲座状，茎生叶无柄抱茎。总状花序伞房状，果时伸长；萼片近等长，内轮基部囊状；花瓣黄色或白色，具长爪。长角果圆筒形，开裂，具锥状喙；子叶对折。本属约 40 种，分布于地中海地区；我国有 14 种 11 变种 1 变型，多为栽培蔬菜和油料作物，仅有 2 个野生种，皆为新疆特产。

常见植物：新疆毛芥（*Brassica xinjiangensis* Y. C. Lan et T. Y. Cheo）为一年生或二年生大型草本，高 30～150cm，中部分枝，被倒生开展的柔毛或近于无毛；长角果念珠状，长 1.5～2.6cm，喙长约 12mm，果梗长约 6mm，连角果同被倒生柔毛或无毛；产于新疆伊犁地区，生于林缘草甸。短喙芥（*Brassica brebirastrata* Z. X. An）产于新疆哈巴河县。

栽培油料有油菜（*Brassica campestris* Linn.）（图 4－31）、欧洲油菜（*Brassica napus* Linn.）、油芥菜（*Brassica juncea* var. *gracilis* Tsen et Lee）等。

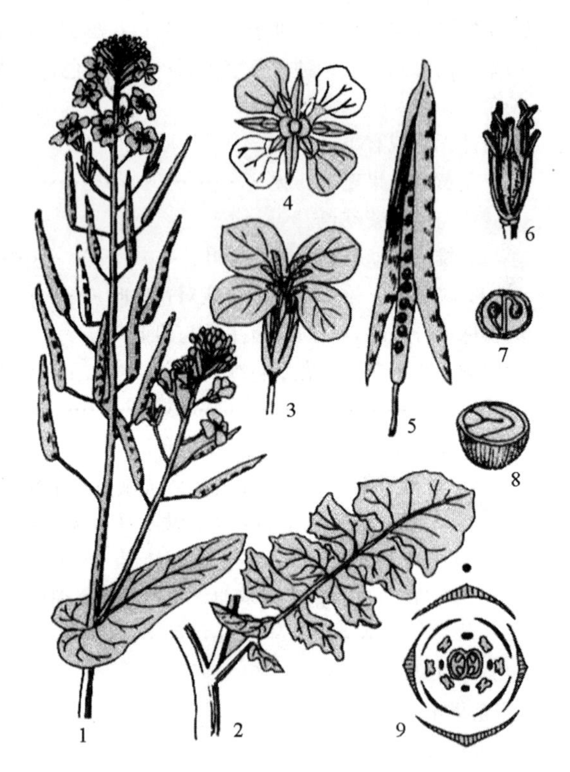

图 4－31　油菜（*Brassica campestris* Linn.）
1. 花果枝　2. 中下部叶　3. 花　4. 花俯视观
5. 开裂的长角果　6. 雄蕊和雌蕊　7. 子房横切面观
8. 种子横切（示子叶对折）　9. 芸薹属花图式

栽培蔬菜有大白菜（*Brassica pekinensis* Rupr.）原产于我国北部；青菜（小白菜，*Brassica chinensis* Linn.）原产于我国；卷心菜（又名椰菜、莲花白，*Brassica oleracea* var. *capitata* Linn.）和菜花（又名花椰菜，*Brassica oleracea* var. *botrytis* Linn.）均原产于地中海。塌棵菜（*Brassica narinosa* L. H. Bailey.）原产于我国，在华东一带栽培为冬季蔬菜；甘蓝（又名擎蓝、芥蓝头，*Brassica caulorapa* Pasq.）、芜菁（*Brassica rapa* Linn.）、球茎甘蓝（又名芜菁甘蓝，*Brassica napobrassica* Mill.）常用于盐腌和酱渍；大头菜（*Brassica juncea* var. *megarrhiza* Tsen et Lee）常用于腌制酱菜；雪里蕻（*Brassica juncea* var. *multicepas* Tsen et Lee）常用盐腌食。

栽培的芥菜［*Brassica juncea*（Linn.）Czerm. et Coss.］、白芥（*Brassica hirta* Moench.）、黑芥［*Brassica nigra*（Linn.）K. Koch.］（图 4－30）等种子称为芥子，均可制芥末，作为辛辣调味香料。

芸薹属中还有一种羽衣甘蓝（*Brassica oleracea* var. *acephala* f. *tricolor* Hort）变型，叶皱缩，呈粉红、紫红、黄绿、黄白等色，各地公园、宾馆多有栽培，供观赏。

（2）萝卜属（*Raphanus* Linn.）　一年生或二年生草本。常有肉质根。叶大头羽状半裂，上部多有锯齿。总状花序花时伞房状；花大，白色或紫色，具深色脉纹。长角果圆筒状，不开裂，明显地于种子间缢缩，或断成几个不开裂的部分，顶端有细喙。本属约 8 种，多分布于地中海地区；我国有 2 种，2 变种。

常见植物：萝卜（*Raphanus sativus* Linn.）各地普遍栽培，不同品种是春、夏、秋、冬季的重要蔬菜，种子、根、叶皆入药，种子消食化痰，鲜根止渴、助消化，枯根利二便，叶治初痢，并预防痢疾。

（3）荠属（*Capsella* Medic.）　一年生或二年生草本，无毛，具单毛或分枝毛。基生叶莲座状，全缘、大头羽状或羽状裂，茎生叶常抱茎。花瓣小，白色，匙形。短角果倒三角形或倒心形，扁压，开裂；子叶背倚。本属约 5 种，主产地中海地区、欧洲及亚洲中部。

我国仅荠菜［*Capsella bursa-pastoria*（Linn.）Medic.］1 种，遍布全国各地，生于山坡草地、荒地、田边、宅旁和路边，嫩枝叶人畜均可食用，亦可入药，有利尿、止血、清热、明目、消积之效。

（4）菘蓝属（*Isatis* Linn.）　菘蓝属植物为一年生或多年生草本。茎生叶全缘，基部筒形，抱茎。总状花序排成圆锥状；花黄色或白色。短角果长圆形或近圆形，侧扁，1 室，不开裂，周边有翅或至少在上部有翅。本属约 30 种，分布于中欧、地中海地区、西亚至中亚；我国有 6 种 1 变种，分布于新疆、甘肃、内蒙古、辽宁等地。

常见植物：菘蓝（*Isatis indigotica* Fortune）为二年生草本，高40～100 cm，植物体光滑无毛；花黄色；短角果长圆形，长 8～18 mm，宽 2～6 mm，果瓣有 1 棱；产于新疆，全国各地有栽培，根（板蓝根）、叶（大青叶）均供药用，有清热解毒、凉血消斑、利喉止痛之功效；叶还可提取蓝色染料。

（5）独行菜属（*Lepidium* Linn.）　草本。单叶，全缘或羽状分裂。花小，白色，萼片短；花瓣 4～2 或缺。短角果圆形、倒卵形或心脏形，压扁方向与隔膜垂直，顶端全缘，或因微翅而成微缺；每室有种子 1 粒；子叶背倚。本属约 150 种，广布于全世界；我国约有 15 种 1 变种，南北均有分布。

常见植物：宽叶独行菜（*Lepidium latifolium* Linn.）植株高 30～70cm；叶厚，矩圆状披针形或卵状披针形，长 3～6cm，宽 3～5cm，叶缘有粗锯齿；产于我国北部，生长于田边、村舍旁、路边等处。独行菜（*Lepidium apetalum* Willd.）（图 4-32）植株高5～30cm；多分枝，被头状腺毛（后期发育为先端粗的棒状）；基生叶狭匙形，一回羽状浅裂或深裂；茎生叶狭披针形或条形；萼片呈舟状，花瓣退化，雄蕊常为 2；短角果近圆形；为我国北部极普通的杂草，也是荒漠地带早春常见的短命植物。

（6）碎米荠属（*Cardamine* Linn.）　草本，常具匍匐茎。叶羽状分裂或为羽状复叶。花淡紫色或白色。长角果条形或条状披针形，扁平，两端渐尖，果瓣成熟后弹起或卷起，子叶缘倚。本属约 160 种，分布于全球，主产于北温带；我国约有 39 种 29 变种，遍布全国。

常见植物：弹裂碎米荠（*Cardamine impatiens* Linn.）（图 4-33）为一年生草本；羽状复叶，小叶 6～9 对；花白色；果实长条形，成熟时自下而上弹性裂开；除华南外，几遍布全国，生于山坡、沟谷、水边或阴湿地，全草可供药用。白花碎米荠［*Cardamine leucantha*（Tausch）O. E. Schulz］为多年生草本，根状茎细长；奇数羽状复叶，小叶 2～3 对；花白色；长角果条形；产于东北、华北、陕西、甘肃、江苏、浙江、湖北和四川，生于山坡阴湿处；全草可供药用。

（7）离子草属（*Chorispora* R. Br. ex DC.）　草本。多分枝，呈簇状或铺散状，被长毛和头状腺毛。叶全缘或羽状分裂。花紫色或黄色，外侧萼片基部呈囊状。长角果圆柱状或念珠状，横断面不纵裂，每节含种子 1～2 粒；子叶缘倚。本属约 10 种，分布于亚洲与欧洲东南部；我国有 5 种，分布于北方各省区。

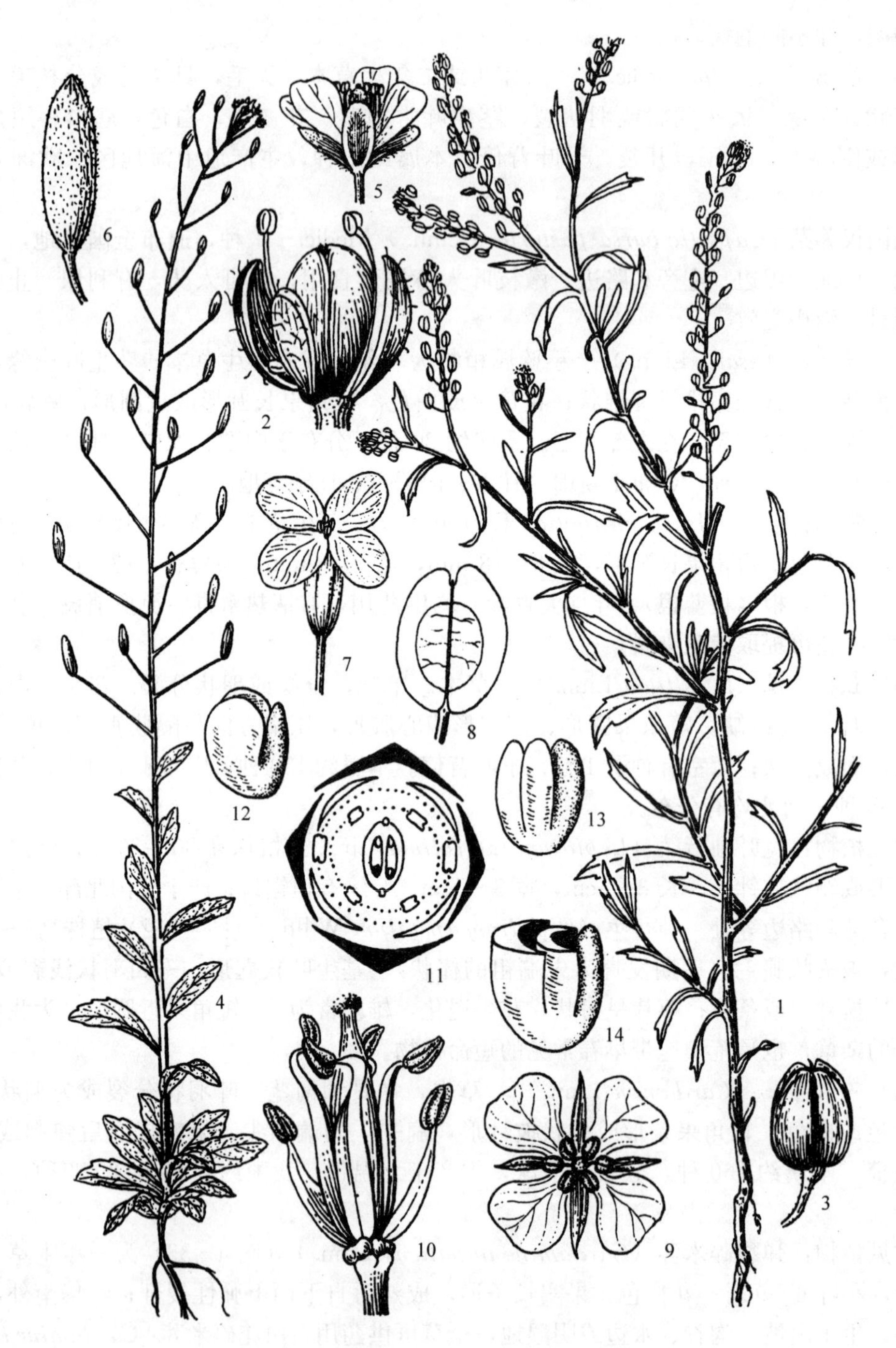

图 4-32 独行菜、葶苈、菥蓂和十字花科的花

1~3. 独行菜（*Lepidium apetalum* Willd.）

1. 植株 2. 花 3. 果实

4~6. 葶苈（*Draba nemorosa* Linn.）

4. 植株 5. 花 6. 果实

7~8. 菥蓂（*Thlaspi arvense* Linn.） 7. 花 8. 果实

9~14. 十字花科的花

9. 十字形花冠 10. 四强雄蕊 11. 花图式 12. 子叶缘倚 13. 子叶背倚 14. 子叶对折

常见植物：离子草［*Chorispora tenella*（Pall.）DC.］一年生，疏被单毛与短腺毛；基生叶与茎下部叶羽状浅裂，长椭圆形或矩圆形；花紫色；长角果圆柱状，长 1.5～3.5 cm，略弯曲，喙长 1～1.5 cm，渐尖；产于东北、华北、西北，生于农区，为常见农田杂草，也是荒漠草原常见的春季短命植物。

（8）播娘蒿属（*Descurainia* Webb. et Berth.）　草本，被分枝毛。叶二至三回羽状分裂。花黄色，雄蕊长于花冠。长角果条形，每室有种子 1～2 列；子叶背倚。本属约 40 种，主产于北美洲；我国有 2 种，分布几遍全国。

常见植物：播娘蒿［*Descurainia sophia*（Linn.）Webb. ex Prantl］（图 4-33）分布于除华南以外的各地，生于山坡、田野及农田；种子含油 40%，供工业用，亦可食用；种子药用，有利尿消肿、祛痰定喘之功效。

（9）葶苈属（*Draba* Linn.）　草本，常簇生，被单毛、分枝毛或星状毛。基生叶呈莲座状，茎多无叶。花小，白色或黄色；花瓣全缘或顶端微缺。短角果长圆形、卵形以至条形，压扁方向与隔膜平行，种子每室 2 列；子叶缘倚。本属约 300 种，主要分布于北半球的北部高山地带；我国有 54 种 25 变种，大多分布于西南与西北地区。

常见植物：葶苈（*Draba nemorosa* Linn.）（图 4-32）一年生，高 4～25 cm，全株被星状毛；基生叶卵形至卵状披针形；总状花序，果时舒展；角果矩圆形或长椭圆形，具长梗，与主轴几成直角，于梗端微向上翘；几乎遍布除华南以外的各地，生于山坡草地及河谷湿地。

（10）涩芥属（*Malcolmia* R. Br.）　一年生，被单毛、分枝状柔毛和星状毛。叶全缘或羽状分裂。花白色、粉红色或淡紫色；外轮萼片基部呈囊状。长角果条形或圆柱形，每室有种 1 列；子叶背倚。本属约 30 种，主要分布于亚洲及地中海地区；我国有 4 种 2 变种，分布于北方诸省区。

常见植物：涩芥［*Malcolmia africana*（Linn.）R. Br.］茎于上部分枝；叶矩圆形；花粉红色或蓝紫色；长角果长 4～7 cm；产于我国北部各省区，生长于山坡、农田等处，也是荒漠地带早春常见的短命植物。

（11）大蒜芥属（*Sisymbrium* Linn.）　草本，无毛或被单毛。叶大头羽状全裂，少全缘。花黄色或白色；外轮萼片稍长，基部呈囊状。长角果圆筒状，果瓣有明显的 3 脉；子叶背倚。本属约 80 种，分布于欧亚大陆温带及南美洲；我国有 8 种 5 变种，主要分布于西北和西南地区。

常见植物：黄花大蒜芥［*Sisymbrium luteum*（Maxim.）O. E. Schulz］（图 4-33）茎下部叶宽卵形或宽椭圆形，中部叶狭卵形，上部叶卵状披针形，有不整齐波状齿，有时大头羽状裂；成熟的果实条状矩圆形，长 8～14 cm，弯曲或稍下垂；产于东北、华北、西北及西南，生于山坡草地。垂果大蒜芥（*Sisymbrium heteromallum* C. A. Mey.）叶大头羽状分裂；成熟的果实纤细，圆柱形，长 4～8 cm，常下垂；产华北、西北与西南各省区，生于林下及林缘草甸。

（12）念珠芥属［*Torularia*（Coss.）O. E. Schulz］　草本，多于基部分枝。叶全缘，具锯齿或倒向羽状分裂。花小，白色或淡紫色。长角果条形，常弯曲或扭曲，略呈念珠状，每室有种子 1 行；子叶背倚。本属约 14 种，主要分布于中亚；我国有 10 种 1 变种，分布于西北、华北和西南。

常见植物：蚓果芥［*Torularia humilis*（C. A. Mey.）O. E. Schulz］多年生，高 5～

图 4-33　弹裂碎米荠、播娘蒿、沙芥和黄花大蒜芥

1～3. 弹裂碎米荠（*Cardamine impatiens* Linn.）

1. 植株的一部分　2. 茎节一段（示叶柄基部的耳）　3. 果实（示自下而上弹性开裂状）

4～7. 播娘蒿［*Descurainia sophia*（Linn.）Webb. ex Prantl］

4. 叶　5. 花　6. 果实　7. 种子

8～9. 沙芥［*Pugionium cornutum*（Linn.）Gaertn.］

8. 花　9. 果实

10～11. 黄花大蒜芥［*Sisymbrium luteum*（Maxim.）O. E. Schulz］

10. 植株上部　11. 果序的一部分

30cm；基生叶花时枯萎，茎下部叶矩圆状匙形，上部叶条形，所有叶全缘或具疏齿；长角果筒状，多作“之”字形扭曲，直或弯曲，先端较粗，果瓣被叉状毛；广布于华北、西北诸省区，生于草原、山地、沟谷、河岸。

（13）*菥蓂属*（*Thlaspi* Linn.）　草本，全株无毛。叶全缘或具齿，基生叶莲座状，有柄；茎生叶无柄，基部箭形，抱茎。花白色，少粉红色。短角果圆形、倒卵形或倒心形，周围或部分有翅，果瓣舟形；子叶缘倚。本属约 60 种，多分布于欧亚大陆的温带地区；我国有 6 种，分布于东北、西北至西南。

常见植物：菥蓂（*Thlaspi arvense* Linn.）（图 4－32）基生叶矩圆形，全缘，茎生叶披针形；花小，白色；短角果近圆形，周围具宽翅；分布遍及全国，生于路旁、沟边及村落附近；全草、幼苗和种子均可入药，全草清热解毒、消肿排脓，种子利肝明目，嫩苗和中益气。

（14）*沙芥属*（*Pugionium* Gaertn.）　二年生草本，成年植株呈球形，无毛。叶肉质，下部叶羽状分裂，上部叶条形或丝状。萼片直立，外轮萼片基部呈囊状；花瓣红色或白色。短角果侧扁，不开裂，两侧各具 1 宽或窄的翅；子叶背倚。本属约 5 种，分布于蒙古及我国；我国有 4 种，分布于东北至西北地区。

常见植物：沙芥［*Pugionium cornutum*（Linn.）Gaertn.］（图 4－33）根肉质，圆柱状；基生叶羽状深裂或全裂，裂片 3～6 对，卵形、矩圆形或披针形，茎上部叶不裂；果翅箭形，上举，长 2～5 cm，宽 3～5 mm，果实表面有刺状突起；产于辽宁、内蒙古、陕西和宁夏，生长于半固定沙丘上。斧翅沙芥（*Pugionium dolabratum* Maxim.）果翅末端斜截形或近圆形，先端有不均匀的齿，果瓣上的角状刺长短不一；产地、生境同沙芥。

（15）*其他*　本科常见花卉有：桂竹香（*Cheiranthus cheiri* Linn.）、香雪球［*Lobularia maritima*（Linn.）Desv.］、紫罗兰［*Matthiola incana*（Linn.）R. Br.］等。

（十九）杜鹃花目（Ericales）

杜鹃花目植物多为灌木，少为乔木或草本。单叶，有时为鳞片状，互生，少对生，无托叶。花两性，少单性，辐射对称，花瓣合生；雄蕊常为 2 轮，外轮对瓣，花药常为顶孔开裂；子房上位或下位，心皮 2～5，合生，中轴胎座；种子胚小，具丰富的胚乳。

杜鹃花目包括杜鹃花科、鹿蹄草科（Pyrolaceae）和山柳科（Clethraceae）等 8 科，下面介绍杜鹃花科。

杜鹃花科（Ericaceae）

$$⚥ * K_{(4\sim5)} C_{(4\sim5)} A_{8\sim10} \underline{G} \text{或} \overline{G}_{(2\sim5:2\sim5:\infty)}$$

杜鹃花科有 103 属 3 350 种，分布于全球，以亚热带的山区为最多，是常绿或落叶灌木林的重要组成成分。我国有 15 属 757 种，全国均有分布，而以西南山区的种类最多，其中杜鹃属和吊钟花属有许多观赏花卉，滇白球含芳香油，越橘属中的一些种果实可食。此外，还有部分药用植物和有毒植物。

杜鹃花科的特征：通常为常绿或落叶灌木、半灌木。单叶，互生，少对生或轮生，无托叶。花两性，辐射对称或稍两侧对称，单生或簇生，但常排成各种花序；花萼 4～5 裂，宿存；花冠合生，4～5裂，呈辐状、钟状、漏斗状或壶状；雄蕊10，两轮，着生在花盘上，花药顶孔开裂；子房上位或下位，2～5室，中轴胎座，胚珠多数。蒴果，浆果或核果。染色体$x=8$，11，12，13。

（1）杜鹃花属（*Rhododendron* Linn.） 常绿或落叶灌木，少乔木。叶互生，全缘。伞形花序或总状花序，少簇生或单生；萼5裂；花冠辐状、钟状或漏斗状，5裂；雄蕊5或10；子房5～10室，每室有多数胚珠。蒴果，室间开裂。本属约960种，分布于北温带；我国约542种，除新疆外，各地均有分布，西南和西部最盛。为世界著名的观赏植物，其中大多含有毒成分，家畜采食易中毒。

常见植物：映山红（*Rhododendron simsii* Planch.）为落叶灌木，全株密生棕黄色扁平糙伏毛；叶椭圆状卵圆形，上面被糙伏毛，下面淡绿色；花2～6朵簇生于枝顶，花冠蔷薇色、鲜红色或深红色，裂片5，上面1～3片里面有深红色斑点；产于长江和珠江流域，向西达四川、云南。羊踯躅（又名闹羊花）（*Rhododendron molle* G. Don.）落叶灌木；叶纸质，长椭圆形至椭圆状披针形或倒披针形，被柔毛；花黄色，雄蕊5；产于长江流域各省，南达广东、福建，生于丘陵地带；有剧毒，可制麻醉药和农药。青海杜鹃（*Rhododendron przewalskii* Maxim.）为常绿灌木，幼枝粗、无毛；叶簇生于枝顶，坚革质，椭圆形至矩圆形，上面无毛而有细脉纹，下面初有黄棕色绒毛，以后陆续脱落；伞房状球形花序顶生，含12～15朵花，花冠钟状、白色至粉红色，雄蕊10枚；产于青海、甘肃、陕西和四川北部，生于海拔4 000m的高山，常成林。兴安杜鹃（*Rhododendron dauricum* Linn.）（图4-34）为半常绿灌木，多分枝，小枝有鳞片和柔毛；叶近革质，散生，椭圆形；1～2朵花侧生于枝顶和茎顶，花冠宽漏斗状、粉红色，雄蕊10枚；产于东北以及内蒙古，生于山地落叶松林和桦木林下及林缘，植物体含杜鹃酮、杜鹃黄素、杜鹃醇等，均对慢性气管炎有良效。

（2）吊钟花属（*Enkianthus* Lour.） 落叶灌木，枝条常轮生。叶互生，常聚生于小枝顶部。花排成顶生、下垂的伞形花序或总状花序；花冠钟状或壶状，短5裂；雄蕊10，花药顶部有2芒。蒴果3～5角或有翅，室背开裂。本属约10种，分布于喜马拉雅山至日本；我国有6种，产于西南至东南部，大多供观赏。

常见植物：吊钟花（*Enkianthus quinqueflorus* Lour.）花5～8朵排成下垂的伞形花序，花粉红或红色，花冠合生成宽钟状，常先叶开花，为广州和香港点缀春节佳品。

（3）越橘属（又名乌饭树属）（*Vaccinium* Linn.） 灌木。花冠坛状或筒状，4～5裂；雄蕊8～10，内藏，花药有时背部具芒刺；子房下位。浆果。本属约450种，分布于北温带；我国约有91种，南北均产，有些种的果可食用及制作果酱。

常见植物：越橘（*Vaccinium vitis-idaea* Linn.）产于东北、内蒙古和新疆，生于针叶林下。笃斯越橘（*Vaccinium uliginosum* Linn.）花下无苞片，产于东北、内蒙古和新疆。黑果越橘（*Vaccinium myrtillus* Linn.）花下有2（3）片大的叶状苞片，仅分布于新疆。

（二十）报春花目（Primulales）

报春花目植物多为草本。无托叶。花两性或单性，辐射对称或两侧对称，5基数，少为4或多数；花瓣通常合生，覆瓦状；外轮雄蕊通常退化，内轮雄蕊与花冠裂片同数且对生；子房上位或半下位，1室，胚珠通常多数，常为特立中央胎座。

报春花目包括报春花科、紫金牛科（Myrsinaceae）等3科，下面介绍报春花科。

图 4-34　兴安杜鹃和天山报春

1～2. 兴安杜鹃（*Rhododendron dauricum* Linn.）

1. 花枝　2. 果实

3～6. 天山报春（*Primula sibirica* Jacq.）

3. 植株　4. 花冠、雄蕊及雌蕊　5. 花萼展开　6. 报春花科花图式

报春花科（Primulaceae）

$$⚥ * \ K_{(5)}\ C_{(5)}\ A_5\ \underline{G}_{(5:1:\infty)}$$

报春花科有 22 属，近 1 000 种，广布于全世界，以北温带和高寒地区较多；我国有 13 属，近 500 种，主产于西南部，多数种有观赏价值，家畜完全不采食或采食很差，有的种为

有毒植物。

报春花科的特征：一至多年生草本。叶互生、对生或轮生，有时全部基生，单叶或分裂，无托叶。伞形花序，生于花葶上，或单生，或为总状、圆锥状、穗状花序；花两性，辐射对称；花萼5裂，宿存；花冠合瓣，5裂，辐状至高脚碟状；雄蕊5，与花冠裂片对生；雌蕊常由5心皮合成，子房上位，少半下位，1室，特立中央胎座。蒴果。染色体$x=5$，9，10，11，22，31。

（1）报春花属（*Primula* Linn.）　多年生草本。叶全部基生。花常2型，排列成伞形花序或头状花序，具苞片；花萼管状、钟状或漏斗状，5裂；花冠漏斗状或高脚碟状；雄蕊贴生于花冠管上或喉部，内藏。蒴果5～10瓣裂。本属约500种，大多分布于北温带，少数产于南半球；我国约有293种，全国均产，而主产于西部和西南部，大部为美丽的花卉。

常见植物：报春花（*Primula malacoides* Franch.）为一年生草本；叶长卵形，顶端圆钝，基部心形；花葶上有伞形花序2～4轮，花冠浅红色，高脚碟状；原产于我国。多脉报春（*Primula polyneura* Franch.）花冠紫红色；产于甘肃、新疆、湖北、四川和云南，生于高山及亚高山草甸。天山报春（*Primula sibirica* Jacq.）（图4-34）产于黑龙江、内蒙古、甘肃、青海、新疆和四川，生于山地草甸。胭脂花（*Primula maximowiczii* Regel）产于吉林、内蒙古、河北、山西、陕西、甘肃和青海，生于山地林下及高山草甸。

（2）海乳草属（*Glaux* Linn.）　肉质小草本。叶小，对生，稍肉质，条形或矩圆状披针形。花密生于枝上部，腋生，萼5裂，花瓣状，白色至淡红色。蒴果近球形。

本属仅海乳草（*Glaux maritima* Linn.）1种，分布于北温带海岸，在我国产于东北、华北、西北及长江流域一带，常生于潮湿的盐碱地上。

（3）其他　本科植物中可供观赏的除报春花属以外，点地梅属（*Androsace*）也有一些种，此外，还有从国外引种的仙客来（*Cyclamen persicum* Miu）等。

五、蔷薇亚纲（Rosidae）

蔷薇亚纲植物为木本或草本。单叶或常羽状复叶，偶极度退化或无。花被明显分化，异被，分离或偶结合；蜜腺类型多种，生于雄蕊内盘或雄蕊外盘；雄蕊多数或少数，向心发育，花粉粒常2核，极少3核，常具3个萌发孔；雌蕊心皮分离或合生，子房上位或下位，心皮多数或少数；胚珠具双珠被或单珠被；胚乳存在或否，但外胚乳大多数不存在。

本亚纲包括18目114科约58 000种，占整个双子叶植物纲的1/3，是被子植物最大的亚纲。

（二十一）蔷薇目（Rosales）

蔷薇目植物为木本或草本。叶互生、对生或轮生，单叶或复叶，托叶有或无。花两性，稀单性，辐射对称，5基数，周位花或下位花，有时为上位花；雄蕊通常多数，向心发育；心皮2至多数，分离或合生，稀仅具1心皮，子房上位至下位，胚乳有或无。

蔷薇目包括蔷薇科、景天科、虎耳草科（Saxifragaceae）、茶藨子科（Grossulariaceae）等24科。

1. 景天科（Crassulaceae）

$$*\ K_{4\sim5}\ C_{4\sim5}\ A_{4\sim5}\ \ \underline{G}_{(4\sim5)}$$

景天科有 34 属 1 500 种，广布于全世界，以南非为多。我国有 10 属 242 种，全国均有分布；植物多数种可供药用。

景天科的特征：多为肉质草本，少半灌木。叶对生、互生或轮生；单叶，少羽状复叶；无托叶。花序为聚伞状，有时为穗状、总状、圆锥状或单生；花两性，少单性，辐射对称；萼片 4～5；花瓣与萼片同数，离生或基部多少合生；雄蕊与花瓣同数或为其 2 倍；心皮与花瓣同数，离生或基部合生，每心皮基部常有一腺状鳞片，子房 1 室，胚珠多数。蓇葖果。染色体 x=4～9，12，13，15～22。

（1）景天属（*Sedum* Linn.）　花序为顶生聚伞花序，常偏于分枝的一侧；萼片、花瓣均4～5；雄蕊4～5 或 8～10；心皮 4～5，分离或于基部合生，基部宽阔，无柄。本属约有 470 种，分布于北温带和热带；我国有 124 种，南北均有分布。

常见植物：费菜（*Sedum aizoon* Linn.）（图 4 - 35）为多年生草本；根状茎短而粗；叶互生，披针形至倒披针形，边缘有锯齿；聚伞花序顶生，分枝平展，多花；萼片 5，花瓣 5，黄色，心皮 5；蓇葖果呈星芒状排列；产于东北、华北、西北至长江流域，生于山坡阴湿石缝上或草丛中；全草入药，能安神、止血、化淤、治吐血等。景天（*Sedum erythrostictum* Miq.）块根胡萝卜状；叶对生，少互生或 3 叶轮生，椭圆形或卵状椭圆形；花白色或淡红色；产于东北、华北及四川、云南等地，生于山坡草地或沟边；全草入药，治肝热赤眼、丹毒、吐血等症。

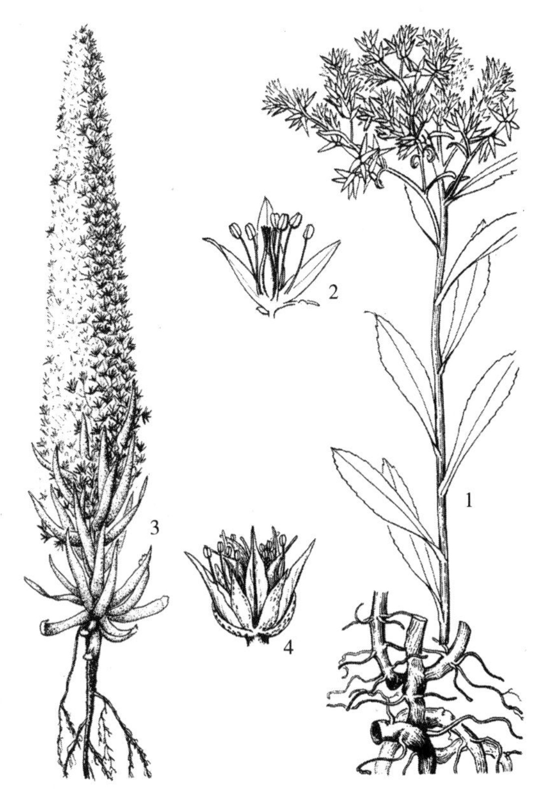

图 4 - 35　费菜和瓦松
1～2. 费菜（*Sedum aizoon* Linn.）
1. 植株　2. 花纵切
3～4. 瓦松［*Orostachys fimbriatus*（Turcz.）Berger］
3. 植株　4. 花

（2）红景天属（*Rhodiola* Linn.）　根茎肉质，被基生叶或鳞片状叶，尖端部分常露出地面。花茎由基生叶或鳞片状叶腋生出，老茎有时宿存，茎不分枝。茎生叶互生。花序顶生呈伞房状或二歧聚伞状；雌雄异株或两性花；花萼常 4～5 裂，与花瓣同数而分离；雄蕊 2 轮；心皮与花瓣同数而基部合生，子房上位。蓇葖果；种子多数。本属约 90 种，分布于北半球高寒地区；我国有 73 种 2 亚种 2 变种。

常见植物：红景天（*Rhodiola rosea* Linn.）根粗壮直立；花茎长 20～30 cm，叶疏生，椭圆形、倒披针形、卵形至矩圆形；雌雄异株，花瓣黄色；产于吉林、河北、山西和新疆，生于高山草甸、林缘草甸、石质山坡和山顶石缝中。狭叶红景天［*Rhodiola kirilowi*（Regel）Regel］与红景天相似，不同的是叶片条形至条状披针形；产于云南、四川和新疆。

（3）瓦松属（*Orostachys* Fisch.） 茎基部有莲座状叶。花多数，排成顶生的总状或圆锥花序；萼片5，长约为花瓣之半；花瓣5，基部稍合生；雄蕊10；心皮5，有柄。本属约13种，分布于亚洲温带地区；我国约10种，分布于东北、华东与西北。

常见植物：瓦松［*Orostachys fimbriata*（Turcz.）A. Berger］（图4-35）莲座状基生叶匙状条形，先端有一个半圆形软骨质的附属物，边缘有流苏状齿；花序为紧密的总状，花红色；产于东北、华北、西北、华东和华中，生于石质山坡、石质丘陵及沙质地；全草入药。黄花瓦松［*Orostachys spinosa*（Linn.）Sweet］莲座状基生叶矩圆形，先端有半圆形、白色软骨质的附属物，中央具1刺尖；花黄绿色；产于东北、内蒙古、甘肃、新疆和西藏，生于山地石质阳坡或戈壁滩；全草入药。

2. 蔷薇科（Rosaceae）

$$* \ K_5 \ C_5 \ A_{5\sim\infty} \ \underline{G}_{1\sim\infty} \text{或} \ \overline{G}_{(1\sim5)} \ \overline{\underline{G}}_{(1\sim5)}$$

蔷薇科有124属3 300余种，广布于全世界；我国有51属1 000余种，全国各地均产。本科中有许多著名的水果，如苹果、梨、桃、杏、李、草莓、樱桃、枇杷、悬钩子（又名覆盆子）、山楂等；有些为著名的观赏植物，如月季、玫瑰、珍珠梅、蔷薇、榆叶梅、樱花、梅花等；在世界各地庭园中占有重要地位；有的种为蜜源、香料或药用植物；本科乔木树种的木材多坚韧细致，如梨木供雕刻、石楠制家具及农具、桃木和山楂木供工艺用材。这一科

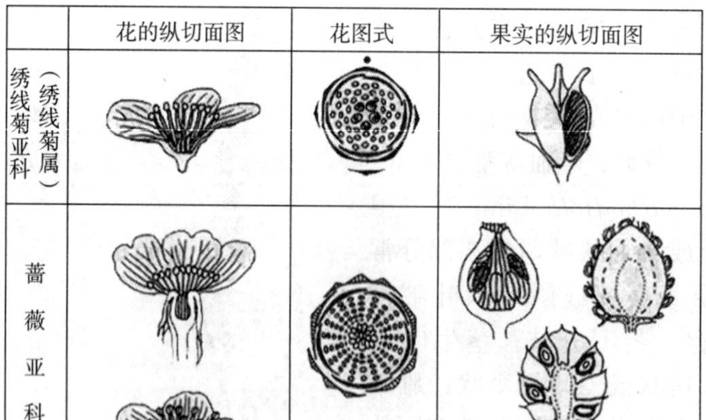

	花的纵切面图	花图式	果实的纵切面图
绣线菊亚科（绣线菊属）			
蔷薇亚科			
苹果亚科			
梅亚科（梅属）			

图4-36 蔷薇科4亚科花、果实的比较（示意图）

的许多种在天然草地上均可见到，其饲用价值研究不多，新鲜时，家畜采食较差，但制成干草后适口性大有提高。

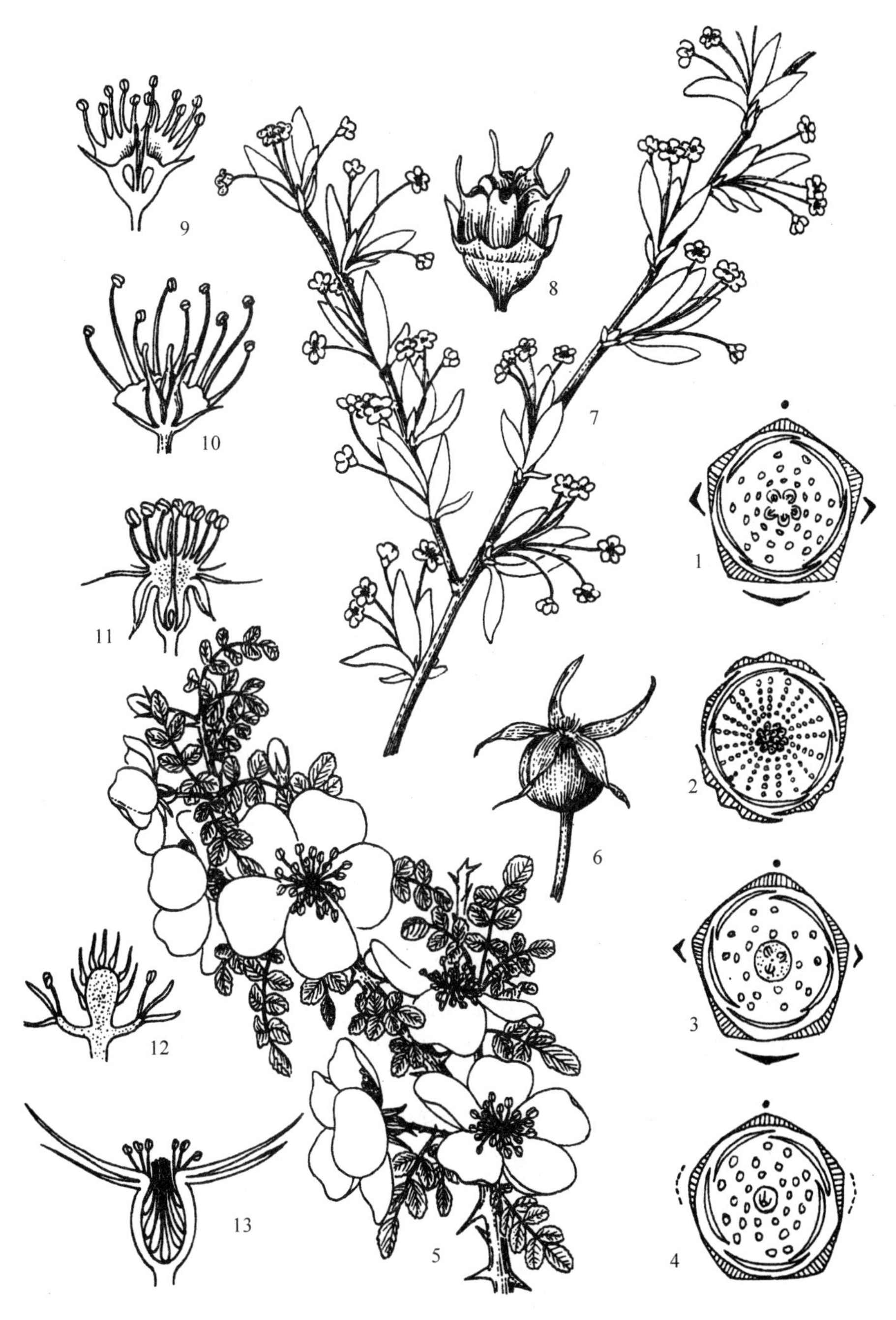

图 4-37　蔷薇科的花

1～4. 蔷薇科花图式　1. 绣线菊亚科　2. 蔷薇亚科　3. 苹果亚科　4. 李亚科
5～6. 单瓣黄刺玫（*Rosa xanthina* Lindl. f. *normalis* Rehd. et Wils.）　5. 花枝　6. 蔷薇果
7～8. 金丝桃叶绣线菊（*Spiraea hypericifolia* Linn.）　7. 花枝　8. 果实
9～13. 蔷薇科花纵切　9. 栒子属（*Cotoneaster*）　10. 绣线菊属（*Spiraea*）　11. 李属（*Prunus*）
12. 悬钩子属（*Rubus*）　13. 蔷薇属（*Rosa*）

蔷薇科的特征：乔木、灌木或草本。叶互生，稀对生，单叶或复叶；常具托叶。花两性，辐射对称；花托突起或下陷成杯状、壶状，或平展为浅盘状；萼片、花瓣常为5；雄蕊多数，花粉多为3孔沟；心皮多数至1枚，分离或合生；子房上位或下位。果实为核果、梨果、瘦果、蓇葖果，稀蒴果。染色体 $x=7$，8，9，17。

根据心皮的离合、胚珠的数目、子房的位置、心皮的数目和果实的形态，分为4个亚科，各亚科的花、果比较图解见图4-36和图4-37。

蔷薇科常见植物分亚科分属检索表

1. 果为开裂的蓇葖果；心皮1～5（～12）；托叶有或无（Ⅰ. 绣线菊亚科 Spiraeoideae）。
  2. 单叶，叶缘常有锯齿或裂片，无托叶；花序伞形或伞房状；心皮5，离生……………………………………………… 绣线菊属（*Spiraea* Linn.）
  2. 羽状复叶，有托叶；大型顶生圆锥花序；心皮5，基部合生……………………………………………… 珍珠梅属［*Sorbaria*（Ser.）A. Br.］
1. 果实不开裂；全有托叶。
  3. 子房下位或半下位，心皮1～5，花托与子房壁愈合；梨果（Ⅲ. 苹果亚科 Maloideae Weber）。
    4. 心皮成熟时变为骨质，果实内含1～5颗种子；单叶。
      5. 叶全缘；心皮2～5，小型梨果；枝条无刺 ……………………… 栒子属（*Cotoneaster* B. Ehrhart）
      5. 叶有锯齿或裂片；心皮1～5，梨果稍大；枝常具刺……………………… 山楂属（*Crataegus* Linn.）
    4. 心皮成熟时为革质或纸质，梨果1～5室，每室有1或多数种子。
      6. 复伞房花序或圆锥花序，有花多朵。
        7. 单叶常绿。
          8. 复伞房花序，总花梗和花梗常有瘤状突起；心皮在果熟时顶部与萼筒分离，不开裂，子房半下位……………………………………………… 石楠属（*Photinia* Lindl.）
          8. 圆锥花序；心皮全部合生，子房下位 ……………………………… 枇杷属（*Eriobotrya* Lindl.）
        7. 奇数羽状复叶，落叶；复伞房花序 ……………………………………… 花楸属（*Sorbus* Linn.）
      6. 伞房花序或总状花序。
        9. 伞房花序；梨果大型，萼片脱落或否。
          10. 花柱离生，花药紫红色；果多数含石细胞 ……………………………… 梨属（*Pyrus* Linn.）
          10. 花柱基部合生，花药黄色；果不含石细胞 …………………………… 苹果属（*Malus* Mill.）
        9. 总状花序；果小，近球形，紫红或几黑色；萼片宿存 ………… 唐棣属（*Amelanchier* Medic.）
  3. 子房上位，花托与子房壁不愈合。
    11. 心皮常多数；瘦果，稀小核果；萼宿存；常为复叶，稀单叶（Ⅱ. 蔷薇亚科 Rosoideae）。
      12. 瘦果生于杯状或坛状花托中。
        13. 有花瓣。
          14. 灌木，枝有皮刺；心皮多数；花托成熟时肉质而有色泽……………… 蔷薇属（*Rosa* Linn.）
          14. 草本或小灌木，枝无皮刺；心皮1～2；花托成熟时干燥坚硬。
            15. 小灌木；花具萼片3，副萼片3，萼筒上部无钩状刺毛；花瓣3；雄蕊3；花柱基生 ……………………………………………… 绵刺属（*Potaninia* Maxim.）
            15. 多年生草本；花具萼片5，无副萼片，萼筒上部有一圈钩状刺毛；花瓣5；雄蕊5～15；花柱顶生 ……………………………………… 龙牙草属（*Agrimonia* Linn.）
        13. 无花瓣。
          16. 单叶，掌状分裂；花排成伞房状聚伞花序；萼片镊合状排列，有副萼；雄蕊1～4；花柱基生或 近基生 ……………………………………… 羽衣草属（*Alchemilla* Linn.）

16. 羽状复叶；花排成密集的穗状或头状花序；萼片覆瓦状排列，无副萼，雄蕊通常 4；花柱顶生 ………………………………………………………… 地榆属（*Sanguisorba* Linn.）

12. 瘦果或小核果，着生在扁平或隆起的花托上。

17. 每个心皮有 2 胚珠；聚合小核果；常为灌木，茎枝常有皮刺 …………… 悬钩子属（*Rubus* Linn.）

17. 每个心皮含 1 胚珠；瘦果；草本或灌木，茎枝无皮刺。

18. 花柱顶生，宿存。

19. 半灌木；单叶；萼片和花瓣各 6～10；瘦果有宿存的羽毛状花柱 … 仙女木属（*Dryas* Linn.）

19. 多年生草本；羽状复叶；萼片和花瓣各 5；瘦果顶端有钩状喙 …… 水杨梅属（*Geum* Linn.）

18. 花柱侧生或基生。

20. 花托成熟时干燥；叶基生或茎生，基生叶为掌状或羽状复叶。

21. 雄蕊与雌蕊均为多数，花瓣黄色，稀白色；掌状或羽状复叶 ……… 委陵菜属（*Potentilla* Linn.）

21. 雄蕊 5，与花瓣对生，花瓣白色或粉红色；雌蕊 4～10；小叶 3 裂，裂片条形 ……………………………………………………………………… 地蔷薇属（*Chamaerhodos* Bge.）

20. 花托成熟时膨大变为肉质；花白色，副萼比萼片小；叶基生，三出复叶 ……………………………………………………………………………… 草莓属（*Fragaria* Linn.）

11. 心皮常 1，稀 2 或 5；核果；萼片常脱落；单叶，有托叶（Ⅳ. 李亚科 Prunoideae Focke）。

22. 果实被绒毛，稀无毛。

23. 叶圆形或卵形，在芽中卷旋；果核表面光滑，具锐利的边棱 …………… 杏属（*Armeniaca* Miu.）

23. 叶披针形或卵形，在芽中对折；果核表面具网状、条状或蜂窝状洼痕 ……………………………………………………………………………… 桃属（*Amygdalus* Linn.）

22. 果实光滑无毛，被蜡粉或否。

24. 花为总状花序；果小，近球形，被蜡粉 …………………………………… 稠李属（*Padus* Mill.）

24. 花单生、簇生或伞形花序。

25. 果被蜡粉，具缝合线，果核扁压状；叶在芽中卷旋；花单生或 2～5 簇生……… 李属（*Prunus* Linn.）

25. 果较小，无蜡粉，果核球形或卵形；叶在芽中对折 …………………… 樱桃属（*Cerasus* Mill.）

Ⅰ. 绣线菊亚科（Spiraeoideae）

（1）绣线菊属（*Spiraea* Linn.）　落叶灌木。单叶，无托叶，边缘有锯齿，有时分裂。花序伞形、伞房状、总状或圆锥状；花托钟状；萼片、花瓣均为 5；雄蕊多数；心皮 5，离生。蓇葖果 5，沿腹缝线开裂。本属约 100 余种，广布于北温带；我国有 50 余种，分布于南北各省区。多数种类是庭院中常见的栽培观赏灌木。

常见植物：土庄绣线菊（*Spiraea pubescens* Turcz.）叶菱状卵形或椭圆形，先端锐尖，基部楔形，边缘中下部以上有锯齿，密被柔毛；伞形花序具总梗，花白色；分布于我国东北、华北、西北和华东，多生于山地林缘及灌丛，也见于草原带的沙地；可栽培供观赏。在我国北部山地灌丛还可见到欧亚绣线菊（*Spiraea media* Schmidt）、金丝桃叶绣线菊（*Spiraea hypericifolia* Linn.）、三裂绣线菊（*Spiraea trilobata* Linn.）等。高山绣线菊（*Spiraea alpina* Pall.）产于陕西、甘肃、青海、四川、西藏。

（2）珍珠梅属［*Sorbaria*（Ser.）A. Br.］　落叶灌木。奇数羽状复叶。花小，未开放时珍珠状，排成顶生圆锥花序，花瓣 5；雄蕊 20～50；心皮 5，基部合生。蓇葖果具多数种子。本属约 9 种，分布于亚洲；我国约有 4 种，产于西南和东部。

常见植物：华北珍珠梅［*Sorbaria kirilowii*（Reel）Maxim.］花白色，似小珍珠；产

于我国北部至东部，生于山地阔叶林中，作为观赏树种，常见有栽培。

Ⅱ. 蔷薇亚科（Rosoideae）

（1）蔷薇属（*Rosa* Linn.） 有刺灌木。羽状复叶。花托壶状，内生多数由 1 心皮组成的雌蕊，成熟时形成多数小形瘦果，包于稍肉质的壶状花托内，形成蔷薇果。本属约有 200 种，分布于北半球温带及亚热带；我国有 82 种，分布于南北各省区。其中有世界著名的观赏植物，也有野生蔷薇。

常见植物：单瓣黄刺玫（*Rosa xanthina* Lindl. f. *normalis* Rehd. et Wils.）为灌木；奇数羽状复叶，小叶 7～13，小叶片较小，近圆形或宽卵形；花单生，黄色，花瓣 5；蔷薇果近球形；产于华北和西北，生于山坡或沟谷；可供观赏。玫瑰（*Rosa rugosa* Thunb.）为灌木，被皮刺和刺毛，小枝被绒毛；羽状复叶，小叶 5～9，小叶片椭圆形或椭圆状倒卵形，上面沿脉凹陷，多皱纹；花瓣紫红、玫瑰红色，单瓣或重瓣；蔷薇果扁球形；原产于我国，栽培供观赏或做香料和提取芳香油，现今世界各地广泛栽培。月季（*Rosa chinensis* Jacq.）托叶有腺毛；萼有羽状裂片，花大型，少数或单生；原产于我国，栽培历史悠久，品种很多，市场上称为玫瑰花；著名花卉，供观赏，花和根供药用。

（2）绵刺属（*Potaninia* Maxim.） 仅绵刺（*Potaninia mongolica* Maxim.）1 种，倾卧地面的小灌木，树皮棕褐色。羽状三出复叶，顶生小叶 3 全裂。花小，淡红色，单生于短枝上，副萼片、萼片、花瓣、雄蕊均为 3；心皮 1，花柱基生。瘦果含 1 种子。产于内蒙古、宁夏和甘肃，超旱生植物，生于戈壁和覆沙砾石质平原，亦见于山前冲积扇；为中等饲用植物；有固沙作用，是国家重点保护植物。

（3）龙牙草属（*Agrimonia* Linn.） 多年生草本。奇数羽状复叶，有大小不等的小叶。总状花序，花小，黄色；无副萼，萼筒上有一圈钩状刺毛；花瓣 5；雄蕊 5。本属约 10 种，分布于北温带；我国有 4 种，各地均有分布。

常见植物：龙牙草（又名仙鹤草，*Agrimonia pilosa* Ldb.）具根状茎，茎单生或丛生；小叶下面被灰色柔毛；果实顶端钩状刺外层反折、内层开展；全国各地均产，生于溪旁、谷地草丛或林缘草甸；全草入药，为收敛性止血剂。

（4）悬钩子属（*Rubus* Linn.） 灌木，直立或攀缘状，常有刺。复叶，稀单叶而分裂。萼宿存，5 裂；花瓣 5；雄蕊多数；心皮多数，分离，花柱近顶生，胚珠 2，成熟时聚集于花托上而成一浆果状聚合核果。本属约 700 种，主要分布于北温带；我国有 194 种，南北均有分布。

常见植物：树莓（又名覆盆子，*Rubus idaeus* Linn.）为直立灌木，被皮刺；奇数羽状复叶，小叶 3～5（7）枚，背面被白色绒毛；花白色，排成顶生短总状或伞房状圆锥花序，有时少数花腋生；果红色；产于吉林、辽宁、河北、山西和新疆，生于山地灌丛及林缘；果鲜食，供药用，植株可供观赏。茅莓（*Rubus parvifolius* Linn.）为小灌木，枝呈拱形弯曲，有短柔毛及皮刺；奇数羽状复叶，小叶 3，有时 5；花粉红色或紫红色，3～10 朵排成伞房花序；果红色；分布几遍全国；果鲜食，也可熬糖和酿酒；根、茎、叶均可入药，能舒筋活血，消肿止痛。

（5）草莓属（*Fragaria* Linn.） 多年生草本，有匍匐茎。叶为三出复叶或 5 小叶，具长柄；托叶膜质，基部与叶合生。花单生、数朵或聚伞花序；花托盘状；萼片 5，副萼 5，副萼与萼片互生；花瓣 5，白色；雄蕊多数；心皮多数、离生，着生于凸起的花托上；花柱侧生，宿存。瘦果多数，嵌于膨大的肉质花托内，形成聚合果，萼片宿存，果实均可食。本属约 20 种，分布于北温带及亚热带；我国有 8 种，分布于西南、西北至东北。

常见植物：栽培草莓［*Fragaria xananassa*（Weston）Duch.］三出羽状复叶；花白色；聚合果直径达 3 cm，鲜红色或淡红色，萼片紧贴果实；原产于南美洲，我国各地均有栽培。

（6）委陵菜属（*Potentilla* Linn.） 草本，少为灌木。羽状或掌状复叶。花单生或聚伞花序；萼片 5，具副萼；花瓣 5，黄色，稀白色；雄蕊、雌蕊均多数。瘦果多数，着生于干燥的花托上。本属有 200 余种，广布于北温带；我国约有 90 种，全国各地均产。有些种的根含淀粉可食用，有些种可供药用，多数种类根含鞣质，可提制栲胶；在放牧场上不为家畜所喜食，在干草中混杂一些时，尚喜食。

常见植物：鹅绒委陵菜（*Potentilla anserina* Linn.）（图 4－38）为多年生草本，茎匍匐；羽状复叶，小叶 11～25，卵状矩圆形或椭圆形，上面绿色，下面密被白色绢状毡毛；花黄色，单生于叶腋；广布于我国北部各省区，生于河谷或湿润的草地上；本种除供饲用外，产于青海、甘肃等高寒地区的须根肥厚，富含淀粉，称为蕨麻，可食亦可酿酒或药用。二裂委陵菜（*Potentilla bifurca* Linn.）为多年生草本，茎直立或斜升；羽状复叶具小叶 11～17，椭圆形或倒卵状椭圆形，侧生小叶顶端常 2 裂；聚伞花序，花黄色，直径 7～10 mm；产于东北、华北、西北等地，生长于山坡草地；为中等饲用植物。

图 4－38 鹅绒委陵菜和黑果栒子
1～3. 鹅绒委陵菜（*Potentilla anserina* Linn.）
1. 植株 2. 花萼 3. 瘦果
4～6. 黑果栒子（*Cotoneaster melanocarpus* Lodd.）
4. 花枝 5. 花 6. 果实

（7）地榆属（*Sanguisorba* Linn.） 多年生草本。单数羽状复叶。花两性，多数组成紧密的穗状或头状花序；萼片 4，花瓣状；无花瓣；雄蕊 4。瘦果包藏在宿存的萼筒中。本属约有 30 种，分布于欧洲、亚洲及北美洲；我国有 7 种，南北各省均有分布。

常见植物：地榆（*Sanguisorba officinalis* Linn.）单数羽状复叶，基生叶和茎下部叶有小叶 9～15 枚，小叶片矩圆状卵形至长椭圆形，叶缘齿裂，基部心形至微心形；花暗紫红色，穗状花序顶生；全国各地均有分布，遍生于森林草甸地带的林下及草甸；嫩茎叶及干草家畜采食；根入药。

（8）地蔷薇属（*Chamaerhodos* Bge.） 常为草本。单叶互生，一至多回三出或羽状分裂，裂片条形。聚伞花序；花两性，小形；萼片 5，无副萼；花瓣 5；雄蕊 5。瘦果 5 或更多，着生在凸起的花托上。本属约有 8 种，分布于亚洲和北美洲；我国有 5 种，产于北部，有的种可供药用。

常见植物：地蔷薇［*Chamaerhodos erecta*（Linn.）Bge.］为二年生或一年生草本，高

10～30cm；基生叶三回三出羽状全裂，小裂片狭条形；花小，花梗密被长柔毛和长柄腺毛，萼筒倒圆锥形，花瓣粉红色；产于东北、华北和西北，生长于山坡、沙砾质地段。

Ⅲ.苹果亚科（Maloideae）

（1）枸子属（*Cotoneaster* B. Ehrh.） 灌木，少小乔木。单叶，互生，全缘；托叶小，早落。花单生或数朵组成聚伞花序；萼片 5；花瓣 5，白色或粉红色；雄蕊通常 20；心皮 2～5，全部或大部与萼筒贴生。梨果内有 1～5 小核。本属有 90 余种，分布于亚洲、欧洲和北非的温带地区；我国有 50 余种，主要分布于西北和西南各省区。多数种类为观赏灌木或做栽培苹果的砧木。

常见植物：黑果枸子（*Cotoneaster melanocarpus* Lodd.）（图 4－38）为灌木，枝紫褐色；叶卵形或椭圆形，下面有白色绒毛；花粉红色；果实近球形，蓝黑色或黑色，被蜡粉，有 2～3 小核；产于东北、华北和西北，生于山坡、疏林间或灌丛中。水枸子（*Cotoneaster multiflorus* Bunge）为灌木；叶卵形或宽卵形，无毛；花白色；果实红色，有 1 小核；产于东北、华北、西北至西南，散生于山地灌丛、林缘及沟谷中。

（2）山楂属（*Crataegus* Linn.） 落叶灌木或小乔木，通常有茎刺。单叶互生，常分裂，有托叶。顶生伞房花序；萼钟状，5 裂；花瓣 5；雄蕊 15～25；子房下位，1～5 室。梨果具 1～5 种子。本属约 1 000 种，分布于北温带，北美最盛；我国约有 17 种，各地均有分布。

我国北部常见植物山楂（*Crataegus pinnatifida* Bunge）果红色，近球形，直径 1～1.5 cm。可鲜食，可制果酱、果糕，还可药用。

（3）枇杷属（*Eriobotrya* Lindl.） 常绿灌木或小乔木。单叶互生，大型。花白色，排成顶生圆锥花序；萼裂片 5，宿存；花瓣 5，有爪；雄蕊约 20；雌蕊 1，子房下位，2～5 室，每室有胚珠 2 颗。梨果。本属约 30 种，分布于东亚；我国约有 13 种。

常见植物：枇杷［*Eriobotrya japonica*（Thunb.）Lindl.］果球形，黄色或橘黄色；产于长江流域、甘肃、陕西和河南，多为栽培或野生；果鲜食或酿酒；叶药用，能利尿、清热、止渴，枇杷仁及叶有镇咳作用。

（4）梨属（*Pyrus* Linn.） 落叶或常绿小乔木，有刺。单叶互生，全缘或有锯齿；托叶小，有时脱落。花白色，稀淡紫色，聚生成一束；萼筒壶形，5 裂；花瓣 5；雄蕊 20～30，花药紫红色；子房下位；花柱 2～5，离生。梨果含石细胞。本属约 25 种，分布于北温带；我国约有 14 种。

常见植物：沙梨［*Pyrus pyrifolia*（Burm. f.）Nakai］和白梨（*Pyrus bretschneideri* Rehd.）等是我国北方著名的水果。

（5）苹果属（*Malus* Mill.） 落叶小乔木，常无刺。单叶互生，边缘有锯齿或分裂。花白色或粉红色，排成伞房花序；萼筒钟状，5 裂；花瓣 5；雄蕊 15～50，花药黄色；子房下位，花柱 3～5，基部合生。梨果，无石细胞，子房壁软骨质。本属约 35 种，广布于北温带；我国约有 20 余种，分布于西南、西北，经中部至东北。多数为重要的果树及砧木或观赏树种。

常见植物：苹果（*Malus pumila* Mill.）原产于欧洲、西亚，我国北部至西南有栽培，果鲜食或加工果品。新疆野苹果［*Malus sieversii*（Ldb.）M. Roem.］产于新疆，是构成天山野果林的主要树种，有 80 多个野生类型，是栽培果树的重要基因库；果鲜食，或加工成果酱或酿苹果酒。花红（*Malus asiatica* Nakai）果扁球形，较小，产于我国北部至西部。

同属的垂丝海棠（*Malus halliana* Koehne）、海棠花［*Malus spectabilis*（Ait.）Borkh.］、西府海棠（*Malus micromalus* Makino）等均为庭园常见的观赏植物。

Ⅳ. 李亚科（Prunoideae）

（1）桃属（*Amygdalus* Linn.）　乔木和灌木。叶披针形，在芽中对折。花单生，稀 2 朵生于 1 芽内，粉红色，少白色；雄蕊多数；雌蕊 1 枚，子房有毛，1 室 1 胚珠。核果被绒毛，稀无毛，果核表面具网状、条状或蜂窝状洼痕。本属约 40 种，分布于亚洲中部至地中海地区，栽培品种广泛分布于寒温带、温带至亚热带地区；我国有 12 种，主要分布于西部和西北部，栽培品种全国各地均有分布。

常见植物：桃（*Amygdalus persica* Linn.）为小乔木；果球形或宽卵形，果肉厚而多汁，核表面具不规则的沟纹或具孔穴；原产于我国，各地广泛栽培，果可鲜食，或加工果品，种仁供药用。常见变种蟠桃［*Amygdalus persica* var. *compressa*（Loud.）Yü et Lu］，果扁圆形，核小而圆形且有深沟纹；离核光桃［*Amygdalus persica* var. *aganonucipersica*（Schübler et Martens）Yü et Lu］果较小，果皮光滑无毛。扁桃（又名巴旦杏，*Amygdalus communis* Linn.）为乔木，果长圆状卵形或长斜卵形，成熟时干燥，密被短绒毛，核表面

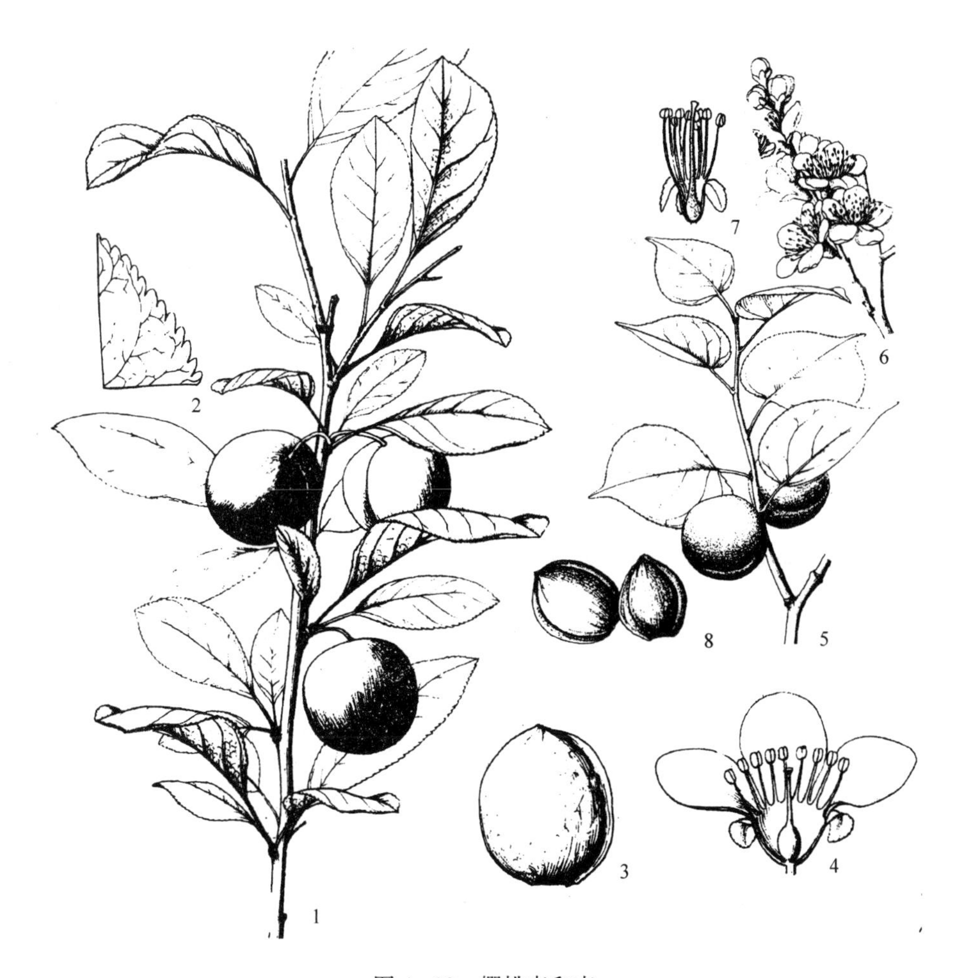

图 4-39　樱桃李和杏

1～4. 樱桃李（*Prumus cerasifera* Ehrhart）　1. 果枝　2. 叶缘放大　3. 果核　4. 花纵剖面
5～8. 杏（*Armeniaca vulgaris* Lam.）　5. 野生果枝　6. 野生花枝　7. 花纵剖面　8. 果核

具孔穴；果仁含脂肪（40%～70%）、蛋白质（15%～35%）、糖（2%～10%），营养丰富，味道香美，是著名的干果；原产于亚洲西部，我国新疆、甘肃、陕西、河北和山东有栽培。同属的榆叶梅［*Amygdalus triloba*（Lindl.）Ricker］等均为庭园常见的观赏树种。

（2）杏属（*Armeniaca* Mill.） 乔木或灌木。叶圆形或卵形，在芽中旋卷。花单生，少2朵，先叶开放；萼5裂；花瓣5，粉红色或粉白色；雄蕊15～45枚；心皮1，花柱顶生，子房无毛。核果球形或两侧稍扁，有明显纵沟，果肉肉质多汁，果核表面光滑，具锐利的边棱。本属约8种，分布于东亚、中亚、小亚细亚和高加索；我国有7种，分布于北方，淮河以北广大地区普遍栽培。

常见植物：杏（*Armeniaca vulgaris* Lam.）（图4-39）果黄色和黄红色，少白色，可鲜食，或加工果品，果仁含油率约50%，入药有润肺止咳、平喘、润肠之效；我国东北、华北、西北、西南及长江中下游多有栽培，新疆天山野果林有野生片林，约有44个野生类型，是栽培杏的重要基因库。梅（又名干枝梅、酸梅、红梅花，*Armeniaca mume* Sieb.）原产于我国西南，主产于长江以南各省区，各地多有栽培，果食用或药用；梅也是著名的观赏树种。

（3）李属（*Prunus* Linn.） 乔木或灌木；顶芽常缺。叶柄基部边缘或叶柄顶端常有腺体。花单生或2～5朵簇生，具短梗；萼筒杯状或钟状，裂片5；花瓣5，白色或粉红色；雄蕊多数；雌蕊1，子房上位，无毛。核果表面有沟，常被蜡粉；核两侧扁平，具沟槽或皱纹。本属约30余种，主要分布于北半球温带；我国有7种，主要分布于北方。

常见植物：李（*Prunus salicina* Lindl.）原产于我国，东北南部、华北、华东、华中山区野生，栽培范围甚广；果食用，核仁等可入药。欧洲李（*Prunus domestica* Linn.）和樱桃李（*Prunus cerasifera* Ehrhart）（图4-39）果食用，在新疆天山野果林均有野生片林，樱桃李有20多个野生类型，是栽培李的重要基因资源。同属的樱花（*Prunus serrulata* Zindi）、日本樱花（*Prunus yedoensis* Matsum.）等均为庭园常见的观赏树种。

（二十二）豆目（Fabales）

豆目植物为木本或草本。常有根瘤。复叶，稀为单叶，互生，有托叶。花两性，5基数，两侧对称或辐射对称；萼片5；花瓣5；雄蕊10，少为少数或多数，分离、二体或单体雄蕊；心皮1，1室，胚珠1至多数。荚果；种子无胚乳。

豆目包括含羞草科、云实科、蝶形花科共3个科，约17 600种。

1. 含羞草科（Mimosaceae）

$$* \ K_{(5)}\ C_5\ A_{5\sim10,\infty}\ \underline{G}_{(1:1:\infty)}$$

含羞草科约有56属2 800种，分布于热带和亚热带；我国有17属，约66种，主产于西南至东南部。其中有荒山造林树种、建筑用材树种、庭园绿化树种和药用植物等。

含羞草科的特征：多为木本，稀草本。一至二回羽状复叶。花两性，辐射对称，穗状或头状花序；萼片5，合生；花瓣5，镊合状排列；雄蕊多数，稀与花瓣同数。荚果有时具次生横隔膜。染色体$x=8$，11～14。

（1）合欢属（*Albizia* Durazz.） 木本。二回羽状复叶，总叶柄具腺体，羽片及小叶对生，小叶近无柄。花萼钟状或漏斗状，具5齿；花瓣在中部以下合生；雄蕊多数。荚果扁平，通常不开裂，种子间无横隔。本属约有 150 种，分布于热带和亚热带地区；我国有 17 种，大部分产于长江以南各省区，主要做木材及庭院绿化用。

常见植物：阔荚合欢［*Albizia lebbeck*（Linn.）Benth.］为落叶乔木；总叶柄近基部及叶轴上羽片着生处均有腺体，羽片 2～4 对；小叶 4～8 对，长椭圆形，无毛或下面疏被毛；花有梗；荚果带状，长 15～28 cm；我国广东、广西和福建有栽培，为良好的庭园观赏植物及行道树；叶可做家畜的饲料。合欢（*Albizia julibrissin* Durazz.）作为行道树和绿化树种，各地多有栽培。楹树［*Albizia chinensis*（Osb.）Merr.］（图 4－40）产于华南、华东、西南以及辽宁、河北、河南、陕西等地，为速生树种，可作为南方丘陵、平原绿化树种。南洋楹［*Albizia falcataria*（Linn.）Fosberg.］为常绿乔木，树干通直，树冠稀疏美观，生长迅速，材质轻、韧性好，可做庭园遮阴树、绿地风景树和用材树种；原产于印度尼西亚北部，我国福建、广东和海南等地有栽培。

（2）银合欢属（*Leucaena* Benth.）　常绿无刺灌木或小乔木。二回羽状复叶；总叶柄常具腺体。花白色，通常两性，5 基数，密集成球形头状花序、单生或簇生于叶腋；雄蕊 10 枚，分离，花药顶端无腺体。荚果带状，成熟时缝线纵裂；种子横生。本属约有 40 种，大部分产于美洲；我国引种数种。

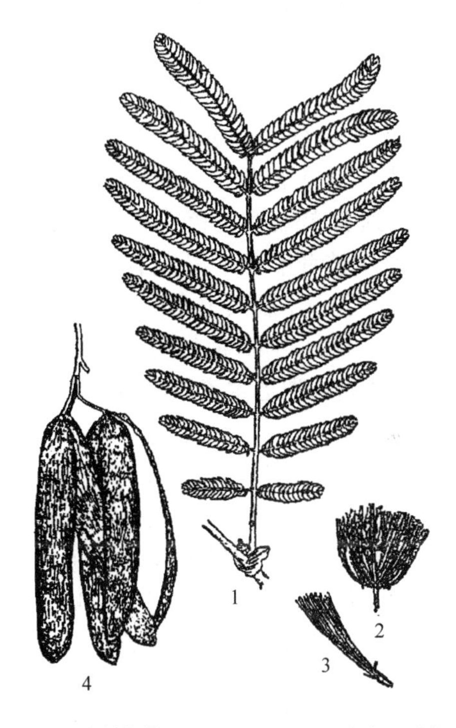

图 4－40　楹树［*Albizia chinensis*（Osb.）Merr.］

1. 叶　2. 花序　3. 花的纵切面　4. 荚果

常见植物：银合欢［*Leucaena glauca*（Linn.）Benth.］在福建、广东、广西和云南有栽培，也常逸生于低海拔的荒地或疏林中；本种耐旱力极强，适为荒山造林树种；叶可做绿肥及家畜饲料，但因含含羞草素（mimosine）、α-氨基酸，马、驴、骡及阉猪等不宜大量饲喂；材质坚硬，为优良薪炭材，嫩荚及种子可食；树胶可代替阿拉伯树胶为食品乳化剂；树皮可提制栲胶；可做观赏树。

（3）含羞草属（*Mimosa* Linn.）　多年生有刺草本或灌木，稀为乔木或藤本。二回羽状复叶，常很敏感，触之即闭合而下垂。花小，两性或杂性，组成稠密的球形头状花序或圆柱形的穗状花序；花萼钟状；花瓣下部合生，雄蕊与花瓣同数或为其 2 倍，分离。荚果成熟时横裂为数节，每节含 1 种子。本属约有 500 种，大部分产于热带美洲；我国有 3 种，见于广东、广西和云南，均非原产；多数种有毒，可药用或观赏。

常见植物：含羞草（*Mimosa pudica* Linn.）为草本，具刺；头状花序圆球形，萼钟状，裂片 4，花瓣 4，雄蕊 4；原产于热带美洲，现广布于世界热带地区，野生于荒地、灌木丛中；全草药用，能安神镇静、止血收敛、散淤止痛；亦可栽培，供观赏。

（4）其他　本科的台湾相思（*Acacia confusa* Merr.）为乔木，叶柄扁平化成叶状；产于华南，花含芳香油，树皮含单宁，木材质优，为荒山造林及水土保持的优良树种，现已人工种植，是人工造林的主要树种。海红豆（*Adenanthera pavonina* Linn.）为高大落叶乔木，种子鲜红色；产于热带亚洲及非洲，我国中南部有栽培。

2. 云实（苏木）科（Caesalpiniaceae）

$$\uparrow K_5\ C_5\ A_{10}\ \underline{G}_{1:1}$$

云实科约 180 属 3 000 种，分布于热带和亚热带；我国有 21 属，约 113 种，主产于南部和西南部。其中有建筑或家具用材树种、庭院观赏树种及药用植物。

云实科的特征：多为木本。常为偶数羽状复叶，稀单叶。花两性，两侧对称；萼片 5；花瓣 5，覆瓦状排列，最上 1 瓣在最内，形成假蝶形花冠；雄蕊 10，或较少，多分离。荚果，有时具横隔。染色体 $x=6\sim14$。

（1）云实属（*Caesalpinia* Linn.） 乔木、灌木或藤本，通常有刺。二回羽状复叶。花两性，较大，通常美丽，黄色或橙黄色。荚果卵形、长圆形或披针形，平滑或有刺，革质或木质；种子无胚乳。本属约 100 种，分布于热带和亚热带地区；我国产 17 种，主产于南部和西南部。有的种类可提取苏木素，或做药用、绿篱及观赏。

常见植物：云实［*Caesalpinia decapetala* (Roth.) Alston］（图 4-41）为藤本，具刺；小叶膜质，长圆形；总状花序顶生，花黄色；荚果长圆状舌形，长 6～12 cm，宽2.5～3 cm，沿腹缝线有狭翅，成熟时沿腹缝线开裂；产于长江以南各地；根、果药用，又常栽培为绿篱。苏木（*Caesalpinia sappan* Linn.）为小乔木，有疏刺，二回羽状复叶，花黄色，产于我国南部和西南部，心材可提取红色染料，也可供药用，根可提取黄色染料。

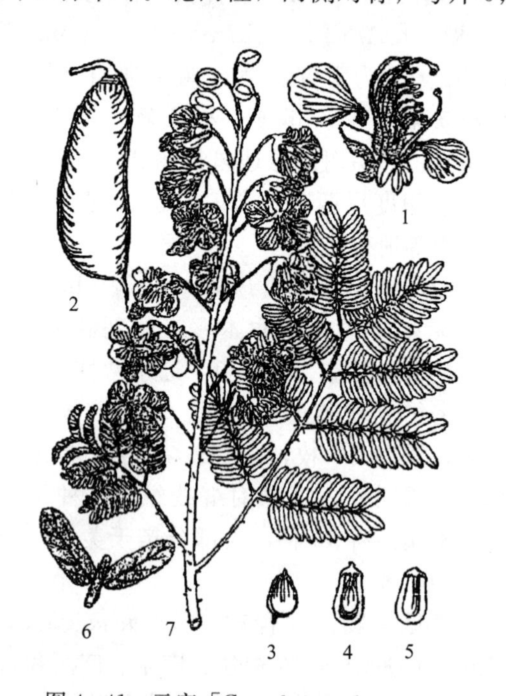

图 4-41 云实［*Caesalpinia decapetala* (Roth.) Alston］

1. 花 2. 荚果 3. 胚 4. 种子纵切面（示胚） 5. 种子的纵切面 6. 小叶 7. 花枝

（2）皂荚属（*Gleditsia* Linn.） 乔木或灌木，具分枝的粗刺。一回或兼有二回偶数羽状复叶，小叶边缘具齿，少全缘。花杂性或单性异株，淡绿色或绿白色，雄蕊 6～10。本属约有 16 种，分布于亚洲中部和美洲；我国产 6 种，广布于南北各省区。

常见植物：皂荚（*Gleditsia sinensis* Lam.）为落叶乔木，具分枝刺；羽状复叶，小叶 3～9 对，边缘具细锯齿，网脉明显；花杂性，细小，白色，排成总状花序；荚果大，长 12～37 cm，黑棕色；产于东北、华北、华东、华南及四川、贵州，生于山坡林中或谷地、路旁；本种木材坚硬，为车辆、家具用材；荚果煎汁可代肥皂用；荚、种子、刺均入药。

（3）紫荆属（*Cercis* Linn.） 灌木或乔木。单叶，互生，具掌状叶脉。花两性，紫红色或粉红色；雄蕊 10，分离。荚果扁，狭长圆形，于腹缝线一侧常有狭翅。本属约有 8 种，通常分布于温带地区；我国有 5 种，多数为观赏植物。

常见植物：紫荆（*Cercis chinensis* Bunge）（图 4－42）为灌木；叶片近圆形，全缘；花紫色，2～10 余朵簇生于老枝和主干上；子房有柄，荚果扁平，果皮薄；产于华北、华东、西南、中南及甘肃、陕西和辽宁，生于山坡、溪旁和灌丛中，或栽培于庭园，供观赏；树皮、木材和根入药，有活血行气、消肿止痛、祛淤解毒之效；树皮、花梗为外科疮疡要药。

图 4－42　紫荆和红花羊蹄甲

1～3. 紫荆（*Cercis chinesis* Bunge）　1. 果枝　2. 花枝　3. 花

4～5. 红花羊蹄（*Bauhinia blakeana* Dunn）　4. 树枝及花芽　5. 花

（4）决明属（*Cassia* Linn.）　木本或草本。偶数羽状复叶，叶柄和叶轴上常有腺体。花常黄色。荚果圆柱形或扁平，里面于种子间有横隔。本属约有 600 种，分布于热带和亚热带地区，少数分布至温带地区；我国有 10 余种，广布于各地。

常见植物：决明（*Cassia tora* Linn.）为草本，高 1～2m；小叶 3 对，倒卵形；花深黄色，雄蕊 10，内有不育的 3 个；荚果纤细，近四棱形，长达 15 cm；遍布于长江以南各省区，生于山坡、旷野及河滩沙地上；种子入药，为解热药，清肝明目，同时还可提取蓝色染料；苗叶和嫩果可食。黄槐（*Cassia surattensis* Burm. f.）为落叶小乔木，花冠鲜黄至深黄色，枝叶茂密，树姿优美，花期长，为热带和亚热带地区广为栽培的行道树。

（5）羊蹄甲属（*Bauhinia* Linn.）　乔木、灌木或藤本，有时有卷须。叶常 2 裂，稀全缘或分裂至基部。花多数，大而美丽；花瓣 5，稍不相等；有爪；雄蕊 10，有时退化为 3～5 或 1，花丝分离。果线形或长圆形，扁平。本属约 600 种，分布于热带和亚热带地区；我国约有 40 种，大都分布于南部和西南部，长江以北极少。

常见植物：白花羊蹄甲（*Bauhinia acuminata* Linn.）花白色，能育雄蕊 10 枚；红花羊蹄甲（又名紫荆花，*Bauhinia blakeana* Dunn）（图 4－42）花红色排成总状花序，能育雄蕊 5 枚（我国香港特别行政区的区徽即为该花图案）；羊蹄甲（*Bauhinia purpurea* Linn.）花紫红色，能育雄蕊 3 或 4 枚；洋紫荆（*Bauhinia variegata* Linn.）花粉红色排成伞房花序，能育雄蕊 5 枚。这些均为我国南部庭园绿化及行道树种。

（6）其他　本科的格木（*Erythrophleum fordii* Oliv.）为常绿乔木，二回羽状复叶，花白色排成圆锥花序，产于华东至华南，木材优良。凤凰木［*Delonix regia*（Bojca）Raf.］为落叶乔木，二回羽状复叶长 20～60 cm，原产于非洲，世界热带地区常见栽培，我国南方有引种，常见于庭园和道路两侧，也是人工林的重要组成树种，木材可制轻便小型家具。

3. 蝶形花科（Fabaceae）

$$\uparrow K_{(5)}\ C_{1+2+2}\ A_{(9+1),10}\ \underline{G}_{1:1}$$

蝶形花科约有 440 属 12 000 种，广布世界各地，是被子植物中的第三大科；我国有 128 属 1 372 种，全国各地均有分布。本科植物不仅数量大，而且蛋白质含量高，家畜的适口性也比较好，在天然草地上具有重要的地位，著名的栽培牧草有紫花苜蓿、三叶草、野豌豆、草木樨等，据此它在各科牧草中被排列在首位。此外，很多豆科植物栽培供食用或为油料作物，如大豆、落花生、豌豆、蚕豆、豇豆、菜豆等；有些为绿肥植物，有的可供药用，有的种类可改良土壤、保持水土，有的用做蜜源、染料等；有的乔、灌木种类可作行道树、庭院绿化树和优质用材树种。

蝶形花科的特征：草本，灌木或乔木。根具根瘤。羽状复叶或三出复叶，稀为单叶，有时具有卷须，有托叶。花两侧对称；萼齿 5；花冠蝶形，最上方 1 片最大，为旗瓣，两侧两片为翼瓣，最里面两片常连合为龙骨瓣；雄蕊 10，成二体或单体，少分离。荚果开裂或不开裂，有时形成横断开裂的节荚。染色体 $x=5\sim13$。

蝶形花科常见植物分族分属检索表

1. 雄蕊 10，分离或仅基部合生。
  2. 乔木、灌木或草本；羽状复叶；荚果串珠状（Ⅰ. 槐族 Sophoreae）………… 槐属（*Sophora* Linn.）
  2. 灌木或草本，掌状三出复叶；荚果扁，不为串珠状（Ⅱ. 黄华族 Podalyrieae）。
    3. 常绿灌木；托叶贴生于叶柄上 ……………………………… 沙冬青属（*Ammopiptanthus* Cheng f.）
    3. 草本；托叶分离 ……………………………………………………… 野决明属（*Thermopsis* R. Br.）
1. 雄蕊 10，连合为二体或单体。
  4. 荚果如含有种子 2 粒以上时，不在种子间裂为荚节，通常为 2 瓣裂或不开裂。
    5. 乔木或攀缘状灌木；奇数羽状复叶，小叶互生，无托叶；荚果通常含 1～2 粒种子而不开裂（Ⅷ. 黄檀族 Dalbergieae）。
      6. 花小，带白色或红色；花药以基部附着花丝，其二药室背与背对；荚果薄而扁平，呈矩圆形或带状…………………………………………………………………… 黄檀属（*Dalbergia* Linn. f.）
      6. 花较大，带黄色；花药以背部附着花丝而可转动；荚果圆形或卵形，其周围常具宽翅 ………………………………………………………………………… 紫檀属（*Pterocarpus* Jacq.）
    5. 植株各种习性均有，但多为草本植物；荚果含 1 至多数种子，开裂或否。
      7. 雄蕊连合成单体；花药二型，5 枚较大的长圆形，基着，5 枚小的球形，背着药；单叶或掌状复叶，小叶 1～3 枚；荚果肿胀（Ⅸ. 染料木族 Genisteae）…………………………………………………… 猪屎豆（野百合）属（*Crotalaria* Linn.）
      7. 雄蕊合生为单体或为 9 与 1 的二组；花药通常均为一式。
        8. 小叶 5，其中 3 片丛聚于叶柄先端，另 2 片着生于叶柄基部，类似托叶；伞形花序，稀单生，其下托以叶状苞片1至数枚（Ⅲ. 百脉根族 Loteae） …………………… 百脉根属（*Lotus* Linn.）

8. 叶为羽状或掌状复叶，稀单叶；花序有各种形式，若为伞形花序，其下亦不托以叶状苞片。

9. 叶为3枚小叶组成的复叶，稀为仅有小叶1或至9枚。

10. 叶为掌状或羽状复叶，小叶边缘通常均有锯齿，托叶常与叶柄相连合；子房基部并无鞘状花盘（Ⅳ. 车轴草族 Trifolieae）。

11. 掌状三出复叶，少5～7小叶；花多数聚集成紧密的头状花序；荚果小，几乎完全藏于萼内 ………………………………………………………………………………… 车轴草属（*Trifolium* Linn.）

11. 羽状三出复叶；总状花序较紧密或稀疏，或为单花；荚果超出萼外。

12. 小叶边缘全部有锯齿；总状花序细长而稀疏；荚果含种子1～2粒 ………………………………………………………………………………………… 草木樨属（*Melilotus* Mill.）

12. 小叶边缘中部以上或上部有锯齿；总状花序短而紧密，或花单生；荚果含种子1至多数。

13. 荚果弯曲成马蹄铁形或卷成螺旋形，少为镰刀形或肾形 ……… 苜蓿属（*Medicago* Linn.）

13. 荚果劲直或微弯。

14. 荚果条形或圆柱形，膨胀或稍扁，先端具长喙；花单生或组成短总状花序……………………………………………………………………………… 胡卢巴属（*Trigonella* Linn.）

14. 荚果椭圆形至狭矩圆形，常扁平，先端具短喙或喙不明显；花序通常短总状………………………………………………………………………… 扁蓿豆属（*Melilotoides* Heist. ex Fabr.）

10. 叶为羽状或有时为掌状复叶；小叶全缘或具裂片；托叶不与叶柄相连合；子房基部常有鞘状花盘所包围（Ⅹ. 菜豆族 Phaseoleae）。

15. 花柱光滑无毛。

16. 腋生总状花序，花序轴延续一致，花的着生处无瘤状隆起（栽培作物） ………………………………………………………………………………… 大豆属（*Glycine* Willd.）

16. 花单生或2～3朵簇生于腋生花序轴瘤状隆起的节上。

17. 花萼钟形，其后方2裂片常合生为1，前方居中的1裂片常较其他裂片为长；荚果长而稍扁，缝线两侧不具纵肋；缠绕性灌木或草本，常具块根 ………………………………………………………………………………………… 葛属（*Pueraria* DC.）

17. 花萼二唇形，其后方2裂片远大于前方的3裂片；荚果大而扁平，其缝线的两侧各具一纵肋；缠绕性草本；不具块根 ……………………………………… 刀豆属（*Canavalia* DC.）

15. 花柱上部于后方具纵列的须毛，或于柱头周围具柔毛。

18. 龙骨瓣先端具螺旋状卷曲的长喙，翼瓣与龙骨瓣合生；种子肾形，脐小………………………………………………………………………………… 菜豆属（*Phaseolus* Linn.）

18. 龙骨瓣先端钝圆或具喙，但不螺旋状卷曲。

19. 旗瓣大而阔，长于翼瓣；荚果圆柱形，细长……………………………… 豇豆属（*Vigna* Savi）

19. 花瓣近等长；荚果扁平，线形或矩圆形 ……………………………… 扁豆属（*Dolichos* Linn.）

9. 叶为4枚乃至多数小叶组成的复叶，稀仅具小叶1～3枚。

20. 叶通常为偶数羽状复叶，只鹰嘴豆属（*Cicer*）中我国栽培的1种为单数羽状复叶，在叶轴顶端多半具卷须或少数变为刚毛状（Ⅶ. 野豌豆族 Fabeae）。

21. 偶数羽状复叶；小叶全缘。

22. 花柱圆柱形，上部四周被长柔毛或在顶端外面有一丛髯毛 ………………………………………………………………………………………… 野豌豆属（*Vicia* Linn.）

22. 花柱扁，在上部里面只有长柔毛，像刷形。

23. 花柱不纵折；托叶或多或少小于小叶；雄蕊管口斜形。

24. 种子为双凸镜状；萼较花瓣稍长 ……………………………………… 兵豆属（*Lens* Mill.）

24. 种子不为双凸镜状；萼较花瓣短 …………………… 山黧豆（香豌豆）属（*Lathyrus* Linn.）

23. 花柱向外面纵折；托叶大于小叶；雄蕊管口截形 …………………… 豌豆属（*Pisum* Linn.）
21. 奇数羽状复叶；小叶边缘有锯齿 …………………………………… 鹰嘴豆属（*Cicer* Linn.）
20. 叶为奇数羽状复叶，如为偶数复叶时，则不于顶端具卷须，仅叶的中肋（即小叶轴）有时延伸呈刺状；稀（如补骨脂属）为单叶（Ⅴ. 山羊豆族 Galegeae）。
25. 叶常具腺点或透明微点；雄蕊合生为单体；荚果通常含 1 种子而不开裂。
26. 草本或半灌木；花具 5 花瓣的蝶形花冠；单叶 ………………………… 补骨脂属（*Psoralea* Linn.）
26. 通常为灌木；花仅有 1 旗瓣，翼瓣与龙骨瓣均不存在；奇数羽状复叶 ………………………………………………………………………… 紫穗槐属（*Amorpha* Linn.）
25. 叶不具腺点；雄蕊通常为 9 与 1 的 2 组；荚果大都含种子 2 枚至多数，二瓣裂开，亦可不裂或迟缓裂开。
27. 花序总状或复总状，顶生；乔木、灌木或木质藤本。
28. 花大型，组成下垂的长总状花序；叶通常具小叶 9 枚以至多数 ………………………………………………………………………… 紫藤属（*Wisteria* Nutt.）
28. 花美丽，组成顶生圆锥花序；叶通常具小叶 5～9 枚，稀 13～19 枚 ……………………………………………………………… 鸡血藤属（*Millettia* Wight et Arn.）
27. 花序总状、穗状、伞形或头状，稀为花单生或簇生，但通常均为腋生。
29. 荚果扁平或于种子间具有横隔。
30. 乔木或灌木；叶具数对（常在 10 对以下）小叶，托叶常变为刺；荚果薄而扁平，腹缝线上具窄翅，种子间无横隔 ……………………………………… 洋槐属（*Robinia* Linn.）
30. 草本或为木质而柔软的灌木；叶具多数（常在 20 对以上）小叶；托叶不变为刺；荚果细长无翅而边缘常变厚，种子间具横隔 ……………………………… 田菁属（*Sesbania* Scop.）
29. 荚果常膨大或肿胀，或为圆筒形，但种子间不具横隔。
31. 荚果膜质膀胱状，矩圆形，有长柄；旗瓣圆形，顶端凹，基部具爪；花柱的后方具纵列的须毛 ………………………………………………………… 苦马豆属（*Swainsonia* Salisb.）
31. 荚果非膜质膀胱状；旗瓣较窄狭；花柱通常光滑无毛。
32. 落叶灌木；叶通常为偶数羽状复叶，其中肋常延伸呈刺状而宿存，稀可在锦鸡儿属（*Caragana*）中叶为掌状复叶而中肋不延伸。
33. 花淡紫色，以 2～3 花组成总状花序；荚果具柄（子房柄），膨大，呈倒卵形至矩圆形；小叶 1～2 对；托叶细长，变为刺 …………… 盐豆木属（*Halimodendron* Fisch.）
33. 花黄色或带白色，单生或簇生；荚果大都无柄，细长或呈矩圆形，亦可肿胀呈圆筒形。
34. 萼筒着生于花柄上，向下倾斜，而不与花柄成一直线；龙骨瓣劲直，不与翼瓣相愈合，常等长于旗瓣；荚果 1 室；小叶 1～9 对，托叶不与叶柄基部相连合，为脱落性或宿存而呈刺状 ……………………………………… 锦鸡儿属（*Caragana* Fabr.）
34. 萼筒着生于花柄上，并不向下倾斜，两者成一直线；龙骨瓣向内弯曲而与翼瓣相愈合，常较旗瓣为短；荚果以缝线向内深入，常被隔成 2 室；小叶 5～20 对，托叶常与叶柄基部相连合，但不呈刺状 …………………… 黄芪属（*Astragalus* Linn.）
32. 草本或灌木；叶常为奇数羽状复叶，其中肋常与小叶一同脱落，若宿存也不呈刺状。
35. 花常聚成头状花序；药室不于顶端联合，花药均为同型。
36. 龙骨瓣先端钝圆或稍尖 ……………………………… 黄芪属（*Astragalus* Linn.）
36. 龙骨瓣先端具喙 ………………………………………… 棘豆属（*Oxytropis* DC.）
35. 花组成总状或穗状花序；药室于顶端联合，花药不同大，其中 5 枚较小；植株常具腺毛；荚果光滑或常具刺与瘤状突起 ……………… 甘草属（*Glycyrrhiza* Linn.）
4. 荚果含有种子 2 粒以上时，则于种子间隔裂或紧缩为 2 至数节，各节荚常具网状纹，含 1 粒种子而不开裂，或有时荚果退化而仅具 1 节（Ⅵ. 岩黄芪族 Hedysareae）。

37. 具刺灌木，叶退化为单叶 …………………………………………………… 骆驼刺属（*Alhagi* Gagneb.）
37. 无刺灌木或草本；羽状复叶或三出复叶。
  38. 三出复叶。
    39. 托叶细小，呈锥形而为脱落性；灌木或草本 …………………… 胡枝子属（*Lespedeza* Michx.）
    39. 托叶大形，膜质而宿存；一年生草本 ………………………… 鸡眼草属（*Kummerowia* Schindl.）
  38. 羽状复叶。
    40. 由4小叶组成的偶数羽状复叶；花后子房以雌蕊柄延长而伸入土中 ……………………………………………………………………………………… 落花生属（*Arachis* Linn.）
    40. 奇数羽状复叶。
      41. 荚果1至数节，荚节近圆形或方形……………………………… 岩黄芪属（*Hedysarum* Linn.）
      41. 荚果通常仅1节，半圆形或肾形 ……………………………… 驴豆属（*Onobrychis* Mill.）

Ⅰ. 槐族（Sophoreae）

槐属（*Sophora* Linn.）　乔木、灌木或多年生草本。奇数羽状复叶。总状或圆锥花序，花冠黄色或白色；雄蕊10，分离或仅基部合生。荚果串珠状。本属70余种，分布于温带和亚热带；我国有21种，南北均产。多数种为有毒植物，有的可药用、做绿肥或用于保持水土等。

常见植物：苦豆子（*Sophora alopecuroides* Linn.）（图4-43）为多年生草本，全株灰绿色，密被绢毛；小叶11～25，矩圆状披针形或矩圆形；总状花序顶生，花淡黄色，翼瓣有耳；产于华北、西北及西藏，多生于湖盆低地、覆沙地及固定、半固定沙地；为有毒植物，也是很好的绿肥植物。苦参（*Sophora flavescens* Ait.）为多年生草本，全株绿色，无毛；奇数羽状复叶，小叶11～19，卵状矩圆形至披针形；总状花序顶生，花淡黄色，翼瓣无耳；产于我国南北各地，生于山坡、沙地、田埂；根入药。槐（*Sophora japonica* Linn.）为落叶乔木，幼枝绿色；花黄白色；雄蕊10，分离；荚果串珠状；为我国北方习见的行道树和庭园树。龙爪槐（*Sophora japonica* f. *pendula* Hort.）各地栽培供观赏。

本族的花榈木（*Ormosia* spp.）为优良的材用树种，大都分布于我国南方。

Ⅱ. 黄华族（Podalyrieae）

（1）沙冬青属（*Ammopiptanthus* Cheng f.）　常绿灌木。叶革质，掌状三出复叶，少单叶；托叶贴生于叶柄上。总状花序，花黄色；雄蕊10，分离。荚果扁平。本属2种，我国均产；是亚洲中部荒漠特有的超旱生常绿灌木，有毒植物，可固沙，为国家重点保护植物。

常见植物：沙冬青[*Ammopiptanthus mongolicus*（Maxim.）Cheng f.]幼枝密被灰白色半伏绢毛；叶为掌状三出复叶，稀单叶，小叶菱状椭圆形至宽披针形，两面密被银白色绒毛；花黄色；荚果扁矩圆形；产于内蒙古西部、宁夏和甘肃，生于沙质及沙砾质荒漠。小沙冬青[*Ammopiptanthus nanus*（M. Pop.）Cheng f.]植株低矮，叶通常为单叶，宽椭圆形、宽倒卵形或倒卵形；产于新疆。

（2）黄华属（又名野决明属）（*Thermopsis* R. Br.）　多年生草本。掌状三出复叶；托叶叶状，分离。总状花序；花大形、黄色；雄蕊10，分离。荚果扁平，直或稍弯。本属约有25种，分布于温带；我国有12种，分布于北部、西北和西南部。

常见植物：披针叶黄华（*Thermopsis lanceolata* R. Br.）（图4-43）全株被白色柔

图 4-43 苦豆子、披针叶黄华及百脉根

1～6. 苦豆子（*Sophora alopecuroides* Linn.）

1. 花枝 2. 花 3. 旗瓣 4. 翼瓣 5. 龙骨瓣 6. 果实

7～12. 披针叶黄华（*Thermopsis lanceolata* R. Br.）

7. 花枝 8. 花萼纵剖 9. 旗瓣 10. 翼瓣 11. 龙骨瓣 12. 果实

13. 百脉根（*Lotus corniculatus* Linn.）花枝

毛；小叶矩圆状椭圆形或倒披针形；花大，黄色；荚果条形，扁平；产于东北、华北和西北，生于河岸盐化草甸、沙质地或石质山坡；羊、牛于晚秋、冬春喜食；全草入药。

Ⅲ. 百脉根族（Loteae）

百脉根属（*Lotus* Linn.） 多年生草本。叶具小叶5，其中3小叶生于叶柄顶端，其余2小叶着生于叶柄基部，类似托叶。伞形花序，少单生；萼钟状，花冠黄色、白色或紫色。荚果圆柱形，开裂。本属约有100种，分布于欧亚大陆、美洲和大洋洲；我国有8种，主产于西北地区。多为优良牧草。

常见植物：百脉根（*Lotus corniculatus* Linn.）（图4-43）小叶斜卵形至倒披针形，长5～15mm，宽4～8mm；花3～7朵组成伞形花序，花冠较大，黄色，干后常变蓝色；产于西北、西南和长江中上游各地，生于湿润而呈弱碱性的山坡、草地、田野或河滩地；为优良牧草，颇有推广前途。细叶百脉根（*Lotus ulatus* Linn.）小叶线形至长圆状线形，长12～

25mm，宽 2～4mm；花 1～3 朵组成伞形花序，花冠较小，黄色，干后变红；产于西北各地，生于潮湿的沼泽地边缘或湖旁草地。

Ⅳ. 车轴草族（Trifolieae）

（1）车轴草属（*Trifolium* Linn.）　草本。掌状三出复叶，少 5～7 小叶。花小，排列成头状、穗状或短总状花序，凋萎后不脱落。荚果小，几乎完全藏于萼内。本属约有 250 种，分布于欧亚大陆和美洲的温带地区；我国引入栽培和野生的共有 13 种。有些种为世界著名的牧草，其营养价值较高，适口性好，为家畜所喜食，也做绿肥及蜜源植物。

常见植物：白车轴草（又名白三叶草，*Trifolium repens* Linn.）（图 4-44）为多年生草本，茎匍匐；花多，密集成头状花序；花冠白色，稀黄白色或淡粉红色；是世界著名的优良牧草，原产于欧洲，我国引种栽培，新疆有野生。红车轴草（又名红三叶草，*Trifolium pratense* Linn.）为多年生草本，茎通常直立，多分枝；小叶上面有白斑；花序具多数花，密集成簇或头状；花冠紫红色；也是世界著名优良牧草，原产于欧洲，我国引种栽培，新疆有野生。杂种车轴草（又名杂三叶草，*Trifolium hybridum* Linn.）花红色或紫红色。绛车轴草（*Trifolium incarnatum* Linn.）为一年生草本；花序圆筒状，花绛红色；为引种栽培的优良牧草。野火球（*Trifolium lupinaster* Linn.）为多年生草本；掌状复叶，常具 5 小叶，小叶长椭圆或倒披针形；花序头状，花红紫色或淡红色；产于东北、华北和新疆，多生于肥沃的壤质黑钙土和黑土上；为良好的饲用植物，可在水分条件好的地区引种栽培。

（2）草木樨属（*Melilotus* Mill.）　一年生或二年生草本，全株多有香气。羽状三出复叶，小叶边缘全部有锯齿；花小，组成细长或疏松的总状花序，花黄色或白色。荚果小，不开裂，含种子 1～2 粒。本属约有 20 种，分布于欧亚大陆温带地区；我国有 5 种 1 亚种，分布甚广，北部尤多。全草含有香豆素；多为优良牧草，许多种已育成地区性的栽培品种；还可做绿肥、水土保持和蜜源植物。

常见植物：草木樨［*Melilotus officinalis*（Linn.）Pall.］（图 4-44）小叶倒卵形至倒披针形，边缘有疏锯齿；花黄色；荚果近球形，有网纹，含种子 1 粒；产于我国东北、华北和西北，多生于河滩、沟谷、湖盆洼地等低湿地，为优等饲用植物，现已广泛栽培。细齿草木樨［*Melilotus dentata*（Wald. et Kit.）Pers.］小叶边缘具细锯齿；花黄色；荚果卵形或近球形，表面具网纹，含种子 1～2 粒；产于东北、华北、西北和华东，多生于低湿草地、路旁、滩地，为优等饲用植物。白花草木樨（*Melilotus alba* Medic ex Desr.）小叶边缘具疏锯齿；花白色；荚果小，椭圆形或近圆形，表面具网纹，内含种子 1～2 粒；产于东北、华北和西北；为优等饲用植物。

（3）苜蓿属（*Medicago* Linn.）　一年生或多年生草本。羽状三出复叶，小叶边缘上部有锯齿，中下部全缘。短总状或头状花序；花小，黄色或紫色。荚果螺旋形、镰刀形或肾形，不开裂，含种子 1 至数粒。本属约有 65 种，分布于地中海区域、西南亚、中亚和非洲；我国有 14 种 2 变种，分布甚广，西北种类尤多；多为优良牧草。

常见植物：紫花苜蓿（*Medicago sativa* Linn.）（图 4-44）为多年生草本；茎直立，多分枝；小叶倒卵形或倒披针形；短总状花序腋生，花紫色或蓝紫色；荚果螺旋形；为世界上栽培最广泛的优良豆科牧草，我国栽培紫花苜蓿已有 2 000 多年的历史，目前主要分布在黄河中下游及西北地区，东北的南部也有少量栽培。黄花苜蓿（*Medicago falcata* Linn.）为

图 4-44 紫花苜蓿、草木樨和白车轴草

1～6. 紫花苜蓿（*Medicago sativa* Linn.）

1. 植株的一部分 2. 花 3. 旗瓣 4. 翼瓣 5. 龙骨瓣 6. 果实

7～11. 草木樨［*Melilotus officinalis*（Linn.）Pall.］

7. 植株的一部分 8. 旗瓣 9. 翼瓣 10. 龙骨瓣 11. 果实

12～14. 白车轴草（*Trifolium repens* Linn.） 12. 植株的一部分及叶 13. 花 14. 果实

多年生草本；茎斜升或平卧；小叶椭圆形至倒披针形；总状花序密集成头状，花黄色；荚果镰刀形；产于东北、华北和西北，喜生于沙质或沙壤质土，多见于河滩、沟谷及草甸草原，为优等饲用植物。天蓝苜蓿（*Medicago lupulina* Linn.）为一年生草本，高10～30cm；花黄色，荚果肾形，含种子1粒；产于东北、华北、西北、华中及四川、云南等地，多生于微碱性草甸、沙质草原、田边、路旁，为优等饲用植物。

（4）扁蓿豆属（*Melilotoides* Heist. ex Fabr.）　多年生或一年生草本。羽状三出复叶，小叶边缘有齿，通常可达基部附近，短总状花序花黄色，常带淡蓝色或紫色晕彩。荚果扁平，宽椭圆形至矩圆形，通常直。本属有5种，我国产4种，多为优良牧良。

常见植物：扁蓿豆［*Melilotoides ruthenica*（Linn.）Sojak.］为多年生草本，茎多分枝；小叶矩圆状披针形、披针形或条状楔形，宽2～4（7）mm，花污黄色而有紫色脉纹；荚果扁平，矩圆形或椭圆形；广泛分布于我国北部，生于丘陵坡地、沙质地、路旁，为优等饲用植物，颇有推广栽培前途。

Ⅴ.山羊豆族（Galegeae）

（1）锦鸡儿属（*Caragana* Fabr.）　灌木。偶数羽状复叶或假掌状复叶，叶轴脱落或宿存变成刺状；托叶宿存并硬化成针刺。花多为黄色，单生或簇生。荚果细长，膨胀或扁平。本属约有100种，分布于欧亚大陆；我国约有62种，主要分布于黄河以北的干旱地区。多数种为草原至荒漠区的良好饲用灌木，有些种还可做固沙、蜜源及庭园绿化等用。

常见植物：小叶锦鸡儿（*Caragana microphylla* Lam.）树皮灰黄色或黄白色；小叶10～20，羽状排列，倒卵形或倒卵状矩圆形，先端微凹或圆形；花单生，黄色，长20～25mm；荚果圆筒形，顶端斜长渐尖；产于东北、华北和西北，广泛散生于典型草原群落中，为良好饲用灌木。柠条锦鸡儿（*Caragana korshinskii* Kom.）株高1.5～3m；树皮金黄色，有光泽；小叶12～16，羽状排列，倒披针形或矩圆状披针形，两面密被绢毛；花单生，黄色；荚果披针形或矩圆状披针形，略扁；产于西北地区，生于荒漠、荒漠草原地带的流动沙丘及半固定沙地，为中等饲用植物，亦为优良的固沙和保土植物。狭叶锦鸡儿（*Caragana stenophylla* Pojark.）为矮灌木，高15～70cm；树皮灰绿色或灰黄色，有光泽；小叶4，假掌状排列，条状倒披针形；花单生，黄色，花梗较叶短；荚果圆筒形，两端渐尖；产于东北、华北及西北，生于沙质或砾石质坡地，为良好饲用植物。此外，本属中习见而有饲用价值的还有中间锦鸡儿（*Caragana intermedia* Kuang et H. C. Fu）、白皮锦鸡儿（*Caragana leucophloea* Pojark.）、鬼箭锦鸡儿［*Caragana jubata*（Pall.）Poir.］等。做观赏的锦鸡儿（*Caragana* spp.）在北方地区的庭园、景区多有栽培。

（2）紫穗槐属（*Amorpha* Linn.）　灌木。奇数羽状复叶，常具腺点。花小，蓝紫色，密集为顶生圆锥状总状花序，花仅有1旗瓣，翼瓣及龙骨瓣均不存在。荚果通常含1粒种子而不裂开，通常有腺点。本属约有25种，主产于北美洲至墨西哥；我国引种1种。

常见植物：紫穗槐（*Amorpha fruticosa* Linn.）小叶11～25，矩圆形或椭圆形，常有腺点；花冠蓝紫色，旗瓣倒心形；荚果矩圆形，稍弯，表面有腺点；我国东北、华北、华东、中南和西南多有栽培，嫩枝叶可做饲料，枝条可编筐，又可作为防风固沙、水土保持树种。

（3）甘草属（*Glycyrrhiza* Linn.）　多年生草本，常有刺毛状或鳞片状腺体。单数羽状复叶。花序总状或穗状，花淡蓝紫色、白色或黄色。荚果卵形，椭圆形或条状矩圆形，有时弯曲成镰刀形或环形，具刺或瘤状突起或光滑。本属约有20种，遍布全球各大洲；我国有8种，主要分布于长江流域以北各省区。本属植物除药用外，大多供饲用。

常见植物：甘草（*Glycyrrhiza uralensis* Fisch.）根粗壮而深长，味甜；小叶7～17，卵形、倒卵形或椭圆形；花较大，淡蓝紫色或紫红色；荚果条状矩圆形、镰形或弯曲成环形，密被刺毛；产于我国东北、华北及西北，生长于沙质地；根入药，为著名的中药材。本属中绝大部分种的根均以甘草入药。

（4）棘豆属（*Oxytropis* DC.） 草本或半灌木。奇数羽状复叶或小叶轮生，罕见偶数羽状复叶。花序总状、穗状，有时密集近头状；花紫色、白色或淡黄色，龙骨瓣先端具喙。荚果常膨胀，膜质或革质，1室或2室。本属有300余种，分布于北温带；我国约有146种，产于西南、西北至东北。其中有些种可饲用，有的为有毒植物。

常见植物：刺叶柄棘豆（又名猫头刺，*Oxytropis aciphylla* Ledeb.）为矮小半灌木，高10～15 cm；叶轴宿存呈刺状，偶数羽状复叶，小叶4～6，条形；总状花序腋生，具1～2花；花冠蓝紫色、红紫色或粉红色；荚果矩圆形，硬革质；产于我国西北，生长于石质平原、覆沙地及丘陵坡地，其嫩枝叶和花可饲用。小花棘豆（又名醉马草）[*Oxytropis glabra*（Lam.）DC.]（图4-45）为多年生草本，高20～30cm，茎匍匐，上部斜升；小叶11～19，披针形或卵状披针形；花小，长6～8mm，淡蓝紫色；荚果矩圆形，下垂；产于我国西北，生长于湖盆边缘和沙丘间盐湿低地，为有毒植物，能引起家畜慢性中毒，其中以马中毒较严重。此外，黄花棘豆（*Oxytropis ochrocephala* Bunge）、甘肃棘豆（*Oxytropis kansuensis* Bunge）、密花棘豆（*Oxytropis imbricata* Kom.）等均为有毒植物。

（5）黄芪属（*Astragalus* Linn.） 草本或半灌木。植株通常被单毛或丁字毛。奇数羽状复叶，有时仅具3小叶或1小叶。总状、头状或穗状花序；花蓝紫色、黄色或白色。荚果椭圆形、矩圆形、卵形、圆筒形，膜质或革质，2室或不完全2室，少1室。本属约有2 000多种，除大洋洲外，全世界广布；我国有278种，南北各地均产，其中有许多种是可饲用的牧草，有的可供药用或做绿肥。

常见植物：斜茎黄芪（*Astragalus adsurgens* Pall.）（图4-45）为多年生草本，茎粗壮，斜升，茎数个至多数丛生；小叶7～23枚，卵状椭圆形、椭圆形或矩圆形，下面有白色丁字毛；总状花序腋生，花蓝紫色或红紫色；荚果矩圆形；产于东北、华北、西北及西南各地，生长于草甸、林缘、灌丛及农田，为优等饲用植物。草木樨状黄芪（*Astragalus melilotoides* Pall.）为多年生草本，茎直立，多分枝；小叶3～7，矩圆形；总状花序细长，花小，多而疏生，粉红色或白色；荚果小，近圆形；产于东北、华北、西北及华中，生长于山坡、沟旁或河床沙地，为良等饲用植物。紫云英（*Astragalus sinicus* Linn.）产于北纬24°～35°之间，我国长江流域和长江以南各省有栽培，种植作稻田绿肥，并为优等猪饲料。此外，沙打旺[*Astragalus adsurgens* Pall. ‘Shadawang’]为良好的栽培牧草和绿肥植物，在北部许多地区已推广种植。内蒙古黄芪（*Astragalus mongolicus* Bunge）为多年生草本，根长而粗壮，作“黄芪”入药；产于内蒙古、吉林、山西和河北，生于山地、沟边或疏林下，或为栽培。

（6）其他 本族中可供药用、观赏和其他经济用途的还有下述几种。补骨脂（*Psoralea corylifolia* Linn.）产山西、陕西、河南、安徽、江西、广东、贵州、四川和云南，栽培或

图 4－45　斜茎黄芪、小花棘豆和广布野豌豆

1～5. 斜茎黄芪（*Astragalus adsurgens* Pall.）

1. 植株的一部分及果序　2. 旗瓣　3. 翼瓣　4. 龙骨瓣　5. 果实

6～11. 小花棘豆［*Oxytropis glabra*（Lam.）DC.］

6. 植株的一部分　7. 花　8. 旗瓣　9. 翼瓣　10. 龙骨瓣　11. 果实

12～15. 广布野豌豆（*Vicia cracca* Linn.）

12. 植株的一部分　13. 旗瓣　14. 翼瓣　15. 龙骨瓣

野生山坡、溪旁、田边，种子供药用，有补肾壮阳、补脾健胃之功效。紫藤（*Wisteria sinensis* Sweet）花含芳香油；茎皮及花供药用，能解毒驱虫、止吐泻；种子有防腐作用；我国除青海、新疆和西藏外均产，普遍栽培供观赏。多花紫藤（*Wisteria floribunda* DC.）原产日本，我国长江以南普遍栽培供观赏，树皮含单宁。鸡血藤（*Millettia reticulata* Benth.）产于华东、华南及湖北、云南，生于灌丛或山野中，茎皮纤维可做人造棉、造纸和编织；藤供药用，有散气、散风、活血之效；根药用，有舒筋活血的效用。田菁［*Sesbania cannabina*（Retz.）Pers.］产于江苏、浙江、福建、台湾和广东，华北地区有栽培，田菁属植物种子中的胚含有胶质；茎纤维可代麻；茎、叶做绿肥和家畜饲料。刺田菁（*Sesba-*

nia bispinosa W. F. Wight.）产于广东、四川西部和云南，用途同田菁。洋槐（*Robinia pseudoacacia* Linn.）各地均有引种栽培，供行道树、庭园绿化和荒山造林；花含芳香油；嫩叶和花可食。蓝靛（*Indigofera tinctoria* Linn.）、野青树（*Indigofera suffruticosa* Mill.）作为染料，我国南方有栽培。

Ⅵ. 岩黄芪族（Hedysareae）

（1）骆驼刺属（*Alhagi* Gagneb.） 多年生草本或半灌木。枝条及花序轴先端均硬化成刺状。单叶，全缘。总状花序，花红色。荚果串珠状，直或稍弯。本属有5种，分布于欧亚大陆的荒漠区。

我国仅有骆驼刺（*Alhagi sparsifolia* Shap.）1种，为半灌木，茎多分枝，有枝刺；叶倒卵形或矩圆形；花5～8朵排列于刺上，花冠红色；荚果串珠状；分布于我国内蒙西部、宁夏、甘肃和新疆，生于覆沙盐渍化低地上；为良好的饲用植物，骆驼喜食，也是重要的固沙植物。

（2）胡枝子属（*Lespedeza* Michx.） 灌木或草本。羽状三出复叶，小叶全缘；托叶锥形，脱落。总状或圆锥花序；花有2型，一种有花冠，结实或不结实；另一种无花冠，结实。荚果扁，卵形或椭圆形，网脉明显，不开裂，含种子1粒。本属有60余种，分布于东亚至澳大利亚及北美；我国有26种，除新疆外，广布于全国各地，其中许多种家畜采食，还可做绿肥，有些种可供水土保持、蜜源及庭园观赏用。

常见植物：胡枝子（*Lespedeza bicolor* Turcz.）（图4-46）为灌木；顶生小叶较大，宽椭圆形或卵形；总状花序腋生，长于叶，花冠紫色；荚果卵形，网脉明显；产于东北和华北，生于山地、林下或林缘，为中等饲用植物，还可做绿肥；根为清热解毒药，治疮疖和蛇咬伤。达乌里胡枝子［*Lespedeza davurica*（Laxm.）Schindl.］为多年生草本，茎稍斜升，小叶披针状矩圆形；总状花序较叶短或与叶等长，萼裂片先端刺芒状；花冠黄白色；产于东北、华北、西北、华中和西南，生于山坡、丘陵坡地及沙质地，为中等饲用植物，还可做绿肥。美丽胡枝子［*Lespedeza formosa*（Vog.）Kochne］产华北、华东、西南至广东，生于山坡林下、灌丛中，可做饲料，并为水土保持植物；根入药，有凉血消肿、除湿毒之效。

（3）岩黄芪属（*Hedysarum* Linn.） 草本或灌木。奇数羽状复叶。总状花序，花紫红色、白色或黄色，龙骨瓣常较翼瓣长。荚果具1～6荚节，扁平或膨胀，表面具网脉，有时有棱或刺。本属约有150种，分布于北温带；我国有41种，主要分布于内陆干旱和高寒地区，多数种可饲用，或为良好的水土保持及蜜源植物。

常见植物：塔落岩黄芪（又名羊柴，*Hedysarum laeve* Maxim.）（图4-46）为半灌木；小叶7～23枚，上部的叶具少数小叶，中下部的叶具多数小叶，枝上部小叶条形或条状矩圆形，下部小叶矩圆形、长椭圆形或宽椭圆形；总状花序具10～30朵花，花紫红色；荚果通常具1～2荚节，荚节矩圆状椭圆形，两面扁平，具网状脉纹；产于我国西北部，生于草原及荒漠草原的半固定、流动沙丘或黄土丘陵浅覆沙地，为优等饲用植物。细枝岩黄芪（又名花棒，*Hedysarum scoparium* Fisch. et Mey.）为灌木；下部叶具小叶7～11枚，上部叶具少数小叶，最上部的叶轴上完全无小叶，小叶披针形或条状披针形；总状花序腋生，花少数，排列疏散，花紫红色；荚果有荚节2～4，荚节近球形，膨胀，密被白色毡状柔毛；产于我国西北部，生长于荒漠区的半固定或流动沙丘上，为优良饲用灌木。此外，在我国北部天然草地习见的还有蒙古岩黄芪（*Hedysarum mongolicum* Turcz.）、华北岩黄芪（*Hedysarum gmelinii* Ledeb.）、山岩黄芪（*Hedysarum alpinum* Linn.）、红花岩黄芪（*Hedysarum multijugum* Maxim.）等，均为优良牧草。

图 4-46　胡枝子、塔落岩黄芪和红豆草

1～6. 胡枝子（*Lespedeza bicolor* Turcz.）

1. 花枝　2. 花　3. 旗瓣　4. 翼瓣　5. 龙骨瓣　6. 果实

7～12. 塔落岩黄芪（*Hedysarum laeve* Maxim.）

7. 花枝　8. 小叶　9. 旗瓣　10. 翼瓣　11. 龙骨瓣　12. 果实

13～17. 红豆草（*Onobrychis viciifolia* Scop.）

13. 花枝　14. 花　15. 旗瓣　16. 翼瓣和龙骨瓣　17. 果实

（4）驴豆属（*Onobrychis* Mill.） 草本或灌木。奇数羽状复叶，叶柄有时宿存而变为刺状。穗状或总状花序，花淡紫色、粉红色、白色或淡黄色。荚果通常仅1节，压扁，半圆形或肾形，有网纹或窝点，具刺或齿；含1粒种子，少2～3粒。本属约有120种，分布于北非、西亚、中亚及欧洲；我国有2种野生和1种栽培，分布于华北和西北，均为优良牧草。

常见植物：红豆草（*Onobrychis viciifolia* Scop.）（图4-46）为多年生草本；小叶13～27枚，矩圆形、披针形或长椭圆形；总状花序腋生，总花梗较叶长2～3倍，花冠粉红色，脉纹清晰；荚果半圆形，具网纹，背部有鸡冠状突起的尖齿；我国北部一些地区有较大面积栽培。顿河红豆草（*Onobrychis taneitica* Spreng）为多年生草本；小叶13～25枚，狭长椭圆形至长圆状线形；花粉红色；荚果半圆形，被短柔毛和网纹，网纹上具疏的乳突状短刺；产于新疆，生于山地草甸、林间空地和林缘，为良等牧草。

Ⅶ. 野豌豆族（Fabeae）

（1）野豌豆属（*Vicia* Linn.） 草本。茎多攀缘，少直立或匍匐。偶数羽状复叶；叶轴顶端具卷须或刚毛。花单生或总状花序，雄蕊管的顶端倾斜，花柱圆柱形，上部四周被长柔毛或在顶端有簇毛。荚果扁。本属约有200种，分布于北温带和南美洲；我国有43种，南北均产，大多数种为优良牧草。

常见植物：蚕豆（*Vicia faba* Linn.）为一年生草本，茎直立不分枝；小叶2～6枚，长4～8 cm，宽2.5～4 cm，托叶大；花白色带红而有紫色斑纹；荚果大而肥厚，长5～10 cm；种子长圆形，略扁，为豆类作物中最大者；我国广泛栽培。广布野豌豆（*Vicia cracca* Linn.）（图4-45）为多年生草本，茎攀缘或斜升，有棱；小叶10～24枚，狭椭圆形或狭披针形，托叶半边箭头形；旗瓣提琴形；全国均有分布，生于河滩草甸、林缘草甸、灌丛及林间，为优等饲用植物。本属常见牧草还有歪头菜（*Vicia unijuga* A. Br.）、假香野豌豆（*Vicia pseudo-orobus* Fisch. et Mey.）、窄叶野豌豆（*Vicia angustifolia* Linn.）、新疆野豌豆（*Vicia costata* Ledeb.）等；毛叶苕子（*Vicia villosa* Roth）、救荒野豌豆（*Vicia sativa* Linn.）、山野豌豆（*Vicia amoena* Fisch.）等，为广泛栽培的优良牧草或绿肥植物。

（2）山黧豆属（又名香豌豆属，*Lathyrus* Linn.） 草本。茎攀缘，少直立或平卧。偶数羽状复叶，叶轴末端形成卷须或小刺。总状花序腋生；雄蕊管口部截形；花柱扁，上部里面（或下方）被毛，如刷状。荚果稍扁或近圆柱形。本属约有130种，主要分布于欧、亚及北美的温带地区；我国有18种，主要分布于东北、华北、西北及西南地区，多数种为优良牧草。

常见植物：香豌豆（*Lathyrus odoratus* Linn.）为一年生草本，茎具翅；小叶2，宽椭圆形或卵形，叶轴具翅，顶端具3～5卷须，托叶半箭头形；总状花序腋生，有1～3朵花，花冠有各种颜色，有香气；荚果矩圆形，扁，长约7cm，被长硬毛；原产于意大利，我国各地有栽培，供观赏。牧地山黧豆（*Lathyrus pratensis* Linn.）为多年生草本；叶具2小叶，披针形；总状花序具5～8花，黄色；产于我国东北、西北及四川、云南等地，生长于山坡草地、沟边及林缘，为饲用及蜜源植物。家山黧豆（*Lathyrus sativus* Linn.）为一年生草本，茎有翅；具小叶2枚，条状披针形或披针形；花腋生，通常单生，白色、蓝色或粉红色；我国北部栽培可做家畜饲料。

（3）豌豆属（*Pisum* Linn.） 一年生或多年生草本。偶数羽状复叶，小叶1～3对，叶轴顶端有分枝的卷须；托叶大，叶状。花单生或数朵排成总状花序，腋生，花冠白色、紫色或红色；雄蕊10，连合为（9+1）二体；花柱扁而纵折，沿内侧面有纵列髯毛。荚果长圆形，肿胀，有球形种子数粒。本属有6种，分布于地中海和西亚。

常见植物：豌豆（*Pisum sativum* Linn.）（图4-47）我国广泛栽培，豌豆苗蔬食，豌豆可加工成各种食品。

（4）其他　本族中的豆类作物还有兵豆（*Lens culinaris* Medic.）和鹰嘴豆（*Cicer arietinum* Linn.）等。

图4-47　豌豆（*Pisum sativum* Linn.）
1. 花枝　2. 旗瓣　3. 翼瓣　4. 龙骨瓣
5. 雄蕊　6. 果实　7. 花图式

Ⅷ. 黄檀族（Dalbergieae）

（1）黄檀属（*Dalbergia* Linn. f.）　攀缘状灌木或乔木。奇数羽状复叶，小叶互生，无托叶。多数小花排成顶生或腋生的二歧聚伞花序或圆锥花序；花白色、紫色或黄色；雄蕊10，稀9枚，单体或二体（5+5，稀9+1）。荚果长圆形或带状，薄而扁平，通常具1～2粒种子而不开裂。本属约120种，分布于热带和亚热带地区；我国约有25种，分布于西南至东南部，多为优良用材树种。

常见植物：黄檀（*Dalbergia hupeana* Hance）为乔木；小叶9～11枚；圆锥花序顶生或生于上部叶腋，花冠淡紫色或白色，雄蕊（5+5）二体；荚果矩圆形，扁平，长3～7cm，有种子1～3粒；产于长江以南各地，生于多石山地灌丛中，木材坚韧、致密，可做各种负重及拉力强的用具及器材，又称为酸枝木（本属的一些种类和野生荔枝木材也称为酸枝）；又是放养紫胶虫的优良寄主。降香黄檀（*Dalbergia odorifera* T. C. Chen）除木材质佳外，其茎部心材为香料，根部心材名降香，供药用，为良好的镇痛剂。

（2）紫檀属（*Pterocarpus* Jacq.）　乔木。奇数羽状复叶，小叶互生，革质，无小托叶。腋生总状花序或圆锥花序；花冠黄色，稀白色或紫色，伸出萼外，花瓣有长柄；雄蕊10，单体或二体（9+1或5+5）。荚果圆形或卵形，扁平，不开裂，具宽翅；种子1至数粒。本属约30种，分布于热带地区。

常见植物：紫檀（又名青龙木，*Pterocarpus indicus* Willd.）木材质优，俗称红木，红棕色，供制乐器、优质家具和工具；树脂、木材还可供药用；产于我国南部，生于坡地疏林中或栽培，印度、印度尼西亚、菲律宾、缅甸也有。

（3）其他　本族中作为杀虫剂的植物锈毛鱼藤（*Derris ferruginea* Benth）和鱼藤（*Derris trifoliata* Lour.）产于我国南部和西南部；毛鱼藤［*Derris elliptica*（Wall.）Benth.］在华南有栽培。

Ⅸ. 染料木族（Genisteae）

猪屎豆属（又名野百合属，*Crotalaria* Linn.）　一年生或多年生草本或亚灌木。单叶或掌状复叶。花单生或排成总状花序；花冠黄色或紫色；雄蕊10，合生成单体，花药异型，5枚较大的长圆形，基着，5枚较小的球形，背着。荚果球形、卵形或圆柱形，肿胀，无隔膜，成熟时摇之有响声。本属约550种，分布于热带和亚热带地区，亚洲尤盛；我国约有40种，全国均有分布，但主产于南方，大都是很好的绿肥植物，有不少药用和饲用植物。

常见植物：猪屎豆（*Crotalaria mucronata* Desv.）（图4-48）为半灌木状草本，高约1m；掌状三出复叶，小叶宽卵形或倒卵形；总状花序有20～50朵黄色花；荚果圆柱形，长约5cm，直径约6mm，下垂，种子多数；产于福建、台湾、广东和云南；种子有补肝肾、固精作用，根及全草有开郁散结、解毒除湿之功效；茎叶可做绿肥和供饲用。假地兰（*Crotalaria ferruginea* Grah.）为多年生草本，高达1m；单叶长椭圆形或矩圆状卵形，长3～9cm，宽1～3.5cm；花2～6朵组成顶生或腋生的总状花序，花冠黄色；荚果圆柱形，长2～3cm，宽5mm；产于长江以南各省区，生于路边或灌丛中；全草供药用，有解毒透疹、补中益气之功效；茎叶可做绿肥和饲料。

图4-48　猪屎豆（*Crotalaria mucronata* Desv.）
1. 花枝　2. 展开萼的外面和两个小苞片　3. 旗瓣　4. 翼瓣　5. 合在一起的二片龙骨瓣　6. 雄蕊　7. 雌蕊　8. 荚果

Ⅹ. 菜豆族（Phaseoleae）

（1）大豆属（*Glycine* Willd.）　多年生或一年生、直立或缠绕草本。三出羽状复叶，小叶全缘，有小托叶。花小，组成腋生总状花序；花白色、蓝色或紫色，花瓣具长柄，略伸出萼外；雄蕊10，单体或对旗瓣的1枚离生而成二体（9+1）；花柱光滑无毛。荚果线形或长圆形，扁平或稍膨胀，种子间常有缢纹。本属约10种，分布于东半球温带和热带地区；我国有6种，南北均产。

常见植物：大豆［*Glycine max*（Linn.）Merr.］为一年生直立草本，高可达2m；茎粗壮，密生褐色长硬毛；荚果长圆形，略弯、下垂，黄绿色，密生黄色长硬毛；种子2～5粒，黄绿色（干后黄色），卵形至近圆形，长达1cm；全国各地广泛栽培，东北尤盛，是重要的油料作物；种子供药用，有滋补活血、清热利水作用；又是极好的饲料。野大豆（*Glycine soja* Sieb. et Zucc.）为一年生缠绕草本；花冠紫红色，长约4mm；荚果长圆形，长约3cm，密生黄色长硬毛；种子2～4粒，黑色；产于东北、山东、甘肃、陕西、四川、安徽、湖南、湖北等地，生于山野、荒地，种子富含蛋白质、油脂，除食用外，还可榨油及药用，有强壮利尿、平肝敛汗之效；茎叶、油粕是优等饲料。

（2）葛属（*Pueraria* DC.）　缠绕性灌木或草本，常具块根。三出羽状复叶；小叶大，卵形或菱形，有时波状3浅裂，有小托叶。腋生总状花序，常数朵簇生于花序轴稍凸起的节上；萼钟形，上方2片常合生为1，下方居中的1片常较其他裂片长；花冠蓝色或紫色，伸出萼外；雄蕊10，二体（9+1）；花柱无毛。荚果狭长，多少有些扁平，有种子多粒。本属约25种，分布于亚热带地区；我国有8种，广布。

常见植物：野葛（又名葛藤）［*Pueraria lobata*（Willd.）Ohwi］为藤本，块根肥厚；各部被黄色长硬毛；小叶3，顶生小叶菱状卵形，长5.5～19cm，宽4.5～18cm，全缘，有时波状浅裂；总状花序腋生，花冠紫红色，长约12mm；荚果条形，长5～10cm，扁平，密生黄色长硬毛；除新疆、西藏外分布几遍全国，生于草坡、路边或疏林中，茎皮纤维供织布和造纸原料；块根制葛粉，并和花供药用，能解热透疹、生津止渴、解毒、止泻；种子可榨油。粉葛（又名甘葛藤）［*Pueraria thomsonii*（Benth.）Van der Maesen］为藤本；地下茎肥大，茎枝被褐色短毛并杂有侧生长硬毛；花冠紫色，长16～18mm；产于西南和华南，华南有栽培，地下茎供蔬食（煲汤）或制淀粉及酿酒；根和花入药，能解热止泻；种子可榨油。

（3）菜豆属（*Phaseolus* Linn.）　缠绕或直立草本。羽状三出复叶很少退化为单叶，有小托叶。总状花序腋生，有时顶生；萼钟状，下有明显宿存的小苞片；花冠白色、黄色、红色或紫色，伸出萼外；龙骨瓣先端延长成一螺旋状卷曲的长喙；雄蕊10，二体（9+1）；花柱长，后方有纵列的须毛。荚果线形至长柱形，扁平或肿胀，有种子数粒，种子肾形、脐小。本属约50余种，广布于热带和温带地区；我国约有3种，各省均产。

常见植物：菜豆（*Phaseolus vulgaris* Linn.）为一年生草质藤本，高达2～3 m；托叶小，基部着生；花白色或淡紫色；荚果线形，稍弯曲，长10～15cm，宽约1 cm；全国各地均有栽培，供蔬食。绿豆（*Phaseolus aureus* Roxb.）为一年生直立草本，有时顶部稍有缠绕状，基部分枝；小叶全缘，托叶大，基部于着生处下延成一短距；花黄色；荚果长柱形，长6～8cm，宽约6mm，散生粗毛；种子小，通常绿色。全国各地均有栽培，种子供食用，入药，有清凉解毒、利尿、明目之功效。

我国栽培的菜豆属植物还有赤豆（红豆，*Phaseolus angularis* Wight）、赤小豆（*Phaseolus calcalatus* Roxb.）、金甲豆（*Phaseolus lunatus* Linss）和多花菜豆（*Phaseolus coccineus* Linn.）等。

（4）豇豆属（*Vigna* Savi）　缠绕或直立草本。羽状三出复叶，有托叶和小托叶，花通常两两成对互生于花序轴上，彼此间常有垫状的蜜腺；花冠白色、淡黄或紫色，伸出萼外，旗瓣大而阔，长于翼瓣，龙骨瓣先端钝圆或具喙，但非螺旋状卷曲。荚果圆柱状、细长。本属约150种，分布于热带山区；我国有16种。

常见植物：豇豆［*Vigna unguiculata*（Linn.）Walp.］为缠绕藤本；花淡紫色；荚果条形，长达40 cm，稍肉质而柔软；全国各地均有栽培，荚果作蔬菜食用；种子入药能健胃补气、滋养消食。眉豆［*Vigna cylindrica*（Linn.）Skeels］茎直立，有时顶端缠绕；花冠黄白色带紫色；荚果圆柱形，长7～13 cm，宽6～7 mm；种子长圆形或近肾形，长7～9 mm，通常暗红色；全国各地有栽培，种子供食用，有健胃补气作用。

（5）其他　本族中的豆类作物还有刀豆［*Canavalia gladiata*（Jacq.）DC.］、木豆［*Cajanus cajan*（Linn.）Millsp.］、扁豆（*Lablab purpureus* Sweet.）等。

（二十三）山龙眼目（Proteales）

山龙眼目植物为乔木或灌木，稀草本。叶互生，稀对生，无托叶。花两性，稀单性，辐射对称或两侧对称；花萼 2～4 裂；无花瓣；雄蕊 4～8；心皮 1，子房上位，1 室，胚珠 1～2 或更多。种子无胚乳。

山龙眼目包括胡颓子科和山龙眼科（Proteaceae），下面介绍胡颓子科。

胡颓子科（Elaeagnaceae）

$$* \ K_{(2\sim4)} C_0 A_{4\sim8} \underline{G}_{1:1:1}$$

胡颓子科有 3 属 80 余种，分布于北温带和亚热带地区；我国有 2 属，约 60 种，几遍全国，多生于荒漠地区，耐干旱、耐盐碱，是固沙造林改良盐碱地的优良树种，木材坚硬，可作家具和农具，沙枣和沙棘果可食，嫩枝叶可供饲用。

胡颓子科的特征：灌木或乔木。嫩枝、叶、萼筒、果常被银灰白色或褐黄色盾状或星状鳞片。叶互生或对生，全缘，无托叶。花两性或单性；单生或簇生于叶腋，或排成聚伞花序、穗状或总状花序；雄花萼 2～4 裂；两性花和雌花萼管状，2～4 裂，少 2～6 裂；无花瓣；雄蕊 4～8；雌蕊 1 心皮，子房上位，1 室，1 胚珠。坚果或瘦果，包藏于肉质花萼筒内而呈浆果状或核果状。

（1）胡颓子属（*Elaeagnus* Linn.） 乔木或灌木，通常有枝刺。叶互生。花通常两性，有时杂性，单生或 2～4 朵簇生于叶腋；花萼管状或钟状，在子房之上收缩，通常 4 裂；雄蕊 4。果实为核果状坚果。本属约有 80 种，分布于东欧、亚洲和北美洲；我国约有 55 种，全国各地均有分布。本属植物耐干旱和盐碱，可做水土保持、防风固沙先锋树种以及庭院绿化树种；它的花香浓郁，可以提取香精，又是蜜源植物；果实可食，枝叶可做饲料。

常见植物：沙枣（*Elaeagnus angustifolia* Linn.）（图 4－49）为落叶乔木，树皮褐色，幼枝被银白色鳞片及星状毛，老枝栗褐色；叶矩圆状披针形至条状披针形，两面均有银白色鳞片；花外面银白色，里面黄色，有香味，通常 1～3 朵生于叶腋；花盘先端无毛；果实矩圆形或椭圆形，果核矩圆形；产于新疆、甘肃和内蒙古，在我国东北、华北、西北多栽培于沙地、盐渍化土地和村旁、田边，是沙漠地区地下水位较高或有灌溉条件地段固沙造林的优良树种；果实可供食用或酿酒；花为蜜源，也可提取香料；树皮、果枝、叶、花可供药用；木材坚硬，可做家具和农具等；叶、枝可做骆驼和羊的饲料。大果沙枣（*Elaeagnus moorcroftii* Wall. ex Schlecht.）与沙枣的主要区别是：萼裂片先端伸长；花盘先端有毛；果实较大，卵状矩圆形，果核狭椭圆形；产于新疆，在南疆和北疆平原绿洲广为栽培。胡颓子（*Elaeagnus pungens* Thunb.）为常绿灌木；叶表面绿色，有光泽，背面银白色，被褐色鳞片；花银白色，下垂，被鳞片；果椭圆形，长 1.2～1.4cm，被锈色鳞片，成熟时红色；产于长江流域以南各省区；果食用和酿酒；果、根和叶入药，有收敛止泻、镇咳解毒之效。

（2）沙棘属（*Hippophae* Linn.） 灌木，稀小乔木，枝有刺。叶互生。花单性，雌雄异株，组成短总状花序；萼筒囊状，顶端 2 裂；雄蕊 4。果实为核果状，肉质多汁。本属有 4 种，分布于欧洲和亚洲；我国均产，分布于西南和西北地区；常具根瘤，可增加土壤肥力，是防风、固沙、防水土流失的造林优良树种；果实富含维生素 C 和有机酸，可食用或制饮料，种子油有较高的医用价值；嫩枝和叶为良好的饲料。

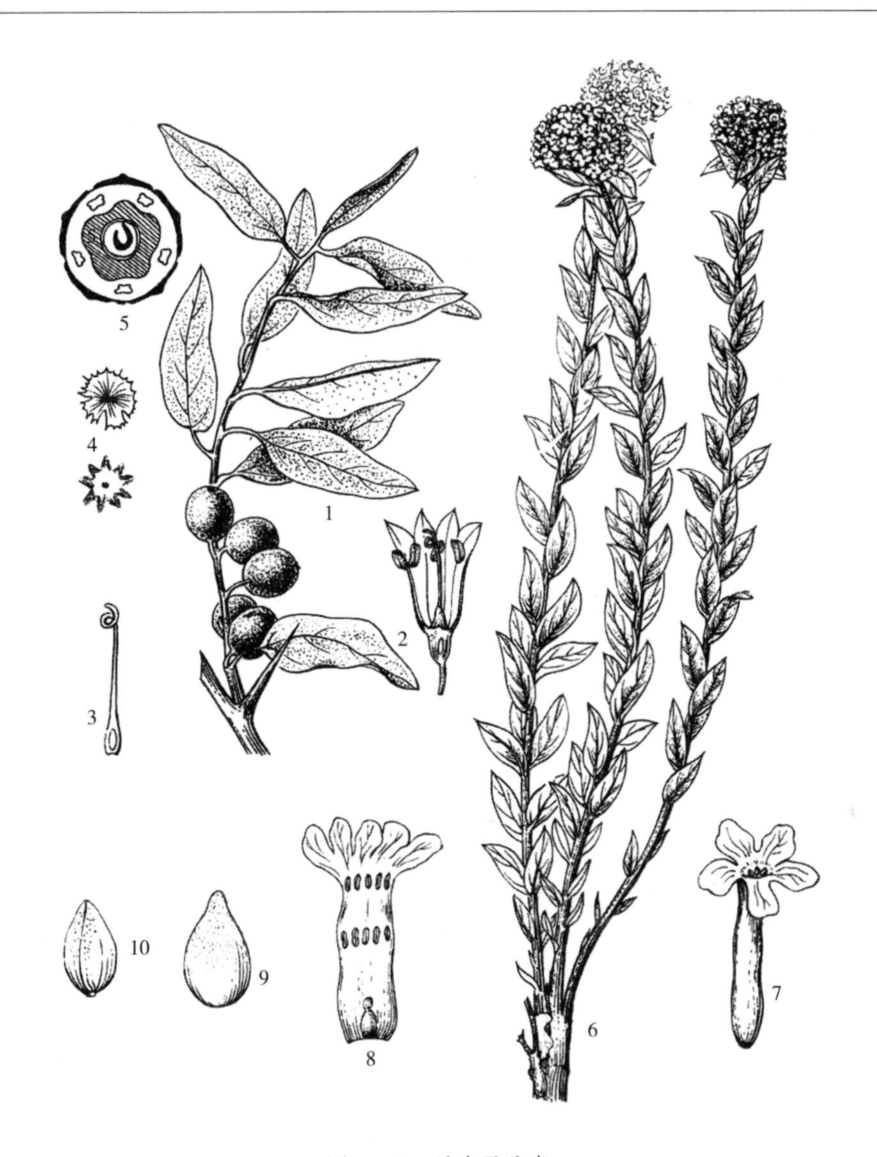

图 4-49　沙枣及狼毒

1～5. 沙枣（*Elaeagnus angustifolia* Linn.）

1. 果枝　2. 花纵切　3. 雌蕊　4. 植株表面的鳞放大　5. 花图式（仿 Eichler）

6～10. 狼毒（*Stellera chamaejasme* Linn.）

6. 植株　7. 花　8. 花展开（示雄蕊与雌蕊）　9. 果实　10. 种子

常见植物：中国沙棘（*Hippophae rhamnoides* Linn. subsp. *sinensis* Rousi）幼枝具锈褐色鳞片；叶通常近对生，条形至条状披针形，下面密被银白色鳞片；花小，淡黄色；果实球形或卵形，橘红色或橙黄色，种皮与果皮离生；产华北、西北及四川，生于山坡、山沟及河岸。

（二十四）桃金娘目（Myrtales）

桃金粮目植物为木本，稀草本。单叶，对生，全缘，无托叶。茎内常有双韧维管束。花两性，整齐，通常 4 基数，稀 5～6 基数；雄蕊通常多数，或为花瓣的 2 倍，排成 2 轮，或与花瓣同数；子房上位至下位，多室至 1 室，花柱 1，柱头头状，胚珠 1 至多数，中轴胎座，胚乳有或无。

桃金娘目包括桃金娘科、千屈菜科（Lythraceae）、瑞香科、菱科（Trapaceae）、安石榴科（Punicaceae）、柳叶菜科（Onagraceae）、野牡丹科（Melastomataceae）和使君子科（Combretaceae）等12个科。

1. 瑞香科（Thymelaeaceae）

$$* \ K_{(4\sim5)}\ C_0\ A_{4\sim5}\ \underline{G}_{1:1:1}$$

瑞香科有48属650种以上，产于热带和温带；我国有10属100种左右，主要分布于长江以南各地，其中有许多野生纤维植物；有的种可药用，如沉香为珍贵药材；有的种木材芳香，可作为薰香料；也有部分有毒植物。

瑞香科的特征：木本，少草本。单叶，全缘，互生或对生，无托叶。花两性，稀单性，辐射对称，排成头状花序、总状花序、伞形花序或穗状花序，少单生；花萼管状，似花冠，4～5裂；无花瓣，或为鳞片状；雄蕊与萼片同数，或为其2倍，或退化为1或2；子房上位，1室，少2室，每室有悬垂的胚珠1枚。浆果、核果或坚果，少为蒴果。

（1）沉香属（*Aquilaria* Lam.） 乔木。叶互生，卵形至长椭圆形，全缘。花黄绿色，排成腋生和顶生的伞形花序，花萼管状或钟状，常被毛，5裂，喉部有10片连合成一环状的鳞片状花瓣。蒴果。本属约15种，分布于印度、马来西亚以及亚洲东部；我国有2种。

常见植物：土沉香［*Aquilaria sinensis*（Lour.）Spreng.］又名白木香或女儿香，乔木；产于云南、广西、广东、海南和台湾；其木材淡黄色，微有香味，但结节部或损伤部积久则色暗而坚，极芳香，木质部分泌的树脂即土沉香，为药用和制香的原料，能镇静、止痛、收敛、祛风，治胃病及心腹痛等病。土沉香并非南洋产的沉香（*Aquilaria agallocha* Roxb.）。

（2）狼毒属（*Stellera* Linn.） 多年生草本或灌木。单叶互生，全缘。顶生头状花序；花较大，紫红色，柱头头状。坚果。本属约有12种，分布于亚洲温带地区；我国有2种，主产于西南至东北各地。

常见植物：狼毒（*Stellera chamaejasme* Linn.）（图4-49）为多年生草本，根粗大，木质，棕褐色；茎丛生，上部不分枝；叶互生，披针形至椭圆状披针形；头状花序顶生；花萼管圆筒形，顶端5裂，粉红色或白色；雄蕊10，2轮，着生于萼喉部与萼筒中部；子房椭圆形，1室，柱头头状；小坚果卵形，包藏于花萼管基部；产于东北、华北、西北以至西南各草原区，是草原群落的伴生种，在过度放牧影响下，数量常常增多，为有毒植物。

本科大部分种的茎皮纤维坚韧，为造纸和人造棉的原料。荛花属（*Wickstroemia*）的了哥王［*Wickstroemia indica*（Linn.）C. A. Mey.］为灌木，茎皮纤维可造纸和人造棉；根、茎、叶是良好的消炎药。瑞香属（*Daphne*）的白瑞香（*Daphne papyracea* Wall.）为常绿灌木，茎皮纤维可造纸及人造棉；根、茎皮药用，有祛风除湿、活血止痛、调经之功效。同作用的还有结香属（*Edgeworthia*）的植物等。

2. 桃金娘科（Myrtaceae）

$$* \ K_{(4\sim5)}\ C_{4\sim5}\ A_{\infty}\ G_{(2\sim5)}$$

桃金娘科约有 100 属 3 000 种以上，分布于热带和亚热带地区；我国产 9 属 126 种。其中有些种是重要的木材资源，大多数种类的叶子含有挥发性的芳香油，是工业及医药业的重要原料；有一些是食用香料；也有一些是优良的热带水果。

桃金娘科的特征：常绿木本。单叶，全缘，对生或轮生，革质，常有透明腺点，无托叶。花两性，辐射对称；萼 4～5 裂，萼筒略与子房贴生；花瓣 4～5，着生于花盘边缘，或与萼片连成一帽状体；雄蕊多数，药隔顶端常有 1 个腺体；心皮 2～5，合生，子房下位，多室至 1 室，中轴胎座，稀为侧膜胎座，胚珠多数。浆果、核果或蒴果；种子无胚乳，胚直生。染色体 $x=11$，6～9。

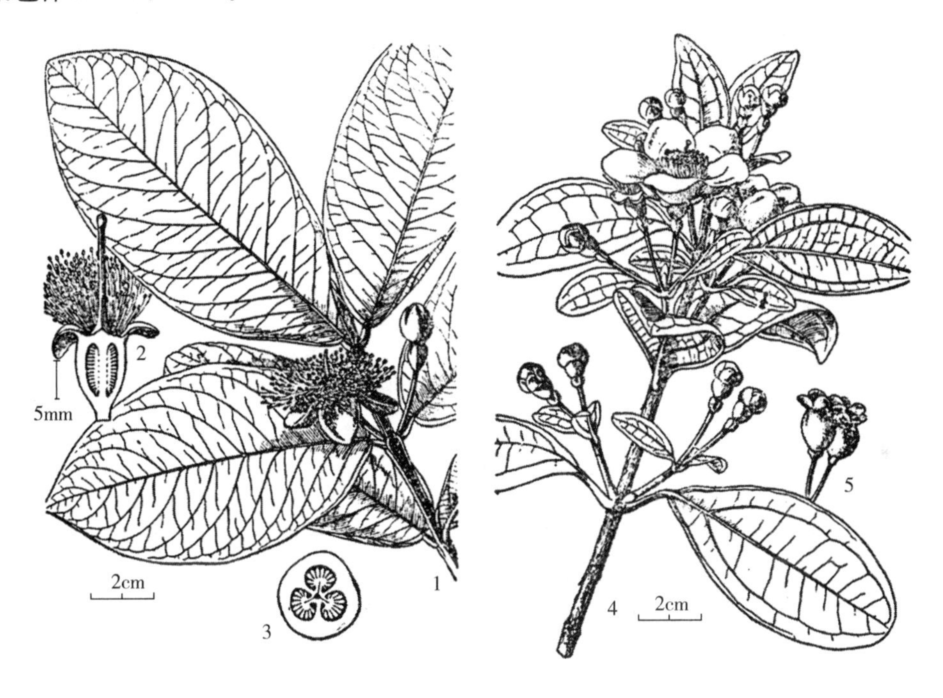

图 4-50　番石榴和桃金娘

1～3. 番石榴（*Psidium guajava* Linn.）

1. 花枝　2. 花的纵切面　3. 子房的横切面

4～5. 桃金娘［*Rhodomyrtus tomentosa*（Ait.）Hassk.］

4. 花枝　5. 果

（1）桃金娘属（*Rhodomyrtus* Reichb.）　灌木或乔木。叶对生，离基三出脉。花较大，1～3 朵腋生；子房与萼管贴生，1～3 室，每室有胚珠 2 列，被纵向或横向假隔膜分开。浆果；胚弯曲或螺旋状，胚轴长，子叶小。本属约有 18 种，分布于亚洲热带及大洋洲。

常见植物：我国仅有桃金娘［*Rhodomyrtus tomentosa*（Ait.）Hassk.］（图 4-50）1 种，为灌木，嫩枝有灰白色柔毛；叶对生，革质，椭圆形或倒卵形；花常单生，紫红色，萼管倒卵形，萼裂片 5，花瓣 5；浆果卵状壶形；产于福建、广东、广西、云南、贵州及湖南南部，生于山地和丘陵坡地，是南亚热带常绿阔叶林中灌木层的重要组成部分，为酸性土指示植物；根含酚类、鞣质等；果可食用；全株药用，有活血通络、收敛止泻、补虚止血之效。

（2）桉属（*Eucalyptus* L'Hérit.）　乔木或灌木，常含有鞣质的树脂。叶为多型性，幼叶多对生，有腺毛；成熟叶互生，全缘，多为革质，有透明腺点。花单生或 3 朵以上聚成头状花序或伞形花序；花萼与花冠贴生成帽状体，盖状脱落；雄蕊多数；子房与萼筒贴生，3～6 室。蒴果全部或下半部藏于萼内；种子极多，大都发育不全。本属约 600 余种，多集中于澳大利亚及其附近岛屿，为当地森林的主要成分，木材优良，用途广泛，叶内所含挥发油供药用。我国引种栽培近 100 种，西南至东南部栽培桉树有上百年的历史，在造林方面已取得显著成效，是人工林种植的主要树种。

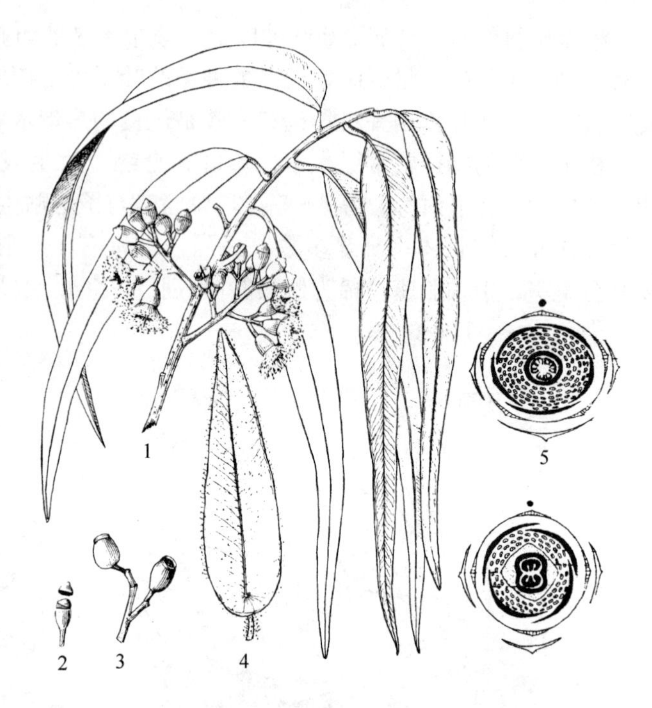

图 4-51 柠檬桉（*Eucalyptus citriodora* Hook. f.）
1. 花枝 2. 花（示二层帽状体） 3. 果 4. 幼态叶 5. 花图式

常见植物：柠檬桉（*Eucalyptus citriodora* Hook. f.）（图 4-51）为高大乔木；树皮平滑，灰白色，片状脱落；叶披针形，有强烈柠檬香味。大叶桉（*Eucalyptus robusta* Sm.）为乔木，树皮不剥落、暗褐色、有槽纹，小枝淡红色；叶大、狭披针形至宽披针形，长 8～18 cm，宽 3～7.5 cm。此外，还有窿缘桉（*Eucalyptus exserta* F. Muell.）、细叶桉（*Eucalyptus tereticornis* Sm.）、赤桉（*Eucalyptus camaldulensis* Dehnh.）、蓝桉（*Eucalyptus globulus* Lab.）等。桉树的枝叶可提取各种不同的桉油，在工业、医药和选矿上都有很高的经济价值。

（3）蒲桃属（*Syzygium* Gaertn.） 常绿灌木或乔木。叶对生，有透明腺点，羽状脉。花大或小，3 至多朵排成聚伞花序再组成圆锥花序；花萼和花冠分离。浆果含种子 1～2 颗。本属约 500 余种，主要分布于热带亚洲，少数分布于大洋洲和非洲；我国有 72 种，分布于长江以南各地，多见于广东、广西和云南。

常见植物：蒲桃［*Syzygium jambos*（Linn.）Alston］叶两端渐尖，洋蒲桃［*Syzygium samarangense*（Bl.）Merr. et Perry］叶基圆或浅心形，均为栽培果树，果实可食。海南蒲桃（又名乌木、乌墨树）［*Syzygium cumini*（Linn.）Skeels］为乔木；圆锥花序含多数小花，花白色，有短柄，萼长 4mm；产于海南、福建、广东、广西和云南，生于低海拔疏林中，供材用和药用，树皮含褐色染料和深红色树脂；果可食；城市栽培作行道树。

（4）其他 本科的番石榴（*Psidium guajava* Linn.）（图 4-50）为灌木或小乔木，树皮片状剥落，淡绿褐色；小枝四棱形；叶对生，革质，矩圆形至椭圆形，花单生或 2～3 朵生于总花梗上，白色，芳香，直径 2.5～3.5cm；浆果香甜，为著名水果；叶含芳香油和鞣质，供药用；原产于热带美洲，在我国栽培已久，华南各地已逸为野生。红胶木（*Tristania conferta* Linn.）为高大乔木，树皮光滑、褐色，剥落；叶互生或聚生于枝顶，革质，椭圆形或椭圆状披针形；花白色，雄蕊连合成 5 束，与花瓣对生；原产于澳大利亚，广东和台湾有栽培，是优良的行道树和用材树种。

（二十五）红树目（Rhizophorales）

红树目仅红树科 1 科，形态特征同科。

红树科（Rhizophoraceae）

$$* \ K_{3\sim16}\ C_{3\sim16}\ A_{3\sim16,\infty}\ \overline{G}_{(2\sim6:2\sim6:2)}$$

红树科约有 16 属 120 余种，分布于世界热带地区；我国有 6 属 13 种，主产于华南沿海地区，是构成我国红树林的主要树种。具有防风、防浪、护堤的作用，是我国海岸防护林的主要树种及盐土指示植物；有些种类可药用；大部分种类的树皮含有单宁，为浸染皮革和染料的重要原料。

红树科的特征：常绿灌木或小乔木。单叶对生，托叶早落。花两性，稀单性或杂性同株，单生或集生叶腋，或为聚伞花序；萼片 3～16，基部结合成筒状；花瓣小，与萼片同数；雄蕊与花瓣同数，或为其 2 倍或更多；子房下位或半下位，2～6 室，稀 1 室，每室常有 2 个胚珠。浆果，具革质果皮。染色体 $x=8$，9。

红树科常见植物分属检索表

1. 海滩植物；胚胎于母树上发芽；种子无胚乳。
  2. 萼裂片 4 枚；花瓣全缘，无附属物 ………………………………………… 红树属（*Rhizophora* Linn.）
  2. 萼裂片多于 4 枚；花瓣有附属物，或撕裂、浅裂，或 2 深裂。
    3. 萼裂片 5～6 枚；花瓣非 2 深裂。
      4. 萼裂片长不超过 5mm；花瓣顶有棒状附属物或撕裂成流苏状；托叶生于叶腋内 ………………………………………………………………………… 角果木属（*Ceriops* Arn.）
      4. 萼裂片 10mm 以上；花瓣浅裂，裂片顶有毛状附属物；托叶生于叶柄间 ………………………………………………………… 秋茄树属［*Kandelia*（DC.）Wight et Arn.］
    3. 萼裂片 8～14 枚，花瓣深 2 裂，裂间有刺毛 1 条或裂片顶端有刺毛 1～4 条，或无刺毛 ………………………………………………………………………… 木榄属（*Bruguiera* Lam.）
1. 内陆或山区植物；胚胎非于母体上发芽，种子发芽；种子有胚乳。
  5. 萼筒下有小苞片，裂片直立 ………………………………………… 竹节树属（*Carallia* Roxb.）
  5. 萼筒下无小苞片，裂片外反 ……………………………………… 山红树属（*Pellacalyx* Korth.）

红树属（*Rhizophora* Linn.）　叶对生，革质，托叶披针形。萼 4 裂；花瓣 4，全缘；雄蕊8～12；子房半下位，2 室。果下垂，围有宿存、外反的萼片；种子于果实离开母树前发芽，胚轴突出果外成长棒状。本属约有 7 种，广布于世界热带海岸盐滩和海湾内的沼泽地；我国有 3 种。

常见植物：红树（*Rhizophora apiculata* Bl.）（图 4 - 52）乔木或灌木；叶椭圆形至矩圆状椭圆形；花序腋生，总花梗短于叶柄，小苞片合生成一杯状体，萼 4 裂、宿存，花瓣 4、膜质，雄蕊 8，子房半下位、上部钝圆锥形，为花盘包围；果实倒梨形，胚轴圆柱形，略弯曲，绿紫色，长 20～40 cm，果实成熟后，种子在母树上即发芽，至幼苗长大后坠入淤泥中繁殖，为典型的“胎生植物”；产广东、广西、海南，生于海岸潮水所及的泥滩上，当潮涨时，没入水中，有海中森林之称，为海岸防浪护堤树种；印度、马来半岛、印度尼西亚也有分布。

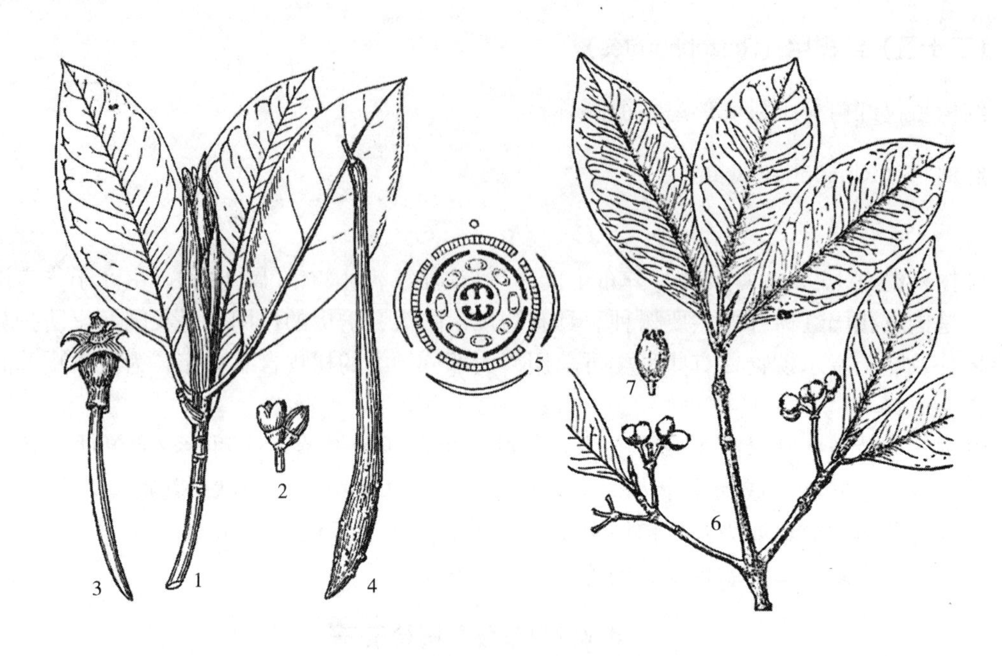

图 4-52 红树和竹节树

1～5. 红树（*Rhizophora apiculata* Bl.）

1. 枝 2. 花序 3. 果和胚轴 4. 幼苗 5. 红树属花图式

6～7. 竹节树［*Carallia brachiata*（Lour.）Merr.］

6. 果枝 7. 果

在我国海滩红树林中还常见有红茄冬（*Rhizophora mucronata* Lam.）、秋茄［*Kandelia candel*（Linn.）Druce］、木榄［*Bruguiera gymnorhiza*（Linn.）Lam.］，它们是红树植物的重要成分。

锯叶竹节树（*Carallia diplopetala* Hand. -Mazz.）叶缘具梳状细锯齿，齿端有腺体，叶下有褐红色小点；产于广东、广西和云南山地，为国家二级保护植物；竹节树［*Carallia brachiata*（Lour.）Merr.］（图 4-52）叶全缘，分布于广东和广西。

（二十六）卫矛目（Celastrales）

卫矛目植物为木本，稀为草本。单叶，对生或互生。花小，两性，稀单性，通常 4～5 基数；常具下位花盘；雌蕊由 2 至数枚心皮合生而成，子房上位或部分埋入花盘内。果实为蒴果、核果、浆果或翅果。

卫矛目包括卫矛科、翅子藤科（Hippocrateaceae）、刺茉莉科（Salvadoraceae）、冬青科和茶茱萸科（Icacinaceae）等 11 科。

1. 冬青科（Aquifoliaceae）

$$♂\ K_{4\sim6}\ C_{4\sim6}\ A_{4\sim6}；♀\ K_{4\sim6}\ C_{4\sim6}\ \underline{G}_{(2\sim5:2\sim\infty:1)}$$

冬青科有 4 属，约 400 种，分布于热带和温带；我国有 1 属，约 204 种，广布于长江以南各地。多为庭院观赏、绿化及蜜源植物，有些种类可药用，含有三萜酸及皂苷，并含有黄酮类、香豆素类化合物，有些种还含有嘌呤类生物碱。

冬青科的特征：乔木或灌木，多常绿。单叶，互生，稀对生。花单性，稀两性或杂性，雌雄异株；聚伞花序、总状花序或簇生于叶腋，稀单生；花萼 4～6 裂，常宿存；花瓣 4～6，分离或基部合生；雄蕊与花瓣同数；无花盘；子房上位，2 至多室，每室有 1～2 枚悬垂、横生或弯生的胚珠。浆果状核果。染色体 $x=18$，20。

冬青属（*Ilex* Linn.）　常绿或落叶乔木或灌木。单叶互生，稀对生。聚伞花序或伞形花序，稀单花腋生；花小，单性或杂性，雌雄异株；花萼 4～6 裂；花瓣 4～8；雄蕊与花瓣同数；子房通常 4～8 室。浆果状核果。本属有 400 种以上，分布于热带、亚热带至温带地区；我国约 200 余种，分布于秦岭南坡、长江流域及以南地区，以华南和西南最多，是常绿阔叶林中的小乔木或林下灌木；是良好的庭院观赏和城市绿化植物，又是良好的蜜源植物，木材坚韧细致，可制家具及雕刻等用，有些种类可药用。

图 4-53　冬青（*Ilex chinensis* Sims）
1. 果枝　2. 雄花枝　3. 雄花　4. 核果　5. 冬青科花图式

常见植物：冬青（*Ilex chinensis* Sims）（图 4-53）为常绿乔木；叶片薄革质至革质，椭圆形或披针形，边缘具圆齿，无毛；花淡紫色或紫红色，花序聚伞状；产于长江以南各地，生于海拔500～1 000m的山坡常绿阔叶林中和林缘；我国常作为庭园观赏树种栽培，木材坚硬，供细工原料；树皮及种子供药用，为强壮剂。

2. 卫矛科（Celastraceae）

$$* \ K_{4\sim5}\ C_{4\sim5}\ A_{4\sim5}\ \underline{G}_{(2\sim5:1\sim5:1\sim2)}$$

卫矛科约有 60 属 850 种，分布于热带、亚热带和温带；我国有 12 属 201 种，南北均有分布。许多种的树皮中含橡胶，有些种可为人造棉及其他纤维工业提供优质原料，有些可观赏、药用。

卫矛科的特征：乔木、灌木或木质藤本。单叶，互生或对生。花两性，稀单性，小形，常带绿色，组成聚伞花序；萼片与花瓣均 4～5；雄蕊 4～5；下位花盘显著；雌蕊由 2～5 心皮合生，子房上位，1～5 室，每室1～2 胚珠。蒴果、浆果、翅果或核果；种子常有鲜艳色彩的假种皮，具胚乳。染色体 $x=7\sim10$，12，16，18，23，32，40。

卫矛属（*Euonymus* Linn.）　灌木或小乔木，小枝常四棱形。叶通常对生。花通常 4 基数，稀 5 基数，花瓣分离；花盘肉质平坦；子房基部常与花盘贴生，雄蕊着生在花盘上。蒴果 3～5 裂。本属约有 220 种，分布于亚热带和温带地区；我国约有 111 种。

常见植物：桃叶卫矛（又名丝棉木、白杜，*Euonymus bungeanus* Maxim.）叶卵形或椭圆状卵形；聚伞花序由 3～15 花组成，花黄绿色；蒴果倒圆锥形，4 裂；种子外被橘红色假种皮，上端有小孔，种皮白色或淡红色；产于东北、华北、华中及华东等地，散生于落叶林区、较温暖的草原区山地，常作为庭院观赏树种栽培；木材供家具及雕刻用；树皮含硬橡胶，与根皮入药，治腰膝痛；花果充当合欢药用。

(二十七) 大戟目 (Euphorbiales)

大戟目植物为木本或草本。单叶，有时为复叶。花单性，通常较小，常无花瓣；雄蕊多数至1个；雌蕊由2～5心皮合成，子房上位，常3室，中轴胎座。种子有丰富胚乳。

本目包括黄杨科（Buxaceae）、油蜡树科（Simmondsiaceae）、小盘木科（Pandaceae）和大戟科，这里介绍大戟科。

大戟科（Euphorbiaceae）

$$♂\ K_{0\sim5}\ C_{0\sim5}\ A_{1\sim\infty};\ ♀\ K_{0\sim5}\ C_{0\sim5}\ \underline{G}_{(3:3:1\sim2)}$$

大戟科约有300属5 000余种，广布于全世界，主产于热带和亚热带；我国约有70属460种，主产于长江流域以南各省区。大戟科是一个热带性大科，其中有橡胶、油料、药材、鞣料、淀粉、观赏及用材等经济植物，具有重要的经济价值；还是构成南亚热带常绿阔叶林的组成部分，有一定的生态意义；此外，还有一些有毒植物，可用作农药。

大戟科的特征：草本、灌木或乔木，常含乳汁。叶互生，少对生，单叶，少为复叶，具托叶。花单性，雌雄同株，少异株；常为聚伞花序，或杯状聚伞花序等；双被、单被或无花被；常具花盘或腺体；雄蕊1至多数，花丝分离或合生；子房上位，3心皮合生，3室，中轴胎座，每室含1～2胚珠。蒴果，少数为浆果或核果。染色体$x=4\sim11$，12。

（1）大戟属（*Euphorbia* Linn.） 草本或半灌木，有乳汁。由多数雄花及一朵雌花组成杯状聚伞花序，又称为大戟花序；总苞萼状，4～5裂，裂片与腺体互生；雄花具1枚雄蕊，有柄；雌花单生于杯状总苞中央，突出于外，具长柄，3心皮，3室，每室1胚珠。本属约有2 000种，主要分布于亚热带及温带地区；我国约有66种，广布全国。多数种有毒，家畜不食。

常见植物：乳浆大戟（*Euphorbia esula* Linn.）（图4-54）为多年生草本，茎直立，光滑无毛；叶条形或条状披针形；杯状总苞顶端4裂；腺体4，与裂片相间排列，新月形，两端有短角；分布几遍全国，生长于沙质草地、山坡及山沟；全草入药。大戟（又名猫眼草、京大戟，*Euphorbia pekinensis* Rupr.）为多年生草本，茎直立，被较密的白色柔毛；叶矩圆状条形或矩圆状披针形；杯状总苞顶端4裂，腺体4，肾形；子房及蒴果具瘤状突起；分布几遍全国，生于山沟、田边；根入药。地锦（*Euphorbia humifusa* Willd.）为一年生草本，茎多分枝，纤细，紫红色，平卧；叶对生，矩圆形或倒卵状矩圆形，基部偏斜；杯状聚伞花序单生于叶腋；分布几遍全国，生于田野、路旁、河滩及固定沙地；全草入药。

本属用于栽培观赏的有一品红、绿玉树、霸王鞭、铁海棠、猩猩草和银边翠等。一品红（*Euphorbia pulcherrima* Willd.）原产于墨西哥和中美洲，开花时近顶端的数枚叶片呈艳丽的红色。绿玉树（*Euphorbia tirucalli* Linn.）原产于非洲，为无刺灌木或小乔木，枝绿色而缺叶，故又有神仙棒之称。霸王鞭（*Euphorbia royleana* Boiss.）原产于印度，茎有刺，仙人掌状。铁海棠（*Euphorbia milii* Ch. des Moulins）（图4-54）原产于马达加斯加，为多刺灌木，总苞美丽鲜艳。白苞猩猩草（*Euphorbia heterophylla* Linn.）原产于北美洲，开花时花序下部的叶呈紫红色，故而也有一品红之称。银边翠（*Euphorbia marginata* Pursh.）原产于北美洲，为一年生陆地草花，顶端的叶轮生，边缘白色或全部白色，典雅美观，故而又有高山积雪之称。

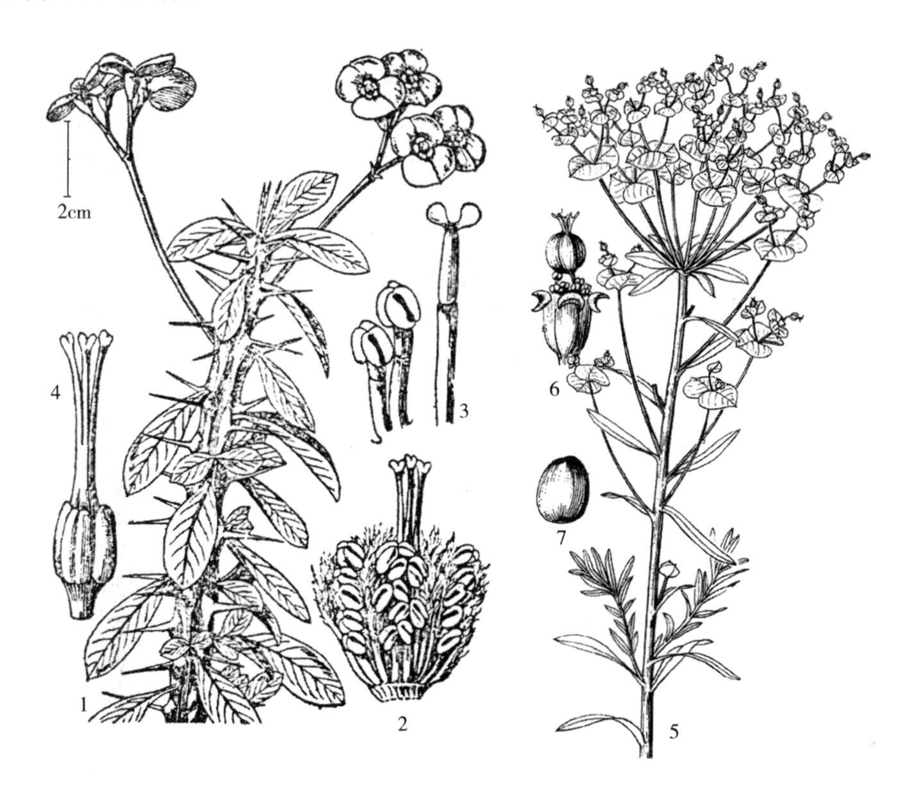

图 4-54　铁海棠和乳浆大戟

1～4. 铁海棠（*Euphorbia milii* Ch. des Moulins）

1. 花枝　2. 花序（除去总苞片，放大）　3. 雄花（放大）　4. 雌花（放大）

5～7. 乳浆大戟（*Euphorbia esula* Linn.）

5. 植株中上部　6. 杯状聚伞花序　7. 种子

本属可供药用的植物很多，除大戟和地锦外，常见植物还有：飞扬草（*Euphorbia hirta* Linn.）产于华南至西南；猩猩草（*Euphorbia cyathophora* Murr.）产于东北、内蒙古、河北和山东；甘遂（*Euphorbia kansui* Liou）产于甘肃、陕西、河南和山西；泽漆（*Euphorbia helioscopia* Linn.）除新疆、西藏外，分布几遍全国；续随子（又名小巴豆，*Euphorbia lathyris* Linn.）原产于欧洲，我国栽培已久，种子含油达50%，可制肥皂、软皂和润滑油，种子为利尿、泻下剂及通经药，外用涂疥癣、恶疮等。

（2）橡胶树属（*Hevea* Aubl.）　约12种，分布于热带美洲。

我国引入橡胶树（*Hevea brasiliensis* Müell.-Arg.）（图4-55）1种，为乔木，有乳状汁液。叶互生或生于枝顶的近对生，三出复叶；小叶全缘。花小，单性，组成聚伞花序，再排成圆锥花序；生于聚伞花序中央的为雌花，其余为雄花；无花瓣；萼5深裂或5齿裂；花盘分裂成5枚腺体，或不分裂或浅裂；雄花有雄蕊5～10，花丝合生成柱状；雌花子房3室，每室有胚珠1颗；蒴果分裂为3个2裂的分果瓣；种子大，近球形至长圆形，常有斑块。橡胶树是很著名的橡胶植物，原产于巴西亚马孙河流域的热带雨林中，现在全球热带地区广为栽培，以马来西亚和印度尼西亚为产胶中心，我国广东、广西、海南和云南有种植，新中国成立后我国大力发展橡胶种植业，将橡胶栽培推进到北回归线，获得重大成就。

（3）油桐属（*Vernicia* Lour.）落叶乔木。叶互生，全缘或3～5裂；叶柄顶部有2枚腺体。花大，单性同株或异株，组成圆锥花序；萼2～3裂，花瓣5，白色或基部略带红色；雄花有雄蕊8～20枚，花丝基部合生；雌花子房3～5（8）室，每室1胚珠，花柱2裂。核果球形或卵形；种子具厚壳状种皮。本属约3种，分布于东亚；我国产2种，广布于长江以南各地。

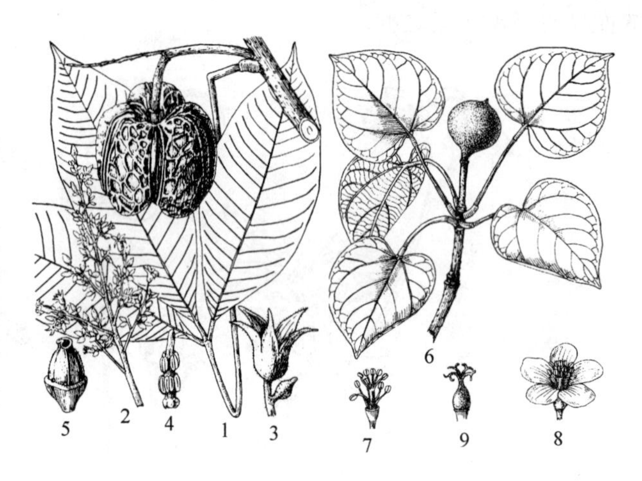

图4-55 橡胶树及油桐

1～5. 橡胶树（*Hevea brasiliensis* Müell. - Arg.）

1. 果枝 2. 花序的一部分 3. 雌花 4. 雄蕊群 5. 雄蕊和腺体

6～9. 油桐［*Vernicia fordii*（Hemsl.）Airy - Shaw.］

6. 果枝 7. 雄蕊群（示雄蕊排成两轮）

8. 花（示花瓣及雌雄蕊） 9. 雌蕊（示具4枚花柱）

常见植物：油桐［*Vernicia fordii*（Hemsl.）Airy-Shaw.］（图4-55）叶卵状圆形，不裂或3浅裂，叶柄顶部的2腺体红色无柄；分布于北纬22°～34°之间，是我国栽培的主要木本油料树种，主产于四川、湖南、湖北、广西和贵州等地；种子供榨油，含油量46%～70%，榨出的油称为桐油，属优良的干性油，是油漆、印刷油墨的原料，我国桐油的产量占世界的70%。同属的木油桐（*Vernicia montana* Lour.）叶宽卵形至心形，3～5中裂，叶柄顶部的2枚腺体具柄；种子也可榨油，但质量较差。

（4）蓖麻属（*Ricinus* Linn.）仅蓖麻（*Ricinus communis* Linn.）（图4-56）1种，为灌木或小乔木，但栽培于温带地区的为一年生草本。叶互生，大而盾状，掌状5～11深裂，叶柄有腺体。花单性同株并同序，组成聚伞花序再聚成顶生的圆锥花序，雌花在上，雄花在下；无花瓣及花盘；雄花花萼3～5裂，雄蕊极多，花丝多分枝；雌花萼片5，早落，子房3室，每室1胚珠，花柱3、2裂。蒴果球形，有软刺，分裂为3个2瓣裂的分果瓣；原产于非洲，我国各地均有栽培，种仁含油可达70%，是重要的工业用油原料，为优良的润滑油，也可制肥皂及印刷油等，在医药上是一种缓泻剂；根、茎、叶、种子均可入药，有祛湿通络、消肿拔毒之效；叶可饲养蓖麻蚕。

图4-56 蓖麻（*Ricinus communis* Linn.）

1. 果枝 2. 雄花 3. 一部分雄蕊 4. 雌花 5. 种子

（5）乌桕属（*Sapium* P. Br.） 灌木或乔木，有乳状汁液。叶互生，全缘，叶柄顶部有2腺体。花单性同株，组成顶生或侧生的穗状花序；无花瓣与花盘，雄花数朵着生于每1苞片内，雌花单生于花序基部的苞腋内。蒴果球形、梨形或三棱球形，很少浆果状。本属约120余种，分布于热带地区；我国约有9种，分布于西南至东部。

常见植物：乌桕［*Sapium sebiferum*（Linn.）Roxb.］为落叶乔木；叶菱形至宽菱状卵形；蒴果梨状球形，种子黑色，外被白蜡层；产于我国南方，种子的蜡层是制蜡烛和肥皂的原料；种子榨出的油属干性油，可制油漆等，是我国南方栽培的木本油料树种之一。

（6）其他 本科野桐属（*Mallotus*）有多种木本油料植物，如白背叶［*Mallotus apelta*（Lour.）Müell. - Arg.］、野桐（*Mallotus tenuifolius* Pax）和石岩枫［*Mallotus repandus*（Willd.）Müell. - Arg.］等植物的种子均可榨油，产的油为干性油，可代替桐油。

药用植物巴豆（*Croton tiglium* Linn.）产于我国南方，野生或栽培，种子含巴豆油达50%以上，为峻泻剂，也可作为工业用油；根、叶入药，治风湿骨痛及疮毒，或做杀虫剂。

热带地区的粮食作物木薯（*Manihot esculenta* Crantz.）为直立亚灌木，块根圆柱形，肉质，含大量淀粉，是热带地区的主粮。木薯原产于巴西，世界热带地区广泛栽培，我国南方也有种植。木薯粉品质优良，供工业用或食用，但含氰酸，食前必先浸水去毒；鲜叶、嫩茎可饲养木薯蚕，或做鱼的饵料。

在亚热带常绿阔叶林中常见的本科植物有银柴［*Aporosa chinensis*（Champ.）Merr.］、算盘子（*Glochidion puberum* Hutch.）、野桐（*Mallotus* spp.）、五月茶（*Antidesma bunius* Spreng.）、土密树［*Bridelia monoica*（Lour.）Merr.］等灌木或小乔木。

（二十八）鼠李目（Rhamnales）

鼠李目植物常为木本或木质藤本。单叶，少复叶，互生，稀对生。花两性或单性，整齐，萼片与花瓣同数，雄蕊1轮与花瓣对生；花盘围绕子房，子房2～5室，每室1～2个胚珠。种子有胚乳。

鼠李目包括鼠李科、火筒树科（Leeaceae）和葡萄科共3科。

1. 鼠李科（Rhamnaceae）

$$* \ K_{4\sim5}\ C_{4\sim5}\ A_{4\sim5}\ G_{(2\sim4:2\sim4)}$$

鼠李科约有58属900种以上，分布于温带至热带；我国有14属，约133种，南北均有分布，主产于长江以南地区。其中枣的果和枳椇的肉质花序柄可食，亦入药，有些种的木材很有价值。

鼠李科的特征：乔木或灌木，常具刺。单叶，常互生，少对生。花小，两性，稀单性，辐射对称，排成聚伞花序、圆锥花序或簇生；萼4～5裂；花瓣4～5或无；雄蕊4～5，与花瓣对生；花盘肉质；子房上位或一部分埋藏于花盘内，2～4室，花柱2～4裂。核果、蒴果或翅果。染色体$x=10$，11，12，13。

（1）枣属（*Ziziphus* Mill.） 小乔木或灌木。托叶常变成刺状；单叶互生，三出脉。花两性，小型，常为黄色，组成腋生的聚伞花序或有时呈圆锥花序式排列；萼片5，花瓣5，雄蕊5。花盘围绕子房，子房2室，稀3～4室，每室1～2个胚珠。果为球形或长椭圆形的肉质核果；种子有胚乳。本属约有100种，主要分布于亚洲和美洲的热带和亚热带地区。我国有12种，主要产于西南和华南，许多种的果实可食用或药用。

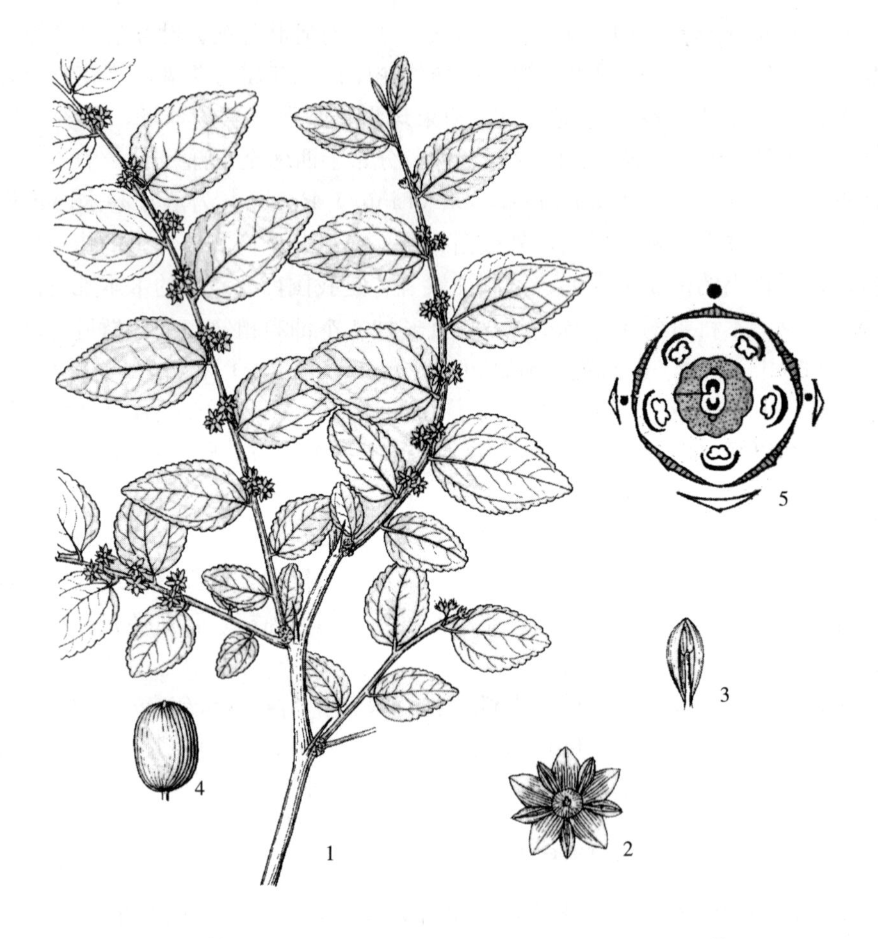

图 4-57 枣［*Ziziphus jujuba* Mill. var. *inermis*（Bge.）Rehd.］
1. 花枝 2. 花 3. 花瓣及雄蕊 4. 果 5. 花图式

常见植物：枣［*Ziziphus jujuba* Mill. var. *inermis*（Bge.）Rehd.］（图 4-57）为乔木，枝无刺；核果较大，核顶端尖；全国各地种植，果味甜，供食用或药用，有滋补强壮之功效，又为良好的蜜源植物，我国栽培枣的历史悠久，品种很多。酸枣［*Ziziphus jujuba* Mill. var. *spinosa*（Bge.）Hu ex H. F. Chow.］为灌木或小乔木；小枝呈"之"字形弯曲，具细长的刺；核果球形，味酸，核先端圆钝；分布于东北、华北和西北地区；果实可食用，叶可做猪饲料，为良好的蜜源植物及水土保持树种，种子及树皮、根皮入药，种子药用称为酸枣仁，有镇静安神之功效。

（2）鼠李属（*Rhamnus* Linn.） 常绿或落叶灌木，常具枝刺。单叶互生或对生，羽状脉。花小，黄绿色；萼 4～5 裂；花瓣 4～5 或无；雄蕊 4～5。浆果状核果，具 2～4 核。本属约有 200 种，分布于温带至热带；我国有 57 种，分布于全国各地，许多种可做庭院绿化及水土保持树种。

常见植物：鼠李（*Rhamnus davurica* Pall.）为灌木，小枝近对生，枝端有大型芽；叶大型，单叶对生于长枝，簇生于短枝，叶椭圆状倒卵形至长椭圆形或宽倒披针形；花单性，雌雄异株，2～5 朵生于叶腋，黄绿色，萼片 4，花瓣 4，雄蕊 4；核果球形，种子 2 粒；产于东北和华北，生于低山坡、土壤较湿润的河谷、林缘或杂木林中。小叶鼠李（*Rhamnus parvifolia* Bge.）为灌木；叶厚，小形，菱状卵圆形、倒卵形或椭圆形，叶下面在脉腋具簇生柔毛的腺窝；核果球形，具2核，每核各具1种子；产于东北、华北和西北，生于向阳石质干山坡、沙丘间或灌木丛中。长叶冻绿（*Rhamnus crenata* Sieb. et Zucc.）为灌木，枝、叶有毛，羽状脉7～12对；核果近球形，成熟后黑色；生于阳坡丛林中，根皮和全株入药，有毒，能杀虫、祛湿、治疥疮；果实和叶可做染料。

（3）枳椇属（*Hovenia* Thunb.） 约3种，分布于喜马拉雅山至日本，我国均产，分布于西南至东部。

常见植物：拐枣（又名枳椇，*Hovenia dulcis* Thunb.）为落叶乔木；叶卵形，三出脉；两性花，组成聚伞花序；结果时花序柄肉质，扭曲，可食；子实入药，有解酒之效；材质坚硬，供器具用材；也是庭园绿化树，分布几遍全国。

2. 葡萄科（Vitaceae）

$$* \ K_{4\sim5} \ C_{4\sim5} \ A_{4\sim5} \ \underline{G}_{(2:2:2)}$$

葡萄科约有16属700余种，多分布于热带至温带地区；我国有9属，约150种，南北均产，其中葡萄是著名的水果，爬山虎属和崖爬藤属（*Tetrastigma* Planch.）是重要的垂直绿化植物。

葡萄科的特征：藤本，常具与叶对生之卷须，稀为直立灌木。叶互生，单叶或复叶，有托叶。花小，两性或单性，通常为聚伞花序或圆锥花序；萼片4～5，分离或基部结合；花瓣与萼片同数，分离或顶部黏合成帽状；雄蕊4～5，与花瓣对生；上位子房，2至多室，每室有胚珠2个。果实为浆果。染色体x=11～14，16，19，20。

（1）葡萄属（*Vitis* Linn.） 藤本，髓心褐色；树皮无皮孔，常裂片状剥落；具卷须。单叶，边缘具齿，常分裂，稀复叶。圆锥花序；萼片小；花瓣上部结合成帽状。本属约有60种，分布于温带和亚热带；我国约有38种，南北均产。

常见植物：葡萄（*Vitis vinifera* Linn.）（图4-58）叶近圆形或卵形，3～5裂，基部深心形，凹缺常闭锁，边缘有粗齿；圆锥花序，与叶对生，花小，黄绿色，两性或单性；浆果较大，形状及颜色因品种不同而多样；原产于亚洲西部，我国普遍栽培，果实可食用，还可酿酒、制葡萄干。山葡萄（*Vitis amurensis* Rupr.）与葡萄相似，区别是叶基心形，凹缺打开，齿较小；产于东北、河北、山西、山东和广东，野生于山地林缘；果可生食或酿酒，叶及酿酒后的酒脚（沉淀）可提酒石酸。

（2）蛇葡萄属（*Ampelopsis* Michx.） 藤本，具卷须，枝具皮孔，髓心白色，树皮不剥落。二歧聚伞花序；花瓣分离。本属约有30余种，分布于亚洲、北美洲和中美洲；我国有17种，南北均产。

常见植物：葎叶蛇葡萄（*Ampelopsis humulifolia* Bge.）单叶，宽卵形，掌状3～5中裂，裂口底部呈圆凹形，叶上面鲜绿色，下面苍白色；果成熟后呈灰蓝色；产于东北、华北和西北，生于山沟、山坡林缘；根皮入药。白蔹（*Ampelopsis japonica* Makino）具块根；掌状复叶，具3～5小叶，叶轴有宽翅；浆果白色或蓝色；产于东北、华北、华东及中南各地，生于山地林下，各地有栽培，全草及块根入药，有清热解毒、消肿止痛之效；外用可治烫伤、冻疮。

（3）爬山虎属（*Parthenocissus* Planch.） 木质藤本，有吸盘状卷须攀附于其他物体上。单叶或掌状复叶或分裂。花常5基数，两性，少杂性，组成聚伞花序。浆果小。本属约13种，分布于北美和亚洲；我国约有10种，产于西南至东部。

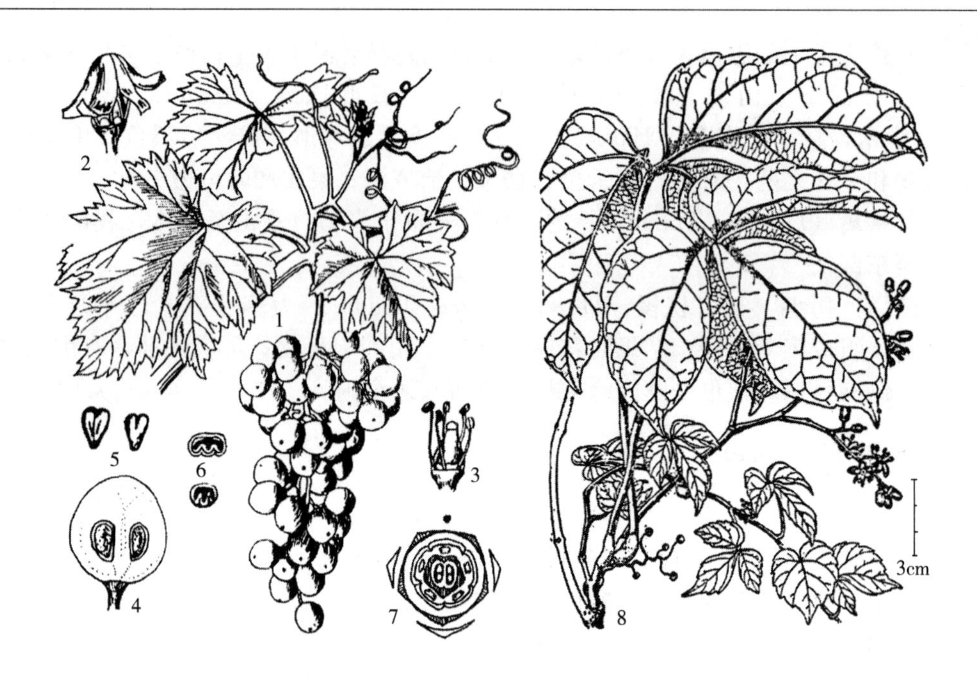

图 4-58 葡萄和爬山虎

1～7. 葡萄（*Vitis vinifera* Linn.）

1. 果枝 2. 花（示花冠成帽状脱落） 3. 雄蕊、雌蕊及雄蕊间的蜜腺

4. 果实纵剖 5. 种子 6. 种子横切（示腹面有沟） 7. 花图式

8. 爬山虎（*Parthenocissus himalayana* Planch.）植株

常见植物：爬山虎（又名爬墙虎）[*Parthenocissus himalayana* Planch.]（图 4-58），为落叶大藤本；卷须短、多分枝、枝端有吸盘；单叶宽卵形，通常 3 裂；从吉林至广东广布，多栽培于建筑旁，一两年即满布墙上，既可绿化，又避炎暑。

（4）其他 本科的常见植物还有乌蔹莓 [*Cayratia japonica*（Thunb.）Gagnep.] 草质藤本，卷须分枝，复叶鸟足状，5 小叶；全草入药，有凉血解毒、利尿消肿的功效。扁担藤 [*Tetrastigma planicaule*（Hook. f.）Gagnep.] 为大木质藤本；茎扁，基部宽达 40cm；卷须粗壮，不分枝；掌状复叶，小叶 5 枚；藤茎药用，有祛风湿之效。

（二十九）亚麻目（Linales）

亚麻目植物为草本、灌木或乔木。单叶互生，稀对生。花两性，稀单性，雌雄异株，辐射对称；通常 5 基数，雄蕊与花瓣同数，或为其倍数；子房上位，心皮 2～5，合生，3～5 室或更少，每室有胚珠 1～2 枚。

亚麻目包括古柯科（Erythroxylaceae）、香膏科（Humiriaceae）、黏木科（Ixonanthaceae）、亚麻藤科（Hugoniaceae）和亚麻科共 5 科，这里介绍亚麻科。

亚麻科（Linaceae）

$$* \ K_{4\sim5}\ C_{4\sim5}\ A_{5,10}\ \underline{G}_{(2\sim5)}$$

亚麻科有 12 属 300 余种，广布于全世界；我国有 4 属 14 种，广布于全国。其中有些种为重要的纤维、油料、药用植物，有的可供观赏。

亚麻科的特征：草本，稀灌木。单叶，互生。花两性，辐射对称；萼片 5 或 4，分离

或基部合生；花瓣与萼片同数，有时具爪，早落；雄蕊与花被片同数或为其 2～4 倍，基部合生；雌蕊由 5 或 2～3 心皮合成，子房上位，3～5 室或更少，常有假隔膜。蒴果或核果。

亚麻属（*Linum* Linn.）　草本。叶条形或披针形。顶生或腋生总状或聚伞花序；萼片 5；花瓣 5；雄蕊 5；子房 5 室。蒴果裂为 10 果瓣。本属约有 200 种，主要分布于欧洲地中海地区；我国约有 9 种，分布于西南、西北至东北部。

常见植物：野亚麻（*Linum stelleroides* Planch.）为一年生或二年生草本；花径约 1cm，萼片边缘具黑色腺点，花瓣淡紫色、蓝紫色或蓝色；蒴果球形，直径约 4mm；产于东北、华北、西北和华东，生于山地草甸；茎皮纤维可做人造棉、麻布及造纸原料等；种子供榨油并可入药。亚麻（*Linum usitatissimum* Linn.）为一年生草本；花径 1.5～2cm，萼片边缘无腺点；花瓣蓝色或蓝紫色；蒴果球形，径约 7mm；全国许多地方有栽培，茎皮纤维为很好的纺织原料；种子可榨油，供食用并入药。

在我国西南和南亚热带常绿阔叶林中还可见到黏木（*Ixonanthes chinensis* Champ.）为常绿灌木或乔木，高 2～20m；二歧聚伞花序，生于枝的顶部腋内，花小白色；树皮含鞣质，可提取栲胶。石海椒（*Reinwardtia indica* Dum.）为常绿灌木，高 0.5～1m；二歧聚伞花序生于枝的近顶部腋内，花黄色；嫩枝、茎和叶供药用，能清小肠湿热，利尿。

（三十）无患子目（Sapindales）

无患子目植物为木本，稀草本。叶互生、对生或轮生，复叶或单叶。花两性或单性，辐射对称，少数为两侧对称，具萼片和花瓣，通常 4～5 基数；雄蕊多为 8 或 10，2 轮，稀为 4～5 或更多；花盘常存在；心皮 2～5，合生，子房上位，每室 1～2 个胚珠，稀多数。

无患子目包括省沽油科（Staphyleaceae）、无患子科、七叶树科（Hippocastanaceae）、槭树科、橄榄科（Burseraceae）、漆树科、苦木科（Simaroubaceae）、楝科（Meliaceae）、芸香科、蒺藜科等 15 科。

1. 无患子科（Sapindaceae）

$$* \text{或} \uparrow \ \male\ K_{4\sim5}\ C_{4\sim5}\ A_8；\ \female\ K_{4\sim5}\ C_{4\sim5}\ \underline{G}_{(3:3:1\sim2)}$$

无患子科约 150 属 2 000 种，分布于热带和亚热带；我国有 25 属 53 种，主要分布于长江以南各地。其中有不少种的木材坚实密致，供建筑、家具、造船等用；荔枝、龙眼是著名的热带、亚热带果树，不少种为药用植物。

无患子科的特征：乔木或灌木，少为草质或木质藤本。叶互生，通常为羽状复叶，稀单叶或掌状复叶；无托叶。花单性，少杂性或两性，辐射对称或两侧对称，常成总状花序、圆锥花序或聚伞花序；萼片 4～5；花瓣 4～5，有时缺，常具腺体或鳞片状附属物；花盘发达；雄蕊 5～10，通常 8；子房上位，通常 3 室，每室有 1～2 个胚珠。蒴果、核果、浆果、坚果或翅果；种子无胚乳，常有假种皮。染色体 $x=11, 15, 16$。

（1）无患子属（*Sapindus* Linn.）　落叶乔木。通常为羽状复叶。花极小，辐射对称，单性异株，总状花序或圆锥花序腋生或顶生；萼片 5，有时 4；花瓣 5，有爪，内面基部有 2 个耳状小鳞片或 1 个大型鳞片。果皮肉质，种皮骨质，无假种皮。本属约有 13 种，分布于美洲、亚洲和大洋洲较温暖的地区；我国有 4 种，分布于长江流域及以南各地。

常见植物：无患子（*Sapindus mukorossi* Gaertn.）（图 4-59）为乔木；羽状复叶，小叶长椭圆状披针形或稍呈镰形；圆锥花序顶生；果核肉质；产于长江以南各地，多生于土壤疏松而稍湿润的疏林中，庭园和村边也常见栽培；根和果入药，能清热解毒、止咳化痰；木材可制器具。

图 4-59　无患子（*Sapindus mukorossi* Gaertn.）
1. 果枝　2. 花　3. 花图式

（2）其他

①龙眼（*Dimocarpus longan* Lour.）（图 4-60）：龙眼为常绿乔木，高达 10m，幼枝生锈色柔毛。羽状复叶，小叶 2～6 对，全缘或波状。圆锥花序顶生或腋生，长 10～15cm；花小，黄绿色。果球形，核果状，直径 1.2～2.5cm，果皮黄褐色，粗糙；种子褐色，为白色、肉质、多汁、甘甜的假种皮所包。产于福建、台湾、广东、广西和四川，假种皮供食用，为南方著名水果和干果，并为滋补品；果核及根、叶、花供药用；木材质优，为名贵用材。

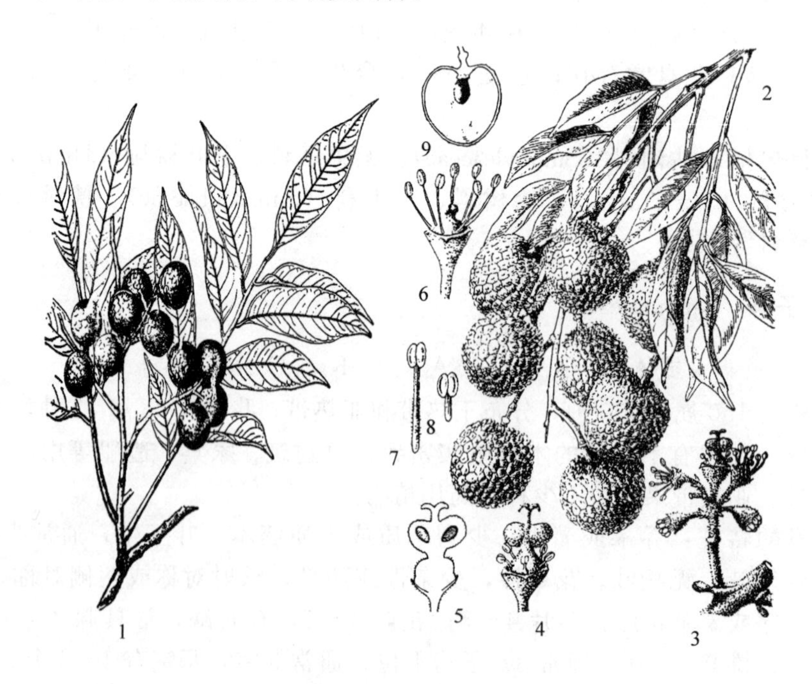

图 4-60　龙眼及荔枝
1. 龙眼（*Dimocarpus longan* Lour.）果枝
2～9. 荔枝（*Litchi chinensis* Sonn.）　2. 果枝　3. 花序一部分　4. 雌花
5. 子房纵切面　6. 雄花　7. 发育雄花　8. 不发育雄蕊　9. 果实纵切面

②荔枝（*Litchi chinensis* Sonn.）（图 4-60）：荔枝为常绿乔木，高 8～20m；小枝有

白色小斑点和微毛。羽状复叶，小叶 2～4 对，全缘。圆锥花序顶生，长 16～30cm；花小，绿白色或淡黄色。果球形或卵形，核果状，直径 2～3.5cm，果皮暗红色，有瘤状突起；种子为白色、肉质、多汁、甘甜的假种皮所包。原产于华南和云南，现仍有大量野生荔枝，福建、台湾、广东、广西、云南和四川有栽培，为南方著名水果，假种皮鲜食或制干；根和核供药用，治疝气和胃病；木材质优，为名贵用材。

③文冠果（*Xanthoceras sorbifolia* Bge.）：文冠果为落叶灌木或小乔木。奇数羽状复叶，长 15～30cm；小叶 9～19 枚，边缘有锯齿。圆锥花序顶生，长 12～30cm；花杂性，白色，基部红或黄，长约 1.7cm。蒴果为我国北部特产，是华北、西北地区重要的木本油料植物，种子含油达 66%，供食用和工业用，也是优美的庭园观赏树种。

2. 槭树科（Aceraceae）

$$* \ K_{4\sim5}\ C_{4\sim5}\ A_8\ \underline{G}_{(2:2:2)}$$

槭树科有 2 属，约 300 种，分布于北温带至热带山地；我国有 2 属，约 140 种，南北各地均有分布；是落叶阔叶林的组成树种，秋季在我国出现的满山红叶现象，主要因槭树科植物落叶前变红之故。其中有许多用材和园林绿化树种。

槭树科的特征：落叶乔木或灌木。叶对生，单叶分裂或羽状复叶。花两性或单性，辐射对称，萼片 4～5；花瓣 4～5；雄蕊通常 8；花盘肉质，环状或浅裂或无花盘；心皮 2，合生，子房上位，2 室，每室 2 胚珠。翅果或翅果状坚果。染色体 $x=13$。

（1）槭树属（*Acer* Linn.） 乔木，稀灌木。冬芽鳞片覆瓦状排列或具 2 鳞片。叶对生，单叶常掌状分裂或复叶，叶柄基部膨大。双翅果。本属有 200 余种，分布于亚洲、欧洲及美洲；我国有 140 余种，广布于南北各地，但分布中心为中部和西部。

常见植物：元宝槭（*Acer truncatum* Bge.）为乔木；单叶，通常掌状 5 裂，裂片全缘，有时中央裂片又分为 3 小裂片，基部截形；花杂性同株，黄色，聚伞花序顶生；果翅与小坚果近等长，两翅开展角度约 60°，果基截形；产于东北、华北、华东，西至河南和陕西，生于海拔 500m 左右的林地中；木材供建筑、家具、雕刻等用，亦为良好的园林绿化、荒山造林树种。茶条槭（*Acer ginnala* Maxim.）为小乔木；单叶，具 3 裂片，中央裂片较大，边缘有粗锯齿，果翅几平行；产于东北、华北和西北，可做水土保持及园林绿化树种。五裂槭（*Acer oliverianum* Pax.）产于长江流域，北达甘肃、南至广西、东至浙江，生于海拔 1 500～2 500m 的林地中。

（2）金钱槭属（*Dipteronia* Oliv.） 金钱槭属与槭树属的区别是小坚果完全为阔翅所围绕和叶为羽状复叶，有小叶 9～15 枚。

本属仅有金钱槭（*Dipteronia sinensis* Oliv.）和云南金钱槭（*Dipteronia dyeriana* Henry）2 种，金钱槭为我国特产，分布于西南、西北及河南、湖北等地。

3. 漆树科（Anacardiaceae）

$$* \ K_{(5)}\ C_5\ A_{5\sim10}\ \underline{G}_{(1\sim5:1:1)}$$

漆树科约有 60 属 600 余种，分布于热带、亚热带，少数延伸到北温带地区。我国有 16 属 54 种，主要分布于长江以南各地。本科植物以产漆著称，还有杧果（*Mangifera indica* Linn.）为热带著名水果，毛黄栌（*Cotinus coggygria* var. *pubescens* Engl.）为秋日著名观赏风景树。

漆树科的特征：木本，树皮多含树脂。叶互生，稀对生，羽状复叶，少单叶。花小，两性、单性或杂性，排列成圆锥花序；通常为双被花，稀单被或无花被；萼片3～5；花瓣3～5；雄蕊与花瓣同数或为其2倍；有花盘；心皮1～5，子房上位，常1室，少有2～5室，每室1胚珠。核果。染色体 $x=7\sim16$。

（1）漆树属（*Toxicodendron* Mill.） 落叶乔木，高达20m，具乳汁。奇数羽状复叶，互生。圆锥花序腋生；花小，雌雄异株；萼片5；花瓣5；雄蕊5；心皮3，子房1室。核果。本属约20种，分布于亚洲东部和北美；我国有15种，主要分布于长江以南各地。其中有许多种产漆液，为制漆的原料。

常见植物：漆树［*Toxicodendron vernicifluum*（Stockes）F. A. Barkl.］为乔木；小叶7～13枚，全缘，杂性花或雌雄异株，花序圆锥状，长12～25cm，腋生，花小，多数，黄绿色；果序多少下垂，核果；我国漆树栽培历史悠久，除新疆外，分布几遍全国，产漆液用做油漆，以陕、鄂、川最佳。野漆［*Toxicodendron succedaneum*（Linn.）Kuntze.］为灌木或小乔木；杂性花小，圆锥花序长5～11cm，腋生；产于华南、华东、西南及河北，生于海拔1 000m以下的山地，树干也可产漆。

（2）盐肤木属（*Rhus* Linn.） 盐肤木属与漆树属的区别是圆锥花序顶生。果被腺毛和具节毛或单毛，成熟后红色，外果皮与中果皮联合，内果皮分离。本属约250种，分布于亚热带和温带地区；我国约有6种，分布较广。

常见植物：盐肤木（*Rhus chinensis* Mill.）为灌木或小乔木，小枝、叶柄及花序都密生褐色柔毛；奇数羽状复叶，叶轴及叶柄常有翅，除青海和新疆外，分布几乎遍及全国。

（3）黄连木属（*Pistacia* Linn.） 乔木或灌木。叶常绿或脱落，单叶互生，3小叶或羽状复叶，小叶全缘。花小，雌雄异株，总状花序或圆锥花序腋生；无花瓣；雄花萼1～5裂，雄蕊3～5枚；雌花萼2～5裂，子房无柄，1室，1胚珠。核果。本属约10种，分布于地中海地区、亚洲和美洲；我国有3种，引种1种。常见的黄连木（又名楷树，*Pistacia chinensis* Bunge）为落叶乔木，高达25m；冬芽红色，有特殊气味；偶数羽状复叶；雌雄异株；核果倒卵圆形，初为黄白色，成熟时变红、再变为紫色；产于长江中下游及河北、河南、陕西、山东，生于平原、山林中，嫩芽供蔬食，木材重而坚，纹理致密，供造船和建筑用；果实、树皮及叶可提制栲胶，鲜叶可提芳香油。清香木（*Pistacia weinmannifolia* J. Poiss.）为常绿乔木；产于云南中部和北部、四川南部，生于干热河谷中，叶可提取芳香油；种子榨油。阿月浑子（又名开心果，*Pistacia vera* Linn.）原产于地中海地区，我国新疆等地有栽培，种子供食用，味佳。

（4）杧果属（*Mangifera* Linn.） 乔木。单叶互生，革质，全缘。花小，杂性，圆锥花序顶生；萼4～5裂；花瓣4～5，分离与花盘合生；雄蕊1～5，通常仅1～2枚发育；子房1室，有侧生花柱；胚珠单生。核果大而肉质。本属约53种，分布于热带亚洲；我国有5种，常见的杧果（*Mangifera indica* Linn.）（图4-61），为常绿大乔木，高10～27m；树皮厚，灰褐色，成鳞片状脱落；单叶聚生于枝顶；核果椭圆形或肾形，微扁，肉质多汁，成熟时黄色，内果皮坚硬、并覆被粗纤维；产于福建、台湾、广东、广西、海南和云南，为著名热带水果，果实味佳。

（5）其他

①腰果（*Anacardium occidentale* Linn.）（图4-61）：腰果为常绿乔木或灌木。单叶互生，革质，全缘，具柄或无柄。花小，杂性，组成顶生圆锥花序；萼5深裂；花瓣5，线状

图 4-61　杧果和腰果

1～4. 杧果（*Mangifera indica* Linn.）

1. 花枝　2. 果　3. 雄花（放大）　4. 两性花（放大）

5～7. 腰果（*Anacardium occidentale* Linn.）

5. 果枝　6. 花　7. 漆树科花图式

披针形；花盘充满花萼的基部；雄蕊 7～10 枚，不等长，通常仅 1 枚发育；子房 1 室，1 胚珠。果由 2 部分组成，下部的肉质部分是由花托发育而成，长达 5～8cm，可食或蒸馏成易醉的饮料；上部为一暗灰色或暗褐色、肾形的坚果，长约 2.5cm，剥去皮，取其核仁炒食。腰果原产于热带美洲，现在广泛种植于各热带地区；我国广东、广西和云南有栽培。

②人面子（*Dracontomelon duperreanum* Pierre）：为常绿大乔木，高达 20m 以上；奇数羽状复叶，小叶 7～15 枚；花两性，组成圆锥花序；核果扁球形，核有数孔，状如人面；果肉供食用；种子油供制肥皂；木材耐朽力强，可供建筑用材；产于我国南方。

③黄栌（*Cotinus coggygria* Scop.）：为落叶灌木或乔木；单叶互生，宽卵形或近于圆形，无毛或仅于下面脉上有短柔毛，侧脉 6～11 对，顶端常分叉；圆锥花序顶生，花杂性，小型；果序长 5～20cm，有多数不孕花的紫绿色羽毛状细长的花柄宿存；核果小，肾形，红色；产于华北、西南和浙江；树皮和叶可提制栲胶；叶含芳香油；木材可提取黄色染料；枝叶入药，能消炎、清湿热。

4. 芸香科（Rutaceae）

$$* \ K_{4\sim5}\ C_{4\sim5}\ A_{8\sim10}\ \underline{G}_{2\sim5}$$

芸香科约有 150 属 1 600 种，分布于热带和温带；我国有 28 属约 151 种，南北均有分布。其中有许多种是我国南方盛产的著名水果，如柑、橙、柚、柠檬等，著名调味品花椒，还有多种药用植物和观赏植物。

芸香科的特征：木本或草本，常含挥发油。叶互生，少对生，复叶，稀为单叶，常具透明腺点。花两性，少单性，辐射对称；萼片 4～5，基部合生或离生；花瓣 4～5，离生；雄蕊 8～10，稀更多；子房上位，心皮 2～5，合生或分离，每室通常具 1～2 胚珠，稀更多。蒴果、柑果、浆果、核果、蓇葖果，稀为翅果。染色体 x=7～9，11，13。

（1）花椒属（*Zanthoxylum* Linn.） 有刺灌木或小乔木。奇数羽状复叶，有透明腺点。花小，单性异株或杂性，排成圆锥花序或丛生花序。蓇葖果由 1～5 个成熟的心皮组成，每心皮 2 瓣裂，内含 1 颗黑色发亮的种子。本属约 250 种，分布于东亚和北美；我国有 39 种 14 变种，自西南、华南至辽宁广布，多数种产于长江以南，其中有些种的果实入药或为调味料。

常见植物：野花椒（*Zanthoxylum simulans* Hance）为灌木，叶轴边缘有狭翅和长短不等的皮刺；蓇葖果 1～2，红色至紫色；除新疆、东北外，各地均产，生于疏林中，也有栽培。花椒（*Zanthoxylum bungeanum* Maxim.）为落叶灌木或小乔木；叶柄两侧常有 1 对扁平基部特宽的皮刺；蓇葖果球形，红色至紫红色，密生瘤状突起的腺体；产于全国各省区，野生或栽培，喜生于阳光充足、温暖、肥沃的地方。

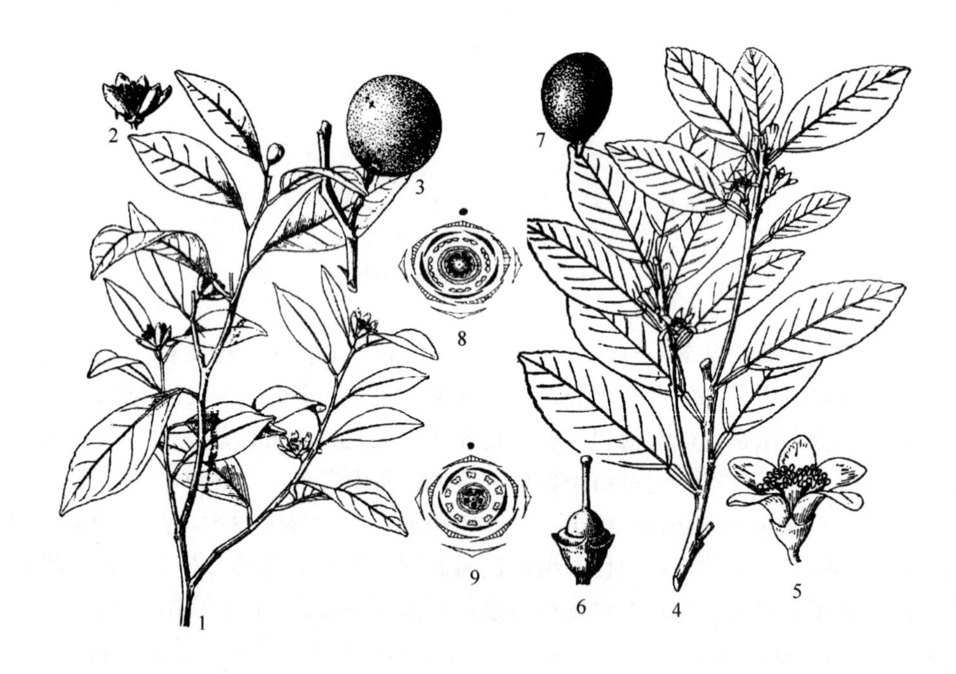

图 4-62 柑橘与金橘

1～3. 柑橘（*Citrus reticulata* Blanco） 1. 花枝 2. 花 3. 果

4～9. 金橘［*Fortunella margarita*（Lour.）Swingle］

4. 花枝 5. 花 6. 除去花冠及雄蕊的花，示雌蕊及花盘

7. 果 8、9. 芸香科花图式

（2）柑橘属（*Citrus* Linn.） 常绿灌木或小乔木，有刺。单身复叶（羽状复叶退化而成），仅余 1 顶生小叶，与叶柄连接处有节关，革质，有油点，柄有翅或有边（称为翼叶）。花两性，5 数，单生或数朵簇生或排成总状花序；子房 7～15 室，每室有胚珠数枚，花柱大。橘果球形或卵圆形，或较扁。本属约 20 种，分布于亚洲的热带和亚热带地区；我国包括引进栽培的共 15 种，少数野生，多数栽培，主要于产秦岭以南各地，其中有不少是我国南方盛产的水果。

常见植物：柑橘（*Citrus reticulata* Blanco）（图 4-62）翼叶甚窄至仅具痕迹；果扁

球形，直径 5～7cm，橙黄或橘黄色，果皮很易剥离。甜橙［*Citrus sinensis*（Linn.）Osb.］翼叶通常明显或较宽；果近球形；果皮橙黄色，较平滑，不易与果肉分离；果肉甜或酸甜适度。柚［*Citrus maxima* Merr.］翼叶明显、宽大；果大，球形或梨形，直径 10～25cm；果皮平滑，淡黄色，厚，很难剥离。柠檬［*Citrus limon*（Linn.）Burm. f.］翼叶较明显；果椭圆或卵圆形，或两端尖，直径 3～5cm；皮柠檬黄色，较厚，较难剥离；果肉酸。酸橙（*Citrus aurantium* Linn.）翼叶窄长形或倒心形；果近球形，直径约 5cm，黄色至朱红色；果皮紧贴果肉，难剥离；果实可提取柠檬酸；入药，有破气消积之效。

本属植物作为观赏植物栽培的有朱橘（*Citrus erythrosa* Hort. ex Tanaka）果扁圆形或圆形，直径约 4.5cm，果皮朱红色，春节前盆栽上市，供春节摆设。代代花（*Citrus aurantium* var. *amara* Engl.）、佛手［*Citrus medica* var. *sarcodactylis*（Noot.）Swingle］也常见栽培。

（3）金橘属（*Fortunella* Swingle）　金橘属与柑橘属相似，不同的是叶为单小叶。雄蕊约为花瓣的 4 倍；子房 2～6 室，每室有胚珠 2 颗，柱头中空。果较小，圆形或长椭圆形。本属约 6 种，分布于东亚；我国有 5 种。

常见植物：金橘［*Fortunella margarita*（Lour.）Swingle］（图 4－62）果长椭圆形，长 2.5～3.5cm，金黄色，味香；果皮肉质，平滑，有许多腺点；种子卵状球形；产于西南和浙、赣一带，栽培很广，果供生食或制蜜饯，供观赏或为育种的砧木。

（4）拟芸香属（*Haplophyllum* Juss.）　多年生草本或矮小灌木。单叶互生，全缘或 3 裂。花小，黄色，两性，排成顶生、直立的聚伞花序；萼 5 裂；花瓣 5，全缘；雄蕊8～10；子房 2～5 室。蒴果。本属约有 50 种，分布于欧洲南部和中亚；我国有 3 种，分布于西北及东北西部。

常见植物：北芸香（*Haplophyllum dauricum* G. Don）为多年生草本，全株有特殊香气；叶条状披针形至狭矩圆形，两面具腺点；聚伞花序生于茎顶；花黄色，各部具腺点；产于东北、华北和西北，生于草原和草甸草原，亦见于荒漠区的山地，为良等饲用植物。

图 4－63　黄皮［*Clausena lansium*（Lour.）Skells］
1. 果枝　2. 花苞（放大）　3. 花（放大）

（5）其他　本科植物可供药用的约 70 余种，主要有下述几种。降真香［*Acronychia pedunculata*（Linn.）Miq.］产于广东、广西和云南，生于常绿阔叶林中，根、叶、果药用，能行气活血、健脾止咳。枳［*Poncirus trifoliata*（Linn.）Raf.］以幼果和近成熟果实作枳壳、枳实入药，能理气消积。吴茱萸［*Evodia rutaecarpa*（Juss.）Benth.］产于长江流域以南各地，果药用，能散寒、止痛、解毒、杀虫；叶可提芳香油或做黄色染料。香橼（*Citrus wilsonii* Tanaka）长江中下游多有栽培，幼果可作枳壳、枳实入药。作为果品的还有黄皮［*Clausena lansium*（Lour.）Skells］（图 4-63）。

5. 蒺藜科（Zygophyllaceae）

$$* \ K_{4\sim5} \ C_{4\sim5} \ A_{4\sim5} \ \underline{G}_{(3\sim5)}$$

蒺藜科约有 27 属 350 种，主产于世界各干旱地区；我国有 6 属 30 余种，南北各地均有分布，以西北部最多。多生于荒漠及荒漠草原地带的沙地或砾质戈壁上，有的种成为荒漠草原及荒漠地带植被中的建群种或优势种，是良好的固沙植物，具有一定的生态意义，多数种的饲用价值不大，家畜不食或稍采食，有些植物的果实可食用或酿饮料，还可供药用。

蒺藜科的特征：灌木或草本。叶对生，少互生，单叶或羽状复叶，常肉质，有托叶。花两性，辐射对称，1～2 朵腋生或为聚伞花序，少为总状或圆锥花序；萼片 5，少 4；花瓣 4～5；雄蕊与花瓣同数或为其 1～3 倍，花丝基部或中部具 1 小鳞片；子房上位，通常 3～5 室，每室 1 至数个胚珠。蒴果、分果或浆果状核果。染色体 $x=6$，8～13。

蒺藜科常见植物分属检索表

1. 浆果状核果，含 1 粒种子；聚伞花序顶生 ………………………………………… 白刺属（*Nitraria* Linn.）
1. 蒴果或分果，种子多数；花单生或 2 朵生于叶腋。
  2. 单叶，二至三回羽状分裂；草本 ……………………………………………… 骆驼蓬属（*Peganum* Linn.）
  2. 偶数羽状复叶，小叶 1 至 5 对；草本或灌木。
    3. 草本；果为分果，果瓣具棘刺 ………………………………………………… 蒺藜属（*Tribulus* Linn.）
    3. 灌木或草本；果为蒴果，果瓣无棘刺。
      4. 灌木；叶具小叶 2；果具 4 翅（1 种，产于内蒙古） ……………… 四合木属（*Tetraena* Maxim.）
      4. 灌木或草本；叶具小叶 1 至 5 对；果具 3～5 翅或棱 …………… 霸王属（*Zygophyllum* Linn.）

（1）白刺属（*Nitraria* Linn.） 白刺属植物为灌木，枝先端硬化成刺状。叶肉质，条形、匙形或倒卵形，全缘或顶端齿裂。聚伞花序顶生，花小，白色；萼片 5；花瓣 5；雄蕊 10～15。浆果状核果。本属有 11 种，分布于亚洲、欧洲、非洲和澳大利亚；我国有 6 种，主要分布于西北各地。本属植物耐盐碱、抗风沙，为优良固沙植物。

常见植物：小果白刺（*Nitraria sibirica* Pall.）（图 4-64）叶倒披针形，在嫩枝上 4～6 枚簇生；核果近球形或椭圆形，直径 6～8mm，熟时暗红色，果汁暗蓝紫色；果核卵形，长 4～5mm；产于东北、华北和西北诸省区，生于轻度盐渍化低地、湖盆边缘和干河床边，可做固沙植物；果味甜酸，可食，还可入药；其枝叶和果实可做饲料。白刺（*Nitraria tangutorum* Bobr.）叶倒披针形，通常 2～3 枚簇生；核果卵形，长 0.8～1.2cm，直径 6～9mm，熟时深红色，果汁玫瑰色；果核卵形，长 5～8mm；分布于西北各省区及西藏，生于荒漠和荒漠草原带的湖盆边缘、河谷阶地和有风积沙的黏土上，用途同小果白刺。球果白刺（又名泡泡刺，*Nitraria sphaerocarpa* Maxim.）叶 2～3 枚簇生，宽条形或倒披针状条形；果在成熟时果皮膨胀成球形，膜质，果径约 1cm；果核狭窄，纺锤形，长 8～9mm；产于内蒙古西部、甘肃西北部及新疆，生于砾质戈壁和薄层覆沙地上，有固沙作用，也是骆驼的饲料。

（2）骆驼蓬属（*Peganum* Linn.） 多年生草本。叶互生，分裂，裂片条形。花大，白色，单生；萼片 5，常由基部分裂，果时宿存；花瓣 5；雄蕊 15，花丝基部扩大；子房 3 室。蒴果。本属约有 6 种，分布于欧洲和亚洲温带地区；我国有 3 种，产于西北部和北部；

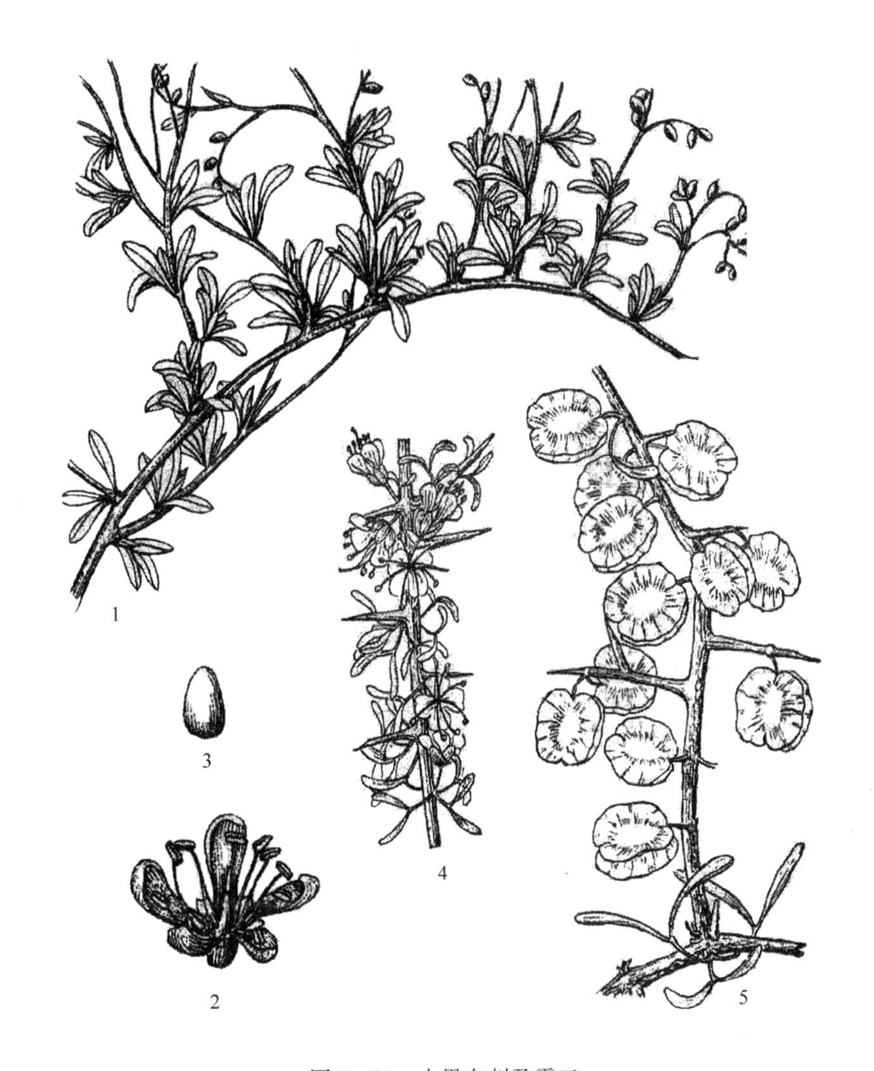

图 4-64　小果白刺及霸王

1～3. 小果白刺（*Nitraria sibirica* Pall.）　1. 果枝　2. 花　3. 果实

4～5. 霸王［*Zygophyllum xanthoxylon*（Bunge）Maxim.］　4. 花枝　5. 果枝

青鲜状态家畜不食，有的种有毒。

常见植物：骆驼蓬（*Peganum harmala* Linn.）（图 4-65）株高 30～80cm，无毛；叶全裂为 3～5 条形或条状披针形的裂片；产于西北各省区，生于荒漠地带的退化草地、绿洲边缘轻盐渍化荒地，为习见的伴人植物。匍根骆驼蓬（*Peganum multisectum* Bobr.）株高 10～25cm，密被短硬毛；叶二回至三回羽状全裂，裂片条形；花单生于茎顶或叶腋，白色；产于我国西北，多见于居民点、饮水点、棚圈附近和路旁等处，干枯后骆驼和羊乐食，马稍采食。

（3）蒺藜属（*Tribulus* Linn.）　草本。叶对生，双数羽状复叶。花黄色，单生；萼片 5；花瓣 5；雄蕊 10。果为具 5 个果瓣的分果，具棘刺。本属约有 20 种，主要分布于热带和亚热带地区；我国产 2 种，南北均有分布。

常见植物：蒺藜（*Tribulus terrestris* Linn.）（图 4-65）为一年生草本；茎平卧，全株被柔毛；小叶 5～7 对，矩圆形，全缘；每果瓣具长短棘刺各 1 对，背面有短硬毛及瘤状突

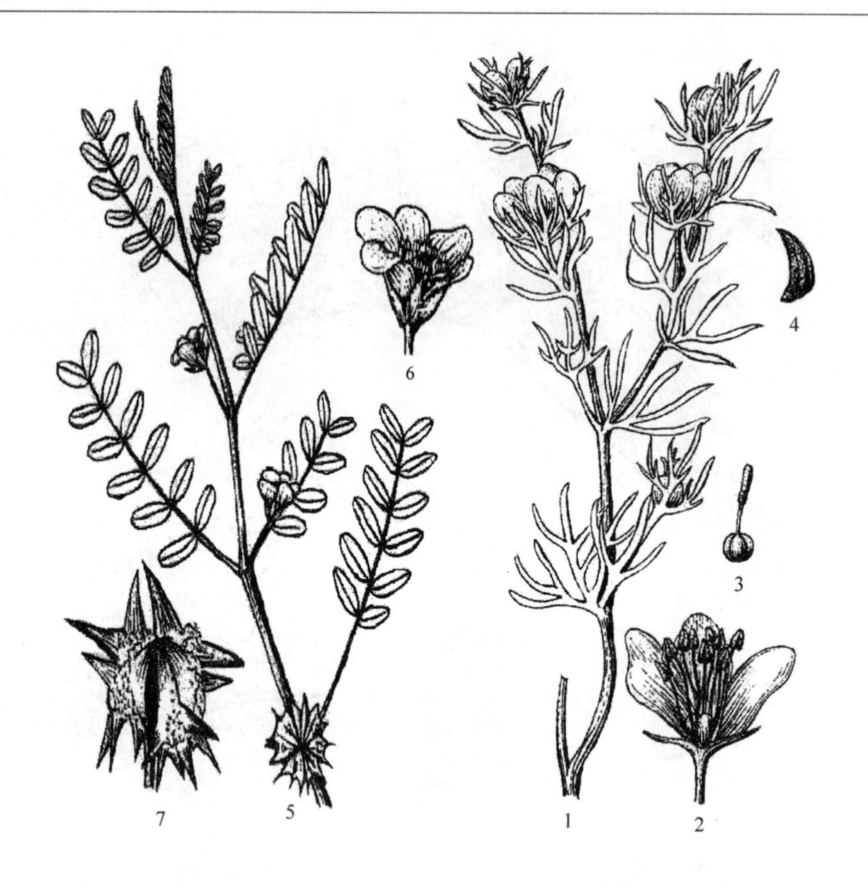

图 4-65 骆驼蓬及蒺藜

1～4. 骆驼蓬（*Peganum harmala* Linn.） 1. 花枝 2. 花 3. 雌蕊 4. 种子

5～7. 蒺藜（*Tribulus terrestris* Linn.） 5. 植株的一部分 6. 花 7. 果实

起；产于全国各地，生于荒地、山坡、路旁、田间、居民点附近，为有害植物，果实易刺伤人畜；果入药。

（4）霸王属（*Zygophyllum* Linn.） 灌木或草本。叶对生，常为偶数羽状复叶，肉质。花白色、黄色或橘黄色；萼片 4～5；花瓣 4～5；雄蕊 8～10。蒴果具3～5 角棱或翅。本属约有 60 种，分布于亚洲中部和中亚地区；我国约有 10 余种，分布于西北部，其中有些种是荒漠植被的重要组成成分。

常见植物：霸王［*Zygophyllum xanthoxylon*（Bge.）Maxim.］（图 4-64）为灌木，小枝先端刺状；小叶 2，长匙形或条形；花单生，黄白色；蒴果近球形，具 3 宽翅；产于西北各地，生长于荒漠与荒漠草原带的沙砾质河谷阶地、低山、碎石质丘陵和山前平原；在幼嫩时骆驼和羊喜食其枝叶，可做防风固沙树种。蝎虎霸王（*Zygophyllum mucronatum* Maxim.）为多年生草本，平卧或斜升；小叶2～3 对，条形或条状矩圆形；花白色或粉红色；蒴果圆柱形，具 5 棱；产于西北部，生于荒漠、草原化荒漠地带的山前平原、河谷阶地、石质坡地及沙地上，为我国特有种。

（三十一）牻牛儿苗目（Geraniales）

牻牛儿苗目植物为草本，少木本。花两性，稀单性，辐射对称或两侧对称。萼片 3～5，常有 1 萼片向后延伸成距；花瓣 3～5；雄蕊 4～5 或 8～10；通常有花盘；心皮 2～5，合生或离生，中轴胎座，胚珠多数至1个。种子常无胚乳。

牻牛儿苗目包含有酢浆草科（Oxalidaceae）、牻牛儿苗科、金莲花科（Tropaeolaceae）、凤仙花科（Balsaminaceae）等5科，这里介绍牻牛儿苗科。

牻牛儿苗科（Geraniaceae）

$$* \text{或} \uparrow \ K_{4\sim5}\ C_{5(4)}\ A_{10\sim15}\ \underline{G}_{(3\sim5)}$$

牻牛儿苗科有11属750种，广布于温带、亚热带和热带山地；我国有4属，约67种，南北各地均产，主要产于西北和西南各地。多数种为草地上的常见植物，天竺葵属（*Pelargonium* L'Herit.）为栽培观赏花卉。

牻牛儿苗科的特征：草本或半灌木。叶互生或对生，通常掌状或羽状分裂；有托叶。花两性，辐射对称或两侧对称，单生或排列成聚伞花序、伞房花序或伞形花序；萼片4～5，分离或合生，背面1片有时具距；花瓣5，少4；雄蕊10～15，通常10，排成2轮；心皮3～5合生，子房上位，3～5室，每室有胚珠1～2，中轴胎座。蒴果，成熟时果瓣自基部向上反卷或旋卷。染色体x=8～13，16，23，25。

（1）牻牛儿苗属（*Erodium* L'Hérit.）　草本。萼片5；花瓣5，与蜜腺互生；雄蕊10，排成2轮，外轮5个无花药。果实成熟时5果瓣由下而上呈螺旋状卷曲。本属约有90种，广布于温带和热带地区；我国有4种，分布于西南至东北各省区，多数种家畜不食，有的可药用。

常见植物：牻牛儿苗（又名太阳花，*Erodium stephanianum* Willd.）（图4-66）为一年生草本，茎平卧或斜升；叶对生，长卵形或矩圆状三角形，二回羽状全裂，裂片5～9对，最终裂片条形；花蓝紫色，萼片先端具长芒；产于东北、华北、西北及长江流域，生长于山坡、沙质草地、河岸、沙丘、田间、路旁等处。

（2）老鹳草属（*Geranium* Linn.）　草本。叶掌状分裂。花辐射对称；萼片5；花瓣5；蜜腺5，与花瓣互生；雄蕊10，通常全部具花药。蒴果成熟时由基部5裂，每果瓣向背面呈弧形反卷。本属约有400种，广布于全世界，但主要分布于温带及热带山区；我国约有55种，全国广布，有些种为家畜所喜食或乐食，有的种家畜不食，多数种为良好的蜜源植物。

常见植物：草原老鹳草（*Geranium pratense* Linn.）（图4-66）为多年生草本，具多数肉质粗根，茎直立，高20～70cm；叶对生，肾状圆形，掌状7～9深裂；花序通常有2花，花梗长0.5～2cm，果期弯曲，花序轴与花梗皆被短柔毛和腺毛；花较大，花瓣蓝紫色；产于东北、华北、西北和四川，生于草甸草原、林缘草甸。鼠掌老鹳草（*Geranium sibiricum* Linn.）为多年生草本，高10～100cm，根圆锥状圆柱形；茎细长，伏卧或上部斜向上；叶对生，肾状五角形，掌状5深裂；花通常生于叶腋，较小，淡红色；产于东北、华北和西北地区，生于居民点附近、河滩湿地、沟谷、林缘、山坡草地。甘青老鹳草（*Geranium pylzowianum* Maxim.）为多年生细弱草本，高10～20cm，具串珠状块根；叶互生，肾状圆形，掌状5深裂；花序具2～4花，紫红色；产于甘肃、青海、西藏、四川和云南，生于海拔2 000～3 600m的山地草原。

（3）天竺葵属（*Pelargonium* L'Hérit.）　多年生草本或半灌木，常有强烈的气味。单叶互生或对生，叶片圆形、肾形或扇形，分裂。花数5，两侧对称，有各种颜色，萼有距，与花柄贴生。蒴果具5果瓣，开裂时旋卷。本属约250种，主产于非洲；我国引种栽培的约

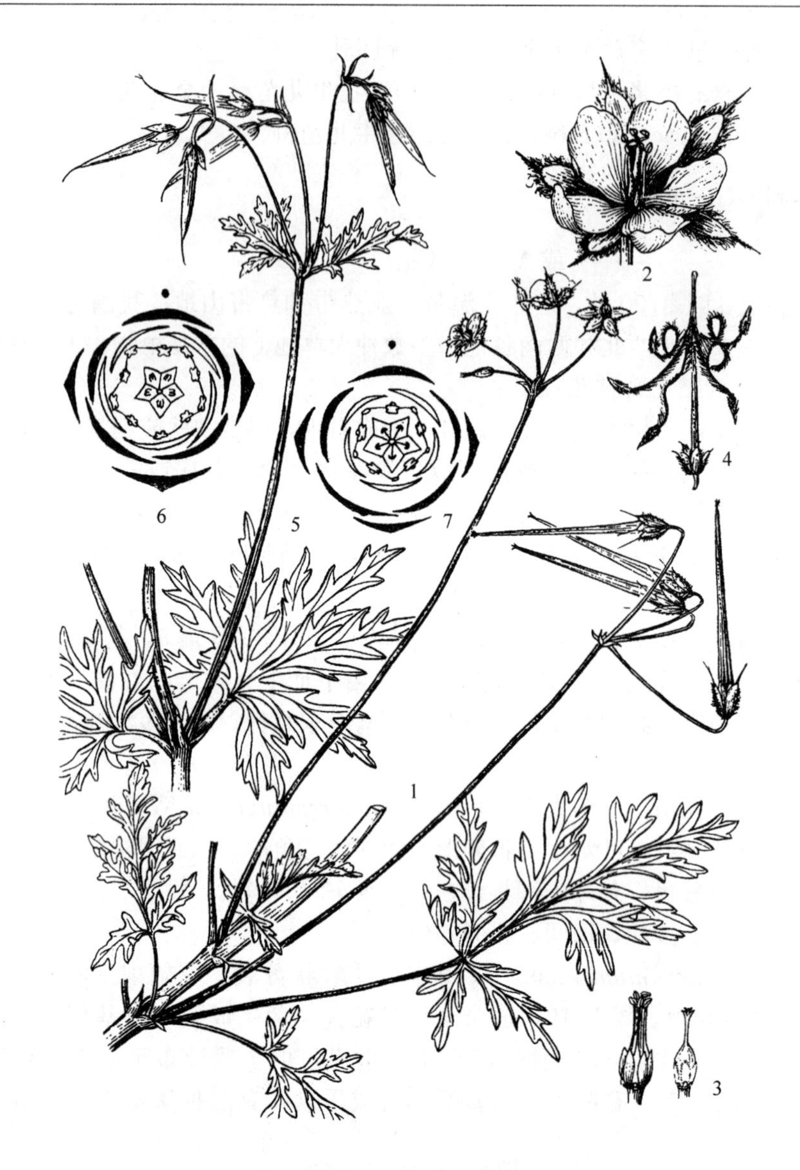

图 4-66 牻牛儿苗和草原老鹳草

1～4. 牻牛儿苗（*Erodium stephanianum* Willd.）

1. 植株的一部分 2. 花 3. 雄蕊及雌蕊 4. 果实（示开裂状态）

5～6. 草原老鹳草（*Geranium pratense* Linn.）

5. 植株上部 6. 老鹳草属花图式 7. 牻牛儿苗属花图式

有5种，各大城市均有栽培供观赏。

常见植物：天竺葵（*Pelargonium hortorum* Bailey）为多年生草本；叶互生，圆肾形，波状浅裂，上面有暗红色马蹄形环纹。香叶天竺葵（*Pelargonium graveolens* L'Hérit.）为多年生草本，全体被长毛，有香气；叶对生，近圆形，掌状5～7深裂，裂片再分裂成小裂片，边缘有不规则的齿裂。

（三十二）伞形目（Apiales，Umbellales）

伞形目植物为草本或木本。单叶或复叶，互生，稀对生或轮生，叶柄常鞘状。伞形花序或复伞形花序；花两性，稀单性，辐射对称，5 基数，子房下位，通常具上位花盘。

伞形目包括五加科和伞形科等 3 科。

1. 五加科（Araliaceae）

$$* \ K_5 \ C_5 \ A_5 \ \overline{G}_{(2\sim5:2\sim5:1)}$$

五加科有 80 属，约 900 种，广布于热带至温带。我国有 22 属，约 170 种，除新疆外，全国各地都有分布。有许多种在医药上有重要意义，如人参、三七、五加、刺五加、楤木、土当归、通脱木等是著名的药材；刺五加种子含油脂，可榨油供制肥皂用；五加、土当归等的嫩叶可做蔬菜；幌伞枫、鹅掌柴、常春藤等常栽培供观赏；鹅掌柴是南方冬季的蜜源植物。

五加科的特征：木本，稀草本，常具皮刺。叶常互生，单叶或复叶。花小，辐射对称，两性、杂性或单性异株，常为伞形花序或排成复合花序；萼筒与子房贴生，萼齿 5，小形；花瓣 5，偶 10，常分离，稀结合成帽状；雄蕊与花瓣同数而互生，生花盘边缘；子房下位，1 室至多室，每室有 1 倒生胚珠。浆果或核果。染色体 $x=11$，12。

（1）*五加属*（*Acanthopanax* Miq.）　灌木，稀乔木，具皮刺。掌状复叶。伞形花序或头状花序。浆果状核果。本属约有 35 种，分布于亚洲；我国有 26 种，分布几遍全国。

常见植物：刺五加［*Acanthopanax senticosus*（Rupr. et Maxim.）Harms］为具刺灌木，掌状复叶，小叶 5 枚；花紫黄色，子房 5 室；产于东北、华北、陕西和河北，喜生于湿润或较肥沃土坡，散生或丛生于针阔叶混交林或杂木林内；根入药，嫩枝及叶可代茶，全株又可供庭园绿化用。五加（*Acanthopanax gracilistylus* W. W. Smith）为无刺灌木，花黄绿色，产于中部及西南部各地，生于灌木林、林缘、山坡、路旁；根皮入药，能祛风湿、强筋骨。白簕［*Acanthopanax trifoliatus*（Linn.）Merr.］为攀缘状灌木；小叶 3 枚；产于华南、西南和华中，生于林缘、灌丛中；根、茎、叶均可入药，有祛风除湿、舒筋活血、消肿解毒之效。

图 4-67　人参（*Panax ginseng* C. A. Mey.）
1. 根　2. 植株上部　3. 果实　4. 种子　5. 花纵切面

（2）*人参属*（*Panax* Linn.）　多年生宿根草本。地上茎单生。掌状复叶，轮生茎顶，小叶 3～7 枚。本属约 5 种，分布于北美、东亚和中亚；我国有 3 种。

最著名的植物：人参（*Panax ginseng* C. A. Mey.）（图 4-67）根状茎肉质、短（每年只增生一节），药材上称为芦头；下端为纺锤状肉质直根，有分叉；掌状复叶，3～6 枚轮生于茎顶；产于东北长白山区，现野生者极少，而多栽培，根含多种人参皂苷，为强壮滋补药。三七［*Panax notoginseng*（Burki.）F. H. Chen］主根肉质或否，单生或簇生，纺锤形；根状茎短；叶片两面脉上有刚毛；产于西藏、四川、云南、广西和湖南，在云南东南部和广西西南部多有栽培，根状茎和肉质根为止血要药，有散淤、止血、消肿之功效，是云南白药的主要成分。

（3）楤木属（*Aralia* Linn.） 芳香草本至小乔木，常有刺。叶为一至三回羽状复叶。花杂性同株，伞形花序，稀头状花序，常再组成圆锥花序；萼 5 齿裂；花瓣 5；雄蕊 5；子房下位，2～5 室，花柱 2～5。浆果或核果状，球形。本属约 40 多种，分布于亚洲、大洋洲和美洲；我国有 30 种，南北均有分布，西南尤盛。

常见植物：土当归（*Aralia cordata* Thunb.）为多年生草本，根粗大，圆柱状；二回羽状复叶，羽片有小叶 3～5 枚；产于我国南部，生于山地草丛中或林下，根入药，为解热药和强壮剂。楤木（*Aralia chinensis* Linn.）（图 4－68）有刺灌木或小乔木，小枝被黄棕色绒毛，疏生短刺；二回或三回羽状复叶，羽片有小叶 5～11 枚，基部另有小叶对生；伞形花序聚生为顶生圆锥花序；产于华北、华中、华东、华南和西南，生于林缘、林中或灌丛中；根皮入药，有活血散淤、健胃利尿之功效；种子含油达 20%，供制皂等用。东北土当归（*Aralia continentalis* Kitag.）（图 4－68）常栽培供观赏。

图 4－68　东北土当归和楤木

1～5. 东北土当归（*Aralia continentalis* Kitag.）

1. 叶　2. 果序　3. 花　4. 果实　5. 种子

6. 楤木（*Aralia chinensis* Linn.）花图式

（4）鹅掌柴属（*Schefflera* J. R. et G. Forst.） 灌木或乔木，有时攀缘状，无刺，枝、叶、树皮有香气。掌状复叶。伞形花序或总状花序，稀为头状花序或穗状花序，或由此等花序再组成圆锥花序。核果含种子5～7 颗。本属约 200 种，广布于热带和亚热带地区；

我国约有 37 种，分布于西南至东南部。

常见植物：鹅掌柴（又名鸭脚木）［*Schefflera octophylla*（Lour.）Harms］掌状复叶有小叶 6～9 枚；由伞形花序再聚成顶生的大型圆锥花序；产于华南和台湾；枝、叶、树皮含挥发油；根皮、树皮及叶入药，有舒筋活血、消肿止痛及发汗解表功效。

（5）其他　本科常见的药用植物还有树参（*Dendropanax dentiger* Merr.）、通脱木［*Tetrapanax papyrifer*（Hook.）K. Koch.］等；常见的观赏植物有常春藤［*Hedera nepalensis* var. *sinensis*（Tobl.）Rehd.］、幌伞枫［*Heteropanax fragrans*（Roxb.）Seem.］等。

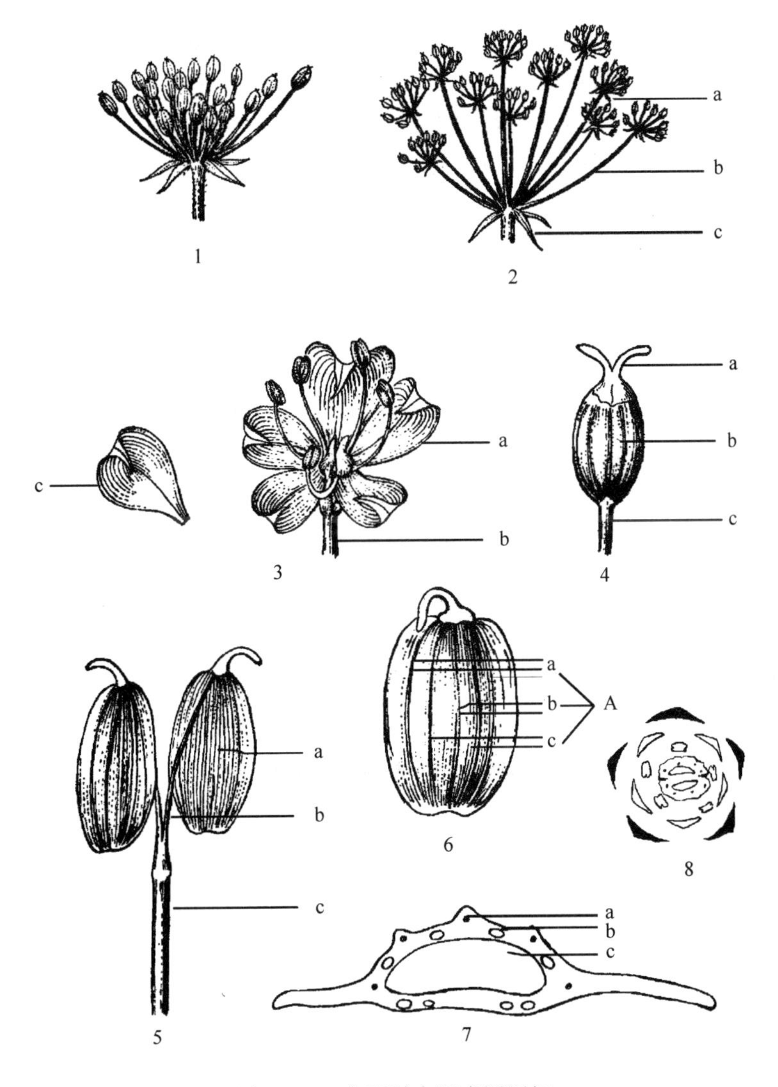

图 4－69　伞形科专用术语图解

1. 伞形花序　2. 复伞形花序（a. 小总苞　b. 伞辐　c. 总苞）
3. 花（a. 辐射瓣　b. 花梗　c. 小舌片）　4. 果实（a. 花基柱　b. 棱槽　c. 果梗）　5. 双悬果（a. 合生面　b. 心皮柄　c. 果梗）
6. 分生果（a. 侧棱　b. 背棱　c. 中棱　A. 主棱）
7. 分生果横切面（a. 维管束　b. 油管　c. 胚乳）　8. 伞形科花图式

2. 伞形科（Apiaceae，Umbelliferae）

$$* \ K_5 \ C_5 \ A_5 \ \overline{G}_{(2:2:1)}$$

伞形科有200余属，约2 500种，广布于温带、亚热带和热带的高山地区；我国约有90属，500余种，分布于全国各地。伞形科以药用植物而著名，其中有当归、白芷、柴胡、防风等常用中药。此外，还有胡萝卜、芹菜、芫荽、茴香、孜然芹等食用植物。本科植物一般都含有较高的灰分和粗蛋白质，可消化率也比较高，可供饲用，但常常因为含有挥发油和特殊的气味而影响家畜采食，有少数有毒植物。

伞形科的特征：草本，少为半灌木。常具芳香气味。根常为肉质直根。叶互生，掌状分裂或一至四回羽状复叶，少为单叶全缘，叶柄基部常扩大成鞘状。复伞形花序或单伞形花序，少头状花序；花序基部具总苞或无；小伞形花序基部常具小总苞，小伞形花序的梗称为伞辐；花小，两性或杂性；萼齿5或不明显；花瓣5，顶端圆或有内折的小舌片；雄蕊5，与花瓣互生；子房下位，2心皮，2室，每室具1胚珠，花柱2，基部常膨大成花柱基。果实为双悬果。染色体 $x=6\sim12$。

伞形科专用术语（图4-69）

辐射瓣：小伞形花序外缘的花瓣，比中心和内侧的花瓣大得多，顶端凹陷也较深。

合生面：指分生果的腹面。

背腹压扁：即分生果较宽的面与合生面平行。

两侧压扁：即分生果较宽的面与合生面垂直。

心皮柄：双悬果由两个成熟的心皮组成，每心皮有维管束和果柄相连，成丝状柄，位于合面中间的叫心皮柄。

主棱：每个分生果通常有5条棱脊，其下具维管束，位于背部中央的1条叫背棱；位于两侧的2条叫侧棱；位于背棱与侧棱之间的2条叫中棱，这5条棱脊总称为主棱。

次棱：指介于主棱与主棱之间的棱条，也称为副棱或副肋。

棱槽：指果皮内，棱与棱之间的部分。

油管：在果皮内，棱槽下面与合生面处纵行的储有挥发油的管道。

伞形科常见植物分属检索表

1. 子房和果实有刺毛、皮刺、小瘤或硬质毛。
  2. 子房和果实有钩刺、具倒刺的刚毛、皮刺或小瘤。
    3. 叶通常掌状3～5裂，裂片边缘有锯齿或分裂；花单性；果有皮刺或小瘤（37种；我国约16种，除新疆外各地均有分布） ………………………………………… 变豆菜属（*Sanicula* Linn.）
    3. 叶通常为羽状复叶。
      4. 总苞片和小苞片羽状分裂；花两性；果有刚毛与刺毛；茎的分枝不为二叉式 ……………………………………………………………………………… 胡萝卜属（*Daucus* Linn.）
      4. 总苞片和小苞片全缘；花杂性；果有海绵质的小瘤或皱褶；茎的分枝为二叉式 ………………………………………………………………… 防风属（*Saposhnikovia* Schischk.）
  2. 子房和果实的刺状物不呈钩状，有刚毛状硬毛。
    5. 果实有明显的喙，果基部有一环刚毛；无总苞片，小苞片全缘、通常反折（20种，我国2种，各省均有分布） ………………………………………………… 峨参属（*Anthriscus* Hoffm.）
    5. 果实无喙，基部也无一环刚毛；有总苞片和小苞片；萼齿长于花柱；次棱3条明显，有刚毛（2

种；新疆栽培1种） ………………………………………………………… 孜然芹属（*Cuminum* Linn.）

1. 子房和果实无刺毛、皮刺，有时有小瘤或柔毛。

6. 单叶全缘，具平行脉或弧形脉，最下部叶常呈禾叶状，茎生叶基部渐狭或心形抱茎 ……………… ………………………………………………………………………… 柴胡属（*Bupleurum* Linn.）

6. 叶为复叶或分裂，具网状脉。

7. 子房和果实的横切面圆形或两侧压扁；果棱无翅。

8. 一年生栽培植物，光滑无毛并且具香气，基生叶一至二回羽状全裂，裂片宽卵形，边缘深裂或缺刻（2种，我国各地栽培1种） ……………………………… 芫荽属（*Coriandrum* Linn.）

8. 二年生或多年生植物。

9. 花金黄色；茎有白霜，有强烈的茴香气味；茎生叶三至四回羽状细裂，最终裂片丝状（5种，我国各地栽培1种） ……………………………………………… 茴香属（*Foeniculum* Adans.）

9. 花为其他颜色。

10. 果近于球形（长宽近相等或宽大于长）。

11. 具肥大、中空而有横隔的根状茎；二至三回羽状复叶，小叶矩圆状披针形；沼生植物，有毒 ………………………………………………………………… 毒芹属（*Cicuta* Linn.）

11. 具直根或成束的须根或块根，而无根状茎。

12. 叶为一回羽状分裂至三出式羽状分裂，裂片近菱形；总苞片和小苞片数枚或缺（2种，分布于我国东部至西南部） ……………………………… 芹属（*Apium* Linn.）

12. 叶为羽状复叶，小叶长卵形或披针形；总苞片和小苞片数目极多；沼生植物（10～15种；我国约3种，产于东北、华北、华东各地） …………… 泽芹属（*Sium* Linn.）

10. 果长圆形或卵圆形（长大于宽）。

13. 具细长的根状茎；叶为二至三回三出式羽状复叶或全裂；通常无总苞片及小苞片………… ……………………………………………………………… 羊角芹属（*Aegopodium* Linn.）

13. 不具根状茎；总苞片少或缺。

14. 果棱明显，木栓化或果皮全部加厚并木栓化；根须状成束或块状；茎下部节上通常生根；水生或沼生植物（40种；我国约10种，各地均产） …………………………… ……………………………………………………………………… 水芹属（*Oenanthe* Linn.）

14. 果棱不明显或明显而无木栓化；有纺锤形直根；陆生植物。

15. 花瓣白色或粉红色；果棱明显突起，每棱槽中有1条油管 ……………………… ………………………………………………………………… 葛缕子属（*Carum* Linn.）

15. 花瓣白色；果棱不明显，每棱槽中有3条油管（1种，产于我国华东地区） …… ……………………………………………………… 明党参属（*Changium* Wolff）

7. 子房和果实的横切面背腹压扁或侧面略扁；果棱全部或部分有翅。

16. 果实的背棱和侧棱都有翅、有时侧棱无翅。

17. 花淡黄色或白色；萼齿小，卵状三角形；背棱和侧棱均有翅，或侧棱有时无翅（2种及1变种，产于我国内蒙古、西北、西南和中南） …………… 羌活属（*Notopterygium* Boiss.）

17. 花黄绿色；萼不明显；侧棱呈厚翅状，背棱呈略低的钝翅状（3种，产于亚洲西南部，我国栽培1种） ………………………………………………… 欧当归属（*Levisticum* Hill）

16. 果实的背棱无翅而隆起，侧棱有翅。

18. 花黄色，植物体常有强烈的气味。

19. 一年生草本，有强烈的香气（1种，我国有栽培） …………… 莳萝属（*Anethum* Linn.）

19. 多年生草本，常有强烈的大蒜味 ……………………………… 阿魏属（*Ferula* Linn.）

18. 花黄白色、淡绿色、粉红色或紫色；植物体无强烈的香气或大蒜味。

20. 伞形花序圆球形，有向下逆转的外缘伞辐；萼齿短而不明显；花柱基近垫状；油管多数（12种；我国2种，产于新疆） ………………… 古当归属（*Archangelica* Hof. fm.）

20. 伞形花序半圆球形，外缘伞辐逐渐向上弯；萼齿明显；花柱基短圆锥形或平垫状；油管通常单生或少数。

21. 叶为三出式羽状分裂或羽状多裂，叶柄常膨大成管状或囊状的鞘 …… 当归属（*Angelica* Linn.）

21. 叶为一至三回羽状分裂或三出式分裂，叶柄不膨大成管状或囊状（约120种；我国约20种，各省均产） ………………………………………………………………… 前胡属（*Peucedanum* Linn.）

（1）胡萝卜属（*Daucus* Linn.） 二年生，稀一年生或多年生草本。有肉质根。叶多回羽状全裂。总苞片多数，叶状大型，羽状分裂或不裂；花小，白色、淡红色或淡黄色。果实被刺毛与刚毛。本属约有60种，分布于欧洲、亚洲、非洲和美洲；我国有1种和1栽培变种，产于全国各地。

常见植物：野胡萝卜（*Daucus carota* Linn.）为二年生草本；主根粗大；叶二至三回羽状全裂；复伞形花序，总苞片多数，羽状分裂，伞幅多条，不等长，花白色或淡红色；果椭圆形，背腹压扁，主棱5，有刚毛，次棱4条，有翅，翅割裂成1行钩刺；产于安徽、江苏、浙江、江西、湖北、四川、贵州和新疆，生于田野、路旁，有毒。胡萝卜（*Daucus carota* var. *sativa* Hoffm.）（图4-70）根肉质、长圆锥形，肥粗，红色或黄色；原产于欧洲大陆，全球广泛栽培，我国也普遍栽培，根做蔬菜，又是良好的多汁饲料。

（2）防风属（*Saposhnikovia* Schischk.） 多年生草本，茎自基部2叉分枝。通常无总苞片；花白色，子房密被白色的瘤状突起，果期逐渐消失。果实背腹压扁，每果棱中具油管1条，胚乳腹面平坦。

本属仅防风[*Saposhnikovia divaricata*（Turcz.）Schischk.]1种，叶二至三回羽状深裂；花白色；果椭圆形；主要分布于西伯利亚及亚洲北部地区；我国分布于东北、华北、陕西和甘肃，生长于草原地带的丘陵坡地、平坦沙地或固定沙丘；根及全草为著名中药材之一，有清热解毒、祛风、止痛之效；青鲜时骆驼乐食。

（3）柴胡属（*Bupleurum* Linn.） 多年生草本，稀为半灌木或灌木。单叶，全缘，叶脉平行或弧形。总苞片叶状，不等形；花黄色，萼齿不明显，花瓣矩圆形至圆形，顶端具内卷的小舌片。果实矩圆形，两侧压扁，果棱突起。本属有100种，分布于亚洲、欧洲和非洲；我国约有36种，分布较广，大部分产于西南、西北以至东北各地。本属多数种含有生物碱或皂苷，为有价值的药用植物；有些种家畜喜食或乐食。

常见植物：红柴胡（*Bupleurum scorzonerifolium* Willd.）（图4-70）为多年生草本；主根长圆锥形，红褐色；茎基部有毛刷状叶鞘残留纤维；茎单一，稍呈“之”字形弯曲；叶片条形或披针形；总苞片1～3，伞辐3～8个，小苞片5，花黄色；果实近椭圆形；产于北部、华中与华东，生于草原、丘陵坡地、固定沙丘；根及根状茎入药；青鲜时各类家畜均喜食。柴胡（*Bupleurum chinensis* DC.）与红柴胡近似，但主根表面黑褐色，茎基部无刷状叶鞘残留纤维；产于东北、华北、西北、华中和华东，生于山地草原、灌丛；根及根状茎入药（药材名柴胡），主治感冒、肝炎、疟疾等。

（4）毒芹属（*Cicuta* Linn.） 多年生草本，植株无毛；根状茎中空，具横隔。叶二至三回羽状分裂。复伞形花序具多数伞辐；总苞片少数或缺；花白色。果实近球形，两侧压扁，无毛，有木栓质肥厚的棱。本属约有20种，分布于北温带。

我国仅毒芹（*Cicuta virosa* Linn.）（图4-70）1种，根状茎绿色，具横隔；叶二至三

图 4-70　胡萝卜、红柴胡、毒芹和硬阿魏

1～4. 胡萝卜（*Daucus carota* var. *sativa* Hoffm.）

1. 花　2. 具辐射瓣的花　3. 双悬果　4. 分生果横切面

5～6. 红柴胡（*Bupleurum scorzonerifolium* Willd.）

5. 植株　6. 花

7～10. 毒芹（*Cicuta virosa* Linn.）

7. 根状茎剖面及根　8. 花枝　9. 花　10. 双悬果

11～12. 硬阿魏（*Ferula bungeana* Kitag.）

11. 花　12. 分生果　13. 伞形科花图式

回羽状全裂；复伞形花序伞辐 8～20；通常无总苞片；产于东北、华北、西北，生长于沼泽、水边或湿地；为有毒植物。

（5）羊角芹属（*Aegopodium* Linn.） 多年生草本，具匍匐根状茎。叶为二至三回三出式复叶或三出式羽状复叶或全裂。通常无总苞片及小苞片；花白色，稀淡红色。果实矩圆状卵形或卵形，两侧压扁，无毛，油管不明显。本属约有 7 种，分布于欧洲和亚洲；我国有 5 种，主产于东北至西北部。

常见植物：东北羊角芹（*Aegopodium alpestre* Ledeb.）植株高 20～60cm；根状茎细长；叶三角形，二至三回羽状全裂，末回裂片长卵形至披针形，边缘有锯齿；花白色；果实矩圆状卵形；产于东北和西北各省区，生长于林下或林缘草甸；家畜喜食。

（6）葛缕子属（*Carum* Linn.） 二年生或多年生草本，植株无毛。叶二至三回羽状全裂。总苞片少数或缺；花两性或部分为雄性；萼齿不明显或极小；花瓣白色或粉红色。果实椭圆形，两侧压扁，果棱突起，每棱槽中具油管 1 条。本属约有 30 种，分布于欧洲、亚洲、北非及北美洲；我国有 4 种，分布于东北、华北、西北和西南，各类家畜均采食。

常见植物：葛缕子（又名页蒿，*Carum carvi* Linn.）主根圆锥形或纺锤形，肉质，褐黄色；茎生叶的叶鞘具白色或淡红色极宽的膜质边缘；花白色或淡红色，通常无小总苞片；产于东北、华北、西北和西南，生于林缘草甸、盐化草甸及田边路旁。田葛缕子（*Carum buriaticum* Turcz.）茎生叶的叶鞘具白色狭膜质边缘；花白色，小总苞片 8～12；产于北部，生于田边、路旁、撂荒地、山地沟谷。

（7）阿魏属（*Ferula* Linn.） 多年生草本，常具蒜臭味。叶一至数回羽状或三出式羽状全裂。通常无总苞片；花杂性，黄色。果实椭圆形或近圆形，背腹极压扁，侧棱宽翅状，较肥厚。本属约有 150 余种，分布于地中海和中亚；我国有 25 种，分布于西北至西南各地，有些种可供药用。

药用植物：新疆阿魏（*Ferula sinkiangensis* K. M. Shen）为多年生一次结实的草本植物，全株有强烈的蒜臭味；根粗大，圆锥形或纺锤形；茎粗壮；复伞形花序着生茎、枝顶端，同时在枝上多处着生侧生花序，茎和伞辐被毛；叶三出式三回羽状全裂，裂片长 10mm；成熟果长 10～12mm，等于或短于果柄；产于新疆，生于河谷地带和石质干山坡上。阜康阿魏（*Ferula fukanensis* K. M. Shen）与新疆阿魏相似，不同的是茎与伞辐近无毛；叶三出二回羽状全裂，裂片长 20mm；成熟果长 12～16mm，长于果柄；产于新疆，生于荒漠黏质土壤的冲沟边。上述两种植物的茎内含乳汁，可当中药阿魏用，有消积、杀虫、止痛和祛风除湿之功效。硬阿魏（又名沙茴香，*Ferula bungeana* Kitag.）（图 4－70）为多年生草本，植物体无蒜臭味，茎较细；叶二至三回三出或羽状分裂，最终裂片楔形至倒卵形，长 1～3mm；无总苞片或有 1～2 枚总苞片；产于东北、华北及西北，生于固定沙丘及沙地上，羊和骆驼冬季喜食；根供药用。

（8）当归属（*Angelica* Linn.） 二年生或多年生草本。叶为三出式羽状分裂或羽状多裂；叶柄常膨大成管状或囊状的叶鞘。花白色、淡绿色或淡红色，组成复伞形花序；萼齿小或无；果卵形至长圆形，背腹压扁，背棱线形、隆起，侧棱有阔翅。本属约 80 种，大部分种产于北温带和新西兰；我国约 30 余种，分布于南北各地，主产于东北、西北和西南地区。本属中有不少常用的中药材，有些种可食用和做饲料。

药用植物：当归［*Angelica sinensis*（Oliv.）Diels］为多年生草本，茎带紫红色；基生叶及茎下部叶二至三回三出式羽状全裂，叶轴及小叶柄不膝曲或反卷，末回裂片基部也不下延；有总苞片 2 枚，小总苞片2～4 枚，条形，花白色，有萼齿；产于陕西、甘肃、湖北、四川、云南和贵州，多为栽培，少见野生；根供药用，能补血、活血、调经、润肠，是治疗一切痛经病的主药。白芷［*Angelica dahurica*（Fisch.）Benth. et Hook.］为多年生草本，根圆锥形至圆柱状，直径约2.5cm，土黄色至黄褐色，上部近圆形，皮孔少而散生，有强烈气味；叶的末回裂片基部下延成翅，叶鞘囊状；总苞片鞘状；产于东北和华北，生于河边灌丛中，北方地区有栽培；根为镇痛药，能活血止血、散风消肿，治偏头痛等。此外，还有杭白芷（*Angelica formosana* Boiss.）和川白芷（又名狭叶当归，*Angelica anomala* Avé-Lall.）的根均可当"白芷"入药。

图 4-71　芹菜及茴香

1～4. 芹菜（*Apium graveolens* Linn.）　1. 植株　2. 花　3. 雌蕊　4. 果

5～11. 茴香（*Foeniculum vulgare* Mill.）　5. 花枝　6. 花瓣　7. 花蕾

8. 花蕾正面观（示花瓣和雄蕊）　9. 雄蕊　10. 子房纵切面　11. 果

（9）其他　伞形科中除防风、柴胡、阿魏等药用植物以外还有下述几种。莳萝（*Anethum graveolens* Linn.）原产于欧洲南部，我国东北、甘肃、广东和广西等地栽培；果实可提芳香油，为调和香精的原料；果入药，有祛风、健胃、散淤、催乳作用。藁本（*Ligusticum sinensis* Oliv.）产于河南、陕西、山西、甘肃、江西、湖南、湖北、四川和云南，生于山地草丛中，根入药，治风寒头痛、腹痛泄泻，外用治疥癣等。前胡（*Peucedanum praeruptorum* Dunn.）产于山东以南各省，生于山地林下，根入药，能止咳、祛痰、健胃、镇痛、活血、散风，外用治肿毒。宽叶羌活（*Notopterygium forbesii* Boiss.）产于四川和青海，生于山坡草丛及灌丛中，根状茎入药，治风寒感冒、风湿性关节痛等症。

可供食用的除胡萝卜以外还有下述几种。芹菜（又名旱芹，*Apium graveolens* Linn.）（图 4-71）广泛栽培做蔬菜。芫荽（*Coriandrum sativum* Linn.）、茴香（*Foeniculum vulgare* Mill.）（图 4 - 71）均原产于地中海地区，现各地栽培，供蔬食和调味，也可药用。孜然芹（*Cuminum cyminum* Linn.）原产于埃及和埃塞俄比亚，我国新疆有栽培，果实研末做调味剂；也可入药，治消化不良和胃寒腹痛。

有毒植物除毒芹以外还有：毒参（*Conium maculatum* Linn.）全草有毒，含毒芹碱等多种生物碱，产于东北及新疆。

六、菊亚纲（Asteridae）

菊亚纲植物多为草本，少数为木本。单叶或复叶，互生或对生，无托叶。花常大而明显，稀退化；合瓣花冠；雄蕊贴生于花冠筒上，和花瓣同数且互生或较花冠裂片为少；花粉粒 2 核或 3 核，具 3 沟孔；有蜜腺盘；心皮通常 2（稀 3～5），合生，子房上位或下位，花柱顶生或基生；中轴胎座、侧膜胎座或特立中央胎座、基生胎座；子房每室具 1 至多数胚珠，珠被 1 层，薄珠心。种子有或无胚乳。

菊亚纲包括 11 目 49 科，约 60 000 种，其中以菊科最大，占全亚纲种数的 1/3，是被子植物的第一大科。

（三十三）龙胆目（Gentianales）

龙胆目植物为木本或草本、藤本。叶常对生。花两性，辐射对称，花萼 4 或 5；花冠管状，裂片 4 或 5；雄蕊与花冠裂片同数；心皮常为 2，子房上位到下位，中轴胎座，偶有侧膜胎座。

龙胆目包括马钱科（Loganiaceae）、龙胆科、夹竹桃科和萝藦科（Asclepiadaceae）等 6 科，约4 500种。

1. 龙胆科（Gentianaceae）

$$* \ K_{(4\sim5)\ 4\sim5}\ C_{(4\sim5)}\ A_{4\sim5}\ \underline{G}_{(2:1:\infty)}$$

龙胆科有 80 属，约 700 种，广布于全球，但主产地为北温带；我国有 22 属，约 427 种，各地均有分布，西南部最盛，多生于高山上。

龙胆科的特征：一年生或多年生草本，少灌木。叶对生、稀轮生，全缘；无托叶。花两性，辐射对称，常组成聚伞花序或单生，腋生或顶生；花萼 4～5（12）裂；花冠 4～5（12）裂，漏斗状或辐状，常旋转状排列；雄蕊与花冠裂片同数而互生，着生于花冠筒上，子房上位，1 室、稀 2 室，胚珠多数。蒴果，开裂为 2 果瓣。染色体 $x=5\sim7$，11～13，15，19。

（1）龙胆属（*Gentiana* Linn.）　一年生或多年生草本。叶对生，稀轮生。花冠裂片间有皱褶，雄蕊着生于花冠筒上；子房 1 室，侧膜胎座。本属约 400 种，广布于温带地区和热带高山；我国约有 247 种，各地均有分布，但主产西南部，大部分供观赏，有些入药。

常见植物：坚龙胆（*Gentiana rigescens* Franch.）为多年生草本，高 30～45cm，茎单一或分枝，木质化，常常紫褐色；花紫红色，组成聚伞花序；产于广西、湖南、贵州、四川和云南，生于荒山阳坡草地；根药用，苦、寒，泻肝火，明目，健胃。华南龙胆［*Gentiana loureirii*（D. Don）Griseb.］为多年生矮小草本，高 3～8cm，茎直立丛生；花单生于枝端，外面黄绿色，内面蓝紫色；产于浙江、江西、福建、湖南、广东、广西和云南，生于丘陵地

图 4-72　达乌里龙胆和罗布麻

1～5. 达乌里龙胆（*Gentiana dahurica* Fisch.）

1. 植株　2. 花萼展开　3. 花冠纵切　4. 果实　5. 种子

7～8. 罗布麻（*Apocynum venetum* Linn.）

6. 花枝　7. 花　8. 果实　9. 夹竹桃科花图式

带或山坡草地；全草入药，治毒疮、无名肿毒。秦艽（*Gentiana macrophylla* Pall.）为多年生草本，高 20～60cm，茎基部具残叶纤维；主根粗大，圆锥形；聚伞花序顶生，花蓝紫色；产于东北、华北和西北，生于林缘草甸；根入药，有散风除湿、清热利尿、舒筋止痛之功效。达乌里龙胆（*Gentiana dahurica* Fisch.）（图 4-72）与上种近似，但较细弱，叶条状披针形。聚伞花序具少数花，疏松，不成头状。分布于东北、华北、西北各地及四川。

（2）獐牙菜属（*Swertia* Linn.）　一年生或多年生草本。叶对生。花蓝色或白色，4 或 5 基数；花冠多少辐状，裂片基部有 1～2 个腺洼，腺洼裸露，或有鳞片、流苏覆盖，稀裂片中部有 2 腺斑；子房 1 室，侧膜胎座。本属约 170 种，广布全球；我国约有 79 种，南北均有分布。

常见植物：獐牙菜［*Swertia bimaculata*（Sieb. et Zucc.）Hook. f. et Thoms.］为多年生草本，高 50～100cm，茎光滑无毛，多分枝；花直立，淡黄绿色，花冠裂片上部具紫色小斑点，中部具 2 个大斑点；种子小，多数；产于甘肃、陕西、河南、江苏、福建、江西、广东、广西、湖北、湖南、贵州、四川和云南，生于山坡路旁。当药［*Swertia diluta*（Turcz.）Benth. et Hook. f.］为一年生草本，高 20～40cm；花 5 基数，淡紫色，组成复总状聚伞花序；花冠每裂片基部有 2 个腺洼，边缘有流苏状长毛；产于东北、华北及西北，全草药用，能祛湿。

2. 夹竹桃科（Apocynaceae）

$$* \ K_{(5)}\ C_{(5)}\ A_5\ \underline{G}_{2:1:\infty}$$

夹竹桃科约 250 属 2 000 余种，产于热带、亚热带地区；我国约有 46 属 170 余种，主要分布于长江以南各地及台湾，少数分布于北部及西北部。其中有些种供观赏，有些产橡胶，有些供药用，还有一些纤维植物和有毒植物。

夹竹桃科的特征：草本、灌木或乔木；常具乳汁。单叶对生。轮生或互生，常全缘。花两性，辐射对称，单生或多数组成聚伞花序；花萼合生成筒状或钟状，常 5 裂；花冠合瓣，常 5 裂，旋转状排列，喉部常有毛或鳞片；雄蕊 5，着生于花冠筒上或喉部，花药常呈箭头形，花粉颗粒状；花盘环状、杯状或为腺体；心皮 2，子房上位或半下位，1～2 室，胚珠数颗至多数。果常为 2 个蓇葖果，或为浆果、核果、蒴果；种子常有毛。染色体 $x=8\sim12$。

（1）萝芙木属（*Rauvolfia* Linn.） 直立灌木。叶 3～4 枚轮生，稀对生，叶腋间及腋内具腺体。二歧聚伞花序；花冠高脚碟状，喉部收缩，里面常有毛；花盘大，杯状或环状。核果，种子 1 颗。本属约 135 种，分布于热带地区；我国约有 9 种，4 变种，内有 3 栽培种，分布于西南、华南及台湾。

常见植物：萝芙木［*Rauvolfia verticillata*（Lour.）Baill.］（图 4－73）株高 0.5～1m，全株无毛；单叶对生或 3～5 枚轮生；聚伞花序顶生，花白色，花冠裂片向左覆盖，心皮离生；核果未成熟时绿色，后逐渐变红，成熟时为紫黑色；产于台湾、华南和西南，生于较潮湿的山沟及山坡树林下、灌丛中和溪水旁；根、叶药用，治高血压、胆囊炎、急性黄疸型肝炎、癫痫、疟疾、蛇咬伤、跌打损伤等；植株含利血平等生物碱，为降压灵药物原料。蛇根木［*Rauvolfia serpentina*（Linn.）Benth. ex Kurz］株高 50～60cm；叶 3～4 枚轮生，稀对生，常集生于枝的上部；聚伞花序伞房状，单生于叶腋；花冠筒红色，裂片 5，白色，向左覆盖，心皮 2，合生至中部；核果双生，合生至中部，近球形，红色；产于云南，生于山地林中，广东和广西有栽培；根含利血平及血平定等 28 种以上生物碱，是治疗高血压病药物的原料。

（2）长春花属（*Catharanthus* G. Don） 约 6 种，分布于非洲东部及亚洲东南部，我国栽培 1 种。

常见植物：长春花［*Catharanthus roseus*（Linn.）G. Don］为多年生草本或半灌木，高达 60cm；叶对生，倒卵状矩圆形；2～3 花组成聚伞花序，顶生或腋生，花冠红色；蓇葖果 2 个，直立，种子无种毛；原产于非洲东部，我国各地有栽培供观赏；全草药用，可治高血压、急性白血病、淋巴肿瘤等。栽培变种有：白长春花［*Catharanthus roseus*（Linn.）G. Don cv. Albus］（花白色）、黄长春花［*Catharanthus roseus*（Linn.）G. Don cv. Flavus］（花黄色）。

图 4-73　萝芙木及杜仲藤

1～8. 萝芙木［*Rauvolfia verticillata*（Lour.）Baill.］　1. 花枝　2. 花蕾　3. 花冠部分展开（示雄蕊着生）　4. 雄蕊腹面观　5. 雄蕊背面观　6. 花萼、花盘和雌蕊　7. 核果的纵切面（示胚）　8. 果枝　9～15. 杜仲藤［*Parabarium micaranthum*（A. DC.）Pierre］　9. 花枝　10. 花蕾　11. 花冠展开（示雄蕊着生）　12. 花萼展开（示萼腺）　13. 雄蕊腹面观　14. 雌蕊和花盘　15. 蓇葖果

（3）夹竹桃属（*Nerium* Linn.）　灌木。叶革质，对生或 3～4 枚轮生。花美丽，组成顶生的伞房状聚伞花序；花冠漏斗状，喉部有撕裂状附属体（副花冠）5 个；雄蕊内藏，花药黏合，顶端有长的附属体；心皮 2，离生。蓇葖果。本属有 4 种，分布于地中海沿岸及亚洲热带、亚热带地区；我国栽培 2 种供观赏，含有多种毒性极强的配糖体，人畜食之常可致命。

常见植物：夹竹桃（*Nerium indicum* Mill.）（图 4-74）花萼直立，花有香味，副花冠多次分裂，裂片条形。欧洲夹竹桃（*Nerium oleander* Linn.）花萼扩展，花无香味，稀微香，副花冠不分裂。

（4）罗布麻属（*Apocynum* Linn.）　14 种，分布于北温带。

我国仅有罗布麻（*Apocynum venetum* Linn.）（图 4-72）1 种，为半灌木；枝、叶常对生，叶面光滑无毛，叶缘有细齿；圆锥状聚伞花序顶生和侧生，花冠红色、圆筒状钟形，花药彼此相黏合并黏生于柱头上；蓇葖果双生；种子一端被白色种毛；产于西北、东北及华东；茎皮纤维为纺织、造纸等工业原料；根、叶入药，治疗高血压；花芳香，是良好的蜜源植物。

（5）白麻属（*Poacynum* Baill.）　半灌木。枝、叶常互生，叶面有颗粒状隆起，叶缘有细齿。顶生圆锥状聚伞花序 1 至多歧；花冠粉红色，宽钟形；花药背面隆起，腹面黏生于

图 4-74　夹竹桃（*Nerium indicum* Mill.）
1. 花枝　2. 花冠展开（示雄蕊和副花冠）
3. 花冠部分展开（示副花冠）　4. 雄蕊腹面观
5. 雄蕊背面观　6. 雌蕊（子房纵切面，示胚珠）
7. 蓇葖果　8. 夹竹桃科花图式

柱头基部。蓇葖果双生；种子一端被白毛。本属有 2 种，分布于中亚；我国均产，分布于新疆、青海和甘肃等地，生于盐碱荒地、河流两岸的冲积平原及湖泊、水田周围。

常见植物：白麻（又名紫斑罗布麻）[*Poacynum pictum*（Schrenk）Baill.] 叶条形至条状披针形，长1.5～3.5cm，宽 0.3～0.8cm。大叶白麻（又名大花罗布麻）[*Poacynum hendersonii*（Hook. f.）Woodson] 叶椭圆形至卵状椭圆形，长 3～4.3cm，宽 1～1.5cm。白麻属植物在塔里木河的冲积平原上常常形成优势群落，用途同罗布麻，人们也称它们为罗布麻。

(6) 杜仲藤属（*Parabarium* Pierre）　攀缘状灌木，含丰富乳汁。叶对生。花小，组成紧密的伞房花序；花冠壶状或近于壶状，不对称，裂片于芽时右向覆盖；花药箭头形、彼此黏合且环绕着柱头，顶端内藏而不伸出花冠喉部。蓇葖果，基部膨大，稀条形；种子有毛。本属约 20 种，分布于亚洲热带和亚热带地区；我国有 7 种，分布于南部和西南部，均产橡胶。

常见植物：杜仲藤 [*Parabarium micranthum*（A. DC.）Pierre]（图 4-73）粗壮木质大藤本，除花冠外，全株无毛；叶椭圆形或卵状椭圆形，背面无腺点；蓇葖果基部膨大，顶端成长喙状；产于云南、广西和广东；胶乳可制帆布胶等；全株药用，主治风湿骨痛、跌打驳骨、小儿麻痹。毛杜仲藤（*Parabarium huaitingii* Chun et Tsiang）粗壮木质藤本，除老枝及花冠裂片无毛外，全株密被淡黄色绣毛；蓇葖果双生，基部膨大，向顶端渐狭成喙；产于广东、广西和贵州；胶乳可制橡胶用品；全株药用，能镇静、利尿。

（7）其他　本科供观赏和庭园绿化的植物还有下述几种：①黄花夹竹桃［*Thevetia peruviana*（Pers.）K. Schum.］为小乔木，花黄色；原产于美洲热带地区，我国南方有栽培；其栽培变种红酒杯花［*Thevetia peruviana*（Pers.）K. Schum. cv. Aurantiaca］，花红色。②红鸡蛋花（*Plumeria rubra* Linn.）为小乔木，花红色；原产于美洲热带地区，我国南方有小量栽培；其栽培变种鸡蛋花（*Plumeria rubra* Linn. cv. Acutifolia）为小乔木，花冠外面乳白色，里面鲜黄色，芳香，可提取香料；花可炒食、油炸，晒干后制饮料；花、树皮药用，有清热、解毒、下痢、润肺、止咳、定喘之效。③蔓长春花（*Vinca major* Linn.）为蔓生半灌木，花冠蓝色、漏斗状；原产于欧洲，江苏、浙江等省有栽培；其栽培变种花叶蔓长春花（*Vinca major* Linn. cv. Variegata）叶边缘白色，并有黄白色斑点。④狗牙花［*Ervatamia divaricata*（Linn.）Burk. cv. Gouyahua］为灌木或小乔木；聚伞花序腋生，花白色重瓣；栽培于我国南方各地，供观赏；叶治疮疥、乳疮、眼病及狗咬伤，亦可提制高血压药；根可治喉痛、骨折；产于云南、广东和台湾；其栽培变种重瓣狗牙花［*Ervatamia divaricata*（Linn.）Burk. cv. Gouyahua］，花重瓣，南方各地栽培观赏。⑤黄蝉（*Alleman-da neriifolia* Hook.）和软枝黄蝉（*Allamanda cathartica* Linn.）为灌木，花黄色；原产于巴西，我国南方有栽培，供观赏。

产橡胶的植物还有下述几种：①酸叶胶藤（*Ecdysanthera rosea* Hook. et Arn.）为木质藤本，聚伞花序圆锥状展开，花粉红色；产于长江以南各地，植株所含乳胶质地良好。②花皮胶藤（*Ecdysanthere utilis* Hayata et Kawakami）为木质藤本，茎皮红褐色，花淡黄色；产于云南、广西、广东和台湾，野生或栽培，乳汁可提制口香糖原料；全株为疟疾、发汗、健胃药；根、树皮可治慢性支气管炎，外用止血。③鹿角藤属（*Chonemorpha*）植物也可提制一般日用橡胶制品。

常见有毒植物有下述几种：①断肠花（*Beaumontia brevituba* Oliv.）为木质大藤本；花白色，芳香，开放时直径约10cm；蓇葖果合生，木质，圆柱形，长达16cm；产于海南省，叶及乳汁有毒，可致命。②箭毒羊角拗（*Strophanthus hispidus* DC.）原产于非洲南部，广东有栽培，全株有毒，种子可做毒箭用，也可做强心剂和利尿剂。③羊角拗［*Strophanthus divaricatus*（Lour.）Hook. et Arn.］产于贵州、广西、广东和福建，全株有毒，农业上用做杀虫剂；药用，做强心剂，治血管硬化、蛇咬伤。

（三十四）茄目（Solanales）

茄目植物为草本或木本。叶互生。花两性，辐射对称，稀近两侧对称，5数；合瓣花冠，呈管状或漏斗状，具花盘；雄蕊5，和花冠裂片互生，着生于花冠筒上；心皮2～3，合生，子房上位，中轴胎座，每室具多胚珠或1～2胚珠；胚乳细胞型，有珠被毡绒层。

茄目包括茄科、旋花科、菟丝子科（Cuscutaceae）、花荵科、睡菜科（Menyanthace-ae）、田基麻科（Hydrophyllaceae）等8科，约5 000种，其中以茄科、旋花科种类最多，经济意义最大。

1. 茄科（Solanaceae）

$$* \ K_{(5)} \ C_{(5)} \ A_5 \ \underline{G}_{(2:2:\infty)}$$

茄科有80属3 000余种，分布于热带和温带地区；我国有24属105种，各省区均有分布。其中有不少种含生物碱及其他成分，可供药用；也有有毒植物；还有栽培植物茄、马铃薯、番茄、辣椒、烟草等。

茄科的特征：草本、灌木或乔木。单叶或复叶，互生，无托叶。花单生或排成聚伞花序；两性花，常辐射对称；花萼5裂，宿存；花冠合瓣，辐状、漏斗状、高脚碟状或钟状，裂片5；雄蕊插生于花冠筒上，与花冠裂片同数而互生；心皮2，中轴胎座，子房上位，2室或不完全的4室，少3～5室，胚珠多数。蒴果或浆果；种子具胚乳。染色体 $x=7\sim12$，17，18，20～24。

茄科常见植物分属检索表

1. 灌木或小乔木。
  2. 花单生或簇生，花冠漏斗状。
    3. 多棘刺灌木；花单生于叶腋或2至数朵同叶簇生，花和果均小型 ………… 枸杞属（*Lycium* Linn.）
    3. 无刺小乔木或粗壮草本；花单生于枝杈间，花和果均较大型 …………… 曼陀罗属（*Datura* Linn.）
  2. 花生于聚伞花序上；花冠辐状或狭长筒状。
    4. 花冠狭长筒状；果实仅具1至少数种子（约160种，产于南美洲；我国南部通常栽培2种）……………………………………………………………………………………… 夜香树属（*Cestrum* Linn.）
    4. 花冠辐状；果实具多数种子。
      5. 植物体多具皮刺，无刺则多被星状毛；叶不为卵状心形 ………………… 茄属（*Solanum* Linn.）
      5. 植物体无刺，被柔毛；叶卵状心形（约25种，产于南美洲；我国栽培1种）……………………………………………………………………………… 树番茄属（*Cyphomandra* Mart. ex Sendtn.）
1. 一年生或多年生草本，稀半灌木。
  6. 果实为浆果。
    7. 花单生于叶腋；花萼在开花以后显著增大呈膀胱状，并完全包裹着浆果（约120种，我国5种，南北均产） ………………………………………………………………… 酸浆属（*Physalis* Linn.）
    7. 花单生、簇生或形成花序；花萼在开花以后不显著增大呈膀胱状包裹浆果。
      8. 花组成侧生或顶生的各式聚伞花序或总状花序。
        9. 单叶（马铃薯为羽状复叶）；花萼及花冠裂片5数；花药不向顶端渐狭……………………………………………………………………………………………… 茄属（*Solanum* Linn.）
        9. 羽状复叶；花萼及花冠裂片5～7数；花药向顶端渐狭而成一长尖头 ……………………………………………………………………………………… 番茄属（*Lycopersicon* Mill.）
      8. 花单生或2至数朵簇生于枝腋或叶腋。
        10. 花单生于叶腋；花冠筒钟形，长2～3.5cm，径1.2～2cm，淡紫褐色；浆果球形，径约1.5cm，成熟时黑紫色（约4种，产于欧洲，我国栽培1种） ……… 颠茄属（*Atropa* Linn.）
        10. 花1～3朵簇生；花较小，花冠辐状，白色或绿白色；浆果形状和颜色种种，果皮肉质或近革质，常有辛辣味 ………………………………………………… 辣椒属（*Capsicum* Linn.）
  6. 果实为蒴果。
    11. 花组成各式聚伞花序。
      12. 花腋生，上部形成具叶的总状或穗状花序；蒴果盖裂 ………… 天仙子属（*Hyoscyamus* Linn.）
      12. 花组成顶生的圆锥花序或偏于一侧的总状花序；蒴果瓣裂 ………… 烟草属（*Nicotiana* Linn.）
    11. 花单生于叶腋。
      13. 花萼在开花以后显著增大，较果实长许多，疏松地包裹着果实，并有明显隆起的纵肋和脉纹（4种，在我国产于云南、四川、甘肃、青海和西藏） ……… 山莨菪属（*Anisodus* Link et Otto）
      13. 花萼在开花以后不显著增大，不包围果实而仅宿存于果实基部。

14. 花萼5浅裂，果时自基部稍上处截断状脱落而仅基部宿存；雄蕊5枚全部能育；果通常有坚硬的针刺或乳头状凸起，4瓣裂 …………………………………… 曼陀罗属（*Datura* Linn.）

14. 花萼5深裂，果时全部宿存；雄蕊两两成对而第5枚较短或退化；果实无刺，2瓣裂（约25种，我国普遍栽培1种） ……………………………………………………… 碧冬茄属（*Petunia* Juss.）

（1）茄属（*Solanum* Linn.）　草本、灌木或小乔木，具刺或否，常被星状毛。单叶或复叶。聚伞花序或总状花序，顶生或腋生；花萼通常5裂；花冠辐状或浅钟状，5裂；雄蕊5；子房2室。浆果。本属约2 000余种，分布于热带和温带地区；我国约有39种，各地均有分布。

图4-75　马铃薯及茄

1～5. 马铃薯（*Solanum tuberosum* Linn.）　1. 块茎　2. 花枝　3. 花　4. 果实　5. 花图式
6～9. 茄（*Solanum melongena* Linn.）　6. 植株的一部分　7. 花冠及雄蕊　8. 花萼及雌蕊　9. 果实

常见植物：茄（*Solanum melongena* Linn.）（图4-75）植物体有刺和星状毛，单叶，浆果大；原产于热带亚洲，我国各地栽培，果做蔬菜；根药用，能祛风、散寒、止痛。马铃薯（*Solanum tuberosum* Linn.）（图4-75）植物体无刺，具地下块茎，叶为奇数羽状复叶；原产于热带美洲，我国各地栽培，块茎供食用，并可做工业淀粉原料。本属有些种入药，有些种有毒。龙葵（*Solanum nigrum* Linn.）（图4-76）为一年生草本；叶卵形，全缘或不规则的波状粗齿；花白色；浆果球形，成熟时黑色；产于我国南北各地，极为普遍，全草入药，能清热解毒、利水消肿。

（2）番茄属（*Lycopersicon* Mill.）　约6种，产于南美洲。

常见植物：番茄（*Lycopersicon esculentum* Mill.）为一年生或多年生草本；叶为羽状复叶或羽状分裂；花黄色，数朵组成圆锥式聚伞花序，花萼、花冠、雄蕊均为5～7数；多汁浆果；我国广为栽培供蔬食。

（3）辣椒属（*Capsicum* Linn.）　灌木、亚灌木或一年生草本。单叶互生。花白色或绿白色、辐状，1～3朵簇生。浆果形状和颜色多种，果皮肉质或近革质，常有辣味。本属约20余种，主产于中南美洲；我国引入栽培的辣椒和野生或栽培的小米椒（*Capsicum frutescens* Linn.）作为蔬菜或调味品。

常见植物：辣椒（*Capsicum annuum* Linn.）花单生于叶腋或枝腋；花萼杯状，5～7浅裂；花冠白色，裂片5～7；雄蕊5；浆果俯垂，长指状，顶端尖而稍弯，少汁液，果皮和胎

图 4-76 天仙子、宁夏枸杞和龙葵

1～4. 天仙子（*Hyoscyamus niger* Linn.）

1. 植株下部 2. 花枝 3. 花冠展开（示雄蕊） 4. 开裂的果实

5～6. 宁夏枸杞（*Lycium barbarum* Linn.）

5. 花枝 6. 花冠展开

7～9. 龙葵（*Solanum nigrum* Linn.）

7. 花果枝 8. 花冠展开（示雄蕊） 9. 雄蕊

座间有空腔，熟后变红；原产于南美洲，世界各国普遍栽培，我国各地也广泛栽培，作为蔬菜和调味品，有数十个品种。常见的变种有：指天椒［*Capsicum annuum* var. *conoides*（Mill.）Irish］果梗直，浆果小，圆锥状；簇生椒［*Capsicum annuum* var. *fasciculatum*（Sturt.）Irish］叶和浆果成束地簇生于枝端，果梗直立，浆果长指状，顶端渐尖；灯笼椒［*Capsicum annuum* var. *grossum*（Linn.）Sendt.］植物体粗壮，果梗直立或下垂，浆果矩圆形或扁圆状，顶端圆或截形，基部常稍凹入。

（4）烟草属（*Nicotiana* Linn.） 一年生或多年生植物，常被黏质柔毛。单叶互生。花白色、黄色、淡绿或淡紫色，组成顶生的圆锥花序或偏于一侧的总状花序。蒴果2瓣裂。本属约60余种，大多数分布于美洲，少数产于大洋洲；我国约有4种。

常见植物：烟草（*Nicotiana tabacum* Linn.）（图 4-77）栽培甚广，为一年生高大草本，被腺毛；叶大型，矩圆状，长 10～30cm 或以上，宽 8～15cm；花淡红色或白色，圆锥花序顶生；原产于南美洲，现广植于全世界温带至热带地区；是制造卷烟和烟丝的重要原料。

图 4-77 碧冬茄及烟草
1～2. 碧冬茄（*Petunia hybrida* Vilm.） 1. 花果枝 2. 果
3～4. 烟草（*Nicotiana tabacum* Linn.） 3. 叶 4. 花

（5）枸杞属（*Lycium* Linn.） 灌木，有刺或无刺。叶互生或簇生。花单生或簇生于叶腋；花萼钟状，2～5 齿裂；花冠漏斗状，5 裂；雄蕊 5，花丝基部常有毛环。浆果。本属约 80 种，分布于温带地区；我国约有 7 种，主产于西北和华北。

著名植物：宁夏枸杞（*Lycium barbarum* Linn.）（图 4-76）株高 1～3m，分枝密，有棘刺；叶常为披针形或长椭圆状披针形；花腋生，常 1～2（～6）朵簇生于短枝上，花萼通常 2 中裂，花冠漏斗状，粉红色或淡紫红色，花冠筒明显长于裂片；浆果椭圆形，红色；产于华北、西北各地，生长于山坡、河岸、路旁及田边；果实入药，为强壮剂，补肝肾，健筋骨；根皮也入药，为清热凉血药。黑果枸杞（*Lycium ruthenicum* Murr.）多分枝，枝常呈“之”字形弯曲，白色；叶条形、条状披针形或条状倒披针形，肉质；果熟后紫黑色，球形；产于西北诸省区及西藏，常生于盐化低地、沙地或路旁、村舍旁。

（6）天仙子属（*Hyoscyamus* Linn.） 草本，植株被短腺毛与柔毛。茎生叶互生，有粗齿或羽状分裂，少全缘。花单生于叶腋，在茎顶形成一带叶的总状或穗状聚伞花序；花萼钟状或坛状，5 裂，花后增大，宿存；花冠钟状或漏斗状，5 裂。蒴果盖裂。全草含多种生物碱，有毒。本属约有 6 种，我国有 3 种。

常见植物：天仙子（*Hyoscyamus niger* Linn.）（图 4-76）为二年生，高 30～70cm；根肉质，粗壮；茎基部有莲座状叶丛；叶矩圆形，边缘羽状深裂或浅裂；花冠漏斗状，黄绿色，有紫色脉纹；蒴果卵球形，盖裂；产于北部及西南各地，生长于丘陵坡地、村舍附近。此外，在我国新疆还有中亚天仙子（*Hyoscyamus pusillus* Linn.），在东北及华北有小天仙子（*Hyoscyamus bohemicus* F. W. Schmidt），二者均为一年生草本。

（7）曼陀罗属（*Datura* Linn.） 小乔木或粗壮草本。单叶互生，较大。花大、单生于叶腋或枝杈间；花萼长管状，5 浅裂；花冠漏斗状或高脚碟状。蒴果较大，通常有坚硬的刺或乳头状凸起，4 瓣裂。本属约 16 种；我国有 4 种，南北各地都有分布。

常见植物：洋金花（*Datura metel* Linn.）（图 4-78）一年生高大草本；花萼筒部圆筒

形，无棱角而稍有棱纹；蒴果斜生或横生，疏生短刺；原产于印度，我国各地有栽培或野生；叶和种子含莨菪碱，有毒，药用有镇痉、镇静、镇痛、麻醉的功能。曼陀罗（*Datura stramonium* Linn.）（图 4-78）与洋金花相似，不同之处是萼筒有 5 个明显的棱；蒴果直立，常具针刺，稀无刺；我国各地均产，花、叶、种子入药，作用同洋金花。木本曼陀罗（*Datura arborea* Liom.）小乔木，花俯垂，果为浆果状，表面平滑；原产于热带美洲，我国引种栽培供观赏。

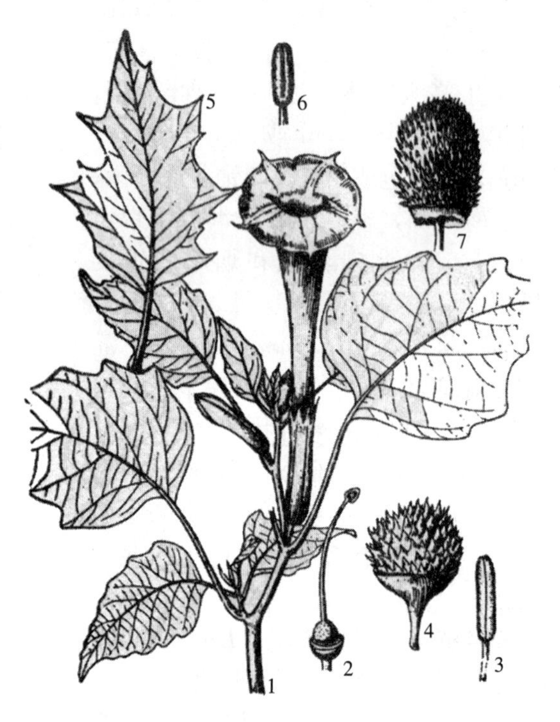

图 4-78 洋金花及曼陀罗
1～4. 洋金花（*Datura metel* Linn.） 1. 花枝 2. 雌蕊 3. 雄蕊 4. 果实
5～7. 曼陀罗（*Datura stramonium* Linn.） 5. 叶 6. 雌蕊 7. 果实

（8）其他　本科植物可供药用的还有下述几种：①赛莨菪（*Anisodus luridus* Link et Otto）产于西藏、青海、四川和云南，生于山坡草地或林下，亦有栽培，根、茎、叶和种子药用，能镇痉、止痛。②颠茄（*Atropa belladonna* Linn.）在我国有栽培，植株含阿托品和颠茄碱等，叶为镇痛、镇痉药；根治盗汗，并有散瞳功效。③酸浆（*Physalis alkekengi* Linn.）广布于全国各地，野生或栽培，宿存花萼供药用，有清热解毒之功效。

可供观赏的还有夜香树和碧冬茄等。夜香树（*Cestrum nocturnum* Linn.）为直立或近攀缘状灌木；花绿白色至黄绿色，晚间极香；原产于热带美洲，我国广东、广西、福建和云南有栽培。碧冬茄（又名矮牵牛）（*Petunia hybrida* Vilm.）（图 4-77）为一年生或多年生草本，花冠漏斗状，有各种颜色；原产于南美洲，我国作为陆地草花，南北均有栽培。

2. 旋花科（Convolvulaceae）

$$* \ K_{(5)}\ C_{(5)}\ A_5\ \underline{G}_{(2:2:2)}$$

旋花科约 56 属 1 800 种，广布于热带和温带；我国有 22 属 128 种，各地均产。甘薯和蕹菜是本科重要的经济植物，有些种栽培供观赏，有些可供饲用和药用。

旋花科的特征：草质藤本或木质藤本，茎具双韧维管束，通常有乳汁。单叶，互生，全缘或分裂，无托叶，有时无叶而寄生。花辐射对称，两性；有苞片；萼片 5，常宿存；花冠通常漏斗状或钟状；雄蕊 5，着生于花冠管上，花药 2 室，花丝丝状；花盘环状或杯状；子房上位，心皮 2（少 3～5），1～4 室，每室有 1～2 胚珠。蒴果或浆果。染色体 $x=7$，10～15。

（1）番薯属（*Ipomoea* Linn.）　草本或灌木，通常缠绕。花单生或组成腋生的聚伞花序或伞形花序至头状花序；苞片各式；萼片 5，宿存，常于结果时多少增大；花冠通常钟状或漏斗形，冠檐常 5 浅裂；雄蕊 5，内藏，花粉粒具刺；子房 2 或 4 室，具 4 颗胚珠。本属约300种，广布于热带、亚热带和温带；我国约20种，南北均产，但大多产于华南和西南。

常见植物：甘薯（又名番薯、红薯、白薯）［*Ipomoea batatas*（Linn.）Lam.］为多年生草本，具块根，茎平卧或上升；单叶全缘或3～5（7）裂；花红紫色或白色，组成聚伞花序，有时单生；原产于热带美洲。甘薯是高产作物，我国各地均有栽培，块根供食用，也是食品工业的重要原料；茎、叶为优质饲料。蕹菜（*Ipomoea aquatica* Forsk.）为一年生水生或陆生草本，茎中空，蔓生或浮于水中；单叶，全缘或波状，基部心形或戟形；原产于我国，嫩茎和叶做蔬菜；全草及根入药，内服可解饮食中毒，清热凉血，外用治胎毒。五爪金龙［*Ipomoea cairica*（Linn.）Sweet］（图4-79）为多年生缠绕藤本；叶指状5深裂几达基部；花冠漏斗状，淡紫红色；原产于北美洲，我国广东、广西、福建和云南常有栽培，今已逸生为恶性杂草。山土瓜（*Ipomoea hungaiensis* Lingelsh. et Borza）为多年生缠绕藤本；块根大，球形或卵形，单个或2～3个成串，表皮红褐色，肉白色，有乳状黏液；单叶互生，长椭圆形，全缘；花冠漏斗形，淡黄色；产于贵州、四川和云南，生于槲树和杜鹃群落中，块根药用，清肝利胆，润肺止咳，止渴生津。

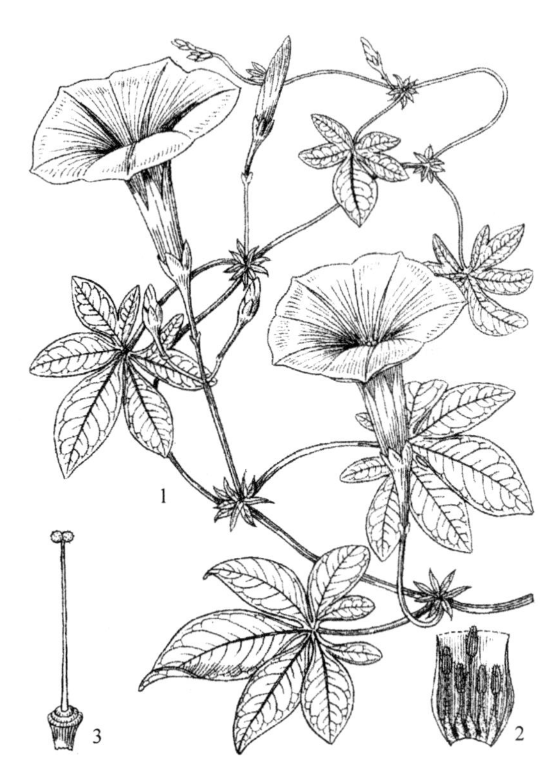

图4-79 五爪金龙［*Ipomoea cairica*（Linn.）Sweet］

1. 花枝 2. 花冠管基部展开（示雄蕊着生位置） 3. 雌蕊

二叶红薯［*Ipomoea pes-caprae*（Linn.）Sweet］为多年生匍匐草本，叶宽椭圆形或近圆形，顶端深凹形似马鞍；产于广东、广西和福建，生于海边沙滩或堤岸草丛中；全草药用，微苦辛温、祛风除湿、拔毒消肿。

（2）旋花属（*Convolvulus* Linn.） 草本或灌木，茎缠绕、匍匐或直立。花冠漏斗状；苞片小，与花萼远离；柱头条形，近似棒状，子房2室。蒴果球形。本属约250种，广布于温带至亚热带地区；我国约有8种，分布于北部、西北部及西南部。本属植物营养价值较高，粗蛋白质含量在开花前与种子中含量较多，一般家畜均喜食。

常见植物：田旋花（*Convolvulus arvensis* Linn.）（图4-80）为多年生草本，茎缠绕或蔓生；叶卵状矩圆形至披针形，基部戟形、心形或箭形；花1～3朵生于叶腋，花冠宽漏斗状，粉红色；蒴果卵球形或圆锥形；为各地习见杂草，各种家畜均喜食；全草入药，调经活血，滋阴补肾。银灰旋花（*Convolvulus ammannii* Desr.）为多年生矮小草本，全株密被银灰色绢毛；叶条形或狭披针形；花小，单生于枝端，白色，或有紫红色条纹；产于我国北部及青藏高原，生于荒漠草原和典型草原过度放牧的退化草场上。刺旋花（*Convolvulus tragacanthoides* Turcz.）为半灌木，全株被银灰色绢毛；多分枝，具枝刺；叶倒披针状条形；花单生或2～3朵聚生，粉红色；产于内蒙古、河北、陕西、宁夏、甘肃、四川和新疆，生长于干河床及砾石质丘陵坡地。

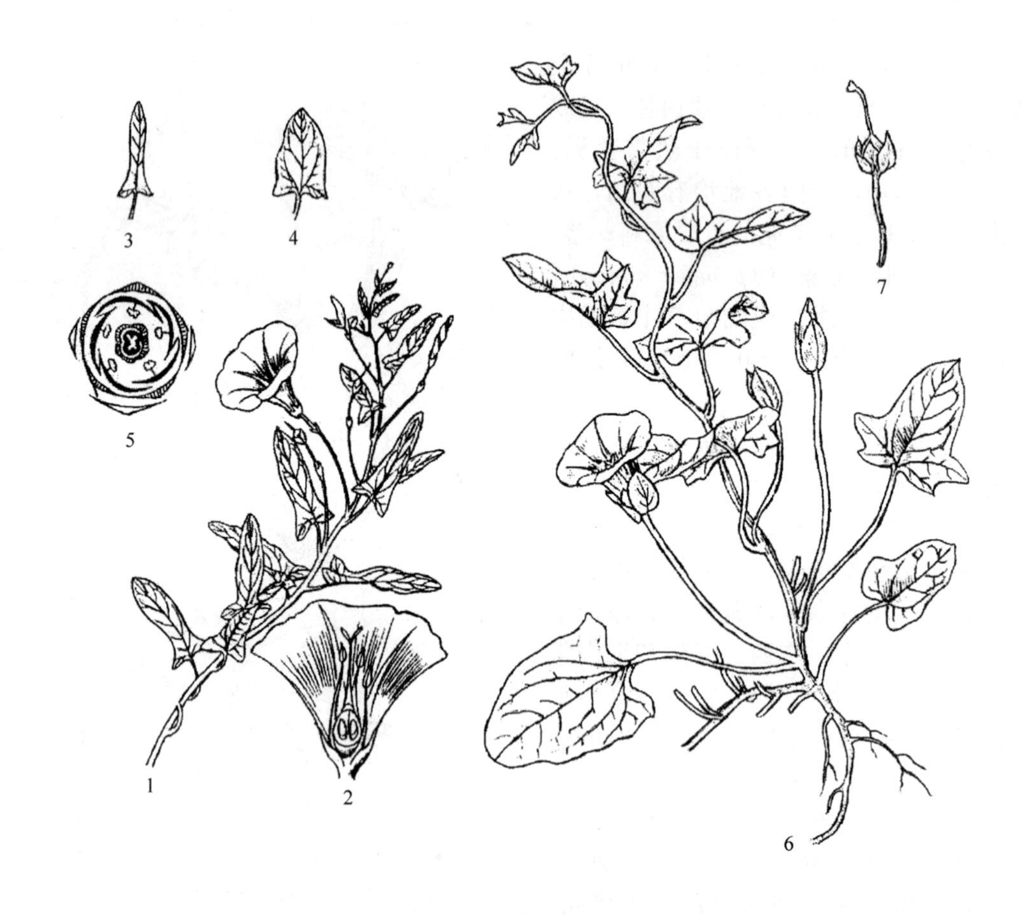

图 4-80 田旋花及打碗花

1～5. 田旋花（*Convolvulus arvensis* Linn.） 1. 花枝 2. 花剖面 3、4. 叶 5. 花图式

6～7. 打碗花（*Calystegia hederacea* Wall. ex Roxb.） 6. 植株 7. 果

（3）打碗花属（*Calystegia* R. Br.） 打碗花属与旋花属相似，不同的是花萼为 2 个大的叶状苞片所包围，子房 1 室或不完全 2 室。本属约 25 种，分布于温带和热带地区；我国有 5 种，产于西南至西北部，四川北部最盛。

常见植物：打碗花（*Calystegia hederacea* Wall. ex Roxb.）（图 4-80）为一年生草本，无毛；茎缠绕或平卧；叶片三角状卵形，基部戟形；花单生于叶腋，苞片 2，较大，包围花萼，宿存；萼片 5，花冠漏斗状，粉红色；蒴果卵圆形；广布于全国，为习见杂草；全草入药，调经活血，滋阴补虚。

（4）其他 本科常见的观赏植物有下述几种：①裂叶牵牛［*Pharbitis nil*（Linn.）Choisy］为一年生缠绕草本；叶常 3 裂，花漏斗形、白色、蓝紫色或紫红色；原产于热带美洲，我国南方有栽培。②圆叶牵牛［*Pharbitis purpurea*（Linn.）Voigt］为一年生缠绕草本，叶心形，全缘；花漏斗形，紫色、淡红色或白色；原产于美洲，我国各地均有栽培。③月光花［*Calonyction aculeatum*（Linn.）House］为缠绕大藤本，草质；叶卵状心形，全缘；花冠高脚碟状，白色，带淡绿色褶纹；原产于热带美洲，我国庭园常有栽培。④圆叶茑萝（*Quamoclit coccinea* Moench）为一年生缠绕草本；叶卵形，全缘；花冠高脚碟状，洋红色，喉部带黄色；原产于南美洲，我国各地庭园常有栽培。⑤茑萝［*Quamoclit pennata* (Lam.) Bojer.］为一年生缠绕草本，叶羽状细裂，花冠深红色；原产于南美洲，我国各地庭园常有栽培。⑥槭叶茑萝（*Quamoclit sloteri* House）为一年生缠绕草本，叶掌状分裂，裂片多，披针形花红色；原产于南美洲，我国有栽培。

常见药用植物有：①马蹄金（*Dichondra repens* Forst.）为多年生草本，匍匐茎细长，单叶互生，圆形或肾形；花黄色，小，单生于叶腋；产于浙江、江西、福建、台湾、湖南、广东、广西和云南，多生于山地林缘和田边阴湿地，全草药用，能消炎解毒和接骨。②土丁桂（*Evolvulus alsinoides* Linn.）为一年生纤细草本，全株被毛，花冠漏斗形，淡蓝色或白色；产于浙江、江西、福建、台湾、广东、广西、四川和云南，喜生于旱坡上，全草药用，补脾益肾。

3. 花荵科（Polemoniaceae）

$$* \ K_{(5)} \ C_{(5)} \ A_5 \ \underline{G}_{(3:3:\infty\sim1)}$$

花荵科有15属300多种，分布于欧洲、亚洲和美洲，但主要产地在北美；我国有3属6种，产于西北至东北。

花荵科的特征：通常为草本。叶互生或对生，无托叶。花两性，整齐，5基数；花冠在芽中旋转；子房上位，心皮3个，稀2或5，合生，每心皮有胚珠多数至1个。蒴果；有胚乳。

花荵属（*Polemonium* Linn.）　叶互生，一回羽状复叶，小叶无柄。花组成顶生、伞房花序式聚散花序；萼钟状，5裂，裂片花后扩大并包着果实。本属约50种，主要分布于北温带；我国约有2种，分布于西北至东北。

常见植物：花荵（*Polemonium caeruleum* Linn.）花序疏散；花较大，花萼长5～8mm，萼裂片长卵形、长圆形或卵状披针形，与萼筒近等长；花冠长1～1.8cm；产于东北、河北、山西、内蒙古、新疆和云南西北部。

本科常见观赏植物：天蓝绣球（又名草夹竹桃、锥花福禄考，*Phlox paniculata* Linn.）为多年生草本，单叶对生，顶生圆锥花序，多花密集成塔形，花高脚碟状，红、紫、蓝紫或白色；原产于北美洲，我国各地庭园栽培。小天蓝绣球（又名洋梅花、福禄考、桔梗石竹，*Phlox drummondii* Hook.）为一年生草本，单叶互生、基部常对生，聚伞花序顶生，花黄、白、粉红、红、紫等色；原产于北美，我国各地庭园栽培。

（三十五）唇形目（Lamiales）

唇形目植物为木本或草本。叶对生或互生。花辐射对称或两侧对称呈二唇形；雄蕊4或2，稀5；心皮2，合生，子房上位，深裂或否，2～4室，花柱顶生或基生，每室具1～2胚珠。核果或为2～4小坚果。

唇形目包括紫草科、马鞭草科（Verbenaceae）和唇形科等4科，约7 800种，广布世界各地。

1. 紫草科（Boraginaceae）

$$* \ K_{(5)} \ C_{(5)} \ A_5 \ \underline{G}_{2:4:1}$$

紫草科约100属2 000种，分布于温带和热带；我国有48属269种，全国都有分布。

其中，有的供药用，有的供观赏，在草场上家畜一般不采食或采食较差，但是比较常见；有些种的果实有钩刺，黏附于羊体上，则可降低羊毛品质；少数种有饲用价值，可做青贮饲料，如聚合草为高产优质牧草，我国有些地区引种栽培。

紫草科的特征：草本、半灌木、灌木或乔木，植株通常被硬毛。单叶互生，少对生或轮生，无托叶。花两性，辐射对称，常排列成镰状或总状聚伞花序；萼 5 裂；花冠合瓣，管状或漏斗状，5 裂，喉部常有鳞片状附属物；雄蕊 5，贴生于花冠筒上；有花盘；雌蕊常由 2 心皮合生，子房上位，常 4 深裂，每心皮有 2 胚珠。果实为 4 个小坚果。染色体 $x=4\sim13$。

紫草科植物检索表

1. 子房不分裂，花柱自子房顶端伸出；果为核果状。
  2. 果实成熟时无明显分化的中果皮 ………………………………………… 天芥菜属（*Heliotropium* Linn.）
  2. 果实成熟时有明显分化的中果皮 ……………………… 砂引草属（*Messerschmidia* Linn. ex Hebenstr.）
1. 子房 4 深裂，花柱生于子房裂瓣间的几部；果实为由子房裂瓣所发育而成的 4 个小坚果。
  3. 花冠喉部或筒部无附属物。
    4. 花冠喉部无毛或褶皱；花柱 2 或 4 裂 …………………………………… 假紫草属（*Arnebia* Forsk.）
    4. 花冠喉部有毛或褶皱，花柱不裂或 2 裂 ……………………………… 紫草属（*Lithospermum* Linn.）
  3. 花冠喉部或筒部有 5 枚向内凸出，与花冠裂片对生的附属物。
    5. 花萼裂片不等大，结果时强烈增大，呈蚌壳状压扁，边缘有不整齐的齿，网脉隆起 ……………
    ……………………………………………………………………………… 粗草属（*Asperugo* Linn.）
    5. 花萼裂片近等大，结果时不呈蚌壳状，边缘无齿，脉不隆起。
      6. 花冠筒弯曲；花冠 5 个附属物位于喉部；花萼 5 裂至近基部 ……… 狼紫草属（*Lycopsis* Linn.）
      6. 花冠筒直。
        7. 小坚果具锚状刺。
          8. 花冠筒状，檐部比筒部短，近直立；雄蕊和花柱伸出花冠之外，花药与花丝近等长 ……
          ……………………………………………………………… 长柱琉璃草属（*Lindelofia* Lehm.）
          8. 花冠的檐部于筒部近等长或比筒部长，平展；雄蕊与花柱不外露。
            9. 小坚果着生面位于果地近顶部；雌蕊基金字塔形；叶椭圆形、卵形或披针形 …………
            ……………………………………………………………… 琉璃草属（*Cynoglossum* Linn.）
            9. 小坚果的着生面位于果腹面的中部或中部以下，雌蕊基锥形或金字塔形；叶条形或披针形。
              10. 雌蕊基锥形，与小坚果近等长或长于小坚果 ………………… 鹤虱属（*Lappula* Wolf.）
              10. 雌蕊基金字塔形比小坚果段数倍 ……………………… 齿缘草属（*Eritrichium* Schrad.）
        7. 小坚果无锚状刺。
          11. 雄蕊伸出花冠之外，花冠筒比花萼长 3 倍以上 ……………… 滨紫草属（*Mertensia* Roth.）
          11. 雄蕊内藏。
            12. 小坚果四面体形，着生面位于果的腹面基部之上；花冠裂片覆瓦状排列………………
            ……………………………………………………………… 附地菜属（*Trigonotis* Stev.）
            12. 小坚果透镜形，多少背腹扁，着生面与雌蕊基相连；花冠裂片旋转状排列……………
            ……………………………………………………………… 勿忘草属（*Myosotis* Linn.）

（1）紫草属（*Lithospermum* Linn.）　一年生或多年生草本或亚灌木。叶互生，全缘。花白、黄或青紫色，组成穗状花序或总状花序；萼通常 5 裂，裂片线形；花冠筒状或高脚碟状，5 裂，喉部通常无附属物而有毛或皱褶；雄蕊 5，内藏；花柱 2 裂或不裂，子房 4 深裂。小坚果平滑或有小疣，着生面位于果的基部，花托平。本属约 50 种，分布于温带地区；我国有 5 种，分布于西南至西北、华北和东北。

常见植物：紫草（*Lithospermum erythrorhizon* Sieb. et Zucc.）（图4-81）为多年生草本，根含紫色物质，花冠白色；小坚果卵形，白色带褐色，光滑无毛；自广西北部、江西、湖南、贵州、四川至华北、东北广布，生于山地路边或灌丛中；根含乙酰紫草素（$C_{18}H_{18}O_6$）、紫草素（$C_{16}H_{16}O_5$）等多种成分，为清热凉血药，外用治烫伤、冻伤、刀伤，内服通便、利尿。小花紫草（*Lithospermum officinale* Linn.）与紫草相似，不同的是茎上的毛均贴伏，多分枝，小坚果白色；产于新疆，生于山谷林缘。梓木草（*Lithospermum zollingeri* DC.）为多年生匍匐草本；花冠蓝色，筒长约 7.5mm，内面有 5 条具短毛的纵褶，檐部直径约 10mm，5 裂；果白色，光滑无毛；产于四川、湖北、安徽、浙江江苏、河南、陕西和甘肃南部，生于丘陵草坡或灌丛中；果药用，治胃胀胃酸、吐血、跌打损伤等。

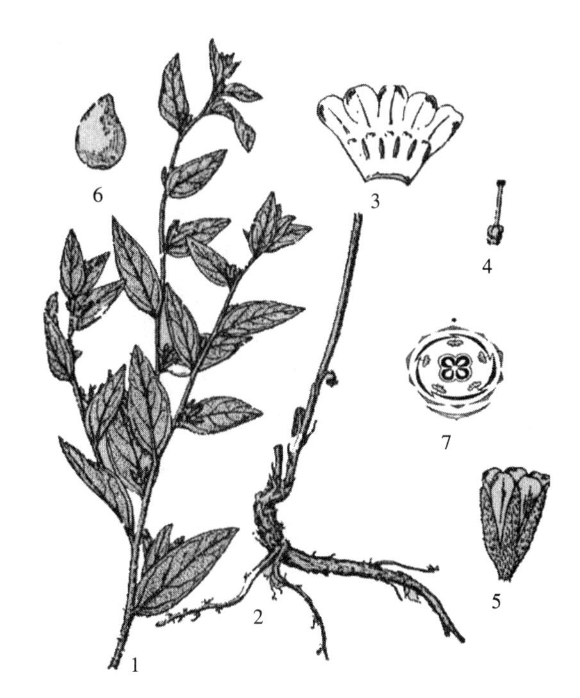

图 4-81　紫草（*Lithospermum erythrorhizon* Sieb. et Zucc.）
1. 花枝　2. 植株下部　3. 花冠展开（示雄蕊着生）
4. 雌蕊　5. 花　6. 果实　7. 紫草科花图式

（2）假紫草属（*Arnebia* Forsk.）　一年生或多年生草本，被粗毛。叶互生。花近无柄，排成顶生、延长或紧缩的总状花序，有苞片；萼片线形或披针形，黏合，有时基部变硬成耳形；花冠筒纤细，长于萼片，喉部秃裸，裂片 5；雄蕊 5，生于喉部以下时伴有长花柱，半突出时伴有短花柱；子房 4 深裂，柱头 2 或 4 裂。小坚果有疣状突起，着生面平。本属约 25 种，分布于地中海地区、热带非洲、喜马拉雅；我国约有 6 种。

常见植物：新疆假紫草［*Arnebia euchroma*（Royle）Johnst.］为多年生草本，根含紫色素；花序近球形，密生多数花，花冠紫色，产于西藏和新疆，生于海拔 2 200m 以上的山地草甸；根也作紫草入药。

（3）砂引草属（*Messerschmidia* Linn. ex Hebenstr.）　乔木、灌木或草本。叶互生，全缘，通常倒披针形或披针形，大小不一。聚伞花序二歧分枝，无苞片；花多或少，小形，无梗或具梗，生于花序分枝一侧；花萼 5 或 4 深裂；花冠白色或淡绿色，筒状或钟状，裂片 5 或 4；雄蕊 5 或 4，内藏或伸出，花丝极短，花药先端具短尖；子房 4 室，每室具 1 粒胚珠；核果。本属 3 种，广布于亚洲温带，热带美洲也有分布；我国有 2 种，分布于北部及东南部。

常见植物：砂引草［*Messerschmidia sibirica* subsp. *angustior*（DC.）Kitag.］（图 4-82）为多年生草本，具细长的根状茎，全株密被白色长柔毛；产于河北、山西、山东、河南、内蒙古、陕西、甘肃等地，生于沙地、沙漠边缘、盐生草甸、干河沟边，为良好的固沙植物。

图 4-82 鹤虱、勿忘草及砂引草

1～2. 鹤虱（*Lappula myosotis* Wolf.） 1. 植株 2. 果实

3. 勿忘草（*Myosotis silvatica* Hoffm.）植株

4～8. 砂引草［*Messerschmidia sibirica* subsp. *angustior*（DC.）Kitag.］ 4. 花枝

5. 花冠展开（示雄蕊着生） 6. 子房、花柱及柱头 7. 雌花纵切及心皮 8. 果实

（4）鹤虱属（*Lappula* Wolf.） 草本。叶狭窄。花小，排列成具苞片的总状花序；萼 5 裂；花冠筒短，喉部具 5 枚鳞片状附属物；雄蕊 5，着生于花冠筒上。小坚果 4，直立，平滑或有小瘤，背面边缘具 1～3 行锚状刺。本属约 61 种，分布于温带地区；我国约有 31 种，分布于西藏、西北、华北和东北部。

常见植物：鹤虱（*Lappula myosotis* Wolf.）（图 4-82）为一年生草本，茎直立，高 20～30cm，多分枝；叶披针形或条形；花淡蓝色，漏斗状至钟状；小坚果的背面狭卵形，边缘具 2 行近等长的锚状刺；产于华北和西北，生长于山坡、草地及路旁。蓝刺鹤虱［*Lappula consanguinea*（Fisch. et C. A. Mey.）Gurke］与鹤虱近似，但小坚果背面棱缘的 2 行锚状刺不等长，内行长，外行极短；产于内蒙古、甘肃、青海、新疆和四川等地，为常见杂草。

（5）勿忘草属（*Myosotis* Linn.） 草本。叶互生，全缘。总状花序顶生；萼小，5 裂；花冠高脚碟状，喉部常有鳞片状附属物。小坚果 4，透镜状，平滑，有光泽。本属约 50 种，分布于温带地区；我国北部有 4 种。

常见植物：勿忘草（*Myosotis silvatica* Hoffm.）（图 4-82）为多年生，茎密被长柔毛；茎生叶矩圆状披针形或长椭圆形；花序顶生，花冠蓝色，喉部黄色，具 5 附属物；子房 4 深裂；小坚果扁卵圆形，光滑；产于东北、华北、西北、江苏、四川和云南，生于林下、山地灌丛、山地草甸，并进入亚高山地带，现栽培供观赏。湿地勿忘草（*Myosotis caespitosa* Schultz）与勿忘草近似，但茎生叶为倒披针形；花萼裂片三角形，比萼筒短；产于东北、华北、西北至西南，生于山地草甸及沟渠边湿草地。

（6）琉璃草属（*Cynoglossum* Linn.）　高大草本。花偏生于花序的一侧；萼 5 深裂；花冠漏斗状或高脚碟状，喉部具 5 附属物；雄蕊 5，内藏；子房深 4 裂。小坚果 4，扁卵形，有锚状刺，着生面位于果的近顶部。本属约 60 种，分布于温带和亚热带地区；我国约有 10 种，分布甚广，但主产地在西南。

常见植物：大果琉璃草（*Cynoglossum divaricatum* Steph. ex Lehm.）为多年生草本，高 30～65cm；基生叶和下部叶大，矩圆状披针形或披针形，两面密被贴伏的短硬毛；花蓝色或红紫色；小坚果长约 5mm；产于东北、华北、西北，生于沙质地、田边、路旁等处。琉璃草［*Cynoglossum zeylanicum*（Vahl.）Thunb.］与大果琉璃草相似，不同的是花淡紫色，小坚果长 2～2.8 mm；自西南、华南至安徽、陕西和甘肃南部广布，生于山地草坡或路边；根、叶药用，治疮疖痈肿、跌打损伤、毒蛇咬伤、黄疸等。

（7）附地菜属（*Trigonotis* Stev.）　约 57 种，我国有 34 种。

常见植物：附地菜［*Trigonotis peduncularis*（Trev.）Benth. ex Baker et S. Moore］叶匙形、椭圆形至披针形，两面被贴伏硬毛。花序疏散，细长；花冠蓝色，喉部黄色。小坚果四面体形。产于东北、华北至华南，生长于山地林缘、草甸及沙质地；在贵州用全草治手脚麻木、胸肋骨痛等症。

（8）其他　紫草科常见的药用植物还有：大尾摇（又名象鼻草，*Heliotropium indicum* Linn.）为一年生草本；镰状聚伞花序，花冠淡蓝色；产于云南、广西、广东、福建和台湾，热带地区广布，生于丘陵草地和荒地；全草药用，治肺炎、睾丸炎、痈疖等。滇紫草（*Onosma paniculatum* Bur. et Franch.）为草本，直根粗约 1cm，含紫色物质；茎单一，被伸展的长硬毛和反曲的短硬毛；花冠暗红色；产于西藏、四川、云南和贵州西部，生于山地干山坡；根皮药用，外用治各种疮症，内服防治麻疹、痘毒。

其他经济植物还有下述几种。厚壳树［*Ehretia thyrsiflora*（Sieb. et Zucc.）Nakai］为乔木，高 3～15m；叶纸质，椭圆、狭卵圆或狭椭圆形；圆锥花序顶生或腋生，花白色、芳香；核果橘红色，近球形，直径约 4mm；云南、华南至河南、山东南部广布；木材供建筑及家具，树皮可做染料。蓝蓟（*Echium vulgare* Linn.）为二年生草本，顶生圆锥状聚伞花序，花冠蓝紫色；产于新疆北部，生于低山山谷，现在城市中已引入栽培，供观赏。聚合草（*Symphytum officinale* Linn.）为多年生多汁牧草，原产北亚、欧洲，引进后逸生，据记载有致癌等作用。

2. 唇形科（Lamiaceae，Labiatae）

$$* \ K_{(5)} \ C_{(5)} \ A_{2+2,2} \ \underline{G}_{2:4:1}$$

唇形科有 200 多属 3 500 多种，广布于世界各地，以地中海区域与中亚地区为最多；我国有 99 属 808 种，遍布全国。其中多数植物含有大量的各种挥发油、生物碱、苷类等物质，可提取香精或供药用，有些可供观赏，也有部分有毒或有害植物，在天然草地上比较常见，家畜一般都不采食而牛采食稍好，干草中混有此类草过多，则会降低饲草的品质，少量还可使饲料具有某种香味。

唇形科的特征：草本或灌木，常因含芳香油而有香气。茎与枝均 4 棱形，叶对生或轮生，少互生，无托叶。花序各式，常为轮伞花序或聚伞花序，再排成总状、穗状、圆锥状或头状，也有单花或 2 花并生的；花两性，少单性，常两侧对称，少近辐射对称；花萼 5 或 4 裂，宿存；花冠合瓣，常二唇形，5 或 4 裂；雄蕊 4，二强，少为 2；有花盘；心皮 2，4 裂，子房上位，假 4 室，每室 1 胚珠，花柱顶部 2 裂。4 个小坚果。染色体 $x=6\sim11$，13，17～20。

唇形科常见植物分属检索表

1. 子房 4 裂至中部，花柱着生点高于子房基部；小坚果侧腹面相结合，其合生面为果长的 1/2～2/3，故常有大而显著的果脐；花冠单唇或假单唇（上唇极短）。
  2. 花冠单唇；花丝长不超过花冠筒 1 倍，花后多半向前弓曲；花序为腋生的小聚伞花序或由小聚伞花序再组成顶生复总状至圆锥花序，稀同时腋生（约 100 种，我国 18 种 10 变种，分布几遍全国，多数种产于西南部） ………………………………………………………… 香科科属（*Teucrium* Linn.）
  2. 花冠假单唇，上唇极短，2 深裂或浅裂，下唇大，中裂片极发达，平展；花较大，由 2 至多花形成的轮伞花序再组成顶生假穗状花序，稀单花腋生；果萼长，壶状增大（约 50 种，我国产 18 种 12 变种，大多数分布于秦岭以南各地） ………………………………………… 筋骨草属（*Ajuga* Linn.）
1. 子房 4 全裂，花柱着生于子房基部；花盘通常发达，并常增大成腺体；小坚果由基部的、极少基部至背部或腹部的合生面，果脐通常较小；花冠二唇形或近于辐射对称，但绝不为单唇或假单唇形。
  3. 花萼二唇形，上裂片背部通常具鳞片状小盾片；子房有柄；种子多少横生 …… 黄芩属（*Scutellaria* Linn.）
  3. 花萼二唇形或否，上裂片背部无鳞片状小盾片；子房无柄；种子直立。
    4. 花盘裂片与子房裂瓣对生，长圆形，覆盖子房裂瓣基部；小坚果具基部至背部的合生面及果脐；多年生栽培植物，具披针状线形而边缘内卷的叶；花萼 1/4 式二唇，13～15 脉（约 20 余种，我国常见栽培的有 2 种） …………………………………………………… 薰衣草属（*Lavandula* Linn.）
    4. 花盘裂片与子房裂瓣互生；小坚果具小的基部的合生面。
      5. 雄蕊下倾，平卧于花冠下唇上；花冠 1/4 式二唇形，下唇下弯（约 40 种，我国野生 3 种，栽培 1 种 3 变种，野生种产于台湾、广东和云南） ………………………… 罗勒属（*Ocimum* Linn.）
      5. 雄蕊上升或平展而直伸向前。
        6. 花冠筒藏于萼内，雄蕊、花柱藏于花冠筒内；叶圆形，掌状分裂（约 4 种，我国有 3 种，各地均产） ……………………………………………………………… 夏至草属（*Lagopsis* Bge.）
        6. 花冠筒通常不藏于花萼内；两性花的雄蕊不藏于花冠筒内。
          7. 花药球形，药室平叉开，在顶端贯通为 1 室，花粉散出后则平展；花冠二唇形，上唇顶端微凹或全缘，下唇 3 裂，喉部或花丝基部有毛环或否；花序顶生、稀腋生 ……………………………………………………………………………… 香薷属（*Elsholtzia* Willd.）
          7. 花药非球形，药室平行或叉开，顶端不贯通，稀近于贯通，但当花粉散出后药室绝不扁平展开。
            8. 花冠明显二唇形，具不相似的唇片，上唇外凸，弧状、镰状或盔状。
              9. 花药卵形；雄蕊 4。
                10. 后对雄蕊长于前对雄蕊。
                  11. 两对雄蕊不互相平行。

12. 后对雄蕊下倾，前对雄蕊上升；花盘裂片相等，不大伸出；花冠下唇中裂片无爪状狭柄；叶不分裂 …………………………………… 藿香属（*Agastache* Clayt.）

12. 后对雄蕊上升，前对雄蕊多少向前伸；花盘前裂片发育较好；花冠下唇中裂片从基部具爪状狭柄；叶常分裂（3 种，我国均产，分布于东北、华北、西北及西南各地） …………………………………… 裂叶荆芥属（*Schizonepeta* Briq.）

11. 两对雄蕊互相平行，皆向花冠上唇下面弧状上升。

13. 萼齿间角具脉结形成的小瘤 …………………………………………………… 青兰属（*Dracocephalum* Linn.）

13. 萼齿间角无小瘤。

14. 药室平叉近达 180°角；茎直立；花序顶生，由轮伞花序密集成假穗状，或由十分发育的聚伞花序集合成疏生圆锥花序；花萼有 11～15 脉（约 250 种，我国有 31 种 1 变种，南北各地均产，但主要分布于云南、四川、西藏及新疆） …………………………………… 荆芥属（*Nepeta* Linn.）

14. 药室平行或稍叉开；植物常有走茎；轮伞花序 2～6 花，稀 6 花以上；花萼有 15 脉（约 8 种，我国有 5 种 5 变种，主要分布于东北部沿海一带至西南各地，西北至秦岭） …………………………………………………………………………………………… 活血丹属（*Glechoma* Linn.）

10. 后对雄蕊短于前对雄蕊。

15. 花萼有极不相等的齿，二唇形，喉部在果实成熟时由于下唇 2 齿向上斜伸以致合闭，上唇顶端截形，有 3 齿；花冠有盔状上唇（约 15 种，我国有 3 种 3 变种，引种栽培 1 种）……………… …………………………………………………………………………………… 夏枯草属（*Prunella* Linn.）

15. 花萼有比较相似的齿，喉部在果实成熟时张开。

16. 半灌木或多年生草本；具从轮伞花序基部及从叶腋生出的针刺，叶缘亦多刺（约 34 种，我国有 14 种，产于新疆、内蒙古、甘肃和陕西） ……………………… 兔唇花属（*Lagochilus* Bge.）

16. 草本或灌木；无上述针刺。

17. 花柱裂片通常极不等长；花冠上唇边缘常具流苏状小齿；后对雄蕊花丝基部多有附器 …… …………………………………………………………………………… 糙苏属（*Phlomis* Linn.）

17. 花柱裂片近于等长或等长；花冠上唇边缘无流苏状小齿；后对雄蕊花丝基部无附器。

18. 叶片边缘有齿；萼齿非刺状；花冠具腹状膨大的喉部及多半伸长的筒部，下唇中裂片较大，侧裂片仅呈齿状；花药平叉开，有毛（约 40 种，我国有 4 种 3 变种，除华南外全国各地均产） …………………………………………………… 野芝麻属（*Lamium* Linn.）

18. 下部叶片 3～5 裂；萼齿多少针刺状或刺状；花冠喉部不甚膨大，筒稍伸出，下唇 3 裂；花药平行 ……………………………………………………………… 益母草属（*Leonurus* Linn.）

9. 花药条形而有细长的药室；雄蕊 2，后对假雄蕊极小或无；花萼二唇形，2/3 式；花冠多少二唇形，常有极不相等的唇片。

19. 药隔线形，与花丝有关节相连，成丁字形或否；花萼喉部无毛或微有毛，稀有环毛；花冠 3/2 式二唇形；小坚果多少卵状三棱形 ………………………………………………… 鼠尾草属（*Salvia* Linn.）

19. 药隔宽或极小，无上述特征。

20. 灌木，具狭而边缘外卷的叶，全缘；花对生，少数聚集在短枝的顶端成总状花序；花药平行，仅 1 室能育（1 种，分布于地中海地区，我国有栽培） …………… 迷迭香属（*Rosmarinus* Linn.）

20. 一年生或多年生草本；叶具齿，苞叶与茎叶同形，常具鲜艳的颜色；轮伞花序密集多花，在枝顶成单个头状花序或多个远离；花药幼时 2 室极叉开，后贯通为 1 室（12 种，分布于北美至墨西哥，我国栽培 2 种，有时逸为野生） ……………………………… 美国薄荷属（*Monarda* Linn.）

8. 花冠近于辐射对称，有近于相似或略为分化的裂片，冠檐 2/3 式二唇形，上唇如分化则扁平或外凸；花药卵形。

21. 仅前对雄蕊能育，后对变为退化雄蕊或不存在；花萼狭圆柱形，檐部较筒部短得多，花后萼齿多内折，喉部有毛；花冠上唇全缘；轮伞花序多密集成顶生头状花序，稀腋生（约 30 种，我国有 4

种，均产于新疆） …………………………………………………………… 新塔花属（*Ziziphora* Linn.）

21. 全部4枚雄蕊皆能育，近相等或前对稍长。

22. 花萼15脉，二边脉在齿间连接处形成小瘤；雄蕊从基部上升，然后展开而直伸，远超出花冠之上；花序顶生，单向穗状；半灌木，叶线形、全缘（约15种，我国有2种1变种，产于新疆，另有1种为引种栽培） …………………………………………………… 神香草属（*Hyssopus* Linn.）

22. 花萼10～13脉或15脉，若为15脉则二边脉在齿间连接处无小瘤。

23. 冠檐2/3式二唇形。

24. 一年生草本，叶大、明显具齿；轮伞花序2花组成顶生和腋生、偏向一侧、密被长柔毛的假总状花序；萼钟状，檐部3/2式二唇形，具10脉，喉部有柔毛环；花紫色、粉红色或白色（1种3变种，产于亚洲东部，我国均产） ………………… 紫苏属（*Perilla* Linn.）

24. 多年生草本或亚灌木，叶全缘或具疏齿；萼具10～13脉。

25. 由多数圆柱形小的假穗状花序组成顶生伞房状圆锥花序；花萼5齿相等，13脉；小苞片卵形或披针形，常有色（约10种，我国有1种，产于新疆、甘肃、陕西、河南至江南各地） ………………………………………………………… 牛至属（*Origanum* Linn.）

25. 轮伞花序排列成头状或穗状花序；花萼2/3式二唇形，具睫毛，10～13脉；苞片微小，叶通常狭小 ………………………………………………………… 百里香属（*Thymus* Linn.）

23. 花冠近辐射对称，漏斗形，冠檐4裂；轮伞花序2至多花，远离或密集成顶生的头状或穗状花序 ………………………………………………………………… 薄荷属（*Mentha* Linn.）

（1）黄芩属（*Scutellaria* Linn.） 草本或半灌木。叶全缘、具齿或分裂。花常成对地腋生，组成顶生或侧生的总状或穗状花序；萼钟状，二唇形，上裂片背部常有鳞片状小盾片或无盾片而呈囊状突起；花冠筒长，冠檐二唇形，上唇盔状，下唇3裂；雄蕊4，二强，花药有毛。小坚果扁球形或卵圆形。本属约300种，世界广布，但热带非洲少见，非洲南部全无；我国约有100余种，南北均有分布。

常见植物：黄芩（*Scutellaria baicalensis* Georgi）（图4-83），为多年生草本；主根粗壮；茎直立或斜升，多分枝；叶披针形至条状披针形，全缘，背面有凹腺点；总状花序，顶生；花冠紫色、紫红色或蓝色，冠筒近基部明显膝曲；产于东北、华北、陕西、甘肃、四川等地，生长于山地、丘陵或沙质地上；根入药，能祛湿热、泻火、解毒、安胎。并头黄芩（*Scutellaria scordifolia* Fisch. ex Schrank）叶披针形；花蓝色，长2 cm以上，单生于茎上部叶腋；产于东北、华北、青海及新疆。

（2）鼠尾草属（*Salvia* Linn.） 鼠尾草属植物为草本、灌木或半灌木。单叶或羽状复叶。轮伞花序2至多数花，组成总状或圆锥花序，稀全部花为腋生；花萼二唇形，2/3式；花冠二唇形，上唇直立而拱曲，下唇展开；能育雄蕊2，花丝短，与药有关节相连，上方药隔呈丝状伸长，有药室，下方药隔形状不一，药室退化，呈杠杆状，后对假雄蕊极小或无。本属约1 000余种，分布于热带和温带地区；我国有78种，分布于全国各地，尤以西南最多。

常见植物：丹参（*Salvia miltiorrhiza* Bge.）为多年生草本；根肥厚，外皮丹红色，故名丹参；基生叶为单叶，茎生叶为奇数羽状复叶，小叶3～5（7）枚；产于辽宁、华北、陕西、华东、华中等地；根入药，含丹参酮，对治疗冠心病有良好的效果，又为强壮通经剂，亦治多种炎症。一串红（*Salvia splendens* Ker.-Gawl.）为半灌木状草本，轮伞花序具2～6花，密集成顶生假总状花序，花冠红色至紫色，稀白色；原产于巴西，我国各地庭园常有栽培，供观赏。

图 4-83　黄芩、香青兰和细叶益母

1～2. 黄芩（*Scutellaria baicalensis* Georgi）

1. 植株上部　2. 植株下部（示茎、叶）

3. 香青兰（*Dracocephalum moldavica* Linn.）植株的一部分

4～6. 细叶益母草（*Leonurus sibiricus* Linn.）

4. 植株上部　5. 花　6. 果实　7. 唇形科花图式

（3）藿香属（*Agastache* Clayt.）　约 9 种，产于东亚，原产于北美。

我国仅有藿香［*Agastache rugosa*（Fisch. et C. A. Mey.）Kuntze.］（图 4-84）1 种，各地常栽培供药用；为多年生草本；叶通常卵形，有时较狭，具齿；轮伞花序多花，聚集成顶生穗状花序；花冠淡蓝紫色，二唇形，2/3 式，上唇直立，下唇开展；雄蕊 4，后对较长；全草入药，能健胃、化湿、止呕、清暑热。

（4）薄荷属（*Mentha* Linn.）　芳香草本，叶背面有腺点。轮伞花序 2 至多花，着生于腋内，远离或密集成顶生的头状或穗状花序；花冠接近于辐射对称，漏斗形，冠檐 4 裂；雄蕊 4。本属约 30 种，主要分布于北半球温带；我国有 6 个野生种、6 个栽培种。

图 4-84 藿香及薰衣草

1～6. 藿香［*Agastache rugosa*（Fisch. et C. A. Mey.）Kuntze.］ 1. 花枝 2. 花 3. 花冠剖开 4. 花萼剖开 5. 雌蕊 6. 小坚果

7～14. 薰衣草（*Lavandula angustifolia* Mill.） 7. 植株上部 8. 苞片 9. 花 10. 花萼剖开 11. 花冠剖开 12. 小坚果 13、14. 唇形科花图式

常见植物：薄荷（*Mentha haplocalyx* Briq.）为多年生草本，具根茎；叶具柄，卵形或矩圆形，轮伞花序腋生；全国各地均有野生或栽培，全草含薄荷油，药用，或为高级香料。留兰香（*Mentha spicata* Linn.）叶披针形，轮伞花序聚生于茎及分枝顶端，形成假穗状花序；新疆有野生，世界各地广泛栽培，全草含芳香油，广泛用于糖果、牙膏等香料，亦做医药用。

（5）香薷属（*Elsholtzia* Willd.） 草本或半灌木，有浓香气。叶缘有锯齿，常有腺点。花小，轮伞花序排列成顶生的穗状花序，花序圆柱形或偏向一侧；萼钟状或管状，具5齿；花冠近二唇形；雄蕊4，前对常较长。小坚果卵形或矩圆形。本属约40种，主产于亚洲东部；我国约有33种，有不少种可入药。

常见植物：香薷［*Elsholtzia ciliata*（Thunb.）Hyland.］为一年生草本；叶卵形或椭圆状披针形，边缘有钝齿；穗状花序偏于一侧；苞片卵圆形；花冠淡紫色；除青海、新疆外，几遍布全国，生长于山地林下、林缘、灌丛及山地草甸；全草药用，治急性肠胃炎等。密花香薷（*Elsholtzia densa* Benth.）叶矩圆状披针形至椭圆形；穗状花序圆柱形或近球形；花淡紫色；产于华北、西北以及西南地区，生于山地草甸，常常是退化草地的优势植物。

（6）百里香属（*Thymus* Linn.） 矮小半灌木，有浓郁的香气。叶小，全缘。轮伞花序排列成头状或穗状花序；萼筒钟形，具10～13脉，二唇形，上唇3裂，下唇2裂，具睫毛；花冠筒内藏，冠檐二唇形；雄蕊 4。小坚果卵球形或矩圆形，平滑。本属有 300～400 种，分布于非洲北部、欧洲及亚洲温带；我国约有 11 种，分布于西藏、青海及黄河以北地区。

我国北方天然草地上常见有 2 种：百里香（*Thymus mongolicus* Ronn.）和亚洲百里香（*Thymus serpyllum* Linn. var. *asiaticus* Kitag.）。前者茎、枝较粗壮，叶椭圆形；后者叶较狭，条状披针形或披针形。

（7）益母草属（*Leonurus* Linn.） 草本。叶多分裂。轮伞花序腋生，多花密集；花萼倒圆锥形或筒状钟形，不明显二唇形，具 5 脉，5 齿，多少针刺状或刺状；花冠檐二唇形，上唇直伸，下唇 3 裂；雄蕊 4；小坚果三棱形。本属约 20 种，主要分布于欧洲及亚洲温带地区；我国约有 12 种，分布甚广。

常见植物：益母草［*Leonurus artemisia*（Lour.）S. Y. Hu］株高 30～120cm；茎四棱形；茎下部叶掌状 3 裂，裂片矩圆状卵形；茎上部叶较小，裂片矩圆状披针形；花冠粉红色或淡紫红色，长 1～1.2 cm；产于全国各地；全草入药，为妇科常用药，能活血通经。细叶益母草（*Leonurus sibiricus* Linn.）（图 4-83）与益母草不同的是：叶裂片狭窄，狭条形；花冠长 1.8～2cm，上唇比下唇长；产于河北、内蒙古、山西和陕西，生于石质丘陵、沙质草原、灌丛、农田、路边。

（8）糙苏属（*Phlomis* Linn.） 草本。叶常具皱纹。轮伞花序腋生，花萼管状或管状钟形，有5～10 脉，具 5 相等的齿；花冠二唇形，上唇直伸或盔状，边缘常具流苏状小齿，被毛；下唇开展，3 圆裂；雄蕊 4，二强，前对较长，后对雄蕊花丝基部常突出成附属器。小坚果卵状三棱形。本属约 100 种以上，分布于地中海、近东、亚洲中部至东部；我国约有 40 余种，各地均产，以西南最盛。

常见植物：串铃草（*Phlomis mongolica* Turcz.）为多年生草本，高 40～70cm；叶卵状三角形至卵状披针形，上面被星状毛及单毛，下面密被星状毛或刚毛；花萼筒状，外面被具节刚毛，萼齿 5，先端有硬刺尖；花冠紫色；小坚果顶端有毛；产于河北、内蒙古、山西、陕西及甘肃，生于草甸、草原化草甸、山地沟谷、撂荒地及路边。块根糙苏（*Phlomis tuberosa* Linn.）与串铃草近似，但叶两面疏被刚毛或无毛；产于黑龙江、内蒙古及新疆，生于山地草甸、灌丛和林缘。

（9）青兰属（*Dracocephalum* Linn.） 多年生草本，少一年生或小半灌木。轮伞花序密集成头状或穗状，或稀疏排列；花萼钟状筒形，具 15 脉，萼齿 5，裂齿间角上有脉结所形成的小瘤；花冠檐二唇形，上唇直或微弯，顶端 2 裂或微凹，下唇 3 裂，中裂片最大；雄蕊 4，后对较前对为长。小坚果矩圆形，光滑。本属约 60 种，主要分布于亚洲温带的高山及半干旱地区；我国约有 32 种，分布于东北、华北、西北及西南，有些种供药用，有些可供观赏。

常见植物：香青兰（*Dracocephalum moldavica* Linn.）（图 4-83）为一年生草本，高 15～40cm；叶披针形至披针状条形，边缘疏具大齿，有时齿端具长刺；轮伞花序常具 4 花，花冠淡蓝紫色；产于东北、华北和西北，生长于山坡、沟谷、河谷砾石滩地、路旁。白花枝子花（*Dracocephalum heterophyllum* Benth.）为多年生草本；叶卵形，基部浅心形，边缘具浅圆齿；萼明显呈二唇形；花白色或淡黄色；产于内蒙古、山西、宁夏、甘肃、青海、西藏、新疆及四川西北部，生于石质山坡或丘陵坡地。

（10）其他 唇形科植物几乎都含芳香油，可提取香精，已被利用的除薄荷、留兰香外，我国栽培的还有：罗勒（*Ocimum basilicum* Linn.），原产于非洲及亚洲温暖地带；丁香罗勒（*Ocimum gratissimum* Linn.），原产于马达加斯加；薰衣草（*Lavandula angustifolia* Mill.）（图4-84）及宽叶薰衣草（*Lavandula latifolia* Vill.），原产于地中海地区；迷迭香（*Rosmarinus officinalis* Linn.），原产于欧洲及北非地中海沿岸。

可供药用的种类，除黄芩、丹参、藿香、香薷、益母草外，常见的还有：裂叶荆芥［*Schizonepeta tenuifolia*（Benth.）Briq.］、夏枯草（*Prunella vulgaris* Linn.）、紫苏［*Perilla frutescens*（Linn.）Britt.］和活血丹［*Glechoma longituba*（Nakai）Kupr.］等。

可供观赏的除一串红外，常见的还有：朱唇（*Salvia coccinea* Linn.），原产于美洲；五彩苏［*Coleus scutellarioides*（Linn.）Benth.］及其变种［var. *crispipilus*（Merr.）H. Keng］，原产于东南亚；美国薄荷（*Monarda didyma* Linn.）及拟美国薄荷（*Monarda fistulosa* Linn.），原产于北美及墨西哥，我国栽培供观赏。白苏［*Perilla frutescens*（Linn.）Britt.］还是有名的油料植物，小坚果榨油。

（三十六）车前目（Plantaginales）

车前目植物形态特征与科相同。本目仅1科。

车前科（Plantaginaceae）

$$* \ K_{(4)} \ C_{(4)} \ A_4 \ \underline{G}_{(2:1\sim4:1\sim\infty)}$$

车前科有3属约200种，广布于全世界；我国仅有1属约20种，全国均有分布。

车前科的特征：一年生或多年生草本。叶通常基生，叶脉通常近平行。穗状花序；花小，通常两性，辐射对称；花萼4裂，裂片覆瓦状排列，宿存；花冠干膜质，合瓣，裂片3～4，覆瓦状排列；雄蕊4，着生于花冠筒上；子房上位，1～4室，每室有1至数个胚珠，中轴或基底胎座。果实为盖裂蒴果或坚果。

车前属（*Plantago* Linn.）　形态特征同科。多数种的种子入药，叶为民间草药之一，也是优良或中等饲用价值的牧草。本属约190种，我国约有20种。

常见植物：车前（*Plantago asiatica* Linn.）为多年生草本，高10～40cm；具须根；叶丛生，卵形或宽卵形；花葶数个，直立，穗状花序，花有短梗；蒴果椭圆状锥形，种子通常5～7粒；分布遍及全国，全草及种子入药，有清热利尿的功效。大车前（*Plantago major* Linn.）（图4-85）与车前近似，但其花无梗，果含种子6～10粒；分布较广。平车前（*Plantago depressa* Willd.）具圆柱状直根；叶椭圆形、椭圆状披针形或卵状披针形；分布遍及全国。

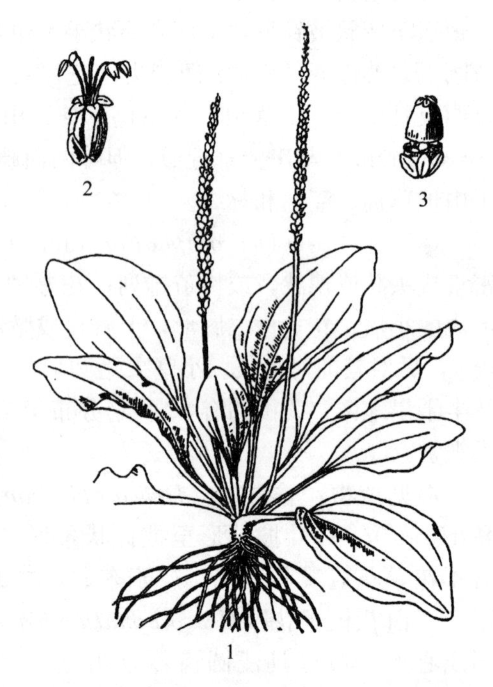

图4-85　大车前（*Plantago major* Linn.）
1. 植株　2. 花　3. 果

（三十七）玄参目（Scrophulariales）

玄参目植物为木本或草本。单叶或复叶，对生；无托叶。花两侧对称或辐射对称；常具唇形花冠；雄蕊 4 或 2，偶 5；心皮 2，合生，子房上位，1～2 室，常含多数胚珠。蒴果，种子多数。

玄参目包括醉鱼草科（Buddlejaceae）、木樨科、玄参科、苦槛榄科（Myoporaceae）、列当科、苦苣苔科（Gesneriaceae）、爵床科（Acanthaceae）、胡麻科（Pedaliaceae）、紫葳科（Bignoniaceae）和狸藻科（Lentibulariaceae）等 12 科，约 11 000 种。

1. 木樨科（Oleaceae）

$$* \ K_{(4\sim6)} \ C_{(4\sim6)} \ A_2 \ \underline{G}_{(2:2:2)}$$

木樨科有 27 属约 400 种，广布于热带和温带地区；我国有 12 属约 178 种，南北均产。其中有不少栽培植物，供观赏及用材，部分种供药用。

木樨科的特征：乔木或灌木。单叶或复叶，对生，无托叶。花通常两性，稀单性异株，辐射对称，常组成圆锥花序、聚伞花序或丛生，稀单生；萼小，4～6 裂；花冠合瓣，4～6 裂，少数无花瓣；雄蕊 2，稀3～5，花药 2 室，纵裂；心皮 2，合生，子房上位，2 室，每室通常 2 胚珠（连翘属具多胚珠），花柱单 1，柱头 2 裂。果为蒴果、浆果、核果或翅果。染色体 x=10，11，13，14，23，24。

（1）白蜡树属（*Fraxinus* Linn.）　落叶乔木。奇数羽状复叶，对生。花单性，雌雄异株；萼 4 裂；花瓣 4 或缺。单翅果，翅在果实顶端伸出。本属约 70 种，主要分布于温带地区；我国约有 27 种，各地均有分布，其中有些种可饲养白蜡虫以取白蜡，有些种的树皮可入药，有些种的木材质优，植物的萌芽力强，成为我国重要的造林树种。

常见植物：白蜡树（*Fraxinus chinensis* Roxb.）（图 4 - 86）小叶 5～9，花序生于当年生枝上，无花瓣；为我国特产，广布全国，林木，枝叶可放养白蜡虫。小叶白蜡树（*Fraxinus bungeana* DC.）为小乔木或灌木，小叶 5，花具花瓣；产于东北和华北，树皮入药称为秦皮，能清热、明目、止痢。洋白蜡树［*Fraxinus pennsylvanica* var. *subintegerrima*（Vahl）Fernald］和白蜡树相似，小叶 5～9，无花瓣，但花序出自二年生枝；原产于美国，各地栽培，为常见的行道树。水曲柳（*Fraxinus mandschurica* Rupr.）为乔木，高达 30 m；产于东北和华北，木材致密，坚固有弹力，能抗水湿，可做建筑、船舰、仪

图 4 - 86　白蜡树（*Fraxinus chinensis* Roxb.）
1. 果枝　2. 雄花　3. 花图式

器、枪托、家具等用材，为重要用材树种。

（2）连翘属（*Forsythia* Vahl） 灌木，枝中空或有髓片。花黄色，4 数，先叶开花。蒴果具多数种子；种子有翅。本属约 11 种，分布于欧亚大陆至日本；我国有 7 种。

常见植物：连翘［*Forsythia suspensa*（Thunb.）Vahl］为灌木，枝中空；单叶或三出复叶；花单生；原产于华北，常栽培，河北南部有野生；蒴果入药，能清热解毒，治感冒。金钟花（*Forsythia viridissima* Lindl.）为灌木，小枝绿色四棱形，髓呈薄片状；单叶对生；花金黄色，1～3 朵腋生；产于江苏、浙江、安徽、江西、福建、湖北、贵州和四川，生于山地，常见庭园栽培，供观赏；果入药，作用同连翘。

（3）茉莉属（*Jasminum* Linn.） 灌木；单叶或三出复叶；花 4～6 数，排成聚伞花序或伞房花序，很少单生；浆果，常双生或其中 1 个不发育而为单果。本属约 200 多种，我国约 47 种。

常见植物：茉莉花［*Jasminum sambac*（Linn.）Ait.］为常绿灌木，单叶，花白色、芳香；原产于阿拉伯和印度间，各地栽培供观赏；花用于薰茶。迎春花（*Jasminum nudiflorum* Lindl.）为落叶灌木；三出复叶；先叶开花，花黄色，花瓣 6；栽培供观赏。

（4）女贞属（*Ligustrum* Linn.） 灌木或乔木，单叶对生，全缘。果为浆果状核果，内果皮膜质或纸质。本属约 45 种，我国约 29 种。

常见植物：女贞（*Ligustrum lucidum* Ait.）叶革质，椭圆形；核果熟时黑色；产于长江以南各地；果入药称为女贞子，有补肝肾、明目效用。小叶女贞（*Ligustrum quihoui* Cars.）为灌木，叶小、椭圆形，常栽培做绿篱。

（5）木樨属（*Osmanthus* Lour.） 常绿灌木或小乔木。单叶对生，全缘或有锯齿。花芳香，簇生或组成短圆锥花序；花冠白色、黄色或橙黄色，钟形或筒状钟形，4 浅裂至深裂，裂片在芽中覆瓦状排列。核果。本属约 30 余种，分布于亚洲和美洲；我国有 25 种，分布于长江以南各地，大部供观赏。

常见植物：桂花（*Osmanthus fragrans* Lour.）叶革质，椭圆形至椭圆状披针形，长 4～12cm，宽 2～4cm，全缘或上半部疏生细锯齿；花白色，极芳香；产于我国西南部，现南方各地均有栽培，花做香料并入药，糖渍后食用或制食品糕点；栽培品种中开红花的称为丹桂，开淡白色花的称为银桂，开黄花的称为金桂，一年多次开花的称为四季桂。

（6）其他 本科常见植物油橄榄（*Olea europaea* Linn.），花 4 数，核果；原产于地中海域，我国有栽培；果含油 28%，供食用或药用。紫丁香（*Syringa oblata* Lindl.）为灌木，叶广卵形，花紫色，花冠管长，蒴果；庭园绿化观赏植物。

2. 玄参科（Scrophulariaceae）

$$* \ K_{(4\sim5)}\ C_{(4\sim5)}\ A_{4,2}\ \underline{G}_{(2:2:\infty)}$$

玄参科有 200 余属 3 000 余种，广布于全世界；我国有 56 属 600 多种，遍布全国。有不少种可供观赏，有些可入药；有些种绵羊采食，牛、马一般不采食或采食较差，饲用价值不大；有些种含有苷类等有毒物质，而这些有毒物质常在干草中无变化，因之家畜多不采食，误食会引起中毒。

玄参科的特征：草本，少为木本。叶对生、互生或轮生，无托叶。花两性，两侧对称，少辐射对称；萼 4～5 裂，宿存；花冠合瓣，4～5 裂，二唇形或不等裂；雄蕊多为 4，二强，少为2或5，插生于花冠筒上，花药常2室，分离或顶端汇合；子房上位，2室，中轴胎座，每室胚珠多数。蒴果或浆果。染色体 x=6～16，18，20～26，30。

玄参科常见植物分属检索表

1. 乔木；茎、叶幼时常被星状毛；花萼革质；密被星状毛；花冠具长筒，上下唇等长 ……………………………………………………………………………… 泡桐属（*Paulownia* Sieb. et Zucc.）
1. 草本；茎、叶无星状毛；花萼草质或膜质。
  2. 花冠基部有距 ……………………………………………………… 柳穿鱼属（*Linaria* Linn.）
  2. 花冠基部无距。
    3. 果实为核果状而不开裂，或裂为2小坚果；花萼佛焰苞状或2裂状；雄蕊2 ……………………………………………………………………………… 兔耳草属（*Lagotis* Gaertn.）
    3. 蒴果开裂；花萼不为上述情况；雄蕊5、4或2。
      4. 花冠辐状，几乎无筒，雄蕊5或4，花丝被绵毛；叶互生（约300种，我国有7种，产于新疆、云南、四川、西藏、广西、浙江和江苏）……………………… 毛蕊花属（*Verbascum* Linn.）
      4. 花冠不为辐状，有明显的筒部，若花冠近于辐状，则雄蕊为2。
        5. 花冠近于辐射对称；雄蕊2枚。
          6. 花冠筒长于裂片2倍；内面常密生一圈柔毛；花萼裂片5枚近等长；雄蕊多少伸出花冠（约18种，我国有15种，除新疆、青海外，各地均有分布）……………………………………………………… 腹水草属（*Veronicastrum* Heist ex Farbic.）
          6. 花冠筒短，占总长的1/2～2/3；花萼裂片4～5，如为5裂则近轴面的一枚裂片很小；雄蕊比花冠短，少较长 ……………………………………… 婆婆纳属（*Veronica* Linn.）
        5. 花冠二唇形或近于二唇形；雄蕊4枚。
          7. 4枚雄蕊能育，第5枚退化雄蕊位于花冠上唇裂片间；花丝顶端膨大，花药汇合成1室、横生；聚伞花序 ……………………………………… 玄参属（*Scrophularia* Linn.）
          7. 4枚雄蕊全能育，无退化雄蕊。
            8. 花冠较小，上唇多少向前方弓曲成盔状或为狭长的倒舟状。
              9. 花萼常在前方深裂，具2～5齿；花冠明显盔状，上唇常向前延长成喙 ……………………………………………………… 马先蒿属（*Pedicularis* Linn.）
              9. 花萼4裂，均等分裂或前后方较深裂；花冠上唇短而无喙。
                10. 苞片大于叶，近圆形；花冠上唇边缘向外翻卷；穗状花序 ……………………………………………………… 小米草属（*Euphrasia* Linn.）
                10. 苞片小于叶，狭长形；花冠上唇边缘不外翻；总状花序（约20种，我国1种，产于西北、华北及东北的西北部） ……………………… 疗齿草属（*Odontites* Ludw.）
            8. 花冠大而喇叭状，长超过3cm，上唇伸长或向后翻卷，绝不呈盔状；叶有腺毛。
              11. 花萼钟状，萼齿短；花冠上下唇近等长、……………………………………… 地黄属（*Rehmannia* Libosch. ex Fisch. et C. A. Mey.）
              11. 花萼分裂几达基部，裂片宽；花冠上唇极短，下唇裂片最长……………………………………… 毛地黄属（*Digitalis* Linn.）

（1）泡桐属（*Paulownia* Sieb. et Zucc.）　落叶乔木，但在热带则为常绿乔木，枝、叶对生。叶全缘或3裂。花大，排成顶生的圆锥花序；花冠不明显唇形，裂近相等。蒴果木质或革质，室背开裂。本属有7种，分布于亚洲东部，我国全产。

常见植物：泡桐（*Paulownia fortunei* Hemsl.）（图4-87）蒴果大，长达8cm，外果

皮硬壳质，产于长江以南及台湾。毛泡桐［*Paulownia tomentosa*（Thunb.）Steud.］蒴果较小，长3～4cm，果皮硬革质；幼枝、幼果密被黏质短腺毛；原产我国，现在已被广泛栽培。

本属植物均为阳性速生树种，木材轻且易加工，耐酸耐腐、防湿隔热，为家具、航空模型、乐器及胶合板的好材料；花大而美丽，又可供园林绿化等用。

图 4-87 泡桐（*Paulownia fortunei* Hemsl.）

1. 叶 2. 花序 3. 展开的花冠（示雄蕊） 4. 去掉花冠的花萼和雌蕊 5. 果实 6. 种子

（2）地黄属（*Rehmannia* Libosch. ex Fisch. et C. A. Mey.） 地黄属植物为多年生草本，具根茎，被多细胞长柔毛及腺毛。叶互生，倒卵形至长椭圆形，有粗齿。花大，芽时下唇包裹上唇。蒴果具宿萼。本属有6～8种，分布于亚洲东部；我国有6种，产于西北、西南、华中、华北和东北。

常见植物：地黄（*Rehmannia glutinosa* Libosch.），根肉质，肥厚，黄色，含地黄素（rehmannin）、甘露醇等物质；产于辽宁、华北、陕西、甘肃、山东、河南、江苏、安徽和湖北，生于山坡及路边；根供药用，干后称为生地，滋阴养血；加酒蒸煮后称为熟地，滋肾补血。

（3）毛地黄属（*Digitalis* Linn.） 约25种，分布于亚洲中部和西部。

我国引入栽培毛地黄（*Digitalis purpurea* Linn.）1种，为多年生草本，全体被灰白色短柔毛和腺毛，茎单生或数支丛生；叶片长卵形，边缘常具圆齿、少锯齿；总状花序顶生；花冠紫红色，长3～4cm；蒴果卵形，长1.5cm；原产于欧洲，叶含毛地黄精（digitaline），为强心剂。

（4）玄参属（*Scrophularia* Linn.） 草本。叶对生，上部叶有时互生，常有透明腺点。聚伞花序再集成顶生圆锥式聚伞花序、穗状花序或近头状花序；花萼5裂；花冠筒膨大成壶状或近球形，裂片5，二唇形，上唇2裂较长，下层3裂；雄蕊4，二强，退化雄蕊1枚位于上唇裂片间；子房周围有花盘。蒴果卵形，具短尖或喙。本属有200～300种，分布于北温带，地中海地区尤多，美洲仅有少数种；我国约有30种，产于西南、华东至西北。

常见植物：砾玄参（*Scrophularia incisa* Weinm.）（图4-88）为多年生草本，全体被短腺毛；茎多条丛生，基部木质化；叶多变化，羽状全裂、深裂以至不裂；聚伞圆锥花序顶生；萼有白色膜质边缘；花深紫色；蒴果球形；产于东北西部、内蒙古、甘肃、青海、宁夏和新疆，生于草原区的沙砾石质地和高山山坡。北玄参（*Scrophularia buergeriana* Miq.）根有纺锤形肉质结节；茎单一；叶卵形至长卵形；圆锥式聚伞花序狭长，花绿色或黄绿色；产于东北、河北、山西、陕西、甘肃、山东等地，生于低山坡。

（5）婆婆纳属（*Veronica* Linn.） 草本。叶对生，少互生或轮生。穗状或总状花序，顶生或腋生；花萼4～5裂，少3裂；花冠近辐状，冠筒较短；雄蕊2，外露。蒴果侧扁，具沟槽，顶端微缺。本属约 250 种，分布于温带和寒带，少数产于热带；我国约有 61 种，南北均有分布。

常见植物：北水苦荬（*Veronica anagallis-aquatica* Linn.）（图 4-88）为多年生水生或沼生草本，少一年生，全体常无毛；根状茎横走，茎直立或基部倾斜；叶无柄或半抱茎，多为椭圆形或长卵形，全缘或有疏锯齿；总状花序腋生，花梗弯曲斜升，花冠淡蓝色或白色；产于我国长江以北及西北、西南各地。兔儿尾苗（*Veronica longifolia* Linn.）叶披针形，先端渐尖，基部浅心形、圆形或宽楔形，边缘有细尖锯齿，并夹有重锯齿；总状花序顶生，细长，单生或复出，花蓝色或蓝紫色；产于东北、内蒙古和新疆，生于林下、林缘草甸、沟谷及河滩草甸。

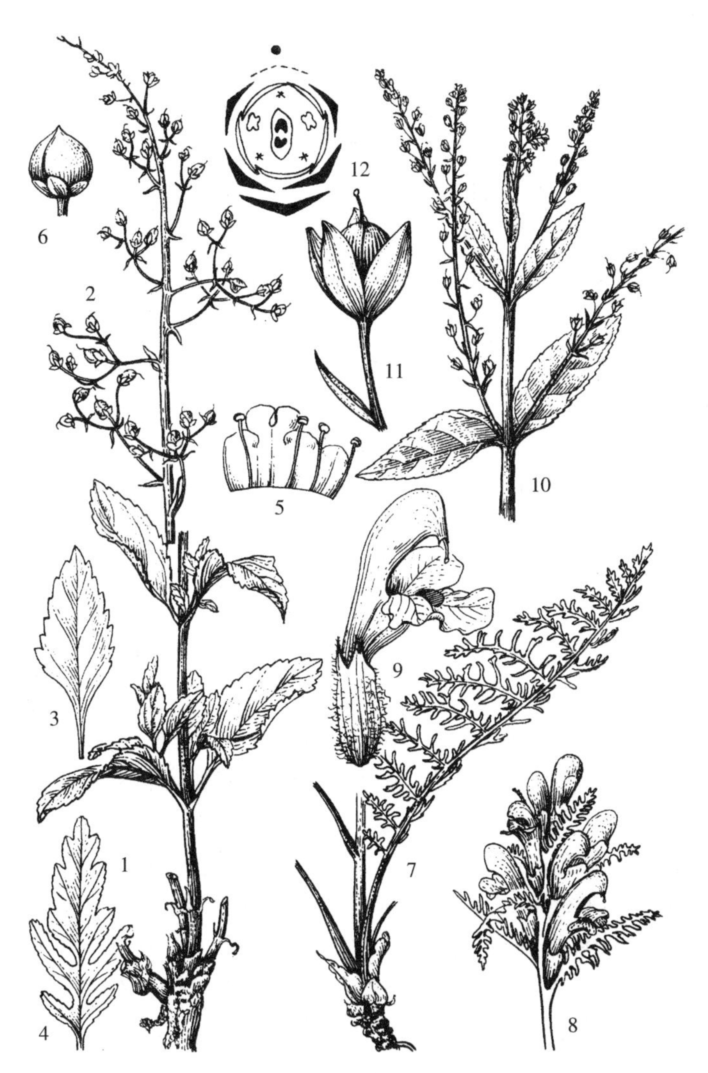

图 4-88 砾玄参、红色马先蒿和北水苦荬

1～6. 砾玄参（*Scrophularia incisa* Weinm.）

1. 植株下部 2. 植株上部 3～4. 叶 5. 花冠展开（示雄蕊） 6. 果实

7～9. 红色马先蒿（*Pedicularis rubens* Steph. ex Willd.）

7. 植株下部的茎、叶 8. 花序 9. 花 10～12. 北水苦荬（*Veronica anagallis-aquatica* Linn.）

10. 植株上部 11. 果及宿萼 12. 花图式（仿恩格勒）

(6) 马先蒿属（*Pedicularis* Linn.） 多年生或一年生草本。叶互生，对生或轮生，具齿或羽状分裂。顶生穗状花序或总状花序；花萼管状至钟状，2～5 齿裂；花冠二唇形，上唇盔状，先端常延长成喙，少无喙或具小齿，下唇 3 裂；雄蕊 4，二强，内藏。蒴果，先端尖，室背开裂。本属有 600 种以上，分布于北半球，尤以北极和近北极地区最多，温带高山亦不少；我国约有 329 种，广布于全国各地，西南部尤盛。

常见植物：红纹马先蒿（*Pedicularis striata* Pall.）为多年生草本，高20～80cm；茎单一，不分枝；叶羽状深裂或全裂，裂片条形，排列如篦齿状；穗状花序，花冠黄色，有绛红色脉纹，盔端作镰状弯曲，端部下缘具 2 齿；蒴果卵圆形；产于北部各地，生于山地草甸、草原及疏林中。红色马先蒿（*Pedicularis rubens* Steph. ex Willd.）（图 4-88）与红纹马先蒿近似，不同的是植株较低矮；叶二至三回羽状全裂，裂片细条形；花冠通常紫红色，盔中部以上多少有镰状弓曲，端斜截头，下角有细长的齿 1 对，指向下方；蒴果矩圆状歪卵形；产于内蒙古和河北北部，生于山地草甸或草甸草原。轮叶马先蒿（*Pedicularis verticillata* Linn.）茎生叶通常 4 叶轮生，条状披针形或矩圆形，羽状深裂至全裂；总状花序，花萼膨大，卵球形；花冠紫红色，盔略弓曲，下缘端微凸尖；蒴果披针形；产于东北、内蒙古、河北和四川，生于沼泽草甸或低湿草甸。

(7) 小米草属（*Euphrasia* Linn.） 一年生或多年生草本。叶小形，通常在茎下部的较小，向上逐渐增大，过渡为苞叶，对生，边缘具尖齿或缺刻。苞叶叶状，穗状花序顶生；花萼 4 裂；花冠二唇形，上唇盔状、2 裂，下唇开展、3 裂；雄蕊 4，二强。蒴果矩圆形，稍扁。本属约 200 种，广布于全球各地；我国约有 15 种，产于西南、西北至东北。

常见植物：小米草（*Euphrasia pectinata* Ten.）一年生；叶卵形或宽卵形，边缘具2～5 对齿，两面被短硬毛；花白色或淡紫色；产于东北、华北、西北各地，生于山地草甸、草甸草原及灌丛、林缘。短腺小米草（*Euphrasia regelii* Wettst.）与小米草极近似，不同的是叶与萼有短腺毛，腺毛的柄仅有 1～2 个细胞；产于华北、西北和西南。长腺小米草（*Euphrasia hirtella* Jord. ex Reuter）也与小米草近似，但叶与花萼被长腺毛，腺毛的柄有 2～3 至多个细胞；产于东北和新疆。

(8) 兔耳草属（*Lagotis* Gaertn.） 多年生肉质草本。具根状茎；茎或花葶单出或复出，不分枝。以基生叶为主，茎生叶少数或无。长穗状或头状花序，花稠密；花萼佛焰苞状或 2 裂状；花冠二唇形，下唇常 2（4）裂；雄蕊 2。果实为核果状而不裂或裂为 2 小坚果。本属约 30 种，分布于中亚、北亚和北美；我国约有 17 种，分布于西南至西北。

常见植物：兔耳草（*Lagotis glauca* Gaertn.）根状茎粗而短，上端残留棕色枯叶柄；基生叶 1～3，有长柄，叶片矩圆形，边缘具波状齿；茎生叶显著小，无柄；穗状花序顶生，花萼佛焰苞状，顶端 2 裂；花冠二唇形，淡蓝色，上唇长方形、全缘，下唇 2～3 裂；产于内蒙古和山西，生于高山多石处。新疆兔耳草（*Lagotis integrifolia* Schischk.）与兔耳草极相似，不同的是根状茎无残留的枯叶柄；花冠上唇分裂；花药着生于上唇基部；花柱几不伸出；见于新疆。此外，在我国西北和西南部的高山草地，还有圆穗兔耳草（*Lagotis ramalana* Batalin）和短穗兔耳草（*Lagotis brachystachya* Maxim.）等。

3. 列当科（Orobanchaceae）

$$\uparrow K_{(4\sim5)}\ C_{(5)}\ A_{2+2}\ \underline{G}_{(2:1:\infty)}$$

列当科植物共15属150余种，主要分布于北温带；我国有9属40种，主要分布于西部，全为寄生植物。其中，列当属为检疫性杂草，肉苁蓉为药用植物，新疆为主要产区。

列当科的特征：寄生草本。叶退化呈鳞片状，无叶绿素，以吸根寄生在他种植物的根上生长。花两性，两侧对称，多为二唇形，单生于鳞片状苞片的腋内；花萼4～5裂；花冠合生，常弯曲，裂片5，覆瓦状排列；雄蕊4，2长2短，有时还出现1枚退化的雄蕊；子房上位，1室。蒴果包被在宿存萼内，2瓣裂；种子微小而数目众多。

（1）肉苁蓉属（*Cistanche* Hoffm. et Link.）　花黄色或青紫色，有小苞片2枚，穗状花序；萼钟状，裂片5；花冠管长，裂片5，近相等；雄蕊4枚，花药有长柔毛。本属约16种，分布于地中海地区、非洲和亚洲；我国约有6种，产于西南和西北。

常见植物：苁蓉（*Cistanche deserticola* Ma）常生于含盐的黏质土上，寄生于假木贼属（*Anabasis*）、盐爪爪属（*Kalidium*）和猪毛菜属（*Salsola*）植物的根部，产于西南和西北；全草入药，为滋补强壮剂。肉苁蓉［*Cistanche salsa*（C. A. Mey.）Benth. et Hook. f.］（图4-89）常生于含盐的沙质土上，寄生于梭梭属（*Haloxylon*）、柽柳属（*Tamarix*）植物的根部，产于甘肃、新疆和内蒙古，作用同苁蓉，中药统称大云。

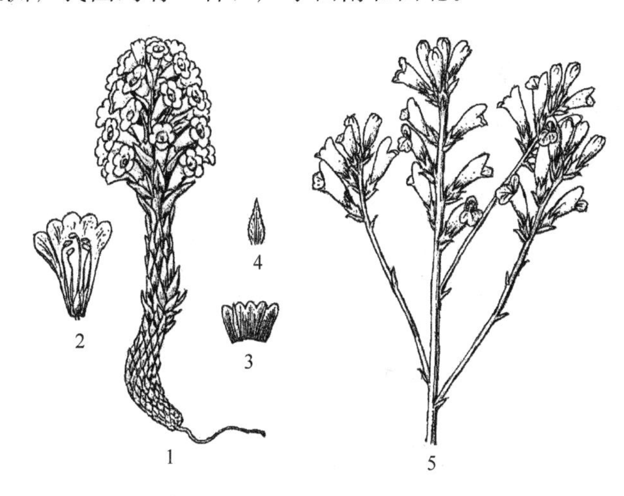

图4-89　肉苁蓉及分枝列当

1～4. 肉苁蓉［*Cistanche salsa*（C. A. Mey.）Benth. et Hook. f.］
1. 植株　2. 展开的花冠（示雄蕊）　3. 去掉花冠的花萼　4. 鳞片
5. 分枝列当（*Orobanche aegyptiaca* Pers.）植株部分

（2）列当属（*Orobanche* Linn.）穗状花序或总状花序；小苞片2或缺失；萼不等的4裂2深裂；花冠2唇形，上唇直立；雄蕊内藏。本属有100多种，分布于温带和亚热带地区；我国约有23种，产于西南至东北。

常见植物：分枝列当（又名瓜列当，*Orobanche aegyptiaca* Pers.）（图4-89）常生于农田、菜园、瓜地和路边，寄生于瓜类作物以及向日葵、番茄等植物的根部，危害极大，不但影响瓜类产量，而且使品质下降；产于新疆。列当（*Orobanche coerulescens* Steph.）寄生于蒿属（*Artemisia*）植物的根部，花淡紫色；产于东北、内蒙古、陕西、甘肃、山东和四川；全草药用补肝肾。黄花列当（*Orobanche pycnostachya* Hance）花淡黄色；产于东北、河北、河南、山东、陕西和内蒙古；全草入药，功效同列当。

（三十八）桔梗目（Campanulales）

桔梗目植物通常为草本，叶互生或对生。花两性，辐射对称或两侧对称；花冠常5裂；雄蕊通常和花冠裂片同数而互生；子房下位，2～5室，每室具多数胚珠。

桔梗目包括桔梗科、草海桐科（Goodeniaceae）、花柱草科（Stylidiaceae）和五膜草科（Pentaphragmaceae）等7科，约2 500种，以桔梗科种类最多。下面介绍桔梗科。

桔梗科（Campanulaceae）

$$* \ K_{(4\sim5)}\ C_{(4\sim5)}\ A_{4\sim5}\ \overline{G}_{(2\sim5:2\sim5:\infty)}$$

桔梗科有60～70属，2 000种左右，分布于温带和亚热带；我国有16属，170种，各地均有分布，主产于西南部。国药中的沙参、党参、桔梗等著名药材即出自本科。

桔梗科的特征：草本，少为半灌木，常含乳汁。叶互生、对生，少轮生，全缘或分裂，无托叶。聚伞花序、总状或圆锥花序；花两性，辐射对称或两侧对称；花萼4～5裂，裂片常宿存；花冠筒状、钟状或辐状，4～5裂；雄蕊4～5，与花冠裂片互生，花药分离；子房下位或半下位，少上位，2～5室，中轴胎座，胚珠多数。蒴果，少浆果。染色体 $x=6\sim10$，12，13，14，15。

（1）党参属（*Codonopsis* Wall.） 缠绕草本，具肉质根。叶互生、对生或轮生。花单生，萼5裂；花冠钟状，5裂；雄蕊5，花丝在中部以下扩大；花盘无腺体；子房下位或半下位，3室，柱头3裂。蒴果，室背3瓣裂。本属约50种，分布于亚洲中部、东部和南部；我国约有39种，分布甚广，但主产于西南部。

常见植物：党参［*Codonopsis pilosula*（Franch.）Nannf.］肉质根圆柱形；茎缠绕，有气味；叶卵形或狭卵形，基部浅心形，两面被毛；花冠钟状，浅黄绿色；蒴果圆锥形；产于东北、华北、西北及四川、云南、湖北和河南等地，生于山沟、林缘及灌丛下，目前多为人工栽培，野生的较少；根为著名的中药，能健脾胃、益气补血、治气虚咳喘等。

（2）沙参属（*Adenophora* Fisch.） 沙参属植物为多年生草本，根肉质肥厚。叶互生或对生，少轮生。花冠钟状，蓝色或近白色，花柱基部有圆筒状或环状花盘。蒴果自基部瓣裂或孔裂。本属有50种以上，分布于欧亚大陆温带地区；我国约有40种，南北均产。

常见植物：长柱沙参［*Adenophora stenanthina*（Ledeb.）Kitag.］植株高30～80cm；叶互生，条形，全缘；圆锥花序顶生，花下垂，花冠蓝紫色，花盘为长筒形，花柱显著超出花冠；产于东北、华北及陕西、甘肃与青海，生于山地草甸草原、灌丛边或沙丘上。轮叶沙参［*Adenophora tetraphylla*（Thunb.）Fisch.］茎生叶4～5片轮生，倒卵形或倒披针形以至条形；花序分枝轮生，花蓝色，花盘短筒状，花柱明显伸出于花冠之外；产于东北、华北、华中、华东、华南和陕西、四川、贵州，生于河滩草甸、山地林缘、固定沙丘间草甸；根含沙参苷，能清肺化痰。

（3）桔梗属（*Platycodon* A. DC.）仅桔梗［*Platycodon grandiflorus*（Jacq.）A. DC.］（图4-90）1种，为多年生草

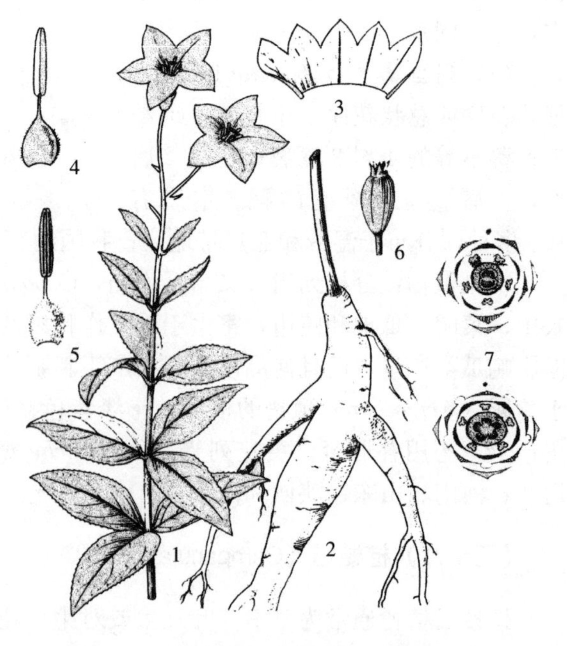

图4-90 桔梗［*Platycodon grandiflorus*（Jacq.）A. DC.］

1. 花枝 2. 根 3. 花冠展开 4、5. 雄蕊（背腹面观） 6. 果 7. 桔梗科花图式

本，有圆柱状的根；叶对生或轮生，少互生；花单生或数朵生于枝顶；萼筒与子房贴生，陀螺形，5 深裂；花冠蓝色，稀白色，阔钟形（辐射对称），5 裂；雄蕊与花冠分离；子房下位；蒴果瓣裂，与花萼裂片对生；我国华南、云南至东北广布；根入药，有宣肺气、祛痰排脓之功效。

（三十九）茜草目（Rubiales）

茜草目植物为木本或草本。叶对生、轮生，偶有上部互生，全缘，具叶柄间托叶，或托叶叶状与真叶成假轮生状。花 4～5 数，辐射对称；雄蕊和花冠裂片相等且互生；心皮通常 2，子房下位，2 室；核型胚乳。

茜草目包括毛枝树科（Dialypetalanthaceae）和茜草科 2 科，约 6 500 种，主产于热带和亚热带地区。毛枝树科仅 1 属 1 种：毛枝树（*Dialypetalanthus fuscescens* Kuhlm.），乔木，产于巴西。我国有茜草科。下面介绍茜草科。

茜草科（Rubiaceae）

$$* \ K_{(4\sim5)}\ C_{(4\sim5)}\ A_{4\sim5}\ \overline{G}_{(2:2:2)}$$

茜草科约有 500 属 6 000 种，多产于热带和亚热带地区，少数分布于温带至寒带，是合瓣花类第二大科；我国有 98 属 676 种，多分布于西南至东南部，西北和北部较少。其中有著名的饮料植物咖啡、药用植物金鸡纳树、栀子、钩藤、茜草等，有些可做染料，或供观赏，但是它们的饲用价值不大，仅少数种家畜采食，而多数种家畜不食。

茜草科的特征：草本或木本，有时为藤本。单叶，对生或轮生，全缘，有托叶，托叶在叶柄间或叶柄内，有时托叶呈叶片状。花两性，少单性，辐射对称；单生或排列成各种花序；花萼筒与子房合生，裂片 4～5；花冠辐状、筒状、漏斗状或高脚碟状，4～5 裂；雄蕊与花冠裂片同数，少为 2，着生于花冠筒上；雌蕊由 2 心皮合成，子房下位，常 2 室，或 1 至多室，每室有胚珠 1 至多个。蒴果、浆果或核果。染色体 $x=9\sim12$，14，17。

（1）拉拉藤属（*Galium* Linn.） 草本。茎纤弱，具 4 棱。叶 3 至多数轮生，少对生，无柄。花小，4 数。核果，干燥，不开裂，平滑或具疣，无毛或被毛。本属约 300 种，广布于全球；我国约有 58 种，南北均有分布。

常见植物：蓬子菜（*Galium verum* Linn.）茎直立；叶 4～6 轮生，条形，边缘反卷；花小，黄色；果近球形；产于东北、华北、西北、西南以至长江流域各地，生于山坡、草地及林缘。北方拉拉藤（*Galium boreale* Linn.）叶 4 枚轮生，狭条状披针形，叶基出脉 3 条；花白色；产于东北、华北、西北，生于山地林下、林缘、灌丛及草甸中。

（2）栀子属（*Gardenia* J. Ellis） 灌木至小乔木。叶对生或 3 枚轮生、全缘；托叶生于叶柄内，基部常合生。花大，白色或淡黄色，常芳香，单生或很少排成伞房花序；萼檐管状或佛焰苞状；花冠高脚碟状或管状，5～11 裂，芽时旋转状排列；雄蕊 5～11 枚，着生于花冠喉部；子房 1 室，胚珠着生于 2～6 个侧膜胎座上；柱头棒状。果革质或肉质，圆柱状或有棱。本属约 250 种，分布于热带和亚热带地区；我国有 5 种，产于西南至东部。

常见植物：栀子（*Gardenia jasminoides* J. Ellis）（图 4-91）为灌木；果黄色，卵形至长椭圆形，有 5～9 条翅状纵棱；产于南部和中部，庭园常栽培，供观赏；果含栀子苷，药用可清热泻火，凉血消肿；另含番红花色素苷基，可做黄色染料。

(3) 咖啡属（*Coffea* Linn.） 灌木或小乔木。叶对生，稀 3 枚轮生；托叶在叶柄间。花单生或组成腋生的花束，白色；萼檐截平或 4～5 裂；花冠高脚碟状，4～8 裂，旋转状排列；子房下位，2 室，每室 1 胚珠；柱头 2 裂。浆果；种子 2 颗，角质，商品咖啡即由此制成。本属有 90 多种，分布于东半球热带地区，非洲尤盛。咖啡是与茶、可可齐名的世界三大饮料之一，具有兴奋、助消化的功能，是重要的热带作物。我国台湾、云南、广东和广西南部已引入栽培 5 种。

我国引种咖啡以下列 3 种为主。大粒咖啡（*Coffea liberica* Bull.）原产于利比亚，适宜于海拔 300m 以下的低地栽培；中粒咖啡（*Coffea canephora* Pierre）原产于刚果（金），适宜于海拔 300～700m 的地区栽培；小粒咖啡（*Coffea arabica* Linn.）原产于埃塞俄比亚，适宜于海拔 600～1 200 m 的高地栽培。

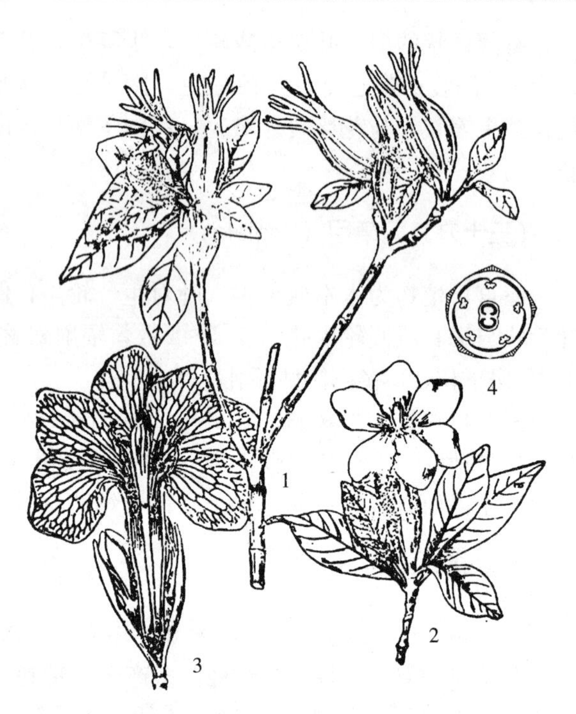

图 4-91 栀子（*Gardenia jasminoides* J. Ellis）
1. 果枝 2. 花枝
3. 花纵切面 4. 茜草科花图式

(4) 其他 本科植物富含生物碱和苷类，药用植物很多，除栀子以外常见的还有钩藤（*Uncaria rhynchophylla* Miq.），木质藤本，不发育的总花梗为曲钩状，借以攀缘，故此得名，产于福建、江西、湖南、广东、广西和贵州，生于林缘、溪边及湿润灌丛中；钩和小枝药用，为镇静药。金鸡纳树（*Cinchona ledgeriana* Moens）常绿乔木；原产于南美洲，我国海南、云南、台湾有栽培；树皮含奎宁（quinine）是治疟疾的特效药。此外，可供观赏的植物有香果树（*Emmenopterys henryi* Oliv.）、龙船花（*Ixora chinensis* Lam.）和六月雪（*Serissa japonica* Thunb.）等。

（四十）川续断目（Dipsacales）

川续断目植物为草本或木本。叶对生，无托叶。花两性或单性，两侧对称，少辐射对称，4～5 基数，合瓣花冠；雄蕊和花冠裂片同数或较少；子房下位，心皮 2～3（5），合生，1 至数室，每室含 1 至多数胚珠。

川续断目主要包括忍冬科、败酱科（Valerianaceae）和川续断科（Dipsacaceae），下面介绍忍冬科。

忍冬科（Caprifoliaceae）

$$* \text{或} \uparrow\ K_{4\sim5}\ C_{(4\sim5)}\ A_{4\sim5}\ \overline{G}_{(2\sim5:2\sim5:1\sim\infty)}$$

忍冬科有 13 属 500 多种，主产于北温带；我国有 12 属 200 多种，广布于全国，是灌木林的组成成分，其中有一些景观植物和药用植物。

忍冬科的特征：木本，少草本。叶对生，单叶或复叶，无托叶。花两性，辐射对称或两侧对称；聚伞花序或轮伞花序，组成各种复合花序，或为单花；花萼4～5裂；花冠合瓣，4～5裂，有时二唇形；雄蕊与花冠裂片同数而互生；子房下位，1～5（8）室，每室1至多数胚珠。浆果、蒴果或核果。染色体 $x=8\sim12$。

（1）忍冬属（*Lonicera* Linn.）　灌木或木质藤本，枝中空或具髓。叶对生，全缘。花常成对生于叶腋，或无梗而聚生于枝顶呈头状；每对花具苞片2，小苞片4；花冠二唇形；雄蕊5；子房2～3室，少5室。果实为浆果。本属约200种，分布于北半球温带和亚热带地区；我国有98种。

常见植物：小叶忍冬（*Lonicera microphylla* Willd. ex Schult.）为灌木；小枝表皮易剥落，老枝灰黑色；叶倒卵形、椭圆形或矩圆形，常集生于小枝上部；总花梗细瘦；相邻两花筒几乎全部合生；花冠二唇形，黄白色，基部具浅囊；浆果红色；产于西北及内蒙古、四川，生于山坡疏林下、灌丛中。刚毛忍冬（*Lonicera hispida* Pall. ex Schult.）小枝淡紫褐色至褐色；冬芽有1对具纵脊的外鳞片；叶椭圆形、卵圆形至卵状矩圆形，两面无毛或仅下面脉上被刺毛；花冠黄白色，筒状漏斗形；浆果橘红色，椭圆形；产于华北、西北及西南，生于林下或灌丛中。忍冬（*Lonicera japonica* Thunb.）（图4-92）为攀缘灌木；分布北起辽宁，西至陕西，南达湖南，西南至云南、贵州；生于山地灌丛及疏林中，也有栽培，花药用，能解热消炎。

图4-92　忍冬（*Lonicera japonica* Thunb.）
1. 花枝　2. 花冠剖开

（2）荚蒾属（*Viburnum* Linn.）　常为灌木，被星状毛。单叶，对生。聚伞状伞形花序，花冠辐状，有时边缘花成放射状，不结实；核果。本属约200种，分布于北半球温带和亚热带地区；我国约有74种，南北均产。

常见植物：蒙古荚蒾［*Viburnum mongolicum*（Pall.）Rehd.］株高2 m；幼枝灰色，密被星状毛；老枝黄灰色，具纵裂纹；叶宽卵形至椭圆形，边缘具浅锯齿；花序外围无不孕花，花冠淡黄色，无毛；核果椭圆形，先红后黑；产于辽宁、河北、山西、陕西、内蒙古、宁夏、甘肃和青海，生于山坡疏林下或沙滩地。

（四十一）菊目（Asterales）

菊目仅菊科1科，特征同科。

菊科（Asteraceae，Compositae）

$$* \text{或} \uparrow \ K_0\ C_{(5)}\ A_{(5)}\ \overline{G}_{(2:1:1)}$$

菊科约有1 000属25 000～30 000种，是被子植物中最大的科，广布于全世界，温带较多，热带较少；我国有200多属2 000多种，广布于全国各地。本科植物用途很广，向日葵、小葵子（*Guizotia abyssinica* Cass.）、红花是重要的油料植物；莴苣、莴笋、生菜、卷心莴苣、茼蒿的茎叶是重要的蔬菜；药用植物有很多，已知约有 300 多种，如苍术、白术、云木香、大蓟、牛蒡、除虫菊、苍耳、茵陈蒿、青蒿、艾蒿、款冬、蒲公英等；观赏植物也很多，如大理菊、百日菊、秋英、金鸡菊、波斯菊、堆心菊、万寿菊、菊等。本科植物也是天然草地上的重要牧草，其叶与花以及幼嫩部分的营养价值比较高，超过禾本科、藜科及其他很多科。由于种类繁多，其适口性很不一致，最有饲用价值的是舌状花亚科的一些种，其他适口性差或不可食的几达 50%。在各类家畜中，采食较好的为山羊、绵羊，其他家畜则采食较少，依次为骆驼、马、牛。到目前为止，对菊科植物饲用价值的研究还很不够，尤其对蒿属、绢蒿属的饲用价值，还需要进行深入的研究。此外，本科有毒有害植物的种类也不少，家畜采食后，有的引起病患，有的可使乳汁变味，有的甚至引起中毒。

菊科的特征：草本、半灌木或灌木，有时有乳汁管或树脂道。叶互生，少对生或轮生，单叶或复叶，全缘或具齿或分裂，无托叶。花两性或单性，5 基数，少数或多数密集成头状花序，少为复头状花序；头状花序盘状或辐射状，有同形的小花，全为管状花或舌状花，或有异形小花，即中央为两性或无性的管状花，外围为雌性或无性的舌状花；花序外有总苞围绕，总苞由 1 至多层总苞片组成；头状花序单生或数个至多数排列成总状、聚伞状、伞房状或圆锥状；花序托扁平、凸形或呈圆柱状，平滑或有多数窝孔，裸露或被各种式样的托片；萼片通常变为鳞片状、刚毛状或毛状的冠毛；花冠常辐射对称，管状，或两侧对称，二唇形或舌状，也有假舌状或漏斗状的；雄蕊4～5，花药常合生成筒状，基部钝或具尾，花丝分离；子房下位，1 室，1 胚珠，花柱上端 2 裂，花柱分枝上端有附器或无附器。果为瘦果或称为菊果（cypsela）（菊果与真正瘦果的区别在于：果实中有花托或萼管参与，因此又名参萼瘦果或连萼瘦果）；种子无胚乳。染色体 $x=2\sim29$。

菊科专用术语（图 4-93）

附器：指正常器官的附加部分。如矢车菊属、顶羽菊属的总苞片上的附器，它与膜质边缘有明显的区别，膜质边缘是边缘的外延部分，仅是质的不同，而附器则可明显地看出是边缘的附加部分。附器还出现在花药的顶端与基部、花柱分枝的顶端。

头状花序同形（型）：是指头状花序中的花，全部为管状花或舌状花。

头状花序异形（型）：是指一个头状花序由 2 种花组成，如向日葵头状花序的外周为舌状花，中央为管状花。此外，头状花序全部由管状花组成，但位于中央的为两性花，而边缘的为雌性花，也统称异形（型）头状花序。

缘花：是指头状花序边缘的花，常指异形头状花序外周的舌状花或雌性的管状花。

盘花：是指中央的管状花。一般具舌状缘花的头状花序常称为辐射状，而无舌状缘花的头状花序常称为盘状。

假舌状花：是两侧对称的雌花，其舌片先端 3 齿裂，如多数菊科植物头状花序的缘花。

二唇形花：是两侧对称的两性花，外唇舌状，先端 3 裂，内唇 2 裂，如大丁草。

冠毛：是由萼片变态形成的毛片状结构，可分为糙毛状、刚毛状、羽毛状、芒状、刺芒状、鳞片状、冠状等多种类型，有的种无冠毛。冠毛的性状、层数、长度和颜色等常作为分类的依据。

托片、托毛：在花序托上，每朵花基部的苞片，称为托片，如成毛状则称为托毛。

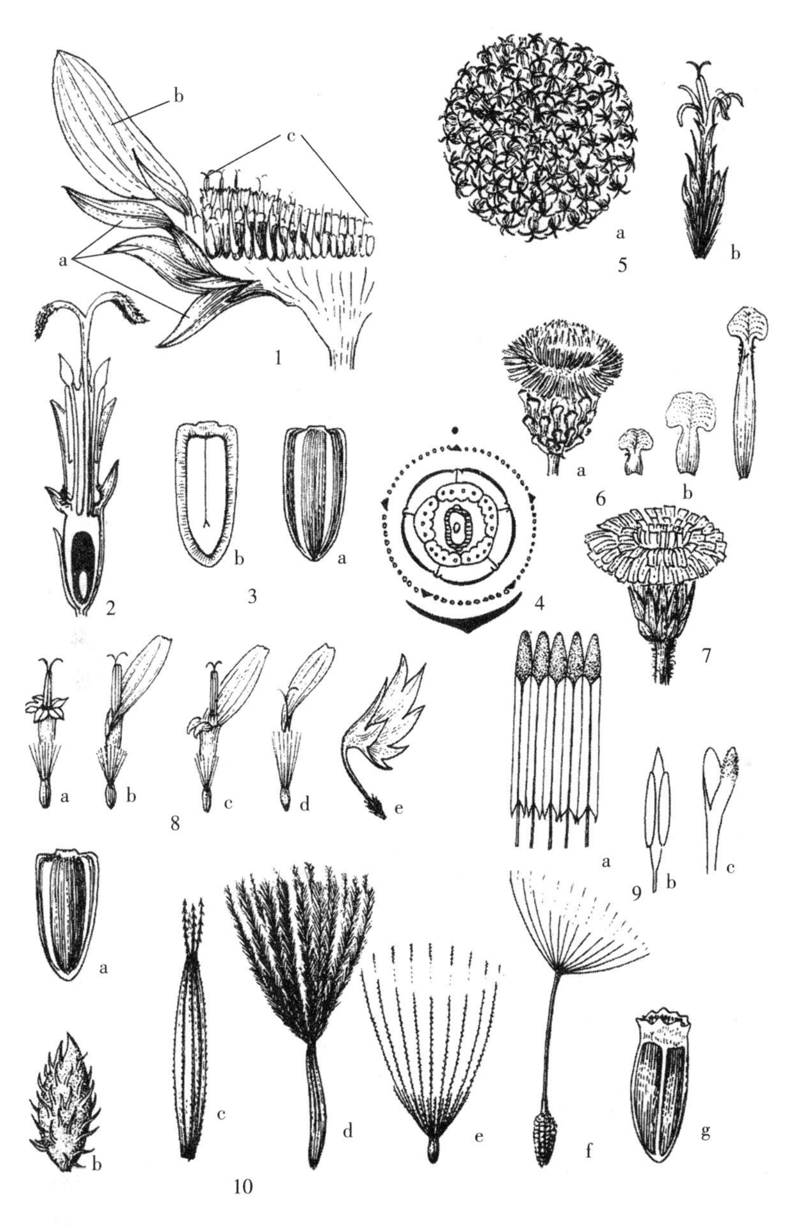

图 4－93　菊科专用术语图解

1. 向日葵头状花序的一部分（a. 总苞片　b. 缘花　c. 盘花）　2. 向日葵的盘花（管状花）纵切　3. 向日葵的瘦果（a. 外观　b. 纵切面）　4. 菊科花图式　5. 蓝刺头的花序（a. 复头状花序　b. 一单个头状花序）　6. 美花风毛菊（*Saussurea pulchella* Fisch.）（a. 头状花序　b. 总苞片，示附器）　7. 蒲公英的头状花序　8. 菊科花冠类型（a. 管状花　b. 舌状花　c. 二唇花　d. 假舌状花　e. 漏斗状花）　9. 雄蕊与雌蕊（a. 聚药雄蕊　b. 雄蕊　c. 雌蕊花柱分枝）　10. 菊科瘦果类型［a. 无冠毛　b. 具钩刺总苞的瘦果（苍耳）　c. 瘦果具倒刺芒冠毛　d. 瘦果具羽状冠毛　e. 瘦果具简单冠毛　f. 瘦果具喙及顶生冠毛　g. 瘦果具齿状膜片冠毛］

菊科常见植物分亚科、分族、分属检索表

1. 头状花序全部为同形的管状或有异形的小花，中央花非舌状；植物体无乳汁（Ⅰ. 管状花亚科Carduoideae）。

　2. 花药基部钝或微尖。

3. 花柱分枝圆柱形，上端有棒槌状或稍扁而钝的附器；头状花序盘状，有同形的筒状花；叶通常对生（ⅱ. 泽兰族 Eupatorieae）。
  4. 冠毛膜片状，下部宽，上部细长；总苞片2～3层，稍不等长 ………… 胜红蓟属（*Ageratum* Linn.）
  4. 冠毛刺毛状；总苞片多数，覆瓦状排列，或2～3层，稍不等长 ………… 泽兰属（*Eupatorium* Linn.）
3. 花柱分枝上端非棒状，或稍扁而钝；头状花序辐射状，边缘常有舌状花或盘状而无舌状花。
  5. 花柱分枝通常一面平，一面凸形，上端具尖或三角形附器，有时上端钝；叶互生（ⅲ. 紫菀族 Astereae）。
    6. 头状花序辐射状，舌状花黄色；冠毛有多数长毛 …………………… 一枝黄花属（*Solidago* Linn.）
    6. 头状花序辐射状，舌状花白色、红色、橙色或紫色，或头状花序盘状，无舌状花。
      7. 冠毛存在；总苞片大，近等长（1种，原产于欧洲，常栽培） …………… 雏菊属（*Bellis* Linn.）
      7. 冠毛长，毛状，有或无外层膜片。
        8. 总苞片外层叶状，大，内层膜质或干膜质；冠毛2层，内层毛质，外层膜质冠状；一年生草本 …………………………………………………………………… 翠菊属（*Callistephus* Cass.）
        8. 总苞片外层非叶状；冠毛1层或多层，有时兼有外层膜片。
          9. 总苞片2～3层，狭窄，等长；两性花及雌花异色（紫、白或橙色），两性花结实，花柱分枝短三角形，舌状雌花多层 ………………………………………… 飞蓬属（*Erigeron* Linn.）
          9. 总苞片多层覆瓦状排列，叶质或边缘膜质，或2层近等长；舌状花通常1层，花柱分枝顶端披针形。
            10. 管状花两侧对称，1裂片较长；舌状花的冠毛毛状、膜片状或无冠毛 ………………………………………………………………………… 狗娃花属（*Heteropappus* Less.）
            10. 管状花辐射对称，5裂片等长；舌状花与筒状花的冠毛均为糙毛状。
              11. 草本；花柱分枝附器披针形；瘦果被疏毛或腺 ………………… 紫菀属（*Aster* Linn.）
              11. 半灌木；花柱分枝附器三角形；瘦果被长伏毛……… 紫菀木属（*Asterothamnus* Novopokr.）
  5. 花柱分枝通常截形，无或有尖或三角形附器，有时分枝钻形。
    12. 冠毛不存在，或鳞片状、芒状或冠状。
      13. 总苞片叶质。
        14. 花序托有托片；叶通常对生（ⅳ. 向日葵族 Heliantheae）。
          15. 头状花序单性，有同形花，雌雄同株；雌花无花冠，花药分离或贴合，花序托在两性花之间有毛状托片；雄头状花序总状或穗状排列，总苞片1层，分离；雌头状花序无柄，有2花，总苞片有多数钩刺，叶互生 ……………………………… 苍耳属（*Xanthium* Linn.）
          15. 头状花序有异形花；雌花花冠舌状或管状，或有时雌花不存在而头状花序具同形花；花药贴合。
            16. 舌状花宿存于瘦果上而随瘦果脱落；花托圆锥状或圆柱状，总苞片3至多层覆瓦状排列；叶对生稀上部互生（原产于美洲，栽培花卉） …………………… 百日菊属（*Zinnia* Linn.）
            16. 舌状花结果或无性，或仅有同形的两性花，不宿存于瘦果上；花托平，圆锥状或圆柱状；叶互生。
              17. 瘦果全部肥厚，圆柱形、三棱形或舌状花有三棱而管状花瘦果侧面压扁。
                18. 花托圆锥状或圆柱状；冠毛不存在或有微睫毛（原产于美洲，栽培花卉）……………………………………………………………… 金光菊属（*Rudbeckia* Linn.）
                18. 花托平或稍凸起；冠毛鳞片状、刺状、芒状或不存在。
                  19. 高大的直立草本；头状花序大而顶生，有不育或无性的舌状花；冠毛有凋落的芒，无宿存的鳞片（原产于美洲，栽培油料及花卉） ……………………………………………………………………………… 向日葵属（*Helianthus* Linn.）
                  19. 较矮小的匍匐状草本；头状花序小而腋生和顶生，有结果实的舌状花；冠毛不存在或鳞片状、睫毛状，或有1～2凋落的短芒，基部结合成环状 ……………………………………………………………………………… 蟛蜞菊属（*Wedelia* Jacq.）

17. 瘦果多少背面压扁。

20. 冠毛鳞片状或芒状而无倒刺，或无冠毛。

21. 花柱分枝顶端笔状或截形，有或无短附器；瘦果边缘有翅或睫毛或无，有2短芒或上端有毛或无冠毛；舌状花黄色或黄褐色；根非块状（原产于美洲，栽培花卉） ……………………………………………………………………………… 金鸡菊属（*Coreopsis* Linn.）

21. 花柱分枝顶端有具毛的长附器；瘦果无翅，无冠毛；舌状花白色、红色或紫色；根块状（原产于美洲，栽培花卉） ……………………………………… 大理菊属（*Dahlia* Cav.）

20. 冠毛为宿存尖锐而具倒刺的芒。

22. 果上端有喙；舌状花红色、紫色（原产于美洲，栽培花卉） ……………………………………………………………………………… 秋英属（*Cosmos* Cav.）

22. 果上部狭窄，无喙；舌状花黄色、白色，或不存在……………………… 鬼针属（*Bidens* Linn.）

14. 花序托无托片；叶互生或对生（Ⅴ. 堆心菊族 Helenieae）。

23. 总苞片1层，常结合，等长；冠毛有具5～6芒的鳞片；叶对生（原产于美洲，栽培花卉）……………………………………………………………………………… 万寿菊属（*Tagetes* Linn.）

23. 总苞片1～2层或数层，分离；叶互生。

24. 花序托无托片；冠毛有5～8鳞片；叶基部下延（原产于美洲，栽培花卉） ……………………………………………………………………………… 堆心菊属（*Helenium* Linn.）

24. 花序托多少有毛或有纤形膜片；冠毛有5～10芒状鳞片；叶基部不下延（原产于美洲，栽培花卉） ……………………………………………… 天人菊属（*Gaillardia* Fouger）

13. 总苞片全部或边缘干膜质；头状花序盘状或辐射状（Ⅵ. 春黄菊族 Anthemideae）。

25. 花序托有托片；头状花序通常辐射状，边缘雌花舌状，舌片有时极小或无；中央盘花两性，筒状 ……………………………………………………………… 蓍属（*Achillea* Linn.）

25. 花序托无托片，或有时具托毛。

26. 头状花序较大，边缘雌花舌状，中央盘花管状、两性。

27. 瘦果无冠状冠毛。

28. 小半灌木；总苞钟状、半球形或倒圆锥状；舌状花黄色、舌片短 ……………………………………………………………………………… 短舌菊属（*Brachanthemum* DC.）

28. 一年生或多年生草本；总苞浅盘状；舌状花白色、红色、紫色，少黄色，舌片长。

29. 多年牛草本；瘦果圆柱形，有明显的棱肋 ……………………………………………………………………………… 菊属（*Dendranthema*（DC.）Des Moul.）

29. 一年生草本。

30. 花序托长锥形；瘦果背腹压扁，腹面有3～5棱，背面浑圆；野生植物 ……………………………………………………………………………… 母菊属（*Matricaria* Linn.）

30. 花序托平；瘦果圆柱形，有明显的棱肋，舌状花的瘦果三翅形（原产于欧亚，栽培蔬菜） …………………………………………………… 茼蒿属（*Chrysanthemum* Linn.）

27. 瘦果有冠状冠毛。

31. 瘦果有3条椭圆形突起的纵肋，顶端背面有2颗腺体 ……………………………………………………………………………… 三肋果属（*Tripleurospermum* Sch.-Bip.）

31. 瘦果有5～10条椭圆形突起的纵肋，顶端无粗大腺体；总苞片钟状；舌状花黄色 ……………………………………………………………………………… 菊蒿属（*Tanacetum* Linn.）

26. 头状花序小，边缘小花雌性，中央小花两性，或头状花序全部小花为两性，均为管状花。

32. 头状花序边缘花雌性。

33. 头状花序排列成束状伞房状、伞房状或团伞状 ………………… 女蒿属（*Hippolytia* Poljak.）

33. 头状花序排成穗状、总状或圆锥状 …………………… 绢蒿属［*Seriphidium*（Bess.）Poljak.］

32. 头状花序全部小花两性，中央花两性或雄性。

34. 头状花序排成伞房状或束状伞房状。

35. 全部小花结实；瘦果圆柱状 …………………………………………… 亚菊属（*Ajania* Poljak.）

35. 中央两性花不结实，边缘雌性花结实；瘦果稍扁，倒卵形 ………………………………………………………………………………………… 线叶菊属（*Filifolium* Kitam.）

34. 头状花序排成穗状、圆锥状或总状。

36. 边缘小花雌性，中央花两性或雄性；瘦果在圆形花序托上满布；雌花花冠顶端2～4 裂……………………………………………………………………………… 蒿属（*Artemisia* Linn.）

36. 边缘小花部分雌性，部分两性，结实；中央小花两性，不结实；瘦果 1 圈，排列于花序托下部或基部；雌花花冠顶端截形或 2～3 微凹 ……………………………………………………………………………………………… 栉叶蒿属（*Neopallasia* Poljak.）

12. 冠毛通常毛状；头状花序辐射状或盘状；叶对生（ⅶ. 千里光族 Senecioneae)。

37. 两性花不结实，花柱不分枝；雌花结实，有长舌片；叶大、生于近根部，茎上叶小、鳞片状；头状花序单生于茎端 ……………………………………………… 款冬属（*Tussilago* Linn.）

37. 两性花结实，两性花的花柱分枝上端截形，或尖，或有附器。

38. 果背面扁压；雌花的果常有翅；通常有舌状花（原产于欧洲，栽培花卉） ……………………………………………………………………………… 瓜叶菊属（*Pericallis* D. Don）

38. 果圆柱形，有 5～10 纵肋。

39. 基生叶和茎下部的叶柄非鞘状；花柱分枝顶端截形 ……………… 千里光属（*Senecio* Linn.）

39. 基生叶和茎下部的叶柄基部有短鞘抱茎；花柱分枝顶端钝圆 ……………………………………………………………………………… 橐吾属（*Ligularia* Cass.）

2. 花药基部锐尖，戟形或尾形；叶互生。

40. 花柱分枝细长，圆柱状钻形，先端渐尖，无附器；头状花序盘状，有同形的管状花（ⅰ. 斑鸠菊族 Vernonieae)。

41. 头状花序分散，各有多数小花；冠毛有多数毛，宿存外层冠毛有时膜片状 ……………………………………………………………………………… 斑鸠菊属（*Vernonia* Schreb.）

41. 头状花序密集成第二次的复头状花序，各有 1 至少数小花；冠毛有多数毛，毛上端细长，基部宽阔 ……………………………………………………………… 地胆草属（*Elephantopus* Linn.）

40. 花柱分枝非细长钻形；头状花序盘状，无舌状花，或辐射状而有舌状花。

42. 花柱上端无被毛的节，分枝上端截形，无附器，或有三角形附器。

43. 冠毛通常毛状，有时无冠毛；头状花序盘状，或辐射状而边缘有舌状花（ⅷ. 旋覆花族 Inuleae)。

44. 雌花花冠细管状或丝状，花柱分枝较花冠长；头状花序盘状，雌雄同株或异株。

45. 头状花序密集成球状或伞房状，外围通常有开展的星状苞叶群；总苞片边缘膜质；冠毛基部结合成环状 …………………………………………… 火绒草属（*Leontopodium* R. Br.）

45. 头状花序排成疏散的圆锥花序或穗状花序式的圆锥花序，黄色或紫色；总苞片草质、多层，外围无开展的星状苞叶群；花药基部有尾；冠毛 1 列，粗糙，刚毛状 ……………………………………………………………………………… 艾纳香属（*Blumea* DC.）

44. 雌花花冠舌状，花柱较花冠短；头状花序辐射状或盘状；雌雄同株 ……………………………………………………………………………… 旋覆花属（*Inula* Linn.）

43. 冠毛不存在；头状花序辐射状（ⅸ. 金盏花族 Calenduleae)（原产于南欧及西北亚，栽培花卉） ……………………………………………………………… 金盏花属（*Calendula* Linn.）

42. 花柱上端有稍膨大而被毛的节，节以上分枝或不分枝。

46. 头状花序仅含 1 小花，基部有多数刚毛状的扁平基毛；多数头状花序密集成球形的复头状花序（Ⅹ. 蓝刺头族 Echinopsideae）……………………………………… 蓝刺头属（*Echinops* Linn.）

46. 头状花序含多数小花，不密集成复头状花序（ⅹⅰ. 菜蓟族 Cynareae）。

47. 瘦果常有平整的基底着生面。

48. 总苞片有钩状刺毛；冠毛分离，凋落；花药基部有毛状尾；叶无刺 ………………………………………………………………………………………… 牛蒡属（*Arctium* Linn.）

48. 总苞片无钩状刺毛。

49. 总苞片有刺；叶有刺。

50. 花丝无毛。

51. 全部冠毛近等长，基部不联合成环，易分散脱落 ………… 刺头菊属（*Cousinia* Cass.）

51. 全部冠毛不等长，基部联合成环，整体脱落 …………………… 蝟菊属（*Olgaea* Iljin）

50. 花丝有微毛、长毛或羽状毛。

52. 冠毛糙毛状或锯齿状；叶常沿茎下延成翅 …………………… 飞廉属（*Carduus* Linn.）

52. 冠毛羽毛状；叶不沿茎下延成翅 ………………………………… 蓟属（*Cirsium* Miu.）

49. 总苞片无刺或渐尖成刺芒状；叶通常无刺。

53. 冠毛多层，不等长，全部锯齿状、糙毛状或羽毛状，并有少数长毛 ……………………………………………………………………………………… 苓菊属（*Jurinea* Cass.）

53. 冠毛 1～2 层，外层为糙毛状，内层为长羽毛状 …………… 风毛菊属（*Saussurea* DC.）

47. 瘦果有歪斜的基底或侧生着生面。

54. 总苞片为具刺的苞叶所包围；花丝有毛；果扁或有 4 棱；叶有刺（我国 1 种，广泛栽培）……………………………………………………………………………………… 红花属（*Carthamus* Linn.）

54. 总苞片通常不为具刺的苞叶所包围；冠毛多层。

55. 总苞片无明显的附器。

56. 花药尾部联合；总苞片具长刺 ………………………………… 山牛蒡属（*Synurus* Iljin）

56. 花药尾部分离；总苞片具短刺或无刺 ……………………… 麻花头属（*Serratula* Linn.）

55. 总苞片有膜质、干膜质、草质或具刺的附器。

57. 总苞片具干膜质全缘或撕裂的附器。

58. 头状花序大，直径 3～6 cm；冠毛宿存 ……………… 漏芦属（*Stemmacantha* Cass.）

58. 头状花序小，直径 1～1.5 cm；冠毛脱落 …………… 顶羽菊属（*Acroptilon* Cass.）

57. 总苞片边缘或上端有睫毛状或流苏状以至干膜质全缘的附器 ……………………………………………………………………………… 矢车菊属（*Centaurea* Linn.）

1. 头状花序全部为舌状花；花柱分枝细长条形；植物体有乳汁（Ⅱ. 舌状花亚科 Cichorioideae，ⅹⅱ. 菊苣族 Cichorieae）。

59. 冠毛羽毛状，多层；瘦果无喙；总苞片多层；叶全缘而呈禾草状或较宽 ……………………………………………………………………………………… 鸦葱属（*Scorzonera* Linn.）

59. 冠毛为糙毛状或为柔毛。

60. 叶基生；头状花序单生于花葶上；瘦果具瘤状或短刺状突起，具长喙 ……………………………………………………………………………… 蒲公英属（*Taraxacum* Weber.）

60. 具茎生叶；头状花序着生于花序梗上；瘦果不具瘤状或短刺状突起，无喙或具喙。

61. 头状花序较大，具极多（一般超过 80 朵）的小花；冠毛由极细的柔毛并杂有较粗的直毛所组成 ……………………………………………………………………… 苦苣菜属（*Sonchus* Linn.）

61. 头状花序较小，具少数小花；冠毛仅由较粗的直毛或糙毛组成。

62. 总苞片3～4层，覆瓦状排列，向内渐长；瘦果圆柱状，先端截形，无喙，有10～15条等形的纵肋 ………………………………………………………………………… 山柳菊属（*Hieracium* Linn.）
62. 总苞片2～3层，外层极短；内层近等长。
  63. 瘦果扁平或稍扁平，两面各具1或数条纵肋，喙长或短 …………………… 莴苣属（*Lactuca* Linn.）
  63. 瘦果稍扁或圆柱形，具多条纵肋，无喙或有喙。
    64. 花冠筒与舌片等长或稍长；瘦果圆柱状，先端截形，无喙 ………… 盘果菊属（*Prenanthes* Linn.）
    64. 花冠筒较舌片短；瘦果纺锤形或圆柱形；先端狭窄，具喙或无明显的喙。
      65. 瘦果圆柱形，有等形的纵肋 ……………………………………………… 还阳参属（*Crepis* Linn.）
      65. 瘦果纺锤形，稍扁平，具不等形或等形的纵肋。
        66. 瘦果具不等形纵肋，先端渐狭，通常无明显的喙 ………………… 黄鹌菜属（*Youngia* Cass.）
        66. 瘦果具等形纵肋，先端狭成明显的喙 ……………………………… 苦荬菜属（*Ixeris* Cass.）

Ⅰ. 管状花亚科（Carduoideae）

管状花亚科的头状花序全部为管状花，或缘花假舌状、漏斗状，而盘花为管状花；植物体不含乳汁。本亚科包括了菊科的绝大部分属种，一般分为12个族，我国有11族，另1族（Arctoinalis）产于非洲。

ⅰ. 斑鸠菊族（Vernonieae）

(1) 斑鸠菊属（*Vernonia* Schreb.）　直立草本或木质藤本。叶互生，全缘或有齿缺。头状花序成伞房花序式或圆锥花序式排列，顶生或腋生，各有多数两性的筒状花，花柱分枝细长，圆柱状钻形；总苞片数片，与小花等长或较短；冠毛多数，宿存，外层冠毛有时膜片状。本属约1 000种，主要分布于热带地区；我国约有30余种，分布于西南至东南部和台湾。

常见植物：夜香牛[*Vernonia cinerea*（Linn.）Less.]为一年生草本；头状花序淡紫红色，总苞直径5～6 mm，冠毛白色；产于华南至西南，生于田边、路旁及山坡。毒根斑鸠菊（*Vernonia andersonii* C. B. Clarke）为攀缘藤本；头状花序紫色，总苞直径10～12 mm，冠毛红褐色；产于福建、广东、广西、四川、云南和贵州，生于疏林下及山地灌丛中。根与茎含斑鸠碱（vernonine），有毒，误食可引起中毒。

(2) 地胆草属（*Elephantopus* Linn.）　草本。叶互生。头状花序密集成第二次复头状花序，各有1至数朵管状小花；花柱分枝细长，圆柱状钻形；冠毛有多数毛，毛上端细长，基部宽阔；总苞圆筒形，6～8片不等长。本属约30种，分布于热带地区。

常见植物：地胆草（*Elephantopus scaber* Linn.）为粗壮草本；叶大部基生；头状花序淡紫色，有4小花；产于西南、华南和台湾；为民间草药，有清热解毒、利水消肿之功效。白花地胆草（*Elephantopus tomentosus* Linn.）植株高大，叶通常生于茎枝上部，产地和用途同地胆草。

ⅱ. 泽兰族（Eupatorieae）

(1) 胜红蓟属（*Ageratum* Linn.）　草本，被毛。叶对生或上部叶互生。头状花序盘状，有同形的管状花，排成伞房花序式或圆锥花序式；总苞片2～3层，线形；花白色或淡蓝色，5裂。瘦果五角形；冠毛膜片状，下部宽，上部细长。本属约30多种，除少数外全产于热带美洲；我国有胜红蓟和熊耳草2种。

常见植物：胜红蓟（*Ageratum conyzoides* Linn.）为一年生草本；叶卵形或菱状卵形，叶基钝圆或宽楔形；总苞片被稀疏白色多节长柔毛；长江以南广布，为饲养鱼苗的重要饲料之一。熊耳草（*Ageratum houstonianum* Mill.）叶基心形，苞片外面有稠密的黏质毛；产地与用途同胜红蓟。

（2）泽兰属（*Eupatorium* Linn.） 一年生或多年生草本。叶常对生。头状花序盘状，有少数同形的管状花，成伞房花序；总苞片多数，覆瓦状排列，或 2～3 层。瘦果五棱形，有刺毛状冠毛。本属约 600 余种，主要分布于美洲，少数产欧洲、非洲和亚洲，我国约有 14 种，除新疆和西藏外，全国均产。

常见植物：华泽兰（*Eupatorium chinense* Linn.）为多年生草本或半灌木；叶卵形或宽卵形，边缘有规则的圆锯齿，下面被毛和腺点；瘦果有腺点；产于华东、华南和西南，生于林缘、林下及灌丛中；全草药用。佩兰（*Eupatorium fortunei* Trucz.）为一年生草本；上部叶羽状三全裂，裂片椭圆形，边缘有粗大锯齿，基部叶不裂，两面无毛及腺点；瘦果无毛及腺点；产于山西、山东、河南、陕西及华东至西南；全草药用，也有栽培的。飞机草（*Eupatorium odoratum* Linn.）为多年生草本；叶三角形或三角状卵形，边缘有粗大钝锯齿，两面被绒毛；瘦果无毛无腺点；原产于南美，现在云南和海南遍布，已成恶性杂草。

ⅲ. 紫菀族（Astereae）

（1）紫菀属（*Aster* Linn.） 多年生草本。叶互生，全缘或具齿。头状花序花异形，放射状；总苞片 2～3 层；缘花舌状，1～2 层，雌性，结实，舌片白色、蓝色或紫色；盘花管状，两性，5 裂片等长。瘦果压扁；冠毛粗糙，1～2 层。本属约 500 种，我国约有 250 种，各地均产。

常见植物：紫菀（*Aster tataricus* Linn. f.）叶矩圆状或椭圆状匙形，下部叶大而上部叶渐小，主脉粗壮，有 6～10 对羽状侧脉；头状花序直径 2.5～4.5 cm，排列成复伞房状；总苞片 3 层，外层渐短，草质，边缘膜质，紫红色；冠毛一层，污白色或带红色；产于东北、华北、西北，生长于林下、林缘草甸或灌丛中；常用药材，根有润肺化痰、止咳之功效。三褶脉紫菀（*Aster ageratoides* Turcz.）叶宽卵形、椭圆形，向上渐狭成披针形，边缘有 3～7 对深或浅锯齿，有离基三出脉，侧脉 3～4 对；头状花序直径 1.5～2 cm，排成伞房状或圆锥状，总苞片 3 层，上部绿色或紫褐色，下部干膜质；冠毛一层，浅红褐色或污白色；广布，几遍全国，此种是广布而多型的种，常从叶形、毛茸、头状花序的区别分为 10 余个变种。

（2）狗娃花属（*Heteropappus* Less.） 一年生、二年生或多年生草本。叶互生，全缘或有疏齿。头状花序单生或排成伞房状；总苞片 2～3 层；缘花雌性，舌状；盘花管状，通常有 1 裂片较长。瘦果扁，倒卵形；冠毛糙毛状或膜片状，有时舌状花无冠毛。本属约 30 种，分布于亚洲东部；我国约有 12 种，广布，大部分种羊和骆驼乐食，牛、马采食较差或不食。

常见植物：阿尔泰狗娃花［*Heteropappus altaicus*（Willd.）Novopokr.］（图 4－94）为多年生草本，高 20～60 cm，被毛和腺点；叶条形、矩圆状披针形、倒披针形或近匙形；头状花序直径 2～3.5 cm，总苞片边缘膜质，舌状花淡蓝紫色；冠毛污白色或红褐色；产于东北、华北和西北，多生于草原及荒漠草原带的山坡、丘陵或平原。

（3）飞蓬属（*Erigeron* Linn.） 一年生或多年生草本。叶互生，全缘或有齿。头状花序异形，辐射状，排成伞房状或圆锥状，总苞片 2～3 层；缘花雌性，多层，舌状；盘花两性，管状，结实。瘦果狭而扁平；冠毛 2 层，刚毛状。本属有 200 种以上，广布于全球，北

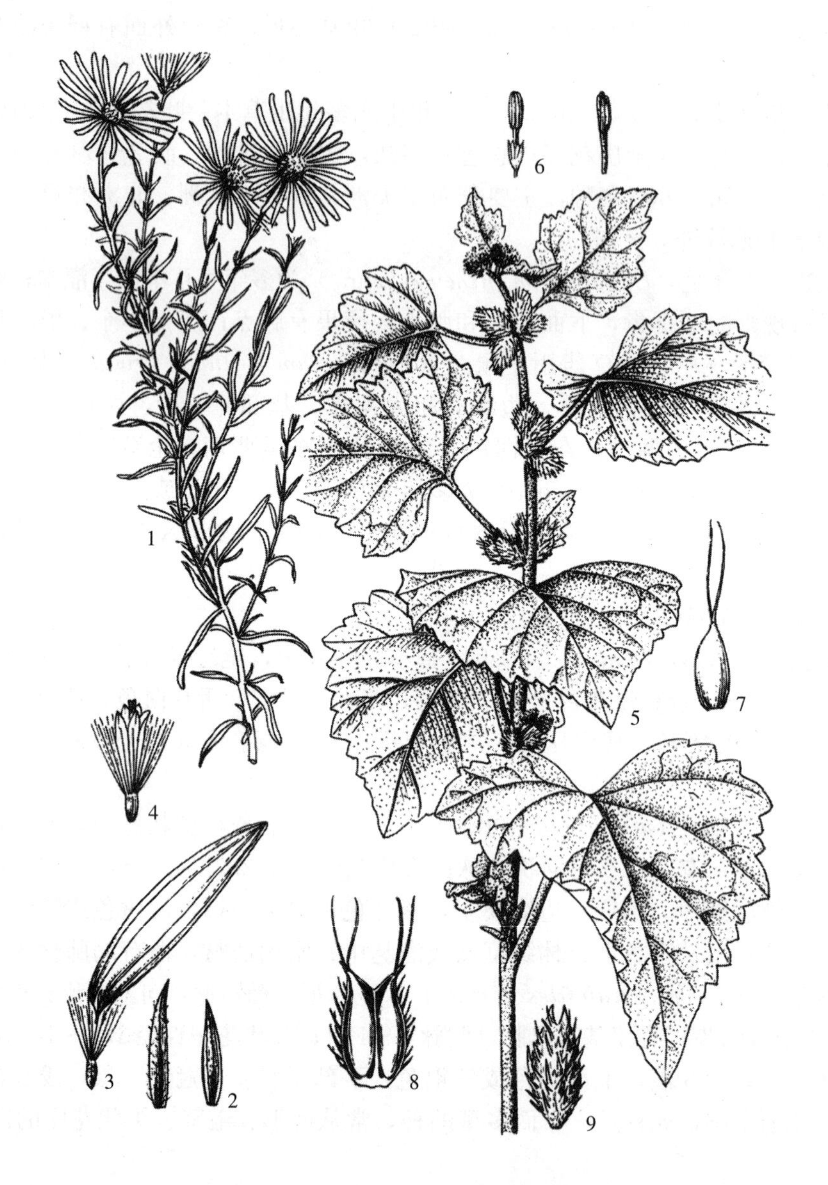

图 4-94 阿尔泰狗娃花和苍耳

1～4. 阿尔泰狗娃花［*Heteropappus altaicus*（Willd.）Novopokr.］

1. 植株的一部分 2. 总苞片 3. 舌状花 4. 管状花

5～9. 苍耳（*Xanthium sibiricum* Patrin ex Widder）

5. 植株上部 6. 雄花 7. 雌花 8. 雌花序纵切面 9. 具瘦果的总苞

美尤盛；我国约有 35 种，各地均有分布。

常见植物：飞蓬（*Erigeron acris* Linn.）为二年生，高 5～60 cm，茎直立，单一，少为数个；叶披针形或倒披针形，两面被硬毛；头状花序直径1～2cm；总苞片 3 层，条状披针形；缘花雌性、二型，外围舌状、淡紫红色，内层细管状、无色，盘花两性、管状，冠毛白色；产于我国北部，生于山地草甸及林缘。长茎飞蓬（*Erigeron elongatus* Ledeb.）与飞蓬相似，区别是茎与总苞片通常为紫色；叶无毛；产于东北、华北和西北，生于山地草甸。

（4）翠菊属（*Callistephus* Cass.）　一年生或多年生草本。叶互生，有粗齿。头状花序大，辐射状，单生于秆顶端；总苞半球形，总苞片多层，外层大而呈叶状；缘花一层，为雌性舌状花，颜色多种，但无黄色；盘花多数，两性，管状；冠毛 2 层，内层毛质，外层膜片冠状。

本属仅 1 种，翠菊（*Callistephus chinensis* Ness）产于亚洲东部，我国东北部有分布，各地常有栽培，供观赏。

（5）其他　本族还有常见花卉雏菊（*Bellis perennis* Linn.），原产于欧洲，各地有栽培。

ⅳ. 向日葵族（Heliantheae）

（1）向日葵属（*Helianthus* Linn.）　一年生高大草本。单叶互生，下部常对生。头状花序异形，单生或排列成伞房花序，顶生。总苞片数轮，外轮叶状；缘花假舌状，黄色，中性不孕；盘花管状，两性结实，黄色至淡紫色；花序托平坦或隆起，有托片。瘦果倒卵形，稍压扁；冠毛为 2 鳞片状的芒，早落。本属约 100 种，主产于北美，我国原产及引种栽培的有 10 种。

常见植物：向日葵（*Helianthus annuus* Linn.）（图 4－93）与菊芋（*Helianthus tuberosus* Linn.）二者的区别：前者头状花序大（直径可达 35cm），地下无块茎，为重要的油料作物；后者头状花序较小，直径不超过 10cm，地下有块茎，可食用。2 种均可饲用，尤其菊芋的块茎为优良的多汁饲料，其茎秆也可饲用。千瓣葵（*Helianthus decapetalus* Linn. var. *multiflorus* Hort.）原产于北美，我国栽培供观赏。

（2）苍耳属（*Xanthium* Linn.）　一年生草本。叶互生，具齿或浅裂。头状花序，单性同株；雄头状花序为球形，总苞小，1～2 层，花管状；雌头状花序卵形，含 2 花，无花冠，总苞片 2 层，内层 2 片大，结合成囊状，果熟时变硬，外面具钩刺。瘦果倒卵形；无冠毛。本属约 25 种，分布于地中海地区；我国约有 3 种，南北均产。

常见植物：苍耳（*Xanthium sibiricum* Patrin ex Widder）（图 4－94）总苞上钩刺长1～1.5 mm，基部不变粗；产于东北、华北、西北、华东、华南及西南，生于平原、丘陵、低山、荒野路边、田边。蒙古苍耳（*Xanthium mongolicum* Kitag.）总苞片钩刺长 2～5.5mm，基部增粗；产于东北、内蒙古等地。这 2 种的果药用，种子可榨油，用做油漆、油墨和肥皂等；茎、叶均可做猪的饲料，一般经过发酵或晒干后饲喂；在天然草地上牛稍采食；带钩刺的总苞及果实，缠结在羊毛上，不但降低羊毛品质，还会损伤畜体。

（3）蟛蜞菊属（*Wedelia* Jacq.）　草本，常匍匐状。叶对生。头状花序异形，辐射状，腋生或顶生，具柄，黄色；缘花舌状，1 层，雌性；盘花多数，两性，管状，总苞片 2 层，外面数枚常叶状；花序托平，有托片，冠毛无或鳞片状、睫毛状，或有1～2 凋落的短芒，基部结合成环状。本属约 70 种，分布于热带和亚热带地区，我国约有 5 种，产于华南、华东和西南。

常见植物：蟛蜞菊［*Wedelia chinensis*（Osb.）Merr.］为多年生，茎匍匐；叶长圆状披针形，近无柄，有主脉 3 条，近全缘或具粗齿；头状花序单生于枝端或腋生，直径 1.5～2.5cm，总苞片 1 层，5 枚，近相等；舌状花黄色，顶端2～3 裂；冠毛为一具浅齿的杯状物；产于广东、福建和台湾，生于山坡及湿草地。

（4）其他　本族常见栽培花卉还有：大理菊（*Dahlia pinnata* Cav.）原产于墨西哥；

百日菊（*Zinnia elegans* Jacq.）原产于美洲；秋英（*Cosmos bipinnatus* Cav.）和硫磺菊（*Cosmos tinctoria* Nutt.）原产于热带美洲；金鸡菊（*Coreopsis lanceolata* Linn.）、波斯菊（*Coreopsis tinctoria* Nutt.）和大波斯菊（*Coreopsis bipinnata* Cav.）原产于美洲、非洲和夏威夷；金光菊（*Rudbeckia laciniata* Linn.）和海金光菊（*Rudbeckia bicolor* Nutt.）原产于北美。常见药用植物有豨莶（*Siegesbeckia orientalis* Linn.），全草供药用，有解毒镇痛之功效。

ⅴ. 堆心菊族（Helenieae）

堆心菊族植物产于美洲，我国引种栽培有3属6种，均为花卉：堆心菊（*Helenium autumnale* Linn.）、紫心菊（*Helenium nudiflorum* Nutt.）、天人菊（*Gaillardia pulchella* Foug.）、荔枝菊（*Gaillardia aristata* Pursh.）、万寿菊（*Tagetes erecta* Linn.）和藤菊（*Tagetes patula* Linn.）。

ⅵ. 春黄菊族（Anthemideae）

（1）蓍属（*Achillea* Linn.）　多年生草本。叶常为一至三回羽状深裂，有时仅有锯齿。头状花序小，异形，辐射状，排成稠密的伞房状；总苞片2～3层；花序托具托片；缘花舌状，雌性而结实，舌片短，白色、黄白色或粉红色；盘花管状，两性，结实。瘦果压扁；无冠毛。本属约200种，分布于北温带；我国约有10种，广布，大都产于北部，多数种为家畜乐食。

常见植物：蓍（*Achillea millefolium* Linn.）叶披针形、矩圆状披针形或近条形，二至三回羽状全裂，叶轴宽1.5～2 mm，末回裂片披针形；舌状花白色、粉红色或紫红色，舌片近圆形，顶端具2～3齿；管状花黄色；产于东北、内蒙古和新疆，生于山地林缘草甸及沟渠边。高山蓍（*Achillea alpina* Linn.）株高80 cm；叶条状披针形，羽状浅裂至深裂，裂片条形或条状披针形，边缘有不等大的锯齿或浅裂，裂齿端有软骨质尖头；头状花序多数，密集成伞房状，总苞片3层，直径7～9 mm；缘花舌状，白色，舌片顶端有3小齿；管状花白色；产于东北、华北及内蒙古、宁夏、甘肃等地，生于山坡、林缘；可药用，为健胃强壮剂，又为治痔药。

（2）蒿属（*Artemisia* Linn.）　草本或半灌木，揉之常有香气。叶互生，常分裂。头状花序小，多数，排成穗状、总状或圆锥状；花全部为管状，缘花雌性，1层，结实；盘花两性，结实或不结实。瘦果小；无冠毛。本属有300种以上，广布于北半球温带地区，少数种分布到非洲、南亚及中美洲热带地区；我国有170种以上，各地均有分布，是组成草原、荒漠草原以至荒漠等地带性植被的重要组成成分，具有一定的生态意义和饲用价值。家畜春季采食较差，夏季多不食，主要在秋季采食，尤其经过霜冻以后，其特有气味减少，苦味降低，始为家畜所喜食。各种家畜对本属的适口性也不一致，羊最喜食，骆驼与马次之，牛则不喜食。

常见植物：冷蒿（*Artemisia frigida* Willd.）（图4-95）为多年生草本，高40～70cm；茎基部木质，丛生，基部以上少分枝，密被灰白色绢毛；叶二至三回羽状全裂；头状花序排成狭圆锥状或总状，具短梗，下垂，总苞半球形，直径3～4 mm；花黄色；花序托有白色托毛，雌花及两性花都可结出成熟的果实；产于东北、华北和西北，生于山地、丘陵、平原和谷地的沙质和砾质土壤上，在草原和荒漠草原地带常形成优势群落；茎叶柔嫩，含粗蛋白质高，适口性好，属优等牧草。黑沙蒿（又名油蒿，*Artemisia ordosica* Krasch.）为半灌木，多分枝，多年生枝外皮灰黑色；叶一次羽状全裂，裂片2～3对，有时1～2个小裂片，狭条形；头状花序多数，在茎及枝上排成复总状花序，花10余朵，外层雌性花能育，有成熟的果实，内层两性花不育；产于内蒙古、宁夏、陕西和甘肃等地，生于沙地；为优良的固沙植物，又是家畜冬春季的主要牧草。此外，在蒿属植物中还有许多药用植物，如青蒿（*Artemisia caruifolia* Buch-Ham.）产于东北、西北至华南与西南部，生于低山丘陵及平原，从它体中提取的青蒿素是治疗疟疾的特效药。黄花蒿（*Artemisia annua* Linn.）产于全国各地，生于低山丘陵及荒地，全草入药，有健胃消食、清热解毒之功效。艾蒿（*Artemisia argyi* Lévl. et Vant.）南北均产，生于山地、林缘及农区，叶供药用，有散寒、止痛、止血之功效，也是制作艾卷的主要原料。茵陈蒿（*Artemisia capillaris* Thunb.）南北均产，全草治黄疸型或无黄疸型传染性肝炎。

（3）绢蒿属［*Seriphidium*（Bess.）Poljak.］ 绢蒿属是前苏联学者P. Poljakov于1961年从蒿属中分出的一个属，原为蒿属的一个组——绢蒿组Sect. Seriphidium Bess.。它与蒿属的区别是：头状花序全为同形的两性花；花少数，1～10朵；总苞片3～6层，内层较外层长2～3倍；花序托极小，无托毛；瘦果小，扁平，倒卵形或卵形。本属在我国西北各地分布最多；在荒漠草原及荒漠地区，不论是在植被的组成中，或是在草地利用上，都占有重要的地位。本属约100种，我国约31种。

常见植物：西北绢蒿［*Seriphidium nitrosum*（Web. ex Stechm.）Poljak.］为多年生草本，密被蛛丝状长柔毛，成淡灰绿色，由基部或中部分枝；叶宽卵形或卵状矩圆形，一至二回羽状深裂，小裂片条形或倒披针形；头状花序矩圆形或卵形，长2～3mm，有花3～4朵；总苞片密被柔毛而成白色；产于甘肃及新疆北部，是荒漠及荒漠草原植被中的重要组成成分和优良牧草。

（4）线叶菊属（*Filifolium* Kitam.） 多年生草本。叶互生，二至三回羽状全裂，小裂片丝状条形。头状花序同形，在茎枝顶端排成伞房状；缘花雌性，1层，狭管状，结实；盘花两性，不结实。瘦果稍扁，倒卵形；无冠毛。

本属仅有线叶菊［*Filifolium sibiricum*（Linn.）Kitam.］（图4-95）1种，分布于亚洲东部，我国东北、华北也产，生长于山坡草地。

（5）亚菊属（*Ajania* Poljak.） 亚菊属与线叶菊属近似，但其主要区别是：头状花序的缘花为雌性，盘花两性，均结实；瘦果圆柱状。本属约80种，分布于中亚至东亚；我国约有20种，主要分布于华北、

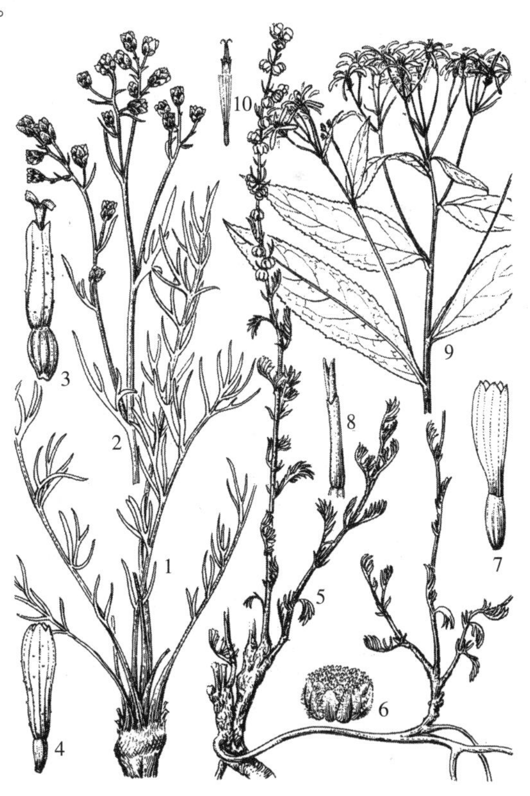

图4-95 线叶菊、冷蒿和林荫千里光

1～4. 线叶菊［*Filifolium sibiricum*（Linn.）Kitam.］
1. 植株下部 2. 植株上部 3. 雌花 4. 两性花
5～8. 冷蒿（*Artemisia frigida* Willd.）
5. 植株的一部分 6. 头状花序 7. 两性花 8. 雌花
9～10. 林荫千里光（*Senecio nemorensis* Linn.）
9. 植株上部 10. 管状花

西北和西南等地。

常见植物：细叶亚菊［*Ajania tenuifolia*（Jacq.）Tzvel.］为多年生草本，高 10～20cm，自基部分枝；叶半圆形、三角状卵形或扇形，二回羽状全裂，小裂片长椭圆形或倒披针形，两面被长柔毛；总苞钟形，直径 3～4mm，总苞片边缘宽膜质，内缘褐色；全部花冠有腺点；产于甘肃、青海、新疆、四川、云南和西藏等地，生长于海拔 2 100～3 200m 的山坡草地。蓍状亚菊［*Ajania achilloides*（Turcz.）Poljak. ex Grub.］产于内蒙古，生于草原和荒漠草原。

（6）菊属［*Dendranthema*（DC.）Des Moul.］　菊属植物为多年生草本或灌木状，常有香气。叶互生，形态各式，全缘或分裂。头状花序异形，辐射状；舌状花雌性；盘花两性，常结实；花序托秃裸；总苞片数层，紧贴。瘦果有明显的纵肋或棱，顶端有或无鳞片状冠毛。本属约 30 种，除大洋洲外广布；我国约有 17 种，各地均有分布。

常见植物：菊（又名菊花）［*Dendranthema morifolium*（Ramat.）Tzvel.］头状花序直径 2.5～20cm，单生或数个集生于茎枝顶端；舌状花白色、红色、紫色或黄色；瘦果不发育（用分根及嫁接法繁殖）；为著名观赏花卉，我国栽培历史悠久，品种繁多。野菊［*Dendranthema indicum*（Linn.）Des Moul.］头状花序直径 2.5～5cm，在茎枝顶端排成伞房状圆锥花序或不规则伞房花序；舌状花黄色，雌性；野生或栽培，除新疆外，广布于全国，花供药用。

（7）其他　本族还有常见蔬菜植物蒿子秆（*Chrysanthemum carinatum* Schousb.）和茼蒿（*Chrysanthemum coronarium* var. *spatiosum* Baily）。

ⅶ. 千里光族（Senecioneae）

（1）千里光属（*Senecio* Linn.）　草本，少半灌木或灌木。叶互生或基生。头状花序单生或排成伞房状、复伞房状或聚伞圆锥状；头状花序辐射状，异形，舌状花结实，管状花 5 齿裂；总苞片 1 层，但基部常有数枚较小的外总苞片。瘦果圆柱形，有棱；冠毛毛状，宿存或脱落，有时舌状花无冠毛。本属有 1 000 种以上，广布于全球；我国约有 63 种，全国均有分布，有些种为优良牧草，家畜喜食，少数种有毒。

常见植物：林荫千里光（*Senecio nemorensis* Linn.）（图 4-95）为多年生草本；叶披针形或矩圆状披针形，边缘有细齿；头状花序多数，排列成复伞房花序，总苞筒状，长 6～7mm，基部有数个条形苞叶，总苞片一层，9～12 枚，花药基部无尾，舌状花的瘦果有冠毛；产于华北、华中、华东、东北及西北，生于林下阴湿处及林缘草甸。千里光（*Senecio scandens* Buch.-Ham.）为多年生草本，茎曲折，攀缘；叶片长三角形，边缘有浅或深齿，或叶的下部有 2～4 对深裂；头状花序排成疏散的伞房状；总苞半球形，长及宽约 3mm，总苞片 16～20 枚；花药基部有尾；产于我国南部至印度。

（2）橐吾属（*Ligularia* Cass.）　多年生草本。叶互生，有时全部基生，具长柄，柄基部变宽成鞘状抱茎。头状花序多数，排成伞房状或总状；总苞片 1 层；花黄色，通常异形；舌状花雌性，结实；盘花两性，管状，结实，有时全部为管状花。瘦果圆柱形；有冠毛。本属约 130 种，分布于欧洲、喜马拉雅至日本；我国约有 111 种，广布于西南至东北。

常见植物：狭苞橐吾（*Ligularia intermedia* Nakai）株高 40～150cm，单生；叶肾状心形或心形，边缘有细锯齿；头状花序排成总状，长 20～50cm；总苞圆筒形，总苞片约 8；舌状花 4～6 朵，舌片矩圆形；管状花 9～17 朵；瘦果圆柱状，冠毛污褐色；产于东北、华北、华东及中南等地，生于山坡林下或溪边草地。黄帚橐吾［*Ligularia virgaurea*

（Maxim.）Mattf.］株高 30～50cm；叶卵形、倒卵状披针形或披针形，近全缘或具疏细齿；总苞宽钟状，总苞片 10～12；舌状花 9～14 朵，舌片条形；管状花 14～20 朵；冠毛白色；产于甘肃、青海、云南、四川和西藏，生于高山草原。

（3）其他 本族还有常见药用植物款冬（*Tussilago farfara* Linn.），产于华北、西北及湖南、湖北、江西，花蕾和叶有止咳、润肺、消痰作用。花卉植物瓜叶菊（*Pericallis hybrida* B. Nord.）原产于欧洲，各地多有栽培，供观赏。

ⅷ. 旋覆花族（Inuleae）

（1）旋覆花属（*Inula* Linn.） 草本或亚灌木，常有腺点和毛。叶互生，全缘或具齿。头状花序单生或排成伞房状或圆锥伞房状；总苞片多层；花异形，少同形，雌雄同株；缘花舌状，雌性，少无性花；盘花两性，管状，5 齿裂。瘦果具 4～5 棱；冠毛 1～2 层，少多层，糙毛状。本属约 100 种，分布于欧洲、非洲和亚洲；我国有 20 余种，广布。大部分种为中等或低等饲用价值的牧草，个别种有毒。

常见植物：欧亚旋覆花（*Inula britannica* Linn.）（图 4-96），为多年生草本，高 20～70cm，茎直立，被长柔毛；叶长椭圆形或披针形，基部心形或有耳，半抱茎，下面密被伏柔毛，具腺点；头状花序直径 2.5～5cm；总苞片 4～5 层，条状披针形；花黄色；瘦果圆柱形；冠毛白色，与管状花等长；产于东北、华北和新疆，生于河岸、田边等处。

（2）火绒草属（*Leontopodium* R. Br.） 多年生簇生草本，密被绵毛。叶基生或于茎上互生，全缘。头状花序小，盘状，常于枝顶密集成球状或伞房状，外围通常有开展的星状苞叶群；总苞钟状或半球形，总苞片多层；缘花细管状或丝状，雌性，结实；盘花雄性或两性，管状，不结实，花冠顶端 5 裂。瘦果近圆柱形；冠毛毛状。本属有 50 种以上，分布于欧洲、亚洲和南美洲；我国有 41 种，产于西南、西北至东北。

常见植物：火绒草［*Leontopodium leontopodioides*（Willd.）P. Beauv.］（图 4-96）株高 5～40cm，根状茎粗壮，花茎多数而簇生；叶直立，条形或条状披针形，上面灰绿色，被柔毛，下面密被白色或灰白色绵毛；苞叶少数，矩圆形或条形；头状花序常 3～7 个密集成伞房状；产于东北、华北和西北；生于草原、黄土坡地及草地。长叶火

图 4-96 火绒草、欧亚旋覆花和砂蓝刺头

1～4. 火绒草［*Leontopodium leontopodioides*（Willd.）P. Beauv.］
1. 植株 2. 苞叶 3. 总苞片 4. 雌花
5～8. 欧亚旋覆花（*Inula britannica* Linn.）
5. 植株上部 6. 总苞片 7. 舌状花 8. 管状花
9～11. 砂蓝刺头（*Echinops gmelini* Turcz.） 9. 植株
10. 头状花序 11. 花

绒草（*Leontopodium longifolium* Ling）与火绒草的区别在于：叶条形或舌状条形，或基生叶狭长匙形，两面被白色或银白色长柔毛或绵毛，上面毛不久即脱落；产于西藏、青海、四川、甘肃、陕西、河北和内蒙古，生于草地、洼地、灌丛或石缝中。

（3）艾纳香属（*Blumea* DC.） 一年生或多年生草本，常有香味。叶互生，有齿或分裂。头状花序小，异形，盘状，排成疏散的圆锥花序或穗状花序状的圆锥花序，黄色或紫色；总苞卵形或钟状，总苞片草质、多层；缘花筒状，多数，雌性，顶端2～4齿裂；盘花两性，少数，管状，顶端5齿裂；花药有尾；花柱枝狭窄，线形或内侧略扁。瘦果圆柱形，通常有棱；冠毛1层，粗糙，刚毛状。本属约80余种，分布于亚洲、非洲和大洋洲的热带与亚热带地区；我国有30种，产于东南至西南。

常见植物：艾纳香［*Blumea balsamifera*（Linn.）DC.］为多年生草本或半灌木，高达3m，被灰褐色绵毛；叶矩圆状披针形或矩圆状卵形，叶柄每边常有2～3个小裂片；小花黄色，总苞片4～5层，条形；产于台湾、广东、广西、云南和贵州；叶含龙脑，称为艾片或机制冰片，用于医药及调制香精。

（4）其他 本族常见植物花花柴（又名胖姑娘）［*Karelinia caspia*（Pall.）Less.］，产于新疆、甘肃和内蒙古，常生于盐渍化草甸。

ⅸ. 金盏花族（Calenduleae）

金盏花族在我国仅1属2种，均为栽培花卉：野金盏花（*Calendula arvensis* Linn.）和金盏花（*Calendula officinalis* Linn.），分布于地中海地区、南欧和西亚。

ⅹ. 蓝刺头族（Echinopsideae）

蓝刺头属（*Echinops* Linn.） 多年生，少一年生草本。茎和叶下面多少被绵毛；叶互生，常羽状齿裂或深裂，齿和裂片均有刺。头状花序仅含1小花，基部有多数刚毛状的扁平基毛；多数头状花序密集成球形的复头状花序。瘦果倒圆锥形，有毛；冠毛膜片状。本属有120余种，分布于东欧、非洲和亚洲；我国约有17种，分布于东北至西北。骆驼乐食，其他家畜多不采食或采食很差，个别种的果实含有生物碱，为有毒植物。

常见植物：砂蓝刺头（*Echinops gmelini* Turcz.）（图4-96）为一年生草本，高10～90cm；茎枝被腺毛；叶条形或条状披针形，基部扩大抱茎，边缘具刺齿或裂片；复头状花序单生于枝顶，直径2～3cm，外观白绿色或淡蓝色；产于东北、华北和西北，生于山坡砾石地、丘陵或河滩沙地；青嫩时马、骆驼乐食其花序、叶及嫩枝，羊仅采食花序。蓝刺头（又名驴欺口）（*Echinops latifolius* Tausch.）为多年生草本；中下部茎叶二回羽状分裂，裂片边缘具不规则刺齿或三角形刺齿；复头状花序较大，直径3～5.5cm；为我国北方草地习见种。

ⅺ. 菜蓟族（Cynareae）

（1）蓟属（*Cirsium* Mill.） 一年生、二年生或多年生草本。叶互生，具锯齿或羽状分裂，边缘有针刺。雌雄同株，极少异株；头状花序同形，全为两性花或全部为雌花；头状花序在茎枝端排成伞房状、圆锥状或总状；总苞球形、钟状或卵状，总苞片多层，有刺；花序托具托毛；花冠管纤细。瘦果压扁；冠毛羽毛状，多层。本属有250～300种，分布于北温带；我国有50余种，广布于全国。多数种在青鲜时家畜乐食，甚至喜食。

常见植物：刺儿菜（*Cirsium segetum* Bge.）（图4-97）为多年生草本，高20～60cm，根状茎长；叶长椭圆形或矩圆状披针形，全缘或波状齿裂，边缘及齿端有刺，两面被蛛丝状毛；头状花序通常单生或数个生于茎顶或枝端，雌雄异株，雄头状花序较小，总苞长15～18mm；雌头状花序较大，总苞长20～22mm；花冠紫红色；冠毛羽毛状，淡褐色；分布极为广泛，为常见的农田杂草。大刺儿菜［*Cirsium setosum*（Willd.）MB.］与刺儿菜近似，但其植株较高大，为 40～100cm；上部分枝；叶缘具缺刻状粗锯齿或羽状浅裂；头状花序多数集生于枝端，排成疏伞房状；分布也普遍。上述两种全草入药，为利尿剂和止血剂。此外，聚头蓟［*Cirsium souliei*（Franch.）Mattf.］、莲座蓟［*Cirsium esculentum*（Sievers）C. A. Mey.］两者植株无茎或具短茎，头状花序数个密集于莲座状叶丛中，均为北方草地习见种。

（2）麻花头属（*Serratula* Linn.）多年生草本。叶互生，有齿或羽状分裂。头状花序排成伞房状，花同形，极少异形，全为两性的管状花，冠管纤细，檐部 5 裂；总苞卵形或球形，总苞片多层，外层的短而宽，具短刺尖或无；内层的狭长，先端不为刺状，少钝或具附器；花序托有托毛。瘦果具纵肋；冠毛多层，糙毛状。本属约 70 种，分布于欧洲至日本；我国约有 17 种，分布于西南、西北至东北。多数种为中等品质的牧草，嫩枝叶和干草为家畜所乐食。

图 4-97　刺儿菜和风毛菊

1～4. 刺儿菜（*Cirsium segetum* Bge.）　1. 植株上部　2. 总苞片　3. 雄花　4. 雌花

5～8. 风毛菊［*Saussurea japonica*（Thunb.）DC.］　5. 植株上部　6. 基生叶　7. 总苞片　8. 花

常见植物：麻花头（*Serratula centauroides* Linn.）株高 30～60cm；叶椭圆形，羽状深裂，裂片矩圆形或条形，全缘或具疏齿；头状花序单生于枝顶，总苞卵形，直径 1.5～2cm；总苞片 10～12 层；花冠紫红色；冠毛淡褐色；产于东北、华北及陕西、甘肃等地，生于草原、山坡、路旁等处。伪泥胡菜（*Serratula coronata* Linn.）植株高 70～150cm；叶矩圆形或长椭圆形，羽状深裂或全裂，裂片长椭圆形，边缘有锯齿；头状花序异形，总苞钟状，直径 1.5～3cm，紫褐色，被褐色短毛；缘花雌性；盘花两性，花冠紫红色；瘦果矩圆形；冠毛淡褐色；产于东北、内蒙古、河北、山东、陕西、新疆、江苏、湖北及贵州，生于山坡、草原和河滩。

（3）风毛菊属（*Saussurea* DC.）　二年生或多年生草本。叶互生，有齿或分裂。头状花序同形，单生或排成圆锥状或伞房状；总苞片多层；花全部为管状花；花序托常具托毛。瘦果无毛，冠毛 1～2 层，外层糙毛状，内层羽毛状，基部连接成环状。本属约 400 余种，分布于北温带；我国约有 264 种，各省区均产。多数种家畜采食较差或不食，有的种可供药用。

常见植物：风毛菊［*Saussurea joponica*（Thunb.）DC.］（图 4-97）为二年生草本，

高 50～150cm；根纺锤形；茎直立；基生叶与下部叶羽状半裂至深裂，侧裂片 6～8 对，条状披针形至狭矩圆形，上部叶全缘，少分裂；头状花序排成密伞房状；总苞钟状，总苞片顶端有圆形膜质的附器，常紫红色；小花紫红色；冠毛 2 层，淡褐色；除新疆与西南地区外广泛分布，生于山坡草地。盐地风毛菊［*Saussurea salsa*（Pall.）Spreng.］为多年生草本；叶质较厚，基生叶与下部叶大头羽状深裂或全裂；顶裂片大，箭头状，具波状浅齿、缺刻状裂片或全缘；侧裂片三角形、披针形、菱形或卵形，全缘；头状花序排成伞房状或复伞房状；总苞狭筒状；花冠粉紫色；冠毛白色；产于内蒙古和新疆，生于盐土草地与戈壁滩上。

（4）红花属（*Carthamus* Linn.）　一年生草本。叶有刺芒状利齿。头状花序同性，全为管状花组成，顶生，单生或排成伞房花序，花冠 5 裂；总苞片为具刺的苞片所包围。瘦果光滑，有 4 棱；冠毛缺或鳞片状。本属有 8～20 种，分布于亚洲地中海地区和非洲，我国有 2 种。

常见植物：红花（*Carthamus tinctorius* Linn.）西北地区有栽培，种子含油 20.4%～33.3%，供榨食用油；花为红色染料。

（5）其他　本族还有常见药用植物牛蒡（*Arctium lappa* Linn.）、大蓟（*Cirsium japonicum* DC.）、云木香（*Aucklandia lappa* Decne）、白术（*Atractylodes macrocephala* Koidz.）、苍术［*Atractylodes lancea*（Thb.）DC.］、北苍术（*Atractylodes chinensis* Koidz.）等。

Ⅱ. 舌状花亚科（Cichorioideae）

管状花亚科的头状花序全部为舌状花；植物体有乳汁。本亚科仅有菊苣族（Lactuceae 或 Cichorieae）1 个族，我国有分布。

（1）蒲公英属（*Taraxacum* Weber.）　多年生草本。叶全部基生，倒向羽状分裂，有时近全缘。头状花序单生于花葶上；总苞片数层；花全部舌状，黄色；花序托秃裸。瘦果稍扁，有瘤状或短刺状突起，具长喙；冠毛毛状。本属有 2 000 种以上，大多分布于北温带，少数种分布于南美洲；我国有 70 种以上，广布。本属植物含有较多的粗蛋白质，为各类家畜所乐食或喜食；有些种可药用；有的种可提取橡胶。

常见植物：蒲公英（*Taraxacum mongolicum* Hand.-Mazz.）（图 4-98）叶倒卵状披针形、矩圆状披针形或倒披针形，边缘有时具波状齿或羽状深裂，有时倒向羽状深裂或大头羽状深裂；花葶 1 至数个；总苞片顶端有小角状突起；瘦果褐色，上半部具小刺，下部具成行排列的鳞状小瘤；全国广泛分布，生于田野、路旁。华蒲公英（*Taraxacum borealisinense* Kitag.）植株较小；头状花序较小；总苞片无小角状突起；瘦果全体具小刺，喙短；产于东北、华北、西北和西南。橡胶草（*Taraxacum koksaghyz* Rodin）产于西北地区，根皮含橡胶 20%，木质部含 8%；东北、华北曾有过栽培。

（2）莴苣属（*Lactuca* Linn.）　一年生、二年生或多年生草本。叶互生，全缘、具齿或羽状分裂。头状花序排成圆锥状；总苞圆筒形或钟状，总苞片 2～3 层；花全部舌状。瘦果扁平或稍扁平，两面各有 1 或数条纵肋，先端具长喙或短喙；冠毛数层，白色。本属约 75 种，我国有 7 种；多数种家畜乐食或喜食，有些种采食较差或不食。

常见植物：蒙山莴苣［*Lactuca tatarica*（Linn.）C. A. Mey.］多年生草本；茎高 30～100cm；叶质厚，灰绿色，矩圆形或矩圆状披针形，羽状或倒向羽状浅裂或半裂，顶裂片长披针形或长三角形；花淡紫色或紫色；瘦果矩圆形，灰色至黑色，稍压扁，上部狭细，具 5～7 肋；冠毛白色；产于我国东北、华北、西北，生于沟谷、田边及盐碱地；茎、叶可供饲用，各类家畜喜食。本属还有莴苣（*Lactuca sativa* Linn.）、莴笋（*Lactuca sativa* var. *angustata* Irish. ex Bremer.）、生菜（*Lactuca sativa* var. *romosa* Hort.）、卷心生菜（*Lactuca sativa* var. *capitata* DC.）、玻璃生菜（*Lactuca sativa* var. *crispa* Hort.）等重要蔬菜，全国各地均有栽培。

（3）鸦葱属（*Scorzonera* Linn.）多年生草本。叶全缘，禾草状或较宽。花全部舌状，黄色，少淡紫色或红紫色；总苞片多层，覆瓦状排列。瘦果具多肋，无喙；冠毛羽毛状，多层。本属约175种，我国约有23种。多数种为良好的牧草，家畜喜食。

常见植物：蒙古鸦葱（*Scorzonera mongolica* Maxim.）（图4-98）高6～20cm，灰绿色，无毛；叶肉质，基生叶披针形或条状披针形，全缘，具不明显的3～5条平行脉；头状花序单生于茎顶；总苞狭圆柱形，总苞片3～4层；舌状花黄色，干时变红；瘦果圆柱形，上部被疏柔毛；产于华北、西北和山东，生于盐碱草地或荒地、路旁。拐轴鸦葱（*Scorzonera divaricata* Turcz.）通常自基部发出多数分枝呈铺散或直立状，茎合轴分枝，形成球状或半球状；叶条形，顶端常反卷弯曲；头状花序单生于枝顶，含小花4～5朵，黄色；总苞圆柱状，总苞片3～4层，被白色短柔毛；瘦果圆柱状；冠毛污黄色；产于内蒙古、甘肃、青海和新疆，生于山坡、沙质地及河谷砾石地。

图4-98　蒲公英、蒙古鸦葱和山苦荬
1～5. 蒲公英（*Taraxacum mongolicum* Hand.-Mazz.）
1. 植株　2～3. 总苞片　4. 瘦果（放大）　5. 瘦果（带喙及冠毛）
6～7. 蒙古鸦葱（*Scorzonera mongolica* Maxim.）
6. 植株　7. 花　8～11. 山苦荬［*Ixeris chinensis* (Thunb.) Nakai］
8. 植株　9. 总苞片　10. 花　11. 瘦果

（4）苦苣菜属（*Sonchus* Linn.）　一年生、二年生或多年生草本。叶基生或互生，不分裂或羽状分裂。头状花序大，具80朵以上小花，排成疏散的伞房状或圆锥状，少单生；总苞钟状或卵球形，总苞片数层。瘦果扁平，无喙；冠毛白色，由极细的柔毛并杂有较粗的直毛组成。本属约50种，分布于北温带、欧亚大陆、地中海地区和大西洋岛屿，多数种产于热带地区；我国有8种，南北均产，多数种为家畜所喜食，也是优良的青贮饲料。

常见植物：苦苣菜（*Sonchus oleraceus* Linn.）为一年生或二年生草本，高可达1.3m；下部叶矩圆状宽披针形，羽状深裂，裂片边缘具刺状尖齿，基部扩大抱茎；中上部叶无柄，基部具锐尖的耳，抱茎；总苞钟状，总苞片2～3层；舌状花黄色；瘦果长椭圆状倒卵形，扁平，淡褐色，边缘有微齿，两面各有3条纵肋，肋间具横皱纹；分布较广，生于农田、路旁；嫩叶也可作蔬菜食用。

（5）苦荬菜属（*Ixeris* Cass.） 一年生、二年生或多年生草本。基生叶莲座状，茎生叶互生，全缘、具齿或羽状分裂。头状花序排成伞房状或圆锥状；总苞圆筒状或坛状，总苞片2层；舌状花黄色、白色或淡紫色。瘦果纺锤状，具10条等形的纵肋，有喙；冠毛1层。本属约20种，分布于东亚及东南亚；我国约有4种，广布。

常见植物：山苦荬［*Ixeris chinensis*（Thunb.）Nakai］（图4-98）为多年生草本；叶条形、条状披针形或披针形，全缘、具疏齿或不规则羽状深裂或浅裂；花黄色或白色，少淡紫色；南北各地均产，为农田杂草。

第二节　单子叶植物纲（Monocotyledoneae）或百合纲（Liliopsida）

单子叶植物和双子叶植物同属被子植物亚门，两者在根系类型、茎的维管束组成和排列、脉序、花的基数、子叶数目等方面都有明显的区别。根据植物的形态特征，克朗奎斯特植物分类系统将单子叶植物纲分为泽泻亚纲、槟榔（棕榈）亚纲、鸭跖草亚纲、姜亚纲和百合亚纲共5个亚纲。

七、泽泻亚纲（Alismatidae）

泽泻亚纲植物为水生或湿生草本，或菌根营养而无叶绿素。单叶，常互生，平行脉，通常基部具鞘。花常大而显著，整齐或不整齐，两性或单性，花序种种；花被3数2轮，异被，或退化或无；雄蕊3至多数，花粉粒全具3核，单槽或无萌发孔；雌蕊具1至多个分离或近分离的心皮，偶结合，每个心皮或每室具1至多枚胚珠，通常具双珠被及厚珠心，胚乳无，或不为淀粉状。

泽泻亚纲包括泽泻目、水鳖目、茨藻目和霉草目等目，共计16科。

（四十二）泽泻目（Alismatales）

泽泻目植物为水生或沼生植物。叶基生或茎生，茎生叶互生、对生或轮生，叶片线形或宽阔，基部常具鞘（不闭合），有时分化为叶片和叶柄，稀无分化的。花葶或总花梗顶生于总苞内，聚伞状伞形花序，或为总状花序、圆锥花序，或有时为单花；花整齐，3基数或部分为多数，两性、单性或杂性；花被6，2轮，外轮为萼片，常绿色、宿存，内轮为花瓣，常为白色，脱落稀宿存；雄蕊3至多数，离生，稀基部合生，或具一些退化雄蕊；雌蕊心皮3～20，分离或基部连合，1轮，或多数离心皮雌蕊呈螺旋状排列，子房上位或有时下位。

泽泻目包括泽泻科、沼草科（Limnocharitaceae）和花蔺科（Butomaceae）共3科，下面介绍泽泻科。

泽泻科（Alismataceae）

$$* \ P_{3+3} \ A_{6\sim\infty} \ \underline{G}_{6\sim\infty}$$

泽泻科有11属，约100多种，世界广布，主要分布于北半球温带及亚热带地区；我国有4属20余种，遍布全国。其中泽泻入药，慈姑的球茎供食用。

泽泻科的特征：多年生或一年生水生或沼生草本。叶基生，有长柄，基部具开裂的叶鞘，叶片形状多变，线形、卵形至箭形，叶脉弧形，常有平行小脉。轮生总状或圆锥花序；花两性或单性，同株或异株；有苞片；萼片 3，宿存；花瓣 3，脱落；雄蕊 6 至多数；心皮多数，分离，螺旋状着生于突出的花托上，或轮状排列于扁平的花托上，花柱针状，宿存，子房上位，1 室，胚珠 1 枚。瘦果，种子无胚乳。染色体 $x=5\sim10$（稀 13）。

（1）泽泻属（*Alisma* Linn.）　叶基生，椭圆形或卵形。圆锥花序；花两性，轮生；萼片 3；雄蕊 6；心皮多数，在扁平的花托上排列或 1 轮。瘦果。本属约 11 种，分布于北温带和大洋洲；我国有 6 种，遍布全国。

图 4-99　小泽泻、东方泽泻、膜果泽泻、草泽泻及泽泻

1～3. 小泽泻（*Alisma nanum* D. F. Cui）　1. 叶片　2. 雄蕊　3. 果

4～5. 东方泽泻［*Alisma orientale*（Sam.）Juz.］　4. 雄蕊　5. 雌蕊

6～8. 膜果泽泻（*Alisma lanceolatum* Wither.）　6. 植株　7. 果　8. 雌蕊

9～12. 草泽泻（*Alisma gramineum* Lej.）　9. 叶片　10. 雄蕊　11. 果　12. 花

13～17. 泽泻（*Alisma plantago-aquatica* Linn.）　13. 植株　14. 花　15. 雄蕊　16. 雌蕊　17. 果

常见植物：东方泽泻［*Alisma orientale*（Sam.）Juz.］（图 4-99）为多年生水生或沼生草本；挺水叶宽披针形至椭圆形；花较小，直径 6～7mm，内轮花被片短于或等长于外轮，花柱约与子房等长；产于东北、华北、西北和西南；水田杂草，地下球茎可入药，有利水、渗湿、泄热的功用。还有泽泻（*Alisma plantago-aqutica* Linn.）、小泽泻（*Alisma nanum* D. F. Cui)、膜果泽泻（*Alisma lanceolatum* Wither.）和草泽泻（*Alisma gramineum* Lej.）（图 4-99）等。

（2）慈姑属（*Sagittaria* Linn.）沉水叶带状，浮水叶戟形。总状花序和圆锥花序；花单性，雄蕊多数，心皮多数，螺旋状着生于球形或长椭圆形的花托上。本属约 30 种，分布于温带和热带地区；我国约有 9 种，多见于南北各地的水稻田或沼泽地。

常见植物：欧洲慈姑（*Sagittaria sagittifolia* Linn.）（图 4-100）为多年生水生草本，地下有匍匐枝，枝端膨大成球茎；挺水叶箭形、具长柄；总状花序每节有 3～5 花轮生，花单性，花序下部为雌花，上部为雄花，雄蕊和心皮均为多数；花冠白色，基部常紫色；南方各地多有栽培，球茎供食用。野慈姑（*Sagittaria trifolia* Linn.）（图 4-100）与慈姑［*Sagittaria trifolia* Linn. var. *sinensis*（Sims）Makino］相似，不同的是前者体形较小，地下匍匐枝末端膨大或否；花白色或黄色；分布几遍全国，为常见农田杂草。

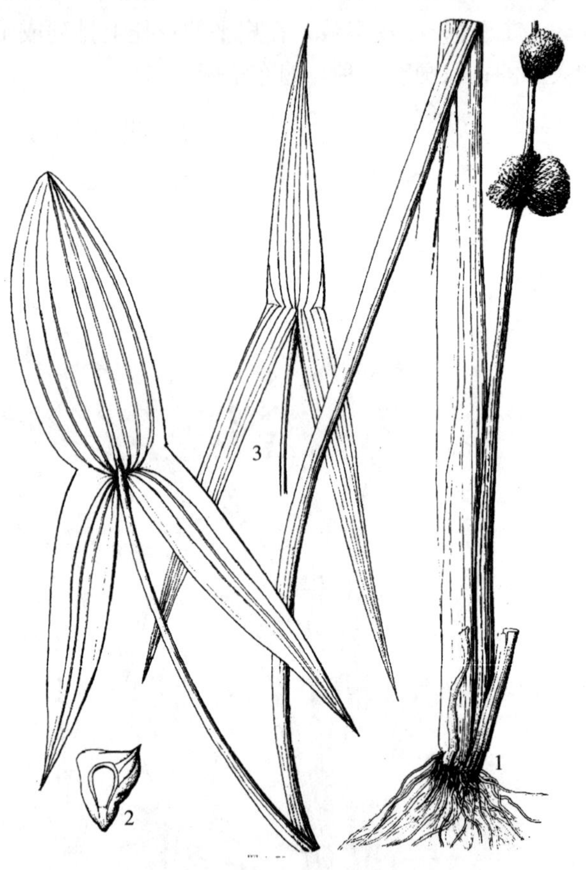

图 4-100 欧洲慈姑和野慈姑

1～2. 欧洲慈姑（*Sagittaria sagittifolia* Linn.）

1. 植株 2. 果

3. 野慈姑（*Sagittaria trifolia* Linn.）叶

（3）毛茛泽泻属（*Ranalisma* Stapf） 2 种。毛茛泽泻（*Ranalisma rostrata* Stapf)，叶全部基生，叶片具羽状脉；花葶直立，有 1～3 朵花；花两性，花托凸出成球形，雄蕊 9，心皮多数；聚合瘦果。分布于马来西亚和非洲，我国浙江亦产。另一种分布于西非。

八、槟榔（棕榈）亚纲（Arecidae）

槟榔（棕榈）亚纲植物多数为高大棕榈型乔木。叶宽大，互生，基生或着生于茎端，常折扇状网状脉，基部扩大成叶鞘。花多数，小型，常集成被佛焰苞包裹的肉穗花序，两性或单性；花被常发育，或退化，或无；雄蕊 1 至多数，花粉常 2 核；雌蕊由 3（稀 1 至多数）心皮组成，常结合，子房上位；胚珠具双珠被及厚珠心；胚乳发育为沼生目型、核型和细胞型，非细胞型，常非淀粉状。

槟榔亚纲包括槟榔目、天南星目和露兜树目等 4 个目，共计 5 个科。

（四十三）槟榔目（Arecales）

槟榔目仅槟榔科 1 科，特征同科。

槟榔科（Arecaceae）（棕榈科 Palmae）

$$* \ ♂ \ P_{3+3} \ A_{3+3} \ ♀ \ P_{3+3} \ \underline{G}_{3(3)}; \ ⚥ \ K_3 \ C_3 \ A_{3+3} \ \underline{G}_{3(2)}$$

槟榔科有 210 属，约 2 800 种，分布于热带和亚热带，以热带美洲和热带亚洲为分布中心；我国包括栽培的约有 28 属 100 余种，主要分布于南部和东南部。多为纤维、油料、淀粉及观赏植物。

槟榔科的特征：乔木或灌木，单干直立，多不分枝，顶生大型叶组成棕榈型树冠，稀为藤本。叶常绿，大型，互生，掌状分裂或羽状复叶，裂片或小叶在芽时常内向或外向折叠，中脉或边脉常有刺，叶柄基部常扩大而成纤维状叶鞘。花小，常为淡黄绿色，两性或单性，同株或异株，基本上为 3 基数，整齐或有时稍不整齐，组成分枝或不分枝的肉穗花序或圆锥花序，外被 1 至数枚大型的佛焰状总苞包着，生于叶间或叶下。花被 6，排成 2 轮，分离或合生；雄蕊 6 枚，排成 2 轮，稀为多数；心皮 3，分离或不同程度的联合；子房上位，1～3 室，稀为 4～7 室，每室 1 胚珠，柱头 3。核果或浆果，外果皮肉质或纤维质；有时覆盖以覆瓦状排列的鳞片。染色体 $x=13\sim18$。

（1）棕榈属（*Trachycarpus* H. Wendl.） 小至中等乔木，常绿。叶掌状分裂，裂片多数顶浅 2 裂。花常单性，异株，聚成多分枝的肉穗花序或圆锥花序，佛焰苞显著；萼和花瓣 3 裂；雄蕊 6；子房 3，深裂。果球形、肾形或长椭圆形。本属有 8 种，分布于东亚；我国约有 3 种，分布于西南至东南部。

常见植物：棕榈［*Trachycarpus fortunei* (Hook. f.) H. Wendl.］（图 4-101），长江以南广泛栽培，供观赏，树干可为支柱和小器具之材，叶鞘纤维可制绳索、床垫、蓑衣、刷子等，嫩叶可制扇、帽，果实及叶鞘纤维可供药用。

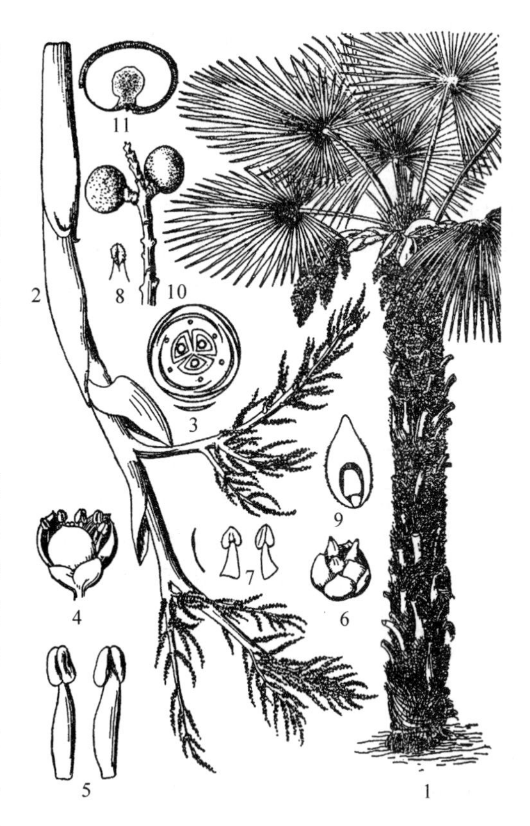

图 4-101 棕榈［*Trachycarpus fortunei* (Hook. f.) H. Wendl.］
1. 植株 2. 雄花序 3. 花图式 4. 雄花 5. 雄蕊的内外面 6. 雌花 7. 雌花中的退化雄蕊 8. 柱头 9. 子房纵切面（示胚珠） 10. 部分果序 11. 果的横切面

（2）蒲葵属（*Livistona* R. Br.） 乔木。叶柄长，边缘有刺；叶片深裂至中部或不及中部，裂片条形，顶端渐尖并分裂为2小裂片。花小，两性，黄绿色；佛焰苞多数套着花柄；雄蕊6，花丝合生成一环；心皮3，近于离生，3室。核果球形或卵状椭圆形。本属约30种，分布于热带亚洲和澳大利亚北部；我国有4种，分布于我国南部至台湾。

常见植物：蒲葵［*Livistona chinensis*（Jacq.）R. Br.］树干粗糙，叶阔肾状扇形，掌状深裂至中部，裂片下垂，叶柄长达2m，下部有2列逆刺；核果黑色，长1.8～2cm；产于我国南部诸省区，嫩叶制蒲扇，叶之裂片的中脉可制牙签，种子药用。

（3）椰子属（*Cocos* Linn.） 仅椰子（*Cocos nucifera* Linn.）1种。乔木；叶羽状全裂。花单性同株，肉穗花序腋生，多分枝；雄花生于花序上部，花被6，左右对称，雄蕊6；雌花生于花序基部，子房3室，每室1胚珠，但只有1胚珠成熟。果大，倒卵形或近球形，长达25cm，中果皮厚，纤维质，内果皮坚硬，近基部有3个萌发孔。种子1枚，种皮薄，紧贴乳白色坚实的胚乳，胚乳内的空腔含有汁液，胚基生。椰子分布于热带海岸上，我国广东、海南、云南和台湾均产。果实为南方著名果品之一，胚乳称为椰肉，可榨油；中果皮的纤维可制绳索，树干做建材。

（4）其他 槟榔科著名植物还有槟榔（*Areca catechu* Linn.），原产于马来西亚，我国广东、云南和台湾有栽培，种子和果皮供药用。油棕（*Elaeis guineensis* Jacq.）原产于非洲，我国海南、广东和云南有栽培，核仁富含油脂供食用，果皮含油用做工业润滑油。椰枣（*Phoenix dactylifera* Linn.）产于非洲，果制蜜枣。此外，还有一些具有热带景观特色的观赏树种，如大王椰树［*Roystonea regia*（H. B. K.）O. F. Cook］原产于美国佛罗里达与古巴，我国华南地区有栽培，做行道树。鱼尾葵（*Caryota ochlandra* Hance），产于我国南部，北方温室多有栽培，供观赏。假槟榔［*Archontophoenix alexandrae*（F. J. Muell.）Wendl. et Drude］原产于澳大利亚，我国南方栽培做行道树或庭园观赏。棕竹［*Rhapis excelsa*（Thunb.）Henry ex Rehd.］分布于东南至西南各地，广泛栽培，秆可作手杖和伞柄，根药用。

（四十四）天南星目（Arales）

天南星目植物为草本，少攀缘木本，很少水生。叶基生或茎叶互生，叶片宽，全缘或有各种分裂，常为戟形，具柄。肉穗花序，常为一大型佛焰苞所包，佛焰苞常具彩色；花小，两性或单性；花被缺或退化为鳞片状；子房上位。浆果或胞果；种子有丰富胚乳或缺。

天南星目包括天南星科和浮萍科（Lemnaceae），下面介绍天南星科。

天南星科（Araceae）

$$K_{0,4\sim8}\ C_0\ A_{1\sim\infty}\ \underline{G}_{1\sim\infty}$$

天南星科有115属2 000余种，大多分布于热带和亚热带地区；我国有35属约206种，主要分布于南方，多生于阴湿的山地和沼泽。有许多药用植物和观赏植物。

天南星科的特征：草本，少木质藤本，多含水汁或乳汁液或有辛辣味并常具草酸钙结晶。具根状茎或块茎。叶基生或茎生，互生，单叶或复叶，叶片戟形或箭形，具网状脉，基部常具膜质鞘。肉穗花序为一佛焰苞所包，佛焰苞常具彩色；花小，两性或单性；花被缺或为鳞片状，4～6片；单性同株时，雄花常生于肉穗花序上部，雌花生于下部，花序中部为不育部分或为中性花；雄蕊1～4或6（8），分离或合生，花粉1～4沟、3孔；雌蕊由2～15心皮组成，子房上位，1至多室。通常为浆果。染色体$x=7\sim17$。

（1）半夏属（*Pinellia* Ten.）　多年生沼生草本，具块茎。叶基生，掌状 3～7 裂，叶柄基部常有珠芽。花茎单生，肉穗花序延长成柱状附属体，佛焰苞顶端闭合，筒部内卷，花序包于筒内；花单性，雌雄同株，无花被；雄蕊单 1，花药 2；雌花部分与佛焰苞贴生，心皮 1，子房上位，1 室，1 胚珠。浆果。本属约 6 种，分布于东亚；我国有 5 种，除东北和西北外，其他地区均有分布。

常见植物：半夏［*Pinellia ternata*（Thunb.）Ten. ex Breit.］块茎小球形；叶从块茎的顶部生出，1 年生的叶为单叶，卵状心形；2～3 年生叶为 3 小叶组成的复叶；佛焰苞绿色，上部紫红色；浆果小，熟时红色；除东北和西北外，其他地区均产；块茎有毒，炮制后入药，能燥湿化痰、降逆止呕；生用消疖肿，因仲夏采其块茎药用，故名半夏。掌叶半夏（*Pinellia pedatisecta* Schott）2～3 年生，叶为掌状全裂，裂片 5～9；产于河北、山西、山东、河南、陕西、四川、江苏和安徽等省，块茎同半夏入药。

（2）天南星属（*Arisaema* Mart.）　多年生草本，有块茎。叶基生，掌状复叶具 3～5 小叶，或多数小叶呈鸟趾状排列，叶脉网状，叶鞘明显抱茎。肉穗花序附属体有多种形状，延伸很长；花单性异株；子房 2 室，胚珠 2 或多数。本属约 150 种，分布于热带和温带亚洲；我国有 80 多种，主要分布于西南部，其他地区较少。

常见植物：天南星（*Arisaema consanguineum* Schott）（图 4-102）块茎扁球形、较大；叶单一，有小叶 7～23 片，辐射状排列；肉穗花序顶端附属体棍棒状，稍伸出佛焰苞；广布，从河北至西藏以南均产；块茎有毒，加工后入药，为镇痉、镇痛、祛痰药。异叶天南星（*Arisaema heterophyllum* Bl.）小叶 13～21 片，鸟足状排列；附属体向上渐细呈尾状；块茎也作天南星入药；产于华北、华中、华东、西南及华南。东北天南星（*Arisaema amurense* Maxim.）与天南星相似，不同的是叶常由 5 枚小叶组成，幼时为 3 小叶；产于东北和河北；块茎同天南星入药。

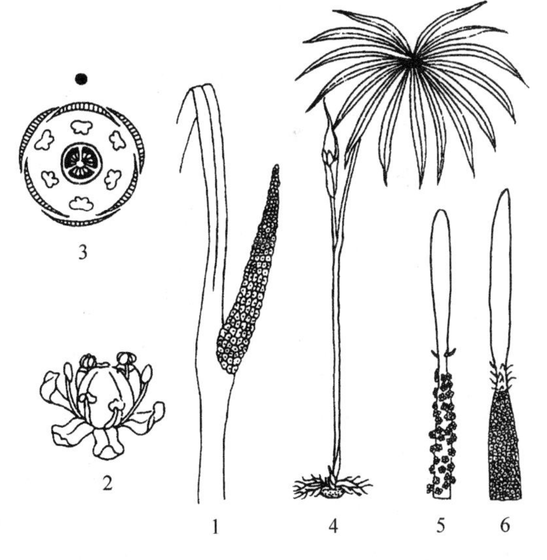

图 4-102　菖蒲及天南星

1～3. 菖蒲（*Acorus calamus* Linn.）

1. 肉穗花序　2. 花　3. 花图式

4～6. 天南星（*Arisaema consanguineum* Schott）

4. 植株　5. 雄花序　6. 雌花序

（3）菖蒲属（*Acorus* Linn.）　多年生沼生草本，具匍匐根状茎，有香气。叶长剑形，二列互生，具平行脉。肉穗花序圆柱状，佛焰苞叶状而不包着花序；花小，两性；花被片 6，线形；子房 2～3 室，胚珠多数。浆果。本属有 4 种，分布于北温带至亚热带；我国均产，几遍布全国。

常见植物：菖蒲（*Acorus calamus* Linn.）（图 4-102）根状茎粗大，横卧；叶剑状条形，有明显中肋；生浅水中，全草芳香，可作香料、驱蚊；根状茎入药，能开窍化痰，辟秽杀虫。

（4）其他　本科经济植物还有：芋（又名芋头）［*Colocasia esculenta*（Linn.）Schott］原产于南亚，我国长江以南多有栽培，块茎肥厚，供食用。大薸（又名水浮莲，*Pistia stratiotes* Linn.）产于珠江流域，常栽培做猪饲料，亦供药用。马蹄莲［*Zantedeschia aethiopi-*

ca（Linn.）Spr.］为温室栽培花卉。龟背竹［*Monstera deliciosa*（Linn.）Liebm.］为大藤本，赏叶植物，原产于墨西哥，我国南方露地栽培而北方多盆栽赏叶。粤万年青（*Aglaonema modestum* Schott）（图4-103）产于我国南部，栽培赏叶。花叶万年青［*Dieffenbachia picta*（Lodd.）Schott］原产于南美，我国栽培观赏。魔芋（*Amorphophallus rivieri* Durieu）产于我国西南，栽培观赏，块茎入药。独角莲（*Typhonium giganteum* Engl.）产于山西、河南、陕西、甘肃和四川等省，块茎入药称为白附子。

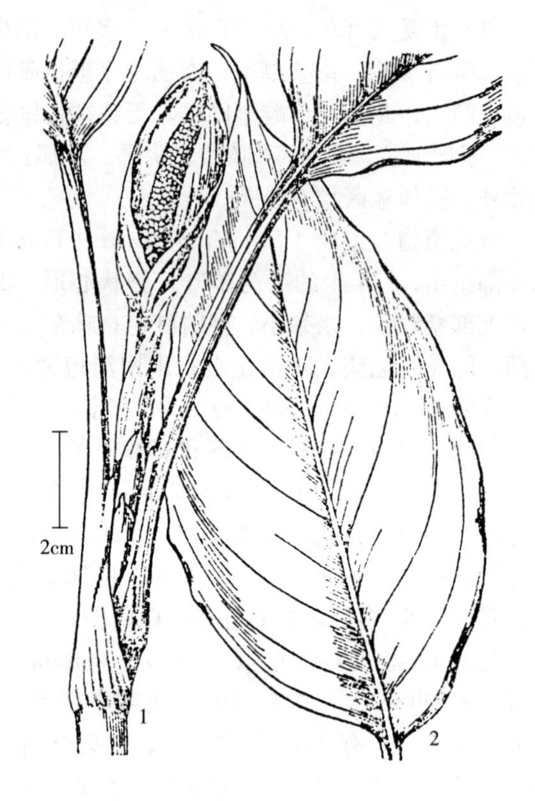

图4-103 粤万年青（*Aglaonema modestum* Schott）
1. 花序 2. 叶

九、鸭跖草亚纲（Commelinidae）

鸭跖草亚纲植物为草本，偶有木本，无次生生长和菌根营养。叶互生或基生，单叶，全缘，基部具开放或闭合式叶鞘或无。花两性或单性，常无蜜腺；花被常显著，异被，分离，或退化成膜状、鳞片状或无；雄蕊常3或6，花粉粒2或3核，单萌发孔；雌蕊由2或3（稀4）心皮组成，子房上位；胚珠1至多数，常具双珠被，厚或薄珠心；胚乳发育为核型，有时为沼生目型，全部或大多数为淀粉型。果实为干果，开裂或不裂。

鸭跖草亚纲包括鸭跖草目、灯心草目、莎草目等7个目，共计16个科。

（四十五）鸭跖草目（Commelinales）

鸭跖草目植物为草本。叶互生或基生，具闭合叶鞘，少无鞘。花两性，辐射对称或两侧对称，3基数；萼片3，绿色或膜片状；花瓣3，分离或基部联合；雄蕊3或6；雌蕊由3心皮组成，子房上位，3室或1室。蒴果；种子有胚乳。

鸭跖草目包括鸭跖草科和黄眼草科（Xyridaceae）等4科，下面介绍鸭跖草科。

鸭跖草科（Commelinaceae）

$$* 或 \uparrow K_3 C_3 A_6 \underline{G}_{(2\sim3:2\sim3:1)}$$

鸭跖草科有40属约600余种，多分布于热带和亚热带；我国有13属约53种，多分布于东南部。

鸭跖草科的特征：草本，茎具明显的节和节间。叶互生，具闭合叶鞘。聚伞花序或圆锥花序，有时缩短成丛状或单生；花两性，辐射对称或两侧对称；萼片3；花瓣3，分离，有时下部联合；雄蕊6，全育，有时2至更多为退化雄蕊，花丝有时被念珠状毛；无蜜腺；子房上位，3室或2室，每室2或1胚珠。蒴果，室背开裂；种子小，胚乳丰富。染色体$x=5\sim19$，常为6、12、14。

（1）鸭跖草属（*Commelina* Linn.）　匍匐或直立草本。总苞片佛焰苞状，聚伞花序；能育雄蕊 3 枚。本属约 100 种，主产于热带和亚热带地区；我国有 7 种，广布，东南部尤多。

常见植物：鸭跖草（*Commelina communis* Linn.）叶卵状披针形或披针形，无柄或几无柄，有膜质叶鞘；数朵花组成聚伞花序，佛焰苞宽心形，内弯，长约 2cm；花瓣蓝色，有爪；蒴果 2 室，每室 2 种子；产于云南和甘肃以东的南北各地；全草药用，为清热解毒、凉血、利尿、退热药。饭包草（*Commelina benghalensis* Linn.）与鸭跖草相似，不同的是叶卵形或宽卵形；佛焰苞边缘结合呈漏斗状；产于秦岭和淮河以南各地及河北；全草药用。

（2）水竹叶属（*Murdannia* Royle）　匍匐或直立草本。总苞片不呈佛焰苞状；圆锥花序或聚伞花序；能育雄蕊 3 枚与萼片对生，退化雄蕊 3 裂或有 3 小体。本属约 40 种；我国约有 20 种，分布几遍全国。

常见植物：水竹草［*Murdannia triquetra*（Mall.）Brückn.］，叶狭披针形；花单生于分枝顶端的叶腋，红紫色或淡红色；蒴果长圆状三棱形，3 瓣裂；产于山东、河南以南诸省区。

（3）竹叶子属（*Streptolirion* Edgew.）　仅竹叶子（*Streptolirion volubile* Edgew.）1 种，为缠绕草本，侧枝穿鞘而出。叶具长柄，叶片卵状心形。花白色，少数，排成腋生和顶生的蝎尾状聚伞花序；萼片长椭圆形；花瓣线形；雄蕊 6，全育，花丝有毛；子房 3 室，每室 2 胚珠。蒴果具喙。产于东北、华北和西南。

（4）其他　本科引种的花卉：白花紫露草（*Tradescantia fluminensis* Vell.）茎匍匐；叶卵状长圆形，叶鞘上端有毛；花白色；原产于北美，我国引种栽培作盆景。吊竹梅（*Zebrina pendula* Schnizl.）茎匍匐，叶卵状长圆形，上面绿色，有白色或紫色条纹，下面紫红白；花冠筒白色，裂片紫色；原产于墨西哥，我国引种栽培作盆景。紫竹梅（*Setcreasea purpurea* Boom.）全株紫色，茎较粗壮；叶长圆形，边缘有长纤毛；花玫瑰紫色；原产于墨西哥，我国引种栽培，为赏叶植物。

（四十六）灯心草目（Juncales）

灯心草目植物为草本或稀灌木状。叶具鞘或叶片常退化。花小，两性，辐射对称，排成各式花序；花被片 6，革质或干膜质，排列成两轮；雄蕊 6 枚，稀 3 或 2 枚；雌蕊由 3 心皮组成，子房上位，3 室或 1 室。蒴果，具 3 至多数种子。

灯心草目包括灯心草科和硅草科（Thurniaceae）。

灯心草科（Juncaceae）

$$* \ P_{3+3} \ A_6 \ \underline{G}_{(3:1\sim3:3\sim\infty)}$$

灯心草科有 8 属约 300 种，多分布于温带和寒带地区的湿地以及热带山地；我国有 2 属约 93 种，分布几遍全国，是构成我国湿地的重要组成成分。

灯心草科的特征：草本。常具根状茎；茎秆多簇生。叶基生或茎生，扁平至圆柱状、披针形、条形或毛发状，有时退化呈刺芒状；叶鞘开放或闭合。花序各式，顶生或有时假侧生；花单生或聚成穗状或头状，小型，两性，整齐，具 2 枚苞片或缺；花被片 6，排成两轮，革质或干膜质；雄蕊 6 枚，或有时内轮 3 枚退化，花药 2 室；雌蕊由 3 心皮组成，子房上位，1 室或 3 室，花柱单 1，柱头 3。蒴果 3 瓣裂；种子 3 枚或多数。染色体 x

＝3～36。

（1）灯心草属（*Juncus* Linn.） 植物叶基生或同时茎生，有时全部退化为鞘状鳞片，叶鞘开放。花有先出叶或否。蒴果有多数种子；种子常具尾状附属物。本属约240多种，分布于全球，但主产地为温带或寒带；我国有77种，全国均有分布，多生于水边或浅水中。

常见植物：灯心草（*Juncus effusus* Linn.）为多年生，茎丛生，圆柱形；无叶而仅具叶鞘；总苞片圆柱形，似茎的延伸，聚伞花序侧生，花多数，小型，花被片淡绿色，长2～4mm；分布几遍全国；茎可编席，茎髓入药。小灯心草（又名大花灯心草，*Juncus bufonius* Linn.）为一年生草本，无根状茎；叶基生和茎生，叶片细弱，长2～9cm，宽约1mm；二歧聚伞花序顶生，花单生于分枝顶端，花被片长5.5～6.5mm；分布于长江流域以北各地及云南。细灯心草［*Juncus gracillimus*（Buch.）V. I. Krecz. et Gontsch.］（图4-104）多年生。茎高20～60cm。叶狭条形，基部有鞘。圆锥状聚伞花序顶生，总苞片叶状，长于或等于花序。棱叶灯心草（*Juncus articulatus* Linn.）叶片圆筒形，具横向的棱肋，产于新疆。均可供药用，青鲜时家畜采食或稍采食，干草各种家畜均采食。

图4-104 细灯心草［*Juncus gracillimus*（Buch.）V. I. Krecz. et Gontsch.］
1. 植株和花序 2. 花 3. 果实和宿存花被 4. 种子

（2）地杨梅属（*Luzula* DC.） 叶鞘闭合，叶片边缘多少具缘毛。花有先出叶。蒴果仅有3枚种子。本属约70种，主产于东半球热带地区；我国约有16种，分布于东北、西北、华北、华东以及西南，多生于山地草甸。多数种可做牧草，家畜采食。

常见植物：淡花地杨梅［*Luzula pallescens*（Wahlenb.）Bess.］为多年生草本；由5～10个穗状花序组成较疏松的聚伞花序，穗状花序卵形，长4～7mm，多花；花被片黄褐色，内轮短于外轮；产于东北、西北、华北和西南。多花地杨梅［*Luzula multiflora*（Retz.）Lei.］与淡花地杨梅相似，不同的是叶片边缘具白色长柔毛；全国各地均产。低头地杨梅［*Luzula spicata*（Linn.）DC.］穗状花序单一，顶生而下垂；产于新疆。

（四十七）莎草目（Cyperales）

莎草目植物为多年生或一年生草本，稀为木本或乔木状植物，但都没有次生生长。叶大多2列或3列，具开放或闭合的叶鞘及平行脉，通常具狭窄、或多或少延长的叶片。花小而不明显，聚成头状或穗状花序；花两性或单性，通常每一花为一膜片状苞片所包或包于两鳞片之间；花被片 1～3 枚，退化为短鳞片状，或为 1 至多枚刚毛，或缺；雄蕊大多 3 枚，少 1 枚、2 枚或 6 枚，罕有多数；雌蕊由 2 或 3（4）心皮合生而成，子房上位，1 室 1 胚珠；花柱顶生，柱头分枝与心皮同数。果为不开裂的瘦果、小坚果或颖果，具 1 粒种子。

莎草目包括莎草科和禾本科。

1. 莎草科（Cyperaceae）

$$⚥\ P_{0\sim\infty}\ A_{1\sim3}\ G_{(2\sim3:1:1)};\ ♂\ P_{0}\ A_{3};\ ♀\ P_{0}\ \underline{G}_{(2\sim3:1:1)}$$

莎草科约有 80 余属 4 000 余种，广布于全世界；我国有 28 属 500 余种，分布于全国各地，是构成我国湿地以及高山草甸、亚高山草甸和高寒草原的重要组成成分，在草原和荒漠地带分布不多。莎草科植物在单子叶植物中是一个比较大的科，营养价值较高，但其味淡，茎叶常为二氧化硅所浸润而坚硬粗糙，其饲用价值仅次于禾本科、豆科和杂类草，具有重要的饲用价值和生态作用。此外，有不少种可供编织、造纸，有些种可供药用和食用，也有农田杂草。

莎草科的特征：多年生、稀一年生草本；多具根状茎兼具球茎；秆中实，常为三棱形，基部具闭合的叶鞘或叶片退化而仅具叶鞘。花序由小穗组成，小穗单生或若干小穗再排列成穗状、头状、圆锥状或长侧枝聚伞花序，花序下通常具 1 至多数叶状、刚毛状或鳞片状苞片，苞片基部具鞘或无；花两性或单性，雌雄同株，少有雌雄异株，单生于鳞片（颖片）腋间，由 2 至多数花（极少仅具 1 花）组成穗状花序（称为小穗），小穗鳞片覆瓦状螺旋排列或为二行排列，小花无花被或花被退化成下位刚毛或下位鳞片，有时雌花为先出叶所形成的果囊所包被；雄蕊 3 枚，少为 2 或 1 枚，花粉 1～4 孔；子房 1 室，具 1 胚珠，花柱单 1，柱头 2～3 裂。小坚果三棱形、双凸状或圆球形。染色体 $x=5$。

莎草科专用术语（图 4-105）

先出叶与果囊（囊苞）：通常相当于双子叶植物花序梗基部的小苞片。先出叶有两种类型，一种是生长于花序分枝基部或小穗柄基部的总苞片和苞片，又称为枝先出叶；另一种是生长于雌花基部的苞片，如在嵩草属（*Kobresia*）中，雌花基部的苞片边缘分离或部分愈合，并不完全包裹雌花，在薹草属（*Carex*）中，雌花基部的苞片其边缘则完全愈合呈囊状并全部包裹雌花，称做果囊（囊苞），又称为先出叶。

长侧枝聚伞花序：小穗具柄或否，数枚至多枚簇生于茎秆的顶端或侧部，若有一部分小穗梗伸长，顶端分枝，分枝的顶端着生一至数枚有梗或无梗小穗，分枝还可伸长再进行分枝，称为长侧枝聚伞花序。第一次分枝的小穗梗称为第一次辐射枝，第二次分枝的小穗梗称为第二次辐射枝。

花柱基：在荸荠属（*Eleocharis*）中，花柱的基部、接近子房的膨大部分称为花柱基，其形状各异，并宿存于小坚果的顶端。

小穗雌雄顺序：小穗中上部的花为雌性，下部的花为雄性。

小穗雄雌顺序：小穗中上部的花为雄性，下部的花为雌性。

小坚果平凸形（状）：小坚果稍压扁，其相对应的两面，一面平而另一面凸。

小坚果双凸形（状）：小坚果稍压扁，其相对应的两面皆凸。

侧生支小穗：如嵩草属之复穗状花序的分支。

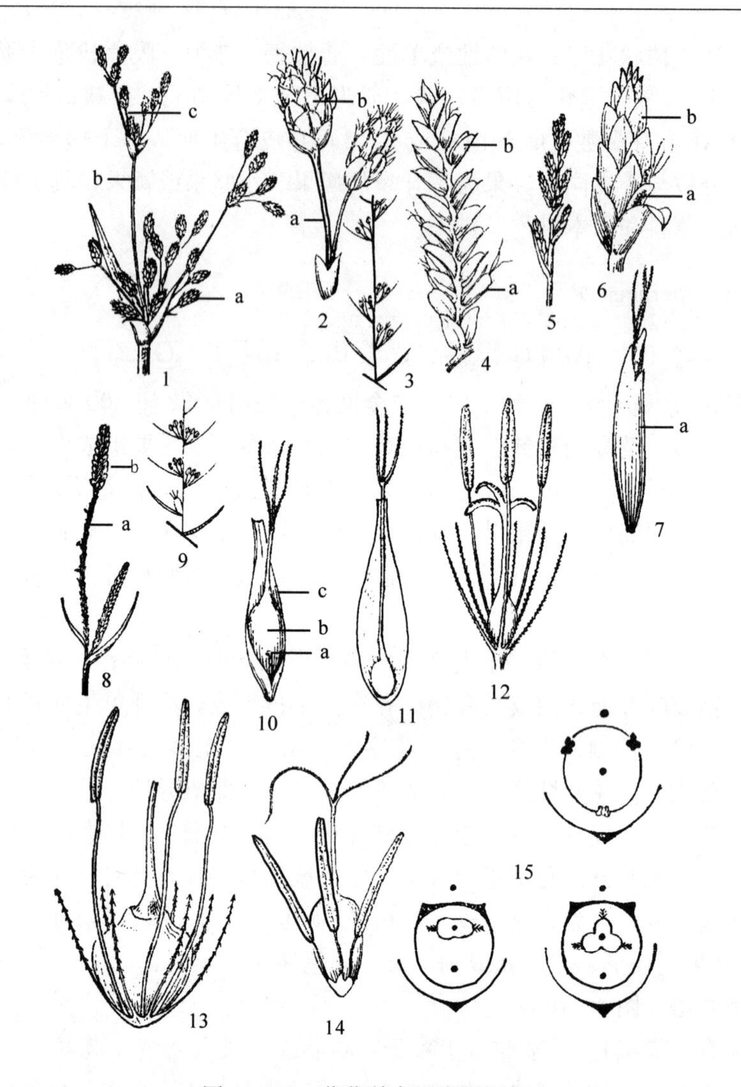

图 4-105　莎草科专用术语图解

1. 长侧枝聚伞花序（a. 小穗　b. 第一次辐射枝　c. 第二次辐射枝）　2. 小穗（藨草型）（a. 小穗梗　b. 鳞片）　3. 小穗（藨草型）图解　4. 小穗（莎草型）（a. 花　b. 鳞片）　5. 粗状嵩草的花序　6. 粗壮嵩草的小穗（a. 支小穗　b. 鳞片）　7. 粗壮嵩草的雌性支小穗（a. 先出叶）　8. 亮鞘薹草的雌雄顺序小穗（a. 雄花　b. 雌花）　9. 雌雄顺序小穗图解　10. 嵩草一种的雌性支小穗的先出叶（a. 退化小穗轴　b. 雌花　c. 先出叶）　11. 薹草属的雌花（示果囊切开，里面的为雌蕊）　12、13. 藨草属的花（示下位刚毛）　14. 鳞籽莎（*Lepidosperma chinense* Nees）的花（示下位鳞片）　15. 薹草属花图式

莎草科常见植物分属检索表

1. 花两性或单性，无先出叶所形成的果囊（Ⅰ. 藨草亚科 Scirpoideae Pax）。
　2. 花两性，很少单性。
　　3. 鳞片螺旋状排列；下位刚毛存在或因减退而趋向缺失。
　　　4. 小穗由多数花组成，很少仅有几朵花（i. 藨草族 Scirpeae Kunth）。
　　　　5. 花柱基部不膨大，与小坚果连接处界限不明显。
　　　　　6. 下位刚毛内轮和外轮全为刚毛状或细丝状，很少缺失。

7. 小穗不成两列；花序不为穗状，而为头状，或为简单的或复出的长侧枝聚伞花序，很少仅有1小穗。
8. 下位刚毛粗短，呈刚毛状，常有刺，通常6条，很少6～9条，或缺失 …………………………………… 藨草属（*Scirpus* Linn.）
8. 下位刚毛细丝状，多数，极少仅6条，开花后伸长为鳞片的许多倍 …………………………………… 羊胡子草属（*Eriophorum* Linn.）
7. 小穗成两列着生在穗轴上；花序为穗状 ………………………… 扁穗草属（*Blysmus* Panz.）
6. 内轮的下位刚毛为花瓣状，外轮仍为刚毛状 ……………………… 芙兰草属（*Fuirena* Rottb.）
5. 花柱基部膨大，与小坚果连接处一般界限分明。
9. 下位刚毛3～8条，有时缺失；花柱基通常呈僧帽状，宿存于小坚果上面；叶缺；小穗单生 …………………………………… 荸荠属（*Heleocharis* R. Br.）
9. 下位刚毛缺如；花柱基膨大；叶常基生，很少仅有鞘而无叶片；小穗多数，很少1枚。
10. 花柱基宿存 …………………………………… 球柱草属（*Bulbostylis* Kunth）
10. 花柱基脱落 …………………………………… 飘拂草属（*Fimbristylis* Vahl）
4. 小穗仅有少数几朵花（常减少至1～2花）；两性花在小穗顶部或中部（ⅱ. 刺子莞族 Rhynchosporeae Nees） …………………………………… 刺子莞属（*Rhynchospora* Vahl）
3. 鳞片不为螺旋状而为两行排列；下位刚毛缺失（ⅲ. 莎草族 Cypereae Ness）；小穗轴连续，基部也无关节，小穗不脱落。
11. 柱头3；小坚果三棱形 …………………………………… 莎草属（*Cyperus* Linn.）
11. 柱头2；小坚果双凸状、平凸状或凹凸状。
12. 小坚果背腹压扁，面向小穗轴 ………………… 水莎草属［*Juncellus*（Griseb.）C. B. Clarke］
12. 小坚果两侧压扁，棱向小穗轴 …………………………………… 扁莎草属（*Pycreus* P. Beauv.）
2. 花单性，极少两性。
13. 穗状花序单个，假侧生；苞片秆状（ⅳ. 割鸡草族 Hypolytreae Ness） …………………………………… 石龙刍属（*Lepironia* L. C. Rich.）
13. 圆锥花序顶生，复出，通常粗壮，延长，有时退化为间断的穗状；苞片叶状，具鞘 …………………………………… 珍珠茅属（*Scleria* Berg.）
1. 花单性，雌花有先出叶，绝大多数先出叶在边缘合生成果囊，很少完全离生（Ⅱ. 薹草亚科 Caricoideae Pax，ⅴ. 薹草族 Cariceae Ness）。
14. 果囊仅于基部1/3处合生，小坚果不包于囊内 ………………………… 嵩草属（*Kobresia* Willd.）
14. 果囊全部合生，小坚果包于囊内 …………………………………… 薹草属（*Carex* Linn.）

Ⅰ. 藨草亚科（Scirpoideae Pax）

ⅰ. 藨草族（Scirpeae Kunth）

（1）藨草属（*Scirpus* Linn.）　秆三棱形，丛生或散生，具根状茎或无，有时具块茎。叶有叶片或仅有鞘。花序为简单或复出的长侧枝聚伞花序，或头状，极少仅有1枚小穗；小穗含多数花，鳞片螺旋状排列，每鳞片内均具1朵两性花，或最下1至数鳞片中空无花；下位刚毛粗短，呈刚毛状，常具倒刺，通常仅6条，很少6～9条或缺失。本属有200余种，广布全球；我国有37种，广布于全国，多生于湿地与湖沼的浅水中，为造纸和编织原料，茎叶青鲜时马和牛采食。

常见植物：荆三棱（*Scirpus yagara* Ohwi）根状茎具地下匍匐枝，顶端膨大呈球状块茎，秆高大，锐三棱形；叶扁平，条形；花序下有伸展的禾叶状苞片3～4枚，长侧枝聚伞花序具3～8个辐射枝，每个辐射枝有小穗1～4个，小穗长1～2cm，柱头3；小坚果三棱形；产于东北、华东和西南各地；秆高大粗壮，茎叶可造纸、做饲料，块茎药用，也是制电木粉、酒精、甘油等工业原料。藨草（*Scirpus triqueter* Linn.）根状茎细，秆锐三棱形、柱状；秆基部具2～3个叶鞘；苞片1枚，三棱形，聚伞花序有1～8个辐射枝，每个辐射枝具1～8个小穗；全国各地均产，为编织和造纸原料，也可饲用。扁秆藨草（*Scirpus planiculmis* Fr. Schmidt）（图4-106）与荆三棱相似，不同的是长侧枝聚伞花序短缩成头状，或有时具少数辐射枝；柱头2；小坚果双凸形；全国各地几乎均产，可饲用，青鲜时牛马采食。水葱（*Scirpus validus* Vahl）与藨草相似，不同的是根状茎粗壮，秆圆柱形；柱头2～3；产于东北、华北、西北至西南，秆供编席用。

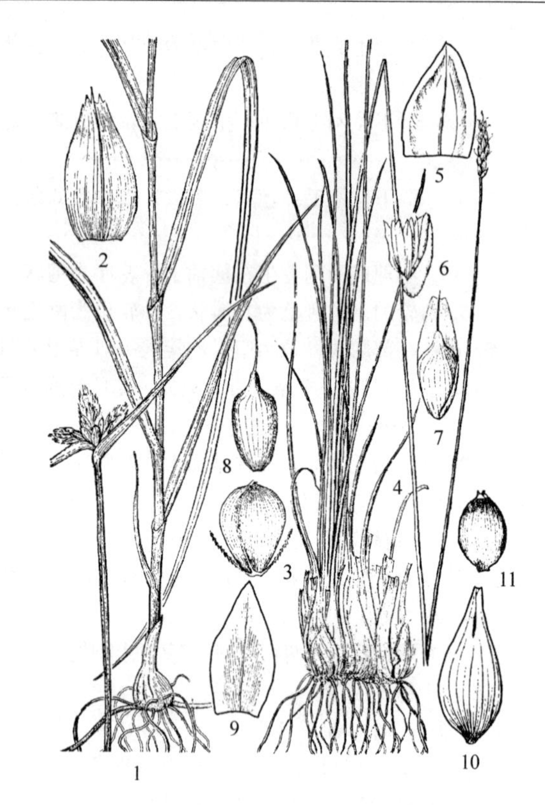

图4-106 扁秆藨草、线叶嵩草及砾薹草

1～3. 扁秆藨草（*Scirpus planiculmis* Fr. Schmidt）
1. 植株下部及花序 2. 鳞片 3. 下位刚毛及小坚果
4～8. 线叶嵩草［*Kobresia capillifolia*（Decne.）C. B. Clarke］
4. 植株 5. 鳞片 6. 雄雌顺序支小穗的雌花及雄花
7. 先出叶 8. 小坚果
9～11. 砾薹草（*Carex stenophylloides* V. Kreez.） 9. 雌花鳞片
10. 果囊 11. 小坚果

（2）扁穗草属（*Blysmus* Panz.） 具匍匐根状茎；秆直立、三棱形。叶基生或秆生。穗状花序单一顶生，具数个至10多个小穗，排成两列或近于两列；每个小穗具少数两性花，鳞片覆瓦状，近于二列；下位刚毛3～6条，或不发育，通常生倒刺；雄蕊3；柱头2裂。小坚果平凸状。本属约3种，产于欧洲和中亚，我国皆产，生于湿地及浅水沼泽。皆为优良牧草，家畜喜食。

常见植物：华扁穗草（*Blysmus sinocompressus* Tang et Wang）秆近于散生，扁三棱形，高2～26cm，叶条形，具脊；苞片叶状，通常长于花序；穗状花序长1.5～3cm，含3～10小穗；下位刚毛卷曲，细长，长约为小坚果3倍；产于华北、西北及西南诸省区。扁穗草［*Blysmus compressus*（Linn.）Panz.］与华扁穗草相似，不同的是下位刚毛直或微弯曲，较粗短，长约为小坚果的2倍；产于新疆，生于湿地及浅水沼泽。

（3）荸荠属（*Heleocharis* R. Br.） 秆丛生或散生，具根状茎。叶退化而仅具叶鞘。小穗单1顶生，直立，通常含多数两性花或有时仅有少数两性花，鳞片螺旋状排列，极少近二列，最下的1～2枚鳞片通常中空无花；下位刚毛4～6（8）条，有时缺或发育不全，通常具倒刺；雄蕊1～3；柱头2～3裂，花柱基部膨大，有各种形状，宿存于小坚果上。本属约有150多种，分布于全球；我国约有30种，遍及全国各地，生于湿地及浅水沼泽。

常见植物：荸荠（*Heleocharis dulcis* Trin.）匍匐根状茎细长，顶端膨大成块茎（称为荸荠）；秆多数丛生，圆柱形，高15～60cm，有横膈膜，干后表面显有节；小穗顶生，圆柱状，长1.5～4cm，横径6～7mm，淡绿色，含多数花，基部有2鳞片；花柱基三角形，与小坚果之间不缢缩，基部具明显的领状环；柱头 3；全国各地广为栽培，块茎除供食用外，还可供药用。中间型荸荠（*Heleocharis intersita* Zinserl.）匍匐根状茎长，秆少数丛生或稍多，圆柱形，干后略扁，高 15～60cm；小穗卵形，长 7～15mm，径 3～5mm，小穗基部一鳞片中空无花，抱小穗 1/2 周；花柱和小坚果之间缢缩，花柱基呈半圆形或短圆锥形，长为小坚果的 1/4，宽为小坚果的 1/3；柱头 2；产于东北和西北，为牧草，牛喜食。牛毛毡［*Heleocharis yokoscensis*（Fanch. et Savat.）Tang et Wang］根状茎很细，秆细如毫发，多数密丛生如牛毛毡（故此得名），高 2～12cm；小穗卵形，长约 3mm，径约 2mm，淡紫色，仅含数花，所有鳞片皆有花，下部的少数鳞片近二列，花柱基和小坚果之间缢缩，花柱基稍膨大呈短尖状，直径约为小坚果的 1/3；柱头 3；小坚果表面细胞呈横线形网纹；几遍布全国，为常见农田杂草。

（4）飘拂草属（*Fimbristylis* Vahl） 秆常稍扁，丛生或散生。叶常基生，很少退化仅为叶鞘。苞片叶状，长侧枝聚伞花序简单或复出，有时聚集成头状或仅具 1 枚小穗；小穗具多数或少数两性花；鳞片螺旋状排列；无下位刚毛；雄蕊 1～3 枚；花柱 2～3 裂，基膨大呈小球形，脱落。本属约有 130 种，主产于温带地区；我国有 47 种，全国各地均有分布，生于湿地及湖沼浅水中。

常见植物：两歧飘拂草［*Fimbristylis dichotoma*（Linn.）Vahl］无根状茎，秆丛生，高 15～50cm；叶线形，略短于秆或与秆等长；苞片3～4 枚，叶状；长侧枝聚伞花序复出、小穗单生于辐射枝顶端，卵形，椭圆形或长圆形，长4～12mm；小坚果双凸形，表面有横向的长圆形网纹，纵肋显著隆起；柱头 2；产于东北、华北、华中、华东和西南，为常见稻田杂草。水虱草［*Fimbristylis miliacea*（Linn.）Vahl］与两歧飘拂草相似，不同的是叶片侧扁，剑状；苞片刚毛状，基部较宽；小穗球形或近球形，长 1.5～5mm；小坚果钝三棱形，表面具疣状突起和横向的长圆形网纹；柱头 3；产于我国中部地区，农田杂草；可造纸或做牧草。

ⅱ. 刺子莞族（Rhynchosporeae Nees）

刺子莞属（*Rhynchospora* Vahl） 秆三棱形或少为圆柱形，丛生。叶基生或秆生，扁平。苞片多数、叶状、具鞘；长侧枝聚伞花序或有时为头状花序；小穗仅有少数几朵花组成，两性花在小穗顶部或中部，鳞片螺旋状排列；下位刚毛常具刺；雄蕊 3，常 1～2；柱头 2，具花柱基。本属约有 200 种，主产于热带美洲；我国有 7 种，广布于东南至西南地区。

常见植物：刺子莞［*Rhynchospora rubra*（Lour.）Makino］根状茎极短，秆丛生，高 30～65cm；叶基生，长达秆的 1/2～2/3；苞片 4～10 枚，叶状；头状花序单一顶生，球形，直径 1.5～1.7mm，棕色，具多数小穗；小穗钻状披针形，长约 8mm，含 2～3 花，最上面 1～2 枚鳞片具雄花，其下 1 枚为雌花；产于长江流域以南各地及能生长在各种环境条件下，全草药用。

ⅲ. 莎草族（Cypereae Ness）

（1）莎草属（*Cyperus* Linn.） 秆常为三棱形、丛生或散生。叶基生。长侧枝聚伞花序简单或复出，有时缩短或头状，具数枚叶状总苞片；小穗条形或长圆形，扁压，穗轴大都具翅；鳞片呈两行排列；无下位刚毛；雄蕊 1～3 枚；花柱基不增大，柱头 3，极少 1。小坚果三棱形。本属约有 380 多种，产于温带和热带地区；我国有 30 余种，全国各地均有分布。

常见植物：香附子（*Cyperus rotundus* Linn.）匍匐根状茎长，秆较细弱，高 15～19cm；叶较多，宽 2～5mm，短于秆；叶状苞片 2～5 枚，长侧枝聚伞花序简单或复出，具

3～10个辐射枝；穗状花序轮廓为陀螺形，较疏松，具3～10个小穗；小穗线形，具8～20朵花，小穗轴具白色透明的宽翅；产于陕西、甘肃、山西、河南、河北、山东、华东、华南、西南等地，农田杂草；块茎药用，名为香附子。碎米莎草（*Cyperus iria* Linn.）为一年生草本，秆丛生，高8～85cm，扁三棱形，基部具少数叶；叶短于秆，宽2～5mm；叶状苞片3～5枚，长侧枝聚伞花序复出，很少简单，具4～9个辐射枝，每个辐射枝具5～10个穗状花序或有时更多；穗状花序卵形或长圆状卵形，长1～4cm，具5～20个小穗；小穗排列疏松，披针形，扁压，长4～10mm，宽约2mm，含6～22朵小花，小穗轴近于无翅；几乎遍布全国，为常见农田杂草。油莎豆（*Cyperus esculentus* Linn.）各地栽培，块茎含油率高达27%，供食用。咸水草（*Cyperus malaccensis* Lam. var. *brevifolius* Böcklr.）为多年生草本，匍匐根状茎长，木质；秆高80～100cm，直立，锐三棱形，仅基部具1～2叶；产于浙江、福建、广东、广西和四川等地，耐盐碱，秆可编织草席、座垫、提包和草帽等。

（2）水莎草属［*Juncellus*（Griseb.）C. B. Clarke］　秆稍呈三棱形，丛生或散生。叶基生。长侧枝聚伞花序简单或复出，疏展或聚集成头状；小穗轴延续，基部无关节，宿存；鳞片呈两行排列，无下位刚毛；雄蕊3，少为1～2；花柱基部不膨大，柱头2，很少3；小坚果背腹压扁，压扁面对向小穗轴。本属约有10种，主产于温带地区；我国有3种1变种，广布于全国各地。

常见植物：水莎草［*Juncellus serotinus*（Rottb.）C. B. Clarke］为多年生草本，根状茎长；秆散生，粗壮，扁三棱形，高35～100cm；叶片少，短于秆，宽3～10mm；长侧枝聚伞花序复出或简单，通常具长的辐射枝，每个辐射枝具1～3个穗状花序，每个穗状花序具5～17个小穗，排列较疏松；小穗披针形，长8～20mm，宽约3mm，具10～34朵花，小穗轴具白色透明的翅；几乎遍布全国各地，为农田杂草。

（3）扁莎草属（*Pycreus* P. Beauv.）　秆丛生。叶基生或茎生。苞片叶状；长侧枝聚伞花序简单或复出，疏展或聚集成头状；小穗多花，排列成穗状或头状；小穗轴延续、基部无关节，宿存；鳞片呈两行排列；无下位刚毛。小坚果两侧扁压，棱面对向小穗轴。本属约有70余种，产于热带及温带地区；我国有10多种1变种，分布于全国。

常见植物：红鳞扁莎［*Pycreus sanguinolentus*（Vahl）Ness］须根，秆丛生，扁三棱形，高7～40cm；叶较多，常短于秆；叶状苞片3～4枚，长于花序；长侧枝聚伞花序具3～5个辐射枝，每个辐射枝顶部由4～12个或更多的小穗密集成短的穗状花序；小穗长圆形或长圆状披针形，具6～24朵花；鳞片卵形，两侧具宽槽，小坚果双凸形，表面细胞呈六角形；产于东北、华北、华南和西南。

ⅳ. 割鸡草族（Hypolytreae Ness）

石龙刍属（*Lepironia* L. C. Rich.）　秆高，直立，圆柱状，成列密生，状如灯心草秆，中具横隔膜，干时秆呈多节状，基部具鞘。无叶片。苞片为秆的延长，直立；穗状花序单一，假侧生；鳞片螺旋状覆瓦式排列；小穗两性，具8朵或更多雄花和1朵雌花；雌花顶生，花柱稍短，柱头2，细长。小坚果扁，无喙，无皱纹。

本属仅蒲草（*Lepironia articulata* Linn.）1种，原产于马达加斯加、热带亚洲和玻利尼西亚等地；在我国广东高要县和遂溪县广为栽培，秆收割后压扁，可编席、草包和风帆等。

Ⅱ. 薹草亚科（Caricoideae Pax）

薹草族（Cariceae Ness）

（1）嵩草属（*Kobresia* Willd.）　具短根茎、密丛生，稀具匍匐性根状茎；秆直立，圆柱形或三棱形。叶基生，窄披针形或线形。穗状或圆锥花序顶生，具1至多数小穗；小穗具1至数个支小穗，支小穗两性或单性，顶生的为雄性，侧生的为雄雌顺序或雌性，雌雄同株或异株；花单性无被，雄花具3枚雄蕊，外面具1枚鳞片；雌花具1枚雌蕊，基部包有先出叶和鳞片，先出叶（果囊）的下部边缘愈合，上部分离；柱头3，稀2。小坚果双凸形或三棱形。本属有70余种，分布于温带地区；我国有59种，绝大多数分布于喜马拉雅山和横断山脉，少数种分布于西北的高寒地区，形成嵩草草甸。多为优良牧草，家畜喜食，在高寒牧场具有特殊重要的意义。

常见植物：嵩草［*Kobresia bellardii*（All.）Degl.］密丛生，具短根茎；秆纤细，径约0.5mm，高10～30cm；基部残留着大量枯死叶鞘，栗棕色；叶基生，线形，比秆稍短或近于等长；穗状花序，顶生单一小穗，线状长圆形，长1～2.5cm，径2～3mm；支小穗5～15个，小坚果倒卵形或卵形，长1.8～2.2mm，具3棱；产于吉林、河北、山西、甘肃、宁夏、青海、新疆和西藏。喜马拉雅嵩草［*Kobresia royleana*（Nees）Böcklr.］与嵩草相似，不同的是叶短于秆1/2或2/3，宽2～6mm；小穗多数，复穗状，组成圆锥花序；支小穗多数，上部1～3朵雄花，下部1朵雌花；先出叶边缘仅基部愈合，或不愈合；产于新疆、青海、四川和西藏。矮生嵩草［*Kobresia humilis*（C. A. Mey. ex Trautv.）Serg.］与嵩草不同的是植株矮小，高8～13cm；叶片平展，外层枯死叶片不脱落；产于河北、甘肃、宁夏、青海、新疆、四川和西藏。粗壮嵩草（*Kobresia robusta* Maxim.）与嵩草不同的是植株粗壮，高10～50cm；叶革质，边缘内卷；穗状花序粗壮，长圆柱形，长3～8cm，径约7mm；支小穗多数，顶生的雄性，侧生的雄雌顺序，基部1朵雌花，其上有2～4朵雄花，有时1朵退化；先出叶长8～10mm，边缘愈合至1/2以上；产于甘肃、青海、新疆和西藏。线叶嵩草［*Kobresia capillifolia*（Decne.）C. B. Clarke］（图4-106）秆密丛生，高15～40cm，纤细，基部具棕褐色或深褐色老叶鞘。叶短于秆，丝状。分布于内蒙古、甘肃、青海、新疆、四川和西藏，生长于高山草甸。

（2）薹草属（*Carex* Linn.） 根状茎短或长，具匍匐枝或无；秆丛生或散生，三棱形，中实，基部常围以纤维状分裂的枯萎叶鞘。叶基生或生于秆的下部，三列互生。苞片禾叶状或鳞片状；小穗1至多数，多生于秆的顶端或上部，构成穗状、总状或圆锥花序；小穗为穗状，含少数或多数花，单性，雄雌顺序或雌雄顺序，稀雌雄异株；雄花具3枚雄蕊，外面具1鳞片；雌花具1雌蕊，基部包有鳞片和先出叶，先出叶（果囊）边缘全部愈合，子房包于果囊内，柱头2～3个；果囊上部有喙，喙长或短，或无。本属约有2 000种，广布于全球；我国近500种，广布于南北各地，生于森林、草甸、草原、荒漠以及沼泽。薹草属植物不仅种数最多，而且饲用价值也最大，是天然草地重要的组成成分，多数种为家畜所喜食。

常见植物：白颖薹草［*Carex rigescens*（Franch.）V. Krecz.］为多年生草本，具细长匍匐根状茎；秆高5～40cm，基部具黑褐色纤维状残留叶鞘；叶短于秆，扁平；穗状花序顶生，卵形或矩圆形，长8～25mm，径5～10mm，淡白色，密生5～8枚小穗；小穗卵形或宽卵形；果囊卵形或椭圆形，平凸状，锈色，革质，两面具多数脉，基部圆形；产于华北、西北及辽宁、山东、河南，生于田边、干旱山坡。黄囊薹草（*Carex korshinskyi* Kom.）产于华北、内蒙古、甘肃和新疆。短柱薹草（*Carex turkestanica* Regel）和砾薹草（*Carex stenophylloides* V. Kreez.）（图4-106）产于省区，生长于沙质及砾石质草原、盐化草甸。常见植物还有产于我国北方的黄囊薹草（*Carex korshinskyi* Kom.）、圆囊薹草（*Carex orbicularis* Boott），产于我国南方的舌叶薹草（*Carex ligulata* Nees）、变囊薹草（*Carex dis-*

palata Boott)，产于新疆的短柱薹草（*Carex turkestanica* Regel)，产于东北的乌拉草（*Carex meyeriana* Kunth）曾被称谓“东北三宝”之一。

2. 禾本科（Poaceae，Gramineae）

$$\uparrow \; ⚥ \text{或} ♂ ♀ \; P_3 \; A_3 \text{或} A_{3+3} \; \underline{G}_{(2\sim3:1:1)}$$

禾本科约 700 属 10 000 种，在被子植物中被列为第四大科，遍布全球；我国约有 200 属 1 500 种，分布于全国各地，是我国草原、草甸、湿地甚至荒漠植被的重要组成成分，具有重要的生态意义。本科植物与人类的关系极为密切，是农业生产上很重要的一科，它包括人类粮食的主要来源（小麦、玉米、水稻、高粱等)、糖用作物（甘蔗)、蔬菜（茭白、竹笋)、牧草（玉米、鸭茅、梯牧草等禾本科植物，大多为优良牧草，其饲用价值仅次于豆科，位居第二）以及园林植物（竹类）和草坪草等。此外，禾本科植物也是许多行业，如建筑、造纸、制药、酿造、家具以及编织等的重要原料。

禾本科的特征：一年生、二年生或多年生草本，少数为木本（竹亚科)。多为须根系，有时具地下根茎。地上茎称为秆，有明显的节，节间中空，少为实心，以分蘖方式产生分枝。单叶互生，成二行排列，叶由叶片和叶鞘组成；叶鞘包秆，通常边缘彼此覆盖，仅少数闭合；叶片常为条形，少数针形或卵形，扁平或边缘内卷，叶脉平行，中脉明显；在叶鞘与叶片交接处通常具叶舌，有时两侧还有叶耳。花序由许多小穗构成，小穗具柄或否，排列成穗状，总状或圆锥花序；小穗（图 4 - 106）含 1 至数朵无柄小花，基部具 2 片不含花的颖，下部的为第一颖（外颖)，上部的为第二颖（内颖)，形状多变，有时一颖退化或二颖皆无；在颖的上部为小花，两性或单性，典型的小花包括外稃、内稃、鳞被、雄蕊和雌蕊 5 部分；外稃（即苞片）基部可具基盘，顶端或背部可具芒；内稃（小苞片）通常具两脉或两脊；鳞被 2～3 片，稀 6 片；雄蕊通常 3 枚或 6 枚，稀 1～2 枚，花丝线状，花药基部 2 深裂；雌蕊 1 枚，由 2～3 心皮构成，子房上位，1 室，内含 1 胚珠，花柱 2 或 1，柱头常为羽毛状或乳突状。颖果，少为浆果、坚果或胞果。种子具丰富的胚乳，基部外侧为胚，内侧为种脐。染色体 $x=7$，9～13。

禾本科专用术语（图 4 - 107）

沙套：黏附于根外的细砂粒所形成的鞘状物。

节：禾本科植物秆上环状隆起而实心的部分，这些节大都由秆节和鞘节两个环组成。

秆节：节的上面一环。

鞘节：节的下面一环，即着生叶鞘的一环。

叶：由叶鞘和叶片两部分组成。

叶鞘：叶下部包裹秆的部分。

叶片：叶上部与秆分开的部分，通常扁平，有时内卷。

叶舌：叶鞘与叶片连接处的内侧，呈膜质或纤毛状的附属物。少数种类无叶舌。

叶耳：叶片基部两侧质薄的耳状附属物。

花：禾本科植物的花通常由 2～3 枚鳞被（或称浆片)、3～6 枚雄蕊及 2～3 心皮合成的雌蕊组成。

鳞被：又称浆片，即花被片，形小，膜质透明，通常 2 枚而位于接近外稃的一边，有时 6 枚，稀可较多或较少，偶可缺如。

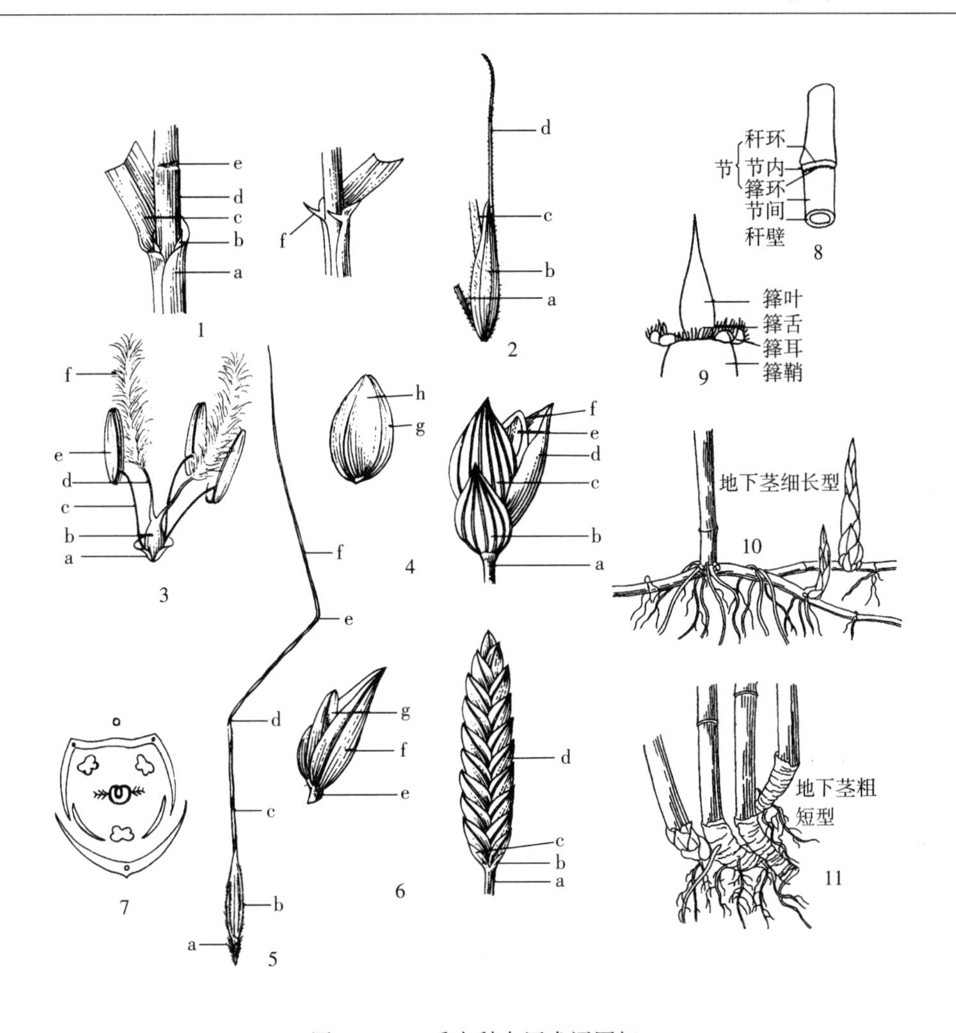

图 4-107 禾本科专用术语图解

1. 叶及秆（a. 叶鞘 b. 叶舌 c. 叶片 d. 节间 e. 节 f. 叶耳）
2. 小花（a. 小穗轴 b. 外稃 c. 内稃 d. 芒）
3. 小花（除去内外稃）（a. 鳞被 b. 子房 c. 花丝 d. 花柱 e. 花药 f. 柱头）
4. 小穗（a. 小穗柄 b. 第一颖 c. 第一外稃 d. 第二颖 e. 第二内稃 f. 第二外稃 g. 第二外稃 h. 第二内稃）
5. 小花（a. 基盘 b. 外稃 c. 芒柱 d. 第一膝曲 e. 小第二膝曲 f. 芒针）
6. 小穗（a. 小穗柄 b. 第一颖 c. 第二颖 d. 外稃 e. 小穗轴 f. 外稃 g. 内稃）
7. 花图式 8. 竹秆 9. 竹箨 10、11. 竹地下茎形态

小花：简称花，禾本科植物的花连同包被其外的内稃、外稃合称小花。

外稃：位于花下方的鳞片状苞片。

内稃：位于花上方的鳞片状小苞片，通常有 2 脊或 2 脉。

基盘：小花或小穗基部加厚变硬的部分。

小穗：禾本科花序的基本单位，由紧密排列于小穗轴上的 1 至多数小花，连同下端的 2 颖组成。

中性小穗：小穗中的小花既无雄蕊又无雌蕊或二者均发育不全。

小穗轴：着生小花和颖片的轴。

穗轴：穗状花序或穗形总状花序着生小穗的轴。

穗轴节间：穗轴上相邻小穗着生处（即节）之间的一段距离。

颖：不生小花的苞片，多为2枚，生于小穗的最下端。下面一片为第一颖，上面一片为第二颖，有些种类缺1或2枚颖片均缺。

小穗两侧压扁：指小穗两侧的宽度小于背腹面的宽度，所有的颖和稃片沿其背部的中脊折合成一定角度的V形，使小穗整体由两侧的方向变扁。

小穗背腹压扁：指小穗所有的颖与外稃不沿中脊折合，整个小穗沿背腹面的方向变扁，使背腹部分显著较宽。

芒：颖、外稃或内稃的脉所延伸成的针状物。

膝曲：指秆节或芒作膝关节状弯曲。

芒柱：芒的膝曲以下的部分，常作螺旋状扭转。芒为两回膝曲时，第一次膝曲以下部分是第一芒柱，第二次膝曲与第一次膝曲之间是第二芒柱。

芒针：芒的膝曲以上部分，较细而不扭转。

第一外稃：指组成小穗的第一（最下部）小花的外稃。

以下为竹类植物专业术语：

单轴型：竹类地下茎生长方式的一种，即地下茎的顶芽能继续生长，使地下茎能在地下横走所形成所谓的竹鞭。其侧芽有的发育成笋，另一些则长出新的竹鞭。这种地下茎生出的竹秆之间，常有相当的距离而呈散生状，可形成大面积竹林。

合轴型：竹类地下茎生长方式的一种，这种地下茎大多很短，其顶芽发育成笋而伸出地面，其侧芽产生新的地下茎相连而成合轴。这种地下茎产生的竹秆密集成丛，不能形成大面积的竹林。

复轴型：竹类地下茎生长方式的一种，是单轴型与合轴型的混合型，它既有地下横走的竹鞭以萌发出散生的竹秆，也有少数缩短的地下茎以产生较小的竹丛。

节内：秆节与鞘节之间的一段距离。

秆环：竹秆上的秆节。

箨环：竹秆上的鞘节。

箨：笋壳，是竹类竿上的变形叶，有保护苗（笋）的作用，苗（笋）成长为秆时箨即脱落。箨是竹亚科分类的重要依据。

箨鞘：箨下部包裹秆的部分，相当于叶鞘。

箨叶：相当于叶片，但形小而无明显的中脉。

箨舌：相当于叶舌。

箨耳：相当于叶耳。

假小穗：竹类某些种的小穗，可于颖片的腋内生芽（是另一枚不甚发育的小穗）称假小穗。

关于禾本科植物的分类，早期学者们将其分为竹亚科（Bambusoideae）和禾亚科（Agrostidoideae）。后来越分越细，有分为3个亚科、5个亚科和7个亚科，如竹亚科（Bambusoideae）、稻亚科（Oryzoideae）、假淡竹叶亚科（Centothecoideae）、芦竹亚科（Arundinoideae）、早熟禾亚科（Pooideae）、画眉草亚科［（Eragrostidoideae），也称为虎尾草亚科（Chloridoideae）］、黍亚科（Panicoideae），在亚科以下还设有族、亚族等分类单位。

禾本科常见植物分亚科、分族、分属检索表

1. 秆木质，多年生。主秆的叶（秆箨或笋壳）与普通叶不同，秆箨的叶片小，无中脉；普通叶片有短柄，

与叶鞘相连处有一关节，叶片自关节处脱落（Ⅰ. 竹亚科 Bambusoideae）

2. 花序有真正延续而无明显节环的穗轴，但有时于小穗柄着生处或分枝的基部有小型鳞片状苞片；小穗显著有柄或多少有柄；箨鞘通常宿存或迟落（ⅰ. 箭竹族 Arundinarieae）。

3. 灌木或小灌木状竹；圆锥花序生于叶枝的顶端。

4. 具细长型地下茎；秆散生或复丛，直立，每节具 1 分枝，分枝粗度与主秆相似；花序分枝腋间无小瘤状腺体；低丘陵生长的竹类 ………………………………………… 箬竹属（*Indocalamus* Nakai）

4. 具长颈粗短型地下茎；秆散生，直立，每节具 3 至多数分枝，分枝大都细弱；花序分枝腋间具小瘤状腺体；高山（海拔 1 000m 以上）生长的竹类 ……………… 箭竹属（*Sinarundinaria* Nakai）

3. 小乔木或灌木状竹；花枝短缩，簇生于叶枝下部的各节，而不生于叶枝顶端，秆每节分枝 3～7 枚，稀可较少；箨环通常具箨鞘基部残留所形成的一圈木质环状物………… 苦竹属（*Pleioblastus* Nakai）

2. 花序不具真正延续的穗轴；小穗及小穗簇无柄或近于无柄，直接生于主秆及其细长或简短分枝的各节上，有时小穗可有柄，但于此柄的基部有明显的苞片；箨鞘通常早落。

5. 具短颈粗短型根状茎；秆直立，丛生。乔木状竹，或少有攀缘状，秆的节间呈圆筒形，每节分枝常多数。

6. 小穗含多数至少数花，小穗轴具关节而易逐节折断；各花外稃几相等，内稃具 2 脊；一部分小枝可无叶而硬化为刺状；秆箨有直立的箨片，箨耳发达，箨宿存（ⅱ. 簕竹族 Bambuseae） ……… …………………………………………………………………………… 簕竹属（*Bambusa* Schreb.）

6. 小穗含 1 至多数花，小穗轴不具关节而不易折断；各花外稃甚不相等，接近小穗中部者较大；小枝不硬化成刺；秆箨的箨片反折，箨耳不发达，箨常早落（牡竹族 Dendrocalameae）（约 30 种，国产 10 余种，分布于浙江南部、湖南南部至四川以南） … 慈竹属（*Sinocalamus* McClure）

5. 具细长型根状茎；秆直立，散生，乔木至灌木状竹，秆的分枝每节常 2 条，不分枝的节间呈圆筒形，分枝的节间则于分枝的一侧扁平或有 2 纵沟［ⅲ. 刚竹族 Phyllostachydeae］ ………………… ……………………………………………………………………… 刚竹属（*Phyllostachys* Sieb. et Zucc.）

1. 秆草质，一年生或多年生。主秆叶即为普通叶，叶片中脉一般明显，通常不具叶柄，无关节，故叶片也不易自叶鞘上脱落。

7. 小穗含多花乃至 1 花，大都两侧压扁，常脱节于颖之上，并在各小花间逐节脱落；小穗轴大都延伸至最上小花的内稃之后，而呈细柄状或刚毛状。

8. 水生或湿生草本；小穗仅 1 小花可育；颖退化至无或极小（Ⅱ. 稻亚科 Oryzoideae）

9. 小穗两性，两侧压扁并有脊。

10. 不孕花的外稃 2 枚，虽小但明显可见；雄蕊 6 枚 ……………………………… 稻属（*Oryza* Linn.）

10. 小穗仅有 1 花而无不孕花的外稃；雄蕊 6 或 3 枚 ………………………………………………… ……………………………………………………………………………… 假稻属（*Leersia* Sw.）

9. 小穗单性，花序上部为雌性，下部为雄性 ……………………………………………… 菰属（*Zizania* Linn.）

8. 大多旱生；小穗 1 至多枚可育；颖片通常明显。

11. 大多荫生；叶片短而宽，具显著平行横脉（Ⅳ. 假淡竹叶亚科 Centothecoideae）

12. 小穗有柄，脱节于颖之上；外稃无芒，两侧上端边缘贴生疣基硬毛，后期毛向下伸展 …… …………………………………………………………………… 酸模芒属（*Centotheca* Desv.）

12. 小穗无柄，脱节于颖之下；外稃具芒尖，不育外稃紧密包卷，先端具长 1～2mm 之短芒 …… ……………………………………………………………… 淡竹叶属（*Lophatherum* Brongn.）

11. 叶片通常呈狭长的条形或线形，横脉不明显。

13. 成熟花外稃具 5 脉（稀为 3 脉）至多脉，叶舌常膜质、无纤毛（Ⅴ. 早熟禾亚科 Pooideae）

14. 小穗无柄或几无柄，排列成穗状花序。

15. 小穗以背腹面对向穗轴；侧生小穗无第一颖（ⅰ. 黑麦草族 Lolieae） ……………………… ……………………………………………………………………… 黑麦草属（*Lolium* Linn.）

15. 小穗以侧面对向穗轴，第一颖存在（ⅱ. 小麦族 Triticeae）。
16. 小穗单生于穗轴的各节。
17. 穗状花序的顶生小穗不孕或退化，其余小穗呈蓖齿状排列于穗轴的二侧。
18. 多年生植物 ………………………………………………………… 冰草属（*Agropyron* Gaertn.）
18. 一年生短命植物 ……………………………… 旱麦草属［*Eremopyrum*（Ldb.）Jaub. et Spach］
17. 穗状花序顶生小穗大都正常发育，其余小穗呈覆瓦状排列于穗轴的两侧。
19. 一年生或越年生植物。
20. 颖卵形，具 3 至数脉。
21. 小穗呈圆柱形；颖背部无脊 ……………………………………… 山羊草属（*Aegilops* Linn.）
21. 小穗两侧压扁，颖背部明显有脊 …………………………………… 小麦属（*Triticum* Linn.）
20. 颖锥形，仅具一脉 ……………………………………………………… 黑麦属（*Secale* Linn.）
19. 多年生植物。
22. 植物体具根状茎；小穗成熟时脱节于颖之下，小穗轴不于诸花之间断落 …………………
………………………………………………………………………… 偃麦草属（*Elytrigia* Desv.）
22. 植物体无根状茎，或具短的根状茎；小穗成熟时脱节于颖之上，其小穗轴于诸花之间断落。
23. 穗状花序线形，小穗松散倾斜排列在坚硬的穗轴上；颖片具3～9（11）脉，脉平行或向内汇集，颖片末梢常具脊 …………………………………… 披碱草属（*Elymus* Linn.）
23. 穗状花序宽线形至窄椭圆形，小穗密集排列于坚硬的穗轴上；颖片具 1～7 脉，不具脊或仅在顶部具明显的中脉 …………………… 以礼草属（*Kengyilia* C. Yen et J. L. Yang）
16. 小穗常以 2 至数枚生于穗轴的各节，或在花序上下两端可为单生，有少数种单生，但外稃常因小穗轴扭转而与颖交叉排列，使外稃背部露出。
24. 小穗含 1～2（3）花，常以 3 枚生于穗轴的各节；穗轴（除大麦属的栽培种外）均具关节而可逐节断落。
25. 小穗含 1～2（3）花，全部无柄且均能孕………………… 新麦草属（*Psathyrostachys* Nevski）
25. 小穗仅含 1 花，除栽培种外，仅居中小穗无柄且能孕，侧部小穗具短柄，通常不孕或具 1 雄花 ………………………………………………………………… 大麦属（*Hordeum* Linn.）
24. 小穗含 2 至数花，以 2 至数枚（有时为 1 枚）生于穗轴的各节；穗轴延续而无关节，故并不逐节断落。
26. 植物体不具（罕见具）根状茎，茎秆基部从不为碎裂成纤维状叶鞘所包围；颖长圆状披针形，具 3～5 脉；小穗轴不扭转，颖包于外稃的外面 ……………… 披碱草属（*Elymus* Linn.）
26. 植物体具下伸或横走的根状茎；茎秆基部常为枯老碎裂成纤维状叶鞘所包围；颖细长成锥状或披针形，具 1～3 脉；外稃常因小穗轴扭转而与颖交叉排列，使外稃背部露出 ………
……………………………………………………………………… 赖草属（*Leymus* Hochst.）
14. 小穗具柄，稀可无柄，排列为开展或紧缩的圆锥花序，或近于无柄，形成穗形总状花序，若小穗无柄时，则成覆瓦状排列于穗轴一侧再形成圆锥花序。
27. 小穗含 2 至多数花，如为 1 花时则外稃具 5 条以上的脉。
28. 小穗含 3 花，其中两性花只 1 朵，位于 2 下孕花的上方，或因不孕花退化而使小穗仅含 1 花，成熟外稃质硬，无芒（ⅲ. 虉草族 Phalarideae）。
29. 小穗棕色或黄绿色，有光泽；下部 2 不孕花的外稃内含 3 雄蕊或否，等长或长于顶生花的外稃；两性花含 2 雄蕊；植物体干后仍有香味。
30. 圆锥花序开展；小穗两侧压扁，棕色；2 颖等长或几等长 …………………………………
……………………………………………………………………… 茅香属（*Hierochloe* R. Br.）
30. 圆锥花序紧缩呈穗状；小穗为圆筒形，黄绿色或带紫色；2 颖不等长，第一颖较短（图4-89） ………………………………………………………… 黄花茅属（*Anthoxanthum* Linn.）

29. 小穗灰绿色，无光泽；下部2不孕花的外稃空虚，退化为小鳞片状而无芒，远较其顶生花的外稃为短；两性花含3雄蕊；植物体干后无香味 …………………………………… 虉草属（*Phalaris* Linn.）

28. 小穗的两性花1或更多，但位于不孕花的下方，稀可位于小穗中部（即两性花的上下方均有不孕花）。

31. 第二颖大都等长或长于第一花；芒若存在时大都膝曲而有扭转的芒柱，通常位于外稃的背部或由先端的二裂齿间伸出（ⅳ. 燕麦族 Aveneae）。

32. 小穗长超过1cm；子房自中部以上皆有毛，颖果具腹沟，通常与内稃相黏着。

33. 小穗含2至数花，下部花为两性。

34. 一年生；小穗下垂；两颖近于相等，具7～11脉 ……………………… 燕麦属（*Avena* Linn.）

34. 多年生；小穗直立或开展；两颖常大小相异，具1～7脉 ……………………………………………………………………………… 异燕麦属（*Helictotrichon* Bess.）

33. 小穗含2或3花，下部花为雄性 ………………………… 燕麦草属（*Arrhenatherum* P. Beauv.）

32. 小穗长度不及1cm；子房无毛，颖果不具腹沟，并与内稃互相分离。

35. 外稃背部具脊，先端尖或二齿裂。

36. 外稃自背部的中部以上伸出3mm以上膝曲的长芒 ……………… 三毛草属（*Trisetum* Pers.）

36. 外稃无芒或于先端以下1mm处生1.5～2mm的短芒 ……………… 落草属（*Koeleria* Pers.）

35. 外稃背部圆形，先端截平或呈啮蚀状，芒自背部的中部以下伸出或无（有时上部花的芒可自外稃背部的中部以上伸出） ……………………………………… 发草属（*Deschampsia* Beauv.）

31. 第二颖通常较短于第一花；芒如存在时则劲直（稀可反曲）而不扭转，通常自外稃顶端伸出，有时可在外稃顶端二裂齿间或裂隙的下方伸出。

37. 外稃通常有7或更多的脉，亦可具5或3脉；叶鞘全部闭合或下部闭合，亦可不闭合（但其外稃具多数脉）。

38. 子房顶端有糙毛；内稃脊上有硬纤毛或短纤毛；颖果顶端具有生毛的附属物或喙（ⅴ. 雀麦族 Bromeae）。

39. 叶鞘闭合；小穗柄长，排列成圆锥花序 ……………………………… 雀麦属（*Bromus* Linn.）

39. 叶鞘不闭合而边缘互相覆盖；小穗柄极短，排列成穗形总状花序 ……………………………………………………………………………… 短柄草属（*Brachypodium* P. Beauv.）

38. 子房顶端无毛或偶可有短柔毛；内稃脊上无毛或具短纤毛或柔纤毛；颖果顶端无附属物或喙，有时有无毛的短喙（ⅵ. 臭草族 Meliceae）。

40. 小穗柄具关节而使小穗整个脱落；第一颖常具3脉，第二颖具5脉；小穗顶端有不孕外稃形成的小球。多为山地草原和草甸植物 …………………………………… 臭草属（*Melica* Linn.）

40. 小穗柄无关节，脱节于颖之上；颖的脉不明显或仅具1脉，或第二颖具3脉；小穗顶端不具上述小球。多为水生或湿生植物。

41. 小穗含5至多数花；外稃具7脉 ………………………………………… 甜茅属（*Glyceria* R. Br.）

41. 小穗含1～2花；外稃具3脉 ……………………………… 沿沟草属（*Catabrosa* P. Beauv.）

37. 外稃具（3）5脉；叶鞘通常不闭合或仅在基部闭合而边缘互相覆盖（ⅶ. 早熟禾族 Poeae）

42. 外稃背部圆形。

43. 外稃顶端尖或有芒，诸脉在顶端汇合。

44. 多年生；外稃具芒或否；颖里的脐条形，与果等长 ……………… 羊茅属（*Festuca* Linn.）

44. 一年生，植株细弱；外稃尖或渐尖；颖果的脐点状 ………… 旱禾属（*Eremopoa* Roshev.）

43. 外稃顶端钝，具细齿，诸脉平行不于顶端汇合 ……………………… 碱茅属（*Puccinellia* Parl.）

42. 外稃背部具脊。

45. 小穗近于无柄，密集簇生于圆锥花序分枝上端的一侧 ……………… 鸭茅属（*Dactylis* Linn.）

45. 小穗有柄，排列成紧缩或开展的圆锥花序。

46. 花单性，雌雄异株；外稃具贴生微毛；子房顶端有短毛 …… 银穗草属（*Leucopoa* Griseb.）

46. 花两性；外稃脊和边缘通常有柔色，基盘常有绵毛或可全部无毛；子房通常无毛 ……………………………………………………………………………………………… 早熟禾属（*Poa* Linn.）

27. 小穗通常仅含1花；外稃具5脉或稀可更少。

47. 外稃大都为膜质，通常短于颖，也可略与颖等长，如长于颖时，则质地稍坚硬，成熟时疏松包着颖果或几不包裹（ⅷ. 剪股颖族 Agrostideae）。

48. 圆锥花序极紧密，呈穗状圆柱形或矩圆形；小穗两侧极压扁；外稃基盘无毛。

49. 小穗脱节于颖之上；外稃无芒，稍长于内稃 …………………………… 梯牧草属（*Phleum* Linn.）

49. 小穗脱节于颖之下；外稃具芒：内稃缺 …………………………… 看麦娘属（*Alopecurus* Linn.）

48. 圆锥花序开展或紧缩，但不呈穗状圆柱形。

50. 小穗多少具柄，长形，排列为少开展或紧缩的圆锥花序。

51. 小穗脱节于颖之上，小穗柄不具关节；颖先端尖或渐尖，不具芒。

52. 外稃基盘具长柔毛，毛长不短于稃体的1/5 ………… 拂子茅属（*Calamagrostis* Adans.）

52. 外稃基盘无毛或仅有微毛 ……………………………………………… 剪股颖属（*Agrostis* Linn.）

51. 小穗脱节于颖之下，小穗柄具关节，自关节处断落；颖先端具长芒 ………………………… ……………………………………………………………………………… 棒头草属（*Polypogon* Desf.）

50. 小穗无柄，几呈圆形，覆瓦状排列于穗轴的一侧，而后再排列成圆锥花序 …………………… ……………………………………………………………………………… 菵草属（*Beckmannia* Host.）

47. 外稃质地厚于颖片，至少在背部较颖坚硬，成熟后与内稃一齐紧密包裹颖果（ⅸ. 针茅族 Stipeae）。

53. 外稃无芒，不具显著的基盘；内稃与外稃坚硬，平滑，有光泽 ……… 粟草属（*Millium* Linn.）

53. 外稃有芒，且有尖锐或钝圆的基盘。

54. 外稃顶端不裂或微二齿裂，裂片基部无冠毛状柔毛。

55. 外稃芒宿存，大都粗壮而下部常扭转。

56. 芒下部扭转，且与外稃顶端成关节，外稃细瘦呈圆筒形，常具排列成纵行的短柔毛，基盘大都长而尖锐；内稃背部在结实时不外露，通常无毛 ……… 针茅属（*Stipa* Linn.）

56. 芒下部扭转或几不扭转，不与外稃顶端成关节，外稃有散生柔毛；内稃背部在结实时裸露，脊间有毛。

57. 芒粗糙或具微毛；小穗柄较粗，大都短于小穗 … 芨芨草属（*Achnatherum* P. Beauv.）

57. 芒全部被柔毛；小穗柄细弱，较长于小穗 …………… 细柄茅属（*Ptilagrostis* Griseb.）

55. 外稃芒易落，大都简短、细弱，基部不扭转。

58. 外稃被微毛或光滑无毛，芒自顶端伸出，基盘无 ………………………………………… ……………………………………………………………… 落芒草属（*Piptatherum* P. Beauv.）

58. 外稃遍生柔毛，芒自二裂齿间伸出，基盘有毛 ………………………………………… ……………………………………………………………… 钝基草属（*Timouria* Roshev.）

54. 外稃顶端二齿裂至中部，在裂片基部有一圈冠毛状柔毛；芒自裂齿间伸出，芒长6～8mm …… ……………………………………………………………… 冠毛草属（*Stephanachne* Keng）

13. 成熟花的外稃具3脉或1脉，亦有具5～9脉者，或因外稃质地变硬而脉不明显；叶舌通常有纤毛或为一圈毛所代替。

59. 小穗圆柱形或稍两侧扁，至少于开花前常呈圆或稍两侧压扁，形成圆锥花序，小穗轴常生柔毛，茎坚硬，多为高大宽叶禾草（Ⅲ. 芦竹亚科 Arundinoideae）。

60. 小穗长度通常为4mm以上，含2朵以上的小花。

61. 外稃背面中部以下遍生丝状柔毛；基盘短小，两侧有毛 ……………… 芦竹属（*Arundo* Linn.）

61. 外稃背部无毛或仅边缘有睫毛，基盘多少延长。

62. 外稃接近边缘生有睫毛；基盘短柄状，无毛或具短柔………… 类芦属（*Neyraudia* Hook. f.）

62. 外稃无毛；基盘延长，密被丝状柔毛 ……………………………… 芦苇属（*Phragmites* Adans.）

60. 小穗微小，长不超过 2.5mm，仅含 2 小花 …………………………… 粽叶芦属（*Thysanolaena* Nees）

59. 小穗常两侧压扁，稀可背腹压扁，并排列在穗轴之一侧，形成穗状、总状或圆锥花序，小穗轴多无毛，非高大宽叶禾草（Ⅵ. 画眉草亚科 Eragrostidoideae）

63. 外稃具 7～9 脉；小穗近于无柄而排列于花序分枝的一侧（ⅰ. 獐毛族 Aeluropodeae） …………………………………………………………………………………………………… 獐毛属（*Aeluropus* Trin.）

63. 外稃具（1）3（5）脉。

64. 小穗含（2）3 至多数结实小花，排列成圆锥花序（ⅱ. 画眉草族 Eragrostideae）。

65. 小穗有柄，背部圆形至两侧压扁，排列为开展或紧缩的圆锥花序；颖果。

66. 外稃无芒，先端尖或钝；上部叶鞘内无隐生小穗 ……… 画眉草属（*Eragrostis* P. Beauv.）

66. 外稃先端 2 裂齿间生 1 短芒或小尖头；上部叶鞘内有隐生小穗 …………………………………………………………………………………… 隐子草属（*Cleistogenes* Keng）

65. 小穗无柄，两侧明显压扁，紧密而覆瓦状排列于较宽扁的穗轴一侧，形成穗状花序，再以此数枚呈指状排列于秆顶；囊果，果皮膜质或透明 …………………………………………………………………………………… 䅟属（又名蟋蟀草属，*Eleusine* Gaertn.）

64. 小穗仅含 1 朵结实花，若有 2 朵两性小花时，则小穗为卵圆形。

67. 小穗无柄或近无柄，排列于穗轴的一侧，形成穗状花序，穗状花序再以多数至 1 枚沿主轴排列成总状或指状等复合花序（ⅲ. 虎尾草族 Chlorideae）。

68. 穗状花序呈总状排列于延长的主轴上，稀可混有单生；小穗上部无退化的不孕花 ……………………………………………………………………………… 大米草属（*Spartina* Schreb.）

68. 穗状花序呈指状或近于指状排列于主轴顶端。

69. 外稃显著有芒；颖不等长 …………………………………………… 虎尾草属（*Chloris* Sw.）

69. 外稃无芒；颖几等长 ……………………………………………… 狗牙根属（*Cynodon* Rich.）

67. 小穗常不排列于总状花序轴之一侧，花序为开展的圆锥花序，并具较长的小穗柄（ⅳ. 三芒草族 Aristideae） ………………………………………………… 三芒草属（*Aristida* Linn.）

7. 小穗含 2 花，下部花不孕而为雄性以至仅剩一外稃而使小穗仅含 1 花，背腹压扁或为圆筒形，稀可两侧压扁，脱节于颖之下；小穗轴从不延伸，因此在成熟花内稃之后从无一柄或类似刚毛的存在（Ⅶ. 黍亚科 Panicoideae）。

70. 第二花的外稃及内稃通常质地坚韧而无芒（ⅰ. 黍族 Paniceae）。

71. 花序中有不育小枝所形成的刚毛。

72. 小穗脱落时，附于其下的刚毛仍宿存于花序轴上 …………………… 狗尾草属（*Setaria* P. Beauv.）

72. 小穗脱落时连同刚毛一起脱落 ……………………………………… 狼尾草属（*Pennisetum* Rich.）

71. 花序中无不育小枝所形成的刚毛。

73. 小穗柄长，排列为开展的圆锥花序 ………………………………………… 黍属（*Panicum* Linn.）

73. 小穗无柄或几无柄，排列于穗轴的一侧而为穗状花序或穗形总状花序，此类花序再排列呈指状或圆锥花序。

74. 由数枚偏于一侧的穗形总状花序再排列成圆锥花序 …………… 稗属（*Echinochloa* P. Beauv.）

74. 由数枚偏于一侧的穗形总状花序再呈指状排列或近于指状排列 … 马唐属（*Digitaria* Hall.）

70. 第二花的外稃及内稃均为膜质或透明膜质，比颖薄，有芒或否。

75. 小穗两性，或结实小穗与不孕小穗同时混生于穗轴上，有时穗轴下部的 1 至数对小穗均不孕（ⅱ. 蜀黍族 Andropogoneae）。

76. 孪生小穗，两性，能孕，均可成熟并同形，或每对中的有柄小穗可成熟并具长芒，无柄小穗至少在总状花序基部者为不孕而无芒。

77. 穗轴延续而无关节；小穗均有柄而自柄上脱落。

78. 小穗常有芒（荻可无芒），形成一开展的圆锥花序 …………… 芒属（*Miscanthus* Anderss.）

78. 小穗无芒，形成一紧缩狭窄而呈穗状的圆锥花序（我国2种，几遍全国，牧草） ………………………………………………………………………… 白茅属（*Imperata* Cyr.）

77. 穗轴有关节，各节连同着生于其上的无柄小穗一起脱落；总状花序以多数排列成圆锥状复合花序。

79. 总状花序近于无梗，各有数节至多节；第一颖有2脊；第二外稃通常极退化，常无芒或仅具小尖头；圆锥花序银白色，大型，长40～80cm ………… 甘蔗属（*Saccharum* Linn.）

79. 总状花序有梗，各有1至数节；第一颖无明显的脊；第二外稃先端2裂，裂齿间有芒；圆锥花序较小，长不及50cm，而非银白色………………… 大油芒属（*Spodiopogon* Linn.）

76. 孪生小穗并非均可成熟，其大小、形状和生芒的情况可不相同，其中无柄小穗两性、能孕，有柄小穗则常退化而不孕。

80. 总状花序成对，短，有一明显的舟状佛焰苞，此类花序再排列成假圆锥花序；植物体有香味 ………………………………………………………………………… 香茅属（*Cymbopogon* Spreng.）

80. 总状花序无舟状佛焰苞，植物无香味。

81. 总状花序成圆锥状排列；高大的栽培植物 …………………………… 高粱属（*Sorghum* Moench）

81. 总状花序呈指状以至圆锥状排列；中等个体的野生植物 ……… 孔颖草属（*Bothriochloa* Kuntz）

75. 小穗单性，雌小穗与雄小穗分别生于不同的两个花序上，或在同一花序的不同部位（ⅲ. 玉蜀黍族 Maydeae）。

82. 雄小穗与雌小穗分别生于不同的花序上，前者为顶生的圆锥花序，后者为腋生而具总苞的肉穗花序 ……………………………………………………………………… 玉蜀黍属（*Zea* Linn.）

82. 雄小穗与雌小穗生于同一花序上，腋生，上部为雄性，下部为雌性的总状花序………………………………………………………………………………………… 薏苡属（*Coix* Linn.）

Ⅰ. 竹亚科（Bambusoideae）

竹亚科植物为秆木质化，灌木、乔木或藤本状；地下茎细长型（单轴型）或粗短型（合轴型）或这两者的中间型；秆节间通常中空，圆柱形或稀为四方形或扁圆形；秆节隆起，具有明显的秆环（秆节）和箨环（箨节）及节内；秆生叶特化为秆箨，并明显分为箨鞘和箨叶两部分；箨鞘抱秆，通常厚质，外侧常具刺毛，内侧常光滑；鞘口常具遂毛，与箨叶连接处常见有箨舌和箨耳；箨叶通常缩小而无明显的主脉，直立或反折；枝生叶具明显的中脉和小横脉，具柄，与叶鞘连接处常具关节而易脱落。

ⅰ. 箭竹族（Arundinarieae）

苦竹属（*Pleioblastus* Nakai）　小乔木或灌木状竹类，具细长型复轴地下茎；秆散生或复丛生，直立，节常隆起，具3～7分枝。秆箨宿存，箨片锥形至披针形。花枝簇生于叶枝下部各节，基部托以苞片，其上着生总状花序；总状花序常具短柄，为数枚小穗所组成；小穗具柄，含数至多数小花；小穗轴具关节；颖常2片或多至5片；外稃近革质或厚纸质，顶端常有小尖头；内稃具2脊，顶端常2裂；鳞被3；雄蕊3，花丝分离；子房无毛，花柱短；柱头3，羽毛状。颖果椭圆形。本属约50种，我国约有20种，分布于华东和华南地区。

常见植物：苦竹［*Pleioblastus amarus*（Keng）Keng f.］（图4-108）秆高达4m，径15mm，节间长25～40cm，幼时有白粉；箨环常具箨鞘基部残留物；箨鞘细长三角形，厚纸质，黄色或有细小紫色斑点及棕色或白色小刺，边缘密生金黄色纤毛，箨叶细长披针形；主秆每节有3～6分枝，叶枝具2～4叶，叶片宽10～28cm；产于长江流域各地及陕西秦岭，生于海拔 1 000m 以下的向阳山坡或山谷；秆可制伞柄，笋味苦不宜食用。

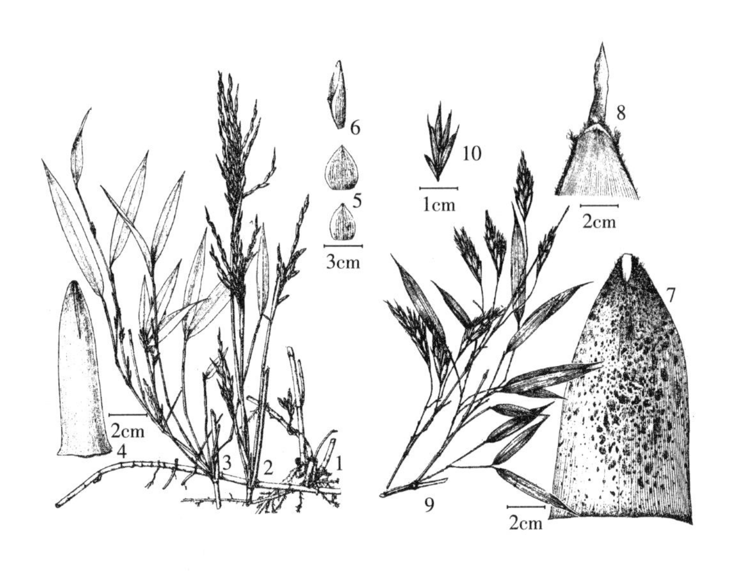

图 4-108　苦竹和毛竹

1～6. 苦竹（*Pleioblastus amarus*（Keng）Keng f.）　1. 秆的基部和地下茎　2. 无叶的花枝
3. 具叶的花枝　4. 秆箨的背面　5. 第一颖和第二颖　6. 小花和小穗轴节间
7～10. 毛竹（*Phyllostachys pubescens* Mazel ex H. de Lehaie）
7. 秆箨背面　8. 秆箨顶端的腹面　9. 叶枝（右）和花枝（左）
10. 小穗丛之一部分（包括前叶和 4 枚小穗）

ⅱ. 簕竹族（Bambuseae）

簕竹属（*Bambusa* Schreb.）　乔木或灌木状竹类，地下茎粗短合轴丛生，秆丛生，节间圆筒形，每节分枝常为多数。箨叶迟落，直立，基部与箨鞘顶端宽度相等，箨耳显著。小穗簇生；雄蕊 6 枚。本属约 100 种，分布于亚洲、非洲和大洋洲的热带和亚热带地区；我国有 60 多种，主要分布于华南、西南和台湾。

常见植物：车筒竹（*Bambusa sinospinosa* McClure）秆高 10～24m，径 5～15cm，节间几为筒形，中空甚细；箨环密生棕色刺毛；箨鞘甚厚硬，革质，背面之基部具有刺毛；箨耳甚发育，近相等，两面被小刚毛；箨叶宿存，三角形，背面秃净，正面密被棕黑色小刺毛；秆之每节常有 3 个分枝，每枝的各节均生有 2～3 刺；叶 6～8 枚生于每小枝上，叶片细长披针形，宽 6～20mm，次脉 4～7 对；产于华南和西南，多为人工栽培；秆质地坚韧厚硬，为工业建筑上有用的材料。凤凰竹［*Bambusa multiplex*（Lour.）Raeus.］和其变种凤尾竹（var. *riviereorum*）是常见栽培的观赏竹种。佛肚竹（*Bambusa ventricosa* McClure）为广东特产，各地栽培观赏。绿竹（*Bambusa oldhami* Munro）产于华南至浙江南部，笋味鲜美、笋期长，供食用；秆做建筑用材和造纸及编织的原料。

ⅲ. 刚竹族（Phyllistachydeae）

刚竹属（又名毛竹属，*Phyllostachys* Sieb. et Zucc.）　乔木至灌木状竹类，地下茎细长单轴散生；秆散生，圆筒形，在分枝的一侧常扁平或有纵沟 2 条，每节具 2 分枝。箨鞘顶端狭，箨叶狭长皱缩。花序不常见，小穗聚成穗状或头状花序，小穗丛间常夹以许多顶端具缩小叶片的苞片；雄蕊3枚。本属约50种，分布于亚洲；我国均产，是该属的分布中心，分布于黄河以南地区。

常见植物：毛竹（*Phyllostachys pubescens* Mazel ex H. de Lehaie）（图4-108）为高大乔木状竹类，秆圆筒形，新秆有毛茸与白粉，老秆无毛，秆环平而不隆起（上部者例外），箨环隆起，故而竹秆各节仅具1环；箨鞘厚革质，背部有明显的纵肋、密生棕紫色小刺毛及棕黑色晕斑，箨耳小，耳缘有毛；叶2～8枚生于小枝上，叶片长4～11cm，宽5～14mm，质地较薄，鞘口不具流苏或有易落的纤毛；分布于秦岭、汉水流域以南地区，多见于丘陵山地；毛竹的笋供菜用，秆为重要建筑用材和造纸及编织竹制品的原料。毛竹的栽培变种龟甲竹（*Phyllostachys pubescens* cv. Heterocycla）、绿槽毛竹（*Phyllostachys pubescens* cv. Viridisulcata）和毛槽毛竹（*Phyllostachys pubescens* cv. Luteosulcata）均为著名的观赏竹种。早竹（*Phyllostachys praecox* C. D. Chu et C. S. Chao）、早园竹（*Phyllostachys propinqua* McClure）、乌哺鸡竹（*Phyllostachys vivax* McClure）、石竹（*Phyllostachys nuda* McClure）等均为华东地区常见的优良食用笋竹。紫竹［*Phyllostachys nigra*（Lodd. ex Lindl.）Munro］为观赏竹种，分布可达华北地区，秆可制笛及手工艺品。

Ⅱ. 稻亚科（Oryzoideae）

稻亚科植物为多年生或一年生禾草。多为水生或湿生。叶片线形。花序圆锥状；小穗两性或单性，含1～3小花，其中仅1朵小花可结实，常两侧压扁，无延伸小穗轴，脱节于颖之下；颖较短小或极退化；外稃草质或硬纸质，具5脉或更多脉，全缘，有芒或无芒；内稃相似于外稃，但较狭窄，3～7脉，背中部具脊。鳞被3或2；雄蕊6或1～3；颖果大都包裹在边缘彼此互相紧扣的2稃之内。生长在潮湿处或池塘中。

稻亚科只有稻族（Oryzeae），分布于全球的热带至暖温带地区。我国有6属。

（1）稻属（*Oryza* Linn.）　一至多年生，水生或陆生草木。圆锥花序顶生，小穗两侧压扁，颖退化成两半月形，着生于小穗柄的顶端；含3小花，仅中央小花结实，两侧小花退化而仅存细小外稃；结实小花的外稃硬纸质；雄蕊6枚，颖果与稃片难以分离（图4-112）。本属有24种，分布于亚洲和非洲；我国有4种，其中野生2种：小稻（*Oryza minuta* Pres）产于海南岛；野稻（*Oryza granulata* Nees et Arn. ex Hook. f.）分布于广东和云南，少见。

图4-109　稻及新源假稻

1～4. 稻（*Oryza sativa* Linn.）　1、2. 植株　3、4. 小穗背腹面

5～7. 新源假稻［*Leersia oryzoides*（Linn.）Sw.］　5、6. 植株　7. 小花

栽培稻（*Oryza sativa* Linn.）（图4-109）为一年生栽培作物，秆直立，丛生；幼时有明显的叶耳，老时脱落；圆锥花序

松散，成熟时向下弯垂，小穗长圆形，颖极退化；退化外稃锥状，无毛，长2～4mm；孕性花外稃与内稃遍被细毛，或稀无毛，无芒或具长达7cm的长芒；鳞被2片，卵圆形，长约1mm。栽培稻种下分为2亚种：粳稻与灿稻，亚种下包括很多栽培品种。稻是世界上主要粮食作物之一，我国早在6 700年前就已开始栽培，经过长期驯化，已培育出约4万多品种，栽培面积和总产量均居世界第一位。20世纪70年代，我国科学家袁隆平培育杂交水稻的成功和普及，大大提高了水稻的品质和产量，是水稻史上又一次重大飞跃。

（2）假稻属（*Leersia* Sw.）　多年生草本。小穗中的颖及不育花的外稃全部退化而仅含1花；外稃质较薄，脊上具纤毛；雄蕊6或3枚。本属约20种，分布于温带至热带地区，主产地为美洲；我国有4种。

常见植物：假稻（*Leersia japonica* Honda）产于华东、华中及四川、贵州、河北、河南等地。新源假稻［*Leersia oryzoides*（Linn.）Sw.］（图4-109）产于新疆。李氏禾（*Leersia hexandra* Sw.）产于非洲、美洲、澳大利亚及亚洲太平洋岛国，我国南方有分布。

（3）菰属（*Zizania* Linn.）　本属有4种，2种产于美洲，1种产于东亚。

茭笋［*Zizania latifolia*（Griseb.）Stapf］为多年生高大水生植物；叶长而宽，条状披针形；小穗含1花，单性，稍异形；圆锥花序长30～60cm，分枝近于轮生，下部为雄性，上部为雌性。我国各地多有栽培，茎秆基部因真菌寄生而变得膨大肥嫩，供蔬用称为茭白；秆、叶是家畜和鱼的良好饲料；果实可食。

Ⅲ. 芦竹亚科（Arundinoideae）

芦竹亚科植物为多年生苇状草本。叶片宽大，基部圆形或心形。圆锥花序大型，具稠密小穗。小穗两性，稀为单性（蒲苇属）含2～10小花，两侧压扁，脱节于颖之上与诸小花间，有时小穗轴具长柔毛；颖片膜质，渐尖，宿存；外稃具3～5脉，无毛或背部具柔毛；内稃膜质，具2脉；雄蕊3；花柱2，柱头羽状；鳞被2。胚约占果体1/3，种脐短基生。

芦竹亚科只有芦竹族（Arundineae），约有10属，分布于两半球热带、亚热带地区，少数广布于全球。中国有6属。

（1）芦竹属（*Arundo* Linn.）　多年生草本，具长匍匐根状茎。秆高大，粗壮。叶片宽大，线状披针形。圆锥花序大型，分枝密生，具多数小穗；小穗含2～7花，两侧压扁；小穗轴脱节于颖之上或各小花之间；两颖近相等，约与小穗等长或稍短，膜质，披针形，具3～5脉；外稃宽披针形，厚纸质，背部近圆形，无脊，通常具3条主脉，中部以下密生白色长柔毛，顶端全缘或两裂，具尖头或短芒；基盘短小；内稃短，长为外稃的1/2～2/3，两脊上部有纤毛；雄蕊3。颖果较小。本属约有3种，分布于地中海地区至中国，全球广泛引种。我国有2种。

常见植物：芦竹（*Arundo donax* Linn.）亚洲、非洲、大洋洲热带地区广布，世界各地广泛引种栽培；秆为制管乐器中的有价值簧片。茎纤维长，长宽比值大，纤维素含量高，是制优质纸浆和人造丝原料。幼嫩枝叶的粗蛋白质含量达12%，是牲畜的良好青饲料。

（2）类芦属（*Neyraudia* Hook. f.）　多年生草本，具木质根状茎。秆具多数节，并生有分枝，节间有髓部。叶片扁平或内卷，质地较硬，自与叶鞘连接关节处脱落。圆锥花序大型稠密；小穗含3～8小花，第一小花两性或不孕，第二小花正常发育，上部花渐小或退化；小穗轴脱节于颖之上与诸小花之间，无毛；颖具1～3脉，短于小花；外稃披针形，具3脉，背部圆形，边脉接近边缘并有开展的白柔毛，中脉自先端二裂齿间延伸成短芒；基盘短柄状，具短柔毛；内稃狭窄，稍短于外稃；鳞被2枚；雄蕊3。本属有5种，分布于东半球热带、亚热带地区；我国有 4 种。

常见植物：类芦［*Neyraudia reynaudiana*（Kunth）Keng ex Hitchc.］亚洲东南部及我国南方大部均有分布；嫩芽、叶入药，有清热利湿、消肿解毒之效。

（3）芦苇属（*Phragmites* Adans.） 多年生高大禾草。具粗壮的根状茎。叶片扁平。圆锥花序大型，顶生；小穗含3～7 小花；颖矩圆状披针形，具 3～5 脉，不等长；第一外稃远大于颖，通常不育，内含雄蕊或为中性，其余的外稃向上逐渐变小，顶端渐狭如芒，具 3 脉，基盘细长，被丝状长柔毛；内稃短于外稃。本属约 10 种，分布于温带和热带地区；我国有 3 种，分布甚广。

常见植物：芦苇［*Phragmites australis*（Cav.）Trin. et Steud.］（图 4－110）秆高达 3m；叶鞘无毛或具细毛；叶舌短，密生短毛；叶片扁平，长 15～45cm，宽 1～3.5cm，平滑或边缘粗糙；圆锥花序稠密，微下垂，长10～30cm，分枝粗糙，下部分枝腋间具白色柔毛；广布于世界各地，我国南北各地均产，生于池塘、河边、湖泊、湿地以至沙丘间低洼地。芦苇是建筑、编织、造纸和纤维工业的重要原料，也是天然草地上的重要牧草，幼嫩时含有较多的糖分，而且具有甜味，各类家畜均喜食；抽穗后，草质逐渐粗老，适口性下降，可调制干草和青贮饲料；它的根状茎（芦根）中医用为清热、生津止呕、健胃及利尿药；同时，又为固堤、固渠的优良植物，沙埋后，仍能继续生长，可达沙丘顶部，有一定防风固沙作用。

图 4－110 芦苇［*Phragmites australis*（Cav.）Trin. et Steud.］
1. 花序 2. 小穗 3. 小花 4. 根状茎

（4）粽叶芦属（*Thysanolaena* Nees） 多年生，高大草本。秆直立，丛生。叶片宽广，披针形，具短柄。顶生圆锥花序大型，稠密；小穗微小，含 2 小花，第一花不孕，第二花两性，有小穗轴延伸；成熟后自小穗柄关节处脱落；颖微小，无脉，顶端钝，基盘短而无毛；第一外稃膜质，具 1 脉，顶端渐尖，与小穗等长；第二外稃较第一外稃稍短而质地较硬，具 3 脉，顶端渐尖至具小尖头，边缘具柔毛；第一内稃缺，第二内稃较短；雄蕊 2～3 枚。颖果小，与内外稃分离。单种属。

常见植物：粽叶芦［*Thysanolaena latifolia*（Roxb. ex Hornem.）Honda］分布于亚洲热带地区及我国南方；秆高大坚实，作篱笆或造纸，叶可裹粽，花序用作扫帚，栽培作绿化观赏用。

Ⅳ. 假淡竹叶亚科（Centothecoideae）

假淡竹叶亚科植物通常多年生。叶舌膜质，极短；叶片常呈广披针形或卵形，具显著的小横脉。花序圆锥状或总状；小穗含 1 至数枚小花，穗轴整个脱落或于各小花间逐节脱落；颖通常宿存，具 3～7 脉，较短于外稃；外稃具 5～9 脉，无毛或具疣基硬毛，顶端无芒或有尖头与短芒；内稃具 2 脊；雄蕊 2 或 3 枚。颖果与稃体分离；种脐基生，胚长为果体的1/3。假淡竹叶亚科植物分布于热带及亚热带的阴湿地区，全世界具有 10 属约 30 种。我国有 2 属。

（1）酸模芒属（*Centotheca* Desv.）　多年生或一年生草本。秆直立，有时具短根状茎。叶片宽披针形，具小横脉。顶生圆锥花序开展；小穗两侧压扁，含 2 至数小花，上部小花退化；小穗轴无毛，脱节于颖之上和各小花间；两颖不相等，较短于第一小花，有 3～5 脉，顶端尖或渐尖，背部有脊；外稃背部圆形，具 5～7 脉，两侧边缘贴生疣基硬毛，顶端无芒或有小尖头；内稃较狭小，边缘内折成二脊，脊生纤毛或平滑；雄蕊 2 枚。颖果与内、外稃分离。本属有 4 种，分布于东半球热带区域。中国有 1 种。

常见植物：酸模芒［*Centotheca lappacea*（Linn.）Desv.］分布于亚洲热带地区、非洲、大洋洲及我国南方。

（2）淡竹叶属（*Lophatherum* Brongn.）　多年生草本。须根中下部膨大呈纺锤形。秆直立，平滑。叶片披针形，宽大，具明显小横脉，基部收缩成柄状。圆锥花序由数枚穗状花序所组成；小穗圆柱形，含数小花，第一小花两性，其他均为中性小花；小穗轴脱节于颖之下；两颖不相等，均短于第一小花，具 5～7 脉，顶端钝；第一外稃硬纸质，具 7～9 脉，顶端钝或具短尖头，内稃较外稃窄小，脊上部具狭翼；不育外稃数枚互相紧密包卷，顶端具短芒，内稃小或不存在；雄蕊 2～3 枚，自小花顶端伸出。颖果与内、外稃分离。本属有 2 种，分布于东南亚及东亚。中国有 2 种。

常见植物：淡竹叶（*Lophatherum gracile* Brongn.）分布于亚洲热带地区、大洋洲及我国南方。根苗捣汁和米作曲，可增芳香；叶为清凉解热药；小块根作药用，可催产，中医称为碎骨子。

Ⅴ. 早熟禾亚科（Pooideae）

早熟禾亚科植物为多年生或一年生草本。秆草质，具节，节间中空。叶呈两行互生；叶鞘抱茎，一侧开放，少数闭合；叶舌常膜质；叶片线形，扁平或内卷，无叶柄，与叶鞘间无关节，而不自其上脱落。圆锥花序，稀为总状或穗状花序；小穗两侧压扁或圆筒形，含 1～2 至多数小花，自下而上向顶成熟，脱节于颖之上与诸小花间，小穗轴延伸至上部小花之后成一细柄；颖片 2 枚，稀 1 枚或退化；外稃具有 3 脉或 5（13）脉，有芒或无芒；内稃具 2 脉成脊，稀 1 或 3 脉；鳞被 2～3；雄蕊 3 枚，有些为 6 或 2 至 1 枚；子房 1 室，无毛或先端有毛，柱头 2～3，羽毛状。颖果与稃体分离或黏着；种脐线形或短线形；胚小为果体的 1/6～1/4。

早熟禾亚科植物广布于全球，主产温带。我国有 9 族 74 属。

ⅰ. 黑麦草族（Lolieae）

黑麦草属（*Lolium* Linn.）　多年生或一年生。叶片扁平。穗状花序顶生；小穗含 4～15 小花，单生于穗轴的每节，两侧压扁，以其背面对向穗轴；第一颖除顶生小穗外均退化；第二颖位于背轴的一方，具 5～9 脉；外稃背部圆形，具 5 脉，无芒或有芒。本属约 10 种，分布于欧亚大陆的温带地区；我国有 5 种，2 个栽培种分布较广，3 个野生种产于新疆。

常见植物：黑麦草（*Lolium perenne* Linn.）与多花黑麦草（*Lolium multiflorum* Lam.）均为优良牧草。黑麦草为短期多年生草本，具细弱的根状茎；秆多数疏丛生，基部常斜卧；叶鞘疏松，通常短于节间，叶舌短小，叶片柔软；穗状花序长 10～20cm，宽 5～7mm，小穗含 7～11 花，颖明显短于小穗，外稃无芒；作为优良牧草广为栽培，而且作为草坪草也已广泛用于各种类型的草坪中。毒麦（*Lolium temulentum* Linn.）原产于欧洲，我国东北、西北及江苏、安徽等地麦田曾有发现，因谷粒常受寄生菌感染而含毒麦碱，为有毒杂草。欧毒麦（*Lolium persicum* Boiss. et Hohen.）在新疆麦田有发现，也是农区有毒杂草。

ⅱ. 小麦族（Triticeae）

（1）冰草属（*Agropyron* Gaertn.） 多年生。秆仅具少数节。叶片常内卷。穗状花序顶生，其顶端小穗常缺少或不育；穗轴节间短；小穗含 3～11 小花，两侧压扁，单生于穗轴各节而互相紧接或成覆瓦状排列；小穗轴粗短，脱节于颖之上；颖舟形，具 1～3（5～7）脉，边缘膜质，背部具脊；外稃具芒尖或短芒，具 5 脉；内稃与外稃等长，先端具 2 齿。颖果与稃片黏合而不易脱落。本属约有 15 种，大都分布于欧亚大陆温寒地带的草原和沙地上；我国有 6 种 4 变种，产于东北、华北和西北。多为优良牧草，适应性强，营养价值高，其鲜草与干草均为各类家畜所喜食。

常见植物：冰草［*Agropyron cristatum*（Linn.）Gaertn.］（图 4-111）为多年生草本，须根具沙套；秆疏丛生，高 20～60cm，具 2～3 节；穗状花序长圆形，长 2～6cm，宽 8～15mm；穗轴节间长 0.5～1mm；小穗紧密排列成两行，整齐呈篦齿状；颖舟形，常具 2 脊或 1 脊，脊上连同背部脉间被长刺毛；第一颖长 2～3mm，第二颖长 3～4mm，具略短于或稍长于颖体的芒；外稃长 6～7mm，舟形，被长刺毛，顶端芒长 2～4mm；花药黄色，长约 3mm；产于东北、华北、西北和西藏，生于荒漠草原、草原和高寒草原，是草原和高寒草原植被的重组成成分。沙生冰草［*Agropyron desertorum*（Link）Schut.］与冰草相似，不同的是花序较狭窄，长 2～8cm，宽 5～10mm，小穗斜向上生，不呈篦齿状排列；颖长 3～5mm，脊

图 4-111 篦穗冰草及冰草

1～5. 篦穗冰草［*Agropyron pectinatum*（M. Bieb）Beauv.］
1. 植株 2. 小穗 3. 第一颖 4. 第二颖 5. 小花
6～11. 冰草［*Agropyron cristatum*（Linn.）Gaertn.］
6. 植株 7. 穗轴（示不育小穗） 8. 小穗
9. 第一颖 10. 第二颖 11. 小花

上无长刺毛；外稃长 5～6mm，通常无毛或有时背部以及边缘多少被短刺毛；芒长 1～1.5mm；花药红褐色；产于山西、内蒙古和新疆，生于低山和平原上的覆沙地。

此外，在内蒙古、山西、陕西、甘肃、新疆等地生长于干草原和沙地的还有篦穗冰草［*Agropyron pectinatum*（M. Bieb）P. Beauv.］（图 4－111）、沙芦草（*Agropyron mongolicum* Keng），也属优良牧草。

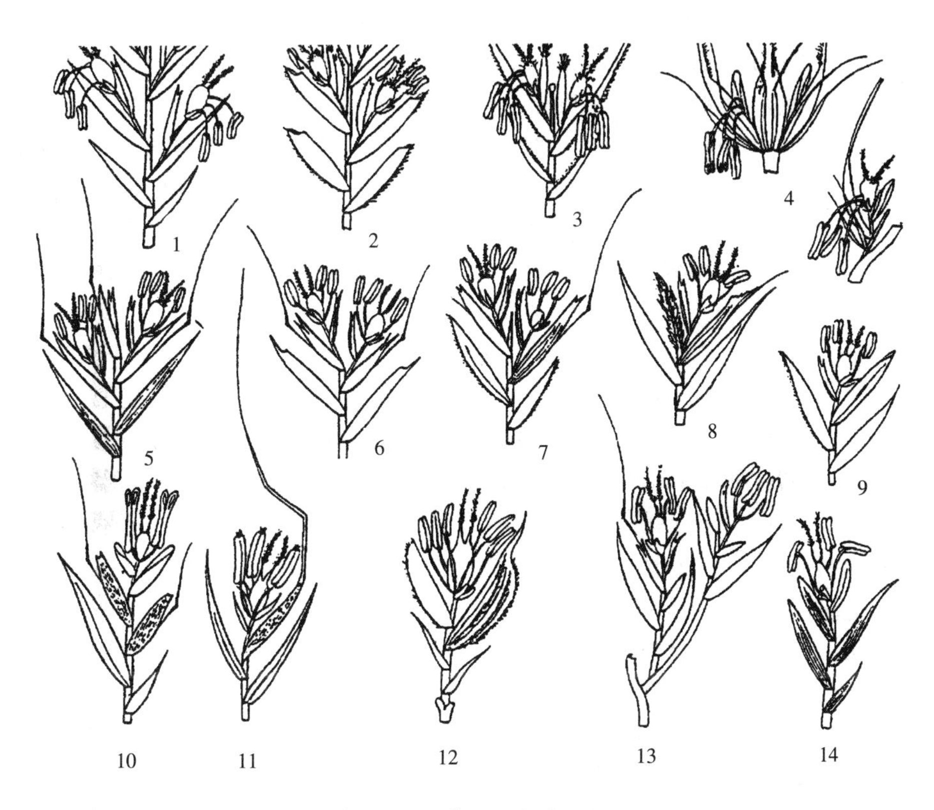

图 4－112　典型的小穗图解

1. 羊茅属（*Festuca*）　2. 小麦属（*Triticum*）　3. 黑麦属（*Secale*）　4. 大麦属（*Hordeum*）　5. 燕麦属（*Avena*）　6. 银须草属（*Aira*）　7. 燕麦草属（*Arrhenatherum*）　8. 拂子茅属（*Calamagrostis*）　9. 剪股颖属（*Agrostis*）　10. 黄花茅属（*Anthoxanthum*）　11. 针茅属（*Stipa*）　12. 稻属（*Oryza*）　13. 黍属（*Panicum*）　14. 须芒草属（*Andropogon*）

（2）小麦属（*Triticum* Linn.）　一年生或越年生草本，秆直立。穗状花序直立，顶生小穗发育或退化；小穗通常单生于穗轴各节，含 2～11 花；颖革质或草质，卵形至长圆形或披针形，具 3～9 脉，多少具膜质边缘，背部具有1～2 条脊，或仅有 1 脊且下部渐变平坦，先端具 1～2 齿或有时延伸为芒状；外稃背部扁圆或多少具脊，顶端 2 齿裂或否，有芒或无芒，无基盘；内稃边缘内折。颖果卵圆形或长圆形，顶端具毛，腹面有纵沟（图 4－112）。本属约有 20 余种，为重要的粮食作物，欧、亚大陆及北美广为栽培；我国有 11 种，主要分布于北方。

常见植物：普通小麦（*Triticum aestivum* Linn.）秆直立，丛生，具 6～7 节，高 60～100cm；叶鞘松弛包茎；叶舌膜质，长约 1mm；叶片长披针形；穗状花序直立，长 5～10cm（芒除外），宽 1～1.5cm；小穗含 3～9 花，顶生小花不孕；颖卵圆形，长 6～8mm，背部圆，主脉于中部以上具脊，顶端延伸为长约 1mm 的齿或短芒；外稃长圆状披针形，长 8～10mm，顶端具芒或否；内稃与外稃几等长；是全世界栽培最广泛的一种，品种很多。

(3) 披碱草属（*Elymus* Linn.） 多年生草本。通常丛生而无根状茎，少数种具短根头或根状茎。叶片扁平或内卷。穗状花序顶生，穗轴节间延长，不逐节断落，顶生小穗大都正常发育；小穗无柄或具极短的小柄，1～2（4）枚同生于穗轴的每节，含2～10余朵小花，稍两侧压扁，脱节于颖之上和各小花之间；颖矩圆状披针形，具3～5脉，无脊，先端无芒或具长芒；外稃背部圆形，先端无芒或延伸成长芒，芒直或反曲。本属约160余种，我国有82种23变种，大都是优良牧草，也是小麦和大麦的近缘种资源。

常见植物：鹅观草［*Elymus kamoji*（Ohwi.）S. L. Chen］为多年生草本，秆丛生，高45～100cm；叶舌短，截平，长仅0.5mm；叶片扁平，宽3～13mm；穗状花序长9～20cm，弯曲或下垂；穗轴节间长8～16mm，基部者长达25mm；小穗单生于穗轴各节，绿色或带紫色，长13～25mm（芒除外），含3～10朵花；颖卵状披针形，先端锐尖或具2～7mm的短芒，具3～5条粗壮的脉，边缘白色宽膜质；第一外稃长8～11mm，显著长于颖，先端具有芒或芒的上部稍弯曲，芒长（20）25～40mm；内稃稍长或稍短，先端钝，脊显著具翼，翼缘具细小腺毛；除青海和西藏外，分布几遍及全国，多生在海拔100～2 300m的山坡和湿润草地。垂穗鹅观草（*Elymus pseudonutans* A. Löve）为多年生草本，秆丛生，高50～70cm；叶舌长0.5mm；叶片扁平，宽3～5mm；穗状花序紧密，小穗多偏于穗轴一侧，通常曲折而先端下垂，长5～12（18）cm，通常每节生有2枚小穗，而接近顶端及下部节上仅生1枚小穗；小穗长12～15mm，含3～4朵花；颖长圆形，长4～5mm，先端渐尖或具1～4mm的短芒；第一外稃长约10mm，顶端向外延伸成向外反曲或稍展开的芒，芒长12～20mm；花药墨绿色；产于甘肃、青海、新疆、四川、云南和西藏等地，生于海拔3 000～5 500m的山地河谷草甸、草甸草原及高寒草原。老芒麦（*Elymus sibiricus* Linn.）与垂穗鹅观草相似，不同的是穗状花序疏松而下垂，长15～20cm，小穗排列于穗轴两侧，花药黄色；产于东北、华北和西北，生于山地林缘、草甸及草甸草原，为优良牧草，各地已推广栽培。

(4) 偃麦草属（*Elytrigia* Desv.） 多年生。具根状茎。叶片内卷或扁平。穗状花序；小穗含3～10朵花，无柄，单生于穗轴的每节；颖披针形或矩圆形，具（3）5～7（11）脉；外稃披针形，具5脉，无芒或具短芒。本属约50种，分布于全世界的温寒地带；我国有10种，分布于华北和西北地区；均为优良牧草。

常见植物：偃麦草［*Elytrigia repens*（Linn.）Nevski］为多年生草本，具横行的根状茎；秆疏丛生，具3～5节，高40～80cm；耳舌小而不显；叶片扁平，宽5～10mm；穗状花序直立，长10～18cm，宽8～15mm；穗轴节间长（6）10～15mm，基部可达39mm；小穗含5～7朵花，长10～18mm；颖披针形，长10～15mm（连同小尖头），平滑无毛；外稃椭圆形至披针形，顶端具短尖头；第一外稃长于12mm；产于内蒙古及西北。人工栽培的本属优良牧草主要有来自欧洲的中间偃麦草［*Elytrigia intermedia*（Host）Nevski］和毛偃麦草［*Elytrigia trichophora*（Link）Nevski］，前者颖先端平截而偏斜，颖及稃体平滑无毛；后者颖先端钝圆，颖及稃体密被糙毛。

(5) 新麦草属（*Psathyrostachys* Nevski） 多年生。具根状茎或形成密丛。叶片扁平或内卷。顶生穗状花序紧密，穗轴脆弱，成熟后逐节断落；小穗2～3枚生于穗轴每节，无柄，含2～3小花，均可育或顶生小花退化为棒状；颖锥状，具1条不明显的脉；外稃先端具短尖头或芒。本属约有10种，主要分布于中亚；我国有4种1变种，分布于新疆、甘肃、陕西和内蒙古，多为优良牧草，家畜喜食。

常见植物：新麦草［*Psathyrostachys juncea*（Fisch.）Nevski］具下伸的短根茎，秆密

丛生，高 40～80cm，基部密集枯萎的黄色纤维状叶鞘；叶片质软，宽 3～4mm；穗状花序长 9～12cm，小穗含 2～3 朵花、全部被短刺毛，外稃先端具 1～2mm 的短芒，内稃稍短于外稃；花药黄色，长 4～5mm；产于新疆及内蒙古，生于山地草原；为优良牧草，返青早，繁殖快，各类家畜均喜食。

（6）大麦属（*Hordeum* Linn.）　一年生或多年生。叶片扁平。穗状花序顶生；小穗背腹压扁，其腹面对向穗轴，位于穗轴顶端者多不发育，各含 1 小花（少有 2 小花），穗轴（除栽培种外）成熟时逐节断落，每节着生 3 小穗，中间小穗发育完全，无柄；两侧者大多有柄，发育完全或为雄花，或退化仅留 1 狭窄如锥状的外稃，但在栽培种中两侧小穗大都正常发育而无柄；颖锥状或狭披针形，位于小穗的前方；外稃背部圆形，具 5 脉或不明显，先端具长芒或无芒；内稃与外稃等长，脊光滑或粗糙（图 4-112）。颖果成熟后与内稃黏着而不易分离，或在某些栽培种（青稞）中容易分离。本属约有 30 种，分布于温带和亚热带的山地或高原地区；我国有 18 种，野生种多为优良牧草。

常见植物：大麦（*Hordeum vulgare* Linn.）为一年生草本，秆粗壮，高 50～100cm；叶鞘松弛抱茎，叶耳披针形；叶舌膜质，长 1～2mm；叶片扁平，长 9～20cm，宽 6～20mm；穗状花序稠密，长 3～8cm（芒除外），径约 1.5cm，穗轴每节着生 3 枚发育良好的小穗；小穗均无柄，长1～1.5cm（芒除外）；颖线状披针形，外被短柔毛，先端延伸出 8～14mm 的芒；外稃具 5 脉，先端延伸出 8～15cm 的长芒，内稃与外稃等长；颖果熟时黏着于稃内不脱出；是栽培的一年生粮食作物，为酿造啤酒及制麦芽糖的原料，也可作为大家畜的精料。短芒大麦草［*Hordeum brevisubulatum*（Trin.）Link］为多年生草本，常具根状茎，秆疏丛生，高 40～80cm；茎节无毛，基部节常膝曲；叶片绿色或成熟时带紫色，长 3～9cm；小穗 3 枚生于穗轴每节，两侧小穗较小或发育不全，有柄，颖针状、长 4～5mm，外稃无芒、长约 5mm；中间小穗无柄，颖针状、长 4～6mm，外稃长 6～7mm、芒长 1～2mm，内稃与外稃等长；产于东北、华北及西北，生长于河边、草地较湿润而盐渍化的土壤上；为优良牧草，干草中粗蛋白质及粗脂肪含量较高，抽穗前牛和马喜食，又耐践踏。

（7）赖草属（*Leymus* Hochst.）　多年生，具根状茎。叶片常内卷且质地较硬。穗状花序顶生，小穗 1～5 枚着生于穗轴每节，小穗含 2 至数小花；小穗轴多少扭转；颖锥刺状至披针形，具3～5 脉；外稃无芒或具小尖头。本属有 30 余种，分布于北半球温寒地带；我国有 15 种 3 亚种，多为优良牧草，也是小麦和大麦的近缘种资源。

常见植物：羊草［*Leymus chinensis*（Trin.）Tzvel.］为多年生草本，须根具沙套，根状茎横走或下伸；秆散生，直立，具 4～5 节，高 30～90cm；叶鞘平滑，基部残留叶鞘纤维状；叶片扁平或内卷，宽 3～6mm；穗状花序长 7～18cm，宽 10～15mm，直立；小穗含5～10 朵花，长 10～20mm，通常 2 枚生于一节，或在上部或基部者单生；小穗轴扭转，平滑无毛；颖锥状，具不明显的 3 脉，长 6～8mm，不正对外稃；外稃披针形，平滑无毛，第一外稃长 8～9mm；产于东北、华北以及西北，生长于森林草原和草原带，成为内蒙古草原的主要建群种之一，在盐渍化草甸上常以优势种或伴生种出现；为营养价值优等而高产的牧草，各种家畜均喜食，有育肥作用。赖草［*Leymus secalinus*（Georgi）Tzvel.］与羊草相似，不同的是小穗通常 2～3（少 1 或 4）枚着生于穗轴每节，外稃被短柔毛；产于东北、华北和西北，生长于干旱地区草地或山坡，或农区的田边、地埂和沟旁。大赖草［*Leymus racemosus*（Lam.）Tzvel.］茎秆矮壮，穗状花序大而花多，并具有耐旱、耐盐碱、耐贫瘠、抗病虫害等特性；产于新疆。

（8）以礼草属（*Kengyilia* L. Yen et J. L. Yang）　多年生草本，通常具根茎或根头，须根有时被沙套。秆丛生、稀单生，直立或基部稍膝曲。叶片内卷或扁平。穗状花序顶生，直立或弯曲下垂；小穗单生于穗轴各节，无柄，短缩宽厚，与穗轴贴生或离生，含 3～9 小花，小穗轴脱节于颖上，顶生小穗大多能正常发育；颖长圆状披针形或卵状披针形，具 1～7 脉，中脉突起或背部微具脊，边缘质薄或显膜质，顶端尖至具短芒；外稃披针形，通常具 5 条明显的脉，顶端具 2～15mm 长的短芒，稀无芒；内稃具 2 脊，脊上疏生刺毛或纤毛，顶端钝或下凹。本属约 30 种，产于亚洲山地；我国有 26 种，分布甘肃、青海、宁夏、新疆和西藏等地。

以礼草属（又称仲彬草属，*Kengyilia* C. Yen et J. L. Yang ）自 1990 年颜济、杨俊良建立以来，在 20 年的时间里，它由最初发表时的单型属（戈壁以礼草 *Kengyilia gobicola*）已发展至拥有 24 个种。这些种类中，除近一半的新报道种外，还有一半是由冰草属（*Agropyron* Gaertn.）、鹅观草属（*Roegneria* C. Koch）和披碱草属（*Elymus* L.）的种组合至本属，尤其原隶于鹅观草属、拟冰草组（sect. *Paragropyron* Keng et S. L. Chen）的类群几乎全部归入这个属。不过尽管如此，以礼草属同近缘的鹅观草属、冰草属和披碱草属的属间界限仍然比较分明，主要以内稃短于外稃或相等时则花序密集、小穗覆瓦状排列、内稃顶端钝圆至微凹而不同于披碱草属，以颖对称、中肋隆起或稍具脊而不同于颖不对称、明显具脊的冰草属和颖背部圆形的鹅观草属。

常见植物：戈壁以礼草（*Kengyilia gobicola* C. Yen et J. L. Yang ）为多年生，密丛；根须状具沙套；秆高 60～70cm；叶鞘平滑无毛，叶片内卷；穗状花序直立，紧密，披针形至倒卵形，稍偏于一侧；小穗紫色，长圆形，含 5～8 花；颖长圆形，具 3～5 脉，密被白色的硬毛；颖果褐色；产于新疆西南部，生于海拔 2 750～3 720m 的戈壁、荒漠、山坡、路旁和河岸。梭罗草［*Kengyilia thoroldiana*（Oliver）J. L. Yang，Yen et Baum］为多年生，丛生；秆高通常 5～20cm；穗状花序较短，通常不及 5cm，穗轴节上无毛，小穗沿穗轴排列紧密；颖具长柔毛；外稃毛浓密；产于青海、西藏中部和西部、新疆东南部、四川北部，生于海拔3 300～5 200m 的山坡、草原、河谷、沙地。

ⅲ. 虉草族（Phalarideae）

虉草属（*Phalaris* Linn.）　一年生或多年生草本。圆花序紧缩成穗状；小穗两侧压扁，含 1 枚两性花及附于其下的 2 枚退化为条形或鳞片状外稃；小穗轴脱节于颖之上，通常不延伸或很少延伸于内稃之后；颖草质，等长，披针形，有 3 脉，主脉成脊，脊上有翼；育花的外稃短于颖，软骨质，无芒，有 5 条不明显的脉，内稃与外稃同质。本属约有 20 种，分布于北半球温带，大都产于欧美；我国有 1 种及 1 变种。

常见植物：虉草（*Phalaris arundinacea* Linn.）为多年生草本，有根状茎，秆通常单生或少数丛生，高 60～140cm；叶鞘无毛，下部者长于上部者短于节间；叶舌膜质；叶片扁平，长 6～30cm，宽1～1.8cm；产于我国东北、华北、西北、华东及华中等地，生于河滩、林缘及河谷草甸，该植物草丛高大，营养价值也高，适口性好，属优等牧草。变种花叶虉草（*Phalaris arundinacea* var. *picta* Linn.）叶有白色条纹，各地常栽培供观赏。

ⅳ. 燕麦族（Aveneae）

（1）落草属（*Koeleria* Pers.）　多年生。叶片狭窄。穗状圆锥花序；小穗含 2～4 小花，两侧压扁，近无柄或具短柄，脱节于颖之上；颖不等长，宿存，边缘膜质，具 1～3（5）脉；外稃有光泽，边缘及先端膜质，具 3～5 脉，有短芒。本属约有 50 种，分布于北温带；我国有 4 种 3 变种，多数种为优良牧草，家畜喜食。

常见植物：落草［*Koeleria cristata*（Linn.）Pers.］秆直立，密丛生，高 25～50cm，基部残留枯萎叶鞘；叶片常内卷，长1.5～7cm，宽 1～2mm；圆锥花序紧密呈穗状，长 4～12cm；小穗含 2～3（5）朵花，有光泽，长 4～5mm；小穗轴被微毛或近于无毛；颖倒卵状长圆形至长圆状披针形，先端尖，边缘宽膜质，脊上粗糙；第一颖长 2.5～3.5mm，具 1 脉；第二颖长 3～4.5mm，具 3 脉；外稃披针形，边缘膜质，先端无芒或有长约 0.3mm 的短尖头；第一外稃长约 4mm，具 3 脉；内稃透明膜质，稍短于外稃；产于东北、华北、西北、华中、华东和西南，生于山坡草地；为优良牧草，含有较多的蛋白质及脂肪，抽穗前牛和马喜食。

（2）燕麦属（*Avena* Linn.）　一年生。叶片扁平。圆锥花序顶生，常开展；小穗含 2 至数小花，长多超过 2cm，柄弯曲，常向下垂，有毛或无，脱节于颖之上与各小花之间；颖草质，具7～11 脉，长于下部小花；外稃质地坚硬，具 5～9 脉，有芒或无芒，芒常自稃体中部伸出，膝曲而具扭转的芒柱。本属约 25 种，分布于欧亚大陆的温寒地带；我国 7 种 2 变种，多数种为很有营养价值的粮食及饲用植物。

常见植物：野燕麦（*Avena fatua* Linn.）（图4-113）秆直立，高 60～120cm；叶片扁平，宽 4～12mm；圆锥花序开展，长 10～25cm；小穗含 2～3 花，长18～25mm，柄弯曲下垂，小穗轴脆硬易断落；颖革质，具 9 脉；外稃质坚硬，第一外稃长 15～20mm，背面中部以下具淡棕色或白色硬毛；芒由稃体中部稍下处伸出，长 2～4cm，膝曲，芒柱棕色，扭转，第二外稃有芒；广布于南北各地，生长于撂荒地及田间；为优良牧草，家畜喜食，颖果又可做精饲料。燕麦（*Avena sativa* Linn.）（图 4-113）与野燕麦极其相似，唯小穗含1～2 花，小穗轴不易断落，外稃无毛，第二外稃通常无芒与之不同；在我国北方多有栽培，谷粒供食用或做饲料，营养价值很高。莜麦［*Avena chinensis*（Fisch. ex Roem. et Schult.）Metzg.］与燕麦相似，唯外稃草质，颖果与稃体分离可以区别；在我国西北、华北、西南和湖北等地有栽培。

图 4-113　燕麦及野燕麦

1～3. 燕麦（*Avena sativa* Linn.）1. 植株　2. 小穗　3. 小花

4～5. 野燕麦（*Avena fatua* Linn.）4. 小穗　5. 小花

（3）异燕麦属（*Helictotrichon* Bess.）　多年生。圆锥花序顶生，有光泽，开展或紧缩；小穗含 2 至数朵小花，小穗轴节间有毛，脱节于颖之上及各小花之间；颖几相等或短于小花，具 1～5 脉，边缘宽膜质；外稃成熟时下部质地较硬，上部薄膜质，背部圆形，具数脉，常于中部附近着生扭转而膝曲的芒。本属约 80 余种，遍布于温带地区；我国有 16 种 2 变种，多数可做草，家畜喜食或乐食。

常见植物：异燕麦［*Helictotrichon schellianum*（Hack.）Kitag.］具根状茎，形成疏

丛，秆直立，光滑无毛，高 30～70cm，通常具 2 节；叶鞘基部闭合而松弛，叶片扁平，宽 2.5～4mm；叶舌长 3～6mm；圆锥花序紧缩，淡褐色，有光泽，长达 15cm；小穗含 3～6 花，长达 16mm，小穗轴节间全部被柔毛；颖披针形，上部膜质，下部具 3 脉；外稃具 9 脉，于中部稍上处着生扭转而膝曲的芒，芒长 12～15mm；产于东北、华北、西北及西南，生于山地草原、林缘、疏林及灌丛下；为优良的牧草，各类家畜均喜食。藏异燕麦［*Helictotrichon tibeticum*（Roshev.）J. Holub］与异燕麦相似，不同的是具短根茎，形成密丛；叶常内卷呈针状，宽 1～2mm；叶舌长 0.5～2mm，花序长 2～6cm，小穗长约 8mm；产于西北、西南和青藏高原，生长于高山草原、林下和湿润草地；为优良牧草，家畜喜食。

ⅴ. 雀麦族（Bromeae）

雀麦属（*Bromus* Linn.）　一年生或多年生。叶鞘闭合；叶片扁平。圆锥花序开展或紧缩；小穗较大，两侧压扁，含多数小花；上部花通常发育不全，脱节于颖之上及诸小花之间；第一颖长，具 1～5 脉；第二颖具 3～9 脉，先端尖；外稃具（3）5～9（11）脉，先端全缘或具 2 齿，有芒或无芒；内稃狭窄。颖果腹面有沟槽，与内稃贴生。本属植物有 250 种以上，广布于南半球和北半球温带地区；我国约有 71 种，多数种为优良牧草。

常见植物：无芒雀麦（*Bromus inermis* Leyss.）为多年生草本，具较长的根状茎；秆直立，不形成密丛，高 40～80cm；叶鞘闭合，而仅于鞘口处裂开；圆锥花序开展，小穗含2～9 花，大多败育，外稃无芒或有时仅具 1～2mm 的短芒；产于东北至西北，生于草甸、林缘、山间谷地、河边及路旁；本种草质柔嫩，叶量较大，适口性好，营养价值高，各种家畜均喜食。无芒雀麦不仅作为优良牧草世界各地广为栽培，而且作为很重要的草坪和水土保持植物被用于矿山、厂区植被恢复治理和绿化、高速公路和铁路、水坝的边坡护理及各类环境治理中。雀麦（*Bromus japonicus* Thunb.）为一年生草本，秆丛生；叶片两面皆生白色柔毛，有时下面脱落无毛；圆锥花序展开，长达 30cm，分枝具 1～4 枚小穗；小穗向下弯垂，含7～14 花；第一颖长 5～6mm，具 3～5 脉；第二颖长 7～9mm，具 7～9 脉；外稃椭圆形，边缘膜质，具 7～9 脉，顶端具二齿，齿间生芒，芒长 5～11mm；产于东北、黄河及长江流域，生于山坡草地、林缘；为中等牧草。

ⅵ. 臭草族（Meliceae）

臭草属（*Melica* Linn.）　为多年生直立草本；叶鞘闭合；圆锥花序顶生，紧密或开展；小穗具柄，两侧压扁，有 1～3 小花；小穗轴伸长，顶有不实性外稃结成一棒状体；小穗柄通常曲折，有节或无节；颖膜质，近相等，第二颖等长或较短于第一小花；外稃有 7 或更多的脉，无芒。分布于温带地区，我国有 10 种，产西南部、东部至东北部，大部供饲料用，但其中抱草（*Melica virgata* Turcz.）若牲畜嚼食过多，能中毒致死。

常见植物：德兰臭草（*Melica transsilvanica* Schur）为多年生草本，高 30～50cm，圆锥花序紧缩成穗状；小穗长 5～6mm，通常仅含一个孕花；外稃被长柔毛，内颖短于外稃。分布于原苏联中亚、西伯利亚、高加索、欧洲以及我国新疆等地。草质柔软，适口性好，属良等牧草。

ⅶ. 早熟禾族（Poeae）

（1）碱茅属（*Puccinellia* Parl.）　多年生或一年生。叶扁平或内卷。圆锥花序开展或紧缩；小穗具柄，含 2～8 小花；颖不相等，第一颖具 1～3 脉，第二颖具 3～5 脉；外稃背部圆形，具 5 脉，先端常具干膜质而不整齐的细齿；内稃与外稃近等长。本属约有 200 种，分布于北半球温寒地带与北极地区，多生长于碱性或微碱性土壤上；我国约有 67 种，多为优良牧草。

常见植物：星星草［*Puccinellia tenuiflora*（Griseb.）Scribn. et Merr.］为多年生草本，秆丛生，基部通常具褐色鳞片状叶鞘；叶鞘平滑无毛；叶舌长约1mm，先端截平或半圆形；叶片内卷，宽1～3mm；圆锥花序开展，长7～20cm，每节具2～5个分枝，分枝细弱、上举或平展；小穗绿色或稍带紫色，长3～4mm，含3～4花；第一颖长约0.6mm，先端尖，具1脉；外稃先端钝，基部光滑或被微毛，具不明显的5脉；第一外稃长约2mm；内稃等长于外稃，平滑或脊上部具1～4个皮刺；花药线形，长0.9～1.6mm；产于东北、华北及新疆，多生于潮湿的盐碱滩，常为盐化草甸的建群种或优势种；它是一种能适应盐渍化土壤上生长、饲用价值较高、各类家畜喜食、尤为羊和骆驼最喜食的优良牧草；有些地区用于改良盐碱地。

（2）羊茅属（*Festuca* Linn.） 多年生。叶常狭而稍硬。圆锥花序狭窄或开展；小穗含2至多数小花，顶花通常发育不全；颖锐尖或渐尖，具1～3脉；外稃背部圆形，具5脉，顶端尖或裂齿间具芒或无芒；内稃与外稃近等长（图4-112）。本属约有300种，分布于寒温带及热带高山；我国约有56种，多为优良牧草，为各类家畜所喜食。

常见植物：羊茅（*Festuca ovina* Linn.）须根棕褐色；秆密丛生，高30～60cm；叶片丝状，脆涩，宽约0.3mm；圆锥花序紧缩呈穗状，常偏向穗轴一侧，长2～5cm；小穗绿色或稍带绿色，长4～6mm，含3～6花；颖披针形，第一颖长2～3mm，第二颖长3～3.5mm，外稃长3～4mm，芒长1.5～2mm；花药长约2mm，子房无毛；产于东北、西北和西南，生于山地草原带，是组成山地草原的重要组成成分；它的叶量丰富，耐放牧，耐践踏，春季萌发较早，为羊和马所喜食，牛采食较差，干草各种家畜均喜食。紫羊茅（*Festuca rubra* Linn.）与羊茅相似，不同的是具根状茎，形成疏丛；茎生叶平展，宽达3mm；圆锥花序较开展，长4～10cm；产于东北、西北及西南，生于高寒草原、亚高山草甸、山地林缘草甸及河滩草甸；为优良牧草，各类家畜均喜食。

（3）鸭茅属（*Dactylis* Linn.） 本属约有5种，分布于欧亚大陆的温带地区和北非。

我国仅产鸭茅（又名鸡脚草，*Dactylis glomerata* Linn.）1种，为多年生；秆直立，单生或少数丛生；叶鞘通常闭合达中部以上；圆锥花序开展；小穗含2～5朵小花，密集于花序分枝上部的一侧而成球状；颖具1～3脉；外稃质硬，具5脉，顶端具短芒；内稃短于外稃；产于西北和西南，生于山地草甸、林下、河流两岸湿润处；它春季萌发早，生长繁茂，叶量丰富，含有较多量的蛋白质及脂肪，各类家畜均喜食，为一种有饲用价值的优良牧草，我国各地常有引种栽培做牧草，南方也做鱼类饲饵。

（4）早熟禾属（*Poa* Linn.） 一年生或多年生。叶片扁平或对折。圆锥花序开展或紧缩；小穗含1至多数小花，上部小花常不发育；颖具1～3脉；外稃无芒，具5脉，基盘常具绵毛；内稃与外稃近等长。本属约500种，大多数分布于温带及寒冷地区；我国约有231种，大多为优良牧草，其茎叶柔嫩，营养价值较高，为各类家畜所喜食或乐食；同时也是重要的草坪种质资源。

常见植物：草地早熟禾（*Poa pratensis* Linn.）为多年生草本，具根状茎；秆单生或呈疏丛，高30～80cm，具2～3节；叶舌膜质，长1.5～3mm；叶片宽2～5mm；圆锥花序开展，长10～20cm，每节具3～5分枝，小穗散生于分枝上；小穗绿色，成熟后呈草黄色，长4～6mm，含2～5朵花；颖长2.5～3.5mm，具1～3脉；外稃披针形，脊下部与边脉基部被长柔毛；第一外稃长3～4mm，内稃稍短于外稃；产于东北、华北、西北和西南，生于草甸化草原、草甸、山地林缘及林下，为一种喜湿抗寒的牧草。春季萌发早，发育也较快，各种家畜均采食，牛最喜食，绵羊及马也喜食。草地早熟禾又是非常重要的草坪植物资源，目前，全世界草坪建植中最为核心的各种早熟禾品种大都来自草地早熟禾。硬质早熟禾（*Poa sphondylodes* Trin. ex Bge.）与草地早熟禾相似，不同的是不具根状茎，秆具3～4节；圆锥花序紧缩，小穗长5～7mm，含4～6朵花；产于我国东北、华北、西北及华东，生于草原、沙地、山坡草地和草甸；为中等牧草，各类家畜均采食。早熟禾（*Poa annua* Linn.）（图4-114）为一年生或二年生草本，无根状茎或具不明显的根状茎；秆柔软，丛生，高8～40cm；叶鞘光滑无毛；叶舌膜质，圆头形，长1～2mm；叶片柔软，长2～10cm，宽1～5mm；圆锥花序开展，长2～7cm；小穗含3～5花，长3～6mm；外稃卵形，脊和边脉中部以下有长柔毛，基盘无毛；内稃与外稃等长或稍短，脊上具长柔毛，花药淡黄色，长0.5～1mm；广布于全国大多数地区，生于草地、路旁、水沟边或潮湿处；它的最大优势是自繁能力强，其种子成熟后掉落土中，月内即可萌发生长出新苗，扩展蔓延速度快，青绿期极长，且株体矮小，纤细柔软，整齐美观，叶色翠绿，易粗放管理，无须修剪，是花坛、庭院、行道树下极好的观赏草坪植物。

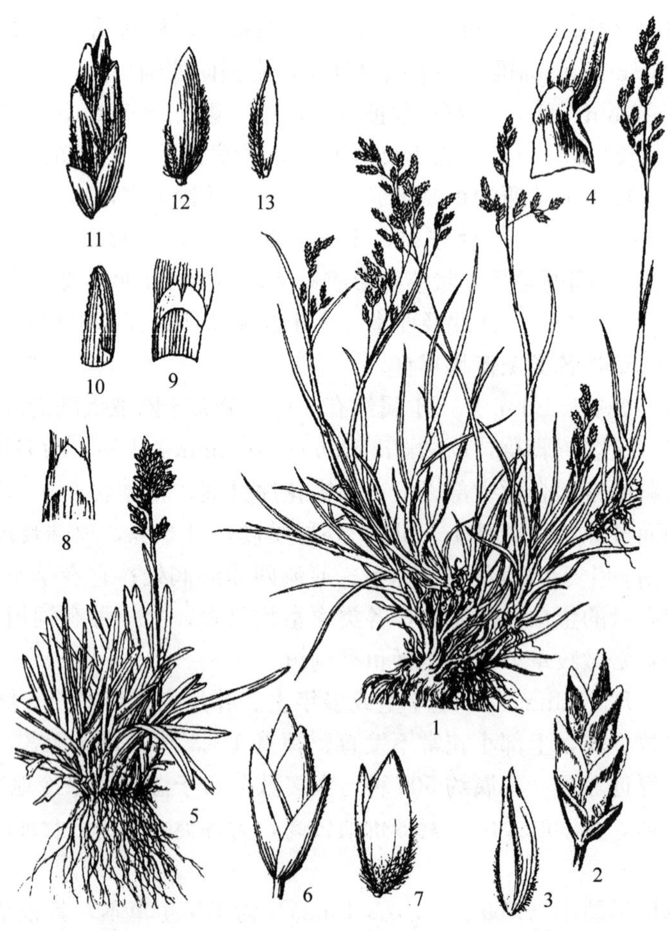

图4-114 仰卧早熟禾、高山早熟禾及早熟禾

1～4. 仰卧早熟禾（*Poa supina* Schrad） 1. 植株 2. 小穗 3. 小花 4. 叶舌

5～8. 高山早熟禾（*Poa alpina* Linn.） 5. 植株 6. 小穗 7. 小花 8. 叶舌

9～13. 早熟禾（*Poa annua* Linn.） 9. 叶舌 10. 叶片先端 11. 小穗 12. 小花 13. 内稃

此外，草原上常见的还有仰卧早熟禾（*Poa supine* Schrad）（图 4－114）、高山早熟禾（*Poa alpina* Linn.）（图 4－114）、林地早熟禾（*Poa nemoralis* Linn.）、冷地早熟禾（*Poa crymophila* Keng）、波伐早熟禾（*Poa poophagonum* Bor.）、葡系早熟禾（*Poa botryoides* Trin.）等。

viii. 剪股颖族（Agrostideae）

（1）梯牧草属（*Phleum* Linn.） 一年生或多年生，常具根状茎。秆直立，丛生或单生。圆锥花序穗状，紧密；小穗含 1 小花，两侧压扁，无柄，脱节于颖之上；颖相等，宿存或晚落，具 3 脉，中脉成脊，顶端具短芒或尖头；外稃质薄，短于颖，具 3～7 脉，钝头，具细齿，无芒；内稃稍短于外稃。本属约 15 种，分布于南半球和北半球温寒地带；我国有 4 种，分布于西南、西北至东北，台湾高山也产，多为优良牧草，家畜喜食。

常见植物：梯牧草（又名猫尾草，*Phleum pratense* Linn.）为多年生，须根稠密，具短根茎，形成密丛；秆直立，基部常球状膨大并宿存枯萎叶鞘，高 40～120cm，具 5～6 节；叶舌膜质，长 2～5mm；叶片扁平，宽 3～8mm；圆锥花序圆柱状，灰绿色，长 4～15cm；小穗矩圆形，含 1 小花；颖膜质，长约 3mm，具 3 脉，脊上具硬纤毛，顶端具长约 1.5mm 的短尖头；外稃薄膜质，长约 2mm，具 7 脉，顶端钝圆，内稃略短于外稃；新疆有野生，国内一些省区引种栽培。高山梯牧草（*Phleum alpinum* Linn.）与梯牧草相似，不同的是圆锥花序矩圆状圆柱形或卵形，暗紫色，颖具 1.5～3mm 的短芒；产于东北及陕西、甘肃、新疆、台湾、四川、云南、西藏，生于海拔 2 500～3 900m 的高山草地、灌丛、水边。

（2）看麦娘属（*Alopecurus* Linn.） 一年生或多年生。叶片扁平，柔软。圆锥花序圆柱状，顶生；小穗含 1 小花，两侧压扁，两性，脱节于颖之下；颖等长，具 3 脉，常于基部联合；外稃膜质，具不明显的 5 脉，中部以下有芒，其边缘于下部联合；无内稃。本属约 50 种，分布于北半球寒温地带；我国有 9 种，多数种为优良牧草，家畜喜食。

常见植物：大看麦娘（*Alopecurus pratensis* Linn.）为多年生，具短根状茎；秆少数丛生，直立或基部稍膝曲，高达 1.5m；叶片宽 3～10mm；叶舌膜质，长 2～4mm；圆锥花序圆柱状，长 3～8cm，宽6～10mm，灰绿色；小穗椭圆形，长约 5mm；颖等长，下部 1/3 互相联合，脊上具纤毛，侧脉被短毛；外稃与颖近等长，芒膝曲，自稃体基部伸出，长 6～8mm，显著外露；花药黄色，长 2～2.5mm；产于东北、内蒙古及西北，生于山地林缘、草甸、山谷及河边等潮湿处，在适宜的条件下常形成优势群落，为典型的草甸植物，其叶量丰富而柔嫩，各类家畜均喜食。苇状看麦娘（*Alopecurus arundinaceus* Poir.）与大看麦娘相似，不同的是外稃短于颖，芒长 1～5mm，直立，近稃体之中部伸出，显著外露；产于东北、内蒙古、甘肃和新疆，生于河谷草甸、低地草甸、沼泽化草甸及水边湿地，为优良牧草，家畜喜食。

（3）拂子茅属（*Calamagrostis* Adans.） 多年生。叶片扁平或内卷。圆锥花序开展或紧缩；小穗条形，常含 1 小花，脱节于颖之上；颖近于等长，具 1～3 脉；外稃透明膜质，短于颖片，先端有微齿或 2 裂，芒自顶端齿间或中部以上伸出，基盘密生长于稃体的柔毛：内稃细小而短于外稃（图 4－112）。本属约 15 种，我国有 6 种 4 变种，植物多数为良好的牧草，家畜乐食或采食，亦可刈制干草。

常见植物：拂子茅［*Calamagrostis epigeios*（Linn.）Roth.］具根状茎，秆高 50～100cm；叶片宽 4～8（13）mm，粗糙；圆锥花序劲直，较密而狭，常有间断，长 10～25（30）cm；小穗长5～7mm，颖近等长；外稃透明膜质，长约为颖的 1/2，顶端具 2 齿，基盘两侧的柔毛几与颖等长，芒自稃体背面中部附近伸出，细直，长 2～3mm；分布几遍全国，生于低湿处；幼嫩时家畜采食，开花后迅速粗老，采食较差。假苇拂子茅［*Calamagrostis pseudophragmites*（Hall. f.）Koel.］与拂子茅相似，不同的是花序疏松开展，芒自外稃顶端或稍下处伸出；产于东北、华北、西北及四川、云南、贵州和湖北等地。

（4）野青茅属（*Deyeuxia* Clarion）　本属有些学者主张归并于拂子茅属内，但有些学者主张分立，其与拂子茅属的主要区分点为：小穗轴延伸于内稃之后，常具丝状柔毛；外稃草质或膜质，近等长于或短于颖。本属 100 种以上，我国约 43 种。

常见植物：野青茅［*Deyeuxia arundinacea*（Linn.）P. Beauv.］秆高 50～60cm；叶鞘松弛，叶舌长 2～5mm；叶片扁平或边缘内卷，两面粗糙；圆锥花序紧缩呈穗状，长 6～10cm；小穗长 5～6mm；颖近等长，具 1～3 脉；外稃长 4～5mm，基盘两侧的柔毛长为稃体的 1/3～1/5，芒自外稃基部或下部的 1/5 处伸出，近中部膝曲而芒柱扭转；产于东北、华北、华中及陕西、甘肃、新疆、四川、云南和贵州，生于山坡草地、林缘、灌丛、溪旁等处。大叶章［*Deyeuxia langsdorffii*（Link）Kunth］和小叶章［*Deyeuxia angustifolia*（Kom.）Y. L. Chang］为我国北方山坡草地、林间草地、沟谷湿草地的习见种。前者植株高大，叶片扁平或内卷，小穗长 4～5mm，外稃长 3～4mm，芒长约 3mm；后者植株低矮，叶片常纵卷，小穗长 2～3.5mm，外稃长 1.5～2.5mm，芒长 1～2mm。

（5）剪股颖属（*Agrostis* Linn.）　一年生或多年生。叶片扁平或卷折。圆锥花序开展或紧缩；小穗含 1 小花，脱节于颖之上；两颖等长或不等长，膜质或纸质，具 1 脉；外稃膜质，较颖薄且短，先端平截或钝，多数具 5 脉，无芒或背部生 1 短芒；内稃一般短于外稃，具 2 脉（图 4-112）。本属约有 200 种，广布于全世界，主产地在北温带；我国约有 29 种 10 变种，多数种为优良牧草，家畜均喜食。

常见植物：巨序剪股颖（*Agrostis gigantea* Roth.）为多年生，具根状茎，秆高30～130cm，具 2～6 节；叶舌长 5～6（11）mm；叶片宽 3～10mm；圆锥花序尖塔形，疏松或紧缩，长 10～25cm；小穗绿色或带紫色，长 2～2.5mm；颖舟形，近等长；外稃长 1.8～2mm，无芒，基盘两侧有 0.2～0.4mm 的短毛；内稃长为外稃的 2/3～3/4；产于东北、华北、西北、华东及西南，生于山地林缘、草甸以及低湿草地；为优良牧草，茎叶柔嫩，家畜喜食。西伯利亚剪股颖（*Agrostis sibirica* V. Petr.）与巨序剪股颖相似，不同的是植株细弱，秆高 30～35cm；叶舌长 2～3mm，花序长约 6mm；产于东北及内蒙古东部。

ⅸ. 针茅族（Stipeae）

（1）针茅属（*Stipa* Linn.）　多年生，密丛生。叶片内卷。圆锥花序开展或紧缩，基部常为叶鞘包裹；小穗含 1 小花，脱节于颖之上；颖近等长（图 4-112），膜质，具 3～5 脉；外稃圆筒形，紧密包卷内稃，背部常具纵向排列的短柔毛，常具 5 脉，顶端有芒；芒基部与稃体连接处具关节，芒一回或二回膝曲，芒柱扭转，芒柱及芒针被柔毛或无毛，基盘尖锐；内稃与外稃近等长（图 4-112）。本属约有 200 种，分布于全世界温带地区，在干旱的草原区尤多；我国有 28 种 7 亚（变）种，是北方草原的重要组成成分，具有重要的生态意义和饲用价值，抽穗前为优良牧草，家畜喜食，马最喜食，其次是羊和牛，骆驼采食较差；在结实以后，带有尖锐基盘的颖果对羊的危害较大。

常见植物：沙生针茅（*Stipa glareosa* P. Smirn.）（图 4-115）须根粗韧，外被沙套；秆直立丛生，高 15～25cm；叶片内卷呈针状，基生叶长为秆高的 2/3；圆锥花序常为顶生叶鞘所包裹，长约 10cm；颖膜质，近等长，长 2～3.5cm，具 3～5 脉；外稃长 6～9mm，具 5 脉，背部具纵行短柔毛，顶端关节处生一圈短毛；芒一回膝曲，扭转，芒柱长约

1.5cm，具长约 2mm 的柔毛；芒针长约 3cm，具长约 4mm 的羽状毛；产于华北、西北及西藏，生于荒漠草原及山地草原的沙质地及砾石质地；为优等牧草，家畜喜食。此外，常见的还有戈壁针茅［*Stipa tianschanica* subsp. *gobica*（Roshev.）D. F. Cui］（图 4－115）为组成荒漠草原和草原化荒漠的优势种或主要伴生种。

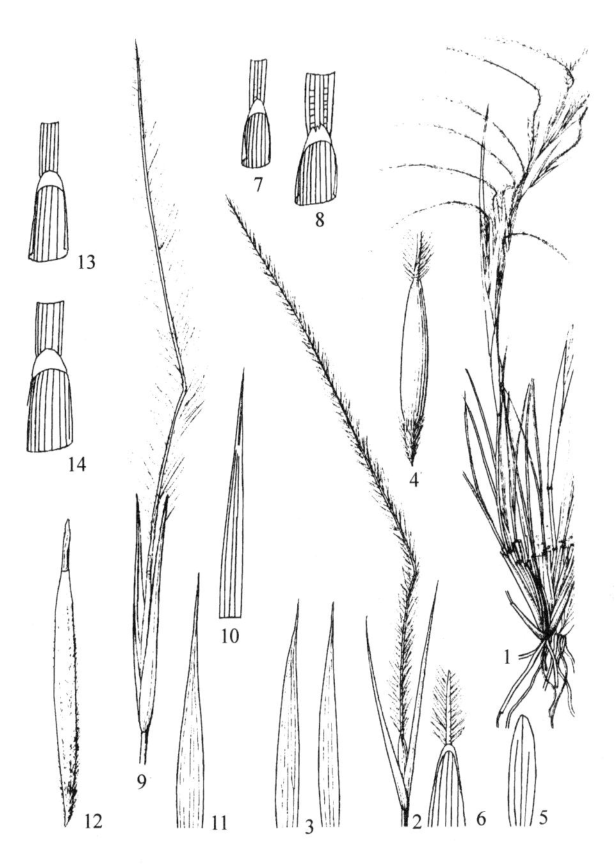

图 4－115　沙生针茅及戈壁针茅

1～8. 沙生针茅（*Stipa glareosa* P. Smirn.）　1. 植株　2. 小穗　3. 颖片　4. 小花　5. 内稃　6. 外稃先端　7、8. 叶舌
9～14. 戈壁针茅［*Stipa tianschanica* subsp. *gobica*（Roshev.）D. F. Cui］　9. 小穗　10、11. 颖片　12. 小花　13、14. 叶舌

我国常见针茅属植物分种检索表

1. 芒粗糙无毛或具细刺毛，二回膝曲。
　2. 秆基部鞘内有隐藏小穗；基生叶舌钝圆形，长 0.5～1mm；秆生叶舌披针形，长 3～5mm，顶端常两裂；小穗长 1～1.5cm；外稃长 5～6mm，芒微糙涩 ………………… 1. 长芒草（*S. bungeana* Trin.）
　2. 秆基部鞘内无隐藏小穗。
　　3. 花序不为顶生叶鞘所包，通常全部伸出鞘外；芒具长 0.5mm 的细刺毛，芒针不做弧状弯曲，常直伸。
　　　4. 花序紧缩，顶端的芒常扭结如鞭状；基生与秆生叶舌长均约 0.6mm，平截，具细睫毛，两侧下延与叶鞘边缘结合；颖长 2.5～3cm；外稃长约 10mm ……… 2. 丝颖针茅（*S. capillacea* Keng）
　　　4. 花序较开展，顶端的芒不扭结；基生叶舌钝圆形，长 0.5～1mm；秆生叶舌披针形，长 2～3mm；颖长 1.2～1.5cm；外稃长 8～9mm ……………… 3. 甘青针茅（*S. przewalskyi* Roshev.）
　　3. 花序常为顶生叶鞘所包，不全部伸出；芒粗糙，芒针常为弧形或环状弯曲。
　　　5. 颖长 2.5～4.5cm；外稃长 1～1.7cm。

6. 秆生叶舌长1.5～2mm；外稃长1.2～1.5cm；第一芒柱长3～5cm，第二芒柱长1.5～2cm，芒针长达10cm ………………………………………………………… 4. 狼针草（*S. baicalensis* Roshev）

6. 秆生叶舌长3～10mm；外稃长1～1.7cm。

7. 颖长2.5～3.5cm；外稃长1～1.2cm；第一芒柱长3.5～5cm，第二芒柱长1.2～2cm，芒针长7～12cm；秆生叶舌长约8（10）mm ……………………………………… 5. 针茅（*S. capillata* Linn.）

7. 颖长3～4.5cm；外稃长1.5～1.7cm；第一芒柱长7～10cm，第二芒柱长2～2.5cm，芒针长12～18cm；秆生叶舌长3～10mm ……………………………… 6. 大针茅（*S. grandis* P. A. Smirn.）

5. 颖长1.8～2.5cm；外稃长约1cm。

8. 第一芒柱长约2.5cm，第二芒柱长1～1.5cm，芒针长10～15cm；叶鞘外面被细刺毛；秆生叶舌长5～7（10）mm ……………………………… 7a. 新疆针茅（*S. sareptana* Becker subsp. *sareptana*）

8. 第一芒柱长1.5～2cm，第二芒柱长约1cm，芒针长9～10cm；叶片外（下）面平滑无毛；秆生叶舌长2～3mm ……………………………… 7b. 西北针茅［subsp. *krylovii*（Roshev.）D. F. Cui］

1. 芒具长约1mm以上的羽状毛，一回或二回膝曲。

9. 芒一回膝曲；外稃背部的毛均成条状；秆生与基生叶舌同为钝圆形，长1～2mm；叶鞘口部常具白色柔毛。

10. 芒柱无毛，芒针具长3～6mm的白色羽状毛。

11. 外稃长约9mm，顶端粗糙，具1圈短毛；芒柱长1～1.5cm，芒针长6～7cm，具长达5mm的羽毛………………………………… 8a. 天山针茅（*S. tianschanica* Roshev. subsp. *tianschanica*）

11. 外稃长7.5～10mm，顶端光滑，不具1圈短毛。

12. 颖长2～2.5cm；外稃长7.5～8.5mm；芒柱长1～1.5cm，芒针长4～6cm ……………………………………………………… 8b. 戈壁针茅［subsp. *gobica*（Roshev.）D. F. Cui］

12. 颖长3～3.5cm；外稃长10mm；芒柱长1～2cm，芒针长10cm ……………………………………………………… 8c. 石生针茅［subsp. *klemenzii*（Roshev.）Norl.］

10. 芒柱与芒针同具白色羽状毛。

13. 花序开展；颖长1.4～1.9cm；外稃长6～7.5cm，背部遍生柔毛；芒柱长4～7cm ……………………………………………………………… 9. 蒙古针茅（*S. mongolorum* Tzvel.）

13. 花序紧缩；颖长1.8～4cm；外稃长7～12mm，背部毛呈条状；芒柱长15～22mm。

14. 叶片下面糙涩或具柔毛；芒长4.5～7cm，芒柱与芒针间膝曲不呈镰状 ……………………………………………………… 10. 沙生针茅（*S. glareosa* P. A. Smirn.）

14. 叶片下面平滑无毛（少数微粗糙）；芒长7～14cm，芒柱与芒针间膝曲并形成镰状 ……………………………………………………… 11. 镰芒针茅（*S. caucasica* Schmalh.）

9. 芒二回膝曲（狭穗针茅有时不明显，似为一回膝曲）；外稃背部的毛呈条状或散生；秆生与基生叶舌同形或异形。

15. 芒全部具羽状毛。

16. 花序基部常为顶生叶鞘所包；小穗灰绿色；颖纸质，窄披针形，先端具长尾尖；外稃背部沿脉具条状毛。

17. 叶舌短而钝，基部者长约0.5mm；秆生者长约2mm；颖长12～16mm；外稃长5～9mm …………………………………………………………… 12. 短花针茅（*S. breviflora* Griseb.）

17. 叶舌长2～10mm，基生者钝或尖，秆生者尖形；颖长1.8～3cm；外稃长7～10mm。

18. 秆节部常呈紫黑色；叶舌长5～10mm；颖长2～3cm；外稃长9～10mm，第一芒柱的毛可退化为微小刺毛 ……………………………… 13. 图尔盖针茅（*S. turgaica* Roshev.）

18. 秆节部为草黄色；叶舌长2～4mm，颖长1.8～2cm；外稃长7～8mm；芒柱具长1～2mm的细柔毛 ……………………………………… 14. 东方针茅（*S. orientalisa* Trin.）

16. 花序通常伸出，基部不为叶鞘所包（发育不正常者除外）；小穗紫色；颖草质，宽披针形，先端具短尖；外稃背部散生细毛。

19. 圆锥花序开展，分枝长 3～6cm；外稃长 8～13mm；芒长 6～9cm。

20. 颖长 1.3～1.7cm；外稃长 8～10mm …………………… 15a. 紫花针茅（*S. purpurea* Griseb var. *purpurea*）

20. 颖长 1.7～2.5cm；外稃长 12～13mm ……………………… 15b. 大紫花针茅（var. *araosa* Tzvel.）

19. 圆锥花序紧缩，分枝长 2～3cm；外稃长 6.5～8mm；芒长 3～4.5cm ……………………………………………………………………………… 16. 昆仑针茅（*S. robrowakyi* Roshev.）

15. 芒非全部而仅于芒柱或针具羽状毛。

21. 芒柱具羽状毛，芒针无毛（狭穗针茅的芒针有 0.5mm 以内的细刺毛），芒全长2～3cm；外稃背部散生细毛。

22. 花序分枝长 1～3cm，直向上伸，圆锥花序狭窄，宽 1～2cm。

23. 叶片具黄褐色尖头，干后破裂为呈画笔状细毛；小穗长 11～13mm ……………………………………………………………… 17. 狭穗针茅（*S. regeliana* Hack.）

23. 叶片先端无画笔状细毛；小穗长 6～9mm。

24. 颖长 3～7mm，披针形，无膜质长尖；芒长 2.2～2.7cm ……………………………… 18a. 座花针茅［*S. subsessiliflora*（Rupr）Rupr. var. *subsessiliflora*］

24. 颖长 8～9mm，顶端具长 2～3mm 的膜质尖头；芒长 1.5～1.8cm ……………………… 18b. 羽柱针茅［var. *basiplumosa*（Munro ex Hook. f.）P. C. Kuo et Y. H. Sua］

22. 花序分枝长 3～6cm，开展或斜伸，圆锥花序宽卵形，宽（2）3～7cm。

25. 秆及叶鞘粗糙或具毛，花序分枝腋内有枕状物，分枝开展；叶舌先端急尖，膜质，长 4～7mm；芒柱具长 2～3cm 的羽状毛。

26. 秆及长叶鞘粗糙或具细微毛；叶舌背面不具纤毛 ……………………………………… 19a. 疏花针茅（*S. penicillata* Hand.-Mazz. var. *penicillata*）

26. 秆及叶鞘密被白色柔毛；叶舌背面具纤毛 ……………………………… 19b. 毛疏花针茅（var. *hirsuta* P. C. Kuo et Y. U. Kuo et Y. H. Sun）

25. 秆及叶鞘平滑无毛，花序分枝腋内无枕状物，分枝斜伸；叶舌先端钝圆，膜质较厚，长1～1.5mm；芒柱具长 1～1.5mm 的羽状毛 ………………………… 20. 异针茅（*S. aliena* Keng）

21. 芒柱无羽状毛，芒针具长 2～5mm 的羽状毛，芒全长 15cm 以上；外稃背部散生细毛或渐成条状毛。

27. 叶片纵卷软，径在 1mm 以内；叶舌钝圆，长约 1mm；颖长 2～2.2cm；外稃长约 1cm，背部散生细毛，第一芒柱长 2～3cm，第二芒长约 1.5cm，芒针长 8～12cm，具长 2～3mm 的羽状毛 …………………………………………………… 21. 细叶针茅（*S. leasiana* Trin. et Rupr.）

27. 叶片纵卷较粗硬，径 1～1.5mm，叶舌钝圆或披针形，长 1～5mm；颖长 3～5cm；外稃长 1.5～1.7cm，背部毛呈条状；芒针具长 3～5mm 的羽状毛。

28. 叶舌钝圆，长 1～1.5mm，具有 1～2mm 的缘毛；外稃长 1.5～1.6mm；第一芒柱长 5～6cm …………………………………………… 22. 长羽针茅（*S. kirghisorum* P. A. Smirn.）

28. 叶舌披针形，长 3～5mm，无缘毛；外稃长约 1.5cm，第一芒柱长 3.5～4.5cm ………………………………………………………… 23. 长舌针茅（*S. macroglossa* P. A. Smirn.）

（2）芨芨草属（*Achnatherum* P. Beauv.） 多年生，丛生草本。叶片通常内卷，少扁平。圆锥花序开展或狭窄；小穗披针形，含 1 两性小花，脱节于颖之上；两颖近于等长或第二颖稍长，宿存，膜质或草质；外稃较短于颖，圆柱形，先端具 2 微齿，芒自齿间伸出，膝曲而宿存，少近于劲直而脱落；内稃具 2 脉，无脊。本属约有 20 种，分布于欧亚寒温地带；我国有 15 种，多为良好或中等牧草，为家畜喜食或乐食。

常见植物：芨芨草［*Achnatherum splendens*（Trin.）Nevski］须根常具沙套，秆坚硬，高0.5～2.5 m；叶片坚韧，扁平或纵卷，秆生叶舌三角形或披针形，长5～10（15）mm；圆锥花序开展，长30～60cm；小穗长4.5～7mm（芒除外），灰绿色或带紫色，含1小花；两颖不等长，第一颖长4～5mm，具1脉；第二颖长6～7mm，具3脉；外稃长4～5mm，具5脉，背部被柔毛；芒自外稃齿间伸出，粗糙，劲直或微曲，但不扭转，长5～12mm，易落；产于东北、华北和西北，常生于盐渍化草甸、沙质地，形成芨芨草滩；为中等牧草，春季及夏初其嫩叶为牛、羊采食，夏秋间茎叶粗老，家畜不食，冬季残存良好，各类家畜均采食。此外，芨芨草也是造纸、人造纤维、编织等的工业原料。醉马草［*Achnatherum inebrians*（Hance）Keng］与芨芨草相似，唯叶舌顶端平截或具裂齿，长约1mm；圆锥花序紧密呈穗状，长10～25cm；芒长10～13mm，一回膝曲，芒柱扭转且被短柔毛；产于内蒙古、宁夏、甘肃、新疆、青海和西藏，生于中低山较宽阔的沟谷，家畜误食则可引起中毒，重则死亡。

Ⅵ. 画眉草亚科（Eragrostidoideae）

画眉草亚科又称为虎尾草亚科（Chloridoideae），小穗两侧压扁，有一至多朵小花，顶生小花常不发育，脱节于颖片及可育小花之间；鳞被2枚，质厚，顶端截平，有脉纹。叶片解剖及叶表皮组织常为虎尾草型（Chloridoid）。染色体小型，$x=5$，6，9，10，11，12，多数种类为9或10。幼苗的中胚轴常延伸，常生有不定根。

主要分布于全球热带和亚热带地区，约有150属。我国有32属。

ⅰ. 獐毛族（Aeluropodeae）

獐毛属（*Aeluropus* Trin.）　多年生，植株矮小而坚韧。叶片内卷如针状。圆锥花序紧缩呈穗状或头状；小穗含4至多数小花，成2行排列于穗轴的一侧；小花呈紧密的覆瓦状排列；颖近革质，第一颖具1～3脉，第二颖具5～7脉；外稃上部草质，下部近革质，卵形，顶端尖，具7～11脉；内稃与外稃近等长。本属有20余种，分布于地中海地区，小亚细亚、喜马拉雅和北部亚洲；我国有4种及1变种，均为优良牧草。

常见植物：小獐毛（*Aeluropus pungens* Koch.）与獐毛（*Aeluropus sinensis* Tzvel.），二者的区别点是：前者节部无毛，小穗长3～4mm，颖与外稃边缘具纤毛；后者节部具柔毛，小穗长4～6mm，颖与外稃边缘无纤毛。小獐毛分布于甘肃和新疆；獐毛分布于长江以北沿海及西北，多生长于盐碱滩和盐生草甸，家畜乐食。

ⅱ. 画眉草族（Eragrostideae）

（1）画眉草属（*Eragrostis* P. Beauv.）　一年生或多年生。圆锥花序开展或紧缩；小穗含数朵至多数小花，小花通常覆瓦状排列于小穗轴上；二颖不等长，常短于第一外稃，具1脉（少第二颖具3脉），宿存，很少脱落；外稃无芒，先端尖或钝，具3脉；内稃具2脊，宿存或与外稃同时脱落。本属约有300种，我国有31种1变种，多为优良或中等牧草，也是农田和草坪杂草，分布遍及全国。

常见植物：小画眉草（*Eragrostis minor* Host）一年生，植物体常有腺点，丛生，高10～20cm；叶鞘被稀疏的长柔毛，鞘口具纤毛，叶片扁平；圆锥花序开展；小穗长3～9mm，含4至多数小花；颖锐尖，通常具1脉；外稃卵圆形；内稃短于外稃；为良等牧草，鲜草与干草各类家畜均喜食。画眉草［*Eragrostis pilosa*（Linn.）P. Beauv.］植物体不具腺点；圆锥花序长15～25cm，分枝近于轮生，枝腋具长柔毛，小穗含5～9花；分布遍及全国，多生长于撂荒地、路边、村落旁；为良等牧草，秆叶柔嫩，家畜喜食。

（2）䅟属（*Eleusine* Gaertn.） 一年生或多年生、簇生草本。叶片平展或卷折。小穗含3至多数花，无柄，紧密覆瓦状排列于较宽扁的穗轴一侧，形成穗状花序，再以此数枚呈指状排列于秆顶，穗轴不延伸于顶端小穗之外；小穗脱节于颖之上和各小花之间；颖不等长，稍宽，短于外稃；外稃无芒；鳞被3，折叠。囊果，皮膜质或透明质，种子暗褐色，成熟时具波状花纹。本属有9种，大多分布于非洲和印度；我国有2种。

常见植物：䅟［*Eleusine coracana*（Linn.）Gaertn.］为一年生草本，植株高大粗壮，秆高60～120cm，径5～10mm；花序分枝于成熟时向内弯曲呈鸡爪状；种子球形；为我国南方的旱地作物，子实供食用、酿酒，又是好刍料。牛筋草（又名蟋蟀草）［*Eleusine indica*（Linn.）Gaertn.］为一年生草本，秆丛生，高15～90cm；花序分枝不弯曲；种子卵形；几遍布全国，为农田杂草，全草入药，可清热利湿和防治乙型脑炎，又可做饲料。

ⅲ. 虎尾草族（Chlorideae）

（1）虎尾草属（*Chloris* Sw.） 一年生或多年生，叶扁平或内卷。穗状花序呈指状排列；小穗含1两性小花，无柄，以2行排列于穗轴的一侧，脱节于颖之上；两性小花的上方有1至数枚仅具外稃的退化（不育）小花，互相包卷呈球状；颖不相等，具1脉；外稃具脊，1～5脉，中脉延伸成直芒或芒尖，基盘被柔毛；内稃与外稃等长。本属约50种，分布于热带至温带，美洲的种类最多；我国有4种，均为牧草。

常见植物：虎尾草（*Chloris virgata* Sw.）为一年生，秆直立或基部膝曲，丛生，高20～60cm；穗状花序长3～5cm，4至10余枚簇生于茎顶而呈指状排列，小穗除颖外具2芒；为全国各地习见种。是良好的牧草，夏、秋家畜喜食；也是农田和草坪地杂草。

（2）狗牙根属（*Cynodon* Rich.） 多年生草本。具根状茎及十分发达的匍匐茎；直立秆的节间短缩，使叶片似为对生。穗状花序3～6枚呈指状簇生于茎顶。小穗两侧压扁，通常含1（2）小花，无柄，成两行排列于穗轴的一侧；小穗轴脱节于颖之上，并延伸于内稃之后如针芒状；两颖等长或第二颖稍长并等长于外稃，具1脉成脊；外稃具3脉，脊有毛，侧脉近边缘；内稃约与外稃等长。颖果常由坚硬的外稃包藏。本属约有10种，多分布于东半球热带。我国有2种。

常见植物：狗牙根［*Cynodon dactylon*（Linn.）Pers.］匍匐茎长达1 m，直立向上的分枝高10～30cm；叶鞘具脊，鞘口有柔毛；叶舌短，具小纤毛；叶片长2～6cm，宽1～3mm；广布于黄河流域以南各地，全世界湿热地方常见；在野生的农田环境中是主要的农田杂草和草坪地杂草，也是天然的水土保持和固土护坡的良好材料；狗牙根栽培种和狗牙根与非洲狗牙根的杂交种，则作为暖地型草坪草种被广泛用于我国长江以南的运动场、足球场以及铁路、公路和水库固土护坡植物。

ⅳ. 三芒草族（Aristideae）

三芒草属（*Aristida* Linn.） 一年生或多年生。叶片通常内卷。圆锥花序紧缩或开展；小穗含1小花，脱节于颖之上；颖长披针形，膜质，具1～5脉；外稃圆柱状，内卷，成熟后质地变硬，顶端具3芒，芒粗糙或被羽状长柔毛；内稃质薄而短小，或退化。本属约150种，大都分布于干旱区；我国有6种。

常见植物：三芒草（*Aristida adscensionis* Linn.）为一年生草本，高15～80cm；叶片纵卷如针状；圆锥花序较紧密；颖具1脉，外稃质较硬，顶端具3芒，主芒长11～18mm，侧芒较短，粗糙而无毛；产于东北和西北，生长于干燥山坡及丘陵坡地、浅沟，干河床及沙地。羽毛三芒草（*Aristida pennata* Trin.）为多年生，须根被沙套；秆直立，丛生，高

30～50cm；圆锥花序基部常包藏于叶鞘内；外稃主芒长10～12mm，全体被羽状长柔毛；产于我国新疆，生于荒漠区的固定沙丘上，是沙生植被中草本层的重要组成成分，家畜喜食。

Ⅶ. 黍亚科（Panicoideae）

黍亚科植物的小穗常背腹压扁或为圆筒形，常脱节于颖之下，小穗轴从不延伸至顶生小花之后；每小穗含2小花，通常均为两性或下部为雄性或中性，甚至退化仅剩1外稃（如小穗为单性时，则为雌雄同株或异株），鳞被截平，有脉纹。叶片解剖为黍型（panicoid），叶表皮组织较复杂，硅质体有哑铃、十字或结节形等，双胞微毛丝状，具多细胞性毛。胚为黍型（panicoid）：P-PP，胚长为颖果的1/2以上。幼苗的中胚轴延伸，中胚轴上有根，根毛成垂直方向着生于根上；第1真叶宽卵形，横向开展。中生性至旱生性禾草，多为四碳植物。

分布于热带和亚热带地区，少数分布至温带。全球约有250属。我国有74属。

ⅰ. 黍族（Paniceae）

（1）狗尾草属（*Setaria* P. Beauv.）　一年生或多年生。圆锥花序狭窄而呈穗状；小穗含1～2小花，无芒；小穗下托以1至数枚刚毛（即退化的小枝）；脱节于小穗柄上或第二颖及第一外稃之上，刚毛宿存；颖透明，两颖不等长，具1～7脉；第一外稃具5～7脉，内稃通常膜质；第二外稃软骨质或革质，第二小花两性。本属植物约有130种，广布于全世界热带和温带地区，甚至可分布于北极圈内，多数种产于非洲；我国有15种8亚（变）种，多为优良牧草。

常见植物：粟（又名谷子、小米）［*Setaria italica*（Linn.）P. Beauv.］为一年生草本，须根粗大，秆粗壮，高0.1～1 m；叶鞘疏松裹茎，密被疣毛或无毛，边缘密生纤毛；叶片条状披针形，长10～45cm，宽5～33mm；圆锥花序呈圆柱状或纺锤状，通常下垂，基部多少有间断，长10～40cm，宽1～5cm，常因品种不同而多变，花序轴上每个小枝通常具3枚以上成熟小穗；原产于我国，为广泛栽培的谷类作物，据考证远在6 000～7 000年前的新石器时代，粟就已成为重要的种植作物，作为粮食作物，现在世界上许多地区都有栽培；秆、叶是骡、马、驴的良好饲料。狗尾草［*Setaria viridis*（Linn.）P. Beauv.］与粟相似，不同的是植株较矮；谷粒连同颖与第一外稃一齐脱落；分布遍及全国，为常见的农田杂草，也见于田边、撂荒地；为优良牧草，家畜喜食。

（2）狼尾草属（*Pennisetum* Rich.）　多年生或一年生。叶扁平。圆锥花序密集呈圆柱形穗状；小穗含1～2小花，无柄或有短柄，单生或2～3枚簇生，围以由刚毛所形成的总苞，并连同小穗一起脱落；颖不等长；第一外稃先端尖或具芒状尖头，第二外稃等长或短于第一外稃，平滑，厚纸质，边缘薄而扁平，包卷同质的内稃。本属约140种，主要分布于全世界热带和亚热带地区，少数种可达温寒地带，非洲为本属的分布中心；我国有12种2变种，多为优良牧草，家畜喜食。

常见植物：中亚狼尾草（又名白草，*Pennisetum centrasiaticum* Tzvel.）为多年生，具长根茎，秆高30～60cm；叶鞘疏松，上部张开，叶片扁平；圆锥花序圆柱状，小穗下由不育枝所形成的刚毛多数，灰白色或带紫褐色，粗糙；小穗常单生，成熟后与其下的刚毛一起脱落；花药紫色，长2.8～3.8mm；产于东北、西北、华北和西南，生于山坡、沙地、田埂；为优良牧草，家畜喜食。

（3）黍属（*Panicum* Linn.）　一年生或多年生草本。圆锥花序顶生，分枝常开展；小穗具柄，成熟时脱节于颖之下或第一颖先落，背腹压扁，含 2 小花；第一小花雄性或中性，第二小花两性；颖草质或纸质，第一颖通常较小穗短小，第二颖与小穗等长、且常同形；第一外稃与第一颖相同，内稃存在或缺；第二外稃硬纸质或革质，有光泽，边缘包着同质的内稃；鳞被 2；雄蕊 3；花柱 2，分离，柱头帚状（图 4-112）。C_4 植物。本属约有 500 种，分布于全世界热带和亚热带地区，少数分布于温带；我国有 18 种 3 亚（变）种。

常见植物：稷（又名黍、糜，*Panicum miliaceum* Linn.）（图 4-116）为一年生，秆粗壮，高40～120cm，单生或少数丛生，有时分枝，节密被髯毛，节下被疣毛；叶鞘松弛，被疣基毛；叶舌长约 1mm，顶端具长约 2mm 的纤毛；叶片条状披针形；圆锥花序开展或稍紧密，成熟时下垂，长 10～30cm，分枝具棱槽；小穗卵状椭圆形，长 4～5mm；也是人类最早栽培的谷物之一，我国北方有栽培，谷粒供食用或酿酒，秆和叶可做牲畜饲料；由于长期栽培，品种繁多，大体分黏和不黏两类，本草纲目称黏者为黍，不黏者为稗；民间将黏者称黍，不黏者称糜。

（4）稗属（*Echinochloa* P. Beauv.）　一年生。无叶舌，叶片扁平。圆锥花序由数枚偏于一侧的穗形总状花序所组成；小穗含 1～2 小花，一面扁平，一面凸起，近于无柄，成对着生或不规则地簇生于穗轴的一侧，脱节于颖之下；颖革质或草质，第一颖长为小穗的 1/3～3/5，第二颖与第一外稃等长；第一外稃无芒或具短芒或长芒；第二外稃成熟后变硬，质地厚，先端具小尖头，平滑光亮，边缘内卷，包卷同质的内稃。本属约有 30 种，分布于全世界热带和温带地区；我国有 9 种 5 变种，多为优良牧草，谷粒供食用或酿酒，也可做饲料。

常见植物：稗［*Echinochloa crusgalli*（Linn.）P. Beauv.］（图4-116）为一年生草本，秆高 50～150cm，光滑无毛；叶鞘疏松裹茎，叶舌缺，叶片条形、扁平；圆锥花序较开展，直立，尖塔形，长 6～20cm；主轴粗壮，具槽，粗糙或具疣基长刺毛；总状花序（侧枝）斜上举或贴向主轴，常再分枝；小穗卵形，长 3～4mm，具 5～15mm 的短芒；分布遍及全国，为农田杂草，也生长于田边、路边、渠旁；为优良牧草，家畜喜食。

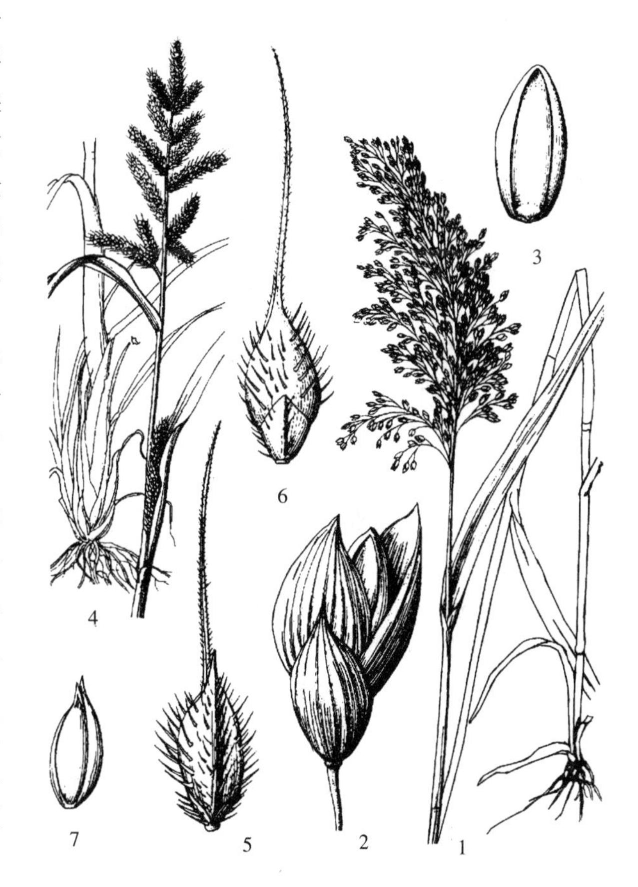

图 4-116　稷及稗

1～3. 稷（*Panicum miliaceum* Linn.）　1. 植株　2. 小穗　3. 小花
4～7. 稗［*Echinochloa crusgalli*（Linn.）P. Beauv.］
4. 植株　5. 小穗背面　6. 小穗腹面　7. 小花

（5）马唐属（*Digitaria* Hall.）　一年生或多年生，秆直立或铺散。总状花序细弱，2 至多数呈指状排列或散生于秆顶；小穗含 1 两性小花及 1 不育小花，通常 2～3 枚，少 1～4 枚着生于穗轴之每节，下方的 1 枚无柄或具短柄，上方的具较长的柄，互生成 2 行并排列于穗轴的一侧；第一颖微小或缺，第二颖长或短于第一外稃；第二小花两性，外稃厚纸质，先端尖，背部凸起，边缘透明膜质，扁平，内包同质的内稃。本属约 300 余种，主要分布于全世界热带地区；我国有 24 种，多为柔嫩繁茂而营养价值较高的优良牧草。

常见植物：止血马唐［*Digitaria ischaemum*（Schreb.）Muhlen.］为一年生草本，秆直立或基部倾斜，高 15～40cm，下部长有毛；叶鞘具脊，叶舌长于 0.6mm，叶片条状披针形；总状花序长2～9cm，2～4 枚呈指状排列于茎的顶部；小穗长 2～2.2mm，2～3 枚着生于穗轴一侧的各节；第一颖缺，第二颖具 3～5 脉，等长或稍短于小穗；第一外稃具 5～7 脉，与小穗等长，脉间及边脉具顶端稍膨大的细棒状毛与柔毛；第二外稃成熟后紫褐色，长约 2mm，有光泽；分布遍及全国，多生于河畔、田边及荒野湿地；为中等牧草，家畜喜食。马唐［*Digitaria sanguinalis*（Linn.）Scop.］与止血马唐相似，区别是小穗孪生于穗轴每节，长 3～3.5mm；第一颖草质，三角形，长 0.3～0.6mm；第二颖常为小穗的 1/2，第一外稃的边脉上部粗糙，脉间及边缘生柔毛；产于南北各地，生长于山坡草地、农田及荒野；为优良牧草，家畜喜食。

ⅱ. 蜀黍族（Andropogoneae）

(1) 芒属（*Miscanthus* Anderss.） 多年生高大草本，粗壮。叶片长。由数个至多数总状花序组成的顶生圆锥花序开展；小穗均含 1 两性花和 1 不孕外稃，孪生于连续的穗轴上，同形，其中 1 枚具长柄，1 枚具短柄，常有芒，基盘常有长的丝状毛；颖稍不等长，厚纸质至膜质，第一颖两侧内折而成 2 脊；外稃透明膜质，第一外稃空虚无实，先端二裂或急尖，具 1 长芒或无芒，短于颖。本属约 10 种，多数分布于亚洲与太平洋群岛；我国约有 6 种，广布，主要分布于中南部。

常见植物：芒（*Miscanthus sinensis* Anderss.）为多年生苇状草本，秆高 1～2m；叶鞘均长于节间，除鞘口有长柔毛外余均无毛；叶舌长 1～2mm，先端具纤毛；圆锥花序扇形，长 15～40cm，主轴短缩，仅长达花序中部以下，无毛或被短毛；小穗披针形，长4.5～5mm，基盘具白色至淡黄色丝状毛，其毛稍短或等长于小穗，小穗无芒；第一外稃长圆状披针形，先端钝，稍短于颖；第二外稃稍狭，较颖短 1/3，先端 1/3 以上具二齿，齿间生 1 芒；芒长 8～10mm，膝曲，芒柱稍扭转；雄蕊 3，先于雌蕊成熟，柱头从小穗两侧伸出；分布几遍全国；可用于防沙、绿篱、观赏、放牧、造纸，幼茎入药，有散血去毒之效。荻［*Miscanthus sacchariflorus*（Maxim.）Hackel］秆高大似竹，高 2～4m，具发达根状茎；与芒相似，区别是小穗无芒，或第一外稃具 1 极短的芒而不露出小穗之外；产我国东北、华北、西北、华东诸省区；可用于防沙护堤。五节芒［*Miscanthus floridulus*（Labill.）Warb.］与芒和荻相似，区别是圆锥花序主轴延伸，至少长达花序的 2/3 以上，小穗长 3～3.5mm；产于华南及安徽、江苏，可用于造纸，也可用于防沙、绿篱与观赏；根茎入药，有利尿、止渴之功效；嫩叶是营养价值较高的牛饲料。

(2) 甘蔗属（*Saccharum* Linn.） 多年生高大草本。顶生白色或棕色的圆锥状花序，分枝多，被丝状毛；小穗含 1 两性花，孪生（1 无柄，1 有柄）于易逐节断落的穗轴各节，或上部者稀为雄性，下承托以长柔毛；颖稍硬；雄蕊 3；花柱长而羽毛状；果离生。本属约 8 种，大都分布于亚洲的热带和亚热带地区；我国有 5 种，分布于东南至西南部。

常见植物：甘蔗（*Saccharum officinarum* Linn.）秆高约 3m，在花序以下具白色丝状毛；叶鞘长于节间，鞘口有毛；叶片扁平；大型圆锥花序长达40～80cm，银白色，主轴具白色丝状毛，穗轴节间长7～12mm，顶端稍膨大，边缘疏生长纤毛，基盘之毛或颖和小穗柄上的毛均长于小穗；是我国重要的制糖原料，台湾、福建、广东、广西、贵州、云南、四川等地均有栽培。

（3）蜀黍属（又名高粱属）（*Sorghum* Moench）　高大的一年生或多年生草本。圆锥花序顶生；小穗孪生（穗轴顶端为3枚），无柄小穗为两性，有柄小穗为雄性或中性；第一颖背部凸起或扁平，成熟后变硬而有光泽；第二颖呈舟状，具脊；第一外稃透明膜质，第二外稃先端2裂，芒自裂齿间伸出，或全缘而无芒。本属约有30种，我国约11种。

常见植物：苏丹草［*Sorghum sudanense*（Piper）Stapf］为一年生，秆高达2.5 m，径不及1cm；叶条形，宽0.5～1.8cm；圆锥花序于开花时疏展，卵形，长15～60cm，分枝斜升；有柄小穗柄长2.5～4mm，小穗通常披针形至卵形，长5～8mm；颖全部密被白色长柔毛，外稃透明膜质，被丝状长毛，长3～4.5mm，先端具膝曲而宿存的芒，芒长1～2cm；原产于非洲，为引种栽培牧草和鱼类饲饵。高粱（*Sorghum bicolor* Moench）为一年生高大草本，秆直立，高3～4 m，径约2cm；叶片狭披针形，长达50cm，宽约4cm；圆锥花序顶生，分枝轮生，长达30cm；有柄小穗柄长0.5～2.5mm；无柄小穗卵状椭圆形，长5～6mm，含2花；第一花退化，第一颖下半部革质，第二颖舟形而具脊，第一外稃（不孕花）透明膜质；第二外稃透明膜质，先端二齿裂，芒于齿间伸出，芒长3.5～8mm或无芒；颖果倒卵形，成熟后露出颖外；为重要的粮食作物，因栽培的历史悠久，品种很多；子实也可做精料，还是酿酒的上等原料。

（4）孔颖草属（*Bothriochloa* Kuntz）　多年生草本。总状花序于茎顶再排列成圆锥状或伞房状兼指状；小穗孪生，有柄小穗为雄性或中性，无柄小穗两性；第一颖革质兼硬纸质，先端尖或渐尖，边缘内折成2脊；第二颖舟形，具3脉；第一外稃透明膜质，无脉；第二外稃退化，膜质，条形，顶端延伸成一膝曲的芒。本属约35种，多分布于热带亚洲；我国有7种1变种。

常见植物：白羊草［*Bothriochloa ischaemum*（Linn.）Keng］具下伸的短根茎，秆高25～80cm；总状花序4～6枚，呈伞房状兼指状排列于一短缩的主轴上，长3～6.5cm，细弱、灰绿色或带紫色，穗轴节间与小穗柄两侧具白色丝状毛；无柄小穗长4～5mm，第一颖革质，具5～7脉，边缘内折成2脊；芒自细小的第二外稃伸出，长10～15mm，膝曲；有柄小穗不育，无芒；分布遍及全国，生长于山坡草地及路旁，在新疆伊犁地区是组成山地草原的建群种之一；为良好的牧草，家畜喜食。

ⅲ. 玉蜀黍族（Maydeae）

玉蜀黍属（*Zea* Linn.）　本属仅玉蜀黍（又名玉米，*Zea mays* Linn.）1种，为一年生。秆粗壮，高1～4m。叶宽大，带状。花序单性；雄花序顶生，由多数总状花序组成圆锥花序；雌花序腋生，为粗厚、具叶状总苞的穗状花序，穗轴粗壮，海绵质；花柱细长自总苞顶端伸出。原产于墨西哥高原，现在世界各地广泛栽培，它也是我国广泛栽培的主要粮食作物，颖果除食用与饲用外，又是油脂、酿造和制葡萄糖的原料；嫩茎叶为良好的青贮饲料。

（四十八）香蒲目（Typhales）

香蒲目植物为多年生沼生或水生草本，有匍匐的根状茎，上部出水。叶互生，2列，长线形，多少海绵质，具平行脉，基部鞘状，无柄。花风媒或自花传粉，单性同株，无柄或近无柄，排成密集的穗状或球形的头状花序；花被由1至数枚不明显的花被片或由多数纤细的刚毛所组成；雄蕊1～8枚，但通常3枚，花丝分离或于下部合生，花药基生，具4个花粉囊和2室，花粉粒单孔；雌蕊普遍为假单基数，具1枚能育的心皮，极少具2～3枚完全发育的心皮，并合生而形成一复子房，柱头或花柱分枝通常1～3；胚珠单颗（或每室1颗），近室顶悬垂，下转，倒生，珠被2层，厚珠心；胚乳发育沼生目型。果为干果，细小；种子具直胚。染色体 $x=15$。

本目包括香蒲科和黑三棱科（Sparganiaceae），这里介绍香蒲科。

香蒲科（Typhaceae）

$$* \ ♂或♀ \ P_0 \ A_3 \ \underline{G}_{(1:1:1)}$$

香蒲科1属16种，分布于南半球和北半球的温带和热带地区；我国有1属11种，南北皆有分布。

香蒲科的特征：多年生沼生、水生或湿生草本。地下具根状茎，地上茎直立。叶革质，条形或剑形，2列互生，直立或斜向上伸展，基部扩大成鞘，开裂，边缘膜质，向上渐窄，常有叶耳。花单性，同株，构成顶生蜡烛状穗状花序，雄花序在上，雌花序在下，无总苞片或基部具早落的叶状总苞片；花无花被；雄蕊1～3枚结合成单体雄蕊，花药矩圆形或条形；雌蕊具苞片或无，心皮1，子房1室，具长柄，柄上被白色丝状毛；花柱线形，柱头单侧条形、披针形、匙形；不育雌花生于延长而具白色丝状毛的长梗上，顶端膨大的部分是不育子房，此梗较可育花更长。果实为细小坚果，纺锤形、椭圆形，具宿存的花柱；种子具粉质胚乳。

香蒲属（*Typha* Linn.） 形态特征同科。本属植物的花粉入药名为蒲黄，有止血、活血、消肿的作用；茎叶是造纸原料，也可供编织蒲包和蒲席之用，有些种是水田常见杂草。

常见植物：水烛（*Typha angustifolia* Linn.）为多年生沼生草本，高1.5～3 m；叶狭条形，宽5～8mm；穗状花序圆柱形，雌雄花序不相连接，相距2.5～7cm；雄花序在上，长20～30cm，雄花具2～3枚雄蕊，花粉粒单生；雌花序在下，长15～30cm，成熟时径1～2.5cm，淡褐色，雌花的小苞片比柱头短，柱头条状矩圆形，柄上的毛与小苞片近等长而比柱头短，不育雌蕊倒圆锥形；产于东北、华北、西北、华东以及河南、湖北、四川和云南。东方香蒲（*Typha orientalis* C. Presl.）与水烛相似，区别是雌雄花序彼此相连接，雄花序在上，长3～5cm；雌花序在下，长6～15cm，雌花无小苞片，柱头匙形，毛与柱头近等长，不育雌蕊棍棒状；产于东北、华北、华东及陕西、云南、湖南和广东。宽叶香蒲（*Typha latifolia* Linn.）与东方香蒲相似，雌雄花序相连接，唯叶片较宽，雄花序长5～20cm，雌花序长10～30cm，不育雌蕊倒圆锥形与之不同；产于东北、华北、西北以及浙江、四川、贵州和西藏等地。长苞香蒲（*Typha angustata* Bory et Chaub.）与水烛相似，区别是柱头宽条形至披针形，比花柱宽，叶宽7～12mm；产于东北、华北、西北以及江苏、贵州和云南。

十、姜亚纲（Zingiberidae）

姜亚纲植物为陆生或附生草本，无次生生长和明显的菌根营养。叶互生，具鞘，有时重叠成“茎”，平行脉或羽状平行脉。花序通常具大型、显著且着色的苞片；花两性或单性，整齐或否，异被；雄蕊 3 或 6，常特化为花瓣状的假雄蕊，花粉粒 2 或 3 核，单槽到多孔或无萌发孔；雌蕊常 3 心皮结合，子房下位或上位；常具分隔蜜腺；胚珠倒生或弯生，双珠被及厚珠心；胚乳为沼生目型或核型，常具复粒淀粉。

姜亚纲包括凤梨目和姜目，共计 9 科。

（四十九）姜目（Zingiberales）

姜目植物为多年生草本，或为乔木状草本，具根状茎和纤维状或块状根。茎很短至伸长，或为叶柄下部的叶鞘重叠而成。叶 2 列或螺旋状排列。聚伞花序顶生，或有时生于由根状茎发生的短枝上，具佛焰苞或否；花大多短命，两性或有时单性，通常两侧对称，基本为 3 基数；异形花被；雄蕊 1 或 5，稀为 6 枚，常有特化为花瓣状的退化雄蕊；心皮 3，合生，子房下位。蒴果，或有时为分果，或为浆果状的肉质果。种子具假种皮和胚乳。

姜目包括芭蕉科、姜科、旅人蕉科（Strelitziaceae）、兰花蕉科（Lowiaceae）、美人蕉科（Cannaceae）和竹芋科（Marantaceae）等 8 科。

1. 芭蕉科（Musaceae）

↑ ♂或♀ ⚥ $P_{(5)+1}\ A_{3+3}\ \overline{G}_{(3:3:\infty)}$

芭蕉科有 7 属约 140 种，主要分布于亚洲和非洲的热带地区；我国有 3 属约 19 种，主要分布于华南、台湾和云南，其中有南方著名的水果——香蕉和大蕉。

芭蕉科的特征：粗壮、高大的草本，常为乔木状，具块状茎，植株全体无毛。叶大型，螺旋状排列或两行排列；叶片长圆形至椭圆形，具粗壮中脉和多数平行的横脉；基部叶鞘粗壮，向上层层重叠，彼此紧贴，而形成中空的假茎。花单性或两性，两侧对称，一列或二列簇生于大型、常有色彩的苞片内，再聚成穗状花序，下部苞片内的花为雌性或两性，上部苞片内的花为雄性；花被片 6，1 枚分离，5 枚合生，多少呈二唇形；雄蕊 6 枚，1 枚退化，花粉无孔或单孔；心皮 3，合生，子房下位，3 室，花柱细长而 3 裂；胚珠多数，生于中轴胎座上。肉质浆果。染色体$x=9$。

芭蕉属（*Musa* Linn.）　乔木状草本，有匍匐枝。由叶鞘重叠而成的假茎粗大。叶巨大，长椭圆形。花序由叶鞘内抽出，为直立或下垂的穗状花序；花单性，在总轴上部的花束为雄性，下部的为雌性而结成果束；花被片合生成管，顶部 5 齿裂，其中外面 3 裂齿为萼片，内面 2 裂齿为花瓣，后面 1 枚花瓣离生，较大，与花被管对生；雄蕊 6，其中 1 枚退化；子房下位，3 室，中轴胎座，胚珠多数。果为圆柱形浆果。本属有 40 种和许多变种，主要分布于热带地区。我国有 10 种，分布于华南、台湾和云南。

南方著名水果香蕉（*Musa nana* Lour.），有学者认为是大蕉的变种［*Musa paradisiaca* var. *sapientum*（Linn.）Kuntze］，植株较小，假茎带紫色；叶基部浑圆或钝；果棱不明显。大蕉（*Musa paradisiaca* Linn.）（图 4 - 117）有学者认为是阿加蕉（*Musa acuminata* Colla）与伦加蕉（*Musa balbisiana* Colla）的杂交栽培品系，植株较大，假茎青绿色；叶基部心形，果棱较明显。香蕉和大蕉是台湾、广东和海南的重要水果，福建、广西和云南亦有栽培。此外，本属还有果实生食的芭蕉（*Musa basjoo* Sied.）、栽培观赏的红蕉（*Musa coccinea* Andr.）以及优良纤维作物蕉麻（*Musa textilis* Nees）。

2. 姜科（Zingiberaceae）

↑ $K_3\ C_3\ A_1\overline{G}_{(3)}$；↑ $P_{3+3}\ A_1\ \overline{G}_{(3)}$

姜科有 49 属约 1 500 种，分布于热带和亚热带地区；我国有 19 属约 150 种，主要分布于西南（以云南为主）和华东地区。有丰富的药材、香料、调味等植物资源。

图 4-117　大蕉（*Musa paradisiaca* Linn.）
1. 植株顶部　2. 雄花　3. 果序　4. 芭蕉科花图式

姜科的特征：多年生草本，常有芳香气味。具横生块状根茎，地上茎短。叶基生或茎生，二行或螺旋状排列，常有鞘，鞘顶有明显的叶舌。花两性，两侧对称，单生或排列成穗状花序、头状花序、总状花序或圆锥花序，生于具叶的茎上或由根茎发出的花葶上；花被 6，二轮，外轮萼状，合生成管，一侧开裂及顶端齿裂；内轮花瓣状，后方 1 枚最大，基部合生成管；雄蕊 3 或 5 枚，2 轮，外轮雄蕊仅 1 枚发育，花粉无孔，退化雄蕊 2 或 4 枚，外轮 2 枚花瓣状，内轮 2 枚合生成唇瓣、艳丽；子房下位，1～3 室，胚珠多数生于中轴胎座或侧膜胎座上。蒴果或肉质浆果。染色体 x=9，12。

（1）姜属（*Zingiber* Boehmer.）　根肉质肥厚，具芳香辛辣味。叶 2 列。穗状花序直立，由根茎抽出，稀生于茎顶，具覆瓦状排列的苞片，其中常储有汁液，每一苞片内有 1 至数朵花；侧生退化雄蕊小；唇瓣大而具 3 裂；药隔附属体延伸于花药外成一弯喙。本属约有 80 种，分布于亚洲热带和亚热带地区；我国有 14 种，产于西南至东南部。

常见植物：姜（*Zingiber officinale* Rosc.）为多年生草本，高 0.5～1 m，根状茎有短指状分枝；叶披针形，长 15～30cm，宽约 2cm，基部渐狭，无柄；花葶单独自根茎伸出，穗状花序卵形，长 4～5cm；苞片绿色，长约 2.5cm，顶端有小尖；花萼筒状，长约 1cm；花冠黄绿色，花冠筒长 2～2.5cm；裂片披针形，长不及 2cm，唇瓣倒卵形，下部二侧各有小裂片，有紫色条纹和淡黄色斑点；产于华中、东南至西南，各省广为栽培，根茎供调味用或浸渍用，入药为祛风、兴奋剂。

（2）姜黄属（*Curcuma* Linn.）　根茎肉质，芳香，断面黄色或蓝绿色，有时根末端膨大成块根；地上茎极短或缺。叶大，通常基生，叶片宽披针形至长圆形，稀狭线形。穗状花序呈球果状，苞片密集，每 1 苞片有数朵花；花药基部有距。本属约 50 余种，分布于亚洲东南部；我国约有 4 种，常栽培或野生于林下。

常见植物：姜黄（*Curcuma longa* Linn.）根茎深黄色，极香；根粗壮，末端膨大；叶片矩圆形，长 30～45cm，宽 15～18cm，两面均无毛；叶柄长约 45cm；花葶由叶鞘内抽出，穗状花序圆柱形，长12～15cm；苞片卵形，长3～5cm，绿白色，上部无花的稍窄，先端红色；花萼长8～9mm；花冠筒比花萼长2倍多，唇瓣倒卵形，长约12mm，白色，中部黄色；产于东南至西南；块根入药称为郁金，根茎入药称为姜黄，也可提取黄色食用色素或做调味品。莪术［*Curcuma zedoaria*（Christm.）Rosc.］与姜黄相似，区别是根茎肉质，微有香味，淡黄色或白色；根细长，末端膨大；叶柄长于叶，中部有紫斑；花葶由根茎发出，常先叶而生；花萼白色；花冠筒长2～2.5cm；裂片长1.5～2cm，黄色；唇瓣黄色，长约2cm。郁金（*Curcuma aromatica* Salisb.）与莪术相似，区别是根状茎肥大，黄色，芳香；根端膨大呈纺锤形；叶片上面无毛，下面被短柔毛，无紫斑；花葶由根茎抽出，与叶同时发出或先叶而出；穗状花序长约15cm，花萼被疏毛，顶端3浅裂；花冠筒漏斗形，里面被毛，裂片白色，带粉红色。莪术和郁金皆产于东南至西南，栽培或野生，它们的根茎和块根皆入药，根茎也是中药材姜黄或莪术的商品货源，块根则为郁金的货源。

（3）豆蔻属（*Amomum* Roxb.）　根茎平生而粗厚，或延长而匍匐状，茎具叶；花茎由根茎上抽出，覆以鳞片状叶。花序圆球形或长椭圆形，苞片覆瓦状排列；花单生或2～3朵生于苞片内；唇瓣常扩大，全缘或阔3裂；侧生退化雄蕊极小，钻状或线形或缺；药隔附属体阔大，全缘或2～3裂。果多具柔刺。本属有150余种，我国有24种，分布于东南至西南，本属中有许多重要的药用或香料植物。

常见植物：砂仁（*Amomum villosum* Lour.）（图4-118）为多年生草本，高1～2m，具匍匐茎；叶披针形，长20～30cm，宽3～7cm，顶端具尾状尖，无柄，叶舌长3～5mm，叶鞘上可见凹陷的方格状网纹；穗状花序球形，自根状茎发出，花序梗长4～6cm；花萼白色，花冠筒长1.8cm；裂片卵状矩圆形，长约1.6cm，白色；唇瓣匙形，宽约1.6cm，具紫红色

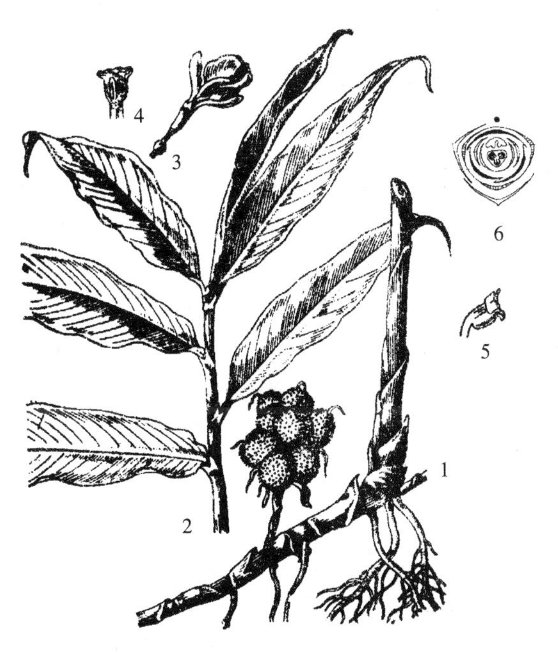

图4-118　砂仁（*Amomum villosum* Lour.）
1. 根茎及果序　2. 枝叶　3. 花　4. 雄蕊正面观
5. 雄蕊背面观　6. 姜科花图式

凸出的中脉，其余白色；果矩圆形，直径约2cm，紫色，干后褐色；产于广东、广西、云南和福建，栽培或野生于山地阴湿处；果为重要的芳香性健胃、祛风药。草果（*Amomum tsaoko* Crevost et Lem.）为多年生丛生草本，高达2.5m，具匍匐茎；叶长椭圆形，长约55cm，宽达20cm，具短柄或无柄，叶舌长0.8～1.2cm；穗状花序自根状茎发出，长约13cm，宽约5cm；蒴果密集，矩圆形或卵圆形，长2.5～4.5cm，直径约2cm；果皮红色，具皱缩的纵条纹，果梗长2～5mm，基部常具宿存的苞片；产于云南、广西和贵州，栽培或野生于疏林下；果实药用，有燥湿、祛寒、除痰、消食、截疟功效，也是重要的调味香料。

（4）其他　本科植物供药用的还有白豆蔻（*Amomum kravanh* Pierre ex Gagnep.）、山姜［*Alpinia japonica*（Thunb.）Miq.］、高良姜（*Amomum officinarum* Hance）、益智

（*Amomum oxyphylla* Miq.）和闭鞘姜［*Costus speciosus*（Koen.）Smith］等。

十一、百合亚纲（Liliidae）

百合亚纲植物为陆生、附生或稀为水生草本，稀木本。单叶互生，常全缘，线形或宽大，平行脉或网状脉。花常两性，整齐或极不整齐；花序种种，但非肉穗状；花被常 3 数 2 轮，全为花冠状，同被或异被；雄蕊常 1、3 或 6，花粉粒 2 核、单槽或无萌发孔；雌蕊常 3 心皮结合而成，子房上位或下位，中轴胎座或侧膜胎座；具蜜腺；胚珠 1 至多数，常双珠被，厚或薄珠心；胚乳发育为沼生目型、核型或细胞型，胚乳常无，或为半纤维素、蛋白质或油质。植物体常含生物碱。木本或少数草本类型常具次生生长；气孔副卫细胞常无或 2，稀 4 个。

百合亚纲包括百合目和兰目，共计 19 科。

（五十）百合目（Liliales）

百合目植物为草本，少数为草质或木质藤本，或为木本。常有根状茎、鳞茎或球茎。单叶互生，很少对生或轮生，有时全为基生。花两性，少单性，多为虫媒花，通常 3 基数；花被片常 2 轮，花瓣状，分离或下部联合成筒状；雄蕊通常与花被片同数，花粉粒双核、稀 3 核，多具单槽；雌蕊通常由 3 心皮组成，子房上位或下位，中轴胎座，胚珠每室少至多数。多为蒴果，稀为浆果或核果；种子具丰富胚乳。

百合目包括百合科、鸢尾科、雨久花科（Pontederiaceae）、龙舌兰科（Agavaceae）、百部科（Stemonaceae）和薯蓣科（Dioscoreaceae）等 15 个科。

1. 百合科（Liliaceae）

$$* \ P_{3+3}\ A_{3+3}\ \underline{G}_{(3:3:\infty)}$$

百合科约有 230 属 3 500 多种，广布于全球，以温带至亚热带最为丰富；我国约有 60 属 560 多种，各地均有分布，唯西南最盛；大部供观赏用，有些入药，有些供食用，还有一些是天然草地上的牧草，也有少数毒草。

百合科的特征：多年生草本，稀灌木或半灌木。茎直立或攀缘状；具根状茎、鳞茎或球茎。单叶互生，少对生或轮生，或常基生，有时退化成鳞片状。花序总状、穗状、圆锥状或伞形花序，少数为聚伞花序；花两性，稀单性，辐射对称，极少两侧对称，多为虫媒花，3 基数；花被 6（4），排成 2 轮，花瓣状，分离或基部合生；雄蕊通常 6 枚，花丝分离或联合，花药 2 室；雌蕊由 3 心皮组成，子房上位，少半下位，通常 3 室，少 2、4、5 室，中轴胎座，花柱单 1 或 3 裂，柱头不裂或 3 裂。蒴果或浆果，种子每室少至多数。

百合科常见植物分属检索表

1. 植株具或长或短的根状茎，不具鳞茎。
  2. 叶退化为鳞片状，枝条变为绿色叶状枝，丛生 ………………………… 天门冬属（*Asparagus* Linn.）
  2. 叶不退化为鳞片状，枝条不变为叶状枝。
    3. 攀缘状灌木；叶具网状支脉；花单性，雌雄异株（约 350 种，我国有 60 多种，产于长江以南各地）…………………………………………………………………… 菝葜属（*Smilax* Linn.）

3. 多年生草本；叶具平行支脉；花两性。
4. 果实在未成熟前已做不整齐开裂，露出幼嫩的种子，成熟种子为小核果状；花被无副花冠。
5. 花直立；子房上位（约 8 种，我国有 6 种，产于华北以及秦岭以南各地，药用） ……………………………………………………………………………………… 山麦冬属（*Liriope* Lour.）
5. 花俯垂；子房半下位（约 35 种，我国有 33 种，主要产于长江以南各地，药用） ……………………………………………………………………………… 沿阶草属（*Ophiopogon* Ker-Gawl.）
4. 果为浆果或蒴果，成熟前不开裂，成熟种子也不为小核果状。
6. 果为蒴果。
7. 叶肉质肥厚，边缘有刺（约 200 种，我国栽培数十种，药用或观赏）………… 芦荟属（*Aloe* Linn.）
7. 叶不为肉质，边缘也无刺。
8. 叶宽大，心状卵形至倒卵状矩圆形，具长柄（约 10 种，我国有 3 种，分布甚广，观赏或药用） ……………………………………………………………… 玉簪属（*Hosta* Tratt.）
8. 叶狭，条形至细条形。
9. 花大，花被片长 5cm 以上，黄色或橘黄色 ………………… 萱草属（*Hemerocallis* Linn.）
9. 花较小，花被片长不超过 3cm。
10. 雄蕊 3 枚（仅 1 种，知母 *Anemarrhena asphodeloides* Bug. 著名中药） ……………………………………………………………… 知母属（*Anemarrhena* Bug.）
10. 雄蕊 6 枚。
11. 花单生于总状花序轴上（约 30 种，我国有 4 种，主产于新疆） …………………………………………………………… 独尾草属（*Eremurus* M. Bieb.）
11. 花数朵簇生在一起（约 215 种，我国有 5 种，产于西南至广东，观赏） ………………………………………………………… 吊兰属（*Chlorophytum* Ker-Gawl.）
6. 果为浆果或浆果状。
12. 叶基生，阔带型，近两列套叠；穗状花序顶生；花向上，花被裂片不明显［约 3 种，我国仅 1 种，万年青 *Rohdea japonica*（Thunb.）Roth 产于广东、华中至西南，各地常有栽培供观赏］ ……………………………………………………………… 万年青属（*Rohdea* Roth）
12. 叶互生、对生或轮生；花单生或伞形花序腋生，花被顶端明显 6 裂 ………………………………………………………………………………… 黄精属（*Polygonatum* Mill.）
1. 植株具鳞茎或球茎。
13. 植株多有葱蒜味；花序为典型的伞形花序；叶鞘闭合………………………… 葱属（*Allium* Linn.）
13. 植株无葱蒜味；花序不为伞形花序。
14. 圆锥花序，花序上有毛；花药肾形，横缝开裂，汇成 1 室……………… 藜芦属（*Veratrum* Linn.）
14. 不呈圆锥花序；花药椭圆形或矩圆形，直缝开裂，汇成 2 室。
15. 花药丁字状着生；鳞茎肥大，肉质……………………………………… 百合属（*Lilium* Linn.）
15. 花药基底着生。
16. 花较大；花被片长至 2cm 以上。
17. 花直立；花被片基部无腺穴 ……………………………………… 郁金香属（*Tulipa* Linn.）
17. 花俯垂；花被片基部有腺穴 …………………………………… 贝母属（*Fritillaria* Linn.）
16. 花较小；花被片长不超过 2cm。
18. 花被片黑紫色（约 12 种，我国仅有 1 种，山慈姑 *Iphigenia indica* Kunth 产于云南和四川，鳞茎含秋水仙碱，供药用） ………………………………… 山慈姑属（*Iphigenia* Kunth）
18. 花被片白至黄色，或有紫色斑。
19. 花被片于花后不脱落并明显增大；植株纤细，鳞茎膨大（约 70 种，我国有 19 种，主产于新疆，牧草） ………………………………………… 顶冰花属（*Gagea* Salisb.）

19. 花被片于花后脱落；植株较大，鳞茎通常不膨大或稍有膨大（约 20 种，我国有 7 种，主产于西南）……
………………………………………………………………………… 洼瓣花属（*Lloydia* Reichb）

（1）百合属（*Lilium* Linn.） 多年生草本，鳞茎由多数白色肉质鳞叶组成，无鳞茎皮。茎直立常不分枝。叶无柄或少数有柄。花大，排列成总状或伞形花序；花被常漏斗状，艳丽，有红、黄、白等颜色，花被片 6，常反卷，基部有蜜腺；雄蕊 6，花药丁字形着生；雌蕊由 3 心皮合成，子房上位，3 室，中轴胎座，胚珠多数，柱头头状或 3 裂。蒴果，室裂。本属约 80 种，分布于北温带；我国约有 40 种，全国均有分布，大部供观赏，有些种鳞茎供食用，亦可入药，本属植物的茎叶家畜也采食或喜食。

常见植物：百合（*Lilium brownii* F. E. Br. var. *viridulum* Bak.）鳞茎球形，直径约 5cm，白色；茎高 0.7～1.5m，有紫色条纹，无毛；叶散生，上部叶比中部叶小，倒披针形，长 7～10cm，宽 2～2.7cm，有 3～5 脉，具短柄；花 1～4 朵，喇叭形，有香味；花被片 6，倒卵形，长 15～20cm，宽3～4.5cm，多为白色，背面带紫褐色，无斑点，上部外弯，蜜腺两边具小乳头状突起，雄蕊上部向前弯；产于东南、西南及河南、河北、陕西和甘肃，是我国栽培百合的主要种源，供观赏，鳞茎供食用和药用。渥丹（*Lilium concolor* Salisb.）鳞茎球形，直径 1.5～3.5cm，白色；茎高30～80cm，被短毛；叶散生，条形，长 5～7cm，宽 2～7mm，边缘有小突起；花被片长椭圆形至矩圆形，长 3～4.5cm，宽 6～7mm，红色，无斑点，上部向外弯，蜜腺两边具小乳头状突起，雄蕊向前弯；产于陕西、河南、河北和山东，也常栽培供观赏，鳞茎供食用。卷丹（*Lilium lancifolium* Thunb.）茎被白色绵毛；叶散生，矩圆状披针形，茎上部叶腋间有珠芽；花 3～6 朵或更多，橙黄色，下垂，花被片向外反卷，内具多数黑紫色斑点；几广布全国，用途同百合。山丹（*Lilium pumilum* DC.）（图 4－119）叶条形，宽 1～3mm，具 1 条明显的脉；花 1 至数朵，下垂，鲜红色或紫红色，内轮花被片较宽、向外反卷，无斑点或有少数斑点；产于东北、华北和西北地区，用途也同百合。

图 4－119 碱韭和山丹

1～3. 碱韭（*Allium polyrhizum* Turcz.）

1. 植株 2. 花纵切面（示花被片及花丝） 3. 雌蕊

4. 山丹（*Lilium pumilum* DC.）植株上部及地下部分

5. 百合属花图式

（2）葱属（*Allium* Linn.） 多年生草本，常有葱蒜味。有鳞茎或根状茎，鳞茎有膜质或纤维状外皮。叶基生，窄条形或较宽，扁平或中空呈圆柱状。伞形花序顶生，幼时外被膜质总苞；花被片 6，离生或基部合生；雄蕊 6，离生或基部联合或与花被片贴生，花丝钻状或基部扩大，大小相等或内轮3枚较宽；子房基部具蜜腺，每室有1至数枚胚珠。蒴果三棱形。本属约500种，分布于北温带；我国有110种，分布于全国各地。

著名栽培蔬菜有葱（*Allium fistulosum* Linn.）、韭菜（*Allium tuberosum* Rottl. ex Spr.）、洋葱（*Allium cepa* Linn.）、蒜（*Allium sativum* Linn.）等；还有许多人类可食的野葱。在天然草地上，多数种家畜春季采食，有些种家畜喜食或乐食，或为羊和骆驼的抓膘牧草。

常见牧草多根葱（又名碱韭，*Allium polyrhizum* Turcz.）（图4-119）鳞茎细圆柱形、簇生，鳞茎外皮黄褐色纤维质、近网状，具根状茎；叶基生，半圆柱形，径0.5～1mm，短于花葶；花葶圆柱形，具细纵棱，高7～28cm；花紫红色至白色，花被片长3～5mm，花丝基部1/6～1/5合生成短筒状，合生部分近1/2与花被贴生，内轮花丝基部扩大，两侧各有1齿，外轮的锥形略长或等长于花被片，子房壁具细的疣状突起；产于黄河流域以北各地和新疆。山葱（又名山韭，*Allium senescens* Linn.）鳞茎圆锥形，数枚聚生，鳞茎外皮黑色或灰白色膜质，具粗壮而平展的根状茎；叶基生，条形，长为花葶高的1/2或略长，宽2～6（10）mm；花葶圆柱形，有时具很窄的纵翅2条而呈二棱柱形；花被淡红色至紫红色，花丝比花被片略长或为其1.5倍，内轮花丝狭三角形，外轮的锥形，基部联合；产于东北、华北和新疆。蒙古葱（又名蒙古韭，*Allium mongolicum* Regel）与多根葱相似，区别是花淡紫色至紫红色，花被片长6～9mm，花丝长为花被片的1/2～2/3，内轮花丝基部扩大的部分无齿，子房壁无疣状突起；产于内蒙古和西北地区。本属也有少数有毒植物，它们常有黑灰色的汁液。

（3）贝母属（*Fritillaria* Linn.）　多年生草本，鳞茎由2～6或更多白色或浅褐色鳞瓣组成。叶互生、对生或轮生。花单生或排成总状花序；花被钟状或漏斗状，黄色、紫色、蓝色或乳白色，具叶状苞，花被片2轮，内轮基部有蜜腺；雄蕊6～8（12）枚，花药近基着或背着，2室；花柱3～4（5）裂或无裂，子房3～4（5）室，中轴胎座。蒴果6～8棱，具翅；种子多数。本属约60种，分布于北温带；我国约有20种，除广东、广西和台湾外，全国均有分布。

常见植物：浙贝母（*Fritillaria thunbergii* Miq.）鳞茎粗1.5～4cm，由2～3枚肥厚的鳞瓣组成；株高30～90cm，基部以上具叶；叶条状披针形至条形，长6～15（20）cm，宽5～15mm，下部叶宽，上部叶窄而顶端卷须状，最下部2叶对生，其余3～5枚轮生，或2枚对生，稀互生；数朵花组成总状花序，稀单生，顶端花下具3～4枚轮生苞片，侧生花具2枚苞片，苞片叶状条形，顶端卷须状；花俯垂，钟形，淡黄色或黄色，内面具紫色方格斑；蒴果具宽翅；产于浙江。川贝母（*Fritillaria cirrhosa* D. Don）与浙贝母相似，区别是花单一顶生；产于四川。伊贝母（*Fritillaria pallidiflora* Schrenk）叶片卵状矩圆形，散生，或基部的1枚单生，其余对生或轮生或间有互生；花单生或2～5朵组成总状花序，花被淡黄色，无方格斑纹，而内面略有紫色斑点；产于新疆。上述3种皆为著名药材，有些种可供观赏。

（4）萱草属（*Hemerocallis* Linn.）　多年生丛生草本，常具肉质块根。叶基生，条形。花葶高于叶丛，上部分枝，形成聚伞状或圆锥状花序；花大，漏斗状，花被下部联合成管状，上部6裂，裂片外弯；雄蕊6，着生于花被管喉部，背着药；子房矩圆形，花柱细长，柱头头状。蒴果背裂。本属约14种，分布于中欧至东亚；我国约有11种，多栽培供观赏，花于开放前采收并制成干品称为金针菜或黄花菜，供食用。

常见植物：黄花菜（*Hemerocallis citrina* Baroni）具短根茎和肉质、纺锤状块根；叶基生，排成二列，条形，长70～90cm，宽1.5～2.5cm，背面呈龙骨状隆起；花葶高85～110cm，聚伞花序再组成圆锥状；花多数，有时多达30朵，柠檬黄色，长13～16cm，有淡的清香味；产于山东、河北、河南、陕西、甘肃、湖北和四川，现已广泛栽培做蔬菜，根可入药。小黄花菜（*Hemerocallis minor* Mill.）与黄花菜相似，不同的是植株矮小，花2～3朵、有时单生；产我国北方各省，生于山地林缘或林下，用途同黄花菜。萱草（*Hemerocallis fulva* Linn.）与黄花菜相似，区别是花橘红色，无香味；各地栽培供观赏，根入药。

（5）郁金香属（*Tulipa* Linn.） 多年生草本。鳞茎有膜质或纤维状外皮。叶少数，条形或狭矩圆形。花茎通常无叶，或有时具1至数叶，顶端具1～3朵花。花大而直立向上，花被钟状，金黄色或橘红色；花被片6，离生；雄蕊6；子房矩圆形，3室，柱头3裂，胚珠多数。蒴果。本属约150种，分布于地中海地区至中亚；我国有14种，分布于东北、西北、西南、华中和华东等地，新疆尤为集中。

常见植物：郁金香（*Tulipa gesneriana* Linn.）鳞茎卵形，横径约2cm，外层鳞茎皮纸质，里面基部和顶端有少量伏贴的毛；叶3～5枚，条状披针形至卵状披针形，顶端有少量毛；花茎高20～50cm，常顶生1朵大花，花被有红、黄、白、杂色等；为著名观赏花卉。伊犁郁金香（*Tulipa iliensis* Regel）鳞茎卵形，径1～2cm；外层鳞茎皮薄革质，黑褐色，里面顶端和基部被伏贴毛；叶3～4枚近轮生，条形，边缘微波状；花常单一顶生，花茎高10～20cm，通常被毛；花被黄色，背面有紫晕，萎谢时变为红黄色至暗红色，长2.5～3.5cm；雄蕊等长，花丝无毛、中部稍扩大，向两端渐狭，花药通常比花丝长，子房几无花柱；产于新疆，是早春放牧场上的重要牧草，家畜喜食。

（6）天门冬属（*Asparagus* Linn.） 多年生草本或半灌木，具根状茎或块根。茎直立或蔓生，多分枝。叶退化成干膜质、鳞片状，末端的枝呈针形叶状，代叶行光合作用，通常1或2至多数叶状枝簇生于退化的叶腋内。花小，腋生，单生或簇生或为总状花序；花钟状，6裂；雄蕊着生于裂片基部；子房3室；柱头3裂。浆果球形。本属约300种，除美洲外，全世界温带至热带地区都有分布；我国约有24种，分布于全国各地。

常见植物：石刁柏（*Asparagus officinalis* Linn.）为直立草本，高达1 m；根稍肉质，径2～3mm；茎与分枝较柔弱，常稍弧曲或俯垂；叶状枝每3～6枚成簇，近圆柱形，稍扁压，多少弧形，长0.5～3cm，径0.3～0.5mm；花每1～4朵腋生，单性异株，绿黄色，花梗长7～14mm；雄花花被6片，长5～6mm，花药长1～1.5mm，花丝中部以下贴生于花被片上；浆果球形，熟时红色，具2～3颗种子；产于新疆，生于荒漠和绿洲，各地多有栽培，嫩枝做蔬菜，俗称芦笋。天门冬［*Asparagus cochinchinensis*（Lour.）Merr.］与石刁柏相似，不同的是植株攀缘或铺散；茎上具硬刺；叶状枝通常2～3枚成簇，扁平，或由于中脉龙骨状而略呈锐三棱形，长0.5～8cm，径1～2mm；花通常每2朵腋生，花被片长2～3mm；浆果具1颗种子；除新疆以外，全国各地均产，块根入药。戈壁天门冬（*Asparagus gobicus* Ivan. ex Grubov）产于内蒙古、陕西、宁夏和甘肃，生于荒漠草原和荒漠，家畜喜食嫩枝。文竹［*Asparagus setaceus*（Kunth）Jessop］为著名观赏花卉。兴安天门冬（*Asparagus dauricus* Fisch. ex Grub）（图4-120）叶状枝1～6枚簇生，长1～5cm，近扁圆柱形。花2朵腋生，黄绿色，雌雄异株。浆果红色，成熟后黑色，球形，径6～7mm。产于东北、河北、山西、陕西、山东及江苏。常生于山坡山坡草地或沙地。

（7）黄精属（*Polygonatum* Mill.） 多年生草本。根茎长而粗壮，肉质；茎直立，不分枝。叶互生、对生或轮生，先端尖或卷曲。花单生或伞形花序生于叶腋；花被合生成筒状钟形，顶端6裂；雄蕊着生于花被管内，常不外露，花药基部2裂；花柱细长，柱头不裂。浆果球形。本属约50种，分布于北温带；我国有31种，广布于全国，西南部尤盛。

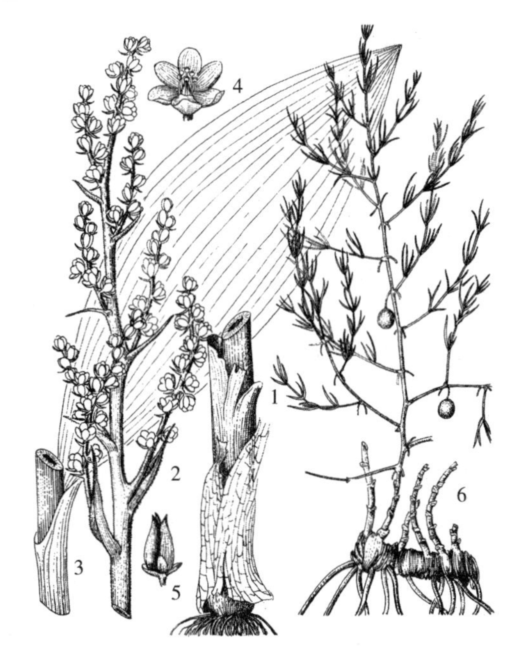

图4-120　藜芦和兴安天门冬

1～5. 藜芦（*Veratrum nigrum* Linn.）

1. 植株下部　2. 花序　3. 叶　4. 花　5. 果实

6. 兴安天门冬（*Asparagus dauricus* Fisch. ex Grub）植株

常见植物：玉竹［*Polygonatum odoratum*（Mill.）Druce］根状茎圆柱状，径5～14mm；茎高20～50cm；叶互生，卵状矩圆形至椭圆形，近于无柄；花序腋生，具1～3花，在栽培条件下可多至8朵，总花梗长1～1.5cm；花被片白色或顶端黄绿色，合生呈筒状花，长15～20mm；雄蕊6枚，花丝贴生于近花被筒中部，近平滑至具乳头状突起；浆果蓝黑色，直径7～10mm；产于东北、华北、西北及四川、湖北、河南、安徽和江苏等地，生于山地灌丛、草地，亦见有栽培，根状茎入药，地上部分可做牧草，家畜采食。黄精（*Polygonatum sibiricum* Delar. ex Redoute）根状茎圆柱形；节间长4～10cm，一头粗一头细，直径1～2cm；茎高50～90cm，有时呈攀缘状；叶轮生，每轮4～6枚，条状披针形，长8～15cm，顶端拳卷或卷曲成钩；花序腋生，常具2～4花呈伞形状，俯垂；花被片6，乳白色至淡黄色，长9～12mm，合生成筒；花药长2～3mm；子房卵形或椭圆形，长2～3mm，花柱长为子房的1.5～2倍；产于东北、华北及陕西、宁夏、甘肃、河南、山东、安徽和浙江等地，生于山地林缘，根状茎入药，茎、叶可做牧草，家畜采食。囊丝黄精（又名多花黄精，*Polygonatum cyrtonema* Hua）与玉竹相似，区别是根状茎肥厚，通常串珠状或结节成块，稀圆柱状；花序具2～7花，花被片长18～25mm，总花梗长1～4cm；产河南以南及长江流域，根茎做黄精入药。

（8）*藜芦属*（*Veratrum* Linn.）　多年生草本。根状茎短粗；茎直立，基部有残存叶鞘裂成纤维状。叶片宽，基部抱茎。花两性或杂性，组成顶生的大型圆锥花序；花钟状或星状，花被片6，绿白色，黑褐色或暗紫色，宿存；雄蕊6，与花被片对生，花丝丝状，花药心形；子房上位，3室，花柱3，宿存。蒴果。本属约40种，分布于北温带；我国约13种，分布于东北、西北和台湾，生于山地林缘和沟谷草地。有些种含生物碱，有毒。

常见植物：藜芦（*Veratrum nigrum* Linn.）（图4-120）植株高60～100cm，基部残留枯死叶鞘黑褐色纤维网状；叶4～5枚，椭圆形至矩圆状披针形，长12～25cm，宽4～18cm，无柄；圆锥花序长30～50cm，主轴至花梗密被丛卷毛，花梗长3～5mm；花被片黑褐色，长5～7mm；花药黑紫色；蒴果长1.5～2cm，种子具翅；产于东北及河北、山东、河南、山西、陕西、内蒙古、甘肃、新疆、四川和江西，全草有毒，尤以茎的基部和地下茎最甚，家畜误食可中毒。

（9）*其他*　本科常见药用植物还有土茯苓（*Smilax glabra* Roxb.）、土麦冬［*Liriope*

spicata（Thunb.）Lour.］、麦冬［*Ophiopogon japonicus*（Linn. f.）Ker-Gawl.］、知母（*Anemarrhena asphodeloides* Bge.）；观赏花卉有玉簪［*Hosta plantaginea*（Lam.）Aschers.］、吊兰［*Chlorophytum comosum*（Thunb.）Jacques］、百子莲［*Agapanthus africanus*（Linn.）Ker-Gawl.］、风信子（*Hyacinthus orientalis* Linn.）。

2. 鸢尾科（Iridaceae）

$$⚥ \; * \; P_{3+3} \; A_3 \; \underline{G}_{(3:3:\infty)}$$

鸢尾科约有60属800种，分布于热带和温带，南美和南部非洲最多；我国有11属约71种，分布于全国各地，多生于山地草甸、低地草甸以及农区。多数种为饲用植物，也有供观赏的花卉植物，有些种可做纤维原料、水土保持植物及药用植物。

鸢尾科的特征：多年生草本，有根状茎、球茎或鳞茎。叶常聚生于茎基部，叶片狭长，常沿中脉对折，2列互生，基部重叠抱茎而成套折叶鞘。花两性，辐射对称或两侧对称，由苞片内抽出；花被片6，2轮，花瓣状，基部常合生成花冠筒；雄蕊3，着生于外轮花被片上，花药外向开裂；子房下位，3室，中轴胎座，胚珠多数，花柱3，花瓣状或呈各种裂片。蒴果背裂；种子多数。

（1）鸢尾属（*Iris* Linn.） 根状茎。叶多基生，条形或剑形，基部抱茎成套折叶鞘。花茎直立，单一或分枝；1至数花，单一顶生或为总状或圆锥花序；花由苞片内抽出；花被片下部合生成筒，外轮3片较大，反折，基部狭长，柄状；内轮3片较小，直立或开展，基部狭，爪状；雄蕊着生于外轮花被片基部；花柱3，扩展呈花瓣状，反折盖着花药，顶端2裂。蒴果革质，具3～6棱。本属300种，分布于北温带；我国约有60种，多产于东北、西北和西南等地。多数种家畜青鲜时不食或采食较差，但至秋冬经霜后，其内部组织松碎，各类家畜均采食或喜食。有些种可用于水土保持，有些种的种子入药。

常见植物：马蔺（*Iris lactea* Pall. var. *chinensis* Koidz.）根状茎短而粗壮，须根棕褐色、长而坚硬；植株密丛生，基部残存红褐色纤维状枯死的叶鞘；叶基生，多数，坚韧，条形；花葶高10～30cm，有1～3花；苞片窄矩圆状披针形，长6～7cm；花被片蓝紫色，外轮3片倒披针形，直立；花柱分枝3，花瓣状，顶端2裂；蒴果长椭圆形，长4～6cm，具6条纵肋，先端具尖喙；产于东北、华北、西北、华东和西藏，生于低地草甸，常形成马蔺滩，经霜后家畜喜食，刈制干草做冬季补饲，各类家畜均喜食，又为良好的水土保持植物及纤维植物，种子可入药。细茎鸢尾（*Iris ruthenica* Ker-Gawl.）与马蔺相似，不同的是根状茎细长而匍匐，植株不呈密丛生；花茎细弱，高5～20cm，下部有鳞片状抱茎叶2～3枚；苞片膜质，边缘红紫色，披针形，长2.5～3cm，宽0.5～1cm，内包1朵花；蒴果球形或卵形，直径1.1～1.5cm，顶端喙极短；产于东北、山西、河北、新疆、四川、云南、西藏，生于山地草甸，饲用价值同马蔺。歧花鸢尾（*Iris dichotoma* Pall.）产于东北及河北、山东、山西、陕西、甘肃、内蒙古和新疆等地，生于山地草甸，嫩枝茎叶及干枯后家畜均采食。鸢尾（*Iris tectorum* Maxim.）、德国鸢尾（*Iris germanica* Linn.）为著名花卉，我国有栽培。

（2）射干属（*Belamcanda* Adans.） 射干属与鸢尾属相似，但花柱分枝不扩展而呈花瓣状；花在花序轴上每苞片内多花。本属有2种，分布于亚洲东部。

我国北方仅射干［*Belamcanda chinensis*（Linn.）DC.］（图4-121）1种，为多年生草本，根状茎横走，略呈结节状，外皮鲜黄色；叶二列互生，嵌叠状排列，宽剑形，扁平，长

15～60cm，宽 2～4cm；茎直立，高 40～120cm；聚伞花序顶生，多分枝，分枝顶端着生 1 至数花；苞片膜质，卵形；花橘黄色，长 2～3cm；花被片 6，基部合生成短筒，外轮花被片长倒卵形或椭圆形，展开，散生暗红色斑点；内轮花被片与外轮的相似而稍小；雄蕊 3，着生于花被基部；花柱棒状，顶端 3 浅裂，被毛；蒴果倒卵形，长 2.5～3.5cm，室背开裂，果瓣向后弯曲；现广为栽培，为观赏花卉，根茎入药，名为射干。

（3）*唐菖蒲属*（*Gladiolus* Linn.）球茎有膜被。叶剑状，有时线形或圆柱形。花茎直立，常单生；蝎尾状聚伞花序，有大而草质的佛焰苞，每一苞内着生 1 朵无柄的大花；花两侧对称，通常艳美，白色、黄色、红色或其他颜色，花被管多少弯曲；雄蕊 3，通常多少偏于一侧；花柱分枝不为花瓣状。本属约 250 种，分布于地中海地区和南非，我国引种栽培，常见 1 种：唐菖蒲（*Gladiolus gandavensis* Houtt.）原产于南非，为著名花卉。

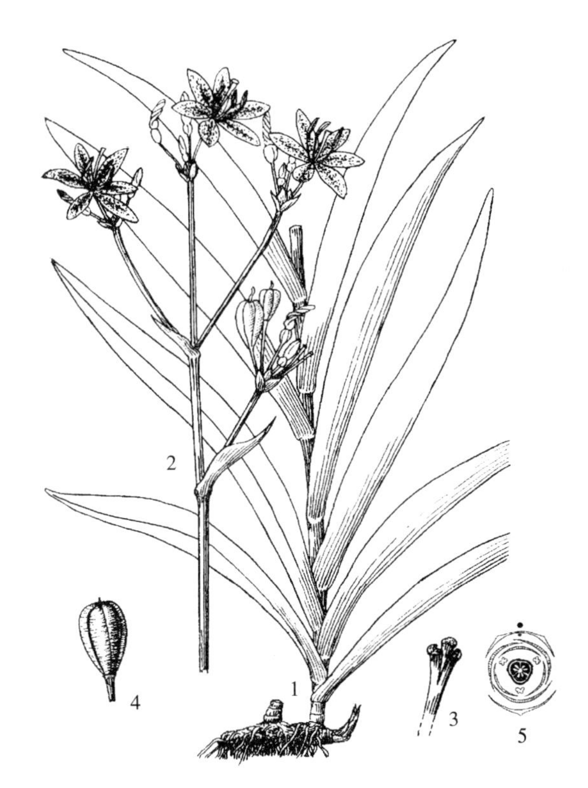

图 4-121　射干［*Belamcanda chinenesis*（Linn.）DC.］
1. 植株下部　2. 植株上部　3. 花柱顶端
4. 果　5. 鸢尾科花图式

（五十一）兰目（Orchidales）

兰目植物为陆生、附生或腐生草本，无鳞茎。叶不裂，常肉质。花两侧对称，多为两性；花被片 6，2 轮，花瓣状，或外轮为萼片，内轮为花瓣；雄蕊 2 或 1 枚；雌蕊由 3 心皮组成，子房下位，1 室或 3 室，侧膜胎座，胚珠多数。蒴果；种子微小而多数，具未分化的胚，无胚乳或有少量胚乳。

兰目包括兰科和水玉簪科（Burmanniaceae）等 4 科，下面介绍兰科。

兰科（Orchidaceae）

$$⚥\ \uparrow P_{3+3}\ A_{2,1}\ \overline{G}_{(3:1:\infty)}$$

兰科为种子植物的第二大科，约 700 余属 20 000 种，广布于热带、亚热带和温带地区，尤以南美和亚洲的热带地区最多；我国约有 171 属 1 274 种，主要分布于长江流域及其以南各地，西南部和台湾尤盛。兰科的植物资源比较丰富，其中有著名的药用植物白芨、天麻、石斛等；兰科的花卉奇异而艳丽，成为最著名的花卉，如建兰、墨兰、寒兰、蝴蝶兰（*Phalaenopsis aphrodite* Rechb. f.）等；还有香料植物香子兰（*Vanilla planifolia* Andr.）等。

兰科的特征：陆生、附生或腐生草本，极罕为攀缘藤本；陆生及腐生的常具根状茎或块茎，附生的常具假鳞茎以及肥厚而有根被的气生根。叶通常互生，也常生于假鳞茎顶端或近顶端处，有时两侧压扁或圆柱形，常肥厚。附生种的叶一般在基部有关节，而且多为肉质或厚革质。花葶顶生或侧生，单花或排成穗状、总状或圆锥花序，有苞片；花常做180°扭转，弯曲而使唇瓣位于远轴方（下方），极少扭转360°或不扭转；两性花，极少杂性或雌雄同株，两侧对称；花被片6，2轮，花瓣状，外轮3枚称为萼片；中萼片常直立而与花瓣靠合成盔状，侧萼片歪斜、有时基部与蕊柱跼合生而成萼囊；内轮侧生的2枚称为花瓣，中央的1枚通常特化而称唇瓣，极少3枚一式而不具唇瓣；唇瓣常有艳丽的色彩，上面一般还有胼胝体、褶片或腺毛等附属物，基部往往有距或囊；雄蕊和花柱、柱头完全愈合而成一种柱状体，称为蕊柱（合蕊柱）；蕊柱顶部有药床和1个背生雄蕊，前上方有1个柱头穴，极罕没有药床、柱头顶生或具2枚雄蕊；蕊柱基部有时向前方（唇瓣方向）延伸而成足状，称为蕊柱足；在柱头与雄蕊之间常有一舌状器官，称为蕊喙，蕊喙通常由柱头上裂片变态而成，能分泌黏液；花粉结合成团块状，有时部分变为柄状，称为花粉块柄；蕊喙黏液变为固态黏块，称为黏盘；有时黏盘有柄状附属物，称为蕊喙柄；花粉团、花粉块柄（以上来自花药，为雄性来源）、黏盘、蕊喙柄合生在一起称为花粉块，但并非所有的花粉块都具有这4部分，其质地与数目因属而异；子房下位，通常1室，侧膜胎座，极少3室而中轴胎座。蒴果，种子微小而极多，几无胚乳，胚不明显。花粉1～2沟、3～4孔。染色体 $x=6$～29。

兰科常见植物分属检索表

1. 花中内轮2侧生的雄蕊发育，外轮1大的退化雄蕊位于发育雄蕊之上，并多少覆盖蕊柱；柱头3裂，相似，均能育；花粉粒不形成粉块（Ⅰ. 双蕊亚科 Cypripedioideae）。
  2. 叶茎生，幼时席卷；花被于果时不脱落；陆生兰 ………………………… 杓兰属（*Cypripedium* Linn.）
  2. 叶基生，幼时二重叠；花被果时脱落；陆生或半附生兰 …………… 兜兰属（*Paphiopedilum* Pfitz.）
1. 花中外轮1远轴雄蕊发育，2侧生雄蕊败育或退化为细小的退化雄蕊；柱头3，2侧生的裂片发育，中央的柱头伸长为蕊喙；花粉不为粒状而黏合成花粉块（Ⅱ. 单蕊亚科 Orchidoideae）。
  3. 花粉块经常为粒状，基部有柄和黏盘，或否；药直立或多少倒生，非常紧密地贴生于基部宽阔的蕊柱上，开花以后也不脱落；柱头1个，无花柱；唇瓣基部通常有显著的距。
    4. 柱头1个位于蕊柱一面药下的凹穴内，无花柱；具块茎，但不是掌状分裂。
      5. 花粉块黏盘藏于黏囊中，陆生兰 ………………………………………… 红门兰属（*Orchis* Linn.）
      5. 花粉块黏盘没有黏囊包着。
      6. 柱头不隆起，不肥厚；唇瓣为舌状，通常肥厚，不分裂；花瓣和中萼片分离 ……………………………………………………………………………………… 舌唇兰属（*Platanthera* Rich.）
      6. 柱头隆起，肥厚；唇瓣顶端钝，基部每边有1个很小的裂片（约5种，在我国分布于东北、中部和西部，陆生兰）…………………………………………………………… 蜻蜓兰属（*Tulotis* Rafin.）
    4. 柱头2个，较大，楔形；具掌状分裂的块茎（10种，我国产3种，产于东北、华北、西北、西南诸省区，陆生兰） ………………………………………………………… 手参属（*Gymnadenia* R. Br.）
  3. 花粉块顶端有柄和黏盘；药直立或倾斜，花丝短而细，一般狭窄地接连蕊柱，通常脱落或枯萎。
    7. 花粉为粒状，柔软，药多半不脱落；花序常顶生（香子兰属侧生）。
      8. 花药向前倾斜并向内曲。
        9. 根状茎短而直出，由短根茎上生出肉质束状根。
          10. 茎上有2枚近对生的叶，叶脉1条；总状花序顶生，密生许多小花（约30种，我国产20种，产于西北、西南和台湾） ……………………………………… 对叶兰属（*Listera* R. Br.）
          10. 茎生叶数枚，不对生，叶脉数条，褶扇状。

11. 陆生或腐生，陆生兰较高大，攀缘植物，有较大的叶；腐生兰叶退化；总状花序腋生，常较短（20 余种，我国产 3 种，产于南方） ………………… 香子兰属（*Vanilla* Mall.）

11. 陆生兰，茎直立；总状花序顶生，具多数通常俯垂或多少下倾的花（约 20 余种，我国产 6 种，产于西北、华北和西南） ………………………… 火烧兰属（*Epipactis* Zinn.）

9. 根茎平展为球茎状，球形或矩形，有时为珊瑚状或环状。

12. 陆生兰，叶薄纸质，通常基生，有时仅 1 叶，叶基部有关节；花较大，二唇形 ………… ………………………………………………………………………… 白芨属（*Bletilla* Reichn. f.）

12. 腐生兰，具鞘状鳞片（叶）；花较小，不为二唇形 ……………… 天麻属（*Gastrodia* R. Br.）

8. 药或多或少直立；蕊喙直立或近于直立。

13. 根肉质束状，茎短；叶近于基生，具柄，而无斑；总状花序轴常呈螺旋状扭转。陆生兰［25 种，我国产 1 种：绶草 *Spiranthes sinensis*（Pers.）Ames，全国广布］ ……………………………… ………………………………………………………………………… 绶草属（*Spiranthes* Rich.）

13. 根不呈束状，茎基部常匍匐；叶无柄或多少呈鞘状，有斑；总状花序轴不扭转（40 种，我国产 25 种，南北均产，主要产于华南与西南） ……………………………… 斑叶兰属（*Goodyera* R. Br.）

7. 花粉蜡质或骨质，药一般脱落；花序侧生。

14. 花序生于茎上部的叶腋间；根状茎短，无匍匐茎和假鳞茎；茎明显具节，少数节间膨大呈鳞茎状，附生兰 …………………………………………………………………… 石斛属（*Dendrobium* Sw.）

14. 花序生于茎下部的叶腋或靠近鳞茎的基部。

15. 花较小，花粉块无柄，也无黏盘；假鳞茎通常仅 1 节，具 1 枚肉质至草质叶，很少 2 枚；较小的附生兰（近 1 000 种，我国产 36 种，产于南方） ………… 石豆兰属（*Bulbophyllum* Thouars）

15. 花大而美丽，花粉块有明显的柄和黏盘，有时具短柄。

16. 较高大的陆生兰，有茎或茎变为短的假鳞茎；具数枚叶，叶大，具折扇状脉；花粉块 4 或 8［约 50 种，我国 8 种，产于东南至西南部，其中鹤顶兰 *Phaius tankervilliae*（Banks ex L'Hér.）Bl. 常见栽培］ ……………………………………………… 鹤顶兰属（*Phaius* Lour.）

16. 附生、陆生或腐生兰；叶脉非折扇状；花粉块 2 或 4。

17. 附生、陆生或腐生兰；茎极短，或变为假鳞茎；叶带状，革质，簇生，近基生；花粉块 2 …… ………………………………………………………………………… 兰属（*Cymbidium* Sw.）

17. 附生兰；茎较长；叶扁平或少数近圆柱状，2 列，有关节；花粉块 2(中间有深裂隙)或 4 …… ………………………………………………………………………… 万带兰属（*Vanda* R. Br.）

Ⅰ. 双蕊亚科（Cypripedioideae）

双蕊亚科约 4 属 100 种，我国有 2 属 30 种。

（1）杓兰属（*Cypripedium* Linn.）　陆生兰。具根状茎。叶 2 至数枚茎生，或少有近基生，幼时席卷。花通常单生或 2～3 朵，少更多；中萼片通常宽大，侧萼片常合生为一；唇瓣囊状，较大，花被果时不脱落；蕊柱下弯，外轮退化雄蕊较大，位于 2 发育雄蕊之上，并多少覆盖着合蕊柱；柱头 3 裂，相似，均能育；花粉粒不形成花粉块。本属约 50 种，分布于北温带至喜马拉雅地区；我国产 32 种，除南部炎热地区外，全国均产。

常见植物：扇脉杓兰（*Cypripedium japonicum* Thunb.）高 35～55cm，根状茎横走，茎和花葶均被褐色长柔毛；叶通常 2 枚，近对生，极少 3 枚而互生；叶片菱状圆形或葵扇形，长 10～16cm，宽 10～21cm，无柄，具扇形脉；花单生，直径6～7cm，绿黄色、白色，具紫色斑，侧萼片合生为 1 枚合萼片；产于浙江、江西、湖北、湖南、陕西、四川、贵州、广东和广西，生于灌丛或竹林下。

(2) 兜兰属 (*Paphiopedilum* Pfitz.) 陆生或半附生兰。叶基生，带状，二列，基部叶鞘相套叠。花葶从叶丛中央抽出，具单花，很少数花，花大而艳丽；中萼片通常较大，直立；侧萼片合生，位于唇瓣下方；花瓣常较狭窄；唇瓣大，兜状，通常具爪和内折侧裂片，花被果期脱落；蕊柱粗短，内轮2个侧生雄蕊发育，外轮1个退化雄蕊较大，位于2个发育雄蕊之上，并多少覆盖着合蕊柱。本属约66种，分布于亚洲热带地区至太平洋一些岛屿；我国产约18种，分布于西南至华南。

常见植物：带叶兜兰［*Paphiopedilum hirsutissimum* (Lindl.) Stein.］须根具淡棕色绵毛；叶长达40cm，宽约2cm，无毛；花茎被深紫色毛，具1花；苞片1～2枚，兜状卵形，花直径可达10cm；中萼片宽卵形，被疏毛，边缘具缘毛；唇瓣较中萼片长，绿色而有小紫点；兜明显长于爪，内折侧裂片不及兜的一半，具近三角形的耳；产于云南南部、广西和贵州，生于密林下岩石上。卷萼兜兰［*Paphiopedilum appletonianum* (Gower) Rolfe］产于广东和海南，生于林下潮湿处。

Ⅱ. 单蕊亚科 (Orchidoideae)

单蕊亚科约690余属2 000种，广布于热带和温带地区。

(1) 红门兰属 (*Orchis* Linn.) 陆生兰。具根状茎或块茎。叶1至多数，生于茎上或近基生。花中等大，排成顶生的总状花序；中萼片常与花瓣靠合而成兜状，唇瓣基部有距；蕊柱直立，短，与花药基部完全愈合；花粉块2，粒状，基部有柄和黏盘，黏盘藏于黏囊中。本属约80种，分布于北温带及亚洲和北非的温暖地区；我国产约28种，分布于东北、西北和西南。块茎含淀粉、可食用。

常见植物：广布红门兰 (*Orchis chusua* D. Don) 高7～35cm，块茎矩圆形，肉质；叶 (1) 2～3 (4) 枚，互生，叶片矩圆状披针形；花葶直立，无毛，花序具1～10余花，多偏向一侧，苞片披针形，最下部苞片长于或短于花；花紫色，较大；萼片近等长，长6.5～9mm，宽3～4mm；唇瓣较萼片长，3裂，中裂片矩圆形或四方形；子房强烈扭曲，合蕊柱短；产于东北、西北和西南。宽叶红门兰 (*Orchis latifolia* Linn.) (图4-122) 产于东北、西北和西南等地。上述两种均可当手参［*Gymnadenia conopsea* (Linn.) R. Br.］入药。蒙古红门兰 (*Orchis salina* Turcz.) 产于东北和内蒙古，生于湿草地。

图4-122 宽叶红门兰 (*Orchis latifolia* Linn.)
1. 植株 2. 花

(2) 石斛属 (*Dendrobium* Sw.) 附生兰。根状茎短；茎一般较长，有时分枝，具多节，节明显，少数节间膨大呈鳞茎状。叶茎生，通常多枚，扁平，两侧压扁或圆柱状。总状花序常生于茎上部节上，具数朵至多花，少有减退为单花；花大，艳丽；侧萼片与蕊柱足合生成萼囊；唇瓣不裂或 3 裂，基部有时有短爪，无距；蕊柱较短，蕊柱的药座两侧有高喙；花药柄丝状，花粉块 4，无柄。本属约 1 000 种，分布于热带亚洲至大洋洲；我国有 74 种，分布于西南至台湾。多数种的花大而艳丽，可供观赏，或入药。常见的石斛（*Dendrobium nobile* Lindl.），茎丛生，直立，上部多少曲折状，不分枝，稍扁，长 10～60cm，粗达 1.3cm，具槽纹，节略粗，基部收窄；叶近革质，矩圆形，长 8～11cm，宽 1～3cm，顶端圆裂，花期有叶或无；总状花序具 1～4 花，总花梗长约 1cm，基部被鞘状苞片；花苞片膜质，长 6～13mm；花大型，直径达 8cm，俯垂，白色带紫红色顶端；萼片矩圆形，长约 5mm；花瓣椭圆形，与萼等长；唇瓣宽卵状矩圆形，比萼片略短，唇盘上面具 1 个紫斑；产于华南、西南至台湾，因花大、美丽而盆栽供观赏；茎供药用，有养阴除热、生津止渴的作用。细茎石斛［*Dendrobium moniliforme*（Linn.）Sw.］产于长江流域和以南各地。

（3）兰属（*Cymbidium* Sw.）　附生、陆生或腐生兰。根簇生，纤细；茎极短，或变为假鳞茎。叶带状，革质，簇生，近基生。花葶自叶丛中抽出，直立或下垂，总状花序；花大而美丽，花被开张，唇瓣 3 裂，具 2 条纵褶片；蕊柱长，稍前倾；花药块 2，近球形，具柄和黏盘。本属约 48 种，主要分布于亚洲热带和亚热带地区，少数见于大洋洲和非洲；我国有 29 种，其中有不少种被国内外广泛栽培供观赏。

常见植物：墨兰［*Cymbidium sinense*（Anar.）Willd.］假鳞茎粗壮；叶近革质，剑形，4～5 枚丛生，长 60～80cm，宽 2～3.5cm，顶端渐尖；花葶直立，常高出叶丛，具数朵至 20 余朵花；花序中部以上苞片长不超过 1cm，最下 1 枚长达 2.3cm，紫褐色；通常 2～3 月开花，花色多变，有香气；萼片狭披针形，长约 3cm，宽 5～7mm，有 5 条脉纹；花瓣较短而宽，具 7 条脉，向前稍合抱；唇瓣不明显 3 裂，浅黄色带紫斑；唇盘上面具 2 条黄色褶片；全国各地广泛栽培，华东、华南和西南地区有野生，生于山地林下溪边。此外，还有寒兰（*Cymbidium kanran* Makino）、春兰［*Cymbidium goeringii*（Rchb. f.）Rchb. f.］和建兰［*Cymbidium ensifolium*（Linn.）Sw.］等，这些著名的花卉经人工栽培选育出很多品种供人们观赏。

（4）舌唇兰属（*Platanthera* Rich.）　陆生兰。常有块茎。叶基生或茎生，1 至数枚。总状花序顶生，具数花；中萼片常与花瓣靠合成兜；唇瓣不裂，舌状，基部常呈耳状，有距；蕊柱黏生于唇瓣基部；药室平行或叉开；柱头 1 个；花粉块 2，有短的花粉块柄与黏盘。本属约 150 种，我国约有 41 种，南北均有分布，以西南为最多。

常见植物：二叶舌唇兰［*Platanthera chlorantha*（Cust.）Rchb.］块茎 1～2 枚，卵形；茎直立，高 30～50cm；基生叶 2 枚，叶片椭圆形，基部收缩成鞘状柄，长 10～20cm，宽 4～8cm；总状花序具 10 余朵花，花苞片披针形，与子房近于等长，花白色，较大；中萼片宽卵状三角形，长 4～5mm，宽 5～7mm；侧萼片较中萼片狭，长约 8mm；花瓣偏斜，条状披针形；唇瓣条形舌状，肉质，不裂，长 0.8～1.3cm；距弧曲，前部膨大，圆筒形，长1～1.5cm；产于东北、华北、西北和四川、云南等地，生于山地阔叶林下；块茎入药，有治肺痨咳血、吐血、衄血之效。

（5）角盘兰属（*Herminium* Linn.）　陆生兰。具块茎。叶茎生或近基生，数枚，较少为 1 枚。花序顶生，具多数淡绿色小花；唇瓣常 3 裂，有距或无；蕊柱短；柱头 2，棒状；花粉块 2，由许多小块组成，具花粉块柄和黏盘，黏盘卷成角状，裸露。本属约 25 种，主要分布于东亚，少数也见于东南亚和欧洲；我国约有 17 种，南北均有分布。

常见植物：角盘兰［*Herminium monorchis*（Linn.）R. Br.］块茎球形，径约8mm；茎直立，高5.5～35cm，无毛，下部生2～3叶；叶狭椭圆状披针形，长4～10cm，宽1～2.5cm，基部渐狭略抱茎；总状花序圆柱形，长达15cm，具多数花；苞片条状披针形，长2.5 mm；花瓣近菱形，向顶渐狭，或在中部多少3裂，上部稍肉质增厚，较萼片稍长；唇瓣肉质，与花瓣等长，近中部3裂；中裂片条形，长1.5mm；产于东北、华北至长江流域，生于山地林下及沟谷湿草地。

（6）白芨属（*Bletilla* Rchb. f.） 白芨属植物为陆生兰。具假鳞茎。叶数枚，一般集生于茎基部，有时仅有1叶，叶基部有关节，具折扇状脉。花较大，数朵排成顶生的总状花序；唇瓣3裂，无距，上面有褶片，侧裂片多少围抱蕊柱；蕊柱细长，无蕊柱足；花粉块8，成2群，粒粉质，有不明显的花粉块柄，无黏盘。本属约6种，我国约有4种，产于东部至西部。

常见植物：白芨［*Bletilla striata*（Thunb.）Rchb. f.］假鳞茎扁球形，上面具荸荠状的环纹，富黏性；茎粗壮，劲直，高15～50 cm；叶4～5枚，狭矩圆形至披针形，长8～29cm，宽1.5～4cm；花序具3～8花，苞片开花时常凋落；花大，紫色或淡红色；萼片和花瓣近等长，狭矩圆形，急尖，长28～30mm；花瓣较萼片阔，唇瓣较花瓣稍短，白色带淡红色，具紫色脉，中部以上3裂，侧裂片直而合抱蕊柱，中裂片边缘有波状齿，唇盘上具5条褶片；产于长江流域以南和西部，生于山地林下及沟谷湿地；假鳞茎供药用，有补肺止血、消肿生肌等作用；花美丽，栽培供观赏。小白芨［*Bletilla formosana*（Hay.）Schltr.］、黄花白芨（*Bletilla ochracea* Schltr.）和台湾白芨（*Bletilla yunnanensis* Schltr.）的假鳞茎均可供药用。

（7）天麻属（*Gastrodia* R. Br.） 腐生兰。具块状根茎；茎直立，节上具鞘状鳞片。花较小，数朵组成顶生的总状花序；萼片与花瓣合生成筒状，顶端5齿裂，萼裂片大于花冠裂片；唇瓣藏于管内，无距；蕊柱一般较长，具短的蕊柱足；花粉块2，粒粉质。本属约20种，分布于东亚、马来西亚至大洋洲；我国有13种，分布于东北、华北、华东、西南和台湾。

常见植物：天麻（*Gastrodia elata* Bl.）块状根茎横走，肥厚肉质，长椭圆形，表面有均匀的环节；茎直立、黄褐色，节上具鞘状鳞片；总状花序顶生，花黄褐色，萼片与花瓣合生成斜筒形，口偏斜，顶端5裂；蒴果倒卵状长圆形；从东北至西藏均产，根状茎供药用，有熄风镇痉作用，为著名中药。

（8）万带兰属（*Vanda* R. Br.） 附生兰，茎较长。叶扁平或少数近圆柱状，2列，有关节。总状花序近直立，花较大，数朵疏离；萼与花瓣相似；唇瓣3裂，基部有短距；蕊柱短，基部两侧常增厚而凸起，蕊柱足不明显；花粉块2或4，蜡质，具宽而短的蕊喙柄和黏盘。本属约40种，分布于亚洲热带地区；我国约有9种，产于南方。本属植物花大，花期长，不少种已引入栽培供观赏。

常见植物：琴唇万带兰（*Vanda concolor* Bl. ex Lindl.）茎短，圆柱形；叶近革质，带状，弧曲伸展，长20～30cm，宽1～3cm，顶端3裂，裂片牙齿状；花葶腋生，短于叶丛；总状花序疏生少数花，花苞片小，卵状三角形，花梗长约3cm；花质地厚，淡黄色，直径约3cm，萼片斜的矩圆形；花瓣倒卵形，比萼片略小，顶端圆形，基部具短爪；唇瓣3裂，侧裂片小，中裂片近提琴形；附生于树上；产于西南至广西。纯色万带兰（*Vanda subconcolor* Tang et Wang）产于海南。栽培的有棒叶万带兰（*Vanda teres* Lindl.）、大花万带兰（*Van-*

da coerulea Griff. ex Lindl.）等。

第三节　被子植物的起源与系统演化

一、被子植物的起源

（一）起源的时间

当前多数学者认为被子植物起源于早白垩纪或晚侏罗纪，这是因为在早白垩纪发现了被子植物叶的化石，如美国弗吉尼亚和马里兰早白垩纪晚期的波托马克组上部发现了南蛇藤（*Celastrus*）、榕（*Ficus*）、山龙眼（*Helicia*）、杨梅（*Myrica*）等叶的化石；在欧洲的同时期也发现了山龙眼、五福花（*Adoxa*）、槐木（*Aralia*）、檫木（*Sassafras*）、木兰（*Magnolia*）、月桂（*Laurus*）等叶的化石。我国学者潘广等1990—1996年在我国辽宁省燕辽地区中侏罗纪地层中发现了枫杨属一种植物（*Pterocarya sinoptera* Pankuang）的化石果序以及鼠李科的马甲子属（*Paliurus*）和枣属（*Zizyphus*）植物的化石。此外，在辽宁晚侏罗纪发现被子植物化石辽宁古果（*Archaefructus liaoningensis* Sumetat）就更加证明了在白垩纪之前就已存在着比较进化的被子植物，这一系列发现已引起了国际的重视。

现已证实，距今2.25亿年以前，地球上仅有一个联合古陆，到了三叠纪晚期，大约在距今1.95亿年前，联合古陆逐渐解体，经过大陆漂移，直到新生代（距今6 500万年前）基本上形成了现在的格局。因此可以设想，被子植物起源的时代应该在三叠纪以前，否则就不能解释现今各大陆被子植物的亲缘关系和共有成分。此外，在地史上，古生代二叠纪最后4 500万年被证实是生物的大灭绝期，这时地球上的气候变得干冷，海平面下降，正是在这种严酷的气候环境中，有可能催生出崭新的被子植物。

（二）发源地

关于被子植物的发源地问题，学者们存在着十分对立的观点，即高纬度起源说和低纬度起源说。近年来，我国学者张宏达提出第三个假说，即“华夏植物区系起源说”。早期的看法认为，起源于高纬度的北极地区，这是由于在格陵兰发现了被子植物化石，由希尔（Heer）提出这一假说，按此说，被子植物起源后向三个方向扩大其分布区，一个方向是由欧洲到非洲；另一个方向是从欧亚大陆经日本到达喜马拉雅，再折向中国的西部和南部，伸展到马来西亚和澳大利亚；再一个方向是从加拿大经美国进入南美洲，最后扩散到全球。

目前多数学者支持低纬度起源说，其根据是现存的和化石的木兰类植物在亚洲东南部和太平洋西南部占优势；现存的一些原始的科也多分布于低纬度地区；被子植物化石出现的时期高纬度地区都比低纬度地区晚，并在低纬度热带地区白垩纪地层中出现有最古老的被子植物单沟花粉粒。巴林（Bailey，1949）、史密斯（Smith，1967）、塔赫他间（Takhtajan，1969）根据现代植物科的分布和化石证据，发现西南太平洋和东南亚地区原始毛茛类（广义的木兰目）分布占优势，认为这一地区可能是被子植物早期分化的地区；我国的吴征镒（1964，1977）认为整个被子植物区系早在第三纪以前，即在古代统一大陆上的热带地区发生，并认为我国南部、西南部和中南半岛在北纬20°～40°间的广大地区最富于特有的古老科、属。这些第三纪古热带起源的植物区系即是近代东亚温带、亚热带植物区系的开端，这一地区就是它们的发源地，也是北美、欧洲等北温带植物区系的开端和发源地。Camp（1952）提出，南美洲亚马孙河流域的平原地区，热带雨林中被子植物种类丰富，并有许多接近原始类型的被子植物，可能是被子植物的发源地。

张宏达认为，被子植物的起源应该在联合古陆尚未解体的三叠纪，华夏植物区系（Cathaysia Flora）是指三叠纪以来，在我国华南地区及其毗邻地区发展起来的有花植物区系，包括了北起黑龙江和内蒙古，东北部包括日本和朝鲜半岛，西北部包括准噶尔盆地中段，南部包括印度尼西亚和马来半岛。这些地区都能找到古生代华夏植物区系的化石，最西部包括第三纪上升起来的喜马拉雅山地。因此华夏植物区系包括了古生代的种子蕨类，中生代由种子蕨演化出来的原始被子植物以及中生代以后的被子植物，华夏植物区系的分布范围是被子植物的发源地。

（三）可能的祖先

有关被子植物的祖先问题，也存在着不同的假说，它们是多元论、二元论和单元论。

1. 多元论（polyphyletic theory）　多元论认为，被子植物来自许多不相亲近的祖先类群，彼此是平行发展的。此论是维兰德（G. R. Wieland）1929 年首先提出的。他认为，被子植物发生于中生代二叠纪与三叠纪之间，不同被子植物类群的起源，分别与本内苏铁、苛得荻类、银杏、松杉类和苏铁类有渊源。米塞（Meeu-se）和胡先骕是多元论的代表，米塞认为被子植物至少是从 4 个不同的祖先演化而来的。我国学者胡先骕（1950）认为，双子叶植物是从多元的半被子植物起源的；单子叶植物不可能出自毛茛科，须上溯至半被子植物，而其中的肉穗花序类直接出自种子蕨的髓木类，与其他单子叶植物不同源。

2. 二元论（diphyletic theory）　二元论认为，被子植物来自两个不同的祖先类群，二者不存在直接的关系，而是平行发展的。兰姆（Lam）和恩格勒（A. Engler）是二元论的代表。

兰姆把被子植物分为轴生孢子（stachyosporae）和叶生孢子（phyllosporae）两大类。单花被类、部分合瓣花类以及少部分单子叶植物的心皮是假心皮，并非来源于叶性器官，大孢子囊直接起源于轴性器官，属轴生孢子类，它们起源于盖子植物的买麻藤目；而多心皮类、离瓣花类和大部分单子叶植物的心皮是叶起源，具有真正的孢子叶，大孢子囊起源于叶性器官，属于叶生孢子类，它们起源于苏铁类。

恩格勒认为柔荑花序类的无被花类和有花被的多心皮类缺乏直接的关系，二者有不同的祖先，且是平行发展的。

3. 单元论（monophyletic theory）　单元论认为，所有的被子植物都来源于一个共同的祖先。主要依据是被子植物有许多独特和高度特化的特征，如筛管和伴胞的存在、雌雄蕊在花轴上排列的位置固定不变及结构的一致性、花粉管通过助细胞进入胚囊、双受精现象和三倍体胚乳等，据此，被子植物只能来源于一个共同的祖先，很难想象这些如此一致的性状能在不同的原始植物类群中同时发生。从统计学上也证实，所有这些特征共同发生的几率不可能多于 1 次。

哈钦松（Hutchinson）、塔赫他间（Takhtajan）、柯朗奎斯特（Cronquist）是单元论的主要代表。至于被子植物究竟发生于哪一类群植物，推测很多，目前比较流行的是本内苏铁和种子蕨这两种假说。

塔赫他间和柯朗奎斯特，通过现代被子植物原始类型或活化石的研究，提出被子植物的祖先类群可能是一群古老的裸子植物，并主张木兰目为现代被子植物的原始类型。这一观点已得到多数学者的支持。而木兰类又是从哪一群古老的裸子植物起源的呢？莱米斯尔（Lemesle）认为，被子植物的一朵花相当于裸子植物的一个两性孢子叶球，主张被子植物是由原始裸子植物中早已灭绝的本内苏铁目（Bennettitalel）中具两性孢子叶球的植物演化来的。孢子叶球基部的苞片演变成花被，小孢子叶演变成雄蕊，大孢子叶演变成雌蕊（心皮），孢子叶球的轴逐渐缩短演变成花轴或花托。也就是说，由本内苏铁的两性孢子叶球演变成被子植物的两性花。塔赫他间和柯朗奎斯特认为被子植物同本内苏铁有一个共同的祖先，有可能从一群原始的种子蕨起源。

二、被子植物系统演化的主要学说

花是被子植物的显著特征，研究被子植物的系统演化，首先要明确花的起源与演化，然后才能确定植物的原始类型和进化类型，据此来建立分类系统。因此，人们对花的起源都很重视，有过许多假说，其中有代表性的是真花说（euanthium theory）和假花说（pseudanthium theory）。

（一）真花说

真花说认为，被子植物的一朵花相当于裸子植物的一个两性孢子叶球，主张被子植物是由原始裸子植物中早已灭绝的本内苏铁目（Bennetitalel）中具两性孢子叶球的植物演化来的。孢子叶球基部的苞片演变成花被，小孢子叶演变成雄蕊，大孢子叶演变成雌蕊（心皮），孢子叶球的轴逐渐缩短演变成花轴或花托。因本内苏铁目两性孢子叶球的轴长，孢子叶的数目多，且是虫媒花。依据此学说，现代被子植物中的具有伸长的花轴，心皮多数、离生，两性整齐花，虫媒传粉的木兰目植物是现代被子植物中较原始的类群。而柔荑花序类的单性花、单被（或无被）花，风媒传粉等特点是适应环境而形成的较进化的性状。多数学者赞成这一学说，英国的哈钦松，前苏联的塔赫他间、美国的柯朗奎期特等被子植物分类系统都是以真花学说为基础建立的。

（二）假花说

假花说认为，被子植物的一朵花相当于裸子植物的一个孢子叶球序，主张被子植物是由高级裸子植物中的弯柄麻黄（*Ephedra campylopoda*）演化来的。一个雄蕊和一个心皮分别相当于一个极端简化的小孢子叶球（雄花）和大孢子叶球（雌花），小孢子叶球的苞片演变为花被，大孢子叶球的苞片则演变为心皮，每个小孢子叶球的小苞片退化，只剩下一个雄蕊，而大孢子叶球的小苞片退化，只剩下胚珠着生于心皮上，心皮是苞片变来的，而不是大孢子叶，这样就由一个孢子叶球序演变成为被子植物的一朵花。由于麻黄的孢子叶球序以单生为主，且多是雌雄异株，所以原始的被子植物的花是单性花。依据此学说，被子植物当中具单性花的柔荑花序类如杨柳科、胡桃科等，就被认为是最原始的代表，一个柔荑花序相当于一个孢子叶球序。假花学派的主要代表是德国的恩格勒（Engler）和奥地利的 Wettstein，恩格勒分类系统也是以假花学说的基础建立的。

三、被子植物分类系统简介

长期以来，分类学家们以进化论为依据，根据植物的形态、解剖、生理、生化、生态、地理，甚至细胞学及分子生物学的特征进行分类，并按照植物的亲缘关系建立被子植物分类系统，说明被子植物间的演化关系，但由于有关被子植物起源与演化的知识和证据不足，到目前为止，还没有一个比较完美的分类系统，当前较为流行的有下面几个系统。

（一）恩格勒系统（图 4-123）

德国植物学家恩格勒（A. Engler）和柏兰特（K. Prantl）1897 年在《植物自然分科志》一书中和恩格勒所著的《植物自然分科纲要》均应用了恩格勒系统。恩格勒系统将植物界分为 13 门，其中第 13 门是种子植物门，包括裸子植物亚门和被子植物亚门。被子植物分为单子叶植物和双子叶植物两个纲，双子叶植物又分为离瓣花亚纲和合瓣花亚纲。共计 45 目 280 科。

恩格勒系统坚持假花说，认为无瓣、单性、木本、风媒传粉等为原始的特征，而有花

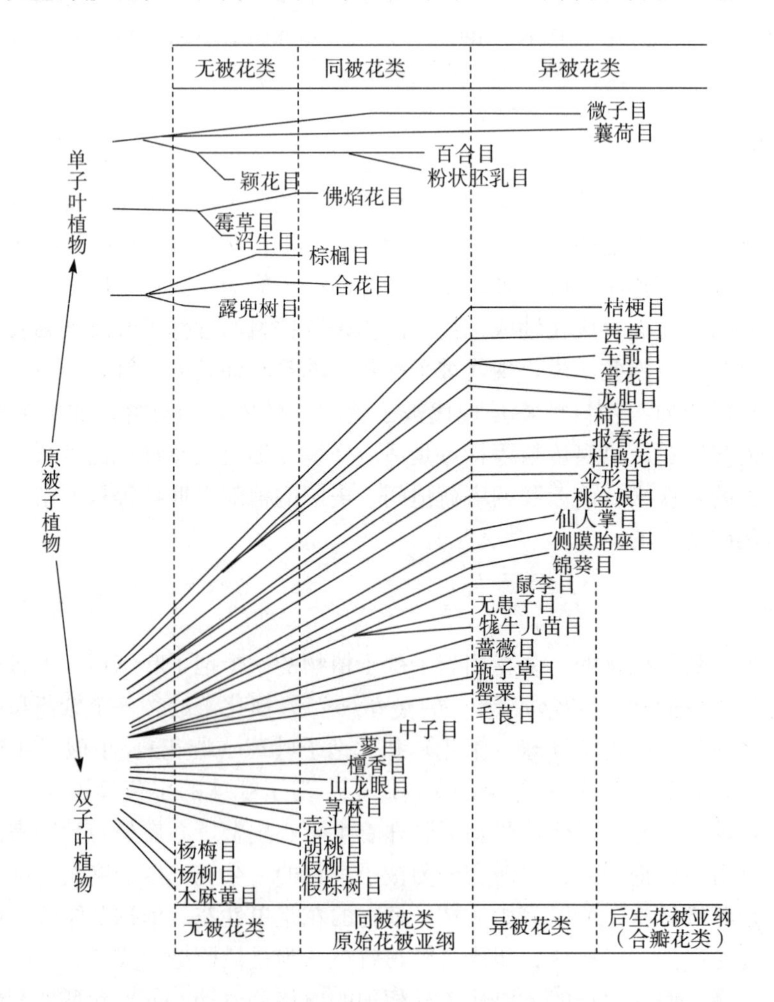

图 4-123 恩格勒被子植物分类系统图（1897）

瓣、两性、虫媒传粉是进化的特征。为此，他们把柔荑花序类植物当做被子植物中最原始的类型，而把木兰、毛茛等科看做较进化的特征，认为被子植物是二元起源，双子叶植物和单子叶植是平行发展的两支，并将单子叶植物放在双子叶植物之前；将合瓣花植物归入一类，被认为是进化的一群被子植物。

恩格勒系统几经修订，在 1964 年出版的《植物分科志要》第 12 版中，已将单子叶植物放于双子叶植物之后，修正了单子叶植物比双子叶植物原始的观点，并重新将植物界分为 17 门，被子植物独立成被子植物门，共包括 2 纲 62 目 344 科。

恩格勒系统是分类学史上第一个比较完善的自然分类系统，沿用已久。到目前为止，世界上除英国和法国以外，大部分国家都使用该系统。我国的《中国植物志》及多数地方植物志和植物标本室，都采用了该系统，它在传统分类学中影响很大。但它也存在着某些问题，例如将柔荑花序类作为最原始的被子植物，把多心皮类看成是较为进化的类群等，现在赞成这一观点的人已经为数不多了。

（二）哈钦松系统（图 4 - 124）

哈钦松系统是英国著名植物分类学家哈钦松在《有花植物科志》一书中发表的。该书共分两册，于 1926 年和 1934 年出版。至 1973 年经数次修订，将原先的 332 科增至 411 科。

哈钦松系统坚持真花说，认为花由两性到单性，由虫媒到风媒，由双被花到单被花或无被花，由雄蕊多数且分离到定数且合生，由心皮多数且分离到定数且合生，因此他们把木兰目、毛茛目当做原始类群，而柔荑花序类要比离心皮类进化；并认为被子植物是单元起源的；单子叶植物起源于毛茛目，并在早期分化为萼花群、冠花群和颖花群；双子叶植物在早期就分为草本群和木本群两支，木本支以木本为主，其中有后来演化为草本的堇菜目、锦葵目等，以木兰目为最原始；草本支以草本为主，但也有木本的小檗目等，以毛茛目最原始。

哈钦松系统把多心皮类作为演化的起点，能够比较正确地阐述被子植物的演化关系，为一些植物学家所赞同和运用，塔赫他间系统和柯朗奎斯特系统都是在此基础上发展起来的。但是该系统坚持将木本和草本作为第一级区分，导致许多亲缘关系相近的一些科被远远分开，如草本伞形科和木本的山茱萸科及五加科，草本的唇形科和木本的马鞭草科等，因此这一系统很难被多数人所接受。

对于假花派的观点，阿柏（Arber）和帕肯（Parkin）（1970）给予了强烈地批评。在这一学派的系统大纲中，将单子叶植物放在双子叶植物之前，将柔荑花序类作为原始的有花植物，将合瓣花植物归入一类，认为是进化的一群被子植物。根据越来越多的资料，证实这些观点都是不能接受的。单子叶植物起源于原始的双子叶植物，已为绝大多数植物学家所接受；而“柔荑花序类”作为原始的类群已经被木材解剖学和孢粉学的研究所否定，认为是次生的类群；所谓合瓣花类是一个人为的复合群，也是在被子植物演化中趋同演化的结果。到目前为止，虽然这一学派的系统还在被广泛应用，但对它的观点表示赞成的人却是寥寥无几。

英国植物学家哈钦松（J. Hutchinson，1884—1972）于 1926 年和 1934 年，在他所著的《有花植物科志》(The Families of Flowering Plants）中公布了一个新的分类系统，其后于 1959 年第二版中作了修订，在他逝世之前又完成了第三版的修订，1973 年他的儿子（Joan Hutchinson）继续完成了出版工作。哈钦松系统是继承了 19 世纪英国植物学家边沁与虎克的系统；是以美国植物学家柏施（C. E. Bessey）的植物进化学说为基础而加以改革的。哈

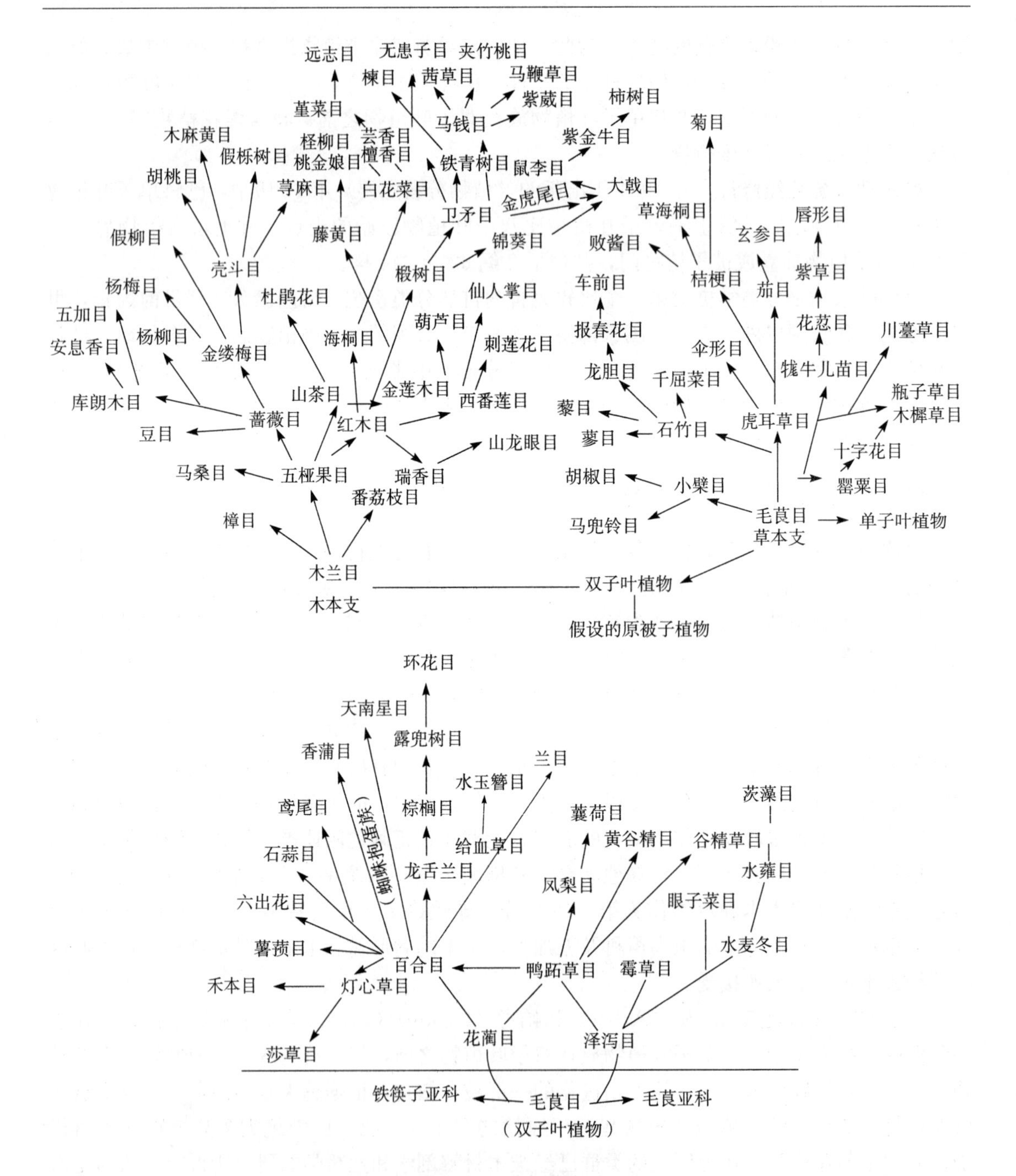

图 4-124 哈钦松被子植物分类系统图（1973）

钦松系统的主要观点是：

①认为离瓣花较合瓣花为原始；花各部螺旋状排列比轮状排列的为原始；两性花比单性花为原始。因此，认为木兰目（Magnoliales）和毛茛目（Ranunculales）为被子植物中最原始的类型，是被子植物演化的起点。

②认为被子植物的演化，分为木本及草本 2 个进化支，木本支的起点为木兰目，草本支的起点为毛茛目。

③认为单被花及无被花种类是后来演化过程中蜕化而成的。

④认为单子叶植物起源于双子叶植物的毛茛目，在早期就分化为 3 个进化线：萼花群（Calyciflorae）、瓣花群（Corolliflorae）和颖花群（Glumiflorae）。

哈钦松系统在 1926 年提出，直到 1973 年的第三版，他一直坚持将双子叶植物分为木本支和草本支。因此导致了许多近缘科的远远分开，占据很远的系统位置，例如将草本的伞形科同木本的山茱萸科和五加科分开，草本的唇形科同木本的马鞭草科分开等。他的这些观点有着时代性的错误，应当抛弃。

尽管如此，哈钦松的《有花植物科志》仍然是一部很有用的书。例如科的描述水平很高，插图精细、准确，检索表适用，各科的分布图也很有用等。可惜他的这部著作，作为一个进化系统来说，却有不能被人接受之处。

（三）塔赫他间系统（图 4 - 125）

塔赫他间系统是由前苏联植物学家塔赫他间（A. Takhtajan）于 1954 年出版的《被子植物起源》一书中发表的。

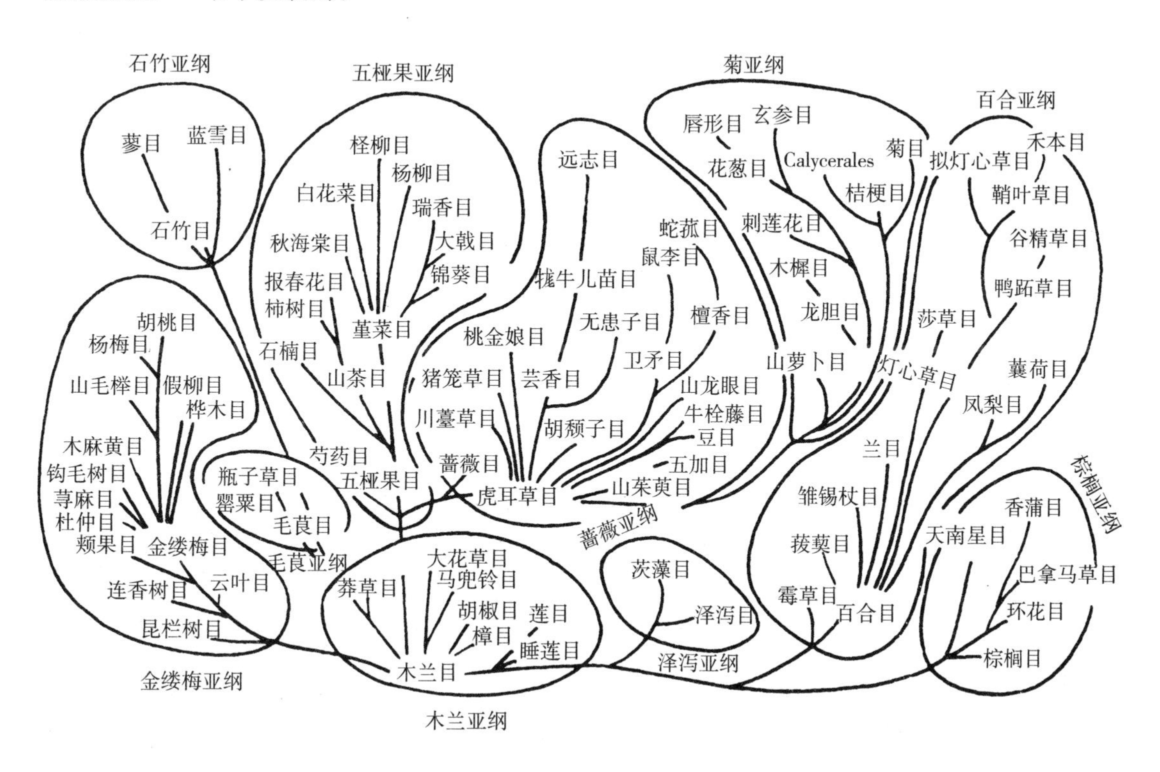

图 4 - 125　塔赫他间被子植物分类系统图（1980）

塔赫他间系统坚持真花说，主张被子植物单元起源，认为被子植物起源于裸子植物的原始类群种子蕨，并通过幼态成熟演化而成。两性花、双被花、虫媒花是原始的性状，草本植物由木本植物演化而来；双子叶植物中木兰目是最原始的代表，由木兰目发展出全部被子植物；单子叶植物中泽泻目最原始，泽泻目起源于双子叶植物中的睡莲目莼菜科。

塔赫他间 1980 年发表的被子植物系统图，把被子植物分成 2 个纲 10 个亚纲 28 个超目。其中木兰纲（双子叶植物纲）包括 7 亚纲 20 超目 71 目 333 科；百合纲（单子叶植物纲）包括 3 亚纲 8 超目 21 目 77 科；总计 92 目 410 科。1987 年系统含 12 亚纲 166 目 533 科。

木兰纲（Magnolipsida）包括：木兰亚纲（Magnoliidae）、毛茛亚纲（Ranunculidae）、金缕梅亚纲（Hamamelidae）、石竹亚纲（Caryophyllidae）、五桠果亚纲（Dilleniidae）、蔷薇亚纲（Rosidae）和菊亚纲（Asteridae），共7亚纲。百合纲（Liliopsida）包括：泽泻亚纲（Alismatidae）、百合亚纲（Liliidae）和棕榈亚纲（Arecidae），共3亚纲。

塔赫他间系统（1980）的特点是：

①被子植物是单元起源的，木兰目最原始，毛茛目起源于木兰目，草本植物来自木本植物；

②以金缕梅目（Hamamelidales）为中心，演化出柔荑花序类各目，但杨柳目（Salicales）已被划出，归入五桠果亚纲内；

③芍药属（*Paeonia*）已单独从毛茛科中分出，成立芍药目（Paeoniales），属于五桠果亚纲；

④单子叶植物起源于双子叶植物的木兰目，而且与睡莲目有较近的亲缘关系。

塔赫他间分类系统，打破了离瓣花与合瓣花亚纲的传统分法，增加了亚纲的数目，调整了一些目和科，使各个目、科的安排更趋合理，如把连香树科独立为连香树目，把原属于毛茛科的芍药属独立成芍药科。但是该分类系统增设了超目这一分类单元；单子叶植物起源于睡莲目莼菜科等尚不能被人们所接受。

（四）柯朗奎斯特系统（图4-126）

柯朗奎斯特系统是由美国植物分类学家柯朗奎斯特（A. Cronquist）于1957年在《双子叶植物目科新系统纲要》一书中发表的。至1988年经过数次修改，把被子植物分为双子

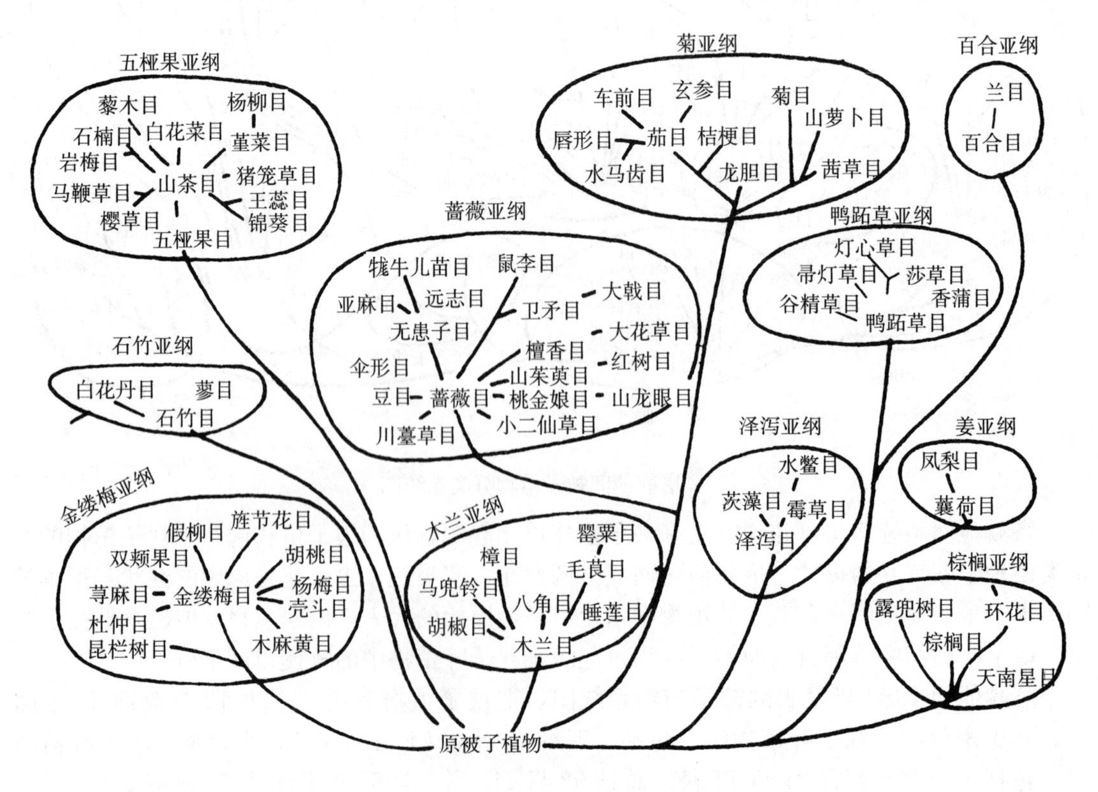

图4-126 柯朗奎斯特被子植物分类系统图（1981）

叶植物纲（木兰纲）和单子叶植物纲（百合纲），双子叶植物纲包括 6 个亚纲 64 目 318 科；单子叶植物纲包括 5 亚纲 19 目 65 科；总计 11 亚纲 83 目 383 科。

柯朗奎斯特系统亦坚持真花说及单元起源，认为有花植物起源于已灭绝的种子蕨；木兰目是现有被子植物中最原始的类群；单子叶植物起源于双子叶植物的睡莲目，由睡莲目演变到泽泻目。

柯朗奎斯特系统接近于塔赫他间系统，但个别亚纲、目、科的安排上有差异，同时取消了超目，科的数目也有了压缩，简化了塔赫他间系统，比塔赫他间系统更趋合理，但是柯朗奎斯特系统的一些内容和观点，如单子叶植物的起源等问题，仍存在着分歧意见。

关于被子植物的发生时间、发生地、可能的祖先及系统演化等问题均有多种学说，目前尚无定论，仍需多学科进行长期探讨。目前，影响较大，能够被人们普遍认可的分类系统主要有恩格勒系统、哈钦松系统、塔赫他间系统和柯朗奎斯特系统。其中塔赫他间系统和柯朗奎斯特系统是以形态学特征为主，系统总结了前人的分类经验，并综合了近代交叉学科（如解剖学、细胞学、孢粉学、生物化学等）的研究成果，所以无论是系统中分类单元的排序，还是对各类群进化地位的认识都更合乎逻辑和客观规律。

（五）张宏达种子植物系统

1986 年张宏达提出种子植物系统，打破传统上把种子植物划分为裸子植物和被子植物的分类法，把全部种子植物，及已经发现的种子蕨，包括在他的系统里，作为种子植物门，并在下设立了 10 个亚门，有花植物作为最后一个亚门。对于有花植物，也在恩格勒系统的基础上提出了新的系统。其最重要的观点是：

①种子植物的胚珠分别来自无孢子叶的顶枝及孕性的孢子叶，并形成了五种不同类型的种子和果实，即银杏型、科达狄-本内苏铁型、紫杉型、苏铁-有花植物型和松柏型。只有松柏类才是真正的裸子植物。买麻藤类具有雏形的双受精现象，再加上买麻藤的营养器官，包括茎、叶、维管束的各种结构，应将其归并于有花植物。

②有花起源不迟于三叠纪，因为地球联合古陆自三叠纪开始解体，再不可能产生全世界统一的有花植物区系。

③有花植物起源自种子蕨，从有花植物的子房及胚珠的结构，具有异形孢子和孢子叶的种子蕨才是它可能的祖先。现代有花植物，包括木兰目，都不是最古老的有花植物，因为木兰目种系繁衍、花的结构完整，虽然雄蕊及离生心皮是原始的性状，但次生木质部却具有明显的次生特征。莽草科（Winterracea）具管胞，但种系也比较发达。不同意把木兰目当作最原始的有花植物，以及全部被子植物均出自木兰目的单元单系观点，主张有花植物的起源是单元多系的。

④孔型和 3 沟的花粉是古老的，单沟花粉从 3 沟花粉演化而来；孔型花粉不可能来自沟型花粉。

⑤原始的有花植物只能从风媒的种子植物脱胎而来。不赞成虫媒植物先于风媒植物、风媒植物源于虫蝶植物的观点，认为风媒植物即使不先于虫媒植物，二者至少也是齐头并进的。

⑥单花和两性花是次生的，花序和单性花是原生的，花被的出现是为了加强对雌、雄蕊的保护，因而无被花、单被花是原始的。

⑦柔荑花序类并不限于无被、单被和单性花，榆科、荨麻科、马尾树科甚至山毛榉科都存在两性花或两性花的痕迹。2轮花被同样也出现在榆科、山毛榉科、桦木科、马尾树科。柔荑花序类基本上是孔型花粉，只有栎属（Quercus）是沟型花粉，因而不可能从多心皮类衍生。它的孔型花粉，合点受精，风媒花，花被退化或不显眼；但开花时发出的臭气，同样吸引了蝇类等昆虫传粉；木质部不具原始的管胞，可能是由非离生心皮祖先派生出来。

⑧不同意用百合植物来代表全部单子叶植物，至少不能代表泽泻目和棕榈目。

张宏达的有花植物亚门［Phanerogamophytina］分类系统大纲如下：

Ⅰ. 双子叶植物纲（Dicotyledonoeae）

ⅰ. 水青树亚纲（Tetracentridae）

1. 水青树目（Tetracentrales）：水青树科（Tetracentraeaae）

2. 昆栏树目（Trochodendrales）：昆栏树科（Trochodendraceae）

3. 云叶树（领春木）目（Eupteleales）：云叶树（领春木）科（Eupteleaceae）

ⅱ. 柔荑花序亚纲（Amentiflondae）

1. 阿丁枫（蕈树）目（Altingiales）：阿丁枫（蕈树）科（Altingiaceae）

2. 杜仲目（Eucommiales）：杜仲料（ Eucommiaceae）

3. 荨麻目（Urticales）：荨麻科（Urticaceae），榆科（Ulmaceae），大麻科（Cannabaceae），桑科（Moraceae）

4. 杨梅目（Myricales）：杨梅科（Myricaceae）

5. 塞子木目（Leitneriales）：塞子木科（Leitneriaceae），对药树科（Didymelaceae）

6. 胡桃目（Juglandales）：马尾村树科（Rhoipteleacae），胡桃科（Juglandaceae）

7. 山毛榉目（Fagales）：槲树果科（Balanopaceae），山毛榉科（Fagaceae），桦木科（Betulaceae）

ⅲ. 木麻黄亚纲（Casuarinidae）

1. 木麻黄目（ Casuarinales）：木麻黄科（Casuarinaceae）

ⅳ. 多心皮纲（Polycarpiidee）

1. 木兰目（Magnoliales）：莽草科（Winteraceae），单心木兰科（Degeneriaceae），舌蕊花科（Himantandraceae），木兰科（Magnoliaceae），番荔枝科（Annonaceae），木兰藤科（Austrobaileyaceae），囊粉花科（Lactoridaceae），肉豆蔻科（ Myristicaceae），白樟科（Canellaceae）

2. 八角茴香目（Illicales）：八角茴香科（Illicaceae），五味子科（ Schisandraceae）

3. 毛茛目（Ranunculales）：毛茛科（Ranunculaceae），星叶科（Circaeasteraceae），小蘗科（Berberidaceae），南天竺科（Nandinaceae），鬼臼科（Podophyllaceae），大血藤科（Sargentodoxaceae），木通科（Lardizabalaceae），防己科（Menispermaceae）

4. 睡莲目（Nymphaeales）：莲科（Nelumbonaceae），睡莲科（Nymphaeaceae），莼菜科（Cobombaceae），合瓣莲科（Bardayaceae），金鱼藻科（Ceratophyllaceae）

5. 樟目（Laurales）：无油樟科（Amborellaceae），腺齿木科（Trimeniaceae），杯轴花科（Monimiaceae），葵乐果科（Gomortegraceae），腊梅科（Calycanthaceae），樟科（Lauraceae），莲叶桐科（Hernandiaceae）

6. 胡椒目（Piperales）：金粟兰科（Chloranthaceae），三白草科（Saururaceae），胡椒

科（Piperaceae）

7. 马兜铃目（Aristolochiales）：马兜兰科（Aristolochiaeae）

8. 罂粟目（Papaverales）：罂粟科（Papaveraceae），紫堇（荷包牡丹）科（Fumariaceae）

Ⅴ. 金缕梅亚纲（Hamamelididae）

1. 连香树目（Cercidiphyllales）：连香树科（Cercidiphyllaceae）

2. 金缕梅目（Hamamelidales）：金缕梅科（Hamamelidaceae），悬铃木科（Platanaceae），香灌木科（Myrothmnaceae），黄杨科（Buxaceae），交让木科（Daphniphyllaceae）

Ⅵ. 蔷薇亚纲（Rosidae）

1. 虎耳草目（Saxifeagales）：瓣辛裂果科（Brunelliaceae），火把树科（Cunoniaceae），澳楸科（Davidsoniaceae），船形果科（Eucryphiaceae），鼠刺科（Escalloniaceae），绣球科（Hydrangaceae），山醋李科（Montiniaceae），弯药树科（Columelliaceae），捕蝇幌科（Roridulaceae），海桐花科（Pittosporaceae），腺毛草科（Byblidaceae），鳞叶树科（Bruniaceae），假海桐科（Alseuosmiaceae），齿蕊科（Pterostemmonaceae），虎耳草科（Saxifragaceae），景天科（Crassulaceae），土瓶草科（Cephalotaceae），茶藨子科（Grossulariaceae），二歧草科（Vahliaeeae），寄奴花科（Eremosynaceae），鞘味树科（Greyiaceae），花茎草科（Francoaceae），梅花草科（Parnaddiaceae），茅膏菜科（Droseraceae），洋二仙草科（Gunneraceae）

2. 蔷薇目（Rosales）：蔷薇科（Rosaceae），金壳果科（Chrysobalanaceae），沙莓科（Neuradaceae）

3. 豆目（Fabale）：含羞草科（Minosaceae），苏木（云实）科（Caesalpiniaceae），蝶形花科（Papilionaceae）

4. 牛栓藤目（Connarales）：牛栓藤科（Connaraceae）

5. 河苔草目（Pododtemales）：河苔草科（Podostemaceae）

6. 猪笼草目（Nepenthales）：猪笼草科（Nepenthaceae），瓶子草科（Sarraceniaceae）

7. 桃金娘目（Myrtales）：千屈菜科（Lythraceae），海桑科（Sonneratiaceae），石榴科（Punicaceae），红树科（Rhizophoraceae），Anisophyllaceae，使君子科（Combretaceae），玉蕊科（Lecythidacese），桃金娘科（Myrtaceae），野牡丹科（Melastomaceae），方枝树科（Oliniaceae），管萼科（Penaeaceae），柳叶菜科（Onagraceae），菱科（Trapaceae）

8. 杉叶藻目（Hippuridales）：小二仙草科（Haloragaceae），杉叶藻科（Hippuridaceae）

9. 芸香目（Rutales）：芸香科（Rutaceae），苦木科（Simaroubaceae），蒺藜科（Zygophyllaceae），楝科（Meliaceae），龟头树科（Balanitaceae），橄榄科（Burseraceae），漆树科（Anarcardiaceae），三柱草科（Julianiaceae），九子母科（Podoaceae），马桑科（Coriariaceae）

10. 无患子目（Sapindales）：省沽油科（Staphyleaceae），无患子科（Sapindaceae），槭树科（Aceraceae），七叶树科（Hippocastanaceae），过柱花科（Stylobasiaceae），澳远志科（Emblingiaceae），伯乐树（钟萼木）科（Bretschneideraceae），叠珠树科（Akaniaceae），蜜花科（Melianthaceae），清风藤科（Sabiaceae）

11. 牻牛儿苗目（Geraniales）：亚麻科（Linaceae），古柯科（Erythoxylaceae），酢浆草

科（Oxalidaceae），牻牛儿苗科（Geraniacea），凤仙花科（Balsaminaceae），金莲花科（Tropaeolaceae），沼花科（Limnanthaceae）

12. 远志目（Polygoalales）：金虎尾科（Malpighiaceae），三角果科（Trigoniaceae），蜡烛树科（Vochysiaceae），远志科（Polygalaceae），刺球果科（Krameriaceae），孔药花科（Tremandraceae）

13. 卫矛目（Celastrales）：茶茱萸科（Icacinaceae），冬青科（Aquifoliaceae），心翼果科（Cardiopterdaceae），毛丝花科（Medusandraceae），卫矛科（Celastraceae），刺茉莉科（Salvadoraceae），棒果木科（Corynocarpaceae），五翼果科（Lophopyxidaceae），翅子藤（Hippocrataceae）

14. 鼠李目（Rhamnales）：鼠李科（Rhamnaceae），葡萄科（Vitaceae），火筒树科（Leeaceae）

15. 胡颓子目（Elaeagnales）：胡颓子科（Elaeagnaceae）

16. 大戟科（Euphorbiales）：大戟科（Euphorbiaceae），小盘木科（Pandaceae），毒鼠子科（Dichapetalaceae），鳞枝树科（Aextoxicaceae）

17. 瑞香目（Thymelaeales）：瑞香科（Thymelaeaceae）

18. 檀香目（Santalales）：铁青树科（Olacaceae），山柚子科（Opiliaceae），檀香科（Santalaceae），羽毛果科（Misodendraceae），桑寄生科（Loranthaceae），槲寄生科（Viscaceae）

19. 大花草目（Rafflesiales）：大花草科（Rafflesiaceae），菌花科（Hydnoraceae）

20. 蛇菰目（Balanophorales）：锁阳科（Cynomoriaceae），蛇菰科（Balanophoraceae）

21. 山龙眼目（Proteales）：山龙眼科（Proteaceae）

22. 山茱萸目（Cornales）：八角枫科（Alangiaceae），蓝果树科（Nyssaceae），山茱萸科（Cornaceae），绞木科（Garryaceae）

23. 伞形目（Apiales）：五加科（Araliaceae），伞形科（Apiaceae）

ⅶ. 石竹亚纲（Caryophyllidae）

1. 石竹目（Caryophyllaceae）：商陆科（Phytolaccaceae），玛瑙果科（Achatocarpaceae），紫茉莉科（Nyctaginaceae），番杏科（Aizocaceae），粟米草科（Molluginaceae），番杏科（Tetragoniaceae），仙人掌科（Cactaceae），马齿苋科（Porulacaceae），落葵科（Besellaceae），龙树科（Didiereaceae），Holophytaceae，石竹科（Catyophyllaceae），苋科（Amaranthaceae），藜科（Chenopodiaceae）

2. 蓼目（Polygonales）：蓼科（Polygonaceae）

ⅷ. 第伦桃（五桠果）亚纲（Dilleniidae）

1. 第伦桃（五桠果）目（Dilleniales）：第伦桃（五桠果）科（Dilleniaceae），燧体木科（Crossosomataceae），芍药科（Paeoniaceae）

2. 山茶目（Theales）：金莲木科（Ochnaceae），钩枝藤科（Ancistocladaceae）龙脑香科（Dipterocarpaceae），山茶科（Theaceae），五列木科（Pentaphyllaceae），四出花科（Tetrameriaceae），蜜囊花科（Marcgraviaceae），翼萼茶科（Asteropeiaceae），假红树科（Pelliceriaceae），猕猴桃科（Actinidiaceae），油桃木科（Caryocaraceae），木果树科（Scytopetalaceae），羽叶树科（Quiinaceae），沟繁缕科（Elatinaceae），伞果树科（Medusagynaceae），藤黄科（Guttiferae）

3. 锦葵目（ Malvales）：杜英科（Elaeocarpaceae），椴树科（Tiliaceae），梧桐科（Sterculiaceae），木棉科（Bombacaceae），锦葵科（Malvaceae）

4. 堇菜目（Violales）：大风子科（Flacouraceae），红木科（Bixaceae），半日花科（Cistaceae），围盘树科（Peridiscaceae），堇菜科（Violaceae），裂药花科（Lacistemataceae），旌节花科（Stachyuraceae），柽柳科（Tamaricaceae），瓣鳞花科（Frankeniaceae），双钩叶科（Dioncophyllaceae），西番莲科（Passifloraceae），时钟花科（Turneraceae），番木瓜科（Caricaceae），葫芦科（Cucurbitacaeae），Datiscaceae，秋海棠科（Begoniaceae），白花菜科（Capparidaceae），辣木科（Moringaceae），十字花科（Brassicaceae），木犀草科（Resadaceae），裂味三叶草科（Tovariaceae），肉穗果科（Bataceae）

5. 杨柳目（Salicales）：杨柳科（Salicaceae）

ⅸ. 合瓣花亚纲（Sympetalidae）

1. 杜鹃花目（ Ericales）：翅萼树科（Cyrillaceae），山柳科（Clethraceae），假石楠科（Grubbiaceae），岩高兰科（Empetraceae），尖苞树科（Epacridaceae），杜鹃花科（Ericaceae），鹿蹄草科（Pyrohlaceae），岩梅科（Diapensiaceae），水晶兰科（Monotropaceae）

2. 柿树目（Ebenales）：山榄科（ Saportaceae），肉食树科（Sarcospermataceae），柿树科（Ebenaceae），野茉莉（安息香）科（Styracaceae），光果科（Lissocarpaceae），山矾（灰木）科（Symplocaceae）

3. 报春花目（Primulales）：紫金牛科（Myrsinaceae），假轮叶科（Theophrastaceae），报春花科（Primulaceae）

4. 蓝雪（白花丹）目（Plumbaginales）：蓝雪（白花丹）科（Plumbaginaceae）

5. 木樨目（Oleales）：木樨科（Oleaceae）

6. 龙胆目（Gentianales）：马钱科（Loganiaceae），离水花科（Desfontainiaceae），龙胆科（Gentianaeeae），莕菜科（Menyanthaceae），夹竹桃科（Apocynaceae），萝摩科（Asclepiadaceae）

7. 茜草目（Rubiales）：五福花科（Adocaceae），败酱科（Valericanaceae），川续断科（Dipsacaceae），忍冬科（Caprifoliaceae），茜草科（Rubiaceae）

8. 硬毛草目（Loasales）：刺莲花科（Loasaceae）

9. 茄目（Solanales）：假茄科（Nolanaceae），茄科（Solanaceae），旋花科（Convolvulaceae），菟丝子科（Cuscutaceae），花荵科（Polemoiaceae），田基麻科（Hydrophyllaceae）

10. 唇形目（Lamiales）：紫草科（Boraginaceae），马鞭草科（Verbenaceae），唇形科（Larmiaceae），水马齿科（Calliteichaceae）

11. 车前草目（Plantaginales）：车前草科（Plantaginaceae）

12. 玄参目（Scrophulariales）：醉鱼草科（Buddleyaceae），玄参科（Scrophulariaceae），肾药花科（Globulariaceae），苦槛蓝科（Myoporaceae），列当科（Orobanchaceae），苦苣苔科（Gesneriaceae），爵床科（Acanthaceae），胡麻科（Pedaliaceae），紫葳科（Bignoniaceae），狸藻科（Lentibulariaceae）

13. 钟花（桔梗）目（Campanulales）：五膜草科（Pentaphramataceae），楔瓣花科（Sphenocleaceae），桔梗科（Campanulaceae），花柱草科（Stylidiaceae），草海桐科（Goodeniaceae），蓝针花科（Brunoniaceae），兴花草科（Calyceraceae）

14. 菊目（Asterales）：菊科（Asteraceae）

Ⅱ. 单子叶植物纲（Monocotyledoneae）

ⅹ. 泽泻亚纲（Alismatidae）

1. 泽泻目（Alismatales）：泽泻科（Alismataceae），沼草科（Limocharitaceae），花蔺科（Butomaceae）

2. 水鳖目（Hydrocharitales）：水鳖科（Hydrocharitaceae）

3. 眼子菜目（Potamogetonales）：水蕹科（Aponogetonaceae），芝菜科（Scheuchzeriaceae），水麦冬科（Juncaginaceae），波喜荡草科（Posidoniaceae），眼子菜科（Potamogetonaceae），川蔓藻科（Ruppiaceae），角果藻科（Zanichelliaceae），甘藻科（Zosteraceae），茨藻科（Najadaceae）

4. 霉草目（ Triuridales）：霉草科（Triuridaceae）

ⅹⅰ. 棕榈亚纲（Arecide）

1. 棕榈（槟榔）目（Arecales）：棕榈（槟榔）科（Arecaceae）

2. 环花草目（Cyclanthales）：环花草科（Cyclanthaceae）

3. 露兜树目（Pandanales）：露兜树科（Pandanaceae）

4. 天南星目（Arales）：天南星科（Araceae），浮萍科（Lemnaceae）

ⅹⅱ. 鸭跖草亚纲（Commelinales）

1. 鸭跖草目（Commelinales）：鸭跖草科（Commelinaceae），苔草科（Mayacaceae），黄谷精草科（Xyridaceae），偏穗草科（Rapateaceae）

2. 谷精草目（Eriocaulales）：谷精草科（Eriocaulaceae）

3. 帚灯草目（Restionales）：帚灯草科（Restionaceae），刺鳞草科（Centrolepidaceae），须叶藤科（Flagellariaceae）

4. 灯心草目（Juncales）：灯心草科（Juncaceae），梭子草科（Thurniaceae）

5. 莎草目（Cyperales）：莎草科（Cyperaceae），禾本科（Poaceae）

6. 香蒲目（Thyphales）：香蒲科（Thyphaceae），黑三棱科（Sparganiaceae）

ⅹⅲ. 姜亚纲（Zingiberidae）

1. 凤梨目（Bromeliales）：凤梨科（Bromeliaceae）

2. 姜目（Zingiberales）：旅人蕉科（Strelitziaceae），芭蕉科（Musaceae），兰花蕉科（Lowiaceae），姜科（Zingiberaceae），闭鞘姜科（Costaceae），美人蕉科（Cannaceae），竹芋科（Marantaceae）

（ⅹⅳ）百合亚纲（Liliidae）

1. 百合目（Liliales）：田葱科（Phylidraceae），雨久花科（Pontedriaceae），血皮草科（Haemodoraceae），樱井草科（Petrosaviaceae），百合科（Liliaceae），蓝星科（Cyanastraceae），鸢尾科（Iridaceae），地蜂草科（Geosiridaceae），翡若翠科（Velloziaceae），芦荟科（Aloeaceae），龙舌兰科（Agavaeae），刺叶树科（Xanthorrhoeaceae），蒟蒻薯科（Taccaceae），百部科（Stemonaceae），菝葜科（Smilacaceae），薯蓣科（Dioscoreaceae），水玉簪科（Burrmanniaceae），白玉簪科（Corsiaceae）

2. 兰目（Orchidales）：拟兰科（Apostasiaceae），兰科（Orchidaceae）

本章提要

(1) 被子植物（Angiospermae）是当今世界上种类最多、数量最大、进化地位最高的一个类群。被子植物除了多年生之外，还出现了一年生或二年生种类，其孢子体高度发达，内部结构分化更趋完善，其输导组织中出现了导管、筛管和伴胞，比裸子植物的输导能力更强。自新生代以来，它们就在地球上占据绝对优势。被子植物之所以能有如此众多的种类、如此广泛的适应性，这与其结构上的复杂化、完善化，生殖方式的高效化和多样化，从而提高了生存竞争能力是分不开的。现已知有25万多种，隶属于12 600多属，约400科。我国约30 000余种，隶属于3 400余属，约301科。

（2）被子植物分为双子叶植物纲（木兰纲）和单子叶植物纲（百合纲），两者在根系类型、茎的维管束组成和排列、脉序、花的基数、子叶数目等方面都有明显的区别。

双子叶植物纲（木兰纲）	单子叶植物纲（百合纲）
1. 胚有2片子叶（极少1、3或4）	1. 胚有1片子叶（或有时胚不分化）
2. 主根发达多为直根系，少数不发达而为须根系	2. 主根不发达，由多数不定根形成须根系
3. 茎内维管束作环状排列，有形成层	3. 茎内维管束散生，无形成层
4. 叶具网状脉	4. 叶具平行脉或弧形脉
5. 花部常为5或4基数，极少3基数	5. 花部常3基数，极少4基数
6. 花粉粒常为3孔沟	6. 花粉粒常为单孔沟

根据植物的形态特征，柯朗奎斯特植物分类系统将双子叶植物纲分为6个亚纲：

①木兰亚纲（Magnoliidae）：木本或草本。花整齐或不整齐，常下位花；花被通常离生，常不分化成萼片和花瓣，或为单被，有时极度退化而无花被；雄蕊常多数，向心发育，常呈片状或带状；花粉粒常具2核，多数为单萌发孔、沟或其衍生类型；雌蕊群心皮离生，胚珠多具双珠被及厚珠心。种子常具丰富胚乳和小胚。包括：木兰目、樟目、胡椒目、毛茛目、睡莲目、罂粟目等。

②金缕梅亚纲（Hamamelidae）：木本。单叶互生，少对生。花单性少两性；花被通常离生、退化、具萼无瓣或两者皆无，风媒传粉；雄花常集成柔荑花序，雄蕊向心发育；雌蕊心皮合生少离生，胚珠具单珠被或双珠被、厚珠心或薄珠心。包括：金缕梅目、荨麻目、壳斗目等。

③石竹亚纲（Caryophyllidae）：多数为草本，常为肉质或盐生植物。叶常为单叶互生、对生或轮生。花常两性，整齐，分离或结合；花被形态复杂而多变，同被、异被或常单被，花瓣状或萼片状；雄蕊常定数，离心发育，花粉粒常3核，稀2核；子房上位或下位，常1室，胚珠1-多数，特立中央胎座或基生胎座，胚珠弯生、横生或倒生，具双珠被及厚珠心。种子常具外胚乳或否，贮藏物质常为淀粉；胚常弯曲、环行或直立，有外胚乳。包括：石竹目、蓼目等3个目、14科、约11 000种。

④五桠果亚纲（Dilleniidae）：木本或草本。花通常为辐射对称，离瓣。少数为合瓣或无瓣；雄蕊少数，离心发育，或与花冠裂片同数且对生，花粉粒2核；雌蕊多为合生心皮组成，稀由离生心皮组成，如五桠果目；中轴胎座、侧膜胎座，稀为基底胎座和特立中央胎座；珠被1～2层，种子不具外胚乳。包括：五桠果目、山茶目、锦葵目、堇菜目、杨柳目、柽柳目、白花菜目、杜鹃花目、报春花目等13个目、78科、约2 500种。

⑤蔷薇亚纲（Rosidae）：木本或草本。单叶或常羽状复叶，偶极度退化或无。花被明显分化，异被，分离或偶结合；蜜腺种种，具雄蕊内盘或雄蕊外盘；雄蕊多数或少数，向心发育，花粉粒常2核，极少3核，常具3个萌发孔；雌蕊心皮分离或合生，子房上位或下位，

心皮多数或少数；胚珠具双或单珠被；胚乳存在或否，但外胚乳大多数不存在。包括：蔷薇目、豆目、山龙眼目、桃金娘目、红树目、卫茅目、大戟目、鼠李目、亚麻目、无患子目、牻牛儿苗目、伞形目等18目、114科、约58 000种，占整个双子叶纲的1/3，是被子植物最大的亚纲。

⑥菊亚纲（Asteridae）：多草本，少数为木本。单叶或复叶，互生或对生，无托叶。花常大而明显，稀退化；合瓣花冠；雄蕊贴生于花冠筒上，和花瓣同数且互生或较花冠裂片为少；花粉粒2核或3核，具3沟孔；有蜜腺盘；心皮通常2（稀3—5），合生，子房上位或下位，花柱顶生或基生；中轴胎座、侧膜胎座或特立中央胎座、基生胎座；子房每室具1至多数胚珠，珠被1层，薄珠心。种子有或无胚乳。包括：龙胆目、茄目、唇形目、车前目、玄参目、桔梗目、茜草目、川续断目、菊目等11目、49科、约60 000种，其中以菊科最大，占全亚纲种数的1/3，是被子植物的第一大科。

根据植物的形态特征，柯朗奎斯特植物分类系统将单子叶植物纲分为5个亚纲：

⑦泽泻亚纲（Alismatidae）：水生或湿生草本，或菌根营养而无叶绿素。单叶，常互生，平行脉，通常基部具鞘。花常大而显著，整齐或不整齐，两性或单性，花序种种；花被3数2轮，异被，或退化或无；雄蕊3至多数，花粉粒全具3核，单槽或无萌发孔；雌蕊具1至多个分离或近分离的心皮，偶结合，每个心皮或每室具1至多枚胚珠，通常具双珠被及厚珠心，胚乳无，或不为淀粉状。包括：泽泻目、水鳖目、茨藻目和霉草目等目，共计16个科。

⑧槟榔（棕榈）亚纲（Arecidae）：多数为高大棕榈型乔木。叶宽大，互生，基生或着生茎端，常折扇状网状脉，基部扩大成叶鞘。花多数，小型，常集成被佛焰苞包裹的肉穗花序，两性或单性；花被常发育，或退化，或无；雄蕊1至多数，花粉常2核；雌蕊由3（稀1至多数）心皮组成，常结合，子房上位；胚珠具双珠被及厚珠心；胚乳发育为沼生目型、核型和细胞型，非细胞型，常非淀粉状。包括：槟榔目、天南星目、露兜树目等4目，计5个科。

⑨鸭跖草亚纲（Commelinidae）：草本，偶木本，无次生生长和菌根营养。叶互生或基生，单叶，全缘，基部具开放或闭合式叶鞘或无。花两性或单性，常无蜜腺；花被常显著，异被，分离，或退化成膜状、鳞片状或无；雄蕊常3或6，花粉粒2或3核，单萌发孔；雌蕊由2或3（稀4）心皮组成，子房上位；胚珠1至多数，常具双珠被，厚或薄珠心；胚乳发育为核型，有时为沼生目型，全部或大多数为淀粉型。果实为干果，开裂或不裂。包括：鸭跖草目、灯心草目、莎草目等7个目，计16个科。

⑩姜亚纲（Zingiberidae）：陆生或附生草本，无次生生长和明显的菌根营养。叶互生，具鞘，有时重叠成“茎”，平行脉或羽状平行脉。花序通常具大型、显著且着色的苞片；花两性或单性，整齐或否，异被；雄蕊3或6，常特化为花瓣状的假雄蕊，花粉粒2或3核，单槽到多孔或无萌发孔；雌蕊常3心皮结合，子房下位或上位；常具分隔蜜腺；胚珠倒生或弯生，双珠被及厚珠心；胚乳为沼生目型或核型，常具复粒淀粉。包括：凤梨目和姜目，共计9个科。

⑪百合亚纲（Liliidae）：陆生、附生或稀为水生草本，稀木本，常极度菌根营养。单叶互生，常全缘，线形或宽大，平行脉或网状脉。花常两性，整齐或极不整齐，花序种种，但非肉穗状；花被常3数2轮，全为花冠状，同被或异被；雄蕊常1、3或6，花粉粒2核、单槽或无萌发孔；雌蕊常3心皮结合而成，子房上位或下位，中轴胎座或侧膜胎座；具蜜腺；

胚珠1至多数，常双珠被，厚或薄珠心；胚乳发育为沼生目型、核型或细胞型，胚乳常无，或为半纤维素、蛋白质或油质。植物体常含生物碱。木本或少数草本类型常具次生生长；气孔副卫细胞常无或2，稀4个。包括：百合目和兰目，共计19科。

(3) 关于被子植物的起源，当前多数学者认为被子植物起源于早白垩纪或晚侏罗纪，这是因为在早白垩纪发现了被子植物叶的化石。关于被子植物的发源地问题，学者们存在着十分对立的观点，即高纬度起源说和低纬度起源说，近年来，我国学者张宏达提出第三个假说，即“华夏植物区系（Cathaysia-Flora）起源说”。有关被子植物的祖先问题，也存在着不同的假说，它们是多元论、二元论和单元论。恩格勒（A. Engler）是二元论的代表，其系统坚持假花说，认为无瓣、单性、木本、风媒传粉等为原始的特征，而有花瓣，两性、虫媒传粉是进化的特征，为此，他们把柔荑花序类植物当作被子植物中最原始的类型，而把木兰、毛茛等科看作较进化的特征，认为被子植物是二元起源，双子叶植物和单子叶植物是平行发展的两支，并将单子叶植物放在双子叶植物之前；将合瓣花植物归入一类，被认为是进化的一群被子植物。哈钦松（Hutchinson）、塔赫他间（Takhtajan）、柯朗奎斯特（Cronquist）是单元论的主要代表，其系统坚持真花说，认为花由两性到单性，由虫媒到风媒，由双被花到单被花或无被花，由雄蕊多数且分离到定数且合生，由心皮多数且分离到定数而合生，因此他们把木兰目、毛茛目当作原始类群，而柔荑花序类要比离心皮类进化，单子叶植物起源于双子叶植物的毛茛目或睡莲目，并将单子叶植物放在双子叶植物之后。

思考题

1. 木兰亚纲含有哪些重要的科？各科有哪些主要特征和经济植物？
2. 为什么说木兰科是现存被子植物中最原始的一个类群？
3. 木兰属和含笑属的主要区别是什么？
4. 试述木兰科与毛茛科的异同点。从中可以看到哪些演化趋向？
5. 金缕梅亚纲含有哪些重要的科？各科有哪些主要特征和经济植物？
6. 石竹亚纲含有哪些重要的科？各科有哪些主要特征和经济植物？
7. 五桠果亚纲含有哪些重要的科？各科有哪些主要特征和经济植物？
8. 蔷薇亚纲含有哪些重要的科？各科有哪些主要特征和经济植物？
9. 蔷薇科依据什么分为4个亚科？举出各亚科的经济植物。
10. 蔷薇科悬钩子属等几个属的花有突起的花托，雄蕊多数，离生，心皮多数，离生，极似毛茛属植物的花，为何不属于毛茛科？
11. 简要说明含羞草科、苏木科（云实科）和蝶形花科有何区别和共同特征。各科都有哪些重要经济植物？
12. 常见的柑橘类植物有哪些？如何识别芸香科植物？
13. 菊亚纲含有哪些重要的科？各科有哪些主要特征和经济植物？
14. 菊科植物有哪些主要特征？分亚科的主要依据是什么？各亚科有哪些主要的经济植物？
15. 为什么说菊科是双子叶植物纲中较为进化的类群？简述该科植物的繁殖生物学特征。
16. 熟练运用被子植物分类的形态学术语，并掌握大戟科、壳斗科、伞形科、菊科的形态分类术语。

17. 正确书写木兰科、毛茛科、石竹科、十字花科、葫芦科、杨柳科、锦葵科、大戟科、伞形科、玄参科、茄科、旋花科、唇形科、紫草科、菊科等科植物的花程式。

18. 列举校园内常见的双子叶植物，用检索表的形式将它们区别开来。

19. 通过解剖花的结构，绘出油菜、豌豆、棉花、番茄和蒲公英等植物的花图式。

20. 观察并记录校园内常见的双子叶园林绿化植物，并说出它们的分类地位。

21. 泽泻亚纲为什么是单子叶植物中最原始的类群?

22. 槟榔亚纲含有哪两个主要的科? 各科有哪些主要特征和经济植物?

23. 鸭趾草亚纲含有哪些重要的科? 各科有哪些主要特征和经济植物?

24. 简述禾本科植物的主要特征和经济价值。并说明禾本科植物在风媒传粉方面有哪些适应特征。

25. 姜亚纲含有哪些重要的科? 各科有哪些主要特征和经济植物?

26. 百合亚纲含有哪些重要的科? 各科有哪些主要特征和经济植物?

27. 简述兰科植物的花是如何适应昆虫传粉的。某些学者将兰科作为单子叶植物中最进化的类群，其依据是什么?

28. 熟练运用被子植物分类的形态学术语及莎草科、禾本科、兰科的科的分类术语。

29. 正确书写泽泻科、鸢尾科、百合科、禾本科和兰科等科植物的花程式。

30. 任意列举单子叶植物纲几个科和一个科中的几个属，用检索表的形式将它们区别开来。

31. 通过解剖花的结构，绘出鸢尾和葱等植物的花图式。

32. 观察并记录校园内单子叶植物纲主要科的植物，比较同一科植物不同物种的相似特征。

33. 列举生活中常见的单子叶植物，并说明它们的分类地位和经济用途。

主要参考文献

陈之瑞，冯旻编译．1998. 植物系统学进展［M］．北京：科学出版社．

侯宽昭编，吴德邻等修订．1982. 中国种子植物科属词典［M］．修订版．北京：科学出版社．

华东师范大学．1982. 植物学［M］．下册．北京：高等教育出版社．

李星学，周志炎，郭双兴．1981. 植物界的发展和演化［M］．北京：科学出版社．

内蒙古农牧学院．1992. 植物分类学［M］．第2版．北京：农业出版社．

浅间一男著．谷祖纲，等译．1988. 被子植物的起源［M］．北京：海洋出版社．

汪劲武．1985. 种子植物分类学［M］．北京：高等教育出版社．

王文采．1990. 当代四被子植物分类系统简介（二）［J］．植物学通报，7（3）：1-18.

王文采．1990. 当代四被子植物分类系统简介（一）［J］．植物学通报，7（2）：1-17.

吴国芳，冯志坚，马炜良，等．1992. 植物学［M］．第2版．北京：高等教育出版社．

新疆八一农学院．1980. 植物分类学［M］．第1版．北京：农业出版社．

叶创兴，廖文波，戴水连，等编著．2000. 植物学（系统分类部分）［M］．广州：中山大学出版社．

郑勉．1957—1959. 中国种子植物分类学［M］．上海：上海科学技术出版社．

中国科学院植物研究所．中国高等植物科属检索表［M］．北京：科学出版社．1979

中国科学院植物研究所．1972—1989. 中国高等植物图鉴（1-5册，补编1-2册）［M］．北京：科学出版社．

中国植物学会．1994. 中国植物学史［M］．北京：科学出版社．

中国植物志编委会．1959—2004. 中国植物志各卷［M］．北京：科学出版社．

中山大学生物系．南京大学生物系合编．1978. 植物学（系统分类部分）［M］．北京：人民教育出版社．

周世权，马恩伟主编．1995. 植物分类学［M］．北京：中国林业出版社．

CRONQUIST A. 1981. An Integrated System of Classification of Flowering Plants［M］. New York：Columbia University Press.

DAHLGREN R. 被子植物分类系统介绍和评注．植物分类学报［J］，1984，22（6）：497-508.

HEYWOOD V H，著．柯植芬译．洪德元校．1979. 植物分类学［M］．北京：科学出版社．

JAMES G H，MELINDA W H 著．王宇飞，赵良成，冯广平，等译．2001. 图解植物学词典［M］．北京：科学出版社．

MABBERLEY D J. 1997. The Pant-book. 2nd edition. London：Cambridge University Press.

RENDLE A B著．钟补求，杨永执译．1965. 有花植物分类学（第二册）［M］．北京：科学出版社．

RENDLE A B著．钟补求译．1958. 有花植物分类学（第一册）［M］．北京：科学出版社．

ROWEN P H，Evert R F. 1986. Biology of Plants［M］. 4th edition. Worth Publishers Inc.

STAFLEY F A 等编；赵士洞译．1984. 国际植物命名法规［M］．北京：科学出版社．

STREET H E. 石铸，李娇兰，曾建飞译；秦仁昌，何关福校．1986. 植物分类学简论［M］．北京：科学出版社．

TAKHTAJAN A. 1997. Diversity and Classification of Flowering Plants［M］. New York：Columbia University Press.

THOMAS L. 1984. Rost. Botany［M］. 2nd edition. Canada：Published simultaneously.

图书在版编目（CIP）数据

植物分类学/崔大方主编．—3版．—北京：中国农业出版社，2010.9（2024.12重印）
全国高等农林院校“十二五”规划教材
ISBN 978-7-109-14904-5

Ⅰ.①植…　Ⅱ.①崔…　Ⅲ.①植物分类学－高等学校－教材　Ⅳ.①Q949

中国版本图书馆CIP数据核字（2010）第164946号

中国农业出版社出版
（北京市朝阳区麦子店街18号楼）
（邮政编码 100125）
责任编辑　李国忠　郑璐颖

中农印务有限公司印刷　　新华书店北京发行所发行
1992年10月第1版　　2010年12月第3版
2024年12月第3版北京第8次印刷

开本：787mm×1092mm　1/16　　印张：23.5
字数：576千字
定价：57.50元